PPT 2019办公应用从入门到精通

龙马高新教育 ◎ 编著

内 容 提 要

本书通过精选案例引导读者深入学习，系统地介绍使用 PowerPoint 2019 办公应用的相关知识。

本书分为 6 篇，共 18 章。第 1 篇“快速入门篇”主要介绍如何制作好看的 PPT、PPT 的策划、PowerPoint 2019 的安装与设置、PowerPoint 2019 的基本操作等；第 2 篇“设计篇”主要介绍文本的输入与编辑、设计图文并茂的 PPT、使用图表和图形展示内容、模板与母版等；第 3 篇“动画和多媒体篇”主要介绍设计动画和切换效果、添加多媒体和超链接等；第 4 篇“演示与发布篇”主要介绍 PPT 的放映、PPT 的打印与输出等；第 5 篇“案例实战篇”主要介绍报告型 PPT 实战、简单实用型 PPT 实战、展示型 PPT 实战等；第 6 篇“高手秘籍篇”主要介绍快速设计 PPT 中元素的秘籍、Office 的跨平台应用——移动办公等。

在本书附赠的资源中，包含 13 个小时与图书内容同步的教学视频及所有案例的配套素材和结果文件。此外，还赠送了大量相关学习内容的教学视频及扩展学习电子书等。

本书不仅适合计算机初、中级用户学习，也可以作为各类院校相关专业学生和计算机培训班学员的教材或辅导用书。

图书在版编目（CIP）数据

PPT 2019 办公应用从入门到精通 / 龙马高新教育编著 . — 北京：北京大学出版社，2019.3
ISBN 978-7-301-30132-6

Ⅰ . ① P… Ⅱ . ①龙… Ⅲ . ①图形软件 Ⅳ . ① TP391.412

中国版本图书馆 CIP 数据核字 (2018) 第 283296 号

书　　名　PPT 2019 办公应用从入门到精通
PPT 2019 BANGONG YINGYONG CONG RUMEN DAO JINGTONG
著作责任者　龙马高新教育　编著
责 任 编 辑　吴晓月
标 准 书 号　ISBN 978-7-301-30132-6
出 版 发 行　北京大学出版社
地　　址　北京市海淀区成府路 205 号　100871
网　　址　http://www.pup.cn　　新浪微博：@ 北京大学出版社
电 子 信 箱　pup7@ pup.cn
电　　话　邮购部 010-62752015　发行部 010-62750672　编辑部 010-62570390
印 刷 者　三河市博文印刷有限公司
经 销 者　新华书店
787 毫米 × 1092 毫米　16 开本　24.5 印张　611 千字
2019 年 3 月第 1 版　2021 年 1 月第 4 次印刷
印　　数　6001— 8000 册
定　　价　69.00 元

PowerPoint 2019 很神秘吗?

不神秘!

学习 PowerPoint 2019 难吗?

不难!

阅读本书能掌握 PowerPoint 2019 的使用方法吗?

能!

为什么要阅读本书

Office 是现代公司日常办公中不可或缺的工具，主要包括 Word、Excel、PowerPoint 等组件，被广泛地应用于财务、行政、人事、统计和金融等众多领域。本书从实用的角度出发，结合应用案例，模拟了真实的办公环境，介绍 PowerPoint 2019 的使用方法与技巧，旨在帮助读者全面、系统地掌握 PowerPoint 2019 在办公中的应用。

本书内容导读

本书分为 6 篇，共 18 章，内容如下。

第 0 章　共 5 段教学视频，主要介绍 PowerPoint 的最佳学习方法，使读者在阅读本书之前对 PowerPoint 有初步了解。

第 1 篇（第 1 ~ 4 章）为快速入门篇，共 21 段教学视频，主要介绍 PowerPoint 的基础操作。通过对该篇的学习，读者可以掌握 PowerPoint 2019 的安装与设置、熟悉演示文稿的视图模式及演示文稿的基本操作等。

第 2 篇（第 5 ~ 8 章）为设计篇，共 33 段教学视频，主要介绍 PowerPoint 中的各种操作。通过对该篇的学习，读者可以掌握如何在 PowerPoint 中进行文本的输入和编辑、设计图文混排、使用图表和图形，以及模板与母版等。

第 3 篇（第 9 ~ 10 章）为动画和多媒体篇，共 17 段教学视频，主要介绍 PowerPoint 中动画和多媒体的应用。通过对该篇的学习，读者可以掌握添加动画和切换效果及添加多媒体和超链接等操作。

第 4 篇（第 11 ~ 12 章）为演示与发布篇，共 13 段教学视频，主要介绍 PPT 的放映与打印输出等操作。

第 5 篇（第 13 ~ 15 章）为案例实战篇，共 9 段教学视频，主要介绍报告型 PPT、简单实用型 PPT 及展示型 PPT 的设计等。

第 6 篇（第 16 ~ 17 章）为高手秘籍篇，共 8 段教学视频，主要介绍快速设计 PPT 中元素的秘籍及 Office 的跨平台应用——移动办公等。

选择本书的 *N* 个理由

❶ 简单易学，案例为主

以案例为主线，贯穿知识点，实操性强，与读者的需求紧密结合，模拟真实的工作与学习环境，帮助读者解决在工作、学习中遇到的问题。

❷ 高手支招，高效实用

本书提供了许多实用技巧，既能满足读者的阅读需求，也能解决在工作与学习中遇到的一些常见问题。

❸ 举一反三，巩固提高

在书中的“举一反三”板块中，提供一个与本章知识点有关或类型相似的综合案例，帮助读者巩固和提高所学内容。

❹ 海量资源，实用至上

赠送大量实用的模板、实用技巧及学习辅助资料等，便于读者结合赠送资料学习。另外，本书赠送了《手机办公 10 招就够》手册，在提高读者学习效率的同时，也为读者的工作提供便利。

配套资源

❶ 13 小时名师指导视频

教学视频涵盖本书所有知识点，详细讲解每个案例的操作过程和关键点。读者可更轻松地掌握 PowerPoint 2019 办公应用软件的使用方法和技巧，而且扩展性讲解部分可使读者获得更多的知识。

❷ 超多、超值资源大赠送

随书奉送本书素材和结果文件、通过互联网获取学习资源和解题方法、配色设计方案速查手册、色彩代码查询手册、办公类手机 APP 索引、办公类网络资源索引、Word/Excel/PPT 2019 常用快捷键查询手册、Office 十大实战应用技巧、1000 个 Office 常用模板、

Excel 函数查询手册、Windows 10 操作教学视频、《微信高手技巧随身查》电子书、《QQ 高手技巧随身查》电子书、《高效能人士效率倍增手册》电子书等超值资源，以方便读者扩展学习。

配套资源下载

为了方便读者学习，本书配备了多种学习方式，供读者选择。

❶ 下载方式

（1）扫描下方二维码，关注微信公众号“博雅读书社”，找到资源下载模块，根据提示即可下载本书配套资源。

（2）扫描下方二维码或在浏览器中输入下载链接 http://v.51pcbook.cn/download/30132.html，即可下载本书配套资源。

❷ 使用方法

下载配套资源到计算机端，打开相应的文件夹可查看对应的资源。每一章所用到的素材文件均在“本书实例的素材文件、结果文件 \ 素材 \ch*”文件夹中。读者在操作时可随时取用。

❸ 扫描二维码观看同步视频

使用微信“扫一扫”功能，扫描每节中对应的二维码，根据提示进行操作，关注“千聊”公众号，点击“购买系列课￥0”按钮，支付成功后返回视频页面，即可观看相应的教学视频。

 本书读者对象

1．没有任何办公软件应用基础的初学者。

2．有一定办公软件应用基础，想精通 PowerPoint 2019 的人员。

3．有一定办公软件应用基础，没有实战经验的人员。

4．大专院校及培训学校的老师和学生。

创作者说

本书由龙马高新教育策划，左琨任主编，李震、赵源源任副主编，为您精心呈现。您读完本书后会惊奇地发现，“我已经是 PPT 办公达人了”，这也是让编者最欣慰的结果。

在编写过程中，我们竭尽所能地为您呈现最好、最全的实用功能，但仍难免有疏漏和不妥之处，敬请广大读者不吝指正。若您在学习过程中产生疑问，或有任何建议，可以通过 E–mail 与我们联系。

读者邮箱：2751801073@qq.com

投稿邮箱：pup7@pup.cn

目录 CONTENTS

第 0 章　PPT 最佳学习方法

本章 5 段教学视频

第 1 篇　快速入门篇

第 1 章　好看的 PPT，不一定就是好 PPT

本章 4 段教学视频

一份外观漂亮的 PPT 不一定就是一份好的 PPT。好的 PPT 不仅仅是外观漂亮，还应做到目标明确、形式合理、逻辑清晰等，而且在制作 PPT 时也要牢记一些原则。本章将介绍如何制作一份好的 PPT。

高手支招

第 2 章　策划——赢在起跑线

本章 4 段教学视频

想要制作出一个优秀的 PPT，不仅要熟练运用 PPT 软件，还要学一学 PPT 高手的设计理念，如了解 PPT 的制作流程，拥有一个好的构思和巧妙安排内容等。

高手支招

第 3 章　快速上手——PowerPoint 2019 的安装与设置

本章 6 段教学视频

PowerPoint 2019 是微软公司推出的 Office 2019 办公系列软件的一个重要组成部分，主要用于幻灯片制作。本章主要介绍 PowerPoint 2019 的安装与卸载、启动与退出、Microsoft 账户、PowerPoint 2019 的工作界面、修改默认设置等操作。

第 4 章 PowerPoint 2019 的基本操作

本章 7 段教学视频

本章主要介绍 PowerPoint 2019 的一些基本知识，包括演示文稿与幻灯片的基本操作、视图模式、母版视图、查看幻灯片及其他辅助工具等，用户通过对这些演示文稿基本知识的学习，能够更好地使用演示文稿。

第 2 篇 设计篇

第 5 章 文本的输入与编辑

本章 9 段教学视频

本章主要介绍在 PowerPoint 2019 中使用文本框、文本输入的方法，文字、段落的设置方法，添加项目符号、编号及超链接等操作方法。用户通过对这些基本操作知识的学习，能够更好地进行演示文稿的制作。

第 6 章 设计图文并茂的 PPT

本章 8 段教学视频

本章主要介绍在 PowerPoint 2019 中使用艺术字、表格和图片及创建相册的方法。用户通过对这些知识的学习，可以制作出更出色、更漂亮的演示文稿，并可以提高工作效率。

第 7 章 使用图表和图形展示内容

本章 9 段教学视频

在幻灯片中加入图表或图形，可以使幻灯片的内容更丰富。本章主要介绍在 PowerPoint 2019 中使用图表、图形的基本操作，包括使用图表、形状和 SmartArt 图形的操作方法。用户通过对这些高级排版知识的学习，能够更好地提高工作效率。

第 8 章 模板与母版

本章 7 段教学视频

对于初学者来说，模板就是一个框架，可以方便地填入内容。在 PPT 中使用了模板和母版的情况下，如果想要修改所有幻灯片标题的样式，那么只需要在幻灯片的母版中修改一处即可。

第 3 篇　动画和多媒体篇

第 9 章　设计动画和切换效果

本章 9 段教学视频

在演示文稿中添加适当的动画，可以使演示文稿的播放效果更加形象，也可以通过动画使一些复杂内容逐步显示以便观众容易理解，而添加适合的切换效果能更好地展现幻灯片中的内容。本章介绍添加动画和切换效果的操作方法。

第 10 章　添加多媒体和超链接

本章 8 段教学视频

在制作的幻灯片中添加各种多媒体元素，会使幻灯片的内容更加富有感染力。另外，使用超链接可以从一张幻灯片跳转至另一张幻灯片。本章介绍在 PowerPoint 2019 中添加音频、视频及设置音频、视频的方法，以及使用创建超链接和创建动作的方法为幻灯片添加超链接。

第 4 篇　演示与发布篇

第 11 章　PPT 的放映

本章 8 段教学视频

制作好的幻灯片通过检查之后就可以播放使用了，掌握幻灯片播放的方法与技巧并灵活使用，可以达到意想不到的效果。本章主要介绍 PPT 放映的一些设置方法，包括演示方式、开始演示幻灯片的方法及添加备注等内容。用户通过对这些内容的学习，能够更好地提高演示效率。在公众场合进行 PPT 的放映之前需要掌握好 PPT 演示的时间，以便符合整个展示或演讲的需要。本章介绍排练计时等 PPT 自动演示的操作方法。

第 12 章　PPT 的打印与输出

本章 5 段教学视频

通过 PowerPoint 2019 新增的幻灯片分节显示功能可以更好地管理幻灯片。幻灯片除了可以在计算机屏幕上做电子展示外，还可以被打印出来长期保存。另外，通过发布幻灯片能够轻松共享和打印这些文件。

第5篇　案例实战篇

第13章　报告型PPT实战

本章3段教学视频

大量的数据容易使观众产生疲倦感和排斥感，可以通过各种图表和图形，将这些数据以最直观的形式展示给观众，让观众快速地明白这些数据之间的关联及更深层的含义。

第14章　简单实用型PPT实战

本章3段教学视频

华丽的外表是为了吸引观众关注PPT的内容，使用PPT向观众传达信息时，首先要考虑内容的实用性和易读性，不仅要使观众明白要表达的意思，而且要让观众有所收获，得到有价值的信息。

第15章　展示型PPT实战

本章3段教学视频

PPT既是传达信息的载体，也是展示个性的平台。在PPT中，用户的创意可以通过内容或图示来展示，用户的心情可以通过配色来表达。尽情发挥出自己的创意，就可以制作出令人惊叹的绚丽PPT。

第 6 篇　高手秘籍篇

第 16 章　快速设计 PPT 中元素的秘籍

本章 3 段教学视频

PPT 中除了内容，给人最直观的印象就是模板，合适的模板可以更有效地烘托内容。模板由背景及其他一些元素组成，但设计模板不只是设计人员的事情，掌握了本章所讲述的这些工具，任何人都可以进行设计。

第 17 章　Office 的跨平台应用——移动办公

本章 5 段教学视频

使用智能手机、平板电脑等移动设备，可以轻松跨越 Windows 操作系统平台，随时随地进行移动办公，不仅方便快捷，而且不受地域限制。本章介绍在手机中处理邮件、使用手机 QQ 协助办公及在手机中处理办公文档的操作。

高手支招

第 0 章 PPT 最佳学习方法

本章导读

外出做报告不仅展示了技巧，也体现出个人素质。有声有色的报告常常会令人印象深刻，从而使报告达到最佳效果。要做到这一点，制作一个好的幻灯片是基础。在介绍 PPT 之前，先来了解 PPT 的最佳学习方法。

思维导图

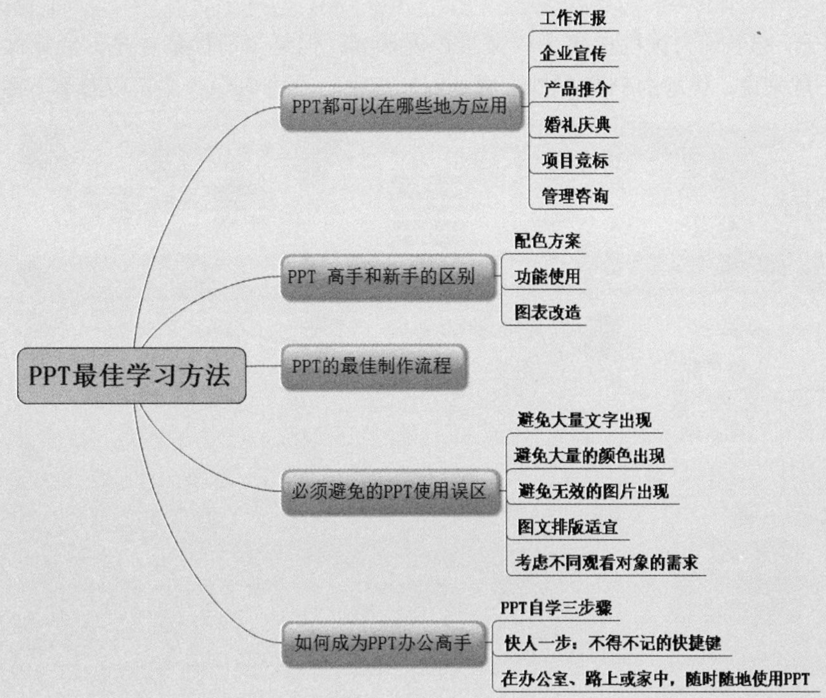

0.1 PPT 都可以在哪些地方应用

Microsoft Office PowerPoint 是微软公司的演示文稿软件。用户可以在投影仪或计算机上进行演示，也可以将演示文稿打印出来，制作成胶片，以便应用到更广泛的领域中。利用 Microsoft Office PowerPoint 不仅可以创建演示文稿，还可以在互联网上召开面对面会议、远程会议或在网上给观众展示演示文稿。Microsoft Office PowerPoint 做出来的文档称为演示文稿，其格式后缀名为 ppt、pptx；或者也可以保存为 pdf、图片格式等；2010 版及以上版本中可保存为视频格式。演示文稿中的每一页称为幻灯片，每张幻灯片都是演示文稿中既相互独立又相互联系的内容。

一套完整的 PPT 文件一般包含片头动画、PPT 封面、前言、目录、过渡页、图表页、图片页、文字页、封底、片尾动画等；所采用的素材有文字、图片、图表、动画、声音、影片等。近年来，PPT 的应用水平逐步提高，应用领域越来越广，如工作汇报、企业宣传、产品推介、婚礼庆典、项目竞标、管理咨询等。PPT 正成为人们工作、生活的重要组成部分。

0.2 PPT 高手和新手的区别

可以说 PPT 的表现力远胜过单一的文字表现形式，但这个前提条件是，要能做出优秀的 PPT 图表。一般来说，优秀的 PPT 是什么样的呢？高手制作的 PPT 效果可以参看下图。

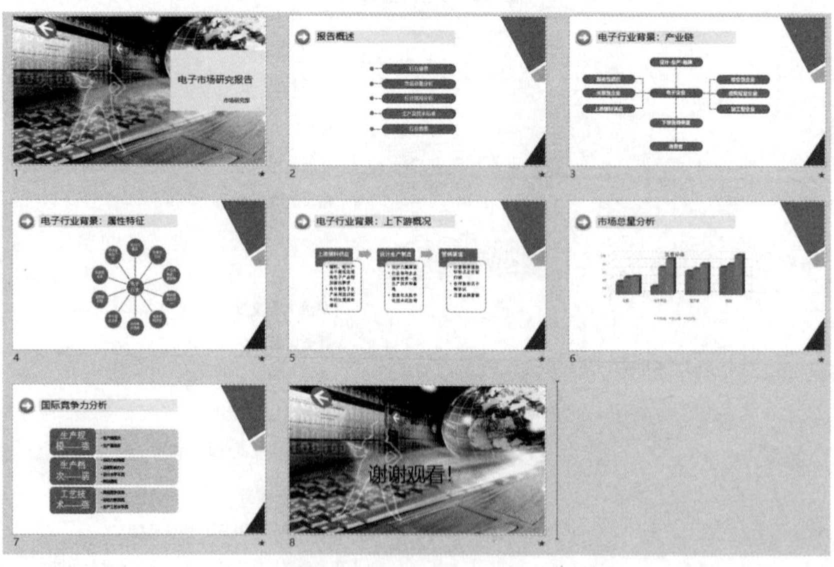

而新手制作的 PPT 一般是什么样的呢？可以参看下图。

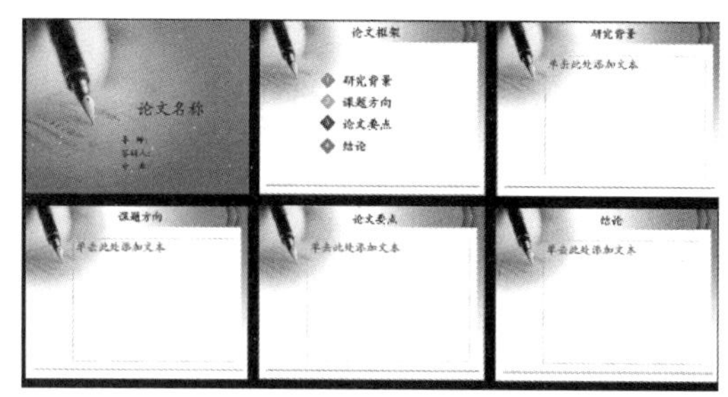

高手和新手制作的 PPT 主要在配色方案、功能使用和图表改造能力 3 个方面存在差距，下表列举了一些高手和新手在制作 PPT 时的想法。

新手会想	高手会想
母版是哪里下载的？	为什么用这个母版？
背景主题能不能复制过来？	背景主题和论点是否协调？
动画特效我要是能做出来就好了！	动画对沟通有帮助吗？
他的图表怎么就这么漂亮呢？	有更合理的图表来表达观点吗？
这个字体哪里来的？	字体字形对观众阅读有影响吗？
色彩该怎么调整才好看呢？	光影设置如何和现场灯光匹配？
PPT真漂亮啊！	PPT有说服力吗？
... ...	... ...

0.3 PPT 的最佳制作流程

制作 PPT，不仅靠技术，而且靠创意、理念及内容的展现方式。首先需要明确你要做什么，怎么样去做。下图是制作 PPT 的最佳流程，在掌握了基本操作之后，再结合这些流程，进一步融合独特的想法和创意，就可以制作出令人惊叹的 PPT 了。

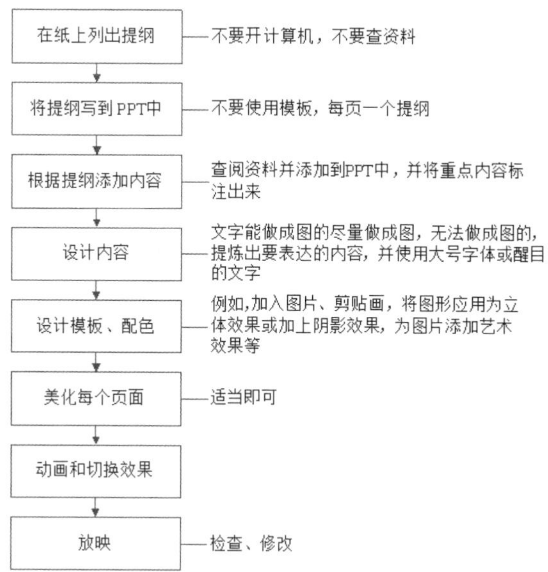

0.4 必须避免的 PPT 使用误区

（1）避免大量文字出现

措施：提取关键词，详细的解说由主持人背诵，或者添加在 PPT 下方的备注中。

（2）避免大量的颜色出现

措施：一个 PPT 中的颜色尽量不要太花哨，一页 PPT 中的图文颜色搭配尽量合理，图文颜色不要太接近。

（3）避免无效的图片出现

措施：利用 PPT 中自带的形状工具或者用 Photoshop 进行抠图，去除杂项。

（4）图文排版适宜

措施：建议详细阅读 PPT 相关学习书籍，参看好的 PPT 演示文稿。

（5）考虑不同观看对象的需求

措施：区分对象，然后找好一个主题，确定一个风格，如 PPT 是给自己看的，还是给观众，或者是上司。商务类 PPT 尽量避免动漫卡通人物出现，文字宜用非衬线字体。

0.5 如何成为 PPT 办公高手

想成为 PPT 办公高手可以遵循以下的步骤来进行。

1. PPT 自学三步骤

第一步：配色方案。

配色是否美观是一个相对的概念，没有固定的标准，在不同的 PPT 中有不同的美的标准，但有两点却是有共性的：呼应主题和色彩统一。什么是呼应主题呢？就是指在为 PPT 中的图表选择色彩时，要考虑 PPT 的整体配色。

第二步：功能使用。

虽然 PowerPoint 提供了很多种图表类型，但 95% 的人可能只用到了常见的几种，如饼图、柱状图、折线图，并且只会进行简单的配色修改或者大小修改等。但在实际制作的过程中是需要根据功能选择合适的图表类型的。

第三步：图表改造。

图表的用法就那么多，需要对其进行改造，才能制作出与众不同的效果。

2. 快人一步：不得不记的快捷键

如果要更好地学习 PPT 制作，需要先熟练掌握 PPT 的各种快捷键，这会让你快人一步。

（1）PPT 编辑

【Ctrl+T】组合键：在小写或大写之间更改字符格式。

【Shift+F3】组合键：更改字母大小写。

【Ctrl+B】组合键：应用粗体格式。

【Ctrl+U】组合键：应用下画线。

【Ctrl+I】组合键：应用斜体格式。

【Ctrl+=】组合键：应用下标格式（自动调整间距）。

【Ctrl+Shift++】组合键：应用上标格式（自动调整间距）。

【Ctrl+Space】组合键：删除手动字符格式，如下标和上标。

【Ctrl+Shift+C】组合键：复制文本格式。

【Ctrl+Shift+V】组合键：粘贴文本格式。

【Ctrl+E】组合键：居中对齐段落。

【Ctrl+J】组合键：使段落两端对齐。

【Ctrl+L】组合键：使段落左对齐。

【Ctrl+R】组合键：使段落右对齐。

（2）PPT 放映

【N】键、【Enter】键、【Page Down】键、右箭头键（→）、下箭头键（↓）或【Space】键：进行下一个动画或切换到下一张幻灯片。

【P】键、【Page Up】键、左箭头键（←）、上箭头键（↑）或【Backspace】键：进行上一个动画或返回上一张幻灯片。

【B】键或句号键（。）：黑屏或从黑屏返回幻灯片放映。

【W】键或逗号键（，）：白屏或从白屏返回幻灯片放映。

【S】键或加号键（+）：停止或重新启动自动幻灯片放映。

【Esc】键、【Ctrl+Break】组合键或连字符键(-)：退出幻灯片放映。

【E】键：擦除屏幕上的注释。

【H】键：到下一张隐藏幻灯片。

【T】键：排练时设置新的时间。

【O】键：排练时使用原设置时间。

【M】键：排练时使用鼠标单击切换到下一张幻灯片。

【Ctrl+P】组合键：重新显示隐藏的指针或将指针改变成绘图笔。

【Ctrl+A】组合键：重新显示隐藏的指针或将指针改变成箭头。

【Ctrl+H】组合键：立即隐藏指针和按钮。

【Ctrl+U】组合键：在 15 秒内隐藏指针和按钮。

【Shift+F10】组合键：相当于右击，显示右键快捷菜单。

【Tab】键：转到幻灯片上的第一个或下一个超链接。

【Shift+Tab】组合键：转到幻灯片上的最后一个或上一个超链接。

（3）浏览演示文稿

【Tab】键：在 Web 演示文稿的超链接、“地址”栏和“链接”栏之间进行切换。

【Shift+Tab】组合键：在 Web 演示文稿的超链接、“地址”栏和“链接”栏之间反方向进行切换。

【Enter】键：执行选定超链接的“鼠标单击”操作。

【Space】键：转到下一张幻灯片。

【Backspace】键：转到上一张幻灯片。

（4）邮件发送 PPT

【Alt+S】组合键：将当前演示文稿作为电子邮件发送。

【Ctrl+Shift+B】组合键：打开“通讯簿”。

【Alt+K】组合键：在“通讯簿”中选择“收件人”“抄送”和“密件抄送”栏中的姓名。

【Tab】键：选择电子邮件头的下一个框，如果电子邮件头的最后一个框处于激活状态，则选择邮件正文。

【Shift+Tab】组合键：选择邮件头中的前一个字段或按钮。

3. 在办公室、路上或家中，随时随地使用 PPT

Microsoft Office 2019 将以众多创新功能为用户带来简单、智能、高效的工作体验，无论是在家中、办公室、学校或是在路上，Microsoft Office 2019 都将为用户提供一致的同步体验，使用户随时跟上生活的节奏。

通过 Broadcast Slide Show 功能，全新 PowerPoint 2019 能够通过浏览器向众多的远程观众播放 PowerPoint 2019 幻灯片——即使他们没有 PowerPoint。

另外 Microsoft Office PowerPoint 除了桌面版本以外，还有移动终端版本，大家可以在任何一部手机或者平板电脑上使用 Microsoft Office PowerPoint 软件，并使用 Microsoft Office PowerPoint 自带的云端存储功能来共享文件，如下图所示。

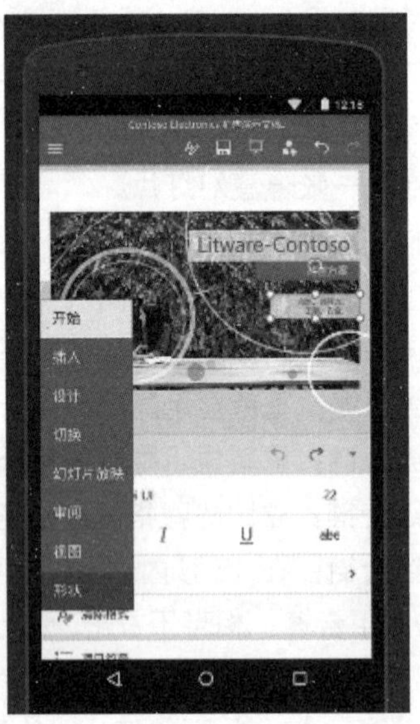

第1篇

快速入门篇

第 1 章　好看的 PPT，不一定就是好 PPT

第 2 章　策划——赢在起跑线

第 3 章　快速上手——PowerPoint 2019 的安装与设置

第 4 章　PowerPoint 2019 的基本操作

本篇主要介绍 PowerPoint 2019 的基本操作。通过本篇的学习，读者可以掌握如何在 PowerPoint 2019 中制作好的 PPT、PPT 如何策划，以及 PowerPoint 2019 的安装与设置等操作。

第 1 章 好看的 PPT，不一定就是好 PPT

本章导读

一份外观漂亮的 PPT 不一定就是一份好的 PPT。好的 PPT 不仅仅是外观漂亮，还应做到目标明确、形式合理、逻辑清晰等，而且在制作 PPT 时也要牢记一些原则。本章将介绍如何制作一份好的 PPT。

思维导图

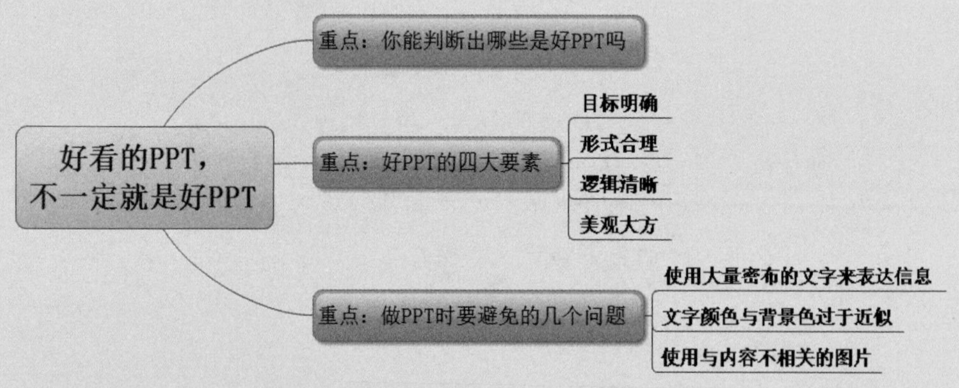

1.1 重点：你能判断出哪些是好 PPT 吗

随着在工作和学习中使用 PPT 的频率越来越高，PPT 愈发显得重要。比起几十页的 Word 文件，几页就能表现要点，并提供更丰富的视觉化表达方式的 PPT 成为更多人的首选。特别是一个优秀的 PPT，更能给使用者和观众带来双重的收获。

一份优秀的 PPT 报告，可以打造一鸣惊人的效果，有效帮助用户实现人生价值、提升生活质量和提高工作效率。白领做幻灯片是为了工作需要，为了领导需要，为了客户需要。一份精彩的 PPT 报告，有助于你明确工作目标、缩减时间、有效沟通，使观众容易接受。这些都可以帮助你取得好的工作成绩，在职场上一步一步走向成功！

优秀的 PPT 不仅可以展现你的精彩创意，还能展现你的职场态度。此刻就让我们一起学习制作和使用优秀的 PPT 吧！

1.2 重点：好 PPT 的四大要素

制作一个优秀的 PPT 必须具备以下 4 个要素。

1. 目标明确

制作 PPT 通常是为了追求简洁、明朗的表达效果，以便有效地协助沟通。因此，制作一个优秀的 PPT 必须先确定一个合理明确的目标，如下图所示。

一旦确定了一个合理明确的目标，在制作 PPT 的过程中就不会出现偏离主题，制作出多页无用内容的幻灯片的情况，也不会在一个文件中讨论多个复杂问题。

2. 形式合理

PPT 主要有两种用法：一是辅助现场演讲的演示，二是直接发送给观众自己阅读。要保证达到理想的效果，就必须针对不同的用法选用合理的形式。

如果制作的 PPT 用于演讲现场，就要全力服务于演讲。制作的 PPT 要多用图表和图示，少用文字，以使演讲和演示相得益彰。还可以适当地运用特效及动画等功能，使演示效果更加理想，如下图所示。

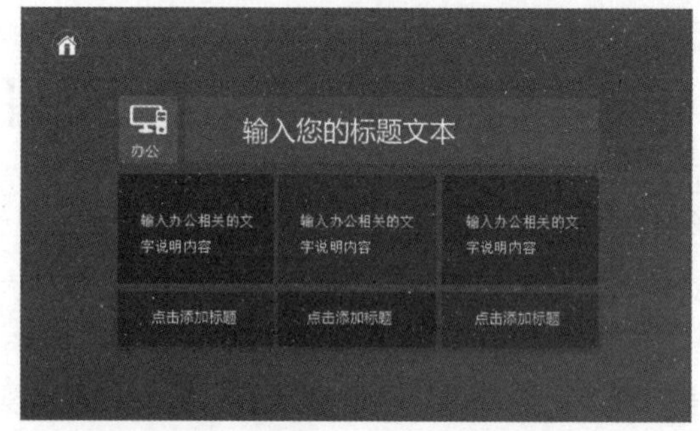

发送给多个人员阅读的演示文稿，必须使用简洁、清晰的文字引领读者理解制作者的思路。

3. 逻辑清晰

制作 PPT 的时候既要使内容齐全、简洁，又必须建立清晰、严谨的逻辑。可以遵循幻灯片的结构逻辑，也可以运用常见的分析图表法，如下图所示。

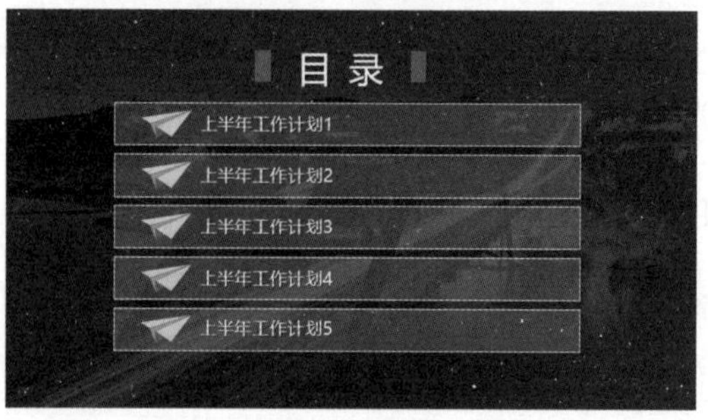

在遵循幻灯片的结构逻辑制作幻灯片时，通常一个 PPT 文件包含 10 ~ 30 张幻灯片，包含封面页、结束页和内容页等。制作的过程必须严格遵循大标题、小标题、正文、注释等内容的层级结构。

运用常见的分析图表法可以便于带领观众共同分析复杂的问题。常用的流程图和矩阵分析图等可以帮助排除情绪干扰，进一步厘清思路和寻找解决方案。通过运用分析图表法可以使演讲者表述更清晰，也使观众更便于理解。

4. 美观大方

要使制作的 PPT 美观大方，具体可以从色彩和布局两个方面进行设置。

色彩是一门大学问，也是一种很主观的事物。PPT 制作者在设置色彩时，要运用和谐但不张扬的颜色进行搭配。可以使用一些标准色，因为这些颜色是大众所能接受的颜色。同时，为了方便辨认，制作 PPT 时应尽量避免使用相近的颜色。

幻灯片的布局要简单、大方，将重点内容放在显著的位置，以便观众一眼就能够看到，如下图所示。

1.3 重点：做 PPT 时要避免的几个问题

一个优秀的 PPT 关键在于其设计思维，一个没有理解 PPT 设计思维的制作者做出的 PPT 是得不到好评的。

没有理解 PPT 设计思维的 PPT 首先会给人一种视觉垃圾的感受。造成这种感受的原因在于对幻灯片的用途、思路和逻辑认识得不够清晰，没有使用有效的材料或对汇报材料不够熟悉，表达方式不够好，缺乏一些美感等。

一个好的 PPT 制作的时候总结起来要做到“齐、整、简、适”。相对来说，导致 PPT 得不到好评的原因有很多，但其共同点都是“杂、乱、繁、过”。因此在制作 PPT 时要避免以下几点。

① 使用大量密布的文字来表达信息。结合相关图片分多张幻灯片介绍较好，如下图所示。

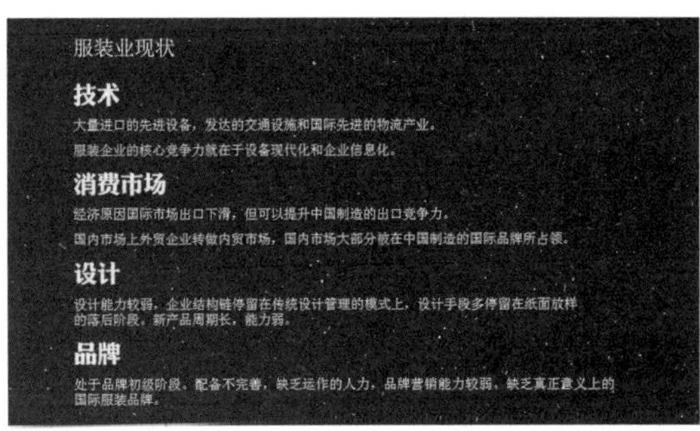

② 文字颜色与背景色过于近似，如下图中描述部分的文字颜色不够清晰。

③ 使用与内容不相关的图片，如下图所示。

◇ Word 与 PPT 的不同之处

Word 适合表现文字性的资料，但 PPT 能提供更丰富的视觉化表达方式。PPT 正是通过图形、色彩及动画等实现更丰富的视觉化表达方式。

下面简单通过表格对比 Word 与 PPT 的不同之处。

Word	PPT
堆积素材	突出关键
感性表达	理性说服
平面表达	立体表达

◇ 让 PPT 一目了然的方法

堆积较多的文字往往不能使 PPT 一目了然，下面介绍使 PPT 一目了然的思路和方法。

① 无论标题还是内容，一定要少要简洁。

② 突出关键，提炼要点。

③ 化繁杂内容为多张幻灯片，或重复利用图表、备注或特效等。

④ 统一使用标题、字体、字号、配色方案及模板风格等。

⑤ 少用特效。

第 2 章

策划——赢在起跑线

本章导读

想要制作出一个优秀的 PPT，不仅要熟练运用 PPT 软件，还要学一学 PPT 高手的设计理念，如了解 PPT 的制作流程，拥有一个好的构思和巧妙安排内容等。

思维导图

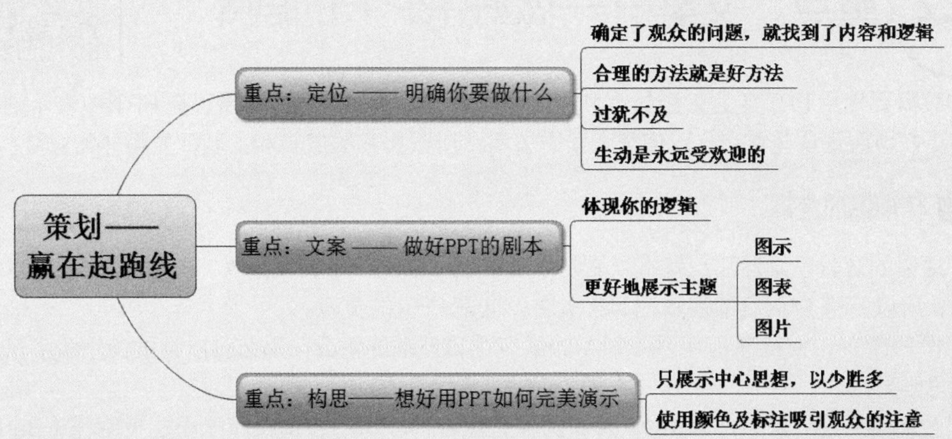

2.1 重点：定位——明确你要做什么

通常来说，PPT 的内容一般包括欢迎页面、提纲、项目的内容介绍和演示、结束语等几部分，这是典型的 PPT 结构，在很多场合下是比较适用的。如果是一次普通的技术交流，或是一次报告会，这样的中庸效果是完全可以接受的。但是在某些情况下，例如，我们的竞争对手要在我们的前面演讲，这时如果还按照这个结构来做，那么不但毫无新意，而且说多了会让人昏昏欲睡。因此首先需要定位——明确你要做什么。

（1）确定了观众的问题，就找到了内容和逻辑

跟所有的系统设计一样，确定目标观众，是首先要做的事情。了解观众，并非完全出于营销的目的，而是确定信息传播的切入点。

（2）合理的方法就是好方法

一般情况下，用文字越少越好，对于 PPT 的演讲者来说，这是很好的建议。在商业演示的环境中，图形化的表达会给人留下更深刻的印象。从人的认知角度来说，图形也是最容易让人明白的传达方式。

（3）过犹不及

制作 PPT 不宜过于花哨和复杂，否则达不到突出重点的效果。

（4）生动是永远受欢迎的

制作 PPT 与创作一篇作品、设计一件产品的思路没有太大的不同。你得清楚：观众是谁？他们关心什么问题？问题有哪些？哪些是重要的？该如何引入并呈现？接下来才考虑花多少时间去完成，需要做得完美吗；如果没有资源，该如何做；有哪些细节需要考虑或避免。

2.2 重点：文案——做好 PPT 的剧本

如果需要使用 PPT 传达大量的信息，就需要考虑如何将重点内容展现在 PPT 中演示，再考虑如何更好地展现这些重点，以使观众乐于去看。所以文案的逻辑和主题就显得非常重要。

1. 体现你的逻辑

如果你的逻辑思维混乱，就不可能制作出条理清晰的 PPT，观众看 PPT 也会一头雾水、不知所云，所以 PPT 中内容的逻辑性非常重要，这是 PPT 的灵魂。

制作 PPT 前，在梳理 PPT 观点时，如果有逻辑混乱的情况，那么可以尝试使用金字塔原理来创建思维导图。

“金字塔原理”是 1973 年由麦肯锡国际管理咨询公司的咨询顾问巴巴拉·明托（Barbara Minto）发明的，旨在阐述写作过程的组织原理，提倡按照读者的阅读习惯改善写作效果。因为主要思想总是从次要思想中概括出来的，文章中所有思想的理想组织结构也就必定是一个金字塔结构——由一个总的思想统领多组思想。在这种金字塔结构中，思想之间的联系方式可以是纵向的（即任何一个层次的思想都是对其下面一个层次思想的总结），也可以是横向的（即多

个思想因共同组成一个逻辑推断式，而被并列组织在一起）。

金字塔原理图如下图所示。

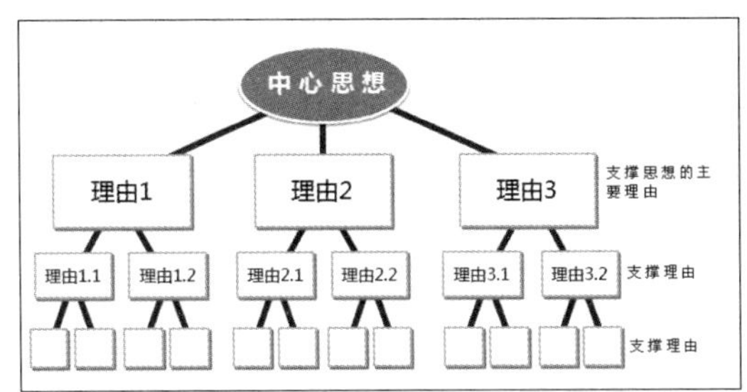

在厘清 PPT 制作思路后，可以运行此原理将要表现内容的提纲列出来，并在 PPT 中做成目录和导航的形式，使观众也能快速地明白你的意图。

2. 更好地展示主题

PPT 中内容的展示原则是“能用图，不用表；能用表，不用字”，所以要尽量避免大段的文字和密集的数据，将这些文字和数据尽可能地使用图示、图表和图片展示出来。

（1）图示

PowerPoint 2019 中提供了大量美观的 SmartArt 图形，如下图所示。这些图形分为列表、流程、循环、层次结构、关系、矩阵、棱锥图、图片等几大类，用户可以将插入 PPT 中的图片直接转换为上述这些形式。

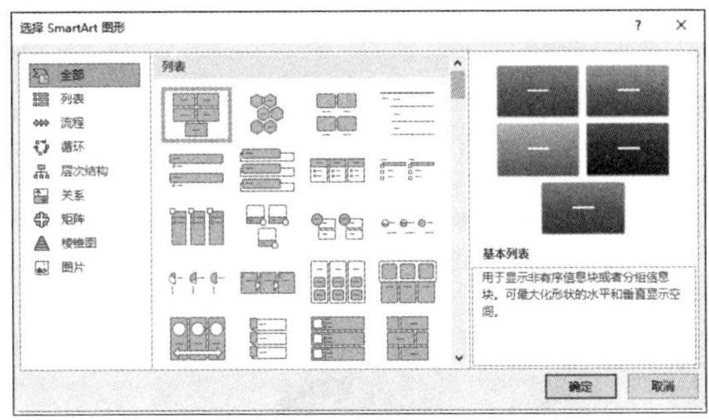

下图所示的幻灯片就使用了流程类型的 SmartArt 图形来展示高效沟通的步骤。

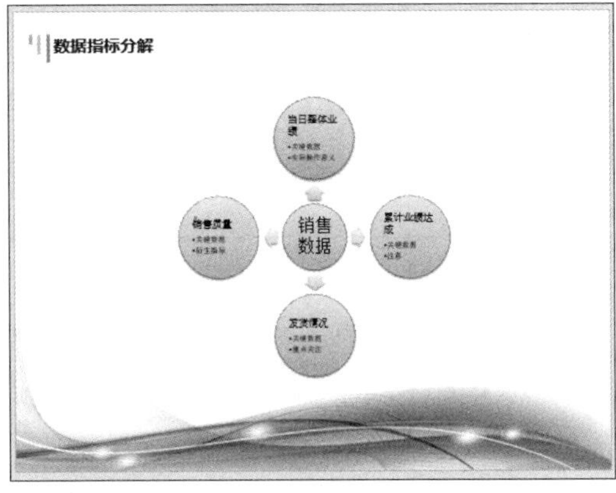

（2）图表

使用图表可以直观地展示数据，观众能一目了然，不再需要去看枯燥无味的数据。

PowerPoint 中提供了大量的图表类型供用户选择，使用最广泛的是柱形图、折线图和饼图，如下图所示。

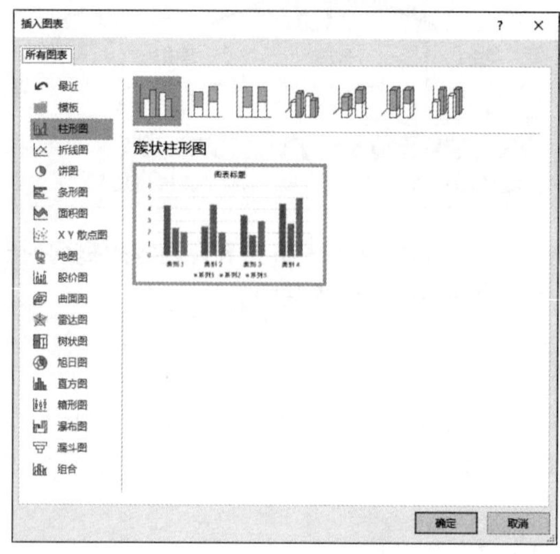

在使用图表时，要根据数据的类型和对比方式来选择图表的类型，如果使用了不合适的图表，反而会使演示的效果大打折扣。例如，柱形图通常用来表现同一时期不同种类的数据对比情况，折线图通常用来展示数据的上下浮动情况，饼图通常用来展示部分与整体、部分与部分之间的关系。

下图使用饼图来展示各个地区的销售情况，从此图表中可以看出各地区之间的销售对比情况，也可看出各地区在整体中所占的比例。

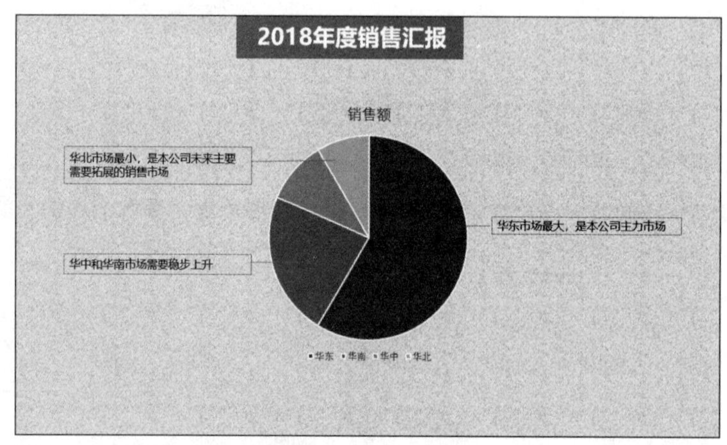

（3）图片

枯燥的文字容易使人昏昏欲睡，若使用图片来代替部分文字的功效，就会事半功倍。

在下图所示的幻灯片中就用了图片来展示产品，这比使用纯文字更能吸引观众的注意。

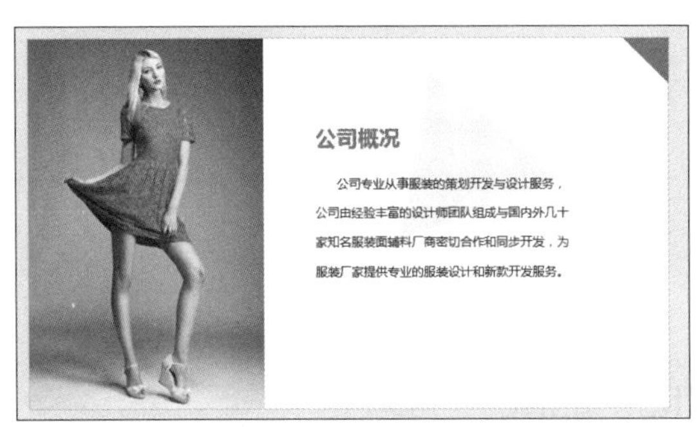

用户要充分利用手边的素材，使自己制作的 PPT 与众不同。

2.3 重点：构思——想好用 PPT 如何完美演示

制作 PPT 前，先要厘清头绪，要清楚地知道做这个 PPT 的目的及要通过 PPT 给观众传达什么样的信息。例如，要制作一个业绩报告的 PPT，重要的就是给观众传达业绩数据。

清楚了要表达的内容后，就先将这些记录在纸上，如下图所示，然后再看一遍，检查有没有遗漏的内容或者不妥的内容。

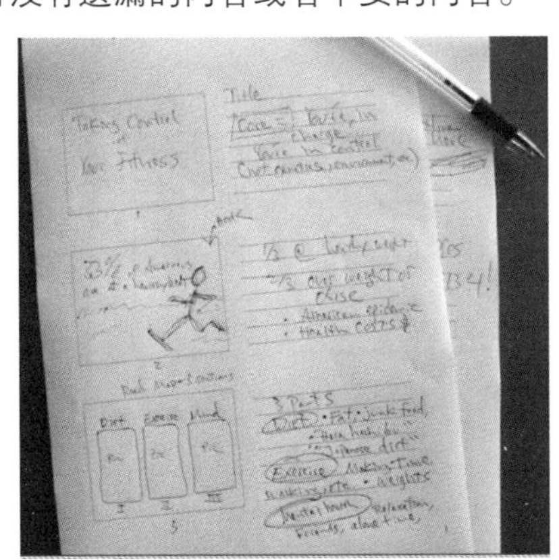

有些 PPT 中的内容，观众即使从头到尾认认真真地观看，也难以从中找出重点，这是因为 PPT 中的文字内容太多、重点太多，反而体现不出主要的、想表达的思想。可以通过下面的方法在 PPT 中展示重点内容。

1. 只展示中心思想，以少胜多

下图所示的幻灯片中，以大字体、不同的颜色来展示所要表达的中心思想，这比长篇大论更容易使人接受。

2. 使用颜色及标注吸引观众的注意

在比较多的文字或数据中，观众需要看完才能了解到重点。在制作 PPT 时，不妨将这些重要的信息以不同的颜色、不同的字号突出显示，使观众一目了然，如下图所示。

◇ 新功能：使用 Office 新增的主题颜色

Office 2019 中新增了一款“黑色”的主题颜色，这里以 PPT 为例来体验一下 Office 新增的黑色主题。

第 1 步 启动 PowerPoint 2019，新建一个空白演示文稿，选择【文件】选项卡，在左侧列表中选择【账户】选项，在“账户”界面中单击【Office 主题】下拉按钮，在弹出的下拉列表中选择【黑色】选项，如下图所示。

第 2 步 返回 PowerPoint 的工作界面，即可看到应用“黑色”主题后的界面效果，如下图所示。

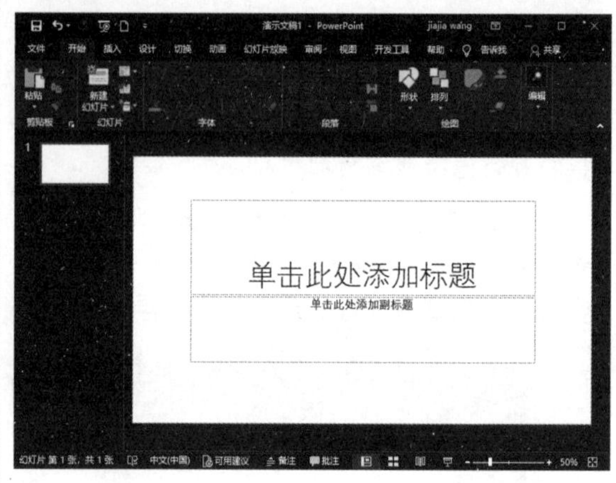

第 3 章

快速上手——PowerPoint 2019 的安装与设置

本章导读

PowerPoint 2019 是微软公司推出的 Office 2019 办公系列软件的一个重要组成部分，主要用于幻灯片制作。本章主要介绍 PowerPoint 2019 的安装与卸载、启动与退出、Microsoft 账户、PowerPoint 2019 的工作界面、修改默认设置等操作。

思维导图

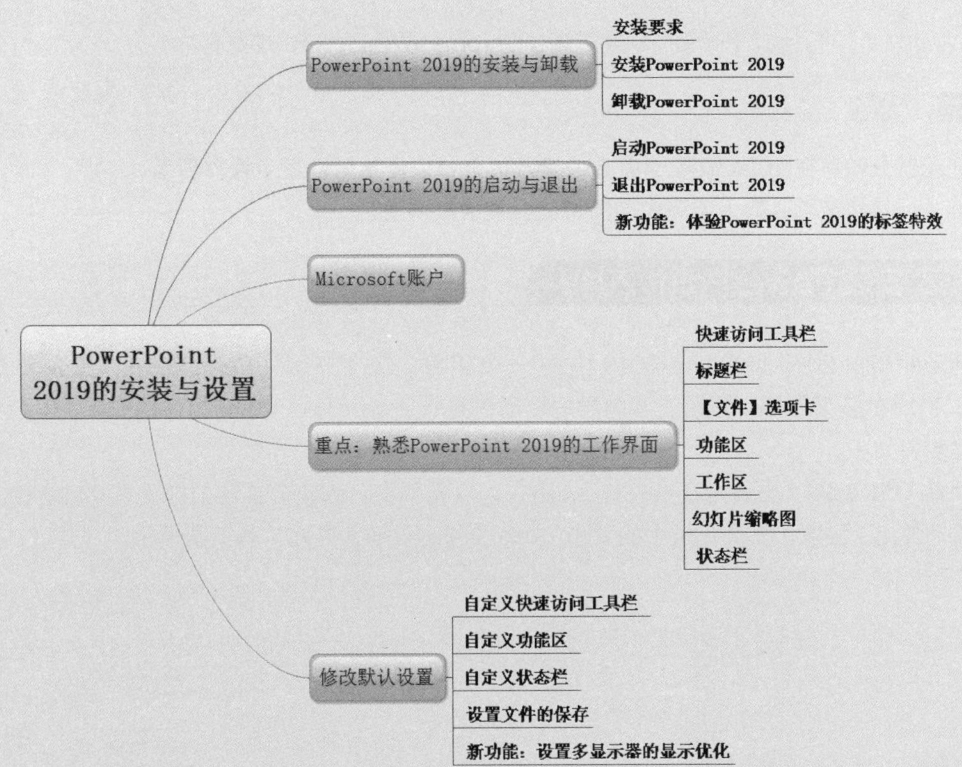

3.1 PowerPoint 2019 的安装与卸载

在使用软件之前，首先要将软件移植到计算机中，此过程为安装。如果不想使用此软件，可以将软件从计算机中清除掉，此过程为卸载。本节就来讲解 PowerPoint 2019 的安装和卸载。

3.1.1 安装要求

如果要安装 PowerPoint 2019，计算机硬件和软件的配置要达到以下要求才能安装和顺利运行 PowerPoint 2019。

1. CPU 和内存

CPU 的主频建议在 1GHz 或以上处理器，包含 SSE2 指令集；内存建议 2GB 或更高，目前大部分计算机基本上都满足这个要求。

2. 操作系统

Office 2019 仅能运行在 Windows 10 操作系统上。

3. 硬盘可用空间

至少要有 3.5GB 的可用硬盘空间。

4. 浏览器

Windows 10 Edge、Firefox35 或更高、Chrome 或更高、IE9 或更高。

5. 其他

显示器分辨率在 1024 像素 ×768 像素及以上，以便更好地显示操作界面。

要求计算机能够联网，因为安装后可能会需要联网激活。

3.1.2 安装 PowerPoint 2019

PowerPoint 2019 是 Office 2019 中的一个组件，安装 PowerPoint 2019，首先要启动 Office 2019 的安装程序，按照安装向导的提示来完成 PowerPoint 2019 组件的安装，安装的具体操作步骤如下。

第 1 步 将 Office 2019 安装光盘放入计算机的 DVD 光驱中，系统会自动弹出安装启动界面。如果不自动弹出，则双击安装目录中的 setup.exe 文件进入准备界面，如下图所示。

第 2 步 几秒钟后弹出【Office】对话框，出现安装进度条，显示安装的进度，如下图所示。

第 3 步 安装完毕后弹出完成界面，单击【关闭】按钮，完成 Microsoft Office 2019 的安装，如下图所示。

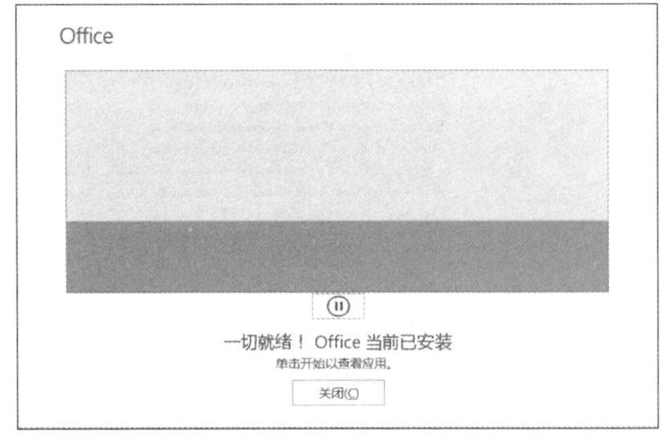

提示

初次运行 Office 2019 时需要进行联网激活。

3.1.3 卸载 PowerPoint 2019

如果不再使用 PowerPoint 2019，可以卸载 Office 程序以释放其所占用的硬盘空间，具体操作步骤如下。

第 1 步 选择【开始】→【Windows 系统】→【控制面板】命令，如下图所示。

第 2 步 打开【所有控制面板项】窗口，单击【程序和功能】链接，如下图所示。

第 3 步 弹出【程序和功能】窗口，选择【Microsoft Office Professional Plus 2019 – zh– cn】选项，然后单击【卸载】按钮 卸载 ，如下图所示。

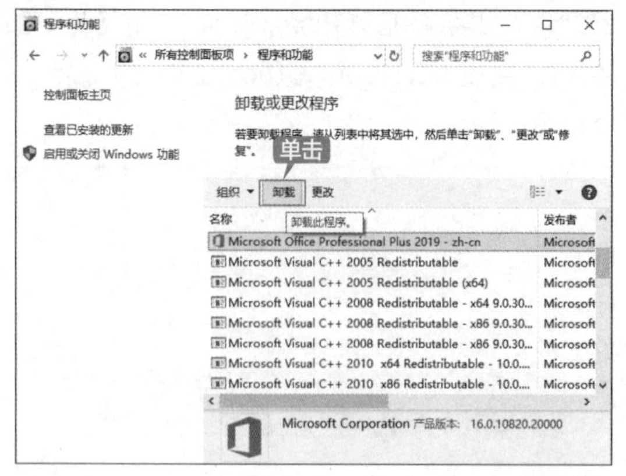

第 4 步 弹出【准备卸载？】界面，单击【卸载】按钮，如下图所示。

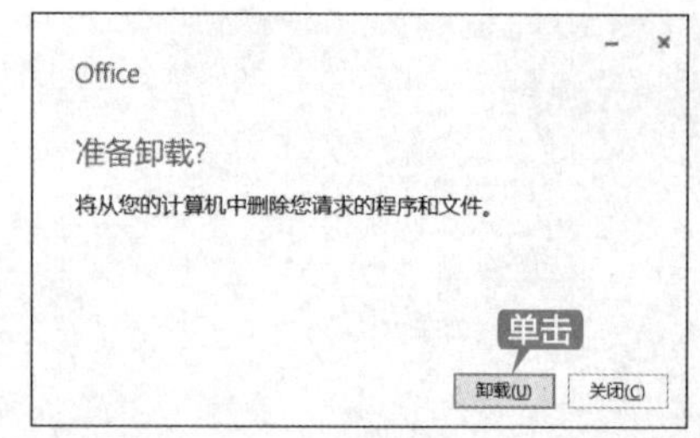

第 5 步 弹出【正在卸载】界面显示卸载的进度条，卸载完毕后，单击【关闭】按钮即可，如下图所示。

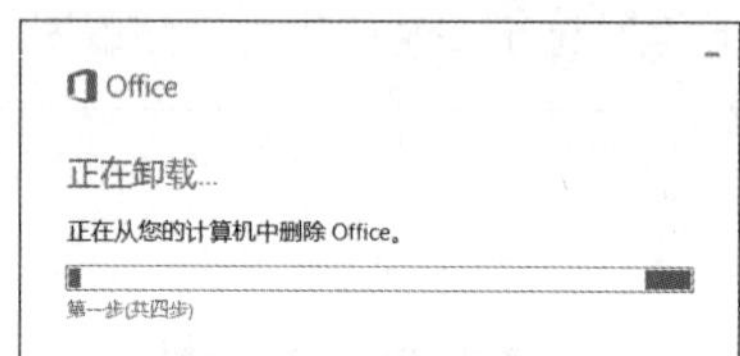

3.2 PowerPoint 2019 的启动与退出

本节介绍如何启动和退出 PowerPoint 2019。

3.2.1 启动 PowerPoint 2019

在成功安装了 Office 2019 办公软件中的 PowerPoint 组件后，接下来就可以启动 PowerPoint 2019，启动的方法有以下 3 种。

① 从【开始】菜单启动。在【开始】菜单中选择【P】→【PowerPoint】选项，启动 PowerPoint 2019，如下图所示。

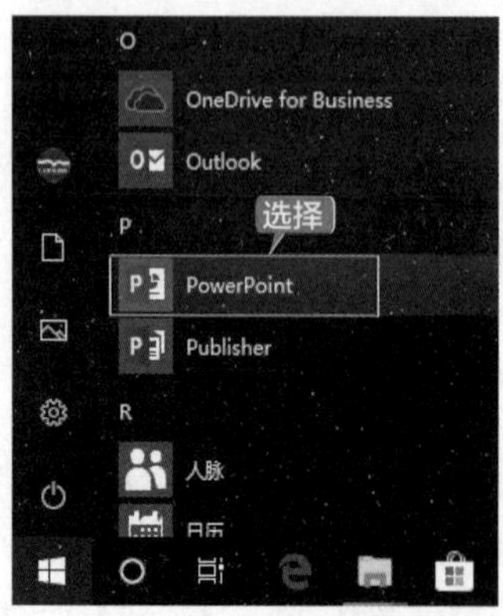

② 通过打开 PowerPoint 文档启动。在计算机中找到并双击一个已存在的 PowerPoint 文档（扩展名为 .pptx）的图标，可以启动 PowerPoint 2019。

③ 从桌面快捷方式启动。双击桌面上的快捷图标，可快速启动 PowerPoint 2019，如下图所示。

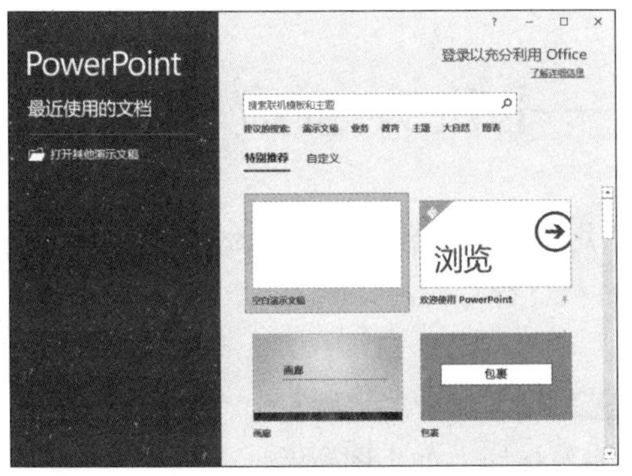

提示

要使用第 3 种方法，首先要在桌面创建 PowerPoint 2019 的快捷图标：在 PowerPoint 2019 的安装位置选中启动图标并右击，在弹出的快捷菜单中选择【发送到】→【桌面快捷方式】选项，即可在桌面上创建 PowerPoint 2019 的快捷方式。

3.2.2 退出 PowerPoint 2019

退出 PowerPoint 2019 的方法有以下 4 种。

① 选择【文件】选项卡，在弹出的界面左侧列表中选择【关闭】选项，如下图所示。

② 单击标题栏中的【关闭】按钮 退出，如下图所示。

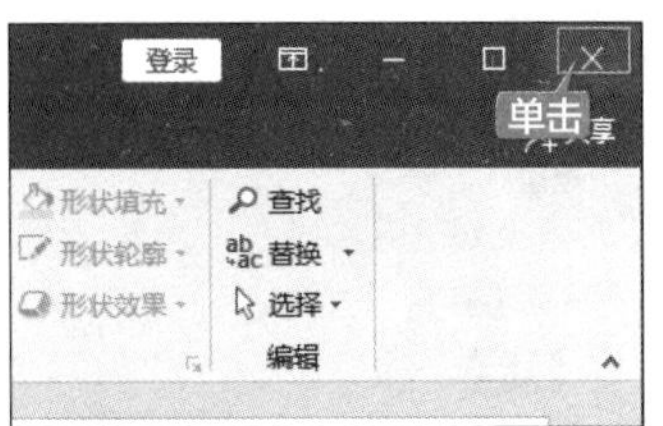

③ 在标题栏的空白位置处右击，在弹出的快捷菜单中选择【关闭】选项，如下图所示。

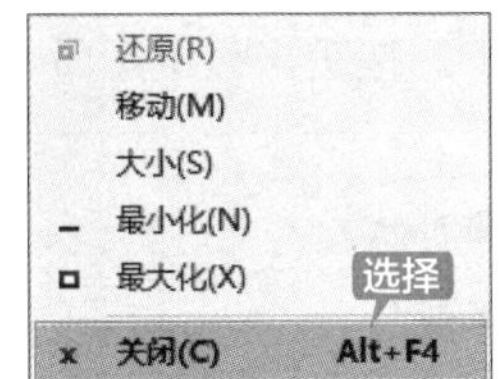

④ 单击 PowerPoint 2019 窗口，按【Alt+F4】组合键也可以退出 PowerPoint 2019，如下图所示。

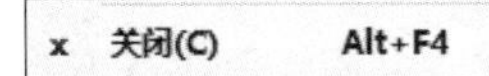

3.2.3 新功能：体验 PowerPoint 2019 的标签特效

标签特效是 Office 2019 的一大功能特点，为了配合 Windows10 系统窗口淡入淡出的动画效果，在 Office 2019 中也加入了许多类似的动画效果，体现在各个选项卡的切换及对话框的打开和关闭。例如，在 PowerPoint 中，单击【开始】选项卡【字体】组中的【字体】按钮，调用【字体】对话框，在打开和关闭【字体】对话框时，可以看到一种淡入淡出的动画效果。

3.3 随时随地办公的秘诀——Microsoft 账户

Office 2019 具有账户登录功能，在使用该功能前，用户需要注册一个 Microsoft 账户，登录账户后即可实现随时随地处理工作，还可以联机保存 Office 文件。

注册 Microsoft 账户的具体操作步骤如下。

第 1 步 打开 IE 浏览器，输入网址 http://login.live.com/，单击【创建一个！】超链接，如下图所示。

第 2 步 进入【创建账户】页面，设置账户名称，单击【下一步】按钮，如下图所示。

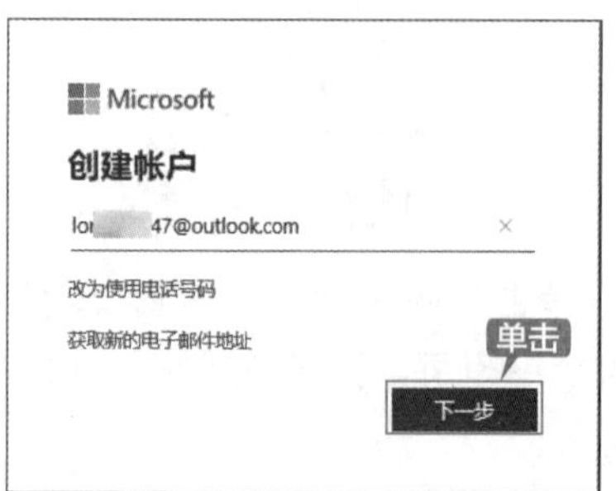

第 3 步 输入账户密码，单击【下一步】按钮，如下图所示。

第 4 步 输入账户的“姓”和“名”，单击【下一步】按钮，如下图所示。

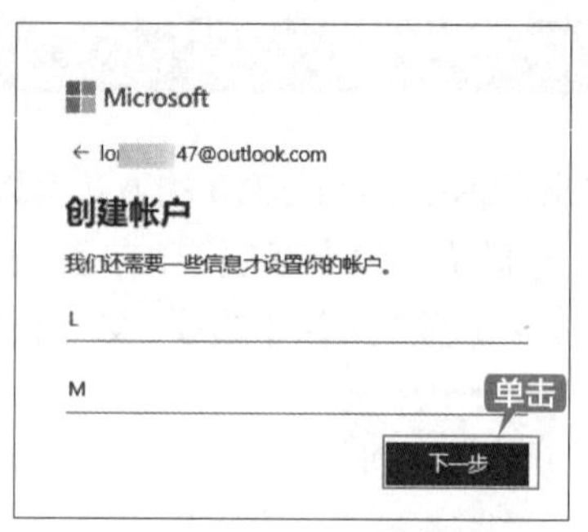

第 5 步 根据提示输入账户的信息，单击【下一步】按钮，如下图所示。

第 6 步 根据提示输入验证信息，单击【下一步】按钮，如下图所示。

第 7 步 根据提示输入常用的手机号，单击【发送代码】按钮，如下图所示。

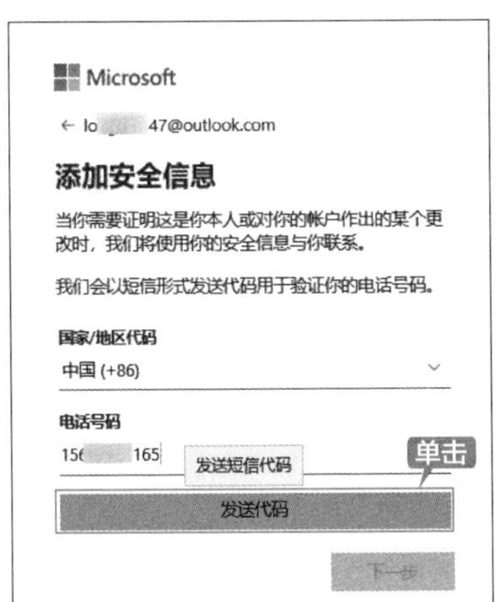

第 8 步 根据手机短信收到的代码，输入访问代码，单击【下一步】按钮，如下图所示。

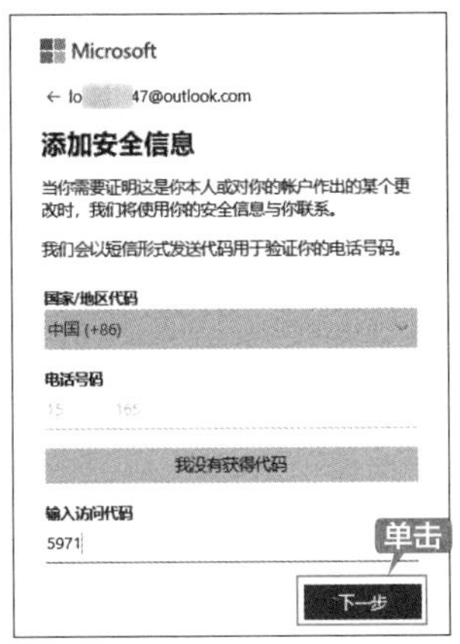

第 9 步 即可完成账户的创建，并进入该账户的主页，如下图所示。

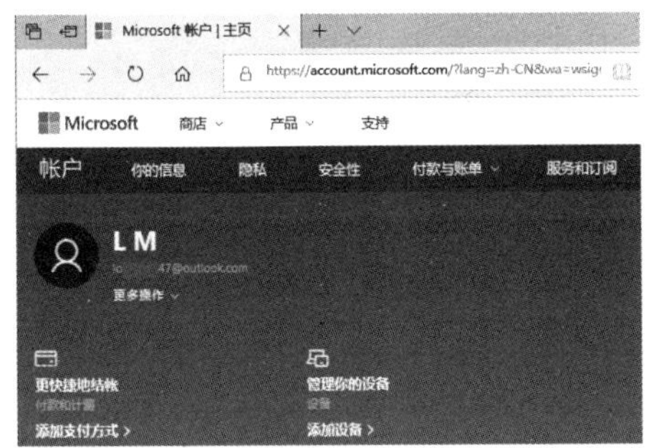

创建账户成功后即可使用账户登录 PowerPoint 2019，配置账户，具体操作步骤如下。

第 1 步 打开 PowerPoint 2019 软件，单击软件界面右上角的【登录】链接，如下图所示。

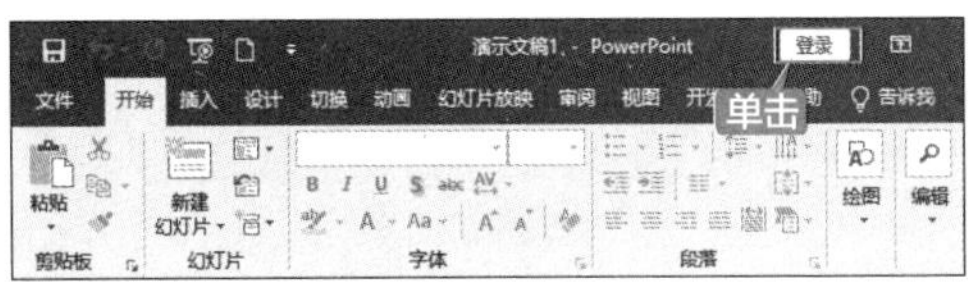

第 2 步 弹出【登录】界面，在文本框中输入电子邮件地址，单击【下一步】按钮，如下图所示。

第 3 步 在打开的界面中输入账户密码，单击【登录】按钮，如下图所示。

第 4 步 登录后在 PowerPoint 界面中选择【文件】选项卡，在弹出的界面左侧列表中选择【账户】选项，如下图所示。

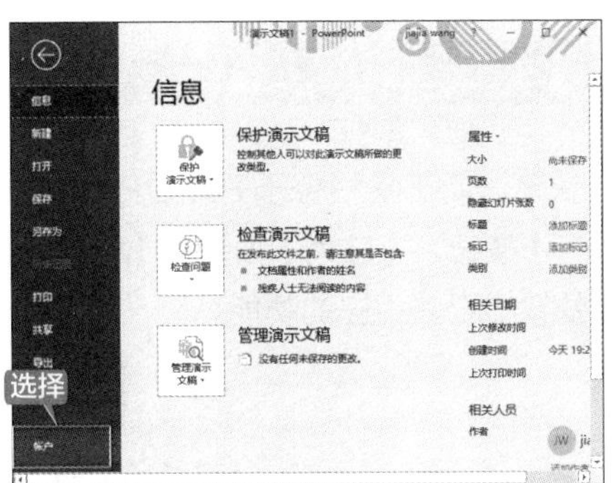

第 5 步 在【账户】界面就可以查看账户信息，并根据需要更改账户照片或者设置 Office 的背景或主题，如下图所示。

3.4 重点：熟悉 PowerPoint 2019 的工作界面

PowerPoint 2019 的工作界面由【文件】选项卡、快速访问工具栏、标题栏、功能区、工作区、幻灯片缩略图、状态栏等组成，如下图所示。

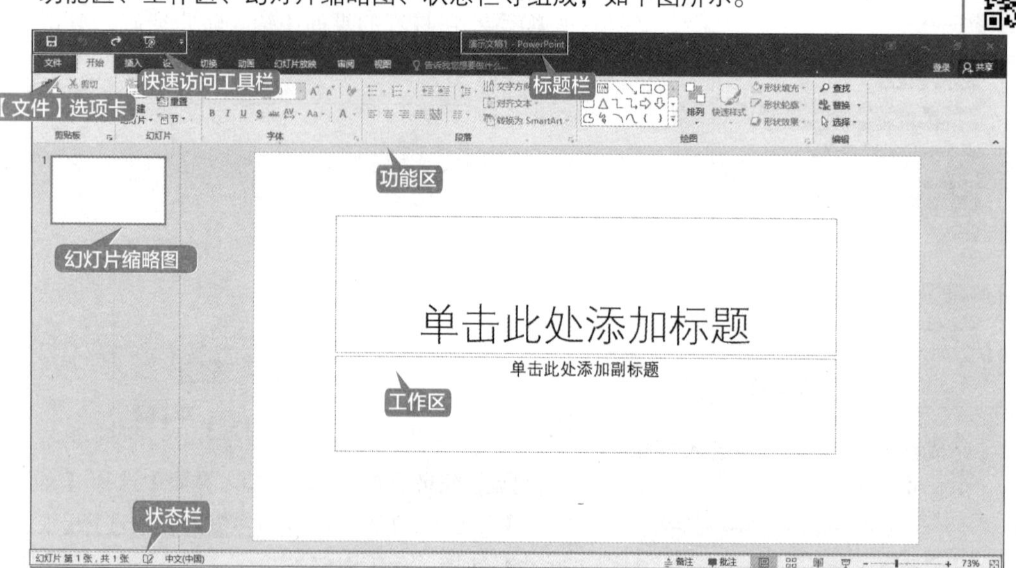

3.4.1 快速访问工具栏

快速访问工具栏位于 PowerPoint 2019 工作界面的左上角，由最常用的工具按钮组成，如【保存】按钮、【撤销】按钮和【恢复】按钮等，如下图所示。单击快速访问工具栏中的按钮，可以快速实现其相应的功能。

单击快速访问工具栏右侧的 下拉按钮，弹出【自定义快速访问工具栏】下拉列表，如下图所示。

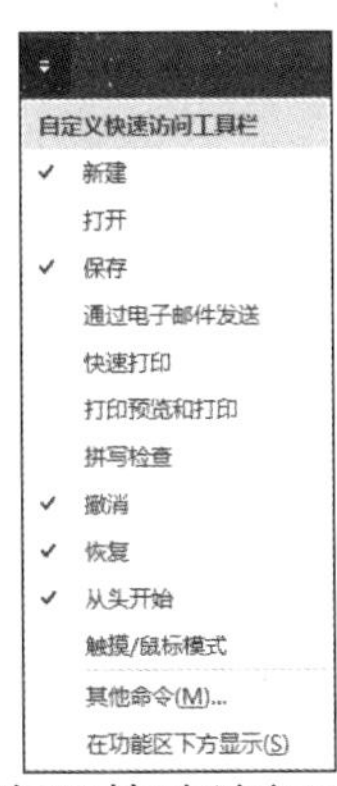

选择【自定义快速访问工具栏】下拉列表中的【新建】和【触摸 / 鼠标模式】之间的选项，可以添加或删除快速访问工具栏中的按钮，如选择【新建】选项，可以添加【新建】按钮到快速访问工具栏中。再次选择下拉列表中的【新建】选项，则可删除快速访问工具栏中的【新建】按钮，如下图所示。

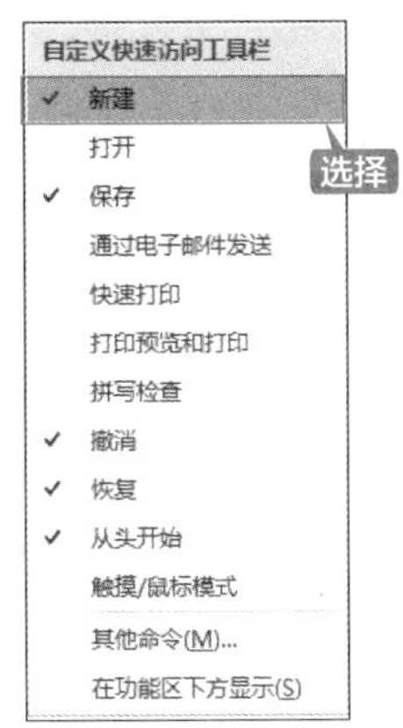

选择【自定义快速访问工具栏】下拉列表中的【常用命令】选项，弹出【PowerPoint 选项】对话框，通过该对话框也可以自定义快速访问工具栏，如下图所示。

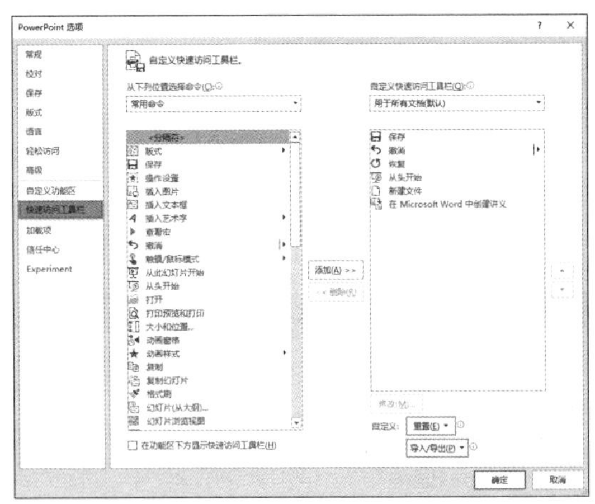

选择【自定义快速访问工具栏】下拉列表中的【在功能区下方显示】选项，可以将快速访问工具栏显示在功能区的下方，如下图所示。

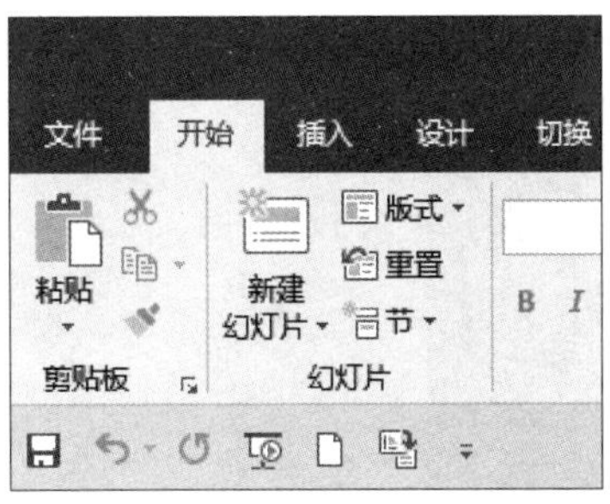

再次选择【在功能区下方显示】选项，则将快速访问工具栏恢复到功能区的上方显示，如下图所示。

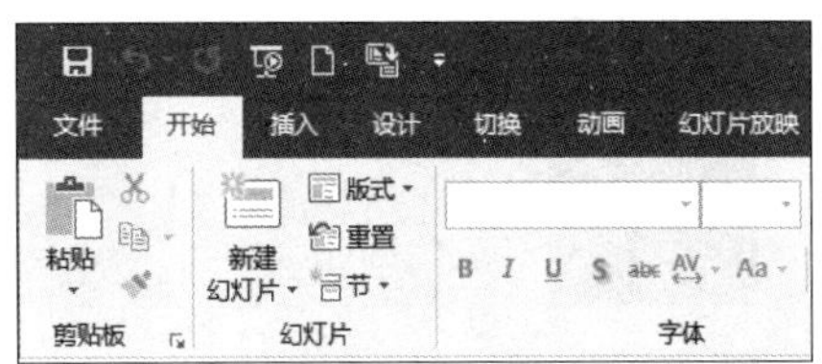

另外，通过在快速访问工具栏的按钮图标上右击，在弹出的快捷菜单中也可以进行相应的操作，如下图所示。

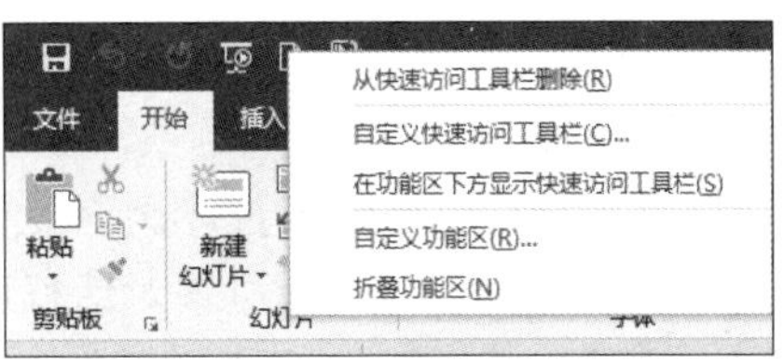

3.4.2 标题栏

标题栏位于快速访问工具栏的右侧，主要用于显示正在使用的文档名称、程序名称及窗口控制按钮等。在下图所示的标题栏中，“演示文稿 1”即为正在使用的文档名称，正在使用的程序名称是 PowerPoint。当文档被重命名后，标题栏中显示的文档名称也随之改变。

位于标题栏右侧的窗口控制按钮包括【最小化】按钮、【最大化】按钮（或【向下还原】按钮）和【关闭】按钮。当 PowerPoint 2019 工作界面最大化时，【最大化】按钮显示为【向下还原】按钮；当 PowerPoint 2019 工作界面被缩小时，【向下还原】按钮则显示为【最大化】按钮。

3.4.3 【文件】选项卡

【文件】选项卡位于功能区选项卡的左侧，选择该选项卡出现下图所示的界面。

【文件】选项卡中主要包括【信息】【新建】【打开】【保存】【另存为】【打印】【共享】【导出】【关闭】【账户】【反馈】【选项】和【扩展】选项。下面简单介绍一下常用选项的功能。

选择【保存】或【另存为】选项，进入【另存为】界面，选择【这台电脑】→【浏览】选项，弹出【另存为】对话框，通过该对话框可以对创建的文档进行保存，如下图所示。

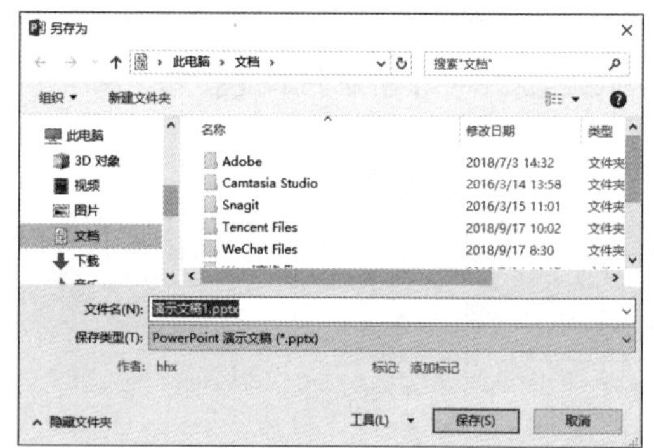

选择【打开】选项，进入【打开】界面，选择【这台电脑】→【浏览】选项，在弹出的【打开】对话框中可以选择要打开的演示文稿或幻灯片，如下图所示。

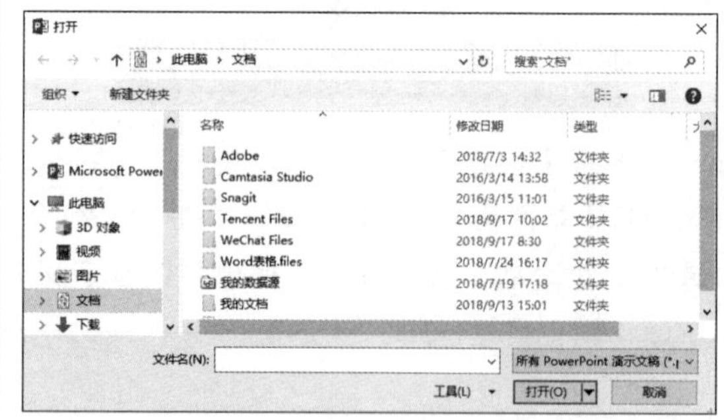

选择【关闭】选项，则可以直接关闭已打开的演示文稿或幻灯片，但没有退出 PowerPoint 2019，如下图所示。

选择【信息】选项，可以显示正在使用的文档的相关信息，用户可以对正在使用的文档进行管理，如可以对演示文稿的权限、属性等进行修改，如下图所示。

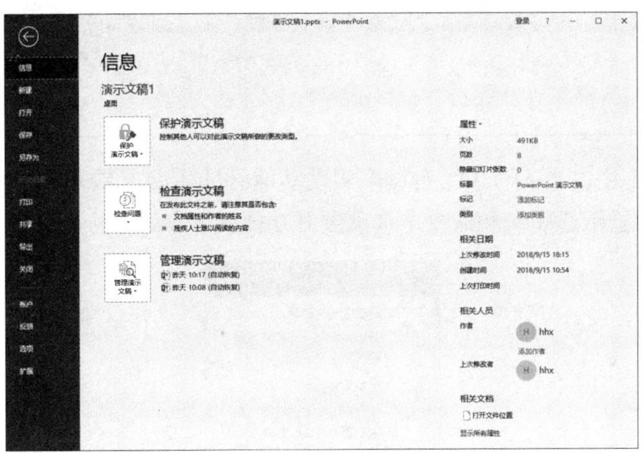

选择【新建】或【打印】选项，可以实现创建空白演示文稿或打印演示文稿。

选择【选项】选项，可以通过弹出的【PowerPoint 选项】对话框对 PowerPoint 2019 的【常规】【校对】【保存】【版式】等进行设置，如下图所示。

3.4.4 功能区

在 PowerPoint 2019 中，功能区位于快速访问工具栏的下方，通过功能区可以快速找到完成某项任务所需要的命令。

功能区主要包括功能区中的选项卡、各选项卡所包含的组及各组中所包含的命令或按钮。选项卡主要包括【开始】【插入】【设计】【切换】【动画】【幻灯片放映】【审阅】【视图】【开发工具】和【帮助】10 个选项卡，如下图所示。

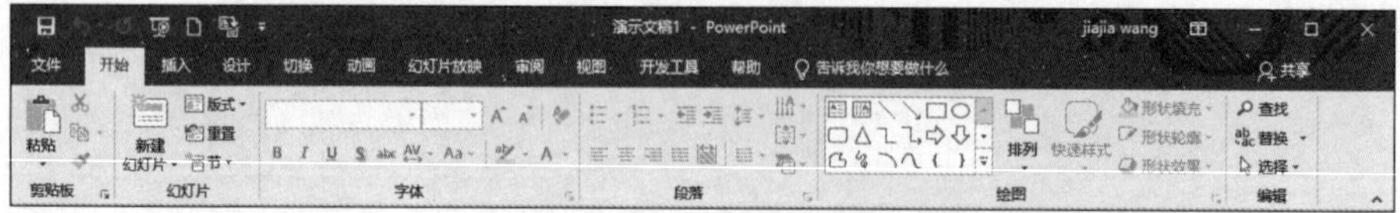

单击功能区右侧的【折叠功能区】按钮 ^ ，可以将功能区折叠，只显示选项卡，如下图所示。

用户可以通过使用【Ctrl+F1】组合键来实现功能区的折叠或展开，也可以通过选择【功能区显示选项】中的【显示选项卡和命令】选项展开功能区，如下图所示。

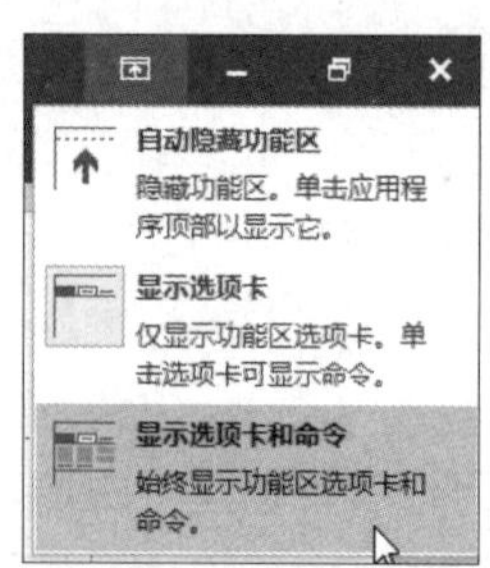

下面简单介绍一下各个选项卡。

1. 【开始】选项卡

【开始】选项卡中最常用的功能区有【剪贴板】【幻灯片】【字体】【段落】【绘图】和【编辑】等组，如下图所示。通过【开始】选项卡可以插入新幻灯片，将对象组合在一起以及设置幻灯片中的字体、段落等文本格式。

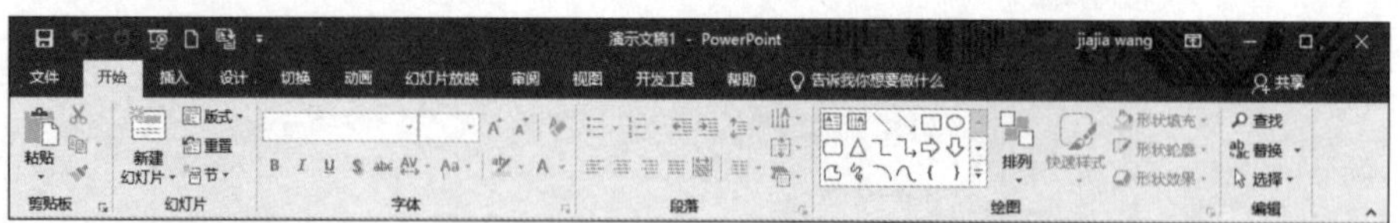

2. 【插入】选项卡

【插入】选项卡主要包括【表格】【图像】【插图】【链接】【批注】【文本】【符号】及【媒体】

等组，如下图所示。通过【插入】选项卡可以将表、形状、图表、页眉或页脚等插入演示文稿中。

3.【设计】选项卡

【设计】选项卡主要包括【主题】【变体】和【自定义】等组，如下图所示。通过【设计】选项卡可以对演示文稿的页面和颜色进行设置，也可以自定义演示文稿的背景和主题。

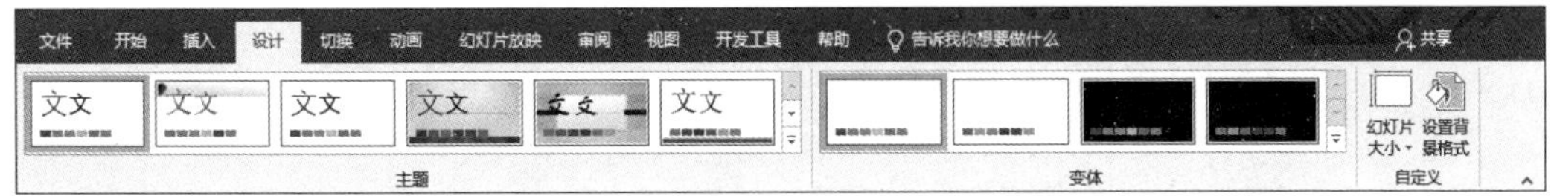

4.【切换】选项卡

【切换】选项卡主要包括【预览】【切换到此幻灯片】和【计时】等组，如下图所示。通过【切换】选项卡可以对当前幻灯片进行应用、更改或删除切换等操作。

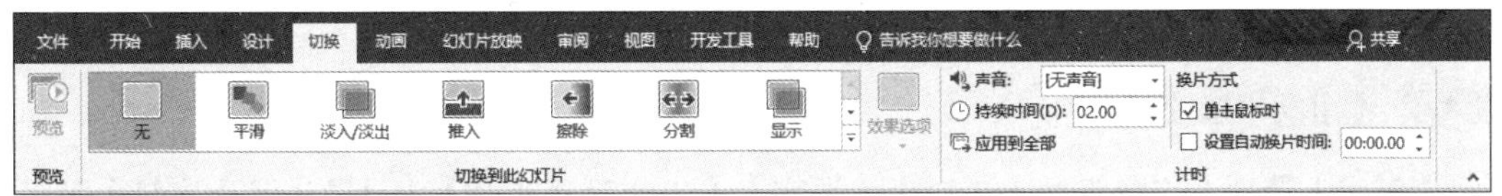

在【切换到此幻灯片】组中选择某种切换效果，可将其应用于当前幻灯片。在【计时】组中，通过【声音】列表可以从多种声音中进行选择，以在切换过程中播放。在【换片方式】下可选中【单击鼠标时】复选框，以在单击时进行切换。

5.【动画】选项卡

【动画】选项卡主要包括【预览】【动画】【高级动画】和【计时】等组。其中，【计时】组中可以设置动画播放的开始和持续时间，如下图所示。

通过【动画】选项卡可以对幻灯片上的对象进行应用、更改或删除动画的操作。如单击【添加动画】按钮，可以选择应用于选定对象的动画。

6.【幻灯片放映】选项卡

【幻灯片放映】选项卡主要包括【开始放映幻灯片】【设置】和【监视器】等组，如下图所示。通过【幻灯片放映】选项卡可以进行开始幻灯片放映、自定义幻灯片放映的设置和隐藏单个幻灯片等操作。

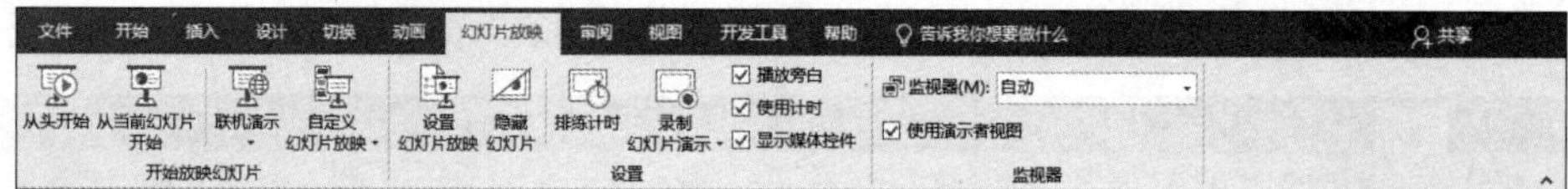

【开始放映幻灯片】组包括【从头开始】【从当前幻灯片开始】【联机演示】和【自定义幻灯片放映】等按钮。

单击【设置】组中的【设置幻灯片放映】按钮，弹出【设置放映方式】对话框，通过该对话框可以对放映类型、放映选项、放映幻灯片等进行设置，如下图所示。

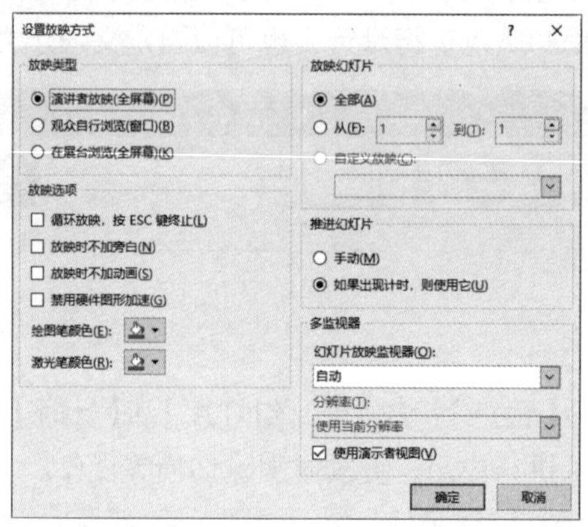

7. 【审阅】选项卡

【审阅】选项卡主要包括【校对】【语言】【中文简繁转换】【批注】及【比较】等组，如下图所示。通过【审阅】选项卡可以检查拼写、更改演示文稿中的语言或比较当前演示文稿与其他演示文稿的差异。

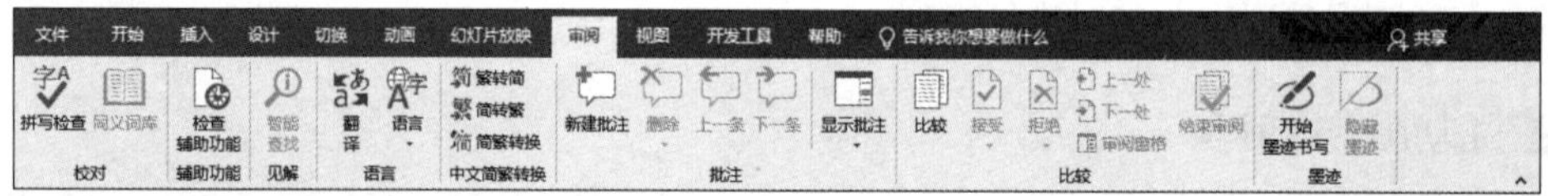

8. 【视图】选项卡

【视图】选项卡主要包括【演示文稿视图】【母版视图】【显示】【显示比例】【颜色/灰度】【窗口】及【宏】等组，如下图所示。通过【视图】选项卡可以查看幻灯片母版和备注母版，进行幻灯片浏览，打开或关闭标尺、网格线和参考线，也可以进行显示比例、颜色或灰度等的设置。

3.4.5 工作区

PowerPoint 2019 的工作区包括位于左侧的【幻灯片缩略图】窗格、位于右侧的【幻灯片】窗格和【备注】窗格，如下图所示。

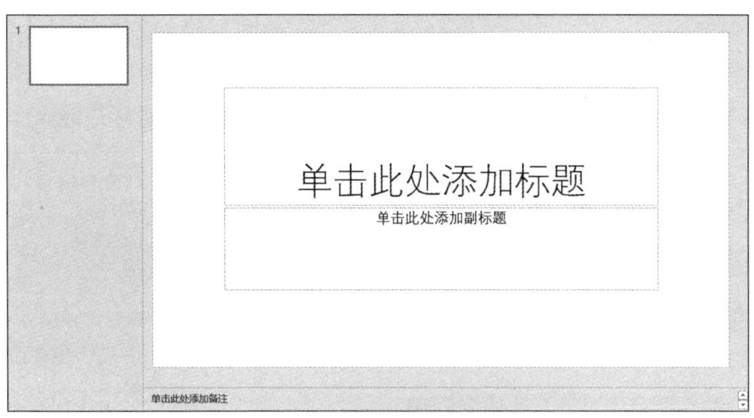

1. 【幻灯片缩略图】窗格

在普通视图模式下，【幻灯片缩略图】窗格位于【幻灯片】窗格的左侧，用于显示当前演示文稿的幻灯片数量及位置。

2. 【幻灯片】窗格

【幻灯片】窗格位于 PowerPoint 2019 工作界面的中间，用于显示和编辑当前的幻灯片。可以直接在虚线边框标记占位符中输入文本或插入图片、图表和其他对象。

提示

占位符是一种带有虚线或阴影线边缘的框，绝大部分幻灯片版式中都有这种框。在这些框内可以放置标题及正文，或者是图表、表格和图片等对象。

3. 【备注】窗格

【备注】窗格是在普通视图中显示的用于输入关于当前幻灯片的备注，可以将这些备注打印为备注页或在将演示文稿保存为网页时显示它们。

在打开空白演示文稿模板后，只能看到【备注】窗格的一小部分。为了便于有更多的空间输入备注内容，可以通过调整【备注】窗格的大小来实现。具体操作方法如下。

① 将鼠标指针指向【备注】窗格的上边框。

② 当指针变为 ⇕ 形状后，向上拖动边框即可增大演讲者的备注空间，如下图所示。

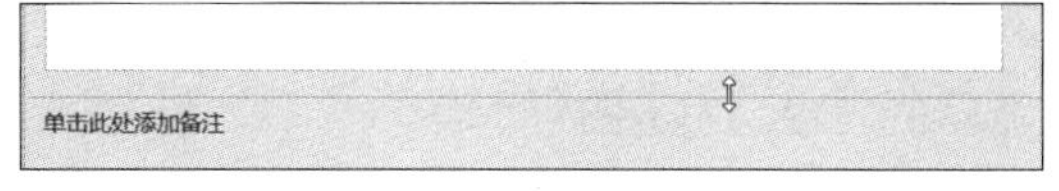

提示

【幻灯片】窗格中的幻灯片会自动调整大小以适合可用空间。

3.4.6 幻灯片缩略图

【幻灯片缩略图】窗格中显示的是每个完整大小幻灯片的缩略图版本，使用缩略图能方便地遍历演示文稿，并观看任何设计更改的效果，还可以轻松地重新排列、添加或删除幻灯片。

添加其他幻灯片后，可以单击【幻灯片缩略图】窗格中的缩略图，使该幻灯片显示在【幻灯片】窗格中，如下图所示。

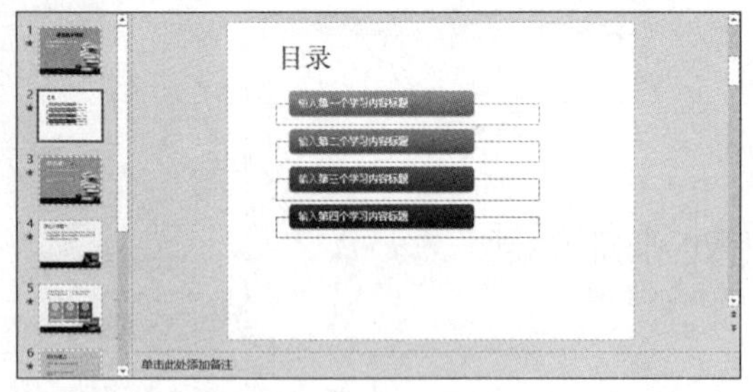

可以拖动缩略图重新排列演示文稿中的幻灯片顺序，如下图所示。

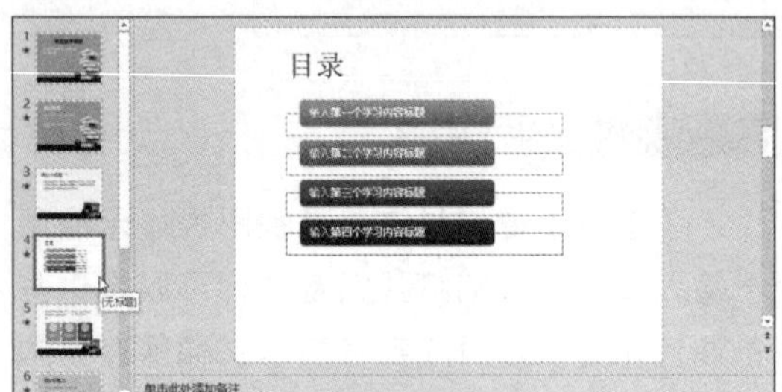

也可以通过在左侧的【幻灯片缩略图】窗格中的缩略图上右击，在弹出的快捷菜单中进行添加或删除幻灯片等操作，如下图所示。

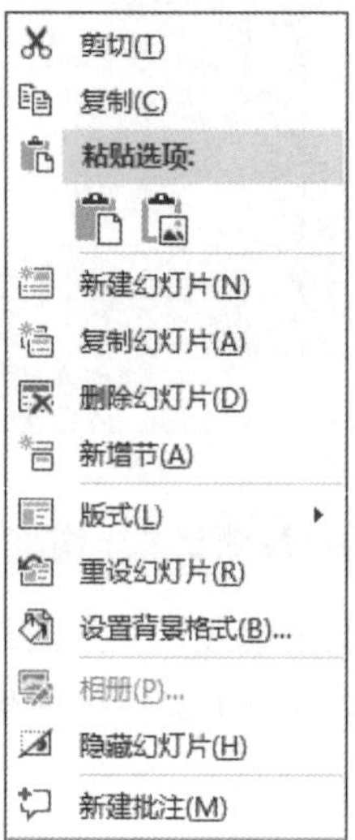

3.4.7 状态栏

状态栏位于当前窗口的最下方，用于显示当前幻灯片页、总页数、该幻灯片使用的主题、输入法状态、视图按钮组、显示比例和调节页面显示比例的控制杆等。其中，单击【视图】按钮可以在视图中进行相应的切换，如下图所示。

幻灯片 第 2 张，共 2 张　中文(中国)　可用建议　备注　批注　69%

在状态栏上右击，弹出【自定义状态栏】快捷菜单，通过该快捷菜单可以设置状态栏中要显示的内容，如下图所示。

3.5 提高办公效率的方法——修改默认设置

在 PowerPoint 2019 中，用户可以根据实际工作的需求修改界面设置，从而提高办公效率。

3.5.1 自定义快速访问工具栏

自定义快速访问工具栏和自定义功能区可以通过【PowerPoint 选项】对话框进行相应的操作。

调用【PowerPoint 选项】对话框的方法主要有以下几种。

① 选择【文件】选项卡，在左侧列表中选择【选项】选项。

② 单击快速访问工具栏右侧的下拉按钮▾，在弹出的【自定义快速访问工具栏】下拉列表中选择【其他命令】选项。

③ 右击快速访问工具栏上的命令按钮或功能区，在弹出的快捷菜单中选择【自定义快速访问工具栏】选项或【自定义功能区】选项，如下图所示。

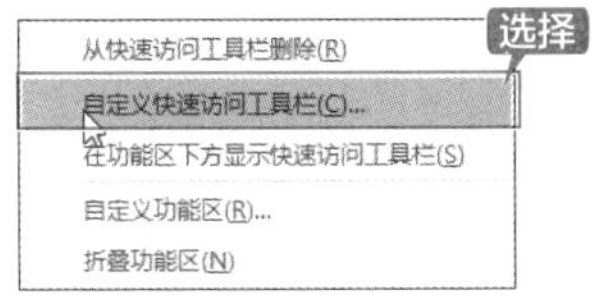

在弹出的【PowerPoint 选项】对话框的左侧列表中选择【快速访问工具栏】选项，即可在右侧对应的选项中自定义快速访问工具栏中的工具，如下图所示。

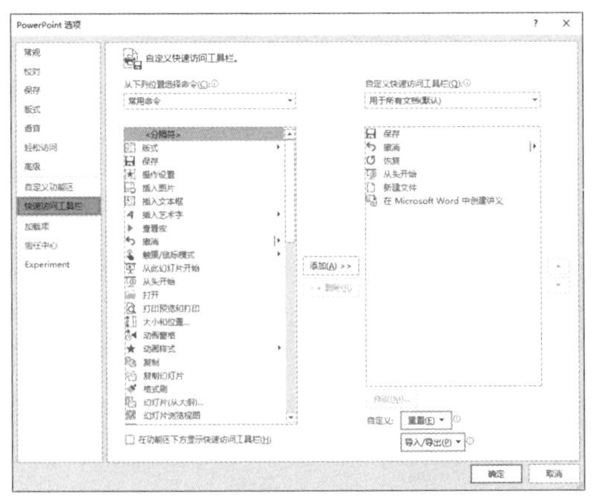

除了前面介绍的添加或删除快速访问工具栏中的命令按钮的方法，接下来将介绍通过【PowerPoint 选项】对话框添加或删除更多命令到不同文档的具体操作方法。

1. 添加命令

单击【从下列位置选择命令】下拉按钮，从弹出的下拉列表中选择要添加到快速访问工具栏的组或命令，如选择【常用命令】组，如下图所示。

选择【常用命令】组下的【格式刷】命令，然后单击【添加】按钮，即可将【格式刷】命令添加到右侧的列表框中。单击【确定】按钮，即可将【格式刷】按钮添加到快速访问工具栏中，如下图所示。

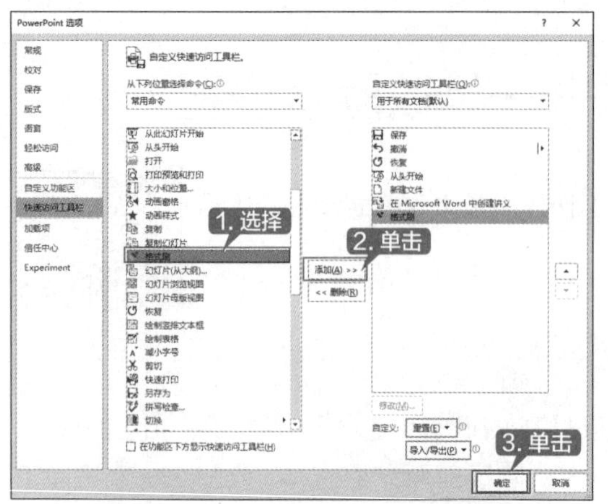

提示

在右侧的【自定义快速访问工具栏】下拉列表中可以设置需要添加或删除的命令。

2. 删除命令

选择右侧列表框中的【格式刷】命令，单击【删除】按钮，如下图所示。此时，【格式刷】命令不再显示在右侧的列表框中。

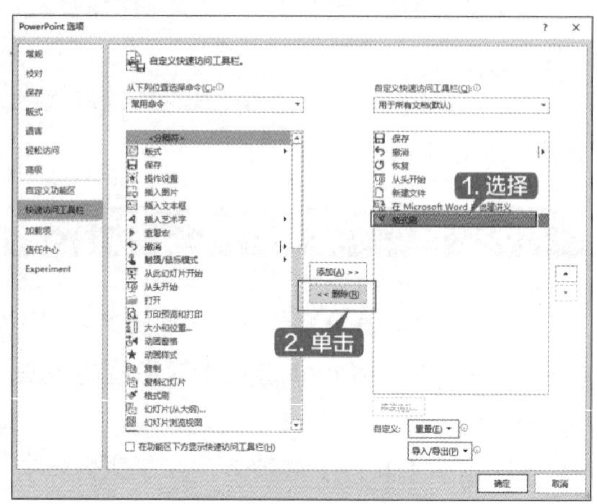

单击【确定】按钮，【格式刷】按钮即可从快速访问工具栏中删除。

在【PowerPoint 选项】对话框中选中【在功能区下方显示快速访问工具栏】复选框同样可以使快速访问工具栏在功能区下方显示。

【自定义】区域的【重置】按钮用于设置快速访问工具栏到默认状态。单击【导入/导出】按钮可以实现将命令导入或导出到相应文件中的操作。

3.5.2 自定义功能区

在【PowerPoint 选项】对话框的左侧列表中选择【自定义功能区】选项，即可在右侧对应的选项中进行自定义功能区的操作，如下图所示。

自定义功能区的添加或删除已有选项卡、组或命令的操作方法与自定义快速访问工具栏中的操作类似，这里不再赘述。

右侧的【主选项卡】列表框下包含【新建选项卡】【新建组】和【重命名】等按钮。单击【新建选项卡】按钮时，会在【主选项卡】列表框增加【新建选项卡】选项，并自动创建一个选项卡下的【新建组】选项，如下图所示。

接着单击【新建组】按钮时，会再添加一个【新建组】选项。单击【确定】按钮，在功能区中即可显示刚添加的选项卡和组，如下图所示。

提示

自定义选项卡和组的名称后面带有“(自定义)”字样，但“(自定义)”这几个字不会显示在功能区中。

在【主选项卡】列表框中选中要重命名的选项后，单击【重命名】按钮，在弹出的【重命名】对话框中可以更改添加的组或选项卡的名称，如下图所示。

在每个组选项的下面可以从【PowerPoint 选项】对话框的左侧列表中选择相应的添加命令，也可以单击【重命名】按钮更改此命令的名称和图标，如下图所示。

同样，选中【主选项卡】列表框中要删除的选项卡、组或命令，然后单击左侧的【删除】按钮即可进行删除，或者选中要删除的选项卡、组或命令并右击，在弹出的快捷菜单中选择【删除】命令也可将其删除，如下图所示。

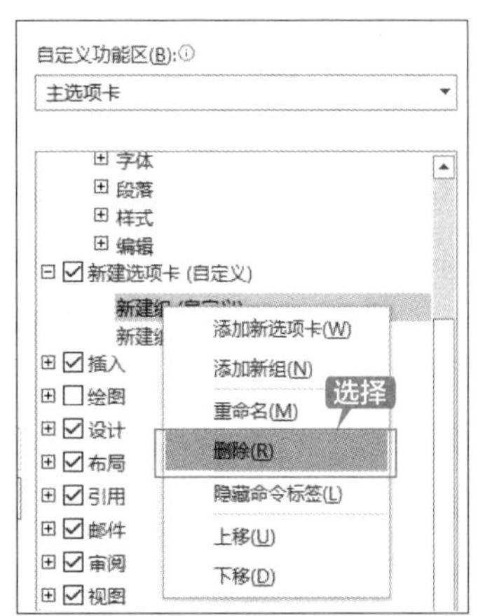

3.5.3 自定义状态栏

在状态栏上右击，弹出【自定义状态栏】快捷菜单，从中可以选择状态栏中要显示或隐藏的项目，如下图所示。

在【自定义状态栏】快捷菜单中，显示在状态栏上的选项左侧带有 ✓ 图标，再次选择快捷菜单中的该选项，即可将其在状态栏中隐藏。下图所示为分别在状态栏中显示和隐藏【缩放】选项。

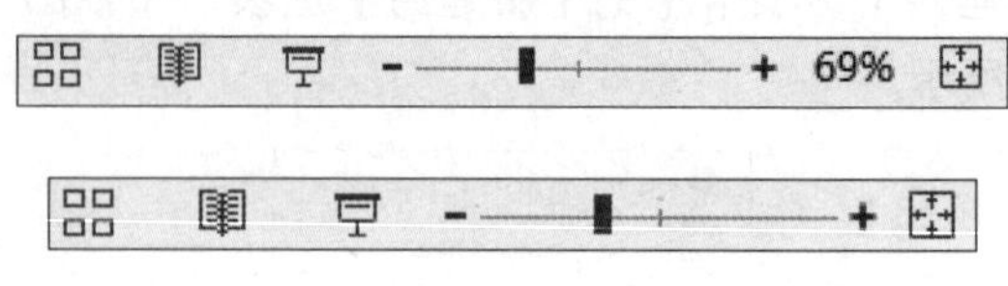

3.5.4 设置文件的保存

保存文档时经常需要选择文件保存的位置及保存类型，如果需要经常将文档保存为某一类型并且保存在某一个文件夹内，可以在 Office 2019 中设置文件默认的保存类型及保存位置，具体操作步骤如下。

第 1 步 在打开的 PowerPoint 2019 文档中选择【文件】选项卡，选择【选项】选项，如下图所示。

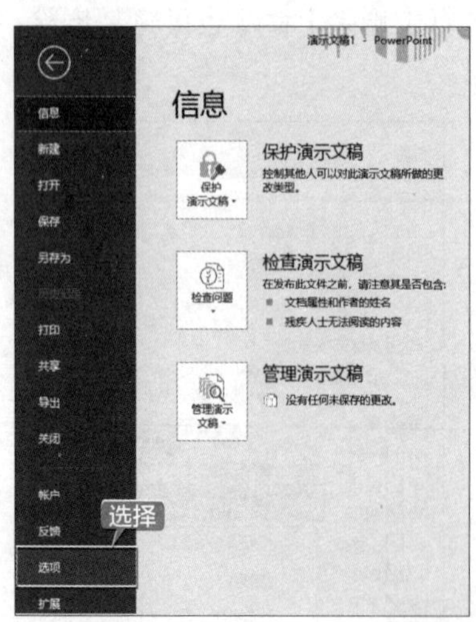

第 2 步 打开【PowerPoint 选项】对话框，在左侧选择【保存】选项，在右侧【保存演示文稿】选项区域单击【将文件保存为此格式】后的下拉按钮，在弹出的下拉列表中选择【PowerPoint 演示文稿】选项，将默认保存类型设置为"PowerPoint 演示文稿"格式，如下图所示。

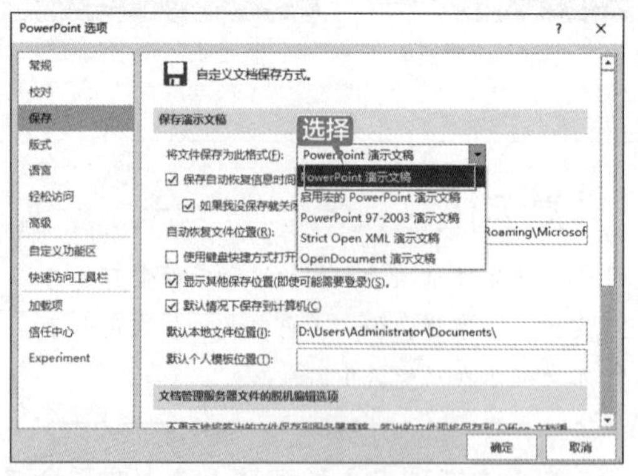

第 3 步 在【默认本地文件位置】文本框中输入保存地址，单击【确定】按钮，如下图所示。

第 4 步 在演示文稿中选择【文件】选项卡，选择【保存】选项，并在右侧单击【浏览】按钮，即可打开【另存为】对话框，可以看到将自动设置为默认的保存类型并自动打开默认的保存位置，如下图所示。

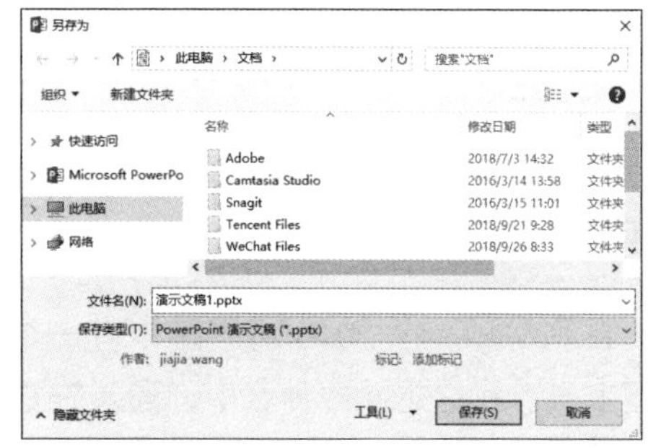

3.5.5 新功能：设置多显示器的显示优化

在实际办公过程中，可能很多人会需要使用多个显示器同时办公。但是当显示器的分辨率不一致时，文档在不同显示器上的显示效果会有所差异。针对这一问题，Office 2019 中加入了“多显示器显示优化”功能，满足用户的对多屏显示需求。

这里以 Word 为例，来介绍如何解决文档的多屏显示时的显示优化问题。

首先用 Word 2019 打开文档，选择【文件】选项卡，在弹出的界面左侧列表中选择【选项】选项，调用【Word 选项】对话框，在左侧列表中选择【常规】选项，在右侧的【用户界面选项】下的【在使用多个显示时】选项区域中选中【优化实现最佳显示（需重启应用程序）】单选按钮即可，如下图所示。

◇ 使用 Tell me 帮助学习 PPT

在 PowerPoint 2019 功能区中有一个搜索框【告诉我你想要做什么】，通过在该搜索框中输入要执行的命令，即可快速找到相应的命令，并且还可获得有关该命令的帮助，具体操作步骤如下。

第 1 步　在【告诉我你想要做什么】搜索框中输入"段落"，即可弹出相关的命令以及相关的帮助，这里选择【段落】选项，如下图所示。

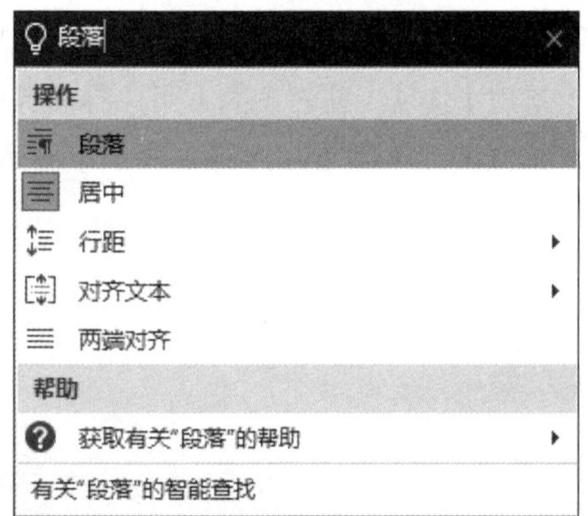

第 2 步　即可弹出【段落】对话框，在其中进行段落的设置即可，如下图所示。

◇ 将自定义的操作界面快速转移到其他计算机中

在 PowerPoint 2019 中，选择【文件】选项卡，在弹出的界面列表中选择【选项】选项，弹出【PowerPoint 选项】对话框。在该对话框中选择左侧的【自定义功能区】选项，在右侧的下方单击【导入/导出】按钮，然后在弹出的下拉列表中选择【导出所有自定义设置】选项，在其他计算机中选择【导入自定义文件】选项即可，如下图所示。

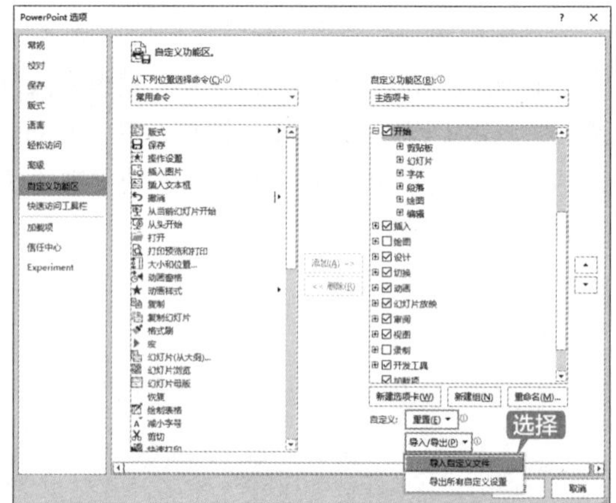

第 4 章 PowerPoint 2019 的基本操作

本章导读

本章主要介绍 PowerPoint 2019 的一些基本知识，包括演示文稿与幻灯片的基本操作、视图模式、母版视图、查看幻灯片及其他辅助工具等，用户通过对这些演示文稿基本知识的学习，能够更好地使用演示文稿。

思维导图

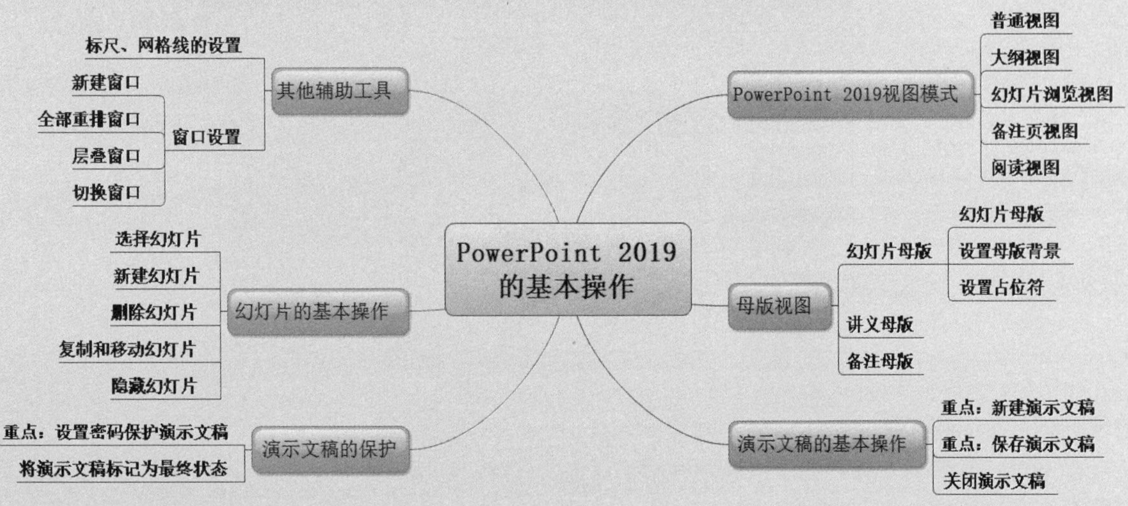

4.1 PowerPoint 2019 视图模式

PowerPoint 2019 中用于编辑、打印和放映演示文稿的视图包括普通视图、幻灯片浏览视图、备注页视图、幻灯片放映视图、阅读视图和母版视图。

在 PowerPoint 2019 工作界面中用于设置和选择演示文稿视图的方法有以下两种。

① 在【视图】选项卡中的【演示文稿视图】组和【母版视图】组中进行选择或切换，如下图所示。

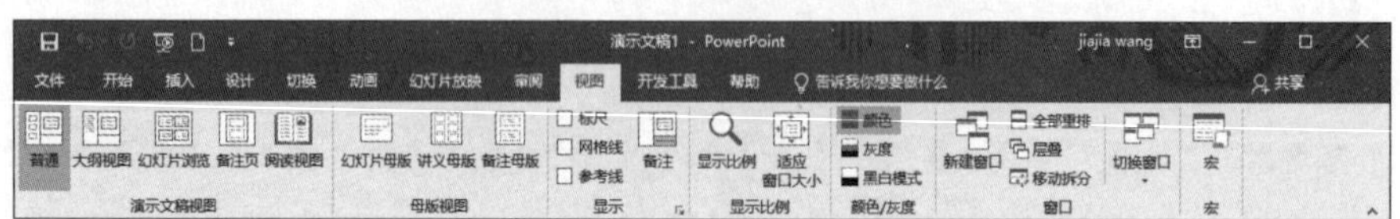

② 在状态栏上的【视图】区域进行选择或切换，包括普通视图、幻灯片浏览视图、阅读视图和幻灯片放映视图，如下图所示。

本节主要介绍普通视图、大纲视图、幻灯片浏览视图、备注页视图和阅读视图。

4.1.1 普通视图

普通视图是主要的编辑视图，可用于编辑和设计演示文稿。普通视图包含【幻灯片】窗格、【幻灯片缩略图】窗格和【备注】窗格 3 个工作区域，如下图所示。

这 3 个工作区域已在上一章中进行了详细的介绍，这里不再赘述。

4.1.2 大纲视图

大纲视图是以大纲形式显示幻灯片文本，有助于编辑演示文稿的内容和移动项目符号点或

幻灯片，如下图所示。

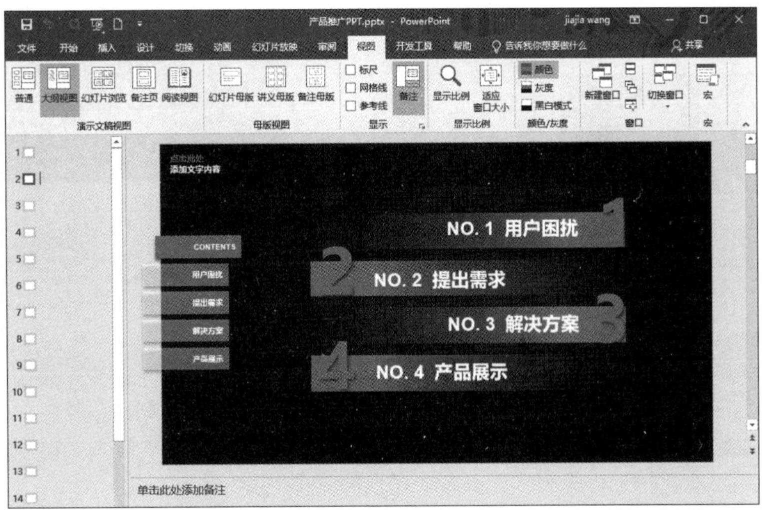

4.1.3 幻灯片浏览视图

幻灯片浏览视图可以查看缩略图形式的幻灯片。通过此视图，在创建演示文稿及准备打印演示文稿时，可以轻松地对演示文稿的顺序进行排列和组织，如下图所示。

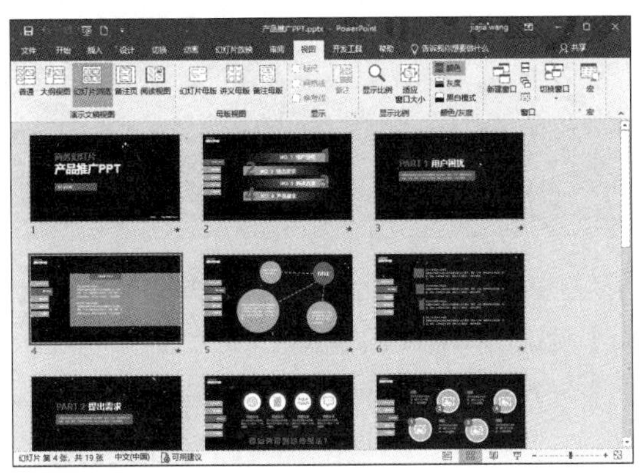

在幻灯片浏览视图的工作区空白位置或幻灯片上右击，在弹出的快捷菜单中选择【新增节】选项，可以在幻灯片浏览视图中添加节，并按不同的类别或节对幻灯片进行排序，如下图所示。

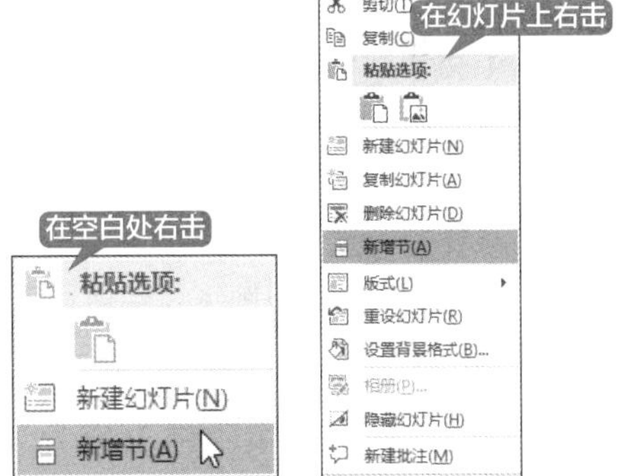

4.1.4 备注页视图

在【备注】窗格中输入要应用于当前幻灯片的备注后，可以在备注页视图中显示出来，也可以将备注页打印出来并在放映演示文稿时进行参考。

如果要以整页格式查看和使用备注，可以在【视图】选项卡的【演示文稿视图】组中单击【备注页】按钮。此时幻灯片在上方显示，【备注】窗格在其下方显示，如下图所示。

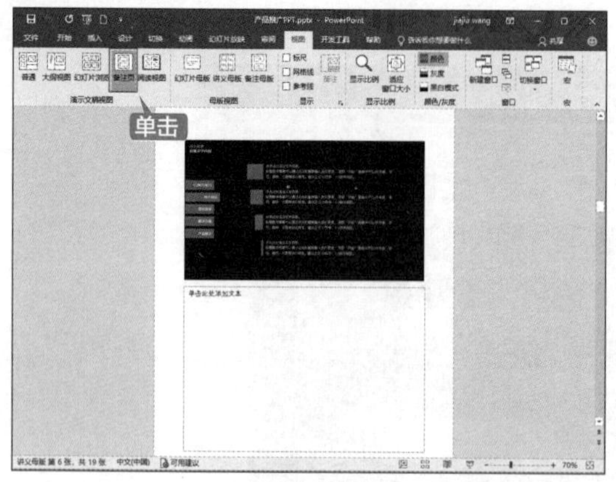

此时，还可以直接在【备注】窗格中对备注内容进行编辑，如下图所示。

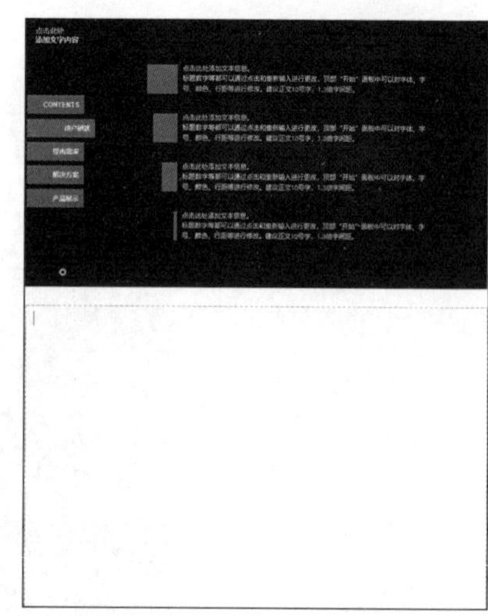

4.1.5 阅读视图

在用自己的计算机全屏放映演示文稿时，阅读视图便于查看。如果希望在一个设有简单控件以方便审阅的窗口中查看演示文稿，而不想使用全屏的幻灯片放映视图，则也可以在自己的计算机上使用阅读视图。

在【视图】选项卡的【演示文稿视图】组中单击【阅读视图】按钮，或单击状态栏上的【阅读视图】按钮，都可以切换到阅读视图模式，如右图所示。

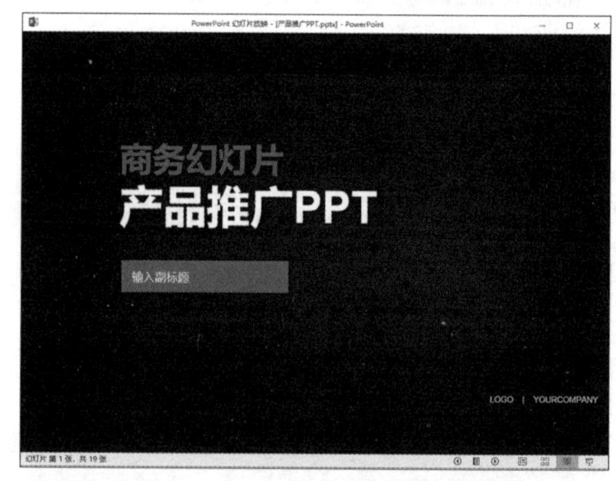

如果要更改演示文稿，可以随时从阅读视图切换至某个其他视图。具体操作方法为：在状态栏上直接单击其他视图模式按钮，或直接按【Esc】键退出阅读视图模式。

4.2 母版视图

母版视图包括幻灯片母版视图、讲义母版视图和备注母版视图，如下图所示，它们是存储有关演示文稿信息的主要幻灯片，其中包括背景、颜色、字体、效果、占位符大小和位置。使用母版视图的一个主要优点在于在幻灯片母版、讲义母版或备注母版上，可以对与演示文稿关联的每个幻灯片、备注页或讲义的样式进行全局更改。

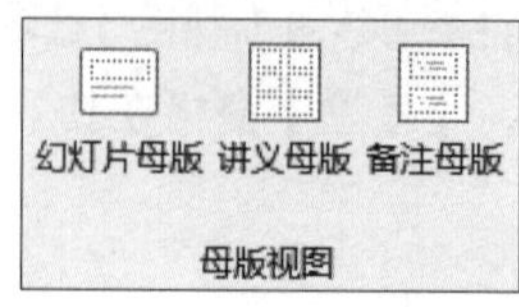

4.2.1 幻灯片母版

通过幻灯片母版视图可以设置演示文稿中的背景、颜色主题和动画等。幻灯片中的母版可以快速制作出多张具有特色的幻灯片。

1. 幻灯片母版

具体操作步骤如下。

第 1 步 单击【视图】选项卡【母版视图】组中的【幻灯片母版】按钮，如下图所示。

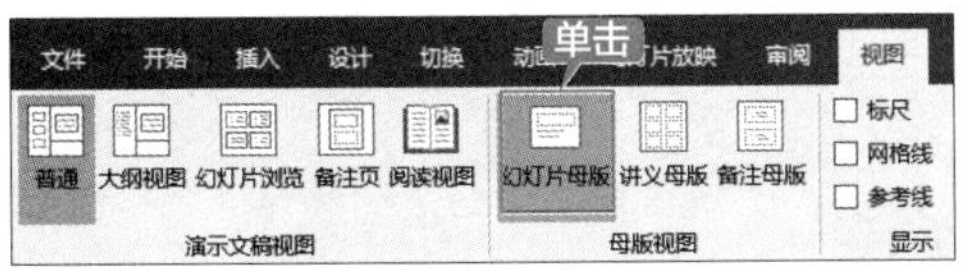

第 2 步 在弹出的【幻灯片母版】选项卡中可以设置占位符的大小及位置、背景和幻灯片的方向等，如下图所示。

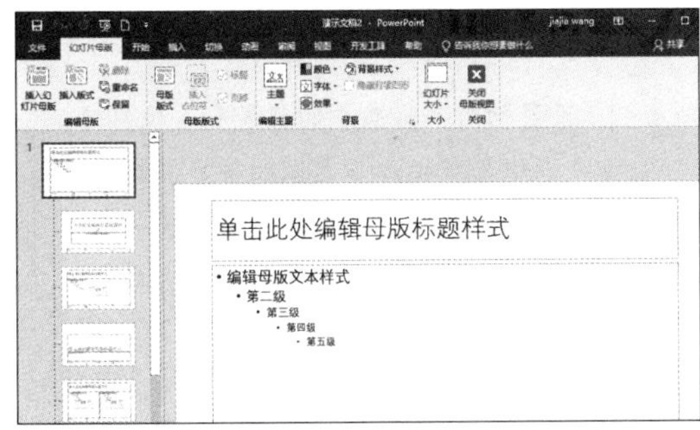

第 3 步 设置完毕，单击【幻灯片母版】选项卡【关闭】组中的【关闭母版视图】按钮，如下图所示。

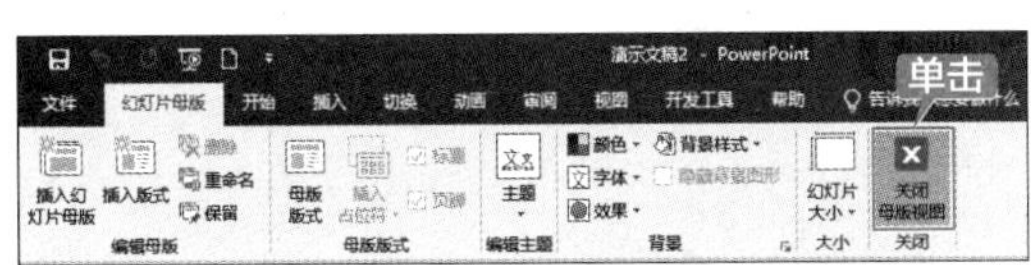

2. 设置母版背景

母版的背景可以设置为纯色、渐变色或图片等效果，具体操作步骤如下。

第 1 步 单击【视图】选项卡【母版视图】组中的【幻灯片母版】按钮，如下图所示。

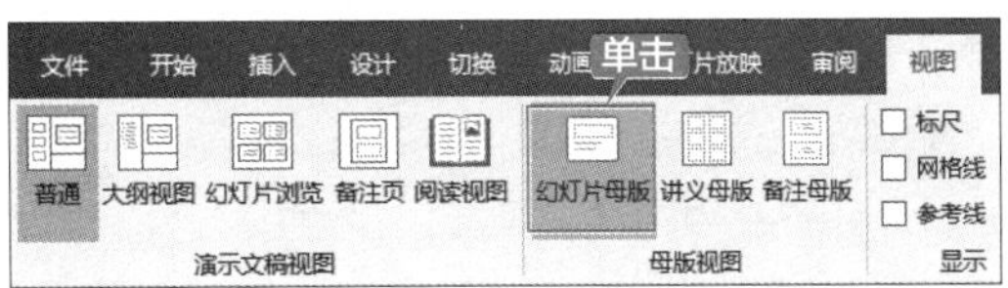

第 2 步 在【幻灯片母版】选项卡【背景】组中单击【背景样式】按钮 背景样式 。在弹出的下拉列表中选择合适的背景样式，如下图所示。

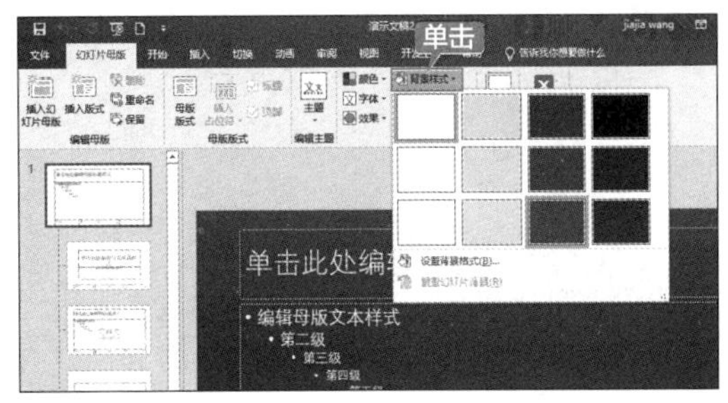

第 3 步 选择合适的背景样式，即可应用于当前幻灯片中，如下图所示。

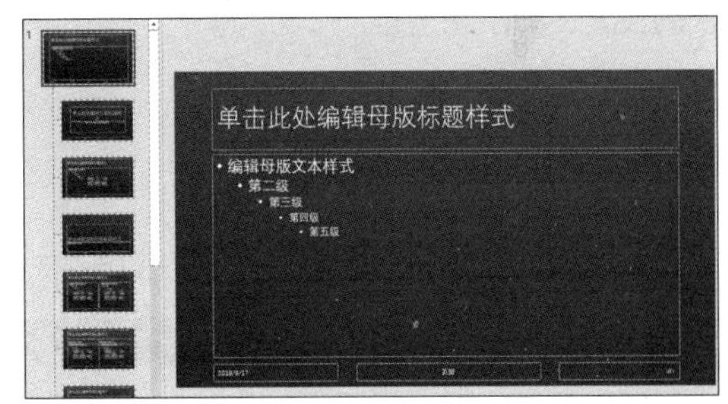

提示

母版在自定义时，其背景样式也可以设置为纯色填充、渐变填充、图片或纹理填充等效果。

3. 设置占位符

幻灯片母版包含文本占位符和页脚占位符。在母版中对占位符的位置、大小和字体

等格式更改后，会自动应用于所有的幻灯片中，具体操作步骤如下。

第1步 单击【视图】选项卡【母版视图】组中的【幻灯片母版】按钮，如下图所示。

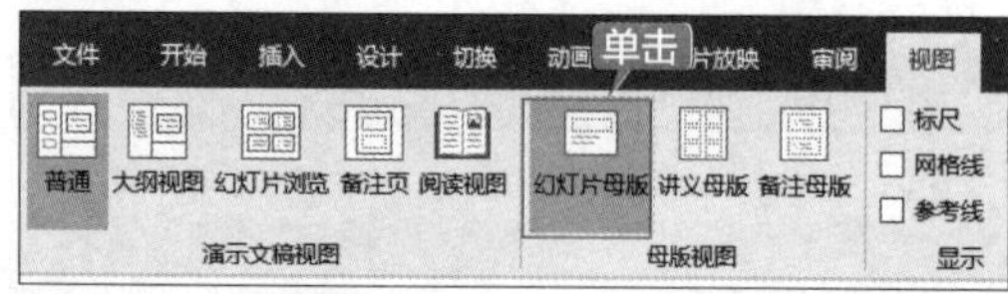

第2步 单击要更改的占位符，当四周出现节点时，可拖动四周的任意一个节点更改大小，如下图所示。

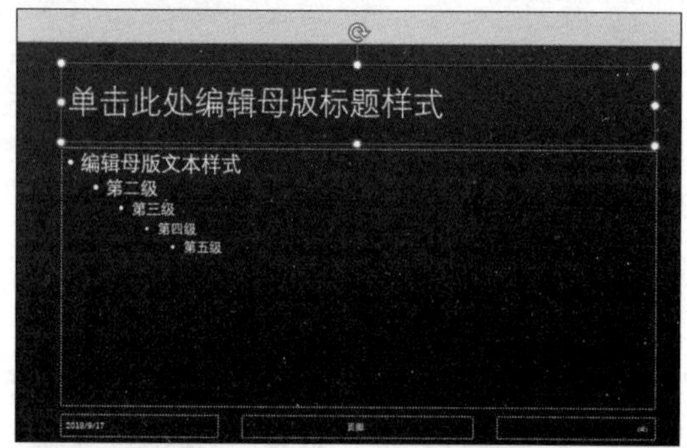

第3步 在【开始】选项卡【字体】组中可以对占位符中的文本进行字体样式、字号和颜色的设置，如下图所示。

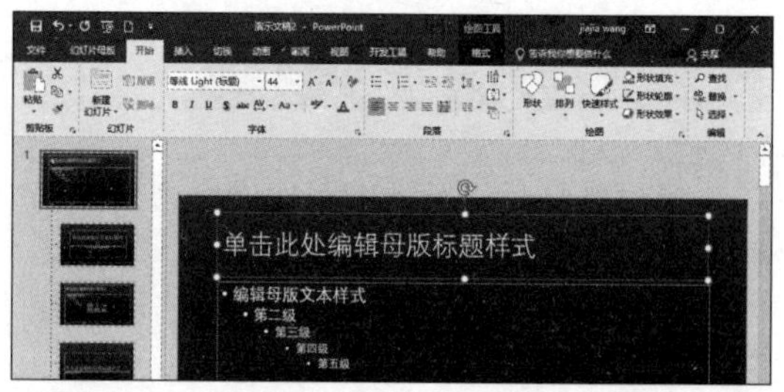

第4步 在【开始】选项卡【段落】组中可以对占位符中的文本进行对齐方式等设置，如下图所示。

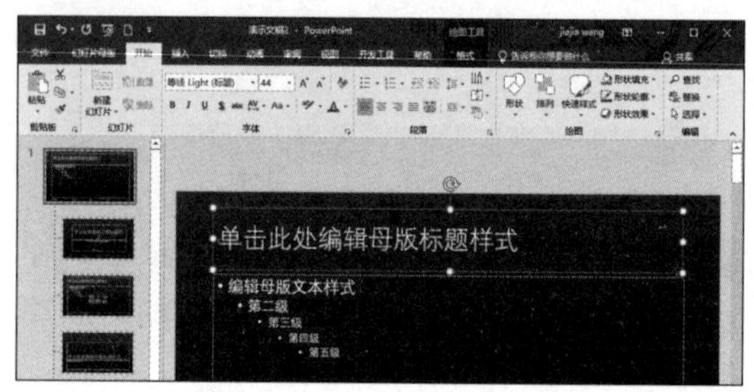

提示

设置幻灯片母版中的背景和占位符时，需要先选中母版视图下左侧的第1张幻灯片缩略图，然后再进行设置，这样才能一次性完成对演示文稿中的所有幻灯片的设置。

4.2.2 讲义母版

讲义母版视图可以将多张幻灯片显示在一张幻灯片中，以用于打印输出，如下图所示。

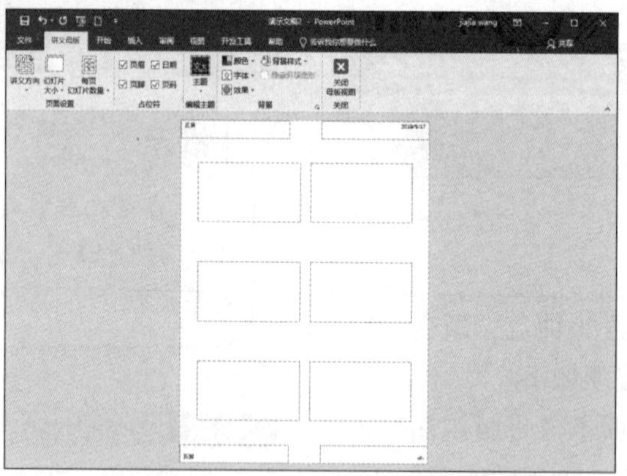

设置讲义母版的具体操作步骤如下。

第1步 单击【视图】选项卡【母版视图】组中的【讲义母版】按钮，如下图所示。

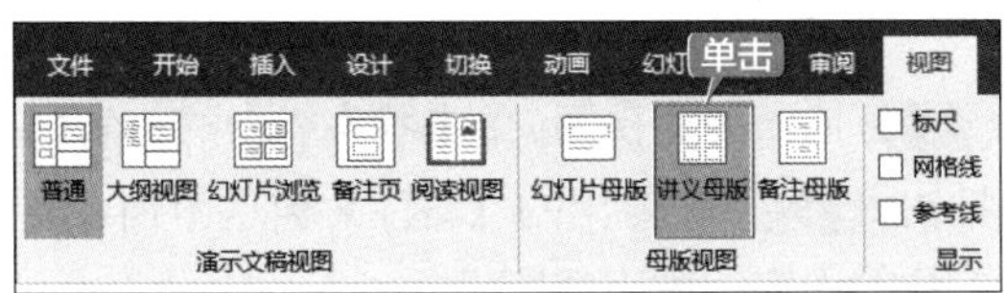

第 2 步 单击【插入】选项卡【文本】组中的【页眉和页脚】按钮，如下图所示。

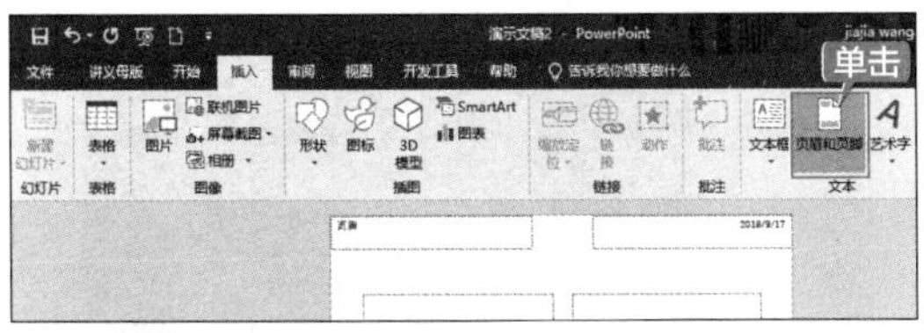

第 3 步 在弹出的【页眉和页脚】对话框中选择【备注和讲义】选项卡，为当前讲义母版添加页眉和页脚效果。设置完成后单击【全部应用】按钮，如下图所示。

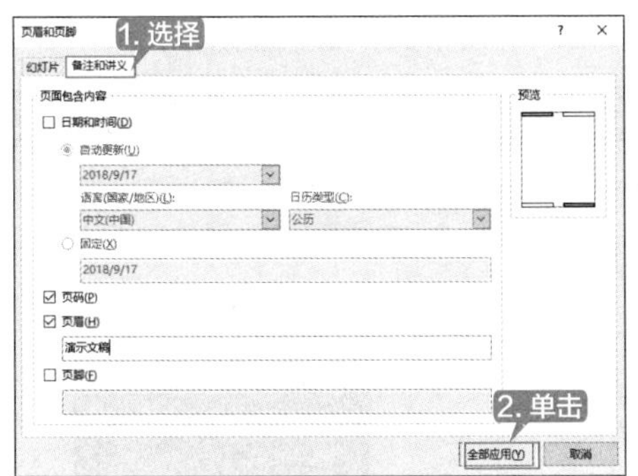

提示

打开【页眉和页脚】对话框，选中【幻灯片】选项卡中的【日期和时间】复选框，也可以选中【自动更新】单选按钮，页脚显示的日期将会自动与系统的时间保持一致。如果选中【固定】单选按钮，则不会根据系统时间而变化。

第 4 步 新添加的页眉和页脚将显示在编辑窗口中，如下图所示。

4.2.3 备注母版

备注母版视图主要用于显示用户在幻灯片中的备注，可以是图片、图表或表格等，如下图所示。

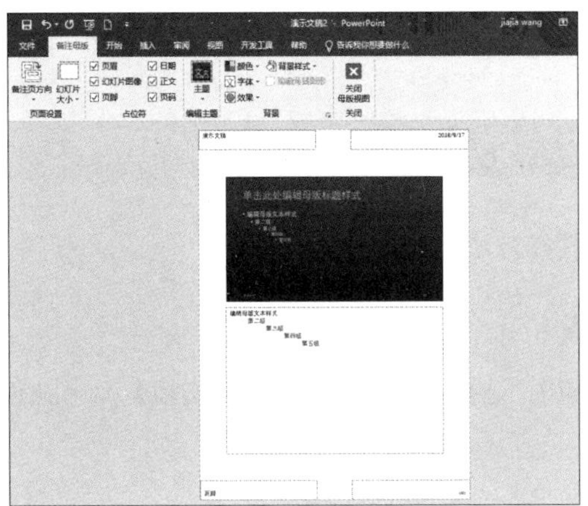

设置备注母版的具体操作步骤如下。

第1步 单击【视图】选项卡【母版视图】组中的【备注母版】按钮，如下图所示。

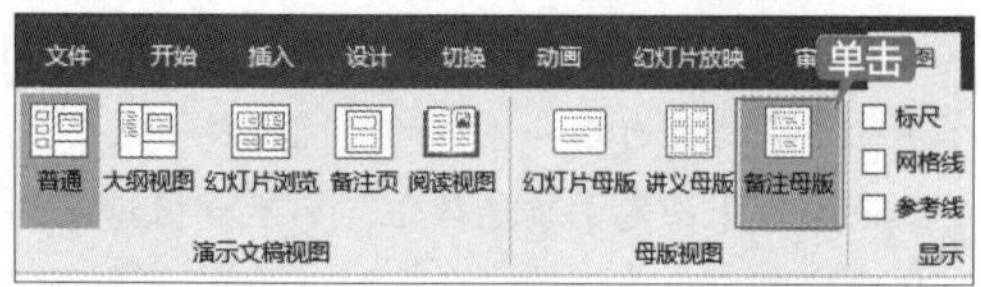

第2步 选中备注文本区的文本，选择【开始】选项卡，在此选项卡的功能区中用户可以设置文字的大小、颜色和字体等，如下图所示。

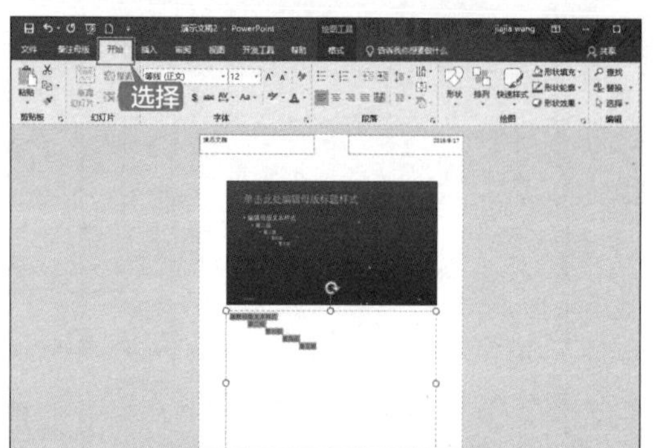

第3步 选择【备注母版】选项卡，在功能区中单击【关闭母版视图】按钮，如下图所示。

第4步 返回普通视图，单击状态栏中的【备注】按钮 备注，在弹出的【备注】窗格中输入要备注的内容，如下图所示。

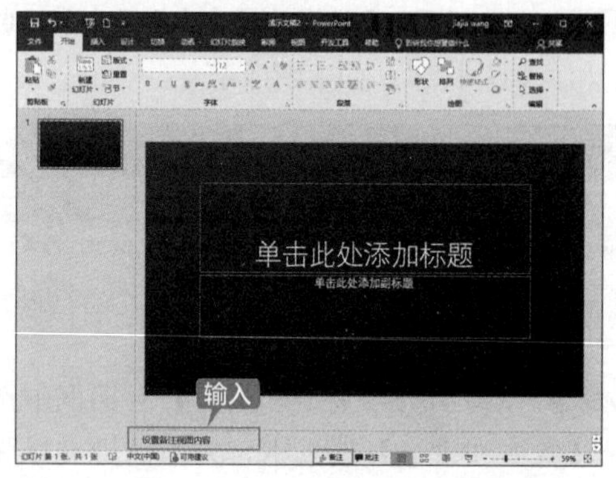

第5步 输入完毕后单击【视图】选项卡【演示文稿视图】组中的【备注页】按钮，查看备注的内容及格式，如下图所示。

4.3 演示文稿的基本操作

本节主要介绍 PowerPoint 2019 支持的文件格式，以及新建、保存和关闭演示文稿等操作。

4.3.1 重点：新建演示文稿

新建演示文稿有以下两种方法。

1. 新建空白演示文稿

第1步 启动 PowerPoint 2019，选择右侧的【空白演示文稿】命令就可以新建一个空白的演示文稿，如下图所示。

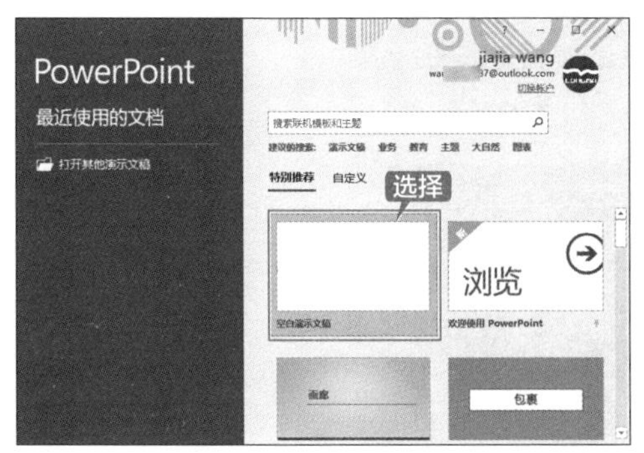

第 2 步 如果已经打开了其他 PowerPoint 文件，可以选择【文件】选项卡，在弹出的界面左侧列表中选择【新建】命令，如下图所示。

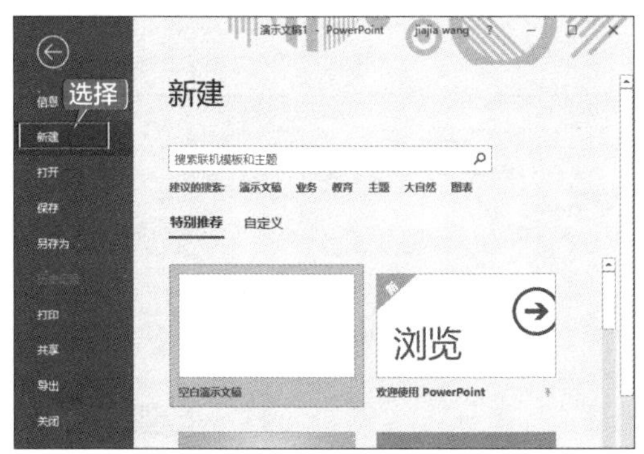

第 3 步 在【新建】界面中选择【空白演示文稿】命令，系统自动创建空白演示文稿，如下图所示。

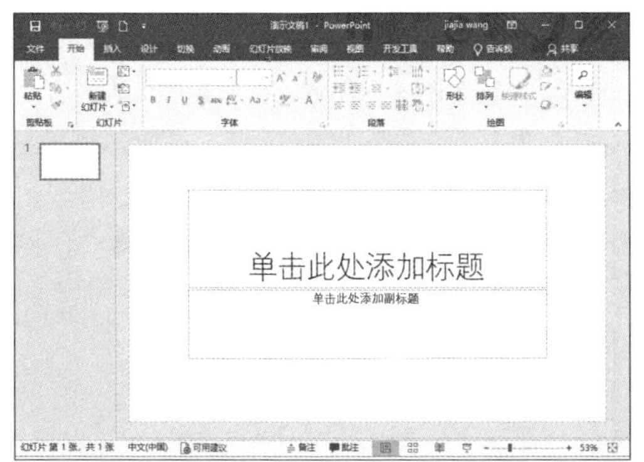

另外，按【Ctrl+N】组合键也可以快速创建新的演示文稿。

2. 根据模板创建演示文稿

第 1 步 启动 PowerPoint 2019，选择右侧的演示文稿模板选项就可以创建模板演示文稿，此处选择【平面】模板演示文稿，如下图所示。

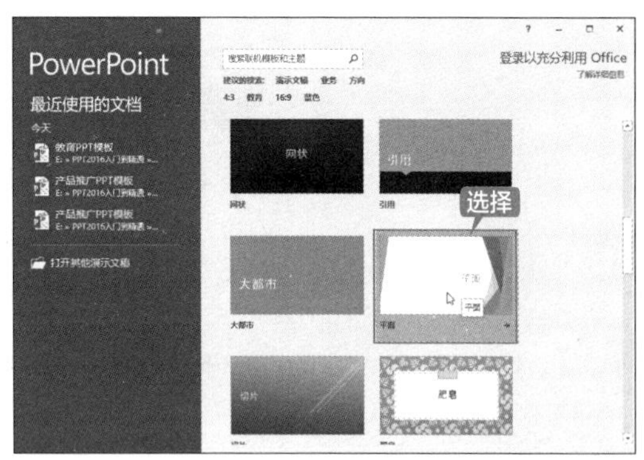

第 2 步 如果已经打开了其他 PowerPoint 文件，可以选择【文件】选项卡，在弹出的界面左侧列表中选择【新建】命令，在【新建】界面中选择【平面】模板演示文稿，如下图所示。

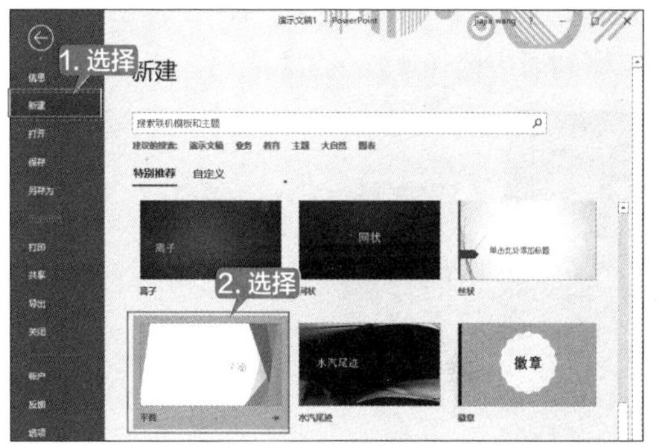

第 3 步 在弹出的【平面】模板界面中选择一种模板样式，单击【创建】按钮，如下图所示。

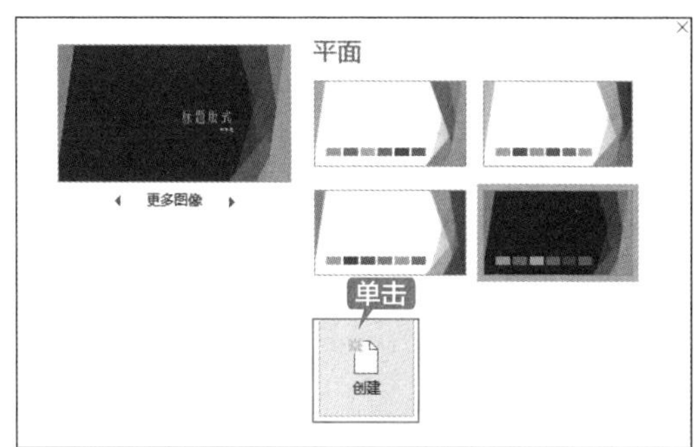

第 4 步 即可根据模板创建演示文稿，如下图所示。

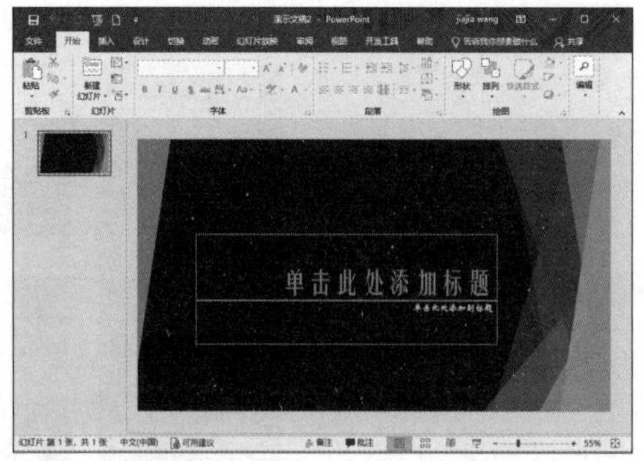

4.3.2 重点：保存演示文稿

保存演示文稿有以下两种方法。

1. 首次保存演示文稿

第 1 步 选择【文件】选项卡，在弹出的界面左侧列表中选择【另存为】选项，如下图所示。

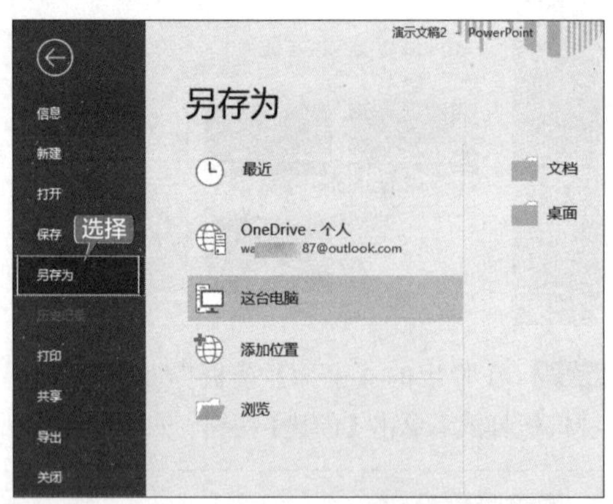

第 2 步 在右侧选择已有的保存位置，或者选择【浏览】按钮，弹出【另存为】对话框，在【保存位置】下拉列表中选择保存的位置，并在【文件名】文本框中输入 PowerPoint 演示文稿的名称，然后单击【保存】按钮即可，如下图所示。

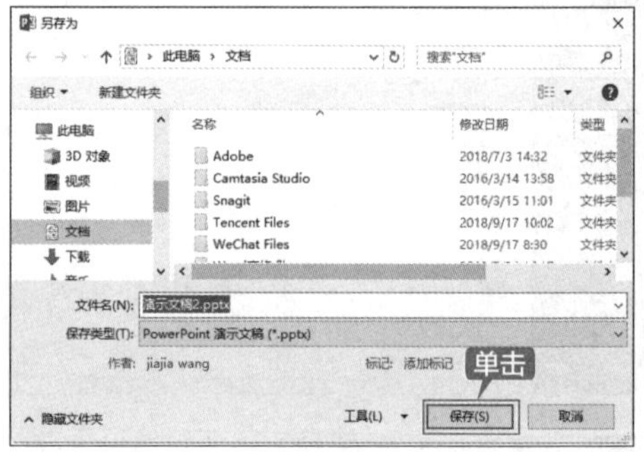

> **提示**
>
> 默认情况下，PowerPoint 2019 将文件保存为 PowerPoint 演示文稿（.pptx）文件格式。若要将演示文稿保存为其他格式，可以打开【保存类型】下拉列表，从中选择所需的文件格式即可，如下图所示。

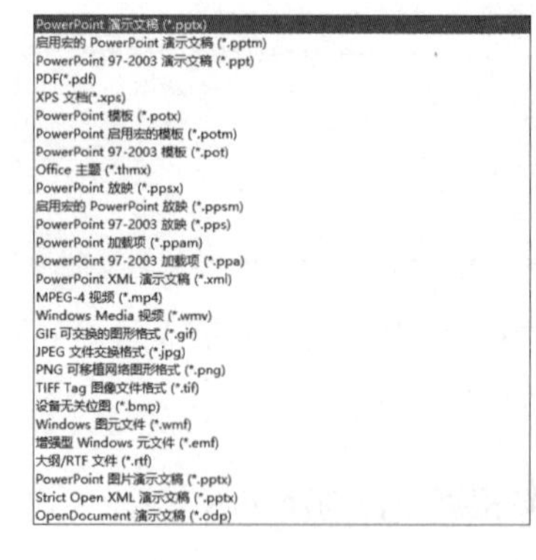

2. 另存演示文稿

第 1 步 如果文件已保存，需要另存一份作为修改文件，可以选择【文件】选项卡，在弹出的界面左侧列表中选择【另存为】选项，在【另存为】界面中选择【这台电脑】→【浏览】选项，如下图所示。

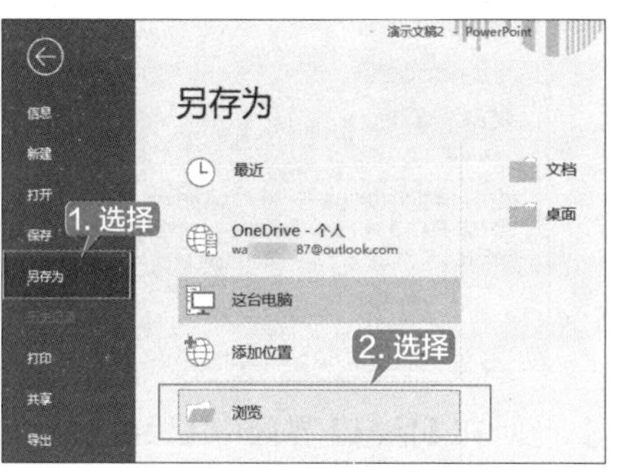

第 2 步 弹出【另存为】对话框，在【保存位置】下拉列表中选择保存的位置，并在【文件名】文本框中输入 PowerPoint 演示文稿的名称，然后单击【保存】按钮即可，如下图所示。

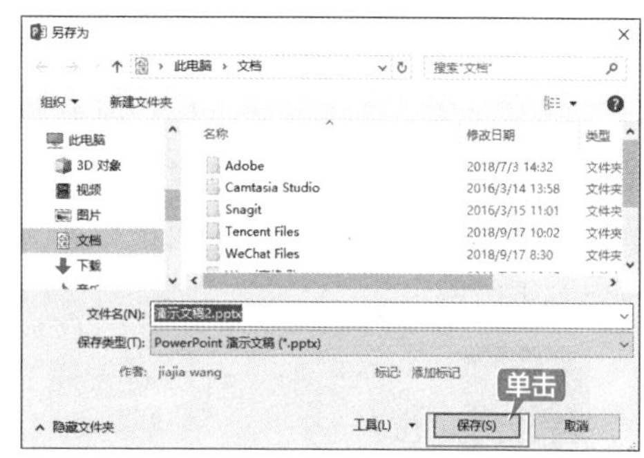

4.3.3 关闭演示文稿

演示文稿编辑完成后，就可以关闭演示文稿了。

如果关闭时演示文稿已经保存，选择【文件】选项卡，在弹出的界面左侧列表中选择【关闭】命令即可，如下图所示。

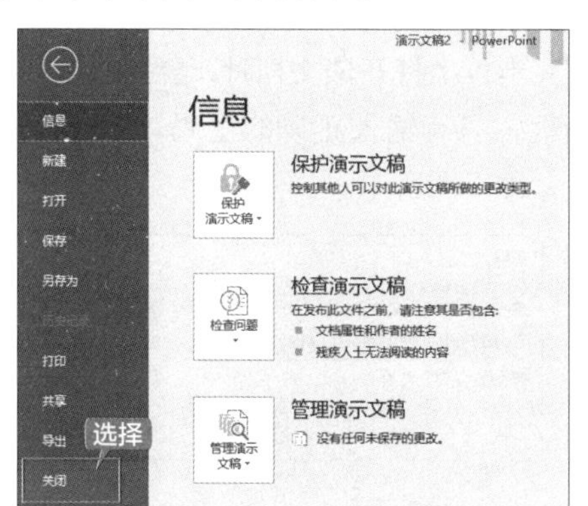

如果编辑后的演示文稿还未保存，直接选择【文件】选项卡，在弹出的界面左侧列表中选择【关闭】命令，会弹出提示是否保存演示文稿的对话框，如下图所示。

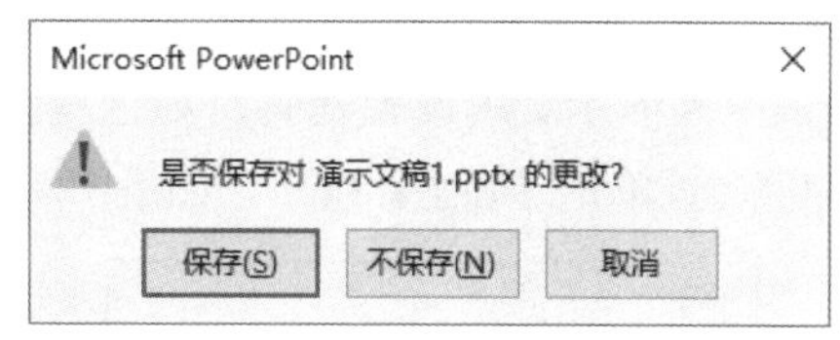

如果需要保存，单击【保存】按钮，在弹出的【另存为】对话框中选择保存位置及输入演示文稿名称即可。

如果不需要保存，直接单击【不保存】按钮即可关闭演示文稿。单击【取消】按钮，则是放弃关闭演示文稿的操作，可以继续进行其他操作。

4.4 演示文稿的保护

本节主要介绍演示文稿的保护，通过为演文稿设置密码、将演示文稿标记为最终状态等方式保护演示文稿的内容不被随意修改。

4.4.1 重点：设置密码保护演示文稿

演示文稿完成后，若不想让他人随意更改，可以为演示文稿设置密码，保护演示文稿中的内容，具体操作步骤如下。

第1步 打开“素材\ch04\产品推广 PPT.pptx”演示文稿，选择【文件】选项卡，在【信息】界面中单击【保护演示文稿】按钮，在弹出的下拉列表中选择【用密码进行加密】选项，如下图所示。

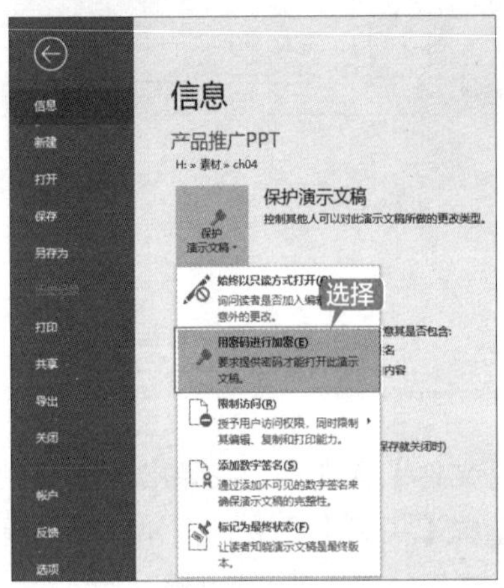

第2步 弹出【加密文档】对话框，在【密码】文本框中为演示文稿设置密码，如这里输入“123456”，单击【确定】按钮，如下图所示。

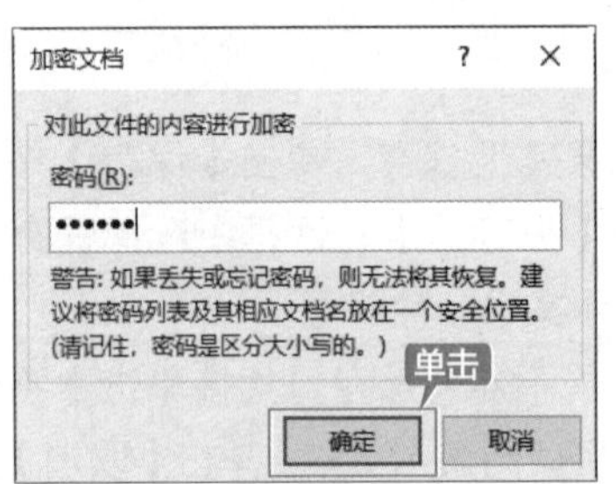

第3步 弹出【确认密码】对话框，在【重新输入密码】文本框中再次输入设置的密码，单击【确定】按钮，如下图所示。

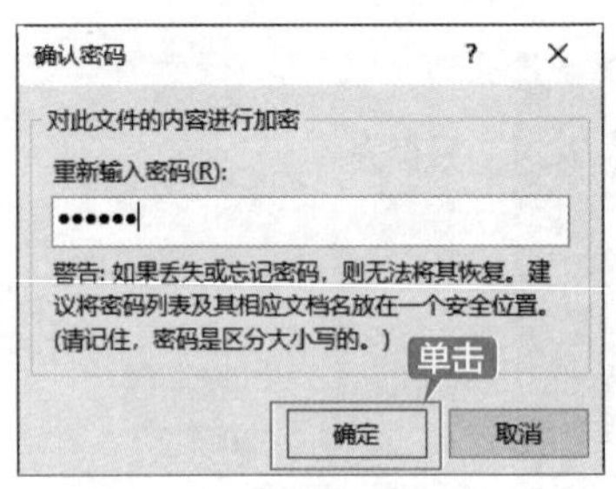

第4步 此时在【信息】界面中【保护演示文稿】按钮以黄色底纹显示，如下图所示。

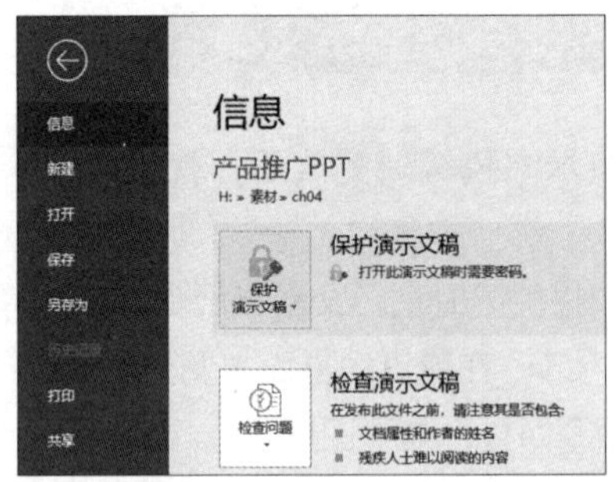

第5步 当再次打开该文档时，会弹出【密码】对话框，只有输入正确的密码，才能打开该文件，如下图所示。

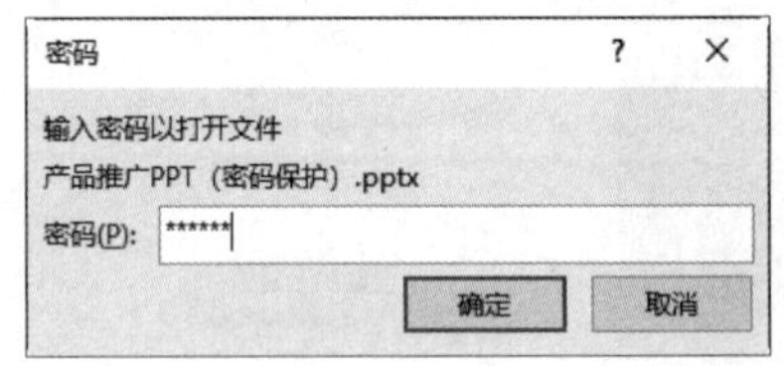

4.4.2 将演示文稿标记为最终状态

将演示文稿标记为最终状态，以保护演示文稿的内容，具体操作步骤如下。

第1步 打开“素材\ch04\产品推广 PPT.pptx”演示文稿，选择【文件】选项卡，在【信息】界面中单击【保护演示文稿】按钮，在弹出的下拉列表中选择【标记为最终状态】选项，如下图所示。

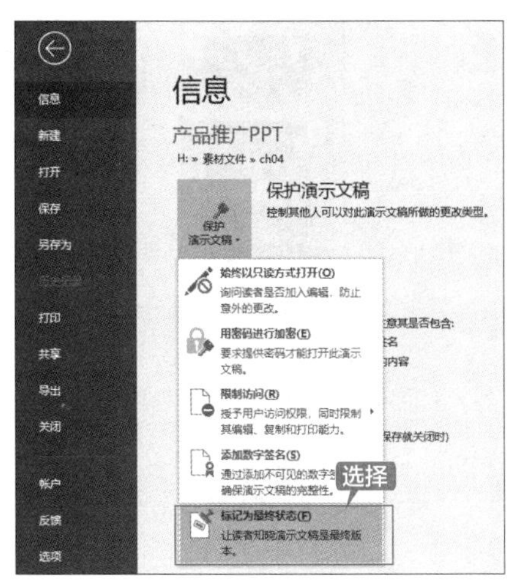

第 2 步 弹出【Microsoft PowerPoint】信息提示框，单击【确定】按钮，如下图所示。

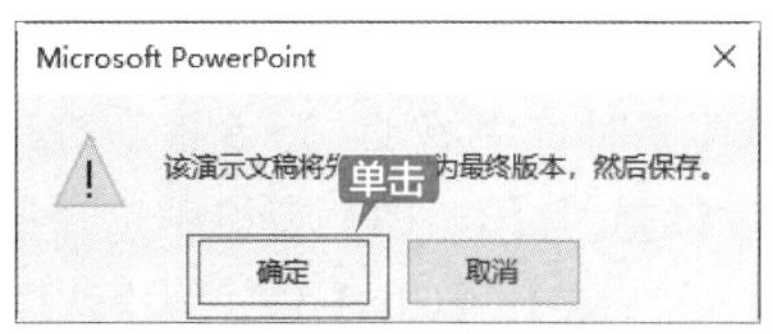

第 3 步 返回 PowerPoint 操作界面，即可看到文件被标记为最终状态的提示，并在标题栏中文件名称后显示"只读"字样，如下图所示。

4.5 幻灯片的基本操作

本节主要介绍幻灯片的基本操作，包括选择幻灯片、新建幻灯片、删除幻灯片、复制和移动幻灯片、隐藏幻灯片等。

4.5.1 选择幻灯片

选择幻灯片的具体操作步骤如下。

第 1 步 打开"素材\ch04\产品推广 PPT.pptx"演示文稿，在【幻灯片缩略图】窗格中单击要选择的幻灯片，即可选中该幻灯片，并显示在右侧的幻灯片工作区中，如下图所示。

第 2 步 如果要选择多张连续的幻灯片，如这里要同时选择第 2~5 张幻灯片，可以先在【幻灯片缩略图】窗格中选择第 2 张幻灯片，然后按住【Shift】键，选择第 5 张幻灯片，即可同时选中第 2~5 张幻灯片，如下图所示。

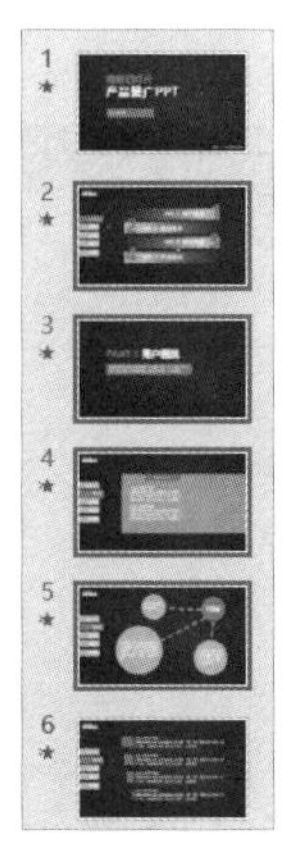

第 3 步 如果要同时选中多张不连续的幻灯片，如这里要同时选中第 1、3、5 张幻灯片，可以先在【幻灯片缩略图】窗格中选择第 1 张幻灯片，然后按住【Ctrl】键，依次选择第 3、5 张幻灯片即可，如下图所示。

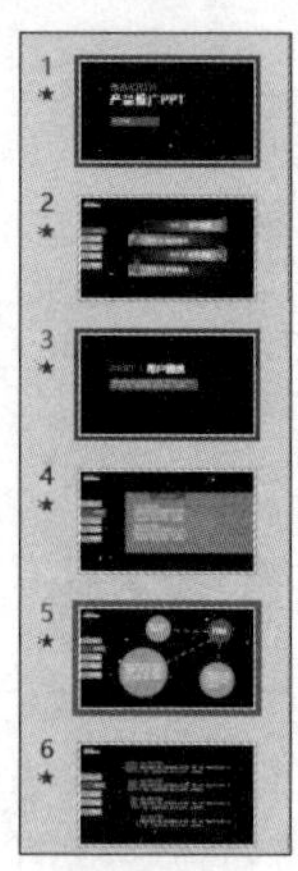

4.5.2 新建幻灯片

新建完演示文稿后，用户可以添加新幻灯片。新建幻灯片有以下 3 种方法。

1. 通过【开始】选项卡

第 1 步 启动 PowerPoint 2019 应用软件，进入 PowerPoint 工作界面，选择【开始】选项卡，在【幻灯片】组中单击【新建幻灯片】按钮，如下图所示。

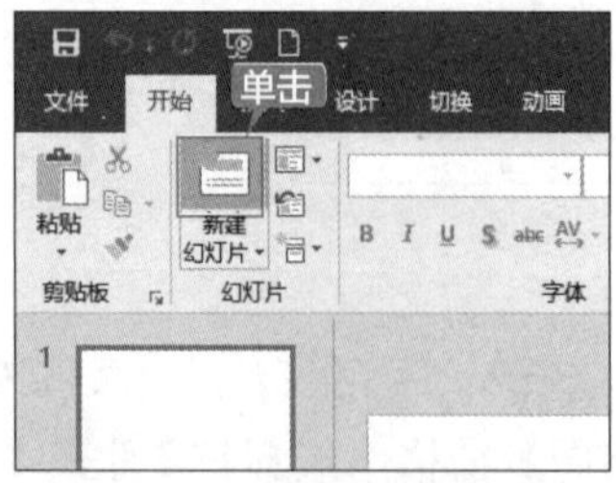

第 2 步 系统即可自动创建一个新幻灯片，且其缩略图显示在【幻灯片缩略图】窗格中，如下图所示。

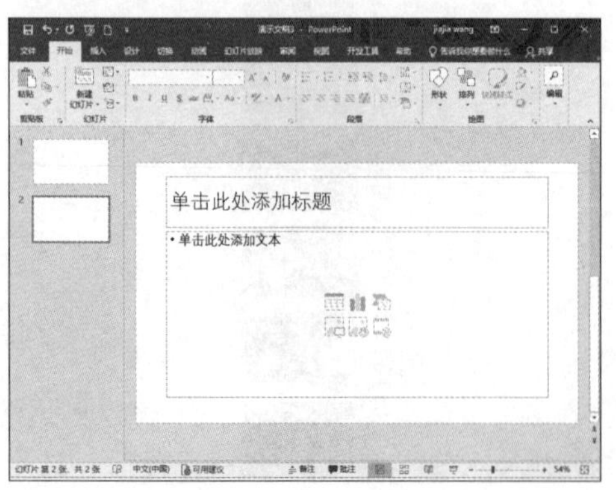

2. 使用鼠标右键

第 1 步 在【幻灯片缩略图】窗格的缩略图上或空白位置右击，在弹出的快捷菜单中选择【新建幻灯片】选项，如下图所示。

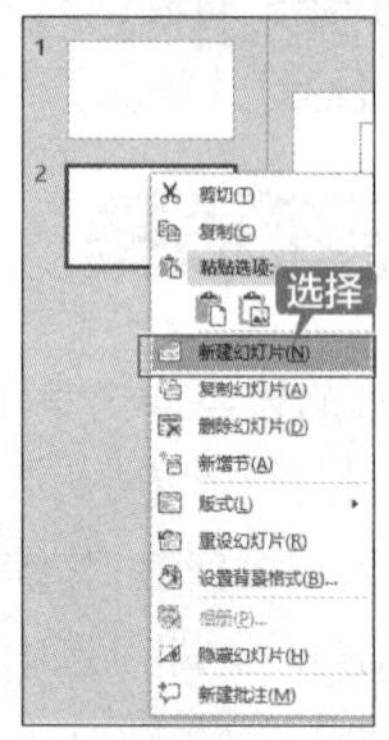

第 2 步 系统即可自动创建一张新幻灯片，如下图所示。

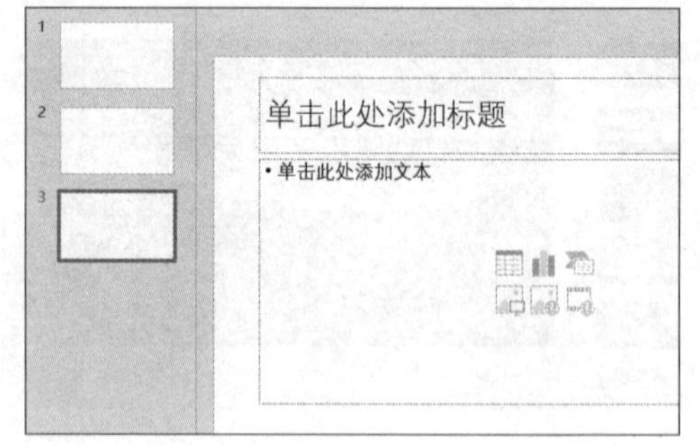

3. 使用快捷键

按【Ctrl+M】组合键也可以快速创建新的幻灯片。

4.5.3 删除幻灯片

删除幻灯片有以下两种方法。

1. 使用鼠标右键

第 1 步 打开“素材\ch04\产品推广 PPT.pptx”演示文稿，在【幻灯片缩略图】窗格中右击要删除的幻灯片，在弹出的快捷菜单中选择【删除幻灯片】选项，如下图所示。

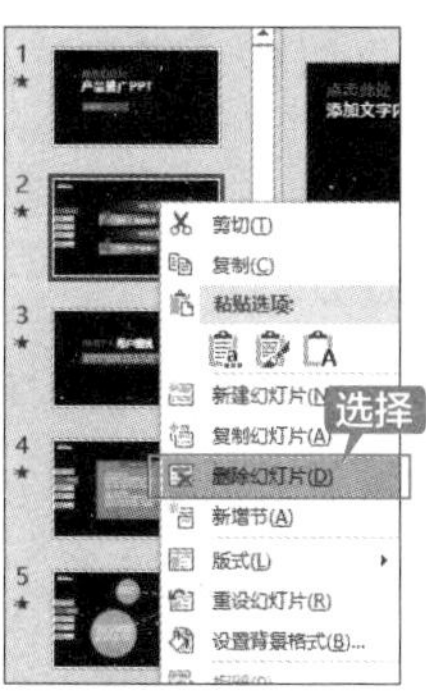

第 2 步 该幻灯片即被删除，在【幻灯片缩略图】窗格中也不再显示该幻灯片，如下图所示。

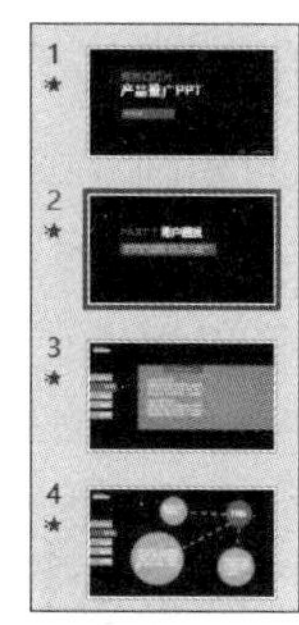

2. 使用快捷键

在【幻灯片缩略图】窗格中选择需要删除的缩略图，然后按【Delete】键即可删除幻灯片。

4.5.4 复制和移动幻灯片

在 PowerPoint 2019 中不仅可以复制单张幻灯片，还可以复制多张相隔幻灯片。

1. 复制单张幻灯片

第 1 步 打开“素材\ch04\产品推广 PPT.pptx”演示文稿，在【幻灯片缩略图】窗格中选择要复制的幻灯片并右击，在弹出的快捷菜单中选择【复制幻灯片】选项，如下图所示。

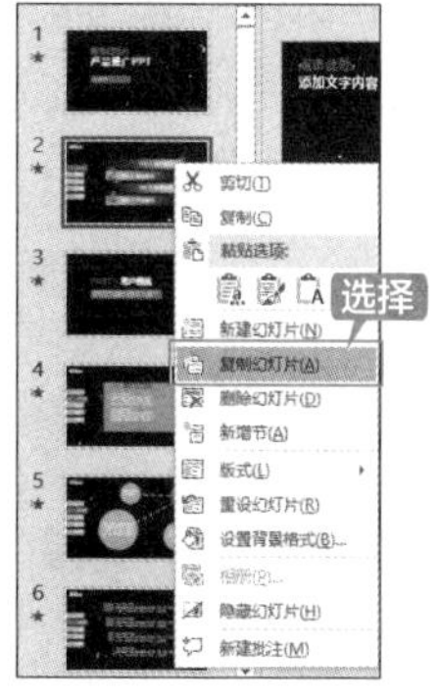

第 2 步 系统将自动添加一张与复制的幻灯片同布局的新幻灯片，新复制的幻灯片在【幻灯片缩略图】窗格中位于所复制幻灯片的下方，如下图所示。

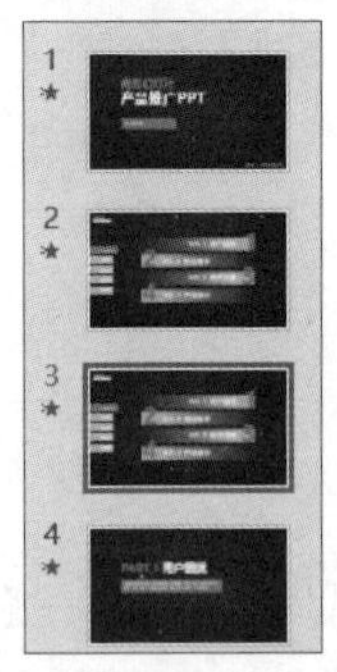

第 3 步 此外，还可以通过【开始】选项卡的【剪贴板】组中的【复制】命令和【粘贴】命令直接完成幻灯片的复制（或在【幻灯片缩略图】窗格中使用右键菜单）。此时，可以在【幻灯片缩略图】窗格中通过在缩略图的空白位置处单击以指定要粘贴的位置，如下图所示。

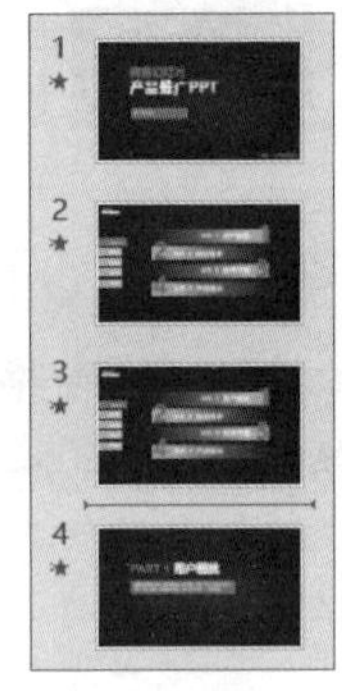

2. 复制相隔幻灯片

第 1 步 复制相隔幻灯片，可以按住【Ctrl】键选择相隔的幻灯片，然后在选中的幻灯片上右击，在弹出的快捷菜单中选择【复制幻灯片】选项，如下图所示。

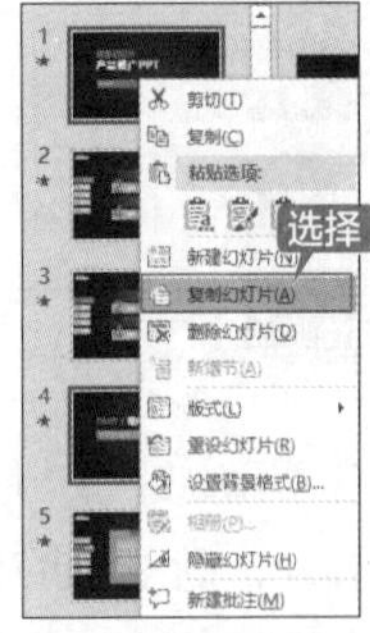

第 2 步 系统将自动添加两个与复制的幻灯片同布局的新幻灯片，新复制的幻灯片显示在【幻灯片缩略图】窗格中且位于所复制幻灯片的下方，如下图所示。

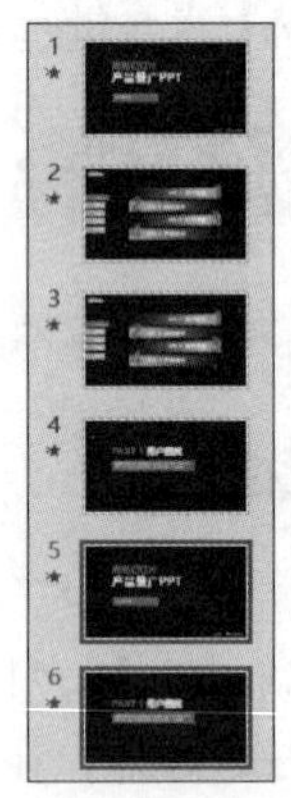

在【幻灯片缩略图】窗格中不仅可以复制幻灯片，还可以移动幻灯片。移动幻灯片的方法有以下两种。

1. 鼠标拖动法

第 1 步 在【幻灯片缩略图】窗格中选择要移动的幻灯片，如下图所示。

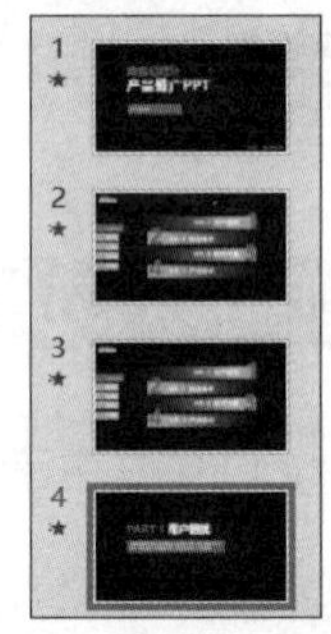

第 2 步 按住鼠标左键不放，将其拖动到所需的位置，松开鼠标即可，如下图所示。

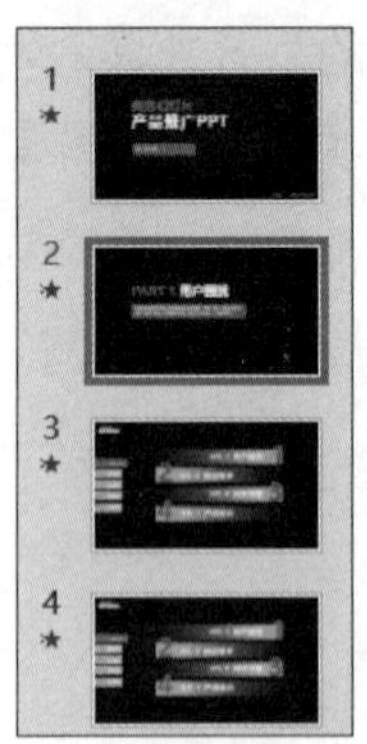

> **提示**
>
> 如果选择多个幻灯片，可以选择某个要移动的幻灯片，然后按住【Ctrl】键的同时依次选择要移动的其他幻灯片。

2. 快捷键法

① 在【幻灯片缩略图】窗格中选择要移动的幻灯片。

② 按住【Ctrl】键的同时使用上下方向键来移动幻灯片即可。

4.5.5 隐藏幻灯片

隐藏幻灯片的具体操作步骤如下。

第 1 步 在【幻灯片缩略图】窗格中选择要隐藏的幻灯片并右击，在弹出的快捷菜单中选择【隐藏幻灯片】选项，如下图所示。

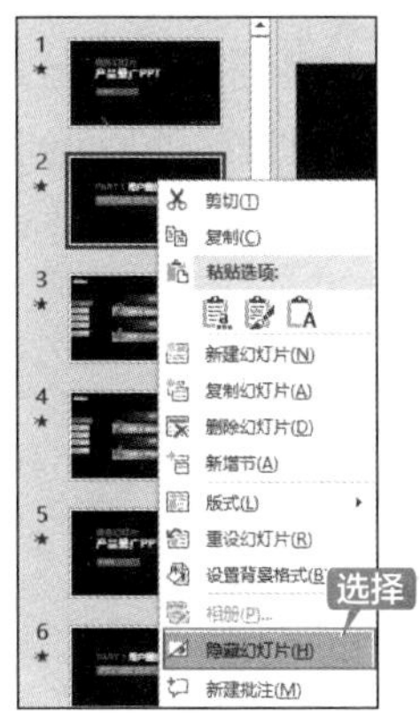

第 2 步 即可在放映时隐藏该幻灯片，在【幻灯片缩略图】窗格中显示为灰色，以区别于其他幻灯片，如下图所示。

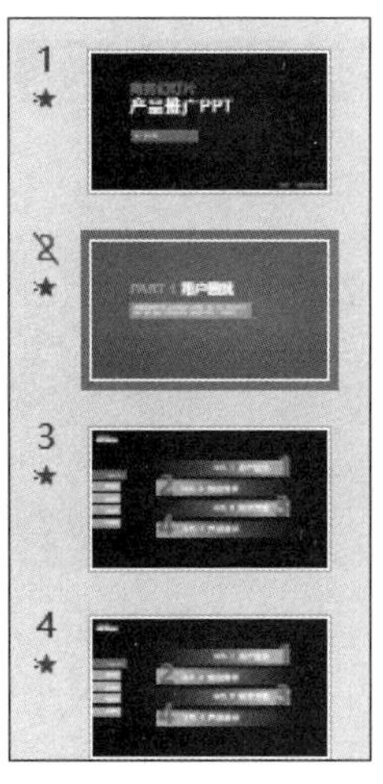

4.6 其他辅助工具

除了前面介绍的设置幻灯片视图等功能外，在【视图】选项卡的【显示】组和【窗口】组中还可以对视图中的标尺、网格线等进行设置，以及对窗口进行相应的设置，如下图所示。

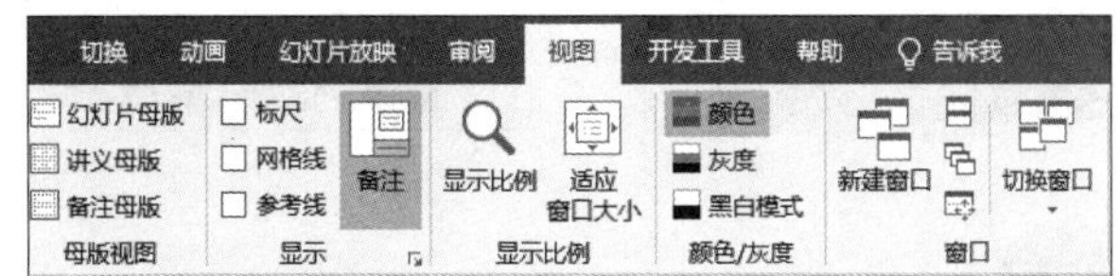

4.6.1 标尺、网格线的设置

选中【视图】选项卡【显示】组中的【标尺】复选框，幻灯片工作区中就会显示出标尺，如下图所示。

选中【视图】选项卡【显示】组中的【网格线】复选框，在幻灯片工作区中就会显示出网格线，如下图所示。

选中【视图】选项卡【显示】组中的【参考线】复选框，幻灯片工作区中就会显示出参考线，如下图所示。

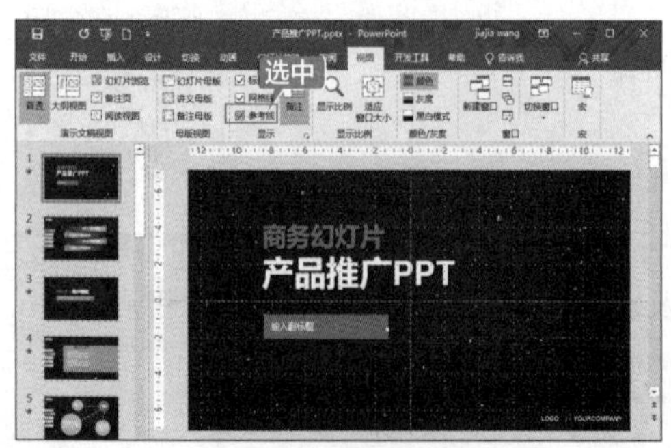

单击【视图】选项卡【显示】组右下角的【网格设置】按钮，弹出【网格和参考线】对话框，如下图所示。

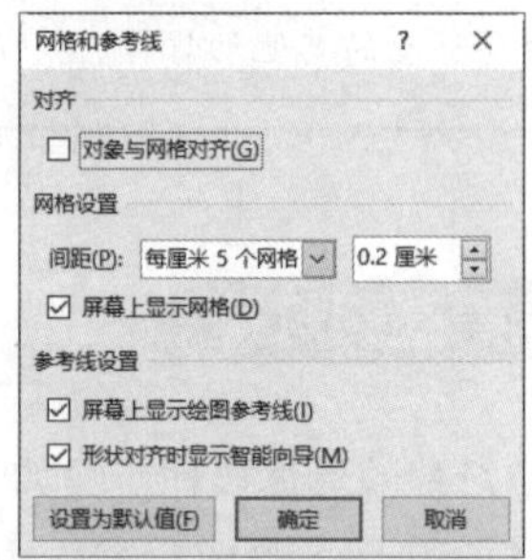

在【网格和参考线】对话框中可以对【对齐】【网格设置】和【参考线设置】等选项区域的选项进行相应设置，如将【网格设置】选项区域中的【间距】的数值设置为“2 厘米”，则视图中网格线的间距也将随之更改为“2 厘米”，设置完后单击【确定】按钮，如下图所示。

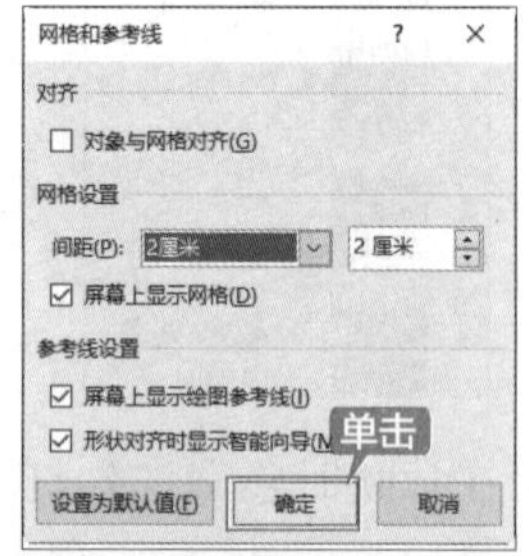

4.6.2 窗口设置

在【视图】选项卡【窗口】组中可以对打开的窗口进行相应的设置，如下图所示。

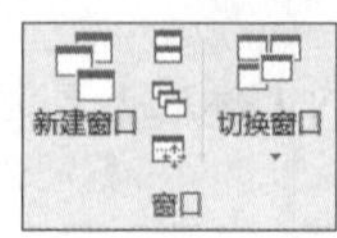

1. 新建窗口

第 1 步 打开“素材 \ch04\ 产品推广 PPT.pptx”文件作为要新建窗口的演示文稿，如下图所示。

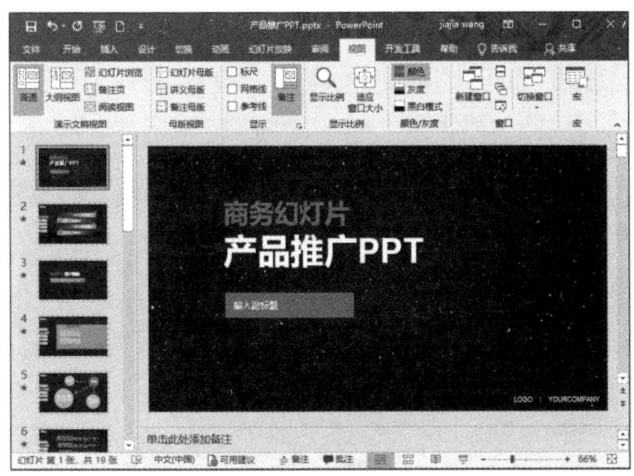

第 2 步 单击【视图】选项卡【窗口】组中的【新建窗口】按钮，系统会自动创建一个内容相同的演示文稿，其名称为“产品推广 PPT.pptx2”，如下图所示。

第 3 步 原来的演示文稿名称由“产品推广 PPT 模板”转变为“产品推广 PPT.pptx1”。关闭新建的“产品推广 PPT.pptx2”窗口后，名称为“产品推广 PPT.pptx1”的演示文稿名称还原为“产品推广 PPT.pptx”。

2. 全部重排窗口

第 1 步 打开“素材 \ch04\ 教育 PPT 模板 .pptx”文件，单击【视图】选项卡【窗口】组中的【全部重排】按钮，如下图所示。

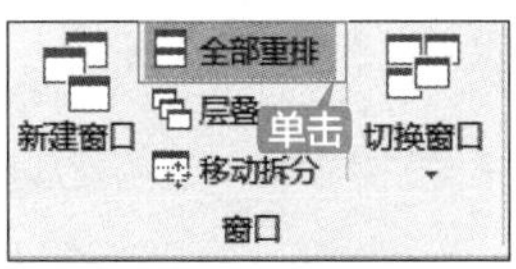

第 2 步 打开的所有演示文稿将会并排平铺显示在显示器桌面上，如下图所示。

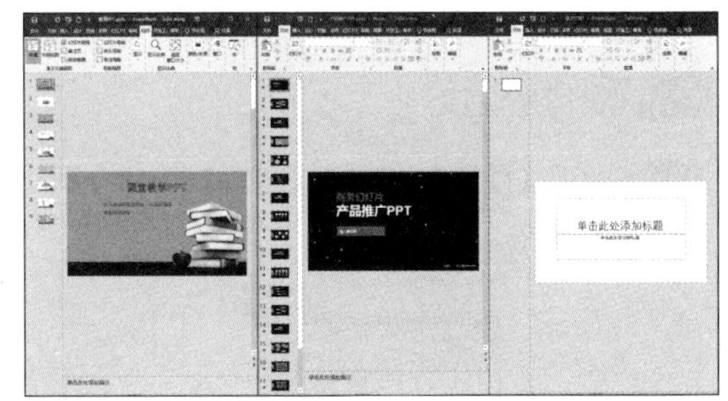

第 3 步 单击任一演示文稿标题栏右上方的【最大化】按钮，如下图所示，即可将该演示文稿更改为全屏显示。

3. 层叠窗口

第 1 步 单击【视图】选项卡【窗口】组中的【层叠】按钮，如下图所示。

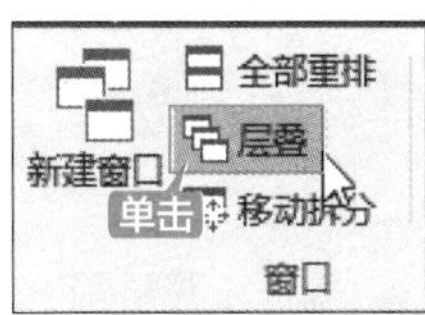

第 2 步 打开的所有演示文稿将会层叠显示在显示器桌面上，如下图所示。

4. 切换窗口

第1步 单击【视图】选项卡【窗口】组中的【切换窗口】按钮，如下图所示。

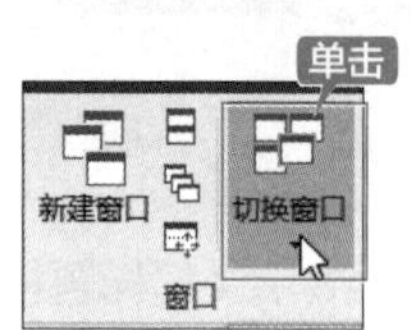

第2步 在弹出的下拉列表中选择要切换到的窗口，选择如下图所示的【教育 PPT 模板】选项。

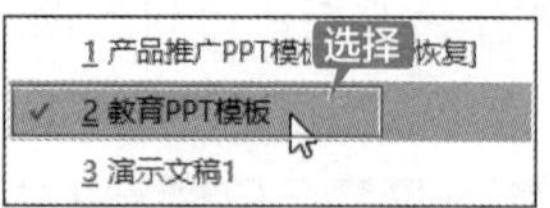

第3步 即可切换到名称为“教育 PPT 模板”的演示文稿窗口，如下图所示。

◇ 自动定时保存演示文稿

在 PowerPoint 中可以为演示文稿设置自动保存时间，具体操作步骤如下。

第1步 在打开的演示文稿中选择【文件】选项卡，在弹出的界面左侧列表中选择【选项】选项，如下图所示。

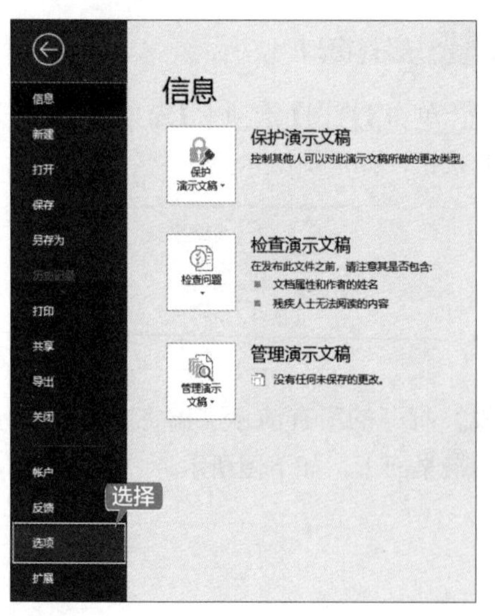

第2步 弹出【PowerPoint 选项】对话框，在左侧下拉列表中选择【保存】选项，在右侧【保存演示文稿】选项区域中选中【保存自动恢复信息时间间隔】复选框，并在其后的文本框中输入间隔时间，如这里输入“5”，设置完成后单击【确定】按钮，即可完成演示文稿自动保存的时间设定，如下图所示。

◇ 同时复制多张幻灯片

在同一演示文稿中不仅可以复制一张幻灯片，还可以一次复制多张幻灯片，具体操作步骤如下。

第 1 步 打开“素材 \ch04\ 教育 PPT 模板 .pptx”文件，如下图所示。

第 2 步 在【幻灯片缩略图】窗格中选择第 1 张幻灯片，按住【Shift】键的同时选择第 3 张幻灯片即可将前 3 张连续的幻灯片选中，如下图所示。

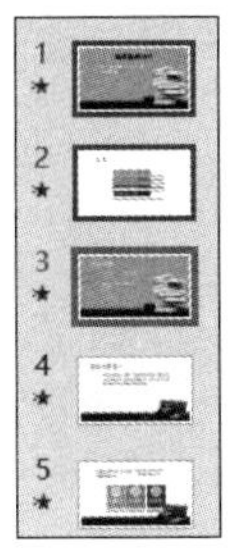

第 3 步 在【幻灯片缩略图】窗格中选中的缩略图上右击，在弹出的快捷菜单中选择【复制幻灯片】选项，如下图所示。

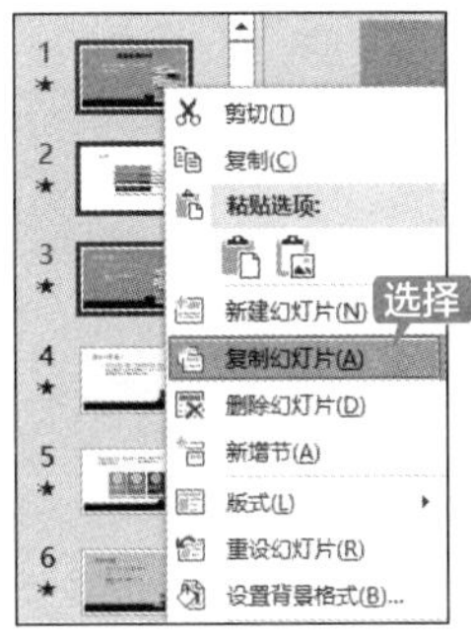

第 4 步 系统即可自动复制选中的幻灯片，如下图所示。

◇ 快速对齐图形等对象

在 PowerPoint 中可以通过参考线快速对齐页面中的图像、图形等元素，使得版面整齐美观。

第 1 步 打开“素材 \ch04\ 图像对齐 .pptx”文件，如下图所示。

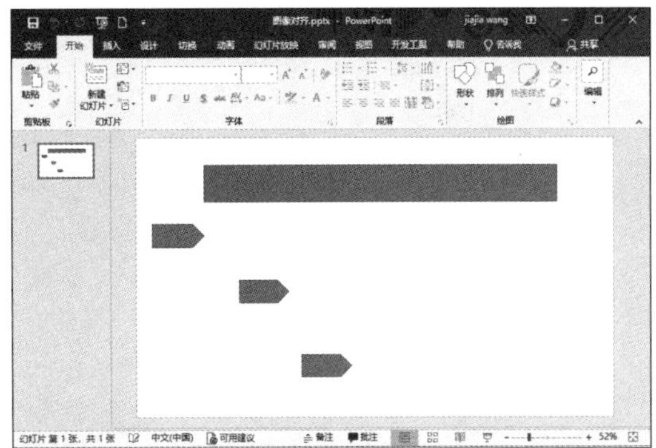

第 2 步 单击【视图】选项卡【显示】组右下角的【网格设置】按钮，在弹出的【网格和参考线】对话框中选中【对齐】选项区域中的【对象与网格对齐】复选框和【参考线设置】选项区域中的【屏幕上显示绘图参考线】复选框，并单击【确定】按钮，如下图所示。

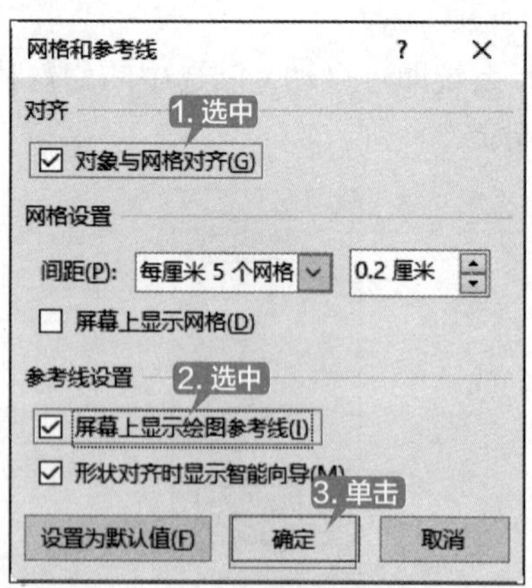

第 3 步 在幻灯片工作区就会显示出“十”字参考线，如下图所示。

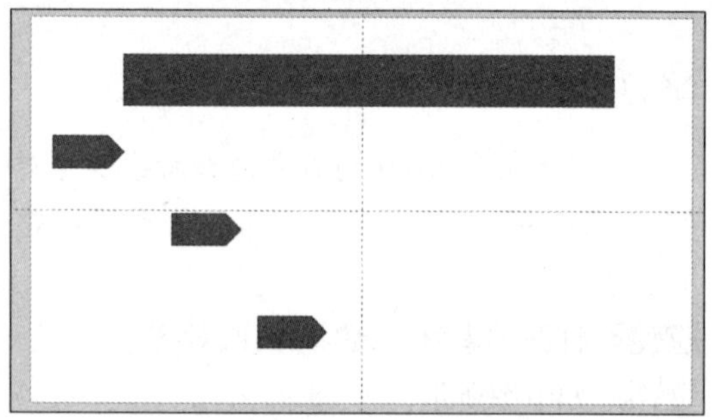

第 4 步 选中幻灯片工作区中的箭头图形，并拖动至“十”字参考线附近。此时，选中的图形会被自动吸附到参考线的位置，如下图所示。

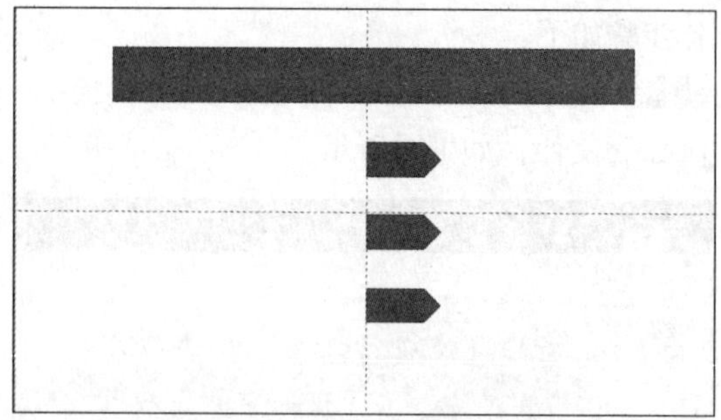

第 2 篇

设计篇

第 5 章　文本的输入与编辑

第 6 章　设计图文并茂的 PPT

第 7 章　使用图表和图形展示内容

第 8 章　模板与母版

本篇主要介绍 PowerPoint 2019 的设计操作。通过本篇的学习，读者可以掌握如何在 PowerPoint 2019 中编辑文本、设计图文并茂的 PPT、使用图表和图形，以及模板与母版等基本操作。

第5章 文本的输入与编辑

本章导读

本章主要介绍在 PowerPoint 2019 中使用文本框、文本输入的方法，文字、段落的设置方法，添加项目符号、编号及超链接等操作方法。用户通过对这些基本操作知识的学习，能够更好地进行演示文稿的制作。

思维导图

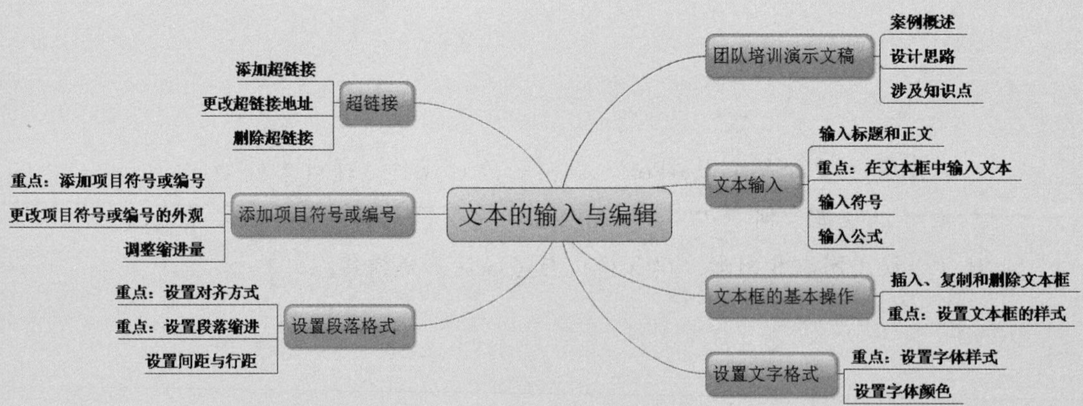

5.1 团队培训演示文稿

团队培训演示文稿要做到目标明确、层次分明，便于整个组织的所有团队都形成良好的配合协作关系。通过团队协作培训，使团队中的成员相互依存、彼此信赖、互相帮助、和谐相处，以至整个团队极富凝聚力，进而提高工作质量和工作效率。

案例名称：制作团队培训 PPT		
案例目的：学习文本的输入与编辑		
	素材	素材 \ch05\ 团队培训演示文稿 .pptx
	结果	结果 \ch05\ 团队培训演示文稿 .pptx
	视频	视频教学 \05 第 5 章

5.1.1 案例概述

制作团队培训演示文稿需要注意以下几点。

1. 前期定位

① 培训策划书。

② 培训资料收集。

③ 培训主讲人员。

④ 培训的对象。

⑤ 培训时间。

⑥ 培训地点。

2. 文案策划

① 开场白。

② 团队互动游戏。

③ 团队讨论。

④ 介绍团队的重要性。

⑤ 提出问题引导大家进行思考。

⑥ 给在场人员机会做自己亲身经历的讲述。

⑦ 团队互动游戏体会。

⑧ 团队培训总结。

5.1.2 设计思路

制作团队培训 PPT 时可以按以下思路进行。

① 制作团队培训 PPT 封面。

② 为 PPT 添加标题和正文等。

③ 设置标题、正文格式。根据 PPT 需求设计标题及正文样式，包括文字样式及段落样式等，并根据需要设置标题的大纲级别。

④ 添加项目符号或编号。

5.1.3 涉及知识点

本案例主要涉及以下知识点。

① 文本输入。
② 文本框的基本操作。
③ 设置文字格式。
④ 设置段落格式。
⑤ 添加项目符号或编号。
⑥ 添加超链接。

5.2 文本输入

本节主要介绍在团队培训 PPT 中如何输入标题和正文、在文本框中输入文本、符号及公式等的操作方法。

5.2.1 输入标题和正文

在普通视图中，幻灯片会出现“单击此处添加标题”或“单击此处添加副标题”等提示文本框。这种文本框统称为“文本占位符”，如下图所示。

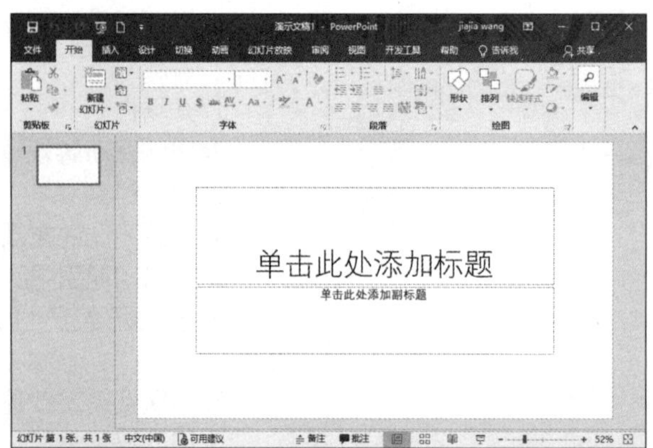

在 PowerPoint 2019 中输入文本的方法有以下几种。

1. 在文本占位符中输入文本

在文本占位符中输入文本是最基本、最方便的一种输入方式。

第 1 步 打开“素材 \ch05\ 团队培训演示文稿 .pptx”文件，将光标定位在文本占位符中，如下图所示。

第 2 步 输入文本“金牌销售团队凝聚力培训”，输入的文本会自动替换文本占位符中的提示性文字，如下图所示。

2. 在大纲视图下输入文本

在大纲视图下输入文本的同时，可以浏览所有幻灯片的内容，如下图所示。

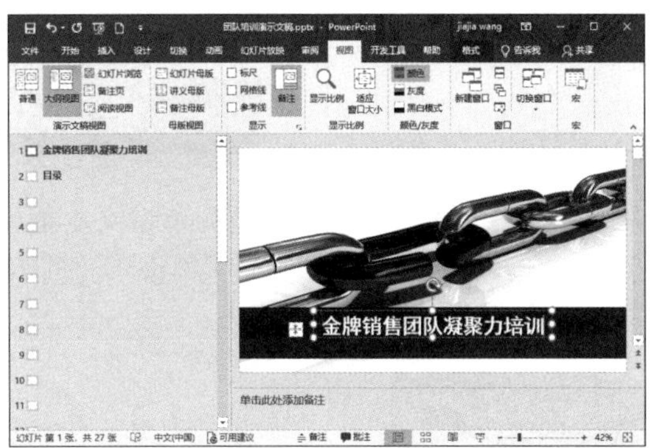

第 1 步　在大纲视图下选中幻灯片图标后面的文字，如下图所示。

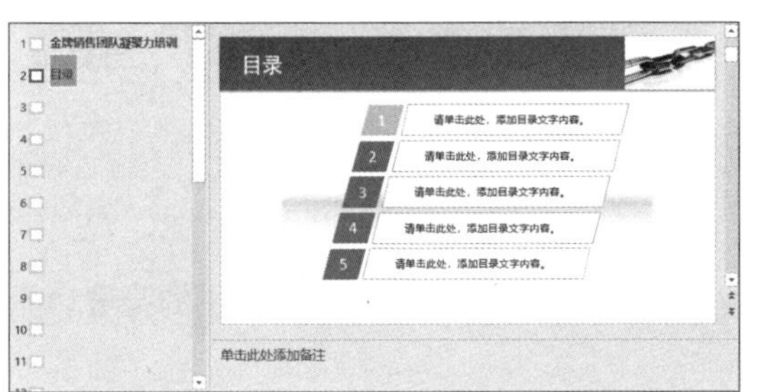

第 2 步　直接输入新文本“培训目录”，输入的文本会自动替换原来的文字，如下图所示。

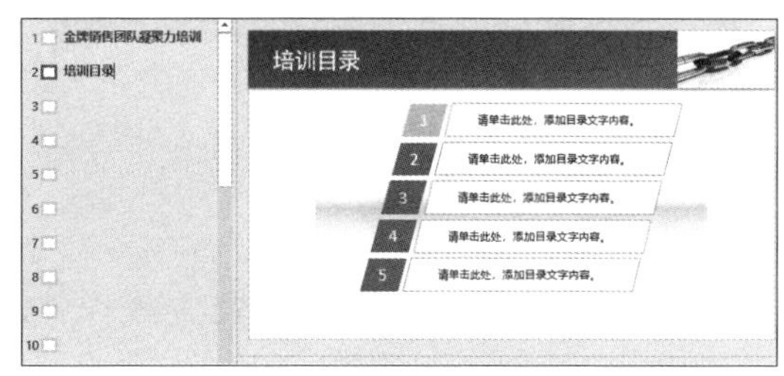

5.2.2 重点：在文本框中输入文本

幻灯片中文本占位符的位置是固定的，如果想在幻灯片的其他位置输入文本，可以通过绘制一个新的文本框来实现。在插入和设置文本框后，就可以在文本框中进行文本的输入了，如下图所示。

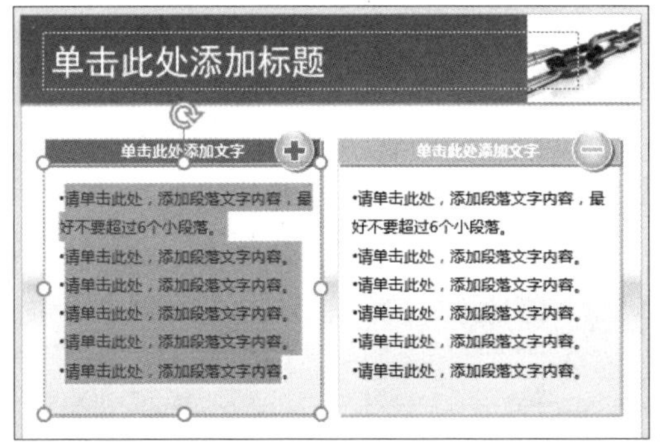

在文本框中输入文本的具体操作步骤如下。

第 1 步　接着 5.2.1 小节的实例继续操作，单击【插入】选项卡【文本】组中的【文本框】下拉按钮，在弹出的下拉菜单中选择【绘制横排文本框】选项，如下图所示。

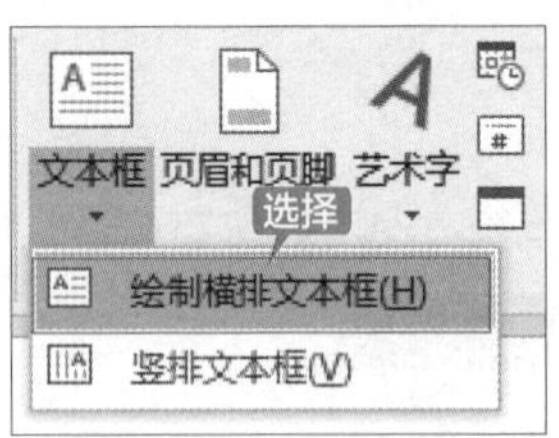

第 2 步 将鼠标指针移动到幻灯片中，当指针变为↓形状时，按住鼠标左键并拖动即可创建一个文本框，如下图所示。

第 3 步 单击文本框就可以直接输入文本，这里输入“携手共创辉煌明天”，如下图所示。

5.2.3 输入符号

通常在文本中需要输入一些比较有个性或专业的符号，用户可以利用软件提供的符号功能来实现。

在 PowerPoint 2019 中，可以通过【插入】选项卡【符号】组中的【公式】和【符号】按钮来完成公式和符号的输入操作，如下图所示。

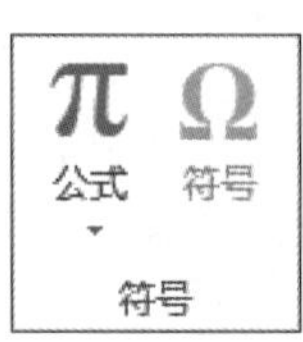

输入符号的具体操作步骤如下。

第 1 步 继续 5.2.2 小节的实例操作，将光标定位于第 9 张幻灯片的文本内容的第一行开头，单击【插入】选项卡【符号】组中的【符号】按钮，如下图所示。

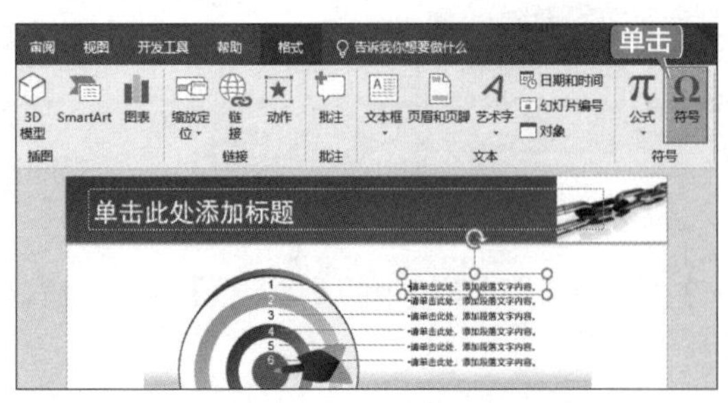

第 2 步 弹出【符号】对话框，在【字体】下拉列表中选择【Wingdings】选项，然后选择需要使用的符号，单击【插入】按钮，完成插入后，单击【关闭】按钮即可关闭【符号】对话框，如下图所示。

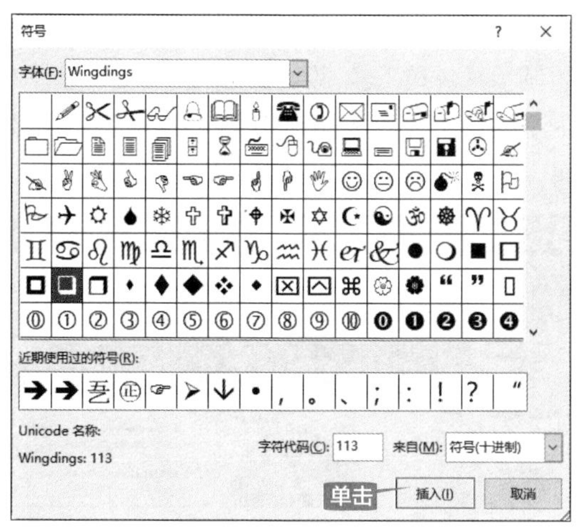

第 3 步 在编辑区可以看到新添加的符号，如下图所示。

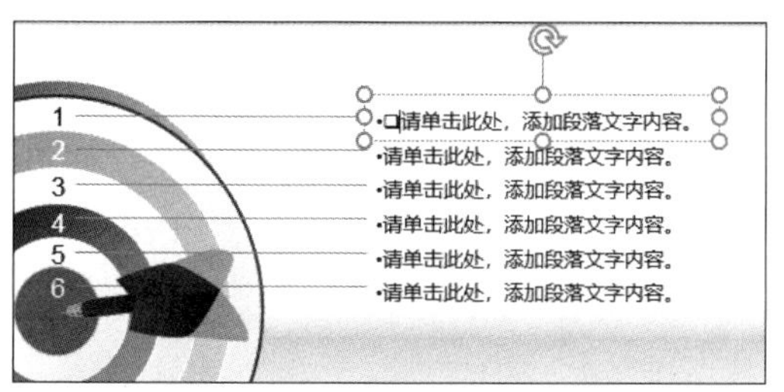

第 4 步 按照第 1 步和第 2 步的操作，继续在其他各行的开头插入符号，最终效果如下图所示。

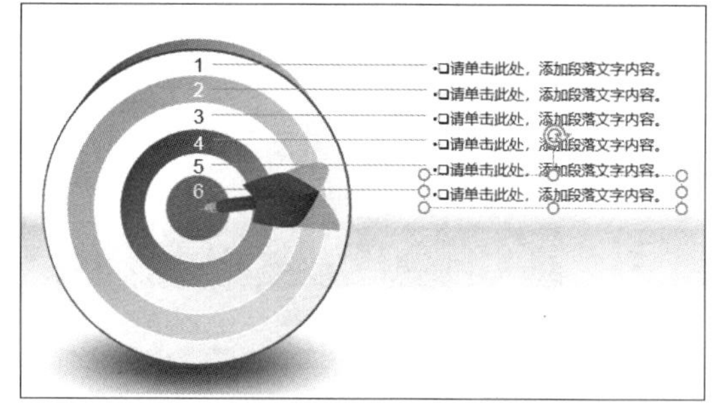

提示

如果插入的符号相同或近期使用过，可以在【符号】对话框的【近期使用过的符号】选项区域中选择即可插入，如下图所示。

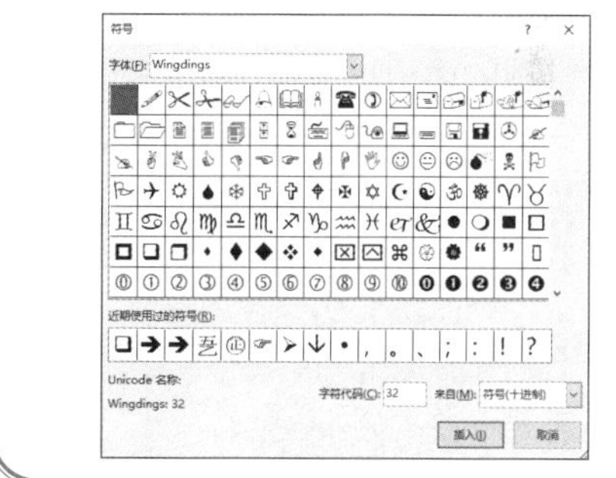

5.2.4 输入公式

除了在幻灯片中可以输入一些常用的文本和符号外，也可以输入公式。

输入公式的具体操作步骤如下。

第 1 步 继续 5.2.3 小节的实例操作，在第 8 张幻灯片的“添加文字”文本框中输入“圆面积计算公式：”，并按【Enter】键，如下图所示。

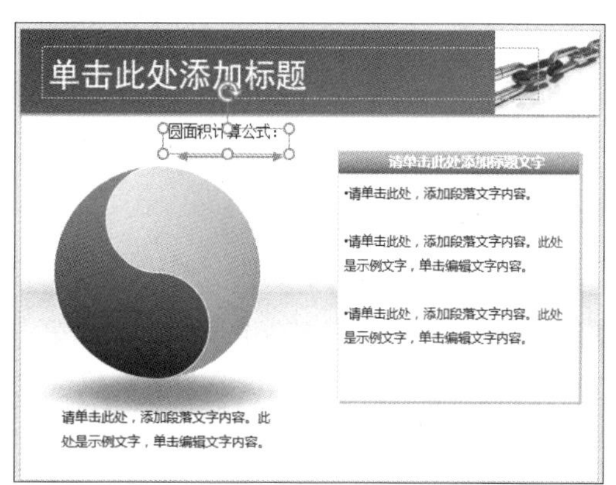

第 2 步 单击【插入】选项卡【符号】组中的【公式】按钮 π，可以在文本框中利用功能区出

现的【公式工具–设计】选项卡下各组中的选项直接输入公式，如下图所示。

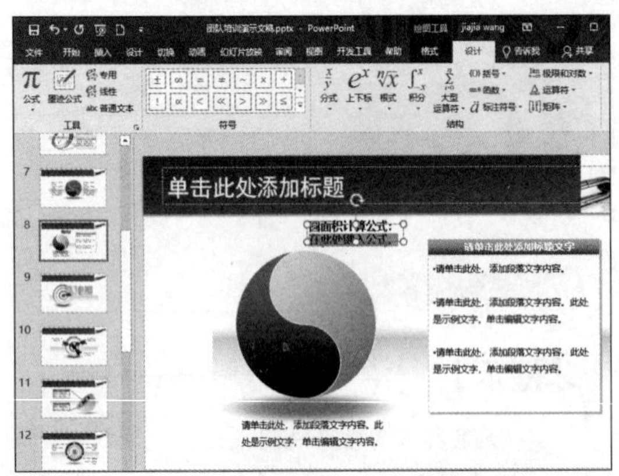

第3步 也可以单击【插入】选项卡【符号】组中的【公式】下拉按钮，从弹出的下拉列表中选择【圆的面积】选项，如下图所示。

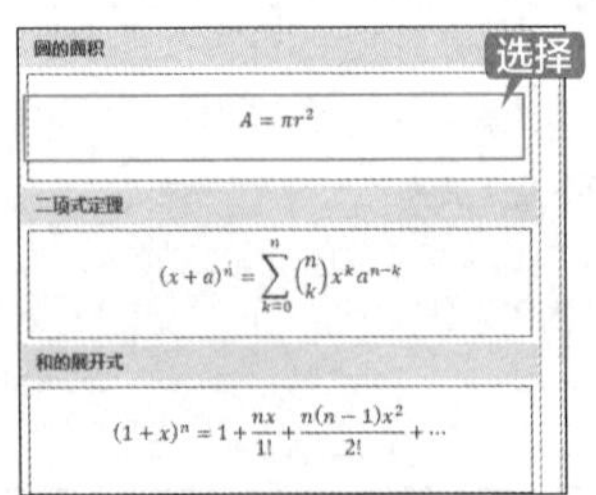

第4步 系统即可插入所选的公式，同时功能区显示【公式工具–设计】选项卡，从该选项卡下的各组命令中可以对插入的公式进行编辑。移动文本框的位置，效果如下图所示。

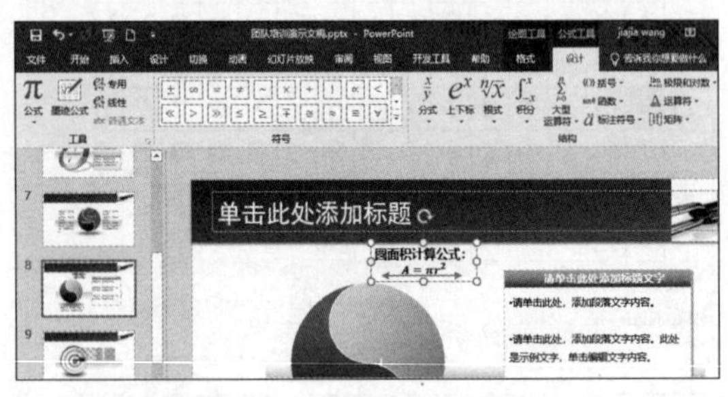

提示

选择下拉列表中的【插入新公式】选项，也可以切换到功能区【公式工具–设计】选项卡。

5.3 文本框的基本操作

文本框是一个对象，在文本框中可以输入文本。本节主要介绍插入、复制和删除文本框，以及设置文本框样式的操作方法。

5.3.1 插入、复制和删除文本框

1. 插入文本框

插入文本框的具体操作步骤如下。

第1步 继续5.2.4小节的实例操作，选择第10张幻灯片，单击【插入】选项卡【文本】组中的【文本框】按钮，或单击【文本框】下拉按钮，从中选择【绘制横排文本框】或【竖排文本框】选项，如下图所示。

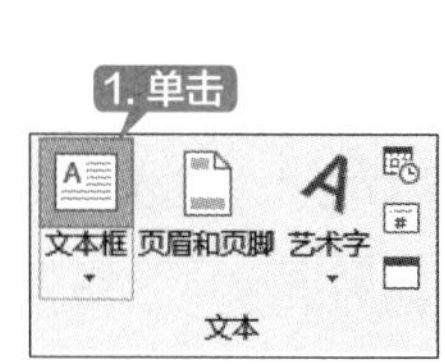

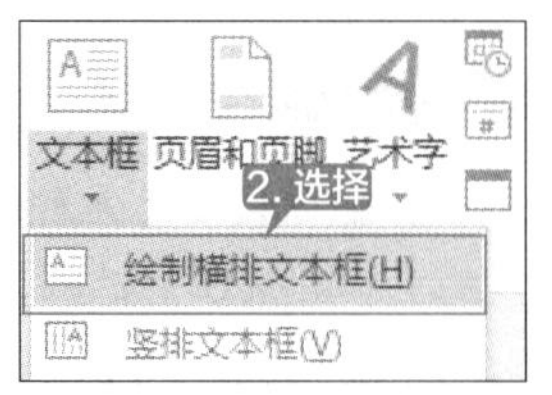

第 2 步 如选择【绘制横排文本框】选项后，在幻灯片中单击，然后按住鼠标左键并拖动鼠标按所需大小绘制文本框，如下图所示。

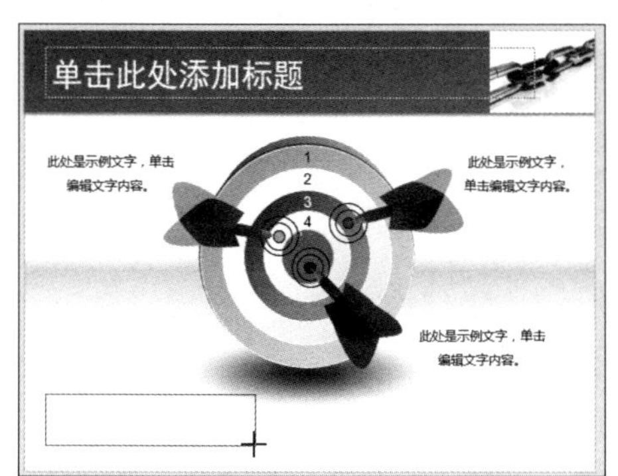

第 3 步 松开鼠标左键后显示出绘制的文本框。可以在其中直接输入需要添加的文本，如下图所示。

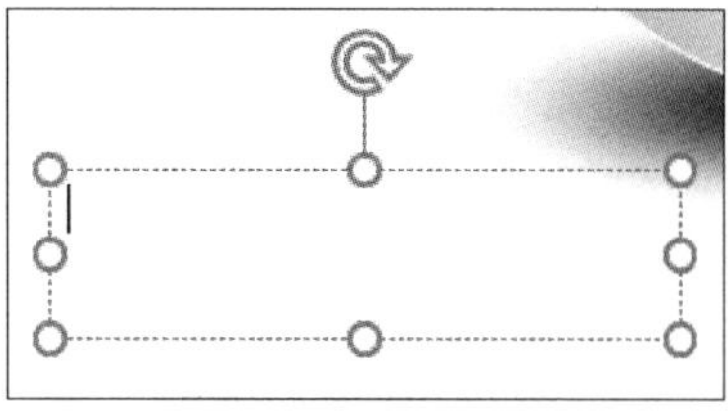

第 4 步 若要移动文本框的位置，可以单击该文本框，然后在鼠标指针变为 ✥ 形状时，将文本框拖到新位置即可，如下图所示。

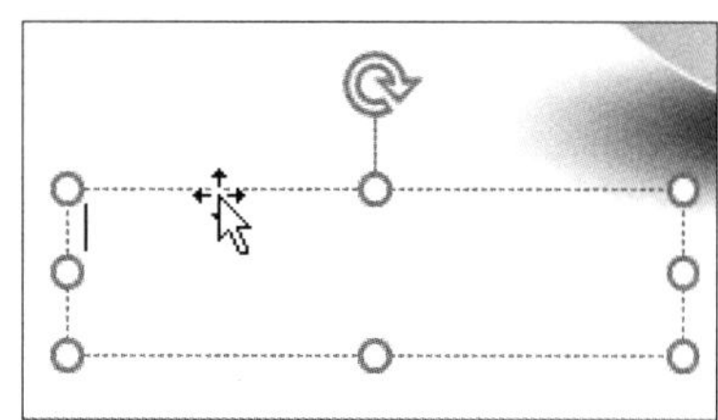

2. 复制文本框

复制文本框的具体操作步骤如下。

第 1 步 单击要复制的文本框的边框，使文本框处于下图所示的选中状态。

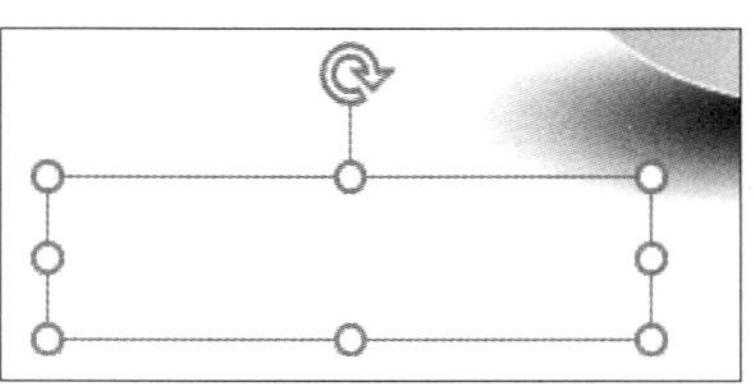

第 2 步 单击【开始】选项卡【剪贴板】组中的【复制】按钮 ⎘，如下图所示。

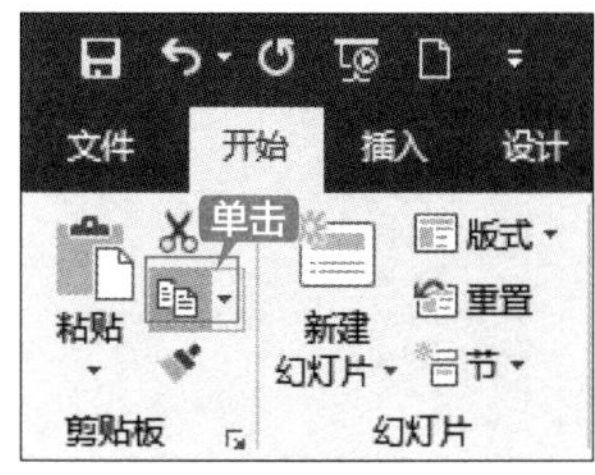

提示

请确保指针不在文本框内部，而是在文本框的边框上。如果指针不在边框上，则单击【复制】按钮后复制的是文本框内的文本，而不是文本框。

第 3 步 单击【开始】选项卡【剪贴板】组中的【粘贴】按钮，系统自动完成文本框的复制操作，如下图所示。

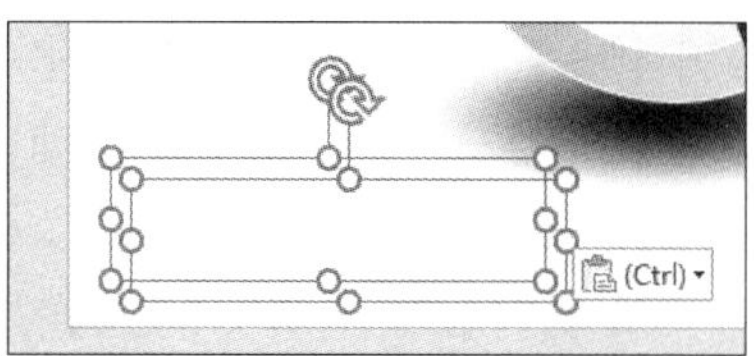

第 4 步 将鼠标指针放置到选中状态的复制的文本框的边框上，在鼠标指针变为 ✥ 形状时，将文本框拖动到适当的位置，如下图所示。

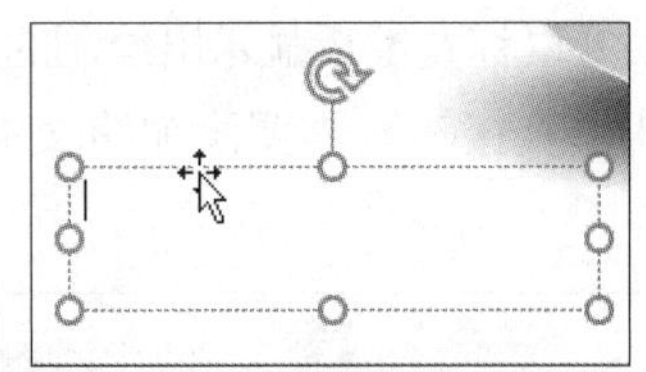

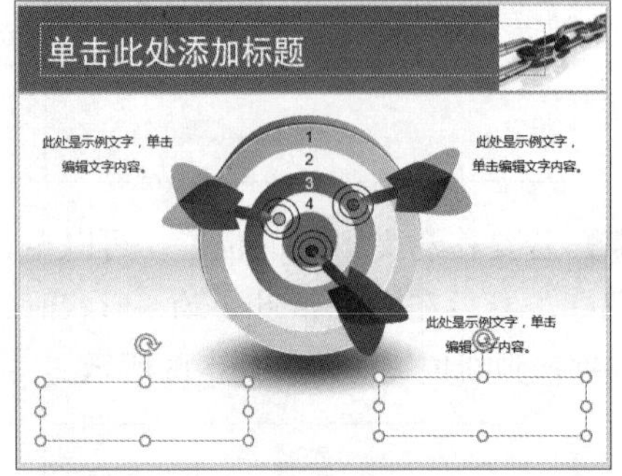

3. 删除文本框

要删除多余或不需要的文本框，可以先单击要删除的文本框的边框以选中该文本框，然后按【Delete】键即可。

> **提示**
>
> 删除文本框时要确保指针不在文本框内部，而是在文本框的边框上。如果指针不在边框上，则按【Delete】键会删除文本框内的文本，而不会删除文本框。

5.3.2 重点：设置文本框的样式

设置文本框的样式主要是指设置文本框的形状格式。单击文本框的边框使文本框处于选中状态。在选中的文本框上右击，在弹出的快捷菜单中选择【设置形状格式】选项，可弹出【设置形状格式】任务窗格，如下图所示。

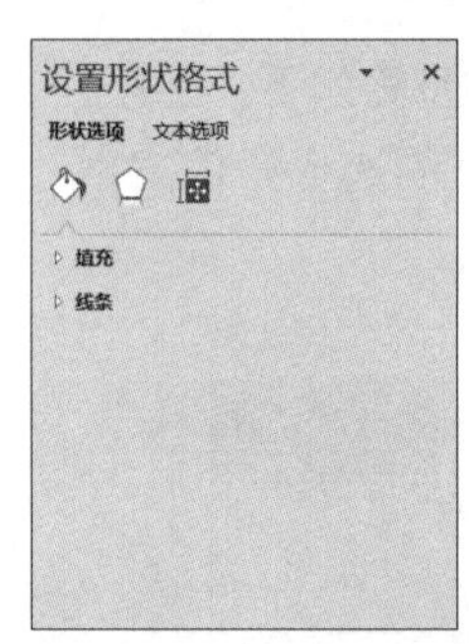

通过【设置形状格式】任务窗格可以对文本框进行填充、线条颜色、线型、大小和位置等设置。

1. 设置填充

展开【设置形状格式】任务窗格中【填充与线条】选项卡下的【填充】选项，可以选中下方显示的各单选按钮，对文本框进行相应形式的填充设置。填充的方式如下图所示。

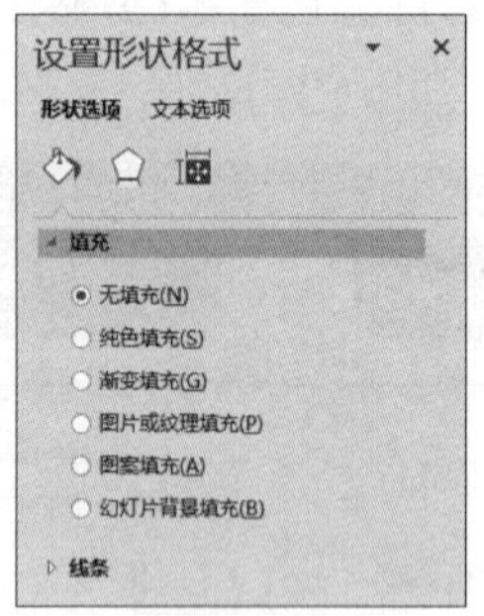

选中不同的单选按钮，下方会显示不同的设置选项，进行相应的设置即可完成对文本框的填充，如下图所示。

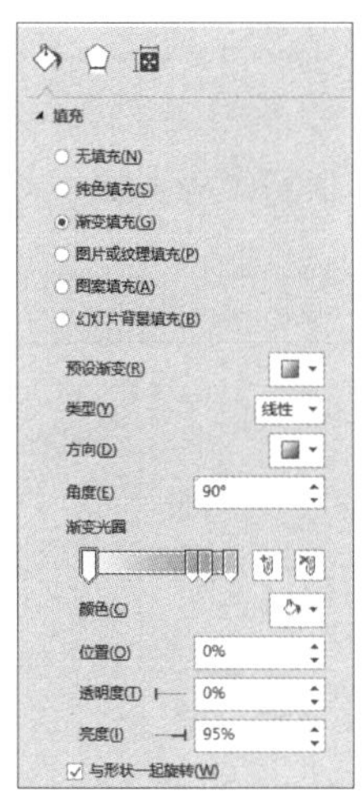

2. 设置线条颜色

展开【设置形状格式】任务窗格中【填充与线条】选项卡下的【线条】选项，同样可以通过选择不同的选项对文本框边框的线条颜色进行相应的设置。线条的设置包括无线条、实线和渐变线3种设置方式。当选中【无线条】单选按钮时，线条的颜色将设置为无色，如下图所示。

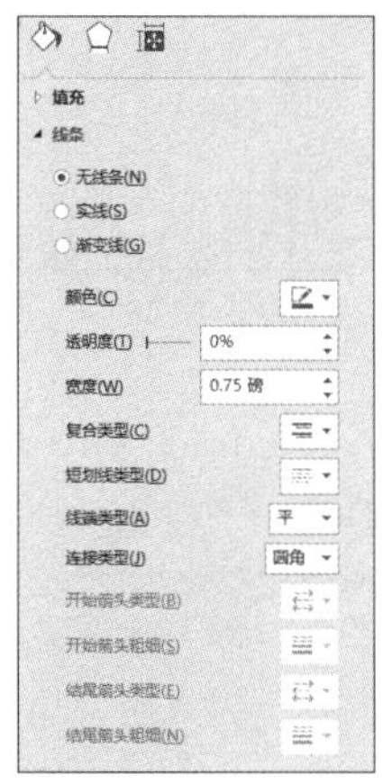

3. 设置线型

展开【设置形状格式】任务窗格中【填充与线条】选项卡下的【线条】选项，可以对文本框边框的线型进行设置。对线型的设置主要包括对线型的宽度、复合类型、短画线类型、线端类型、连接类型及箭头等进行相应的设置，如下图所示。

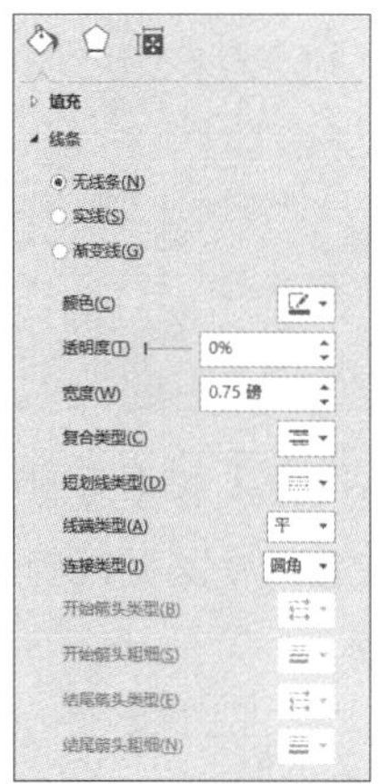

4. 设置大小

展开【设置形状格式】任务窗格中【大小与属性】选项卡下的【大小】选项，可以对文本框的大小进行设置，如下图所示。

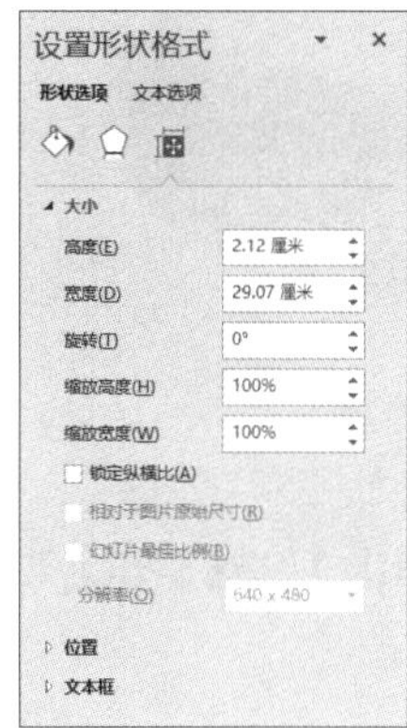

对文本框【大小】的设置，包括对其【高度】【宽度】【旋转】【缩放高度】【缩放宽度】和【锁定纵横比】等各选项的设置。其中，通过对【高度】和【宽度】选项的设置，可以直接确定文本框的大小。

5. 设置位置

除了通过拖动文本框来改变文本框的位置外，也可以在【设置形状格式】任务窗格中【大小与属性】选项卡下的【位置】下对文本框所处的位置进行相应的设置，如下图所示。

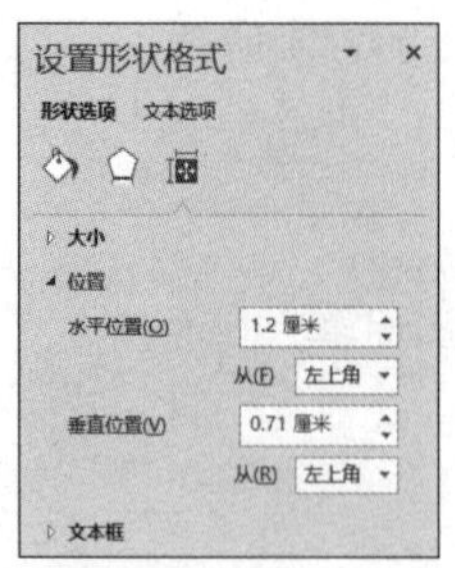

在【水平位置】和【垂直位置】文本框中直接输入数值，可以直接确定文本框在幻灯片中的位置。

6. 设置文本框

选择【设置形状格式】任务窗格中的【大小与属性】选项卡，在其中的【文本框】下可以设置文本的文字版式、文本在文本框中的内部边距，以及根据文本内容多少自动调整文本框的形状和大小，如下图所示。

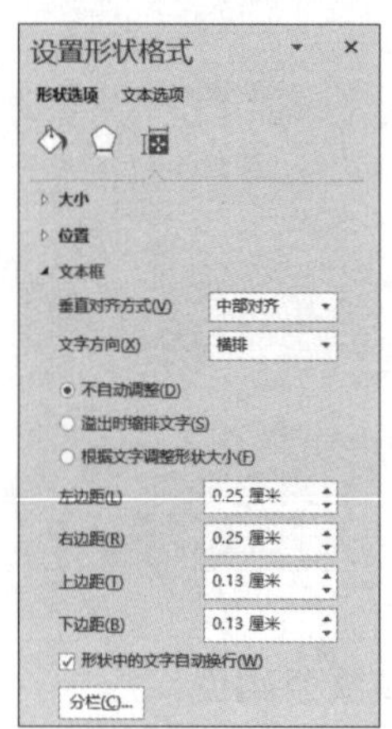

5.4 设置文字格式

选中要设置的文本后，可以在【开始】选项卡【字体】组中设定文字的大小、样式和颜色等，如下图所示。

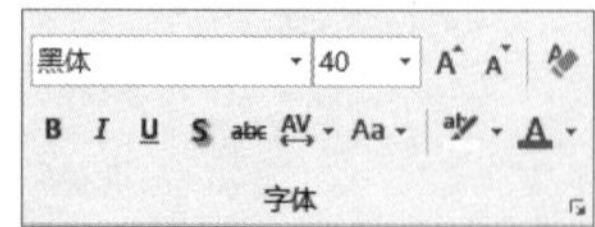

也可以单击【字体】组右下角的【字体】按钮，打开【字体】对话框，对文字进行设置，如下图所示。

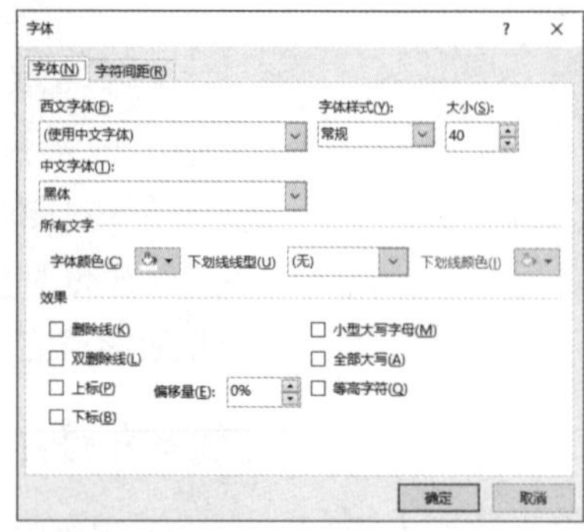

本节主要介绍对文字的字体和颜色进行设置的方法。

5.4.1 重点：设置字体样式

【字体】对话框的【字体】选项卡中各个命令的作用及使用方法如下。

1. 【西文字体】和【中文字体】命令

PowerPoint 2019 默认的字体为宋体，用户如果需要对字体进行修改，可以先选中文本，单击【中文字体】下拉按钮，在下拉列表中选择当前文本所需要的字体类型，如下图所示。

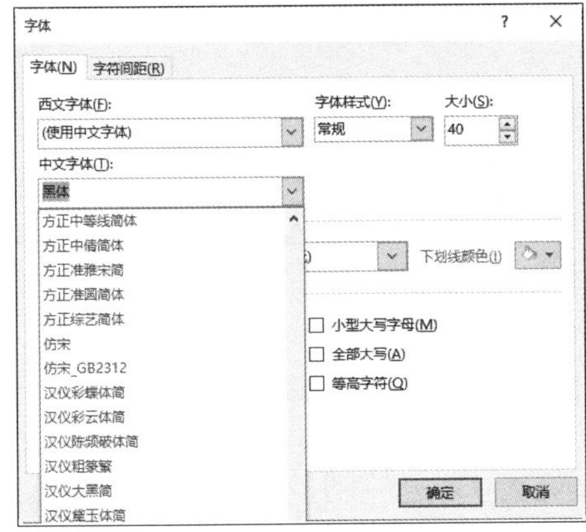

2. 【字体样式】命令

通过【字体样式】命令可以对文字应用一些样式，如加粗、倾斜或下画线等，可使当前文本更加突出、醒目，如下图所示。

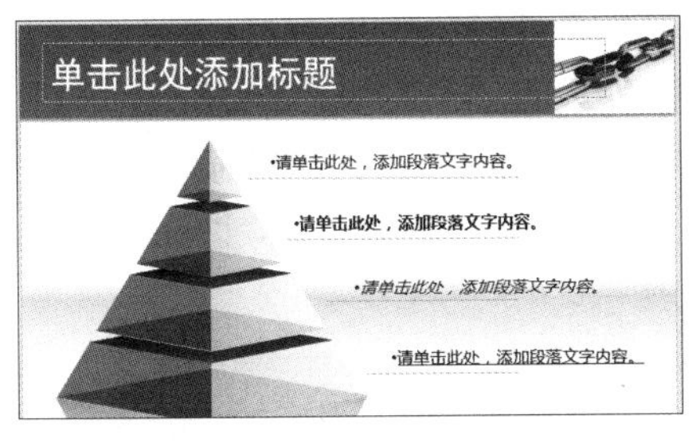

如果需要对文字应用样式，可以先选中文本，单击【字体样式】下拉按钮，在弹出的下拉列表中选择当前文本所需要的字体样式即可，如下图所示。

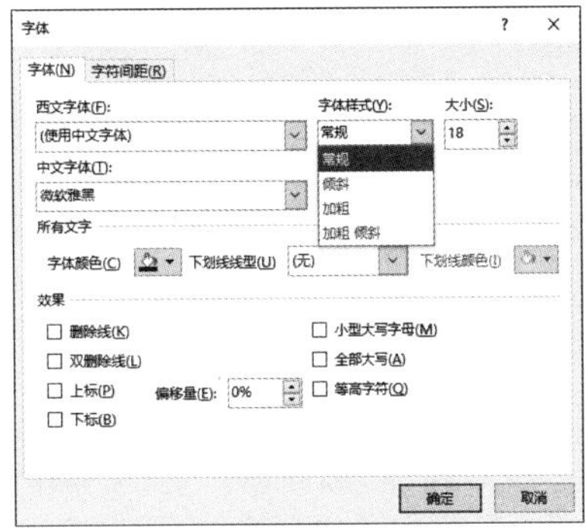

3. 【大小】命令

如果需要对文字的大小进行设定，可以先选中文本，在【大小】文本框中输入精确的数值来确定当前文本所需要的字号，如下图所示。

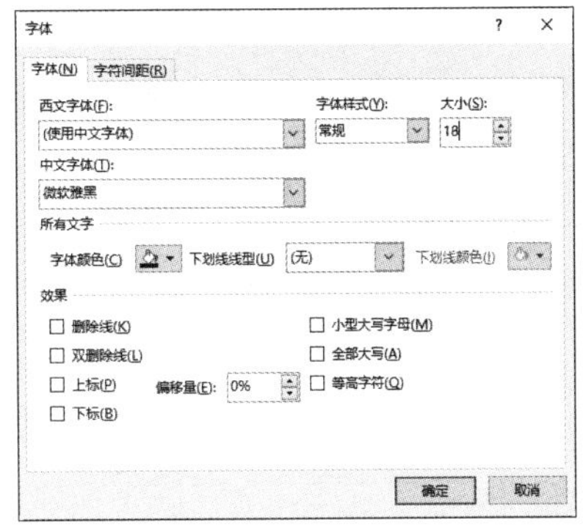

5.4.2 设置字体颜色

PowerPoint 2019 默认的文字颜色为黑色。如果需要设定字体的颜色，可以先选中文本，单击【字体颜色】下拉按钮，在弹出的下拉列表中选择所需要的颜色，如下图所示。

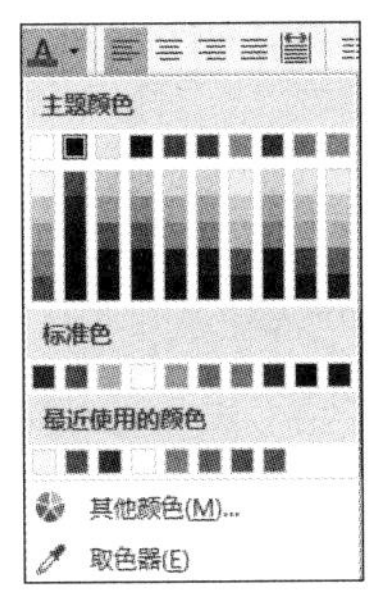

【字体颜色】下拉列表中包括【主题颜色】【标准色】【最近使用的颜色】和【其他颜色】4 个区域的选项，如下图所示。

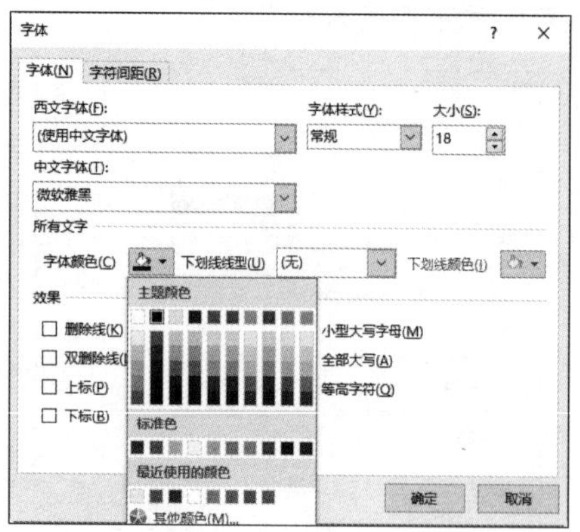

单击【主题颜色】和【标准色】区域的颜色块可以直接选择所需要的颜色。选择【其他颜色】选项，弹出【颜色】对话框，该对话框包括【标准】和【自定义】两个选项卡，在【标准】选项卡下可以直接单击颜色球指定颜色，如下图所示。

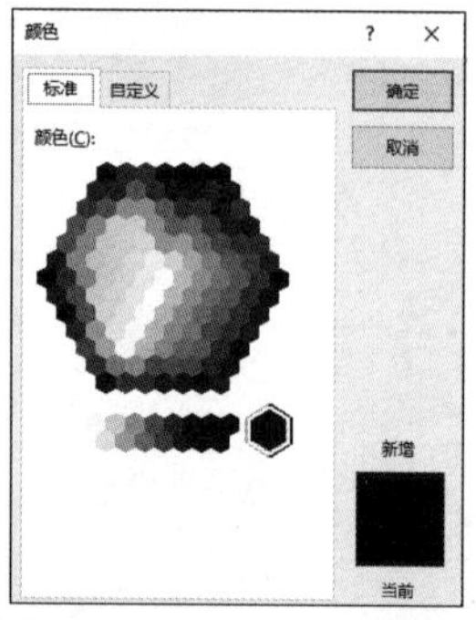

选择【自定义】选项卡，既可以在【颜色】区域指定要使用的颜色，也可以在【红色】【绿色】和【蓝色】文本框中直接输入精确的数值指定颜色。其中，【颜色模式】下拉列表中包括【RGB】和【HSL】两个选项，如下图所示。

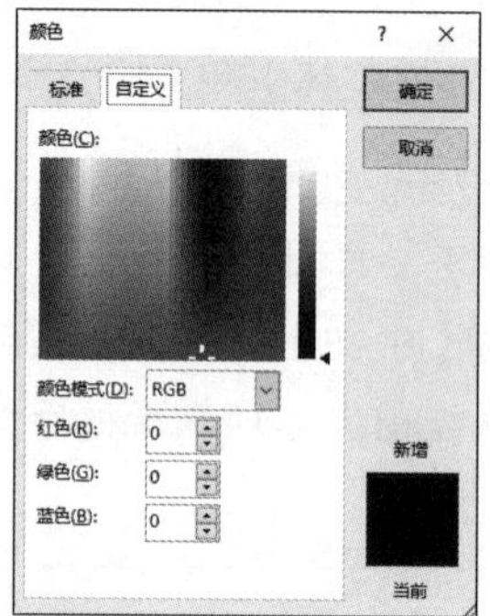

提示

RGB 色彩模式和 HSL 色彩模式都是工业界的颜色标准，也是目前运用最广的颜色系统。RGB 色彩模式是通过对红 (R)、绿 (G)、蓝 (B) 这 3 个颜色通道的变化及它们相互之间的叠加来得到各式各样的颜色的，RGB 就是代表红、绿、蓝 3 个通道的颜色；HSL 色彩模式是通过对色调 (H)、饱和度 (S)、亮度 (L) 这 3 个颜色通道的变化及它们相互之间的叠加来得到各式各样的颜色的，HSL 就是代表色调、饱和度、亮度 3 个通道的颜色。

下面通过具体的实例介绍 PowerPoint 2019 中字体设置和颜色设置等的具体操作步骤。

第 1 步 打开“素材 \ch05\ 团队培训演示文稿 .pptx”文件，选中第 13 张幻灯片，输入相关文本并选中要进行字体设置的文本，如下图所示。

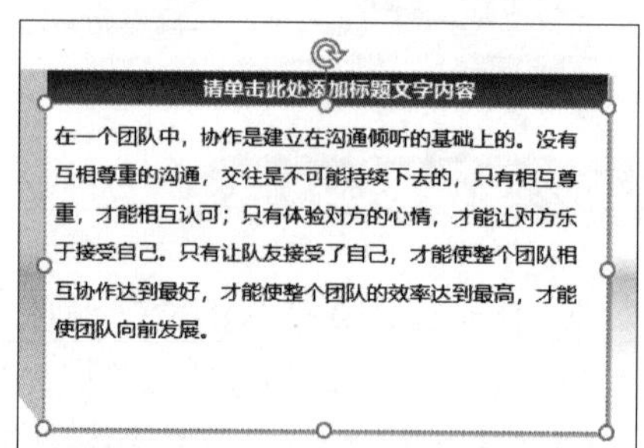

第 2 步 单击【开始】选项卡【字体】组中【字体】的下拉按钮，在弹出的下拉列表中选择【黑体】选项，如下图所示。

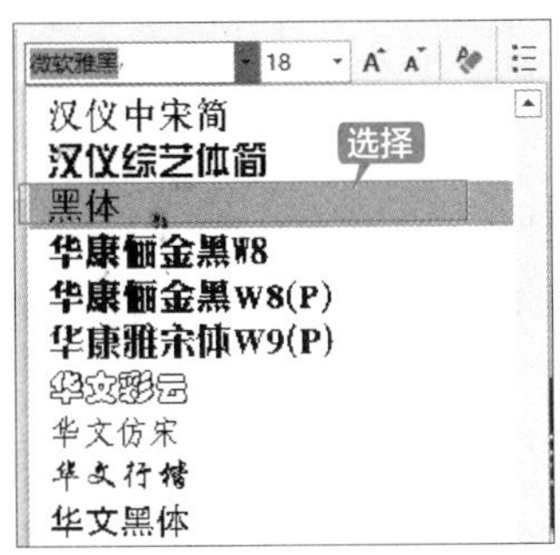

第 3 步 即可将选中的文字字体设置为黑体，如下图所示。

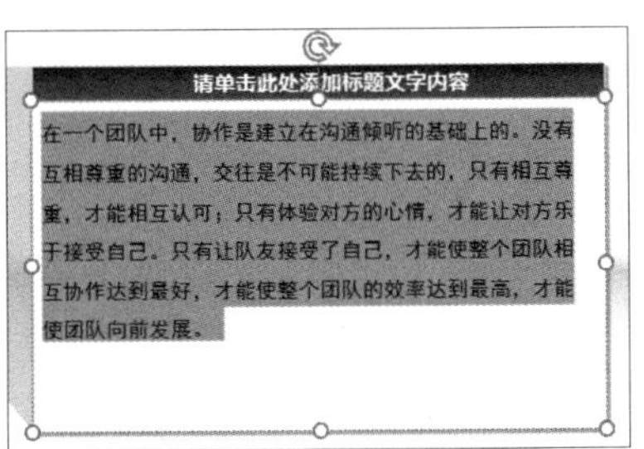

第 4 步 单击【开始】选项卡【字体】组中【字号】的下拉按钮，在弹出的下拉列表中选择【20】选项。即可将文字的字号设置为“20”，如下图所示。

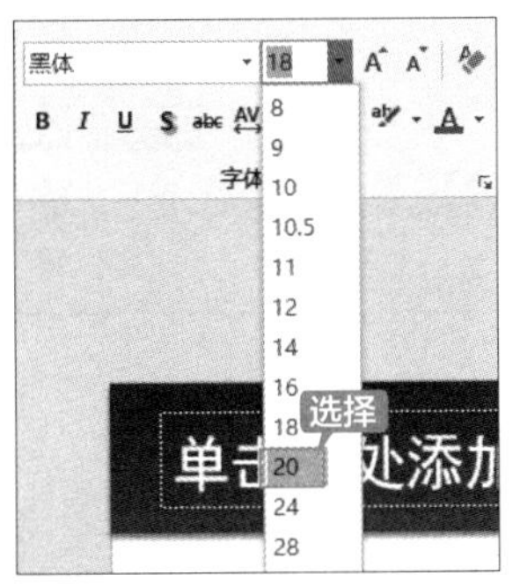

第 5 步 单击【开始】选项卡【字体】组中【字体颜色】的下拉按钮，从弹出的下拉列表中选择需要的颜色，如选择标准色中的【蓝色】选项，如下图所示。

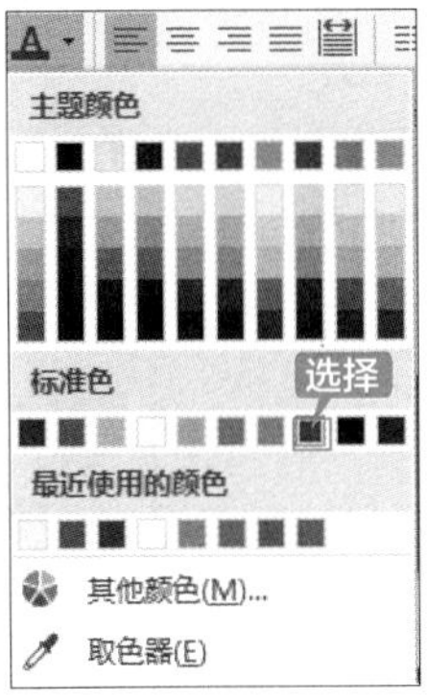

第 6 步 字体颜色即可设置为蓝色，最终效果如下图所示。

请单击此处添加标题文字内容

在一个团队中，协作是建立在沟通倾听的基础上的。没有互相尊重的沟通，交往是不可能持续下去的，只有相互尊重，才能相互认可；只有体验对方的心情，才能让对方乐于接受自己。只有让队友接受了自己，才能使整个团队相互协作达到最好，才能使整个团队的效率达到最高，才能使团队向前发展。

5.5 设置段落格式

本节主要介绍设置段落格式的方法，包括对对齐方式、缩进及间距与行距等方面的设置。对段落的设置主要是通过【开始】选项卡【段落】组中的各命令来进行的，如下图所示。

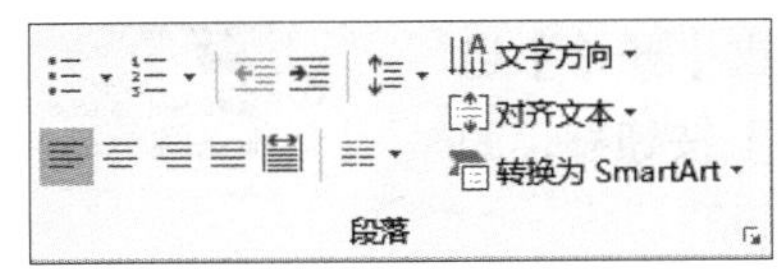

5.5.1 重点：设置对齐方式

段落对齐方式包括左对齐、右对齐、居中对齐、两端对齐和分散对齐等。将光标定位在某一段落中，单击【开始】选项卡【段落】组中的【对齐方式】按钮，即可更改段落的对齐方式。

单击【段落】组右下角的按钮，在弹出的【段落】对话框中也可以对段落进行对齐方式的设置，如下图所示。

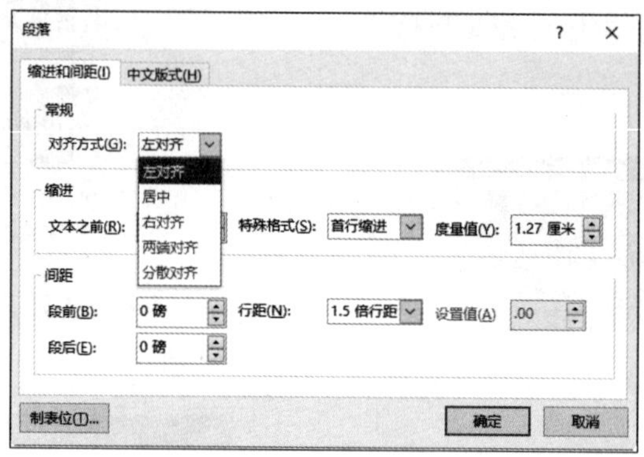

接着上面的案例操作来介绍段落对齐的 5 种方式，选中第 6 张幻灯片的文本并调整文本框的宽度。

1. 左对齐

左对齐是指文本的左边缘与左页边距对齐。选中幻灯片中的文本，单击【开始】选项卡【段落】组中的【左对齐】按钮，即可将文本进行左对齐，如下图所示。

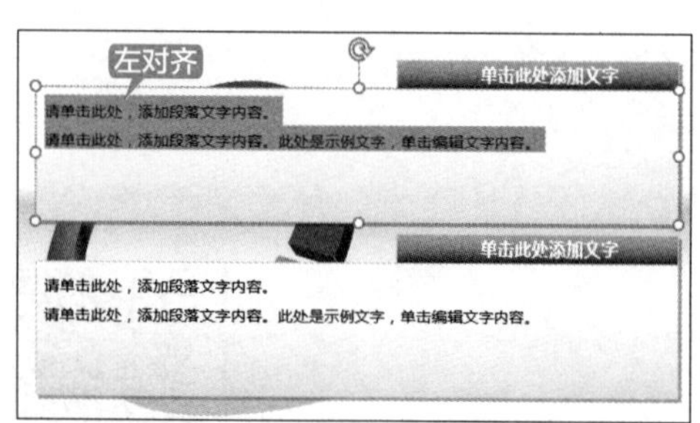

2. 右对齐

右对齐是指文本的右边缘与右页边距对齐。选中幻灯片中的文本，单击【开始】选项卡【段落】组中的【右对齐】按钮，即可将文本进行右对齐，如下图所示。

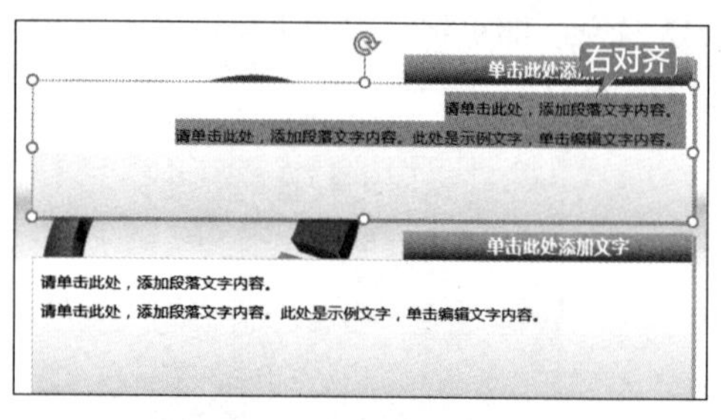

3. 居中对齐

居中对齐是指文本相对于页面以居中的方式排列。选中幻灯片中的文本，单击【开始】选项卡【段落】组中的【居中对齐】按钮，即可将文本进行居中对齐，如下图所示。

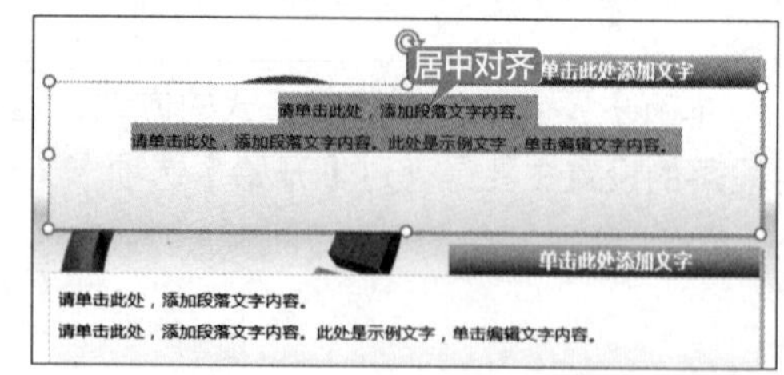

4. 两端对齐

PowerPoint 2019 的默认文本对齐方式是两端对齐。选中幻灯片中的文本，单击【开始】选项卡【段落】组中的【两端对齐】按钮，即可将文本进行两端对齐，如下图所示。

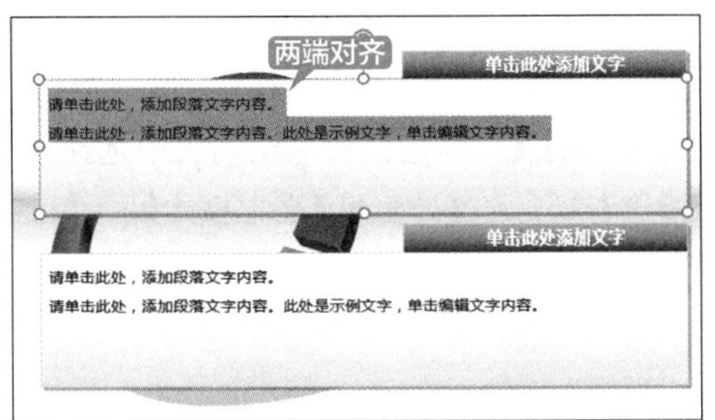

两端对齐是指文本左右两端的边缘分别与左页边距和右页边距对齐。但是，如果段落最后不满一行的文本右边是不对齐的。

> **提示**
>
> 左对齐和两端对齐区别不是很明显时，可以观察右侧文字与文本框边缘的间隙区别。

5. 分散对齐

分散对齐是指文本左右两端的边缘分别与左页边距和右页边距对齐。如果段落最后的文本不满一行将自动拉开字符间距，使该行文本均匀分布。

选中幻灯片中的文本，单击【开始】选项卡【段落】组中的【分散对齐】按钮，即可将文本进行分散对齐，如下图所示。

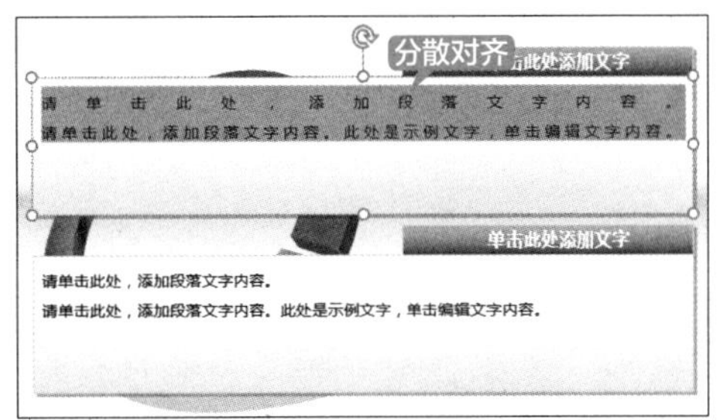

5.5.2 重点：设置段落缩进

段落缩进指的是段落中的行相对于页面左边界或右边界的位置。

将光标定位在要设置的段落中，单击【开始】选项卡【段落】组右下角的按钮，弹出【段落】对话框，在该对话框的【缩进】选项区域中可以设定缩进的具体数值，如下图所示。

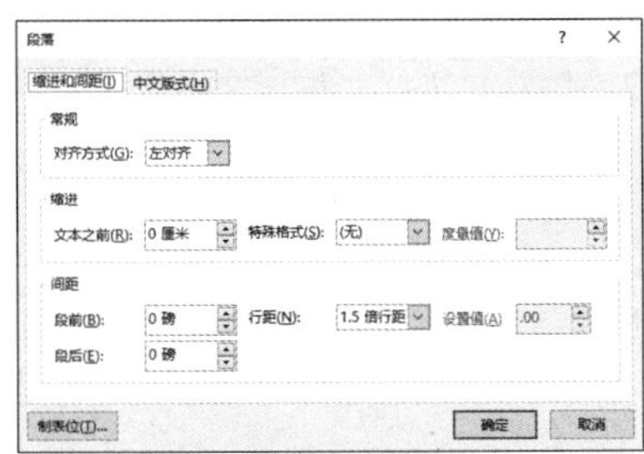

> **提示**
>
> 段落缩进方式主要包括左缩进、右缩进、悬挂缩进和首行缩进等。

1. 悬挂缩进

悬挂缩进是指段落首行的左边界不变，其他各行的左边界相对于页面左边界向右缩进一段距离，具体操作步骤如下。

第 1 步　将光标定位在要设置的段落中，如下图所示。

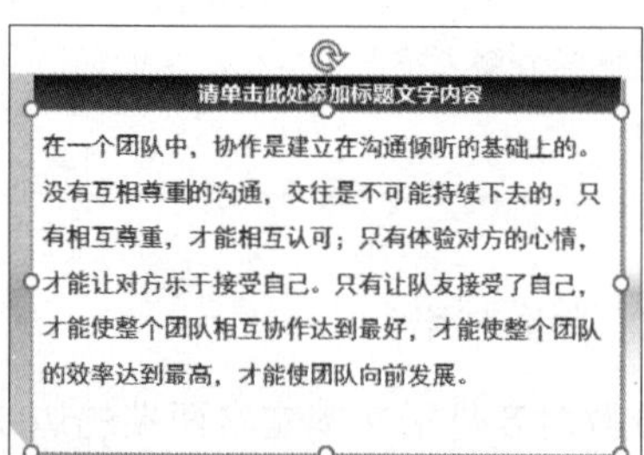

第 2 步　单击【开始】选项卡【段落】组右下角的按钮，弹出【段落】对话框。在【段落】对话框【缩进】选项区域的【特殊格式】下拉列表中选择【悬挂缩进】选项，在【文本之前】文本框中输入“2 厘米”，在【度量值】文本框中输入“2 厘米”，单击【确定】按钮，如下图所示。

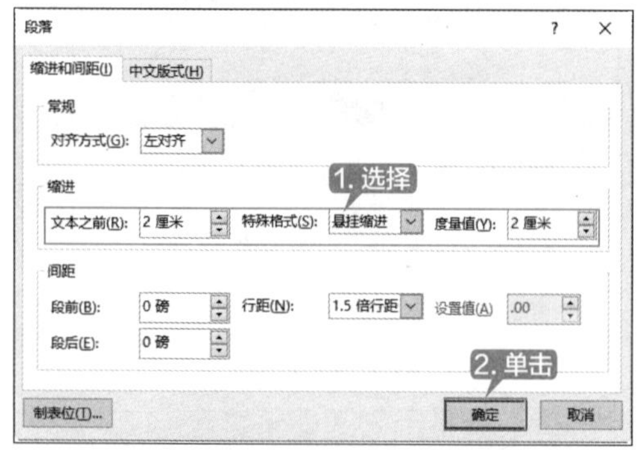

第 3 步　完成段落的悬挂缩进，效果如下图所示。

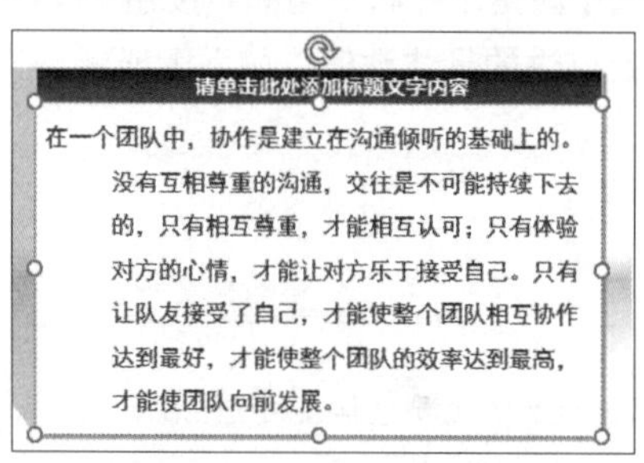

2. 首行缩进

首行缩进是指将段落的第一行从左向右缩进一定的距离，首行外的各行都保持不变，具体操作步骤如下。

第 1 步　将光标定位在要设置的段落中，单击【开始】选项卡【段落】组右下角的按钮，弹出【段落】对话框。在【段落】对话框【缩进】选项区域的【特殊格式】下拉列表中选择【首行缩进】选项，在【度量值】文本框中输入“1.27 厘米”，如下图所示。

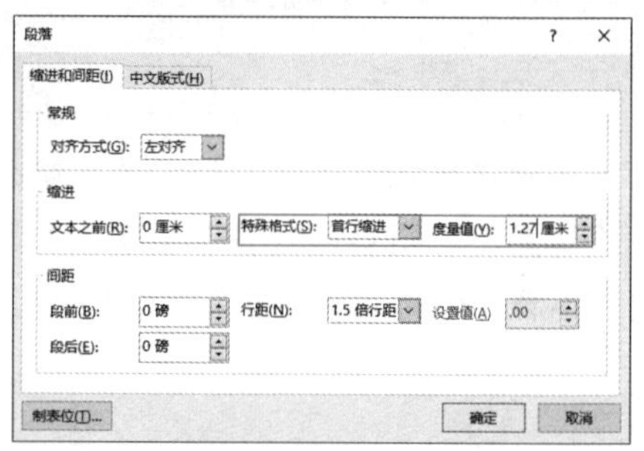

第 2 步　单击【确定】按钮，完成段落的首行缩进设置，如下图所示。

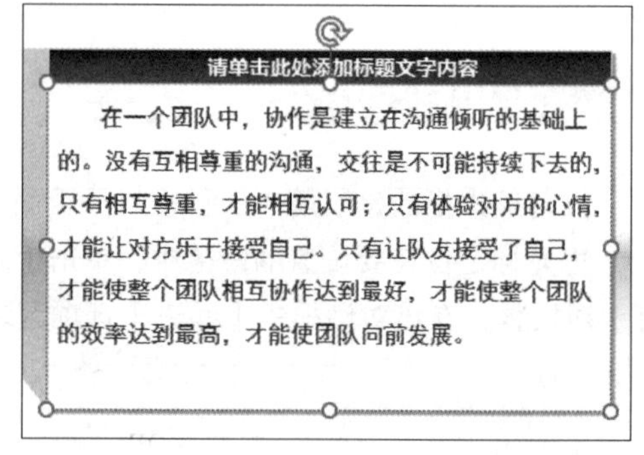

5.5.3 设置间距与行距

段落行距包括段前距、段后距和行距。段前距和段后距指的是当前段与上一段或下一段之间的间距。行距指的是段内各行之间的间距。

设置间距和行距的具体操作步骤如下。

第 1 步 选中要设置间距和行距的段落，单击【开始】选项卡【段落】组右下角的按钮，如下图所示。

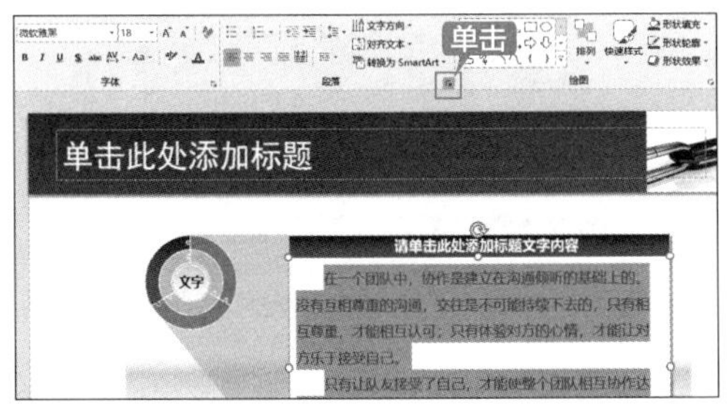

第 2 步 弹出【段落】对话框，在【段落】对话框【间距】选项区域的【段前】和【段后】文本框中分别输入“10 磅”和“10 磅”，在【行距】下拉列表中选择【1.5 倍行距】选项，如下图所示。

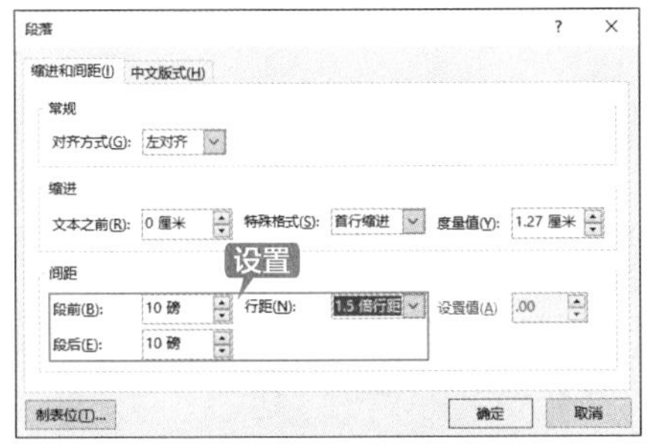

第 3 步 单击【确定】按钮，完成段落的间距和行距的设置，如下图所示。

请单击此处添加标题文字内容

在一个团队中，协作是建立在沟通倾听的基础上的。没有互相尊重的沟通，交往是不可能持续下去的，只有相互尊重，才能相互认可；只有体验对方的心情，才能让对方乐于接受自己。

只有让队友接受了自己，才能使整个团队相互协作达到最好，才能使整个团队的效率达到最高，才能使团队向前发展。

提示

行距的设置可以分为单倍行距、1.5 倍行距、双倍行距、固定值和多倍行距 5 种类型，如下图所示。

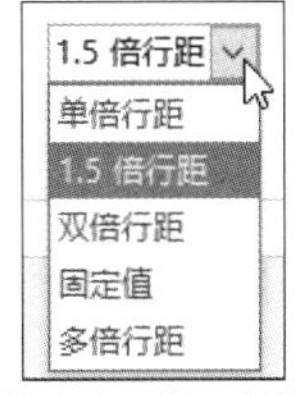

5.6 添加项目符号或编号

在 PowerPoint 2019 演示文稿中，使用项目符号或编号可以演示大量文本或顺序的流程。本节主要介绍为文本添加项目符号或编号、更改项目符号或编号的外形及调整缩进量等操作方法。

5.6.1 重点：添加项目符号或编号

为文本添加项目符号或编号的具体操作步骤如下。

第 1 步 继续 5.5.3 小节的实例操作，在幻灯片中要添加项目符号或编号的文本占位符中选中文本行，如下图所示。

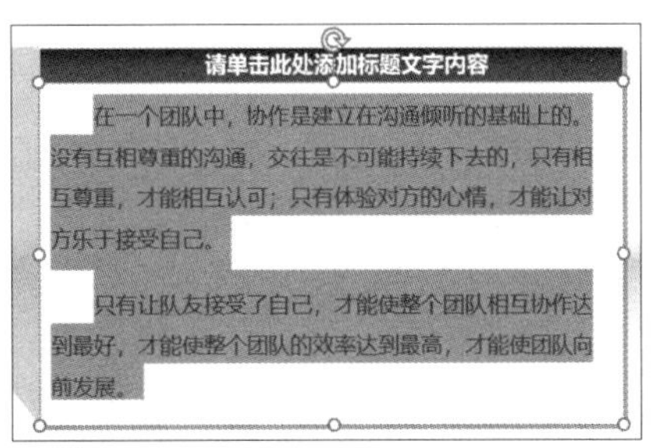

第 2 步 单击【开始】选项卡【段落】组中的【项

目符号】按钮☰，即可为文本添加项目符号，如下图所示。

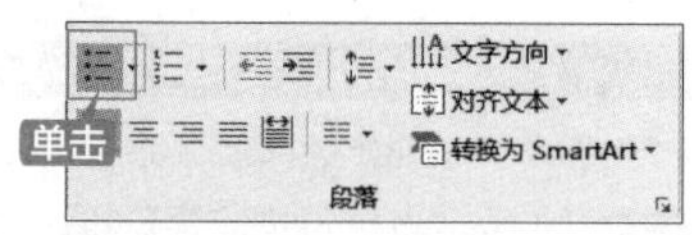

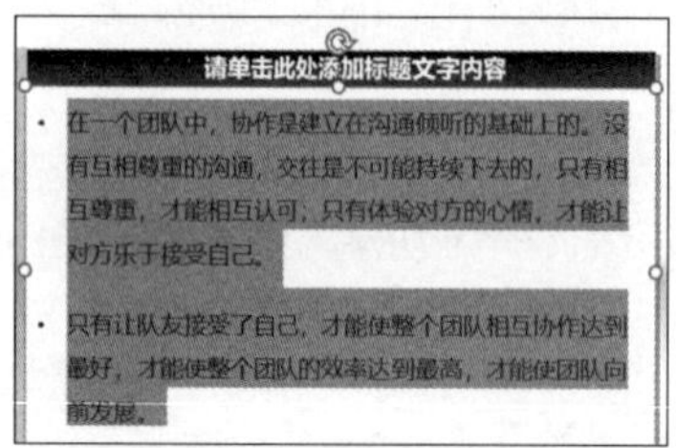

第 3 步 单击【开始】选项卡【段落】组中的【编号】按钮，即可为文本添加编号，如下图所示。

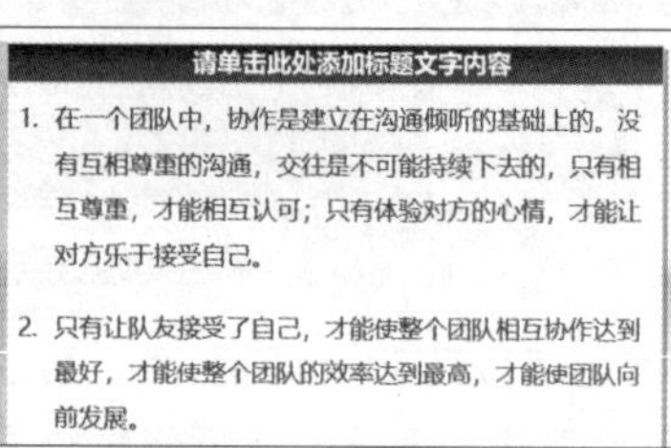

5.6.2 更改项目符号或编号的外观

如果为文本添加的项目符号或编号的外观不是所需要的，那就需要对项目符号或编号的外观进行更改。

接下来分别介绍更改项目符号和编号外观的具体操作方法。

1. 更改项目符号的外观

第 1 步 继续 5.6.1 小节的实例操作，选中添加了项目符号的文本行，如下图所示。

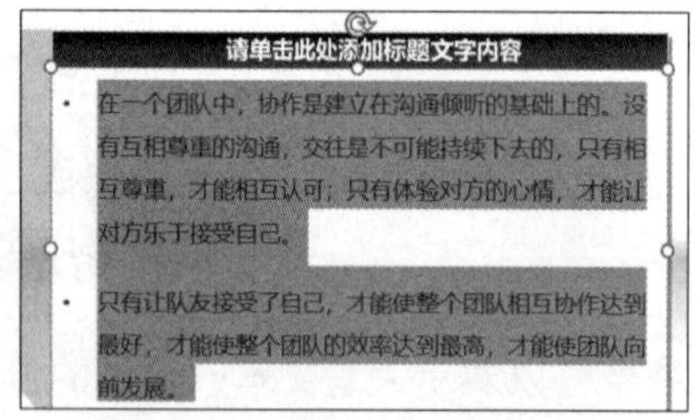

第 2 步 单击【开始】选项卡【段落】组中【项目符号】的下拉按钮，从弹出的下拉列表中选择需要的项目符号，即可更改项目符号的外观，如下图所示。

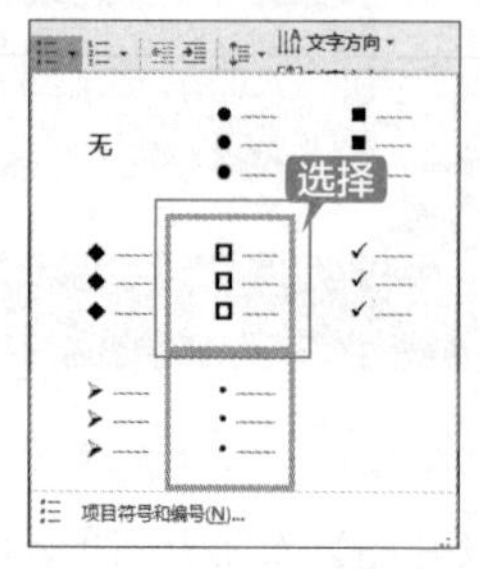

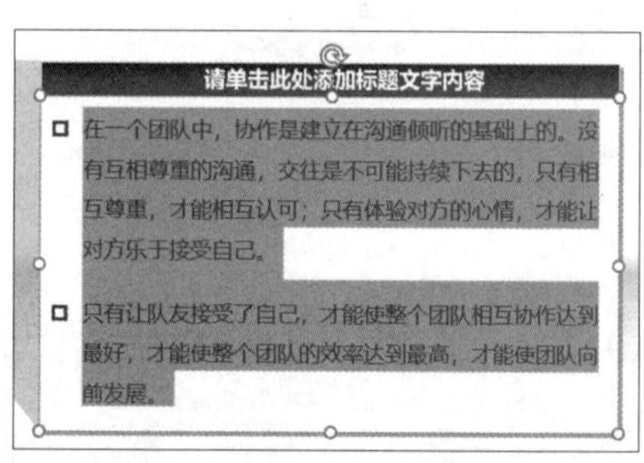

第 3 步 如果【项目符号】下拉列表中没有显示需要的项目符号，可以选择下拉列表中的【项目符号和编号】选项，弹出【项目符号和编号】对话框，如下图所示。

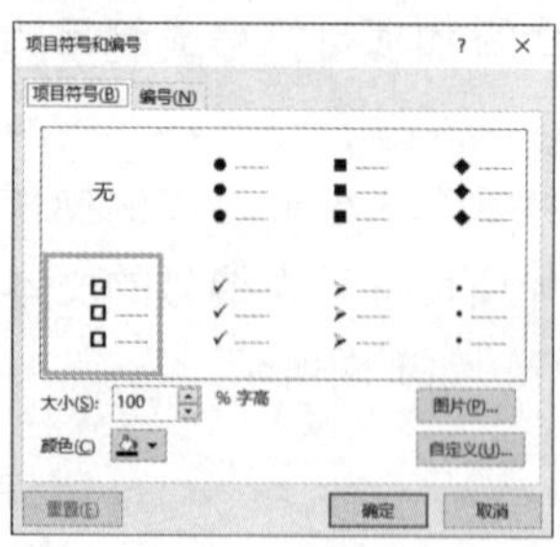

第 4 步 在【项目符号和编号】对话框中可以更改项目符号的大小和颜色等。单击【图片】按钮，弹出【插入图片】对话框，选择计算机中的图片，即可更改项目符号的外观，如下图所示。

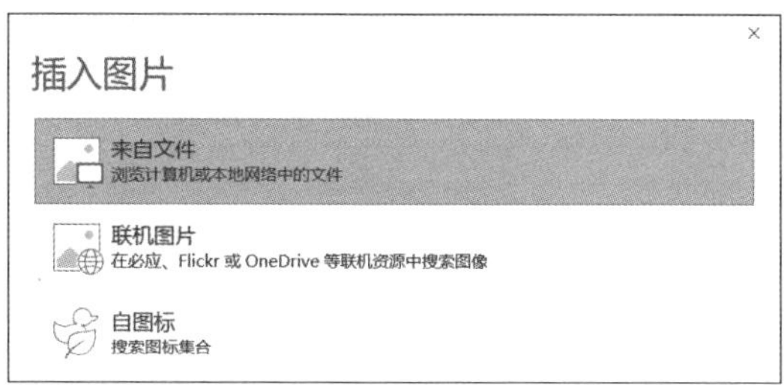

提示

也可以选择【联机图片】或【自图标】选项，选择联机图片或图标。

第 5 步 单击【项目符号和编号】对话框中的【自定义】按钮，从弹出的【符号】对话框中可以设置新的符号为项目符号的新外观。如选择下图所示的符号后，项目符号的外观随之更改，如下图所示。

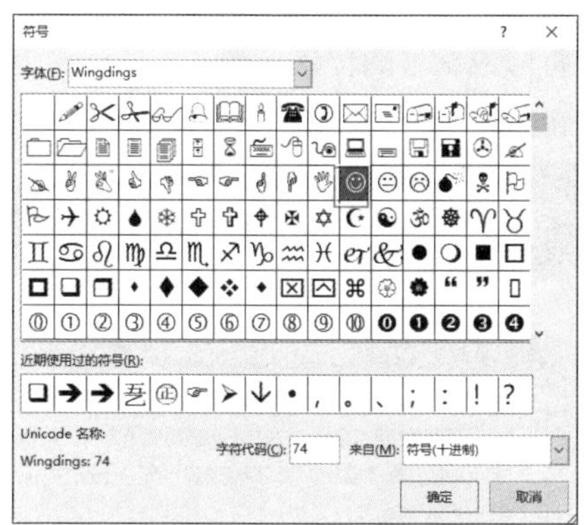

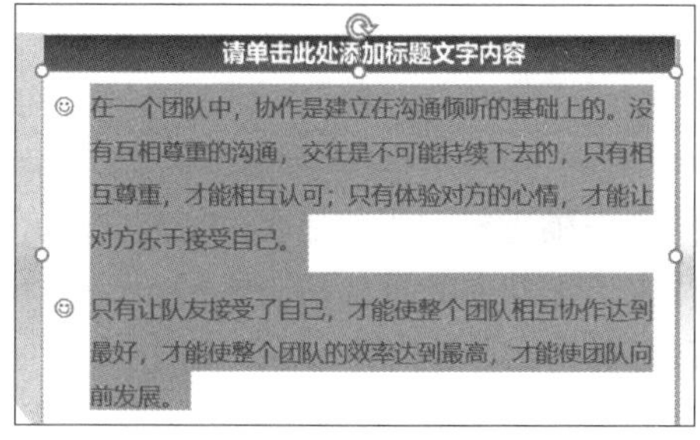

2. 更改编号的外观

第 1 步 选中添加了编号的文本行，如下图所示。

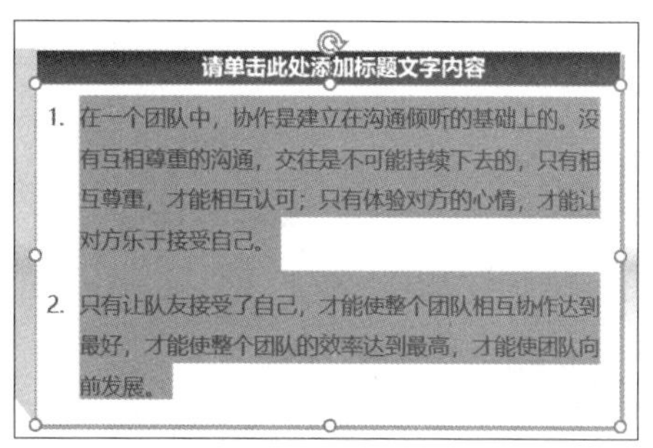

第 2 步 单击【开始】选项卡【段落】组中【编号】的下拉按钮，从弹出的下拉列表中选择需要的编号样式，即可更改编号的外观，如下图所示。

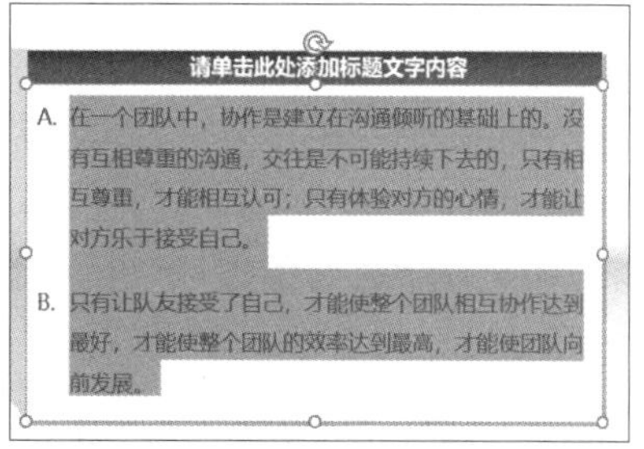

第 3 步 如果【编号】下拉列表中没有显示需要的编号，可以选择下拉列表中的【项目符号和编号】选项，弹出【项目符号和编号】对话框，在该对话框的【编号】选项卡中可以选择新的编号，单击【确定】按钮，如下图所示。

第 4 步 更改编号外观的效果如下图所示。

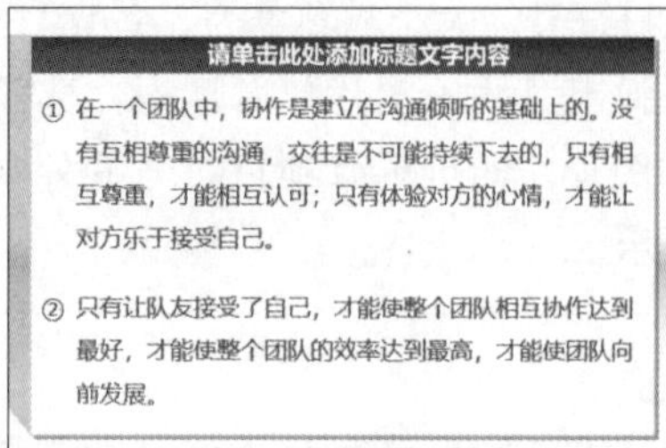

5.6.3 调整缩进量

本小节介绍的调整缩进量包括调整项目符号列表或编号列表中的缩进量、更改缩进或文本与项目符号或编号之间的间距。

调整显示在 PowerPoint 2019 演示文稿中所有幻灯片上的项目符号列表或编号列表中的缩进量及调整项目符号或编号与文本整体缩进量，具体操作步骤如下。

第 1 步 在【视图】选项卡【显示】组中选中【标尺】复选框，使演示文稿中的标尺显示出来，如下图所示。

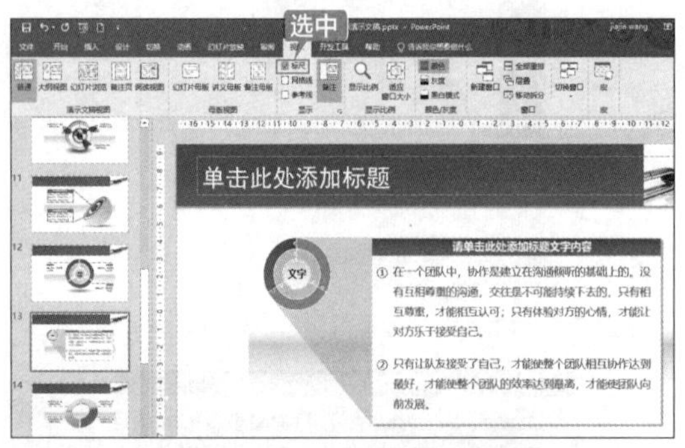

第 2 步 选择要更改的带项目符号或编号的文本，标尺中显示出首行缩进标记和左缩进标记，如下图所示。

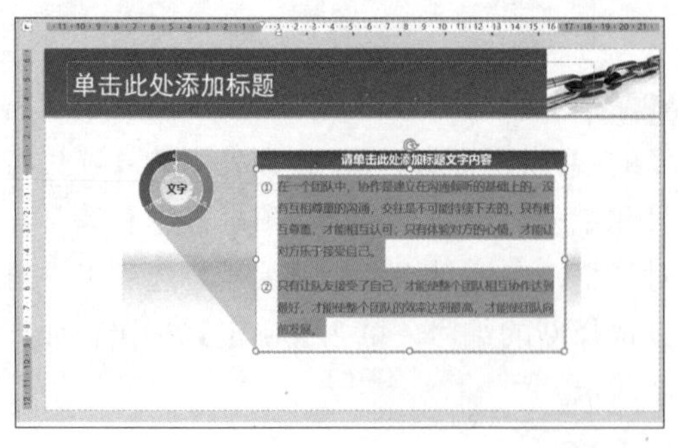

> **提示**
>
> 如果文本中包含多个项目符号项或编号项级别，则标尺将显示每个级别的缩进标记。

第 3 步 首行缩进标记用于显示项目符号或编号的缩进位置，拖动首行缩进标记即可更改项目符号或编号的位置，如下图所示。

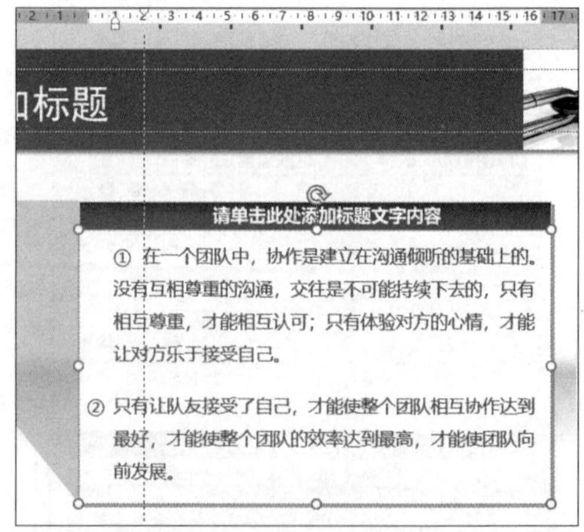

第 4 步 左缩进标记用于显示列表中文本的缩进位置，拖动左缩进标记上方的正三角形部分即可更改文本的位置，如下图所示。

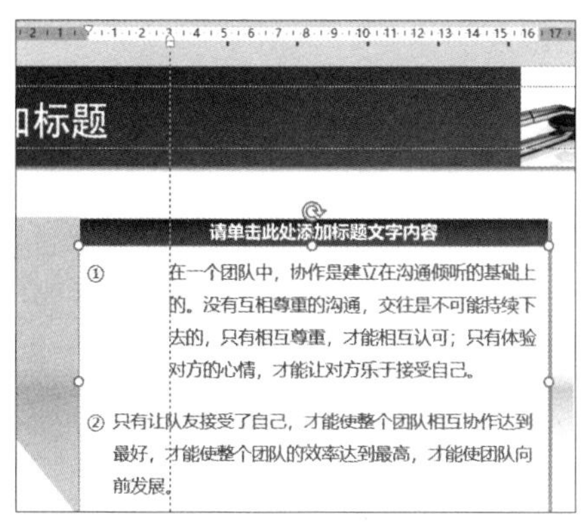

第 5 步 单击拖动左缩进标记底部的矩形部分，可同时移动缩进并使项目符号或编号与左文本缩进之间的关系保持不变，如下图所示。

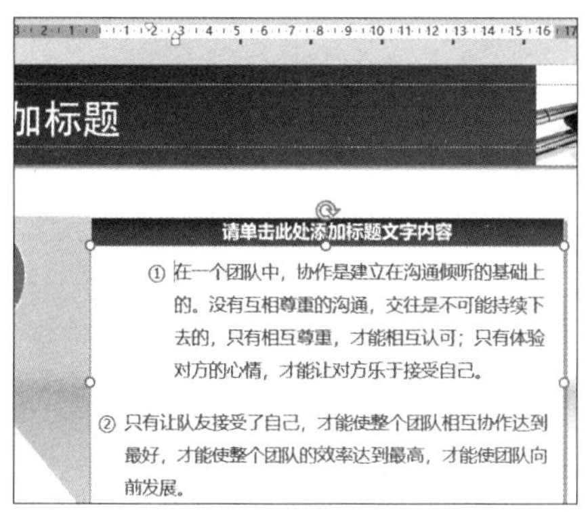

第 6 步 将光标定位在要缩进的行的开头，如下图所示。

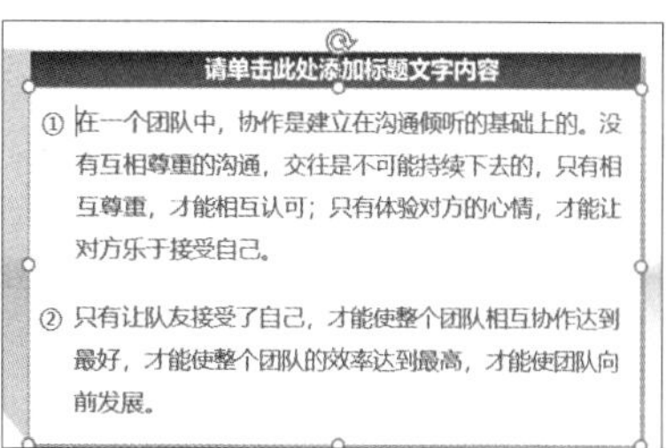

第 7 步 单击【开始】选项卡【段落】组中的【提高列表级别】按钮 ，可以在列表中创建缩进，如下图所示。

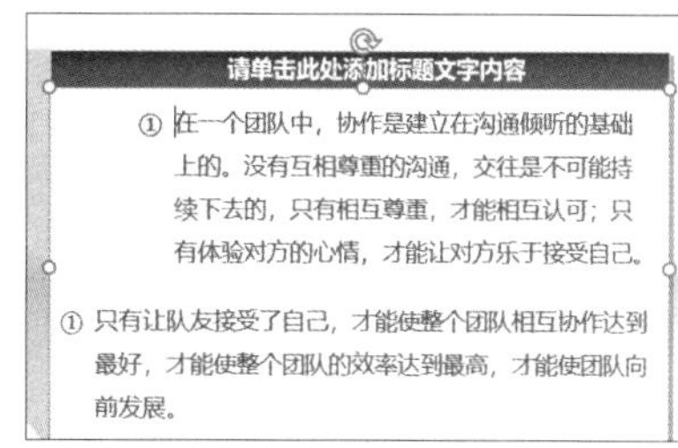

提示

单击【开始】选项卡【段落】组中的【降低列表级别】按钮 ，可以将文本还原到列表中缩进较小的级别。

5.7 超链接

在 PowerPoint 2019 中，超链接可以是从一张幻灯片到同一演示文稿中另一张幻灯片的链接，也可以是从一张幻灯片到不同演示文稿中另一张幻灯片，到电子邮件地址、网页或文件的链接。

在普通视图中，选择要用作超链接的文本后，单击【插入】选项卡【链接】组中的【链接】按钮，弹出【插入超链接】对话框。在该对话框左侧的【链接到】列表框中分别选择【现有文件或网页】【本文档中的位置】【新建文档】或【电子邮件地址】选项，即可将文本链接到相应的现有文件、网页、同一演示文稿中的另一张幻灯片、新文档及电子邮件地址，如下图所示。

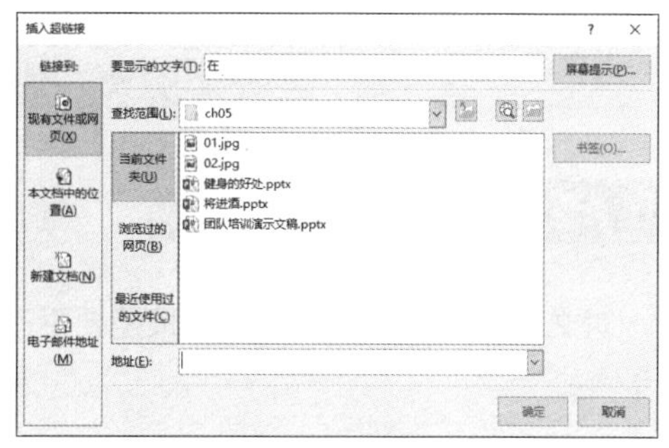

5.7.1 添加超链接

本小节将介绍从文本创建超链接的具体操作步骤。

第 1 步 在普通视图中选择要用作超链接的文本，如选中文字“团队”，如下图所示。

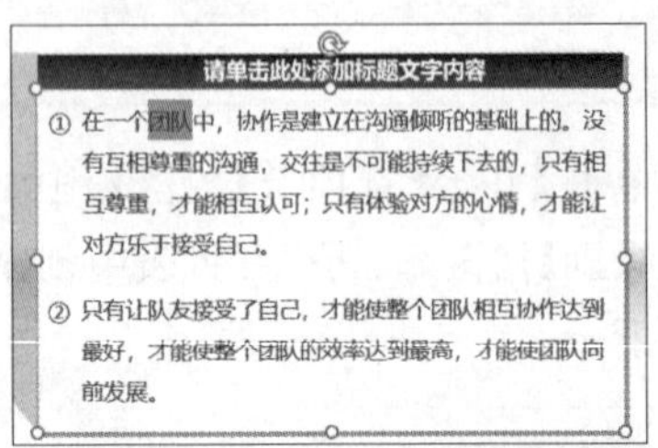

第 2 步 单击【插入】选项卡【链接】组中的【链接】按钮，如下图所示。

第 3 步 弹出【插入超链接】对话框，在该对话框左侧的【链接到】列表框中选择要连接到的文件位置，如这里选择【本文档中的位置】选项，在【请选择文档中的位置】列表框中选择“目录”，单击【确定】按钮，如下图所示。

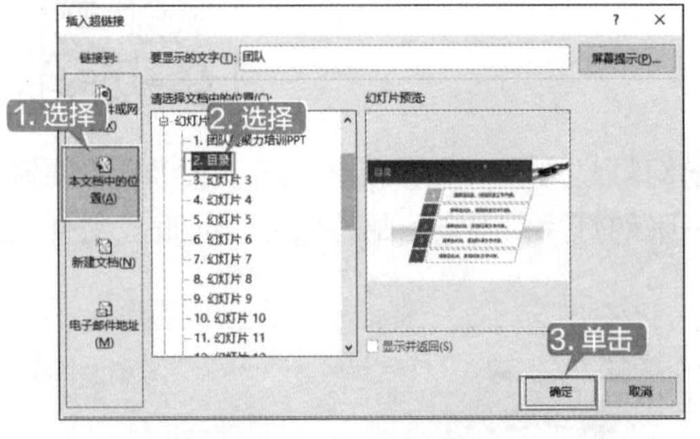

第 4 步 即可将“团队”文本链接到“目录”幻灯片中。添加超链接后的文本以蓝色、下画线字显示，按住【Ctrl】键，单击【团队】链接，即可跳转至“目录”幻灯片，如下图所示。

提示

在需要添加超链接的文本上右击，在弹出的快捷菜单中选择【超链接】选项也可以实现超链接的添加，如下图所示。

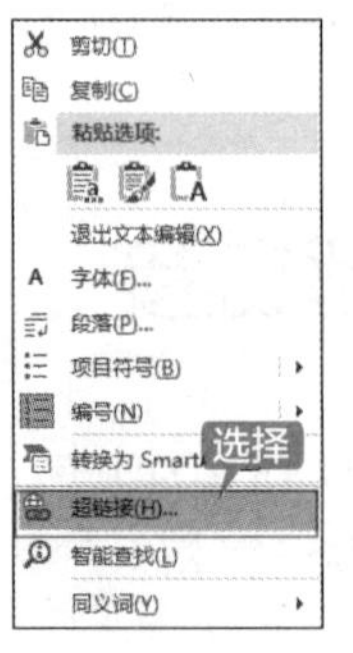

5.7.2 更改超链接地址

对文本建立过超链接后，如果需要更改其链接地址，可以通过编辑超链接来完成，具体操作步骤如下。

第 1 步 在普通视图中将光标定位于添加过超链接的文本中，如下图所示。

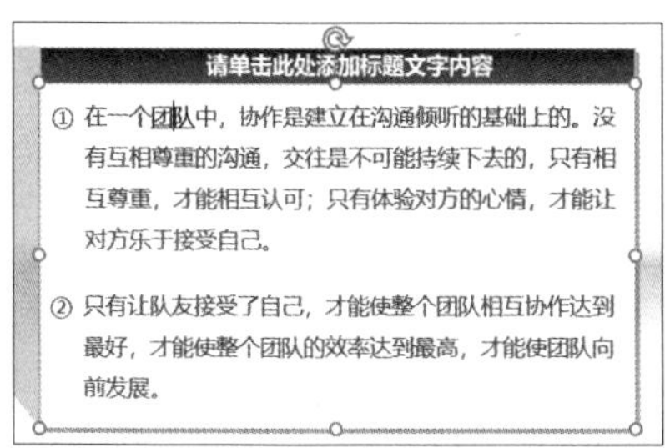

第 2 步 单击【插入】选项卡【链接】组中的【链接】按钮，弹出【编辑超链接】对话框。在【链接到】列表框中选择【现有文件或网页】选项，然后在右侧的【地址】文本框中直接输入要新链接到的地址，或在【地址】下拉列表中选择已有的链接地址，如下图所示。

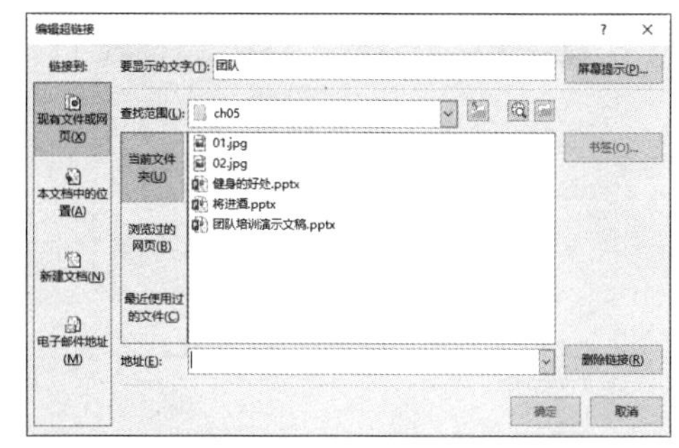

第 3 步 也可以在【链接到】列表框中选择【本文档中的位置】选项，在【请选择文档中的位置】列表框中选择“幻灯片 12”，单击【确定】按钮，即可完成链接地址的更改，如下图所示。

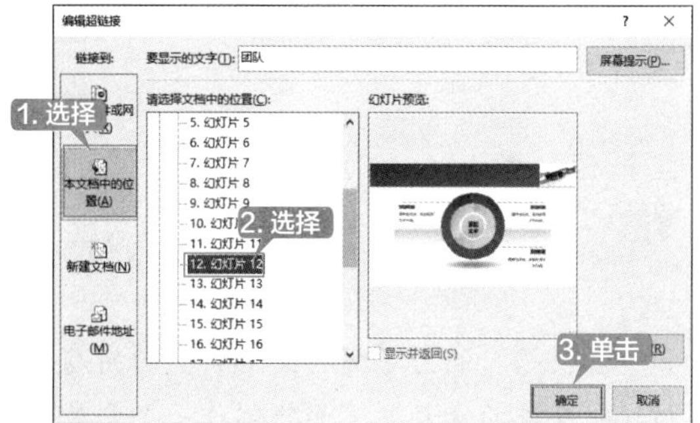

5.7.3 删除超链接

删除超链接的具体操作步骤如下。

第 1 步 在普通视图中将光标定位于需要删除超链接的文本中，如下图所示。

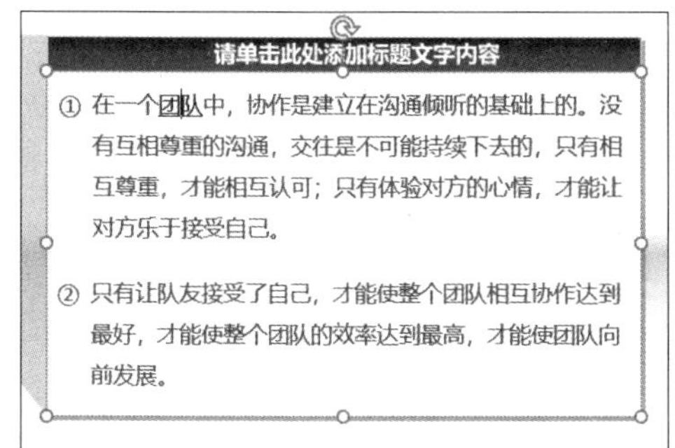

第 2 步 单击【插入】选项卡【链接】组中的【超链接】按钮，弹出【编辑超链接】对话框，单击【删除链接】按钮，如下图所示。

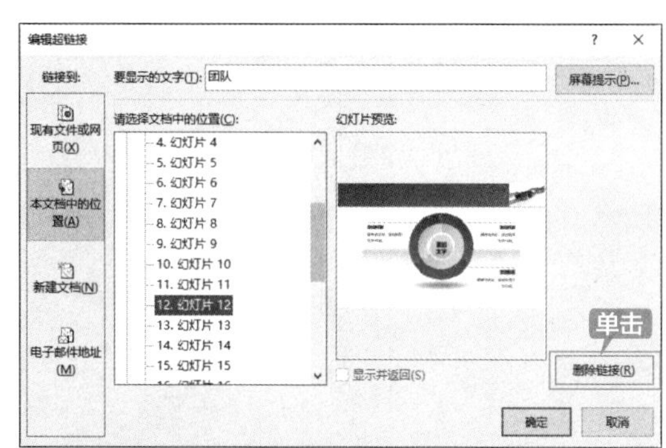

第 3 步 即可删除超链接，如下图所示。

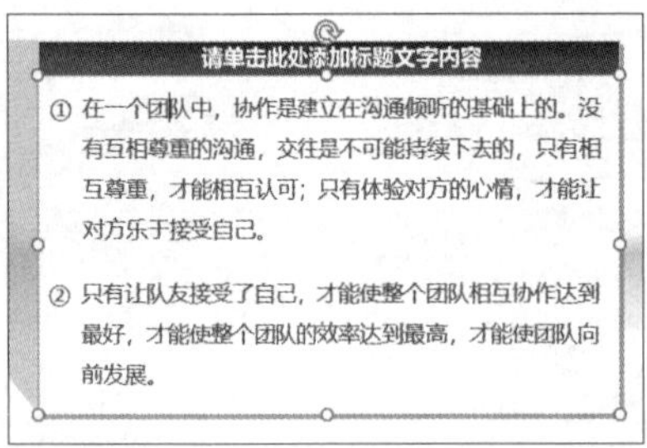

提示

在添加过超链接的文本上右击，在弹出的快捷菜单中也可快速实现超链接的编辑、打开、复制及删除操作，如下图所示。

制作公司会议演示文稿

会议是人们为了解决某个共同的问题或出于不同的目的聚集在一起，进行讨论、交流的活动。下面将制作一个发展战略研讨会的幻灯片，其最终效果如下图所示。

1. 制作会议首页幻灯片

设计会议首页幻灯片页面的步骤如下。

第 1 步 启动 PowerPoint 2019 应用软件，创建一个空白的演示文稿，进入 PowerPoint 工作界面，如下图所示。

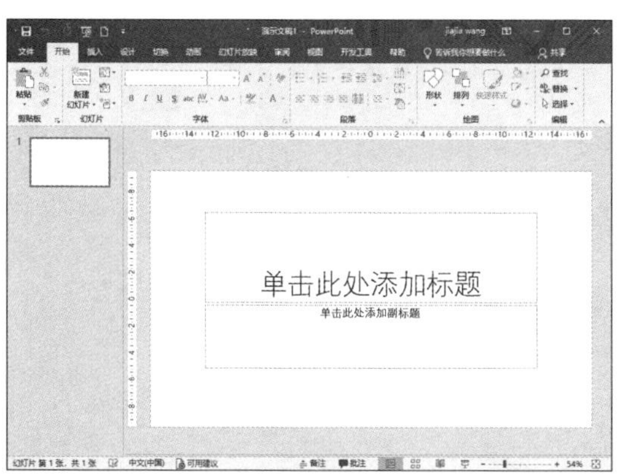

第 2 步 单击【设计】选项卡【主题】组中的【其他】按钮，在弹出的下拉列表中选择【Office】区域中的【视差】选项，如下图所示。

第 3 步 单击【单击此处添加标题】文本框，在文本框中输入“公司发展战略研讨会”文本，并设置【字号】为“66”，设置【字体】为“华文楷体”，如下图所示。

第 4 步 单击【单击此处添加副标题】文本框，并在该文本框中输入“主讲人：王经理”文本，设置【字体】为“华文楷体”，设置【字号】为“28”，并拖曳文本框至合适的位置，如下图所示。

2. 设计会议内容幻灯片

设计会议内容幻灯片页面的步骤如下。

第 1 步 单击【开始】选项卡【幻灯片】组中的【新建幻灯片】下拉按钮，在弹出的下拉列表中选择【视差】区域中的【标题和内容】选项，如下图所示。

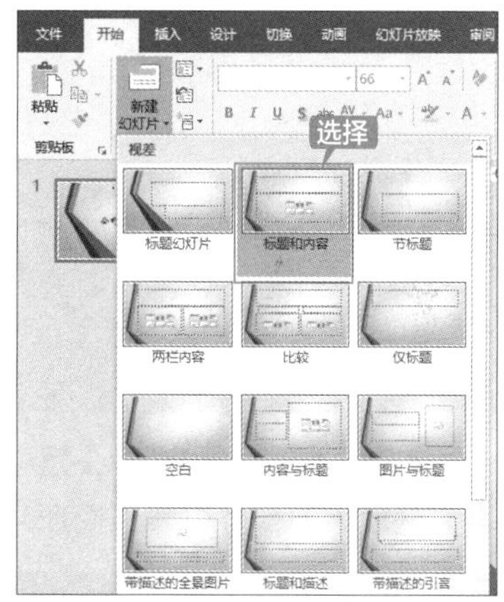

第 2 步 在新添加的幻灯片中单击【单击此处添加标题】文本框，并在该文本框中输入“会议内容”文本，设置【字体】为“华文楷体”且加粗，设置【字号】为“40”，如下图所示。

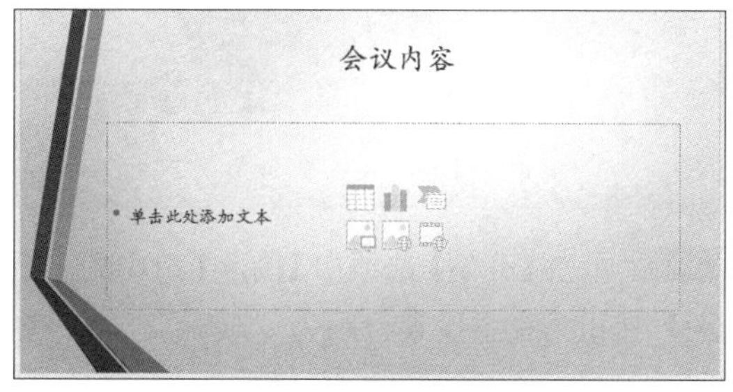

第 3 步　将【单击此处添加文本】文本框删除，再单击【插入】选项卡【文本】组中的【文本框】下拉按钮，在弹出的下拉列表中选择【绘制横排文本框】选项，如下图所示。

第 4 步　绘制一个文本框并输入相关文本内容，设置【字体】为“华文楷体”，设置【字号】为“24”，再将文本框调整到合适位置，如下图所示。

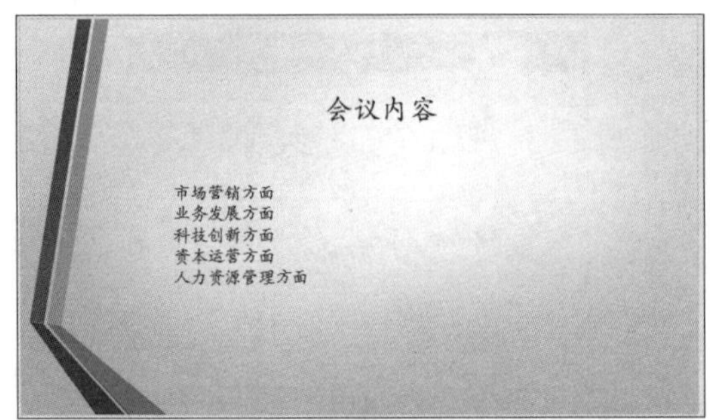

第 5 步　单击【开始】选项卡【段落】组中的【编号】按钮为文本添加编号，如下图所示。

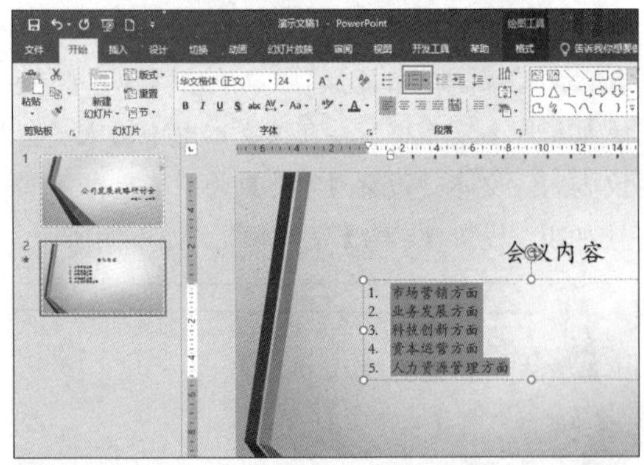

第 6 步　单击【开始】选项卡【段落】组中的【行距】按钮为文本设置行距为“2.0”，如下图所示。

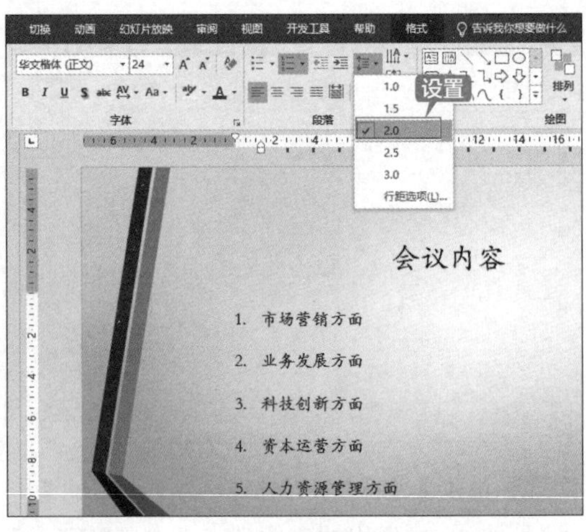

第 7 步　单击【插入】选项卡【图像】组中的【图片】按钮，在弹出的【插入图片】对话框中选择“素材\ch05\01.jpg”文件，单击【插入】按钮，如下图所示。

第 8 步　将图片插入幻灯片并调整图片的位置，最终效果如下图所示。

第 9 步　选中文本框中的文字内容，单击【动画】选项卡【动画】组中的【其他】按钮，在弹出的下拉列表中选择【进入】区域中的【飞入】选项，如下图所示。

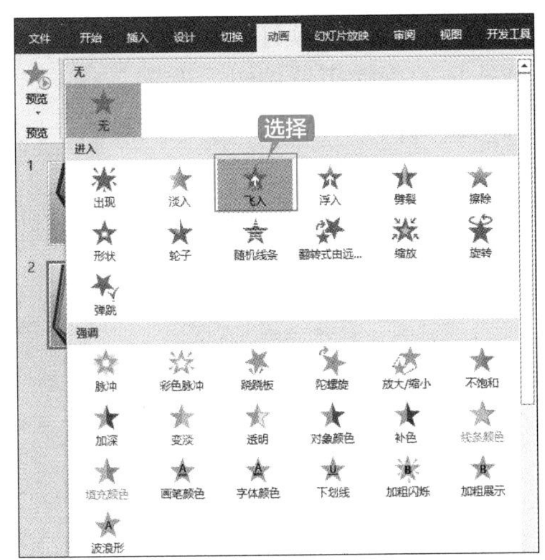

第 10 步 单击【动画】选项卡【高级动画】组中的【动画窗格】按钮，弹出【动画窗格】任务窗格。单击【动画窗格】任务窗格中的动画选项右侧的下拉按钮，设置 2 ~ 5 行文字的动画效果为“从上一项之后开始”，如下图所示。

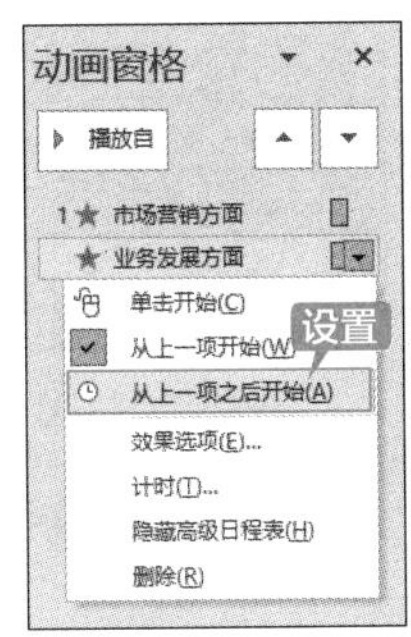

第 11 步 选中图片，设置图片的动画为“淡入”，在【动画窗格】任务窗格中设置动画效果为“从上一项之后开始”，如下图所示。

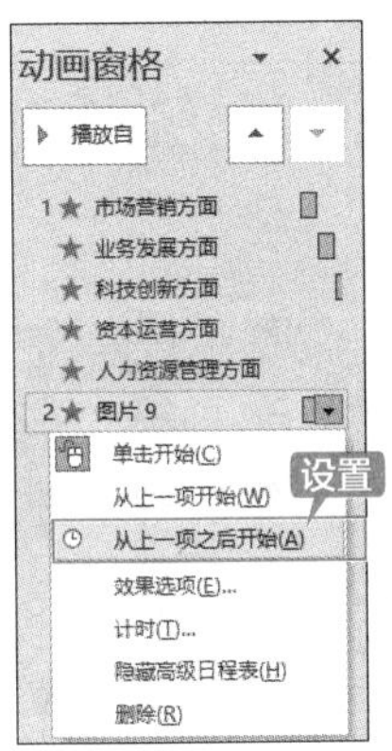

第 12 步 单击【切换】选项卡【切换到此幻灯片】组中的【其他】按钮，在弹出的下拉列表中选择【细微】区域中的【随机线条】选项，为本张幻灯片设置切换效果，如下图所示。

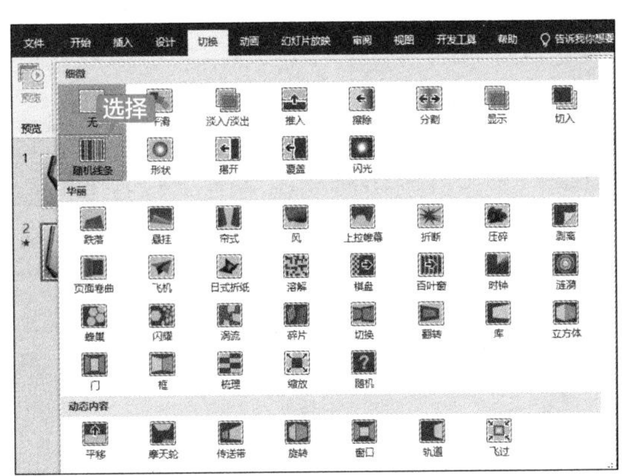

3. 设计市场营销幻灯片页面

设计市场营销幻灯片页面的具体操作步骤如下。

第 1 步 单击【开始】选项卡【幻灯片】组中的【新建幻灯片】下拉按钮，在弹出的下拉列表中选择【视差】区域中的【比较】选项，如下图所示。

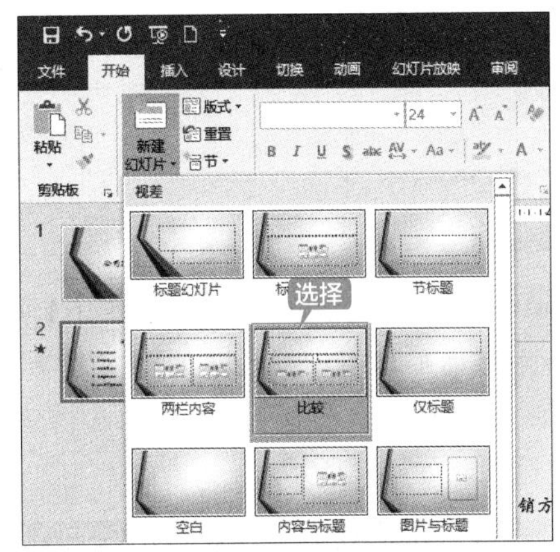

第 2 步 在新添加的幻灯片中单击【单击此处添加标题】文本框，并在该文本框中输入“市场营销”文本内容，设置【字体】为“华文楷体”且加粗，设置【字号】为“40”，如下图所示。

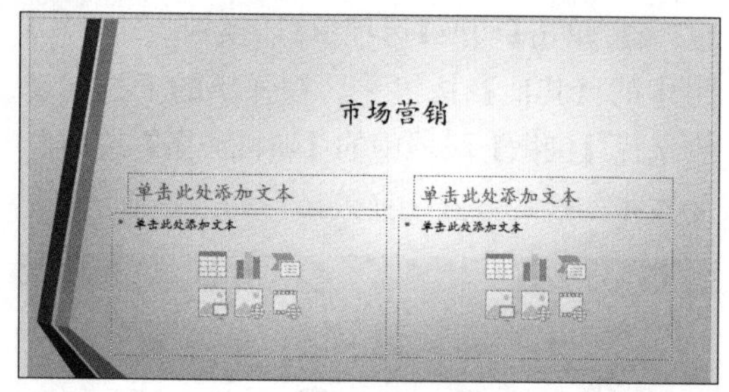

第 3 步 单击【单击此处添加文本】文本框，分别输入“环节一”和“环节二”，采用默认的字体设置效果，如下图所示。

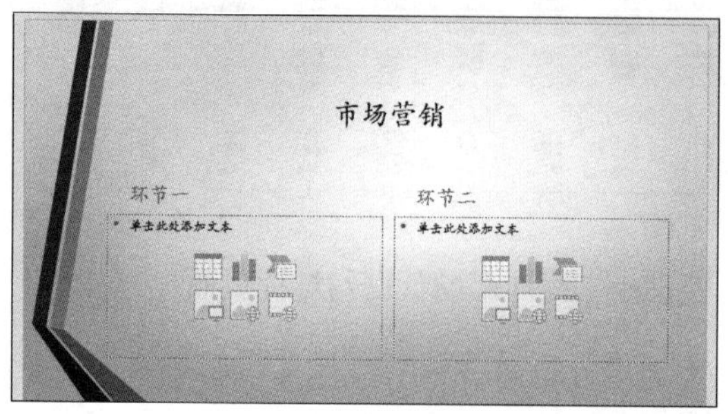

第 4 步 单击【单击此处添加文本】文本框，输入文本内容，采用默认的字体设置效果，如下图所示。

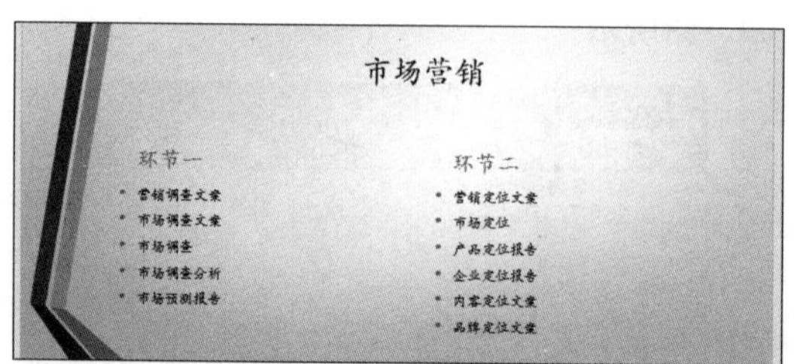

第 5 步 选中文本框中的文字内容，单击【动画】选项卡【动画】组中的【其他】按钮，在弹出的下拉列表中选择【进入】区域中的【浮入】选项，如下图所示。

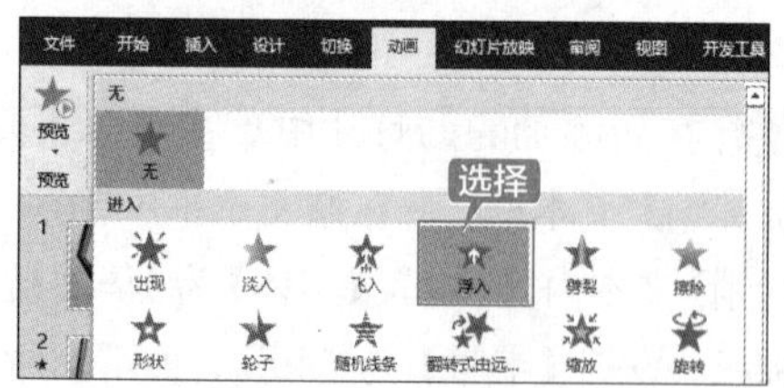

第 6 步 单击【动画】选项卡【高级动画】组中的【动画窗格】按钮，弹出【动画窗格】任务窗格。单击【动画窗格】任务窗格中的动画选项右侧的下拉按钮，设置 2 ~ 4 行文字的动画效果为“从上一项之后开始”，如下图所示。

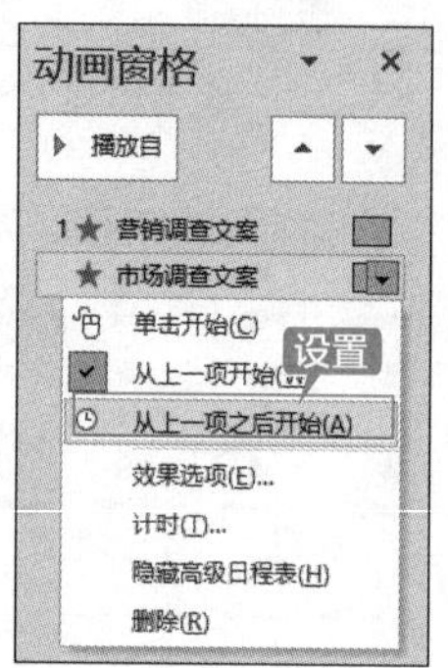

第 7 步 选中右侧文本，设置文本的动画为“轮子”，在【动画窗格】任务窗格中设置 2 ~ 5 行文字的动画效果为“从上一项之后开始”，如下图所示。

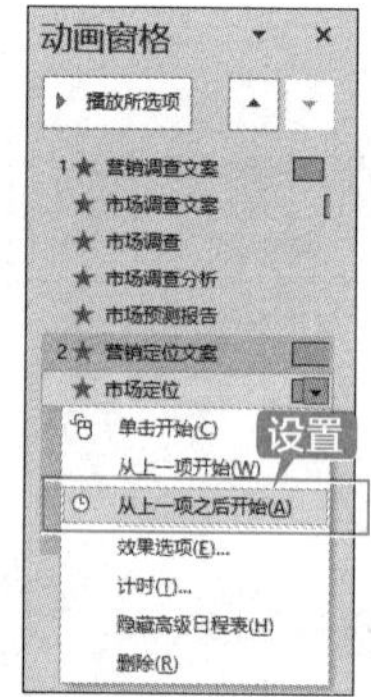

第 8 步 单击【切换】选项卡【切换到此幻灯片】组中的【其他】按钮，在弹出的下拉列表中选择【华丽】区域中的【立方体】选项，为本张幻灯片设置切换效果，如下图所示。

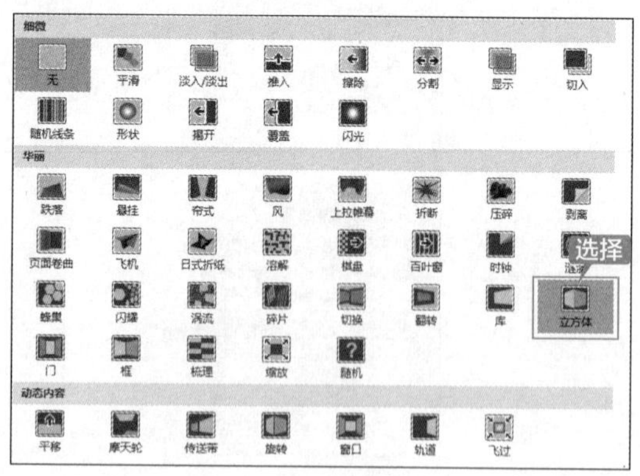

4. 设计会议结束幻灯片页面

设计会议结束幻灯片页面的步骤如下。

第 1 步 单击【开始】选项卡【幻灯片】组中的【新建幻灯片】下拉按钮，在弹出的下拉列表中选择【空白】选项，如下图所示。

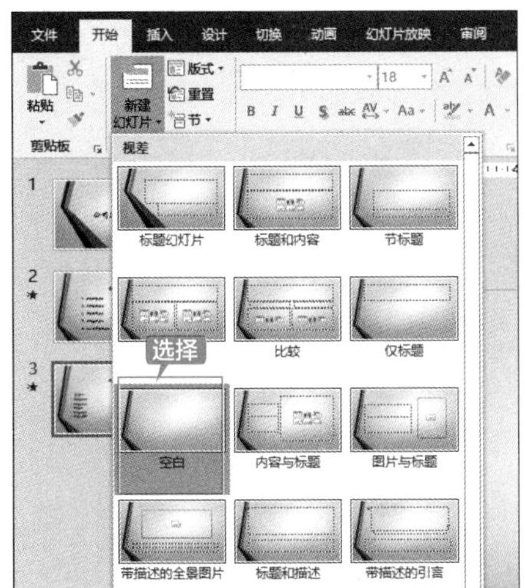

第 2 步 单击【插入】选项卡【文本】组中的【艺术字】下拉按钮，在弹出的下拉列表中选择【填充：黑色，文本色 1；阴影】选项，如下图所示。

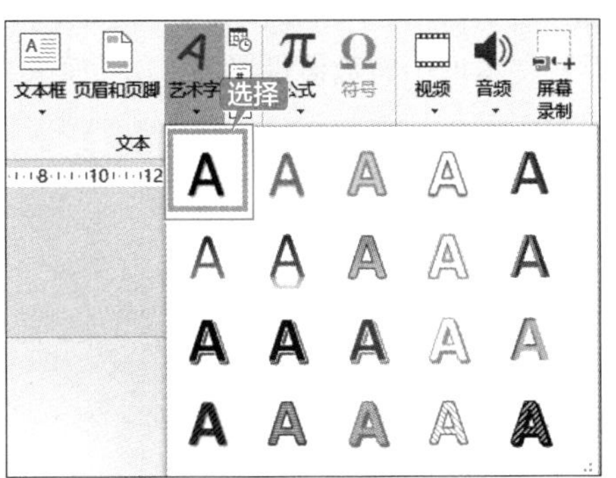

第 3 步 在插入的艺术字文本框中输入“END”文本，并设置【字号】为“100”，设置【字体】为“Arial”，如下图所示。

第 4 步 单击【切换】选项卡【切换到此幻灯片】组中的【其他】按钮，在弹出的下拉列表中选择【华丽】区域中的【涟漪】选项，为本张幻灯片设置切换效果，如下图所示。

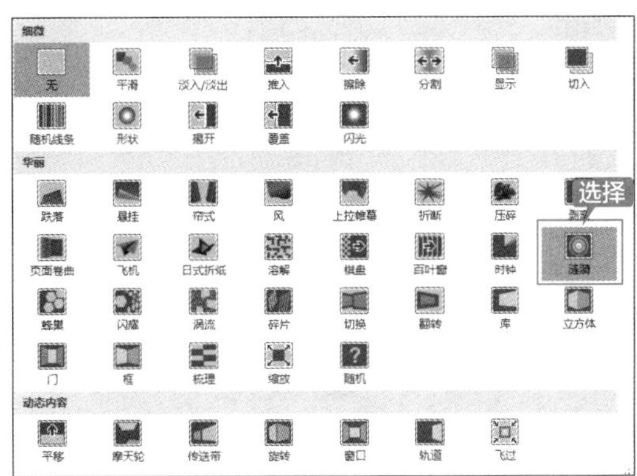

第 5 步 将制作好的幻灯片保存为“公司会议演示文稿 .pptx”文件。

◇ 减小文本框的边空

在幻灯片文本框中输入文字时，文字离文本框上下左右的边空是默认设置好的。其实，可以通过减小文本框的边空，以获得更大的设计空间。具体操作步骤如下。

第 1 步 打开“素材\ch05\将进酒.pptx”文件，如下图所示。

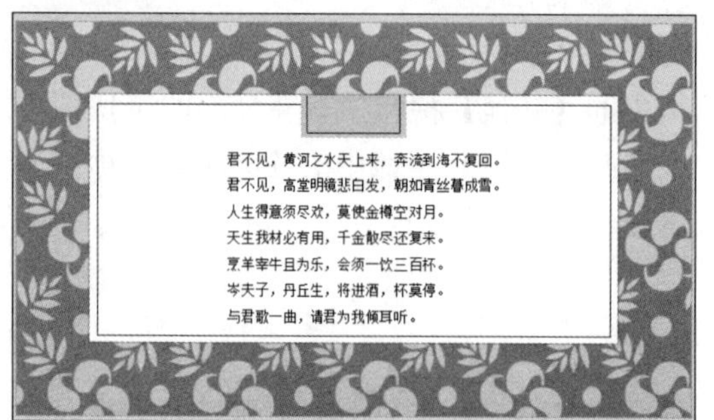

第 2 步 选中要调整文本框边空的文本框，然后右击文本框的边框，在弹出的快捷菜单中选择【设置形状格式】选项，如下图所示。

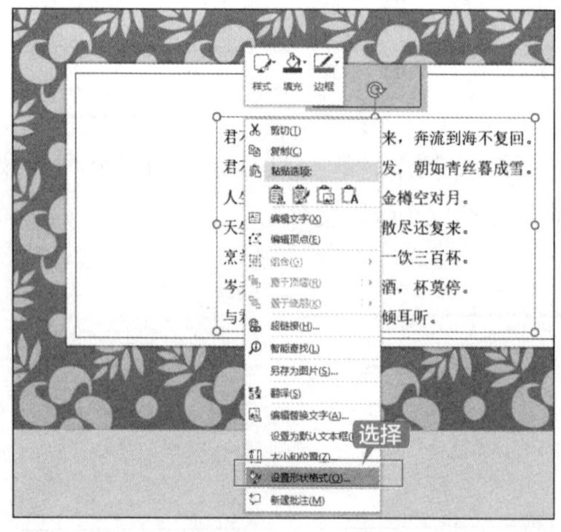

第 3 步 在弹出的【设置形状格式】任务窗格中展开【文本选项】选项卡下的【文本框】选项，如下图所示。

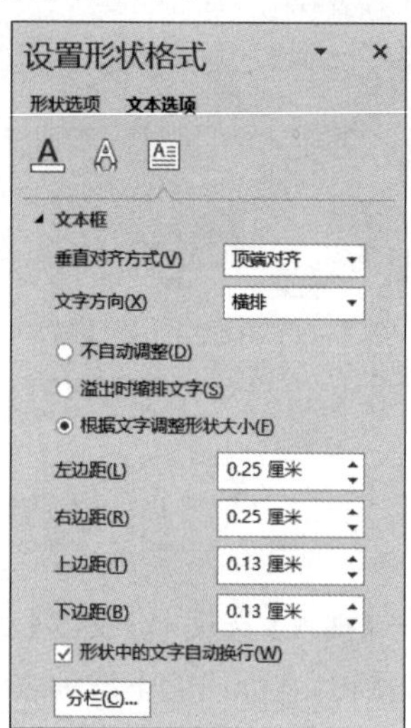

第 4 步 在【左边距】【右边距】【上边距】和【下边距】文本框中将数值设置为“0.1 厘米”，如下图所示。

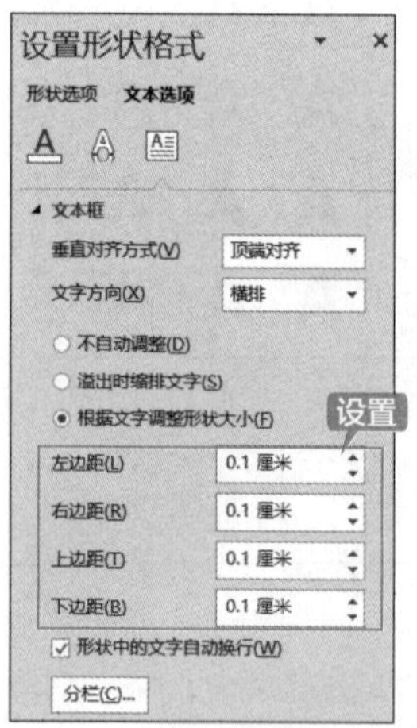

第 5 步 单击【关闭】按钮即可完成文本框边空的设置，最终结果如下图所示。

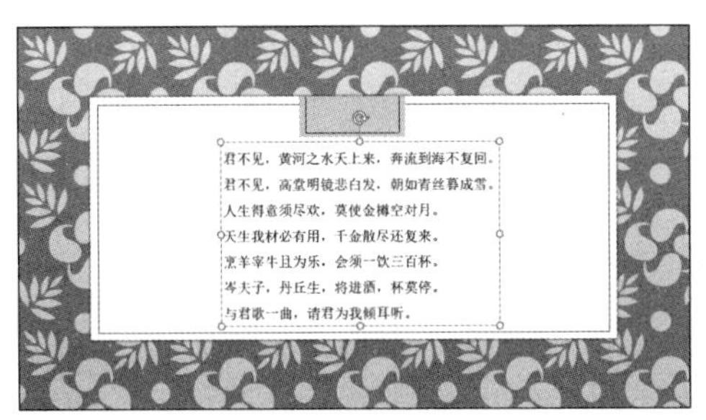

◇ 导入图片制作项目符号

在 PowerPoint 中除了直接为文本添加项目符号外，还可以导入新的图片作为项目符号。下面介绍将图片导入 PowerPoint 并作为项目符号的具体操作步骤。

第 1 步 打开“素材 \ch05\ 健身的好处 .pptx”文件，并选中要添加项目符号的文本行，如下图所示。

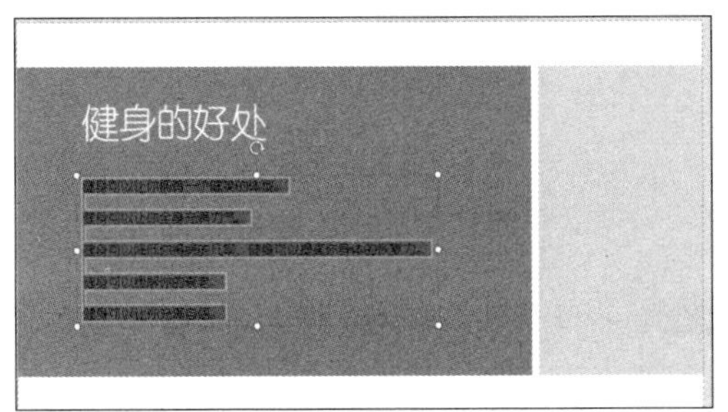

第 2 步 单击【开始】选项卡【段落】组中的【项目符号】下拉按钮，从弹出的下拉列表中选择【项目符号和编号】选项，如下图所示。

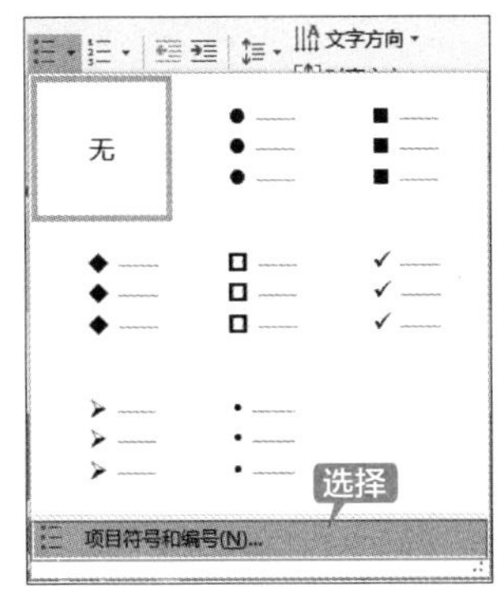

第 3 步 在弹出的【项目符号和编号】对话框中单击【图片】按钮，如下图所示。

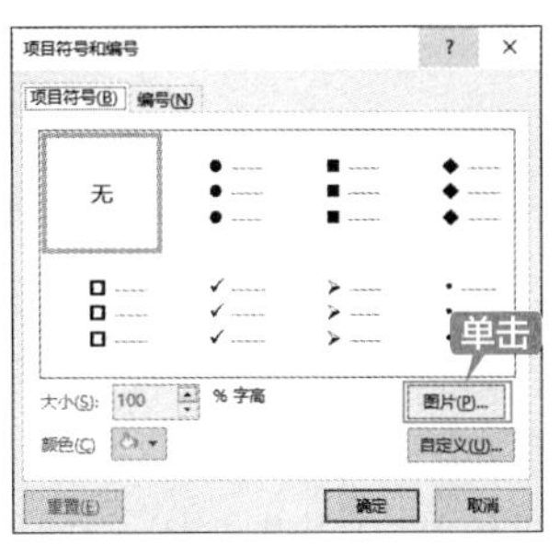

第 4 步 在弹出的【插入图片】界面中选择【来自文件】选项，如下图所示。

第 5 步 弹出【插入图片】对话框，选择“素材 \ch05\02.jpg”文件，单击【插入】按钮，如下图所示。

第 6 步 即可将导入的图片制作成项目符号添加到文本中，如下图所示。

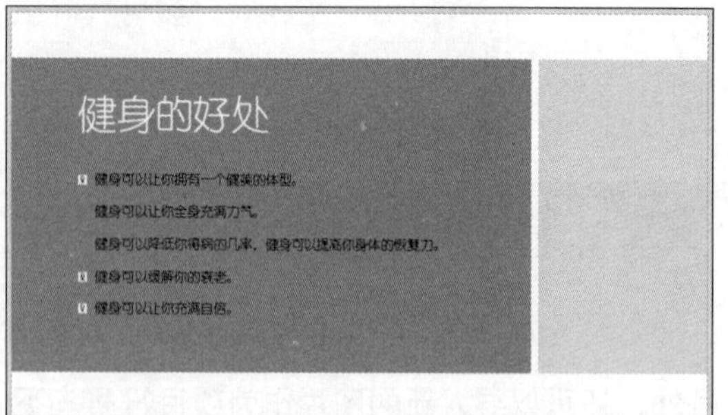

◇ 新功能：使用汉仪字体增加字体艺术感

Office 2019 新增了几款内置字体，这些字体都是汉仪字库中的字体，这些字体的书法感很强。下面就来体验一下这些字体。具体操作步骤如下。

第 1 步 启动 PowerPoint 2019，新建空白演示文稿，并在幻灯片的文本框中输入文本“使用新增的汉仪字体”，如下图所示。

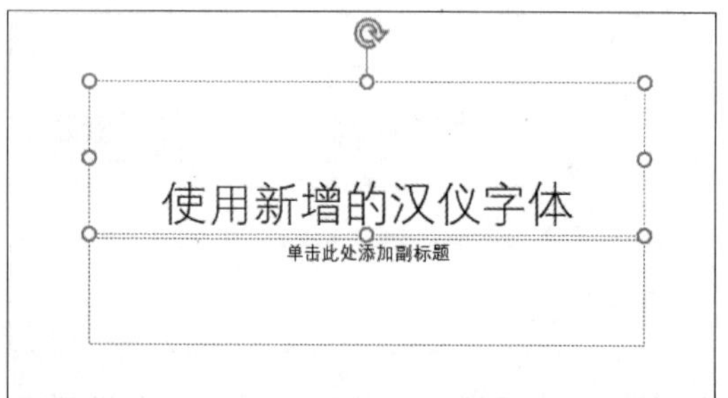

第 2 步 选中输入的文本，单击【开始】选项卡【字体】组中的【字体】下拉按钮，在弹出的下拉列表中可以看到新增的几款汉仪字体，如这里选择【汉仪黛玉体简】字体，如下图所示。

第 3 步 即可看到设置的字体效果，如下图所示。

第 6 章

设计图文并茂的 PPT

本章导读

本章主要介绍在 PowerPoint 2019 中使用艺术字、表格和图片及创建相册的方法。用户通过对这些知识的学习，可以制作出更出色、更漂亮的演示文稿，并可以提高工作效率。

思维导图

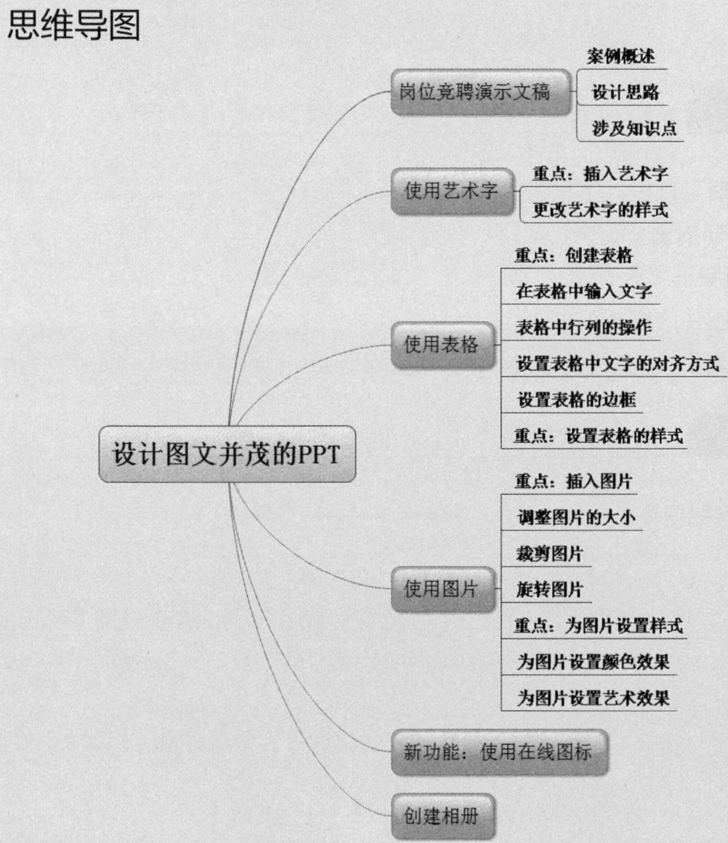

6.1 岗位竞聘演示文稿

岗位竞聘指实行考任制的各级经营管理岗位的一种人员选拔标准，它可用于内部招聘竞聘上岗。公司全体员工不论职务贡献高低都站在同一起跑线上，重新接受公司的挑选和任用。同时员工可以根据自身特点与岗位要求，提出自己的选择要求。岗位竞聘演示文稿要做到目标明确、层次分明。

案例名称：制作岗位竞聘演示文稿

案例目的：学习如何设计图文并茂的 PPT

	素材	素材 \ch06\ 岗位竞聘 .pptx
	结果	结果 \ch06\ 岗位竞聘 .pptx
	视频	视频教学 \06 第 6 章

6.1.1 案例概述

制作岗位竞聘演示文稿需要阐述以下几点。

① 个人业务技术。

② 管理经验。

③ 知识。

④ 能力自述。

⑤ 对竞聘岗位的认识。

⑥ 工作设想。

⑦ 工作目标。

6.1.2 设计思路

制作岗位竞聘 PPT 时可以按以下思路进行。

① 制作岗位竞聘 PPT 封面。

② 为 PPT 输入标题和正文等。

③ 插入图片并设置图片的格式。

④ 插入表格并设置表格样式。

6.1.3 涉及知识点

本案例主要涉及以下知识点。

① 使用艺术字。

② 使用表格。

③ 使用图片。

④ 插入屏幕截图。

⑤ 创建相册。

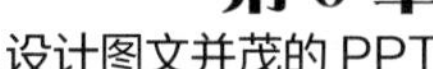

6.2 使用艺术字

利用 PowerPoint 2019 中的艺术字功能插入装饰文字，可以创建带阴影的、扭曲的、旋转的和拉伸的艺术字，也可以按预定义的形状创建文字。

6.2.1 重点：插入艺术字

插入艺术字的具体操作步骤如下。

第 1 步 打开“素材 \ch06\ 岗位竞聘 .pptx”文件，在功能区单击【插入】选项卡【文本】组中的【艺术字】下拉按钮，如下图所示。

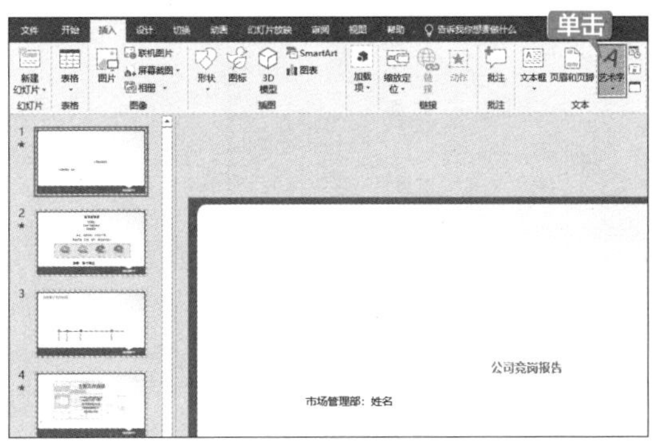

第 2 步 在弹出的【艺术字】下拉列表中选择一种艺术字样式，如下图所示。

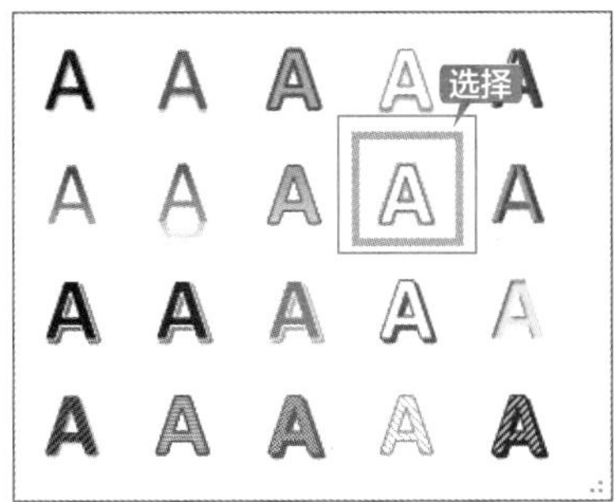

第 3 步 即可在幻灯片中自动插入一个艺术字文本框，如下图所示。

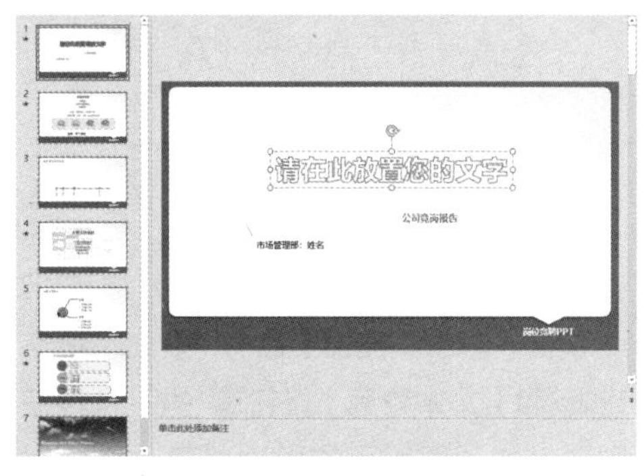

第 4 步 单击该文本框，即可出现光标，删除预定的文字，输入需要的文字内容，如输入“关注细节，抓住成长机遇”，单击幻灯片其他地方即可完成艺术字的添加，如下图所示。

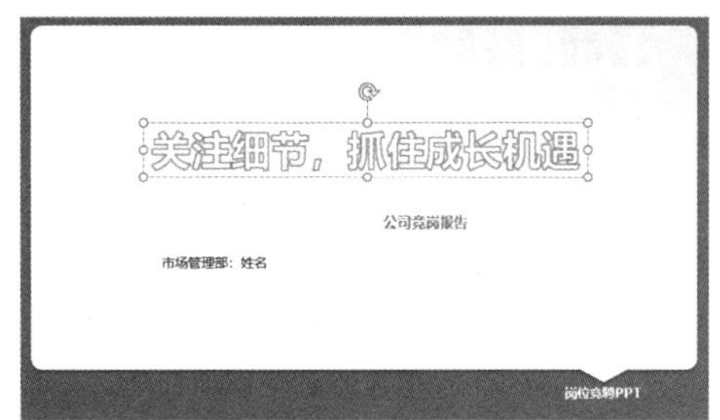

6.2.2 更改艺术字的样式

插入的艺术字仅仅具有一些美化的效果，如果要设置为更具艺术感的字体，则需要更改艺术字的样式。

选中要更改样式的艺术字，通过【绘图工具-格式】选项卡【艺术字样式】组中的各命令即可完成艺术字样式的更改，如下图所示。

单击【艺术字样式】组中的【其他】按钮，在弹出的列表中可以选择文字所需要的样式。选择该列表中的【清除艺术字】选项，可以将所选择的艺术字样式清除，而变为普通文字，如下图所示。

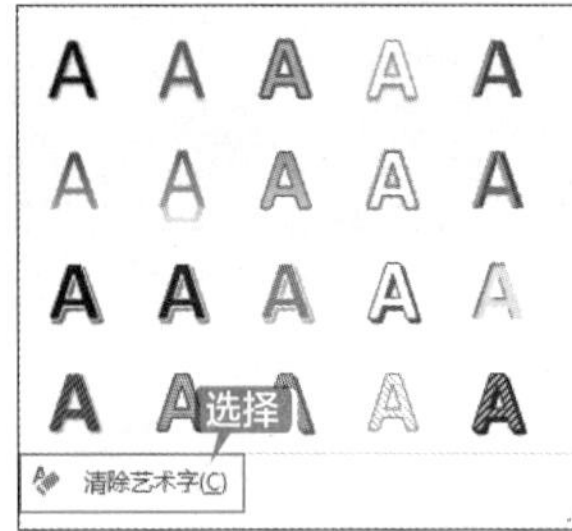

单击【艺术字样式】组中的【文本填充】按钮和【文本轮廓】按钮的下拉按钮，分别弹出如下图所示的下拉列表，可以用来设置填充文本的颜色，文本轮廓的颜色、宽度及线型等。

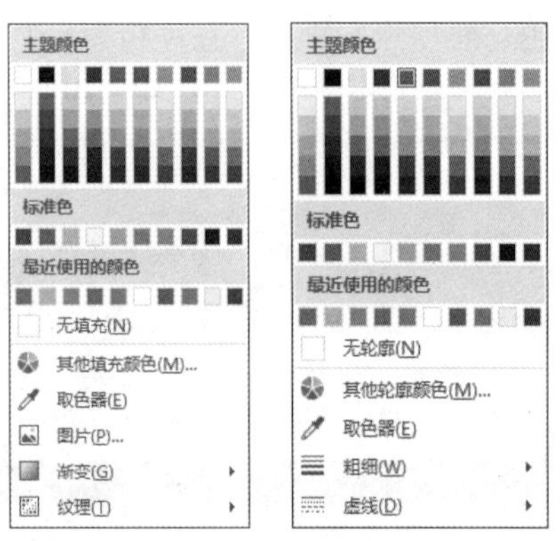

单击【艺术字样式】组中的【文字效果】按钮，在弹出列表中可以设置文本的阴影、映像、发光、棱台、三维旋转和转换等外观效果，如下图所示。

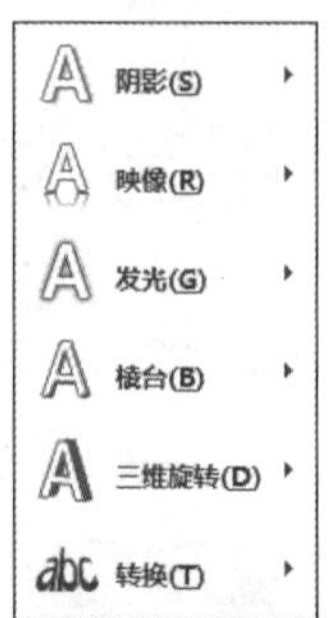

【阴影】：阴影中有无阴影、外部阴影、内部阴影和透视几种类型，如下图所示，选择【阴影选项】选项可对阴影进行更多设置。

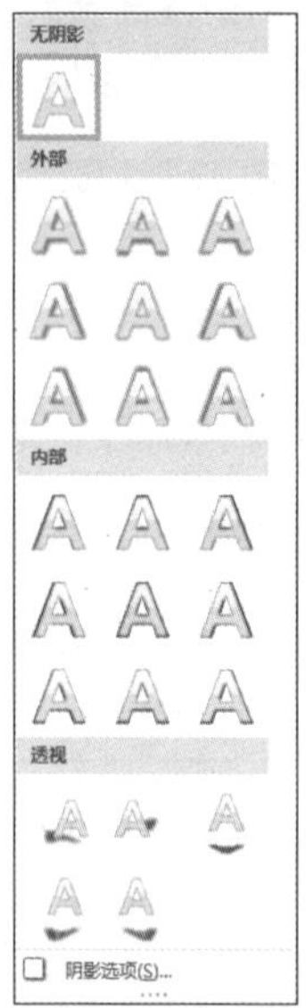

【映像】：映像中有无映像和映像变体两种类型，如下图所示，选择【映像选项】选项可对映像进行更多设置。

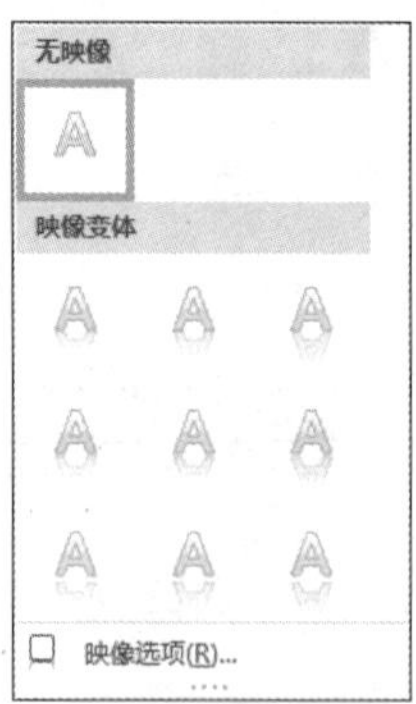

【发光】：发光中有无发光和发光变体两种类型，如下图所示，选择【其他发光颜色】选项可对发光的艺术字进行更多颜色设置。

【棱台】：棱台中有无棱台效果和棱台两种类型，如下图所示，选择【三维选项】选项可对艺术字的棱台进行更多设置。

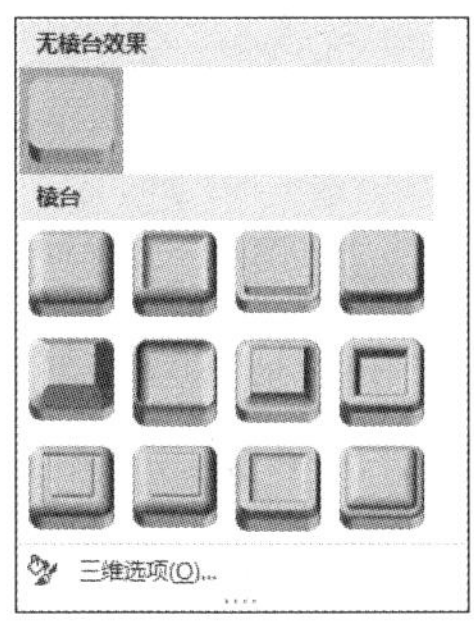

【三维旋转】：三维旋转中有无旋转、平行、透视和倾斜 4 种类型，如下图所示，选择【三维旋转选项】选项可对艺术字的三维旋转进行更多设置。

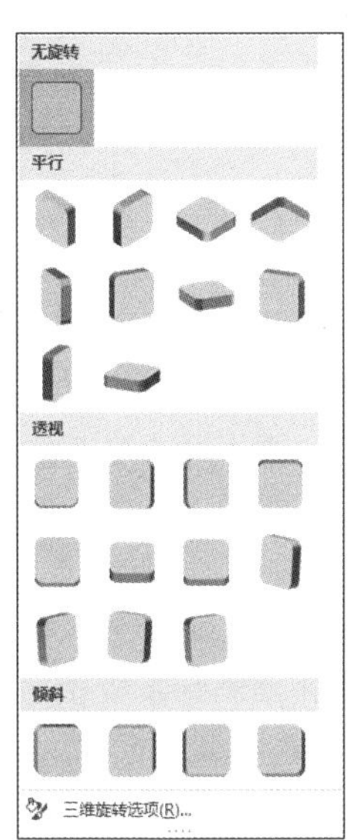

【转换】：转换中有无转换、跟随路径和弯曲 3 种类型，如下图所示。

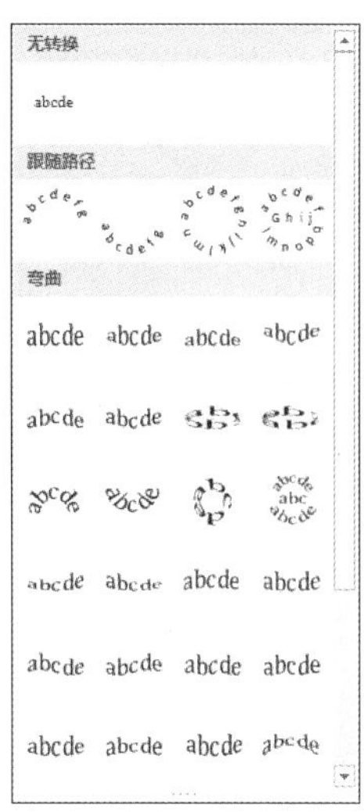

此外，单击【艺术字样式】组右下角的按钮，在弹出的【设置形状格式】任务窗格中同样可以对艺术字的文字样式进行设置，如下图所示。

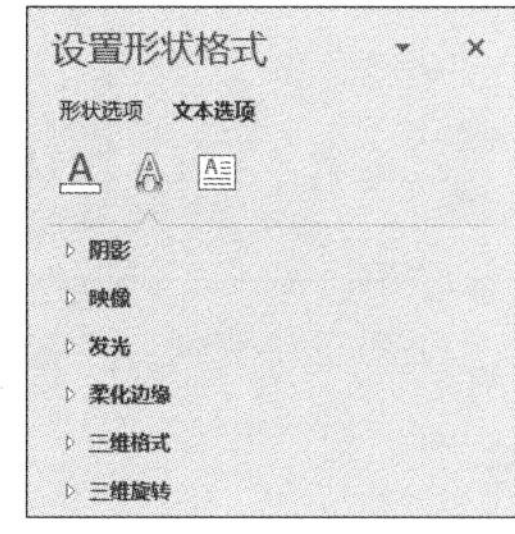

接着 6.2.1 小节的实例继续进行艺术字效果的设置，具体操作步骤如下。

第 1 步 选中艺术字，进入编辑状态，单击【绘图工具-格式】选项卡【艺术字样式】组中的【文字效果】下拉按钮，在弹出的下拉列表中选择【转换】→【三角：正】选项，如下图所示。

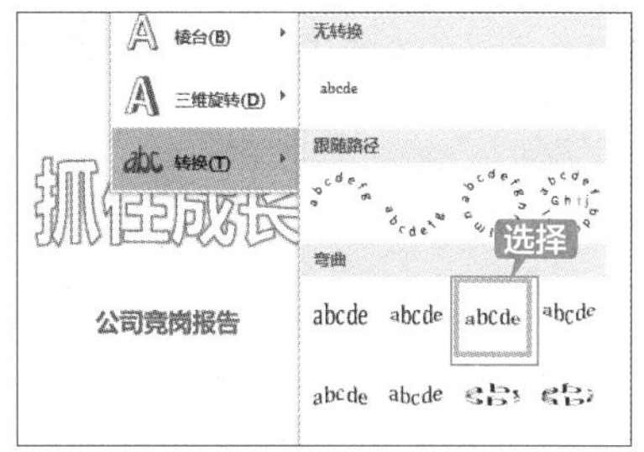

第 2 步 可以看到艺术字发生了一些变化，如下图所示。

第 3 步 选中艺术字，单击【绘图工具-格式】选项卡【艺术字样式】组中的【文本填充】下拉按钮，在弹出的下拉列表中选择【橙色，个性色 6，淡色 40%】选项，如下图所示。

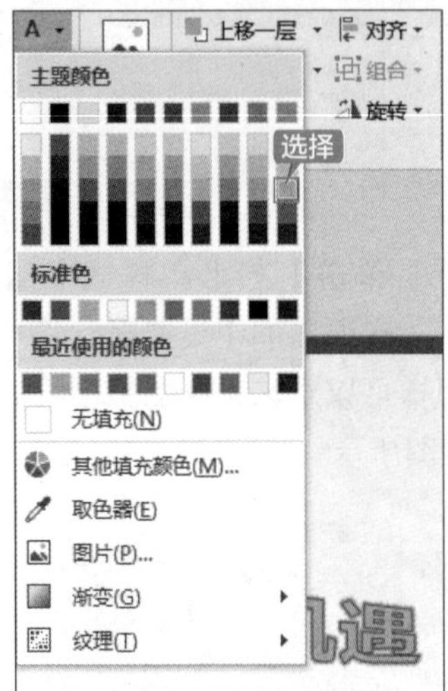

第 4 步 可以看到艺术字又发生了一些变化，如下图所示。

第 5 步 单击【绘图工具—格式】选项卡【艺术字样式】组中的【文字效果】下拉按钮，在弹出的下拉列表中选择【映像】→【紧密映像，接触】选项，如下图所示。

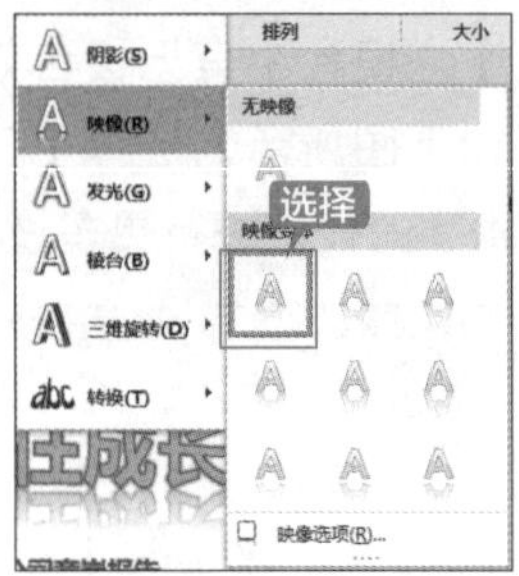

第 6 步 查看最终的设计效果如下图所示。

6.3 使用表格

表格是幻灯片中很常用的一类模板，一般可以通过在 PowerPoint 2019 中直接创建表格并设置表格格式、从 Word 中复制和粘贴表格、从 Excel 中复制和粘贴一组单元格，以及在 PowerPoint 中插入 Excel 电子表格 4 种方法来完成表格的创建。

本节主要介绍在 PowerPoint 2019 中创建表格、进行行列的操作、输入文字及设置表格样式等。

6.3.1 重点：创建表格

下面通过具体的操作步骤介绍在 PowerPoint 2019 中创建表格的几种方法。

1. 通过下拉列表创建表格

第 1 步 继续 6.2.2 小节的实例操作，在演示文稿中选择第 3 张幻灯片，单击【插入】选项卡【表格】组中的【表格】下拉按钮，在弹出的下拉列表的【插入表格】区域直接拖动鼠标以选择如下图所示的行数和列数均为 4 的表格。

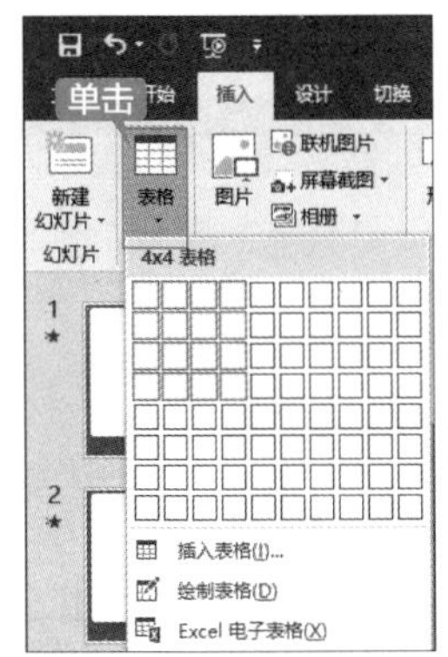

第 2 步 即可在幻灯片中创建 4 行 4 列的表格，如下图所示。

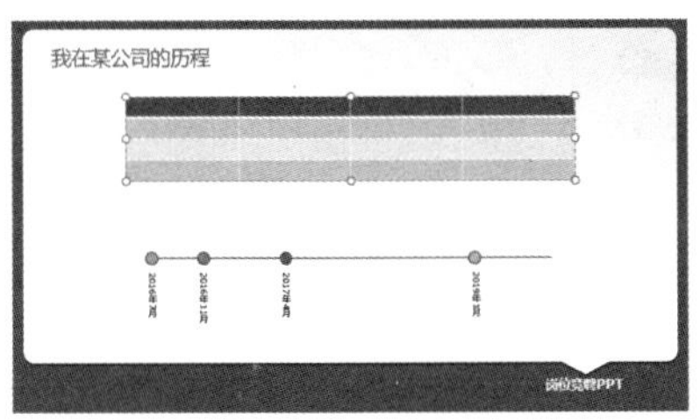

2. 通过【插入表格】对话框创建表格

第 1 步 选择【表格】下拉列表中的【插入表格】选项，弹出【插入表格】对话框，如下图所示。

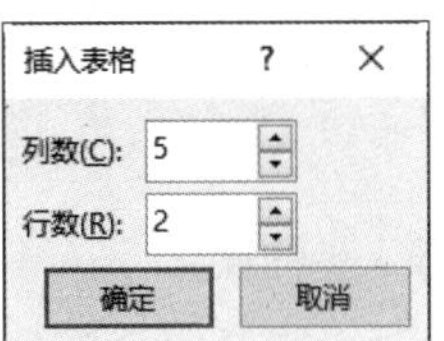

第 2 步 在【行数】和【列数】文本框中分别输入要创建表格的行数和列数的精确数值，也可以在幻灯片中创建相应的表格。如在【列数】和【行数】文本框中分别输入“4”和“3”，即可创建一个 4 列 3 行的表格，如下图所示。

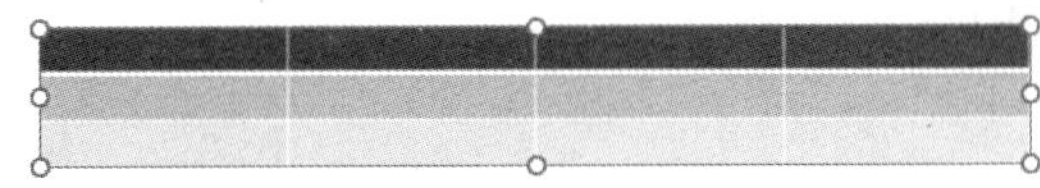

3. 绘制表格

选择【表格】下拉列表中的【绘制表格】选项，鼠标指针显示为画笔的形状时，在幻灯片空白位置处拖动鼠标到适当位置处释放，即可创建简单表格，如下图所示。

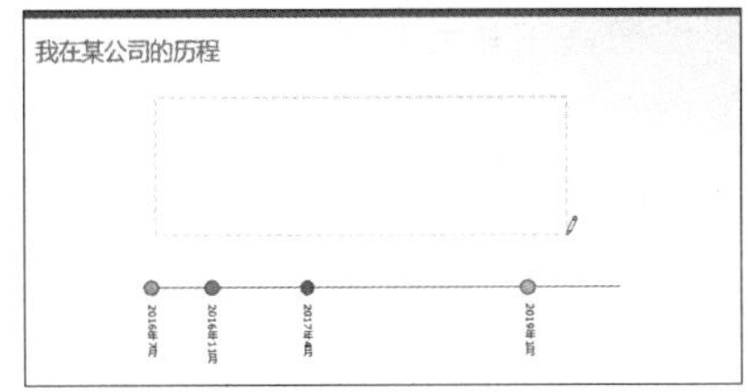

6.3.2 在表格中输入文字

要向表格单元格中添加文字，可以单击该单元格，然后输入文字。最后单击该表格外的任意位置即可。

在表格中输入文字的具体操作步骤如下。

第 1 步 继续 6.3.1 小节的实例操作，单击表格第 1 行中的第 1 个单元格，输入“入职实习”，如下图所示。

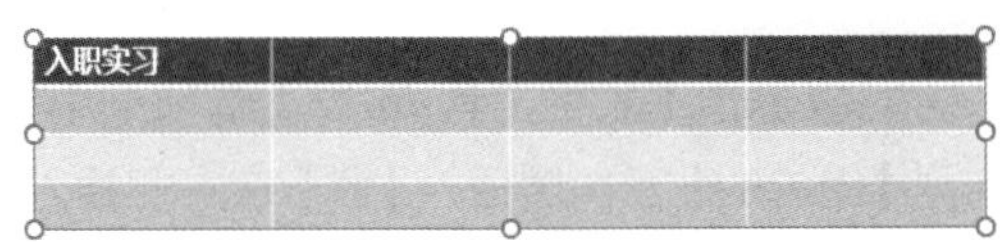

第 2 步 重复第 1 步的操作，在“入职实习”单元格右侧输入其他的信息。最终效果如下图所示。

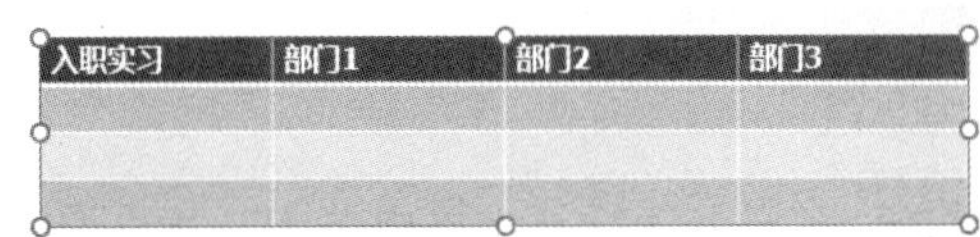

第 3 步 单击表格第 1 列中的第 2 个单元格，输入“2016 年 7 月”，如下图所示。

入职实习	部门1	部门2	部门3
2016年7月			

第 4 步 重复第 3 步的操作，在“2016 年 7 月”单元格下方输入其他的文字，最终效果如下图所示。

入职实习	部门1	部门2	部门3
2016年7月			
2016年11月			
2017年4月			

6.3.3 表格中行列的操作

表格中行列的操作主要是指添加行、添加列及删除行或列的操作。

在幻灯片中创建表格且表格处于活动状态时，功能区新增【表格工具-设计】选项卡和【表格工具-布局】选项卡。表格中行列的操作主要是在【表格工具-布局】选项卡的【行和列】组中进行的，如下图所示。

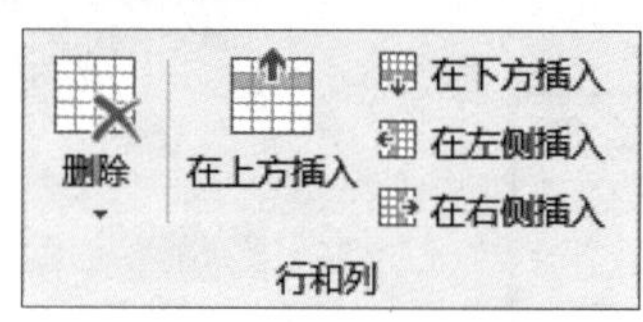

1. 添加行

可以单击【表格工具-布局】选项卡【行和列】组中的【在上方插入】和【在下方插入】按钮实现在选中单元格的上方或下方添加行。具体的操作步骤如下。

第 1 步 在表格中新行出现的位置上方或下方的行中的一个单元格中单击，如在原第 3 行的单元格中单击，如下图所示。

入职实习	部门1	部门2	部门3
2016年7月			
2016年11月			
2017年4月			

第 2 步 单击【表格工具-布局】选项卡【行和列】组中的【在上方插入】按钮，即可在原第 3 行单元格的上方添加一个新的行，如下图所示。

入职实习	部门1	部门2	部门3
2016年7月			
2016年11月			
2017年4月			

第 3 步 在原第 3 行单元格中单击，然后单击【表格工具-布局】选项卡【行和列】组中的【在下方插入】按钮，即可在原第 3 行单元格的下方添加一个新的行，如下图所示。

入职实习	部门1	部门2	部门3
2016年7月			
2016年11月			
2017年4月			

提示

① 若要同时添加多个行，用鼠标在现有表格中拖动以选择若干行，所选行数应与要添加的行数相同，然后单击【在上方插入】或【在下方插入】按钮即可。例如，选择 3 个现有行，单击【在上方插入】或【在下方插入】按钮，则会再插入 3 行。

② 若要在表格末尾添加一行，单击最后一行中最靠右的一个单元格，然后按【Tab】键即可。

2. 添加列

可以单击【表格工具-布局】选项卡【行和列】组中的【在左侧插入】和【在右侧插入】按钮实现在选中单元格的左侧或右侧添加列。具体操作步骤如下。

第 1 步 在表格中新列出现的位置左侧或右侧的列中单击一个单元格，如单击“部门 2”单元格，如下图所示。

入职实习	部门1	部门2	部门3
2016年7月			
2016年11月			
2017年4月			

第 2 步 单击【表格工具-布局】选项卡【行和列】组中的【在左侧插入】按钮，即可在“部门 2”单元格的左侧添加一个新的列，如下图所示。

入职实习	部门1		部门2	部门3
2016年7月				
2016年11月				
2017年4月				

第 3 步 在“部门 2”单元格中单击，然后单击【表格工具-布局】选项卡【行和列】组中的【在右侧插入】按钮，即可在“部门 2”单元格的右侧添加一个新的列，如下图所示。

入职实习	部门1		部门2		部门3
2016年7月					
2016年11月					
2017年4月					

提示

若要同时添加多个列，用鼠标在现有表格中拖动以选择若干列，所选列数应与要添加的列数相同，然后单击【在左侧插入】或【在右侧插入】按钮即可。例如，选择 4 个现有列，单击【在左侧插入】或【在右侧插入】按钮，则会再插入 4 列。

3. 删除列或行

在要删除的行或列中的一个单元格中单击，或选中要删除的整行或整列，单击【表格工具-布局】选项卡【行和列】组中的【删除】下拉按钮，在弹出的下拉列表中选择【删除行】或【删除列】选项即可，如下图所示。

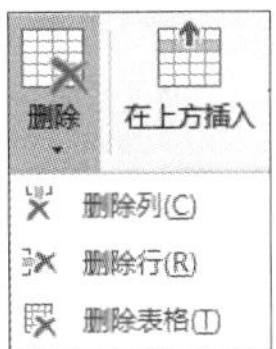

提示

选择下拉列表中的【删除表格】选项，可以将整个表格删除。

6.3.4 设置表格中文字的对齐方式

接下来以 6.3.2 小节中制作的表格为例介绍设置表格中文字的对齐方式的具体操作步骤。

第 1 步 选中表格第 1 列中的所有单元格，如下图所示。

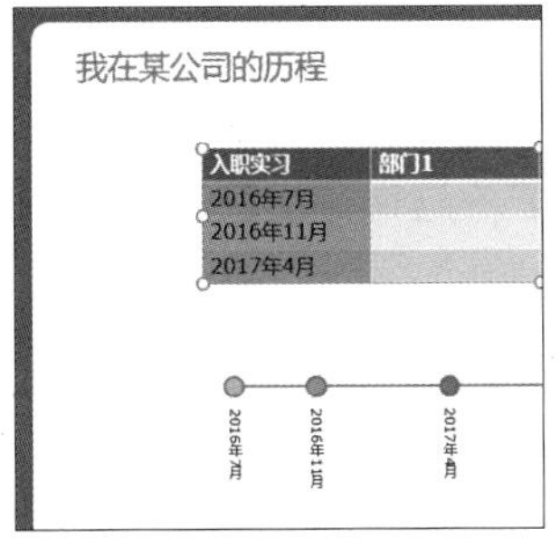

第 2 步 单击【表格工具-布局】选项卡【对齐方式】组中的【居中】按钮，即可将选中的第 1 列单元格中的文字居中对齐，如下图所示。

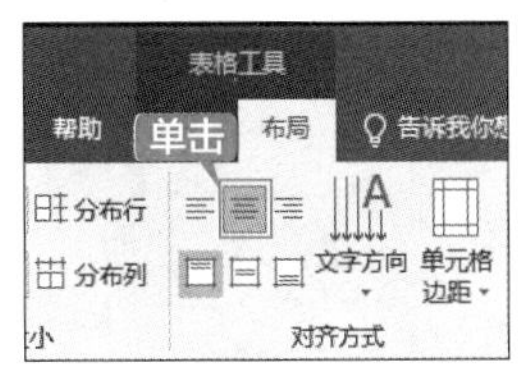

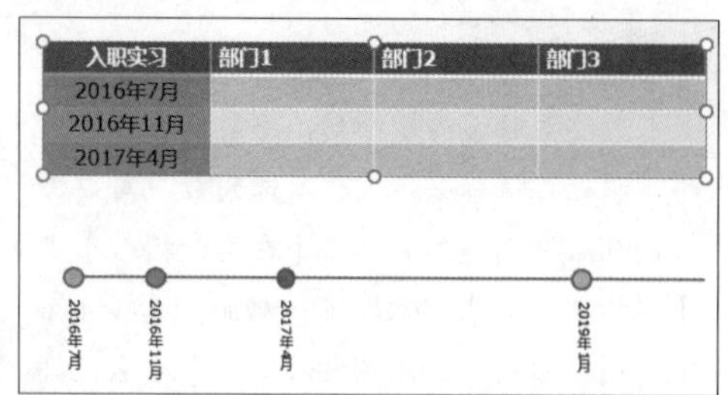

第 3 步 重复第 2 步的操作，将表格第 1 行单元格中的文字也以居中对齐方式对齐，如下图所示。

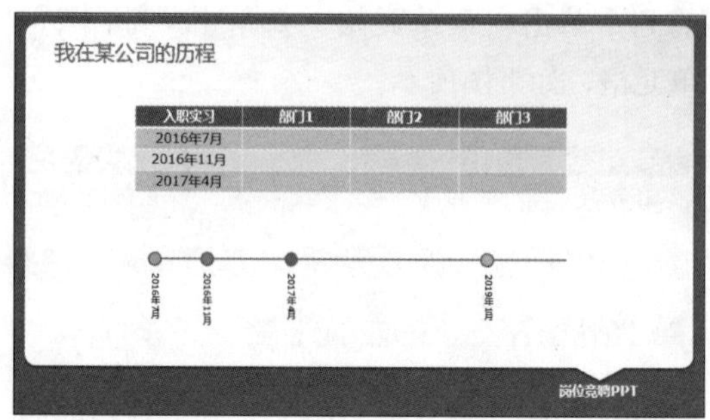

6.3.5 设置表格的边框

表格创建完成后，往往需要为表格绘制边框。选中表格后，可以通过拖动表格边框来调整表格的大小及表格的位置，也可以使用键盘中的方向键来调整表格边框的位置。

还可以通过【表格工具 - 设计】选项卡【绘制边框】组中的命令为表格绘制需要的边框，如右图所示。

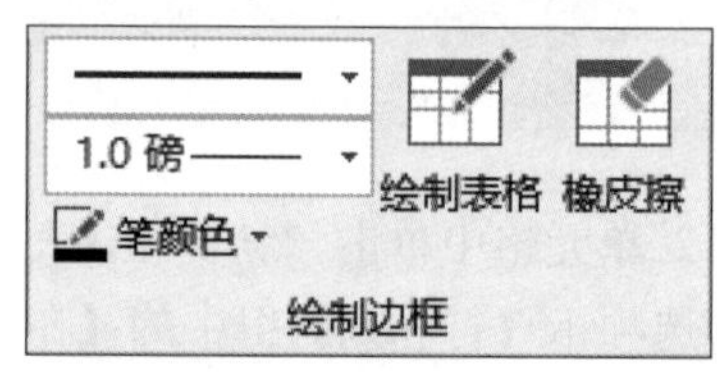

下面接着 6.3.4 小节中的实例介绍绘制表格边框的具体操作步骤。

第 1 步 单击表格中的任一单元格以选中表格，如下图所示。

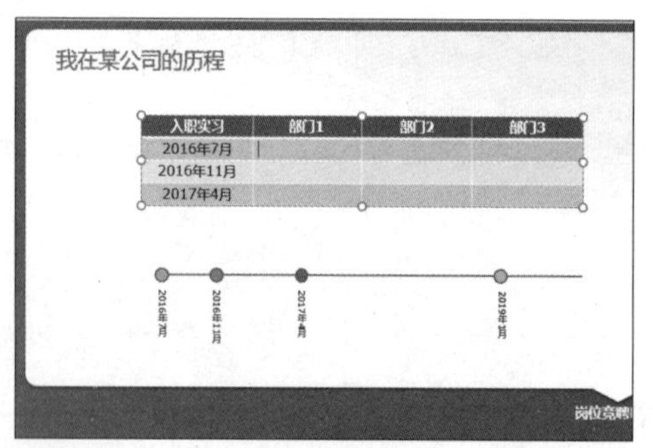

第 2 步 单击【表格工具-设计】选项卡【绘制边框】组中的【笔样式】下拉按钮，在弹出的下拉列表中选择所要使用的绘制边框的线型，如选择下图所示的实线线型。

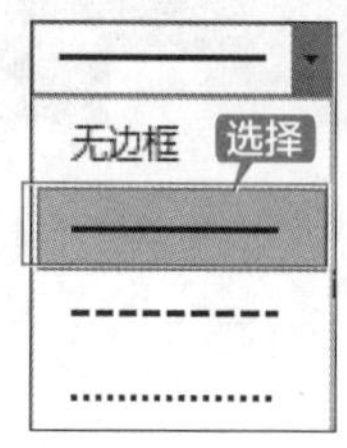

第 3 步 单击【表格工具-设计】选项卡【绘制边框】组中的【笔画粗细】下拉按钮，在弹出的下拉列表中选择所要使用的绘制边框的线条的宽度，如选择下图所示的宽度为 1.5 磅的线条。

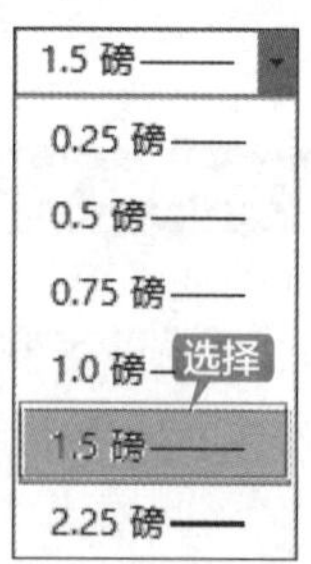

第 4 步 单击【表格工具-设计】选项卡【绘制边框】组中的【笔颜色】下拉按钮，在弹出的下拉列表中选择“黑色”，如下图所示。

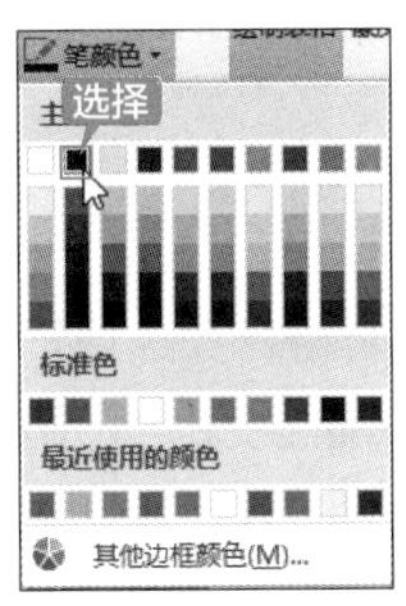

第 5 步 移动鼠标指针到要绘制边框的表格的左上角处单击，并拖动至表格的右下角处单击，如下图所示。

入职实习	部门1	部门2	部门3
2016年7月			
2016年11月			
2017年4月			

第 6 步 在幻灯片的空白位置处单击，退出绘制边框的操作。适当拖动表格边框到合适位置后的最终效果图如下图所示。

入职实习	部门1	部门2	部门3
2016年7月			
2016年11月			
2017年4月			

提示

单击【表格工具-设计】选项卡【绘制边框】组中的【橡皮擦】按钮，然后移动鼠标指针（此时显示为橡皮擦）到要擦除的表格边框处单击，要擦除的边框线被选中时呈深色显示，此时释放鼠标即可删除已有的边框线。选中表格边框时注意用橡皮擦下部多出的选取部位单击表格边框，以便准确选中要擦除的边框线，如下图所示。

入职实习	部门1	部门2	部门3
2016年7月			
2016年11月			
2017年4月			

6.3.6 重点：设置表格的样式

创建表格及输入文字后，往往还需要根据实际情况来设置表格的样式。要调整表格的样式可以通过【表格工具-设计】选项卡下的【表格样式选项】组和【表格样式】组来进行，如下图所示。

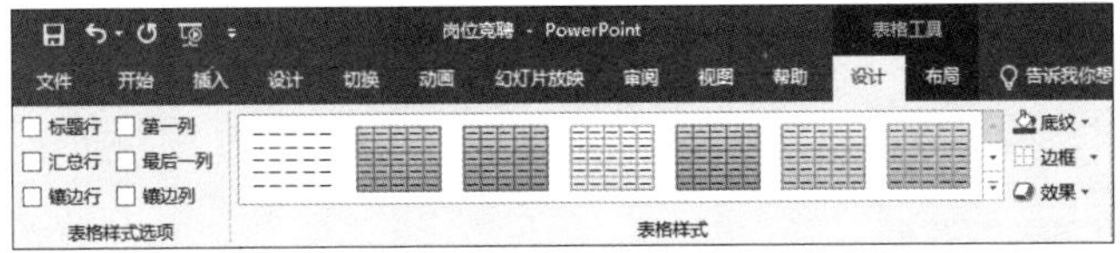

接下来介绍设置表格样式的具体操作步骤。

第 1 步 继续 6.3.5 小节的实例操作，单击表格中的任一单元格以选中表格，选中【表格工具-设计】选项卡【表格样式选项】组中的【标题行】和【第一列】复选框，则【表格样式】组中显示出可供选择的相应的表格样式，如下图所示。

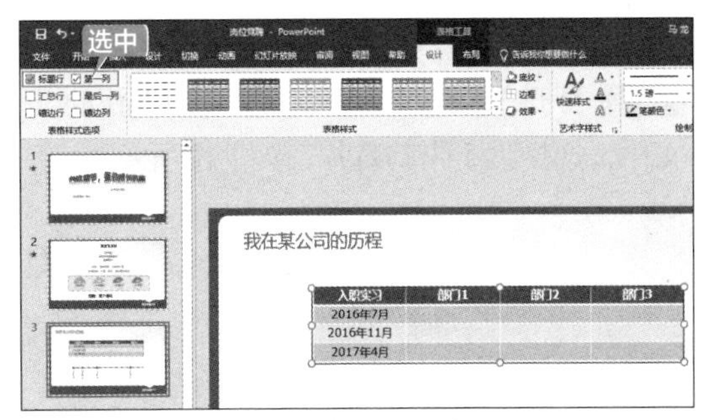

第 2 步 在【表格样式】组中直接选择【中度样式 2- 强调 2】选项，如下图所示，表格样式随之发生相应的改变。

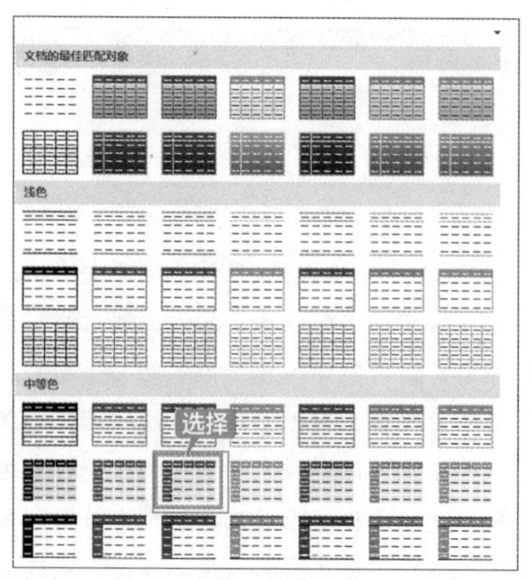

第 3 步 也可单击【表格样式】中的【其他】按钮▾，在弹出的列表中选择其他设置标题行和第一列的样式，如选择【主题样式 1– 强调 6】选项，表格效果如下图所示。

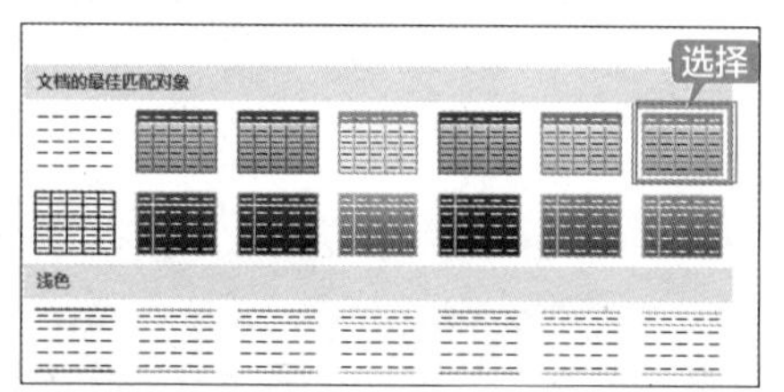

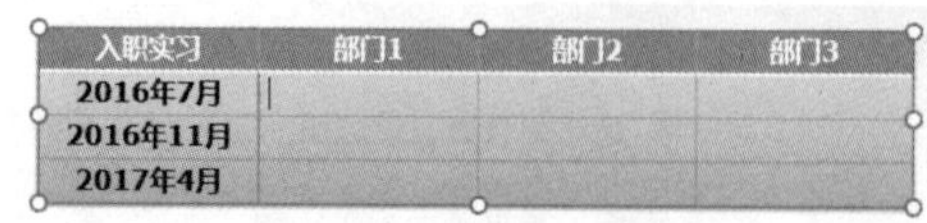

入职实习	部门1	部门2	部门3
2016年7月			
2016年11月			
2017年4月			

第 4 步 选中【表格样式选项】组中的其他复选框，表格也会随之变化。下图所示为选中【镶边列】复选框后的效果，表格中奇数列和偶数列更便于区分了。

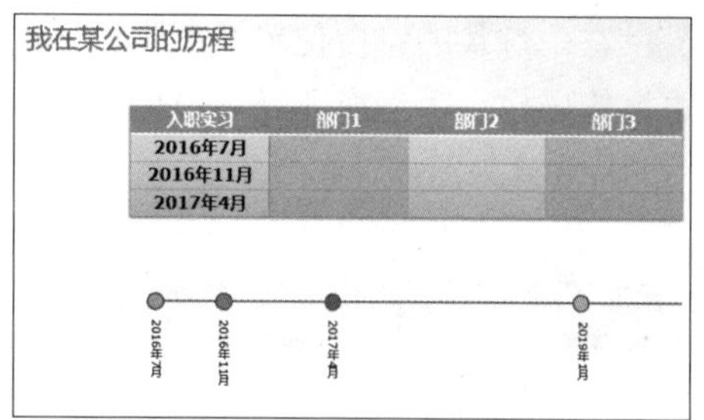

入职实习	部门1	部门2	部门3
2016年7月			
2016年11月			
2017年4月			

第 5 步 在表格外的其他空白位置处单击退出表格编辑状态，最终效果如下图所示。

6.4 使用图片

在制作幻灯片时，适当插入一些图片可达到图文并茂的效果。

6.4.1 重点：插入图片

插入图片的具体操作步骤如下。

第 1 步 打开“素材 \ch06\ 岗位竞聘 2.pptx”文件，选择第 5 张幻灯片，如下图所示。

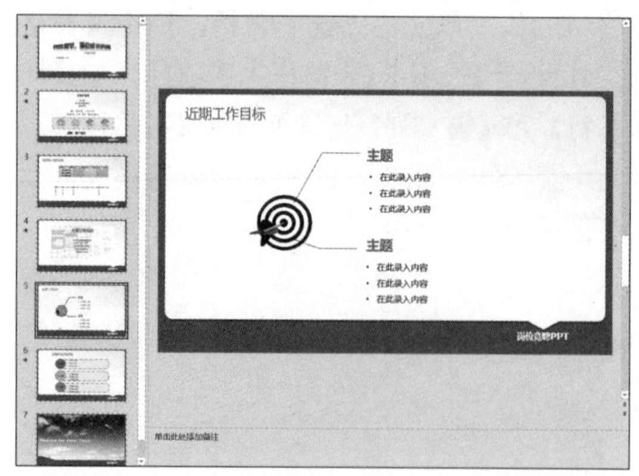

第 2 步 单击【插入】选项卡【图像】组中的【图片】按钮，如下图所示。

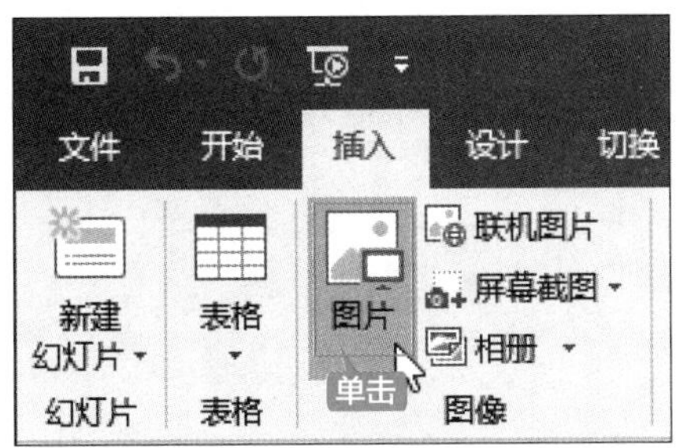

第 3 步 弹出【插入图片】对话框，在【查找范围】下拉列表中选择图片所在的位置，再选择所需要使用的图片即可，如选择“素材 \ch06\01.jpg”文件，单击【插入】按钮，如下图所示。

第 4 步 即可将图片插入幻灯片中，如下图所示。

6.4.2 调整图片的大小

插入的图片大小可以根据当前幻灯片的情况进行调整，调整图片大小的具体操作步骤如下。

第 1 步 选中插入的图片，将鼠标指针移至图片四周的控制点上，如下图所示。

第 2 步 按住鼠标左键拖曳，就可以更改图片的大小，如下图所示。

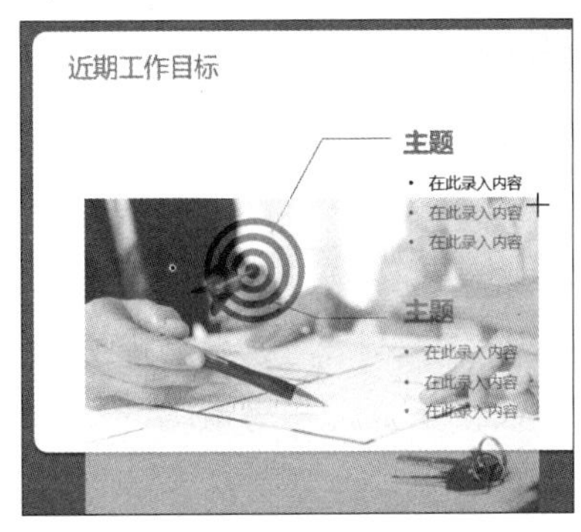

第 3 步 松开鼠标左键即可完成调整操作，如下图所示。

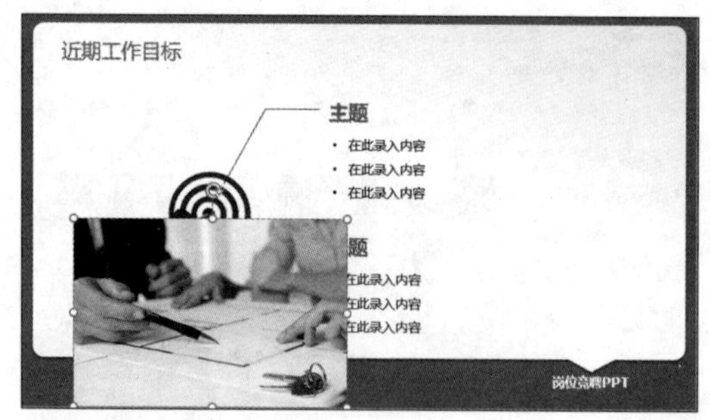

> **提示**
>
> 也可以在【图片工具–格式】选项卡【大小】组中的【形状高度】和【形状宽度】文本框中直接输入精确的数值来更改图片的大小，如下图所示。
>
> 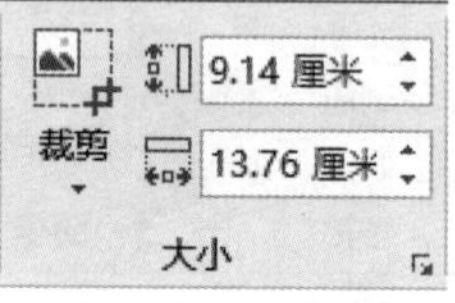
>

6.4.3 裁剪图片

裁剪通常用来隐藏或修整部分图片，以便进行强调或删除不需要的部分。

裁剪图片时先选中图片，然后在【图片工具–格式】选项卡【大小】组中单击【裁剪】按钮直接进行裁剪。此时可以进行 4 种裁剪操作。

① 裁剪某一侧：将该侧的中心裁剪控点向里拖动。

② 同时均匀地裁剪两侧：按住【Ctrl】键的同时，将任一侧的中心裁剪控点向里拖动。

③ 同时均匀地裁剪四侧：按住【Ctrl】键的同时，将一个角部裁剪控点向里拖动。

④ 放置裁剪：通过拖动裁剪方框的边缘移动裁剪区域或图片。

完成后在幻灯片空白位置处单击或按【Esc】键退出裁剪操作即可。

单击【大小】组中【裁剪】下拉按钮，弹出包括【裁剪】【裁剪为形状】【纵横比】【填充】和【调整】等选项的下拉列表，如下图所示。

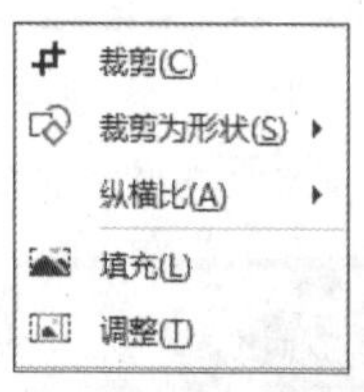

通过该下拉列表可以进行将图片裁剪为特定形状、裁剪为通用纵横比、通过裁剪来填充形状等操作。

1. 裁剪为特定形状

快速更改图片形状的方法是将其裁剪为特定形状。在剪裁为特定形状时，将自动修整图片以填充形状的几何图形，但同时会保持图片的比例，具体操作步骤如下。

第 1 步 调整插入图片的位置，并选中该图片，如下图所示。

第 2 步 单击【大小】组中的【裁剪】下拉按钮，在弹出的下拉列表中选择【裁剪为形状】选项，从弹出的子菜单中选择【矩形】区域中的【圆角矩形】选项，如下图所示。

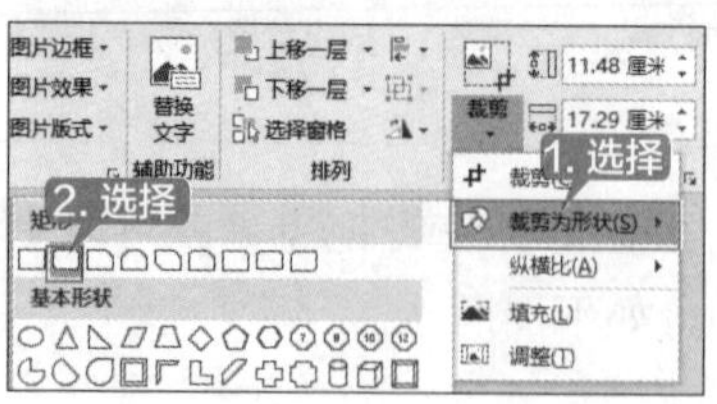

第 3 步 即可将图片裁剪为圆角矩形形状，如下

图所示。

2. 裁剪为通用纵横比

将图片裁剪为通用的照片或通用纵横比，可以使其轻松匹配图片框。通过这种方法还可以在裁剪图片时查看图片的比例，具体操作步骤如下。

> **提示**
>
> 纵横比是指图片宽度与高度之比。重新调整图片尺寸时，该比值可保持不变。

第 1 步 选中要裁剪为通用纵横比的图片，如下图所示。

第 2 步 单击【大小】组中的【裁剪】下拉按钮，在弹出的下拉列表中选择【纵横比】选项，从弹出的子菜单中选择【纵向】区域中的【3:5】选项，如下图所示。

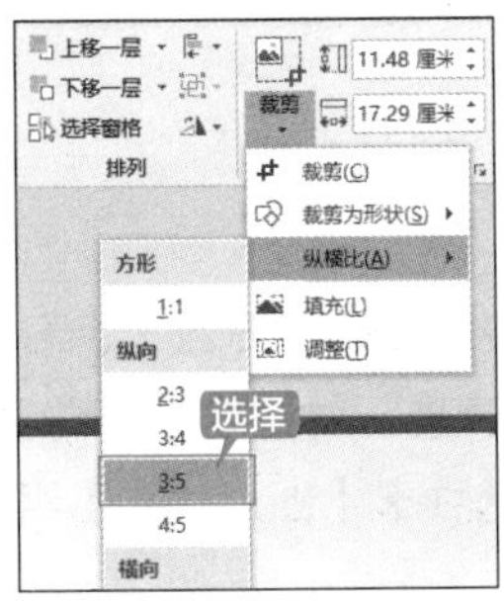

第 3 步 即可将图片裁剪为通用纵横比为 3:5 的图片，如下图所示。

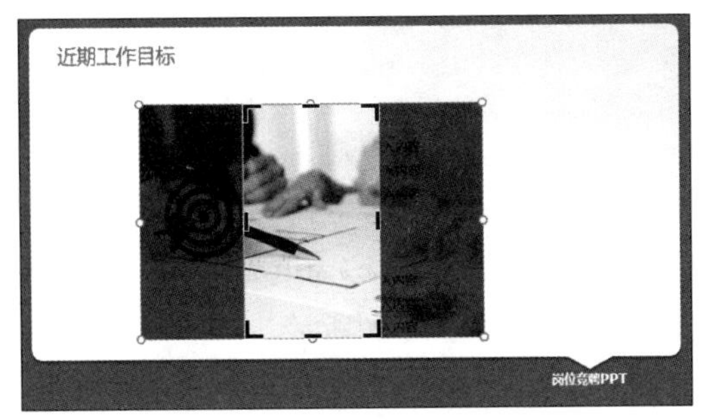

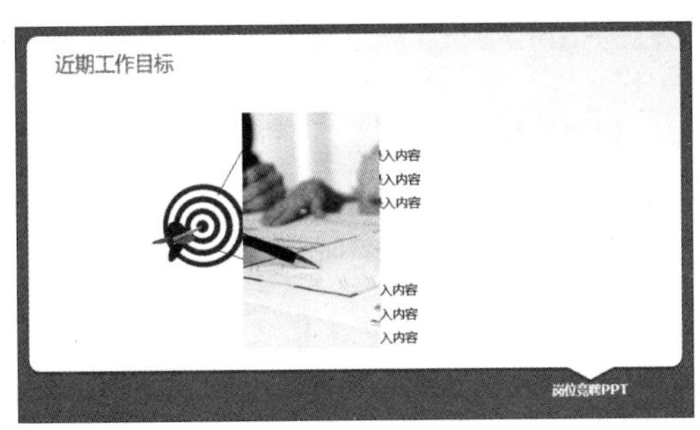

3. 通过裁剪来填充形状

若要删除图片的某个部分，但仍尽可能用图片来填充形状，可以通过【填充】选项来实现。选择此选项时，可能不会显示图片的某些边缘，但可以保留原始图片的纵横比，具体操作步骤如下。

第 1 步 选中要通过裁剪来填充形状的图片，如下图所示。

第 2 步 单击【大小】组中的【裁剪】下拉按钮，在弹出的下拉列表中选择【填充】选项，如下图所示。

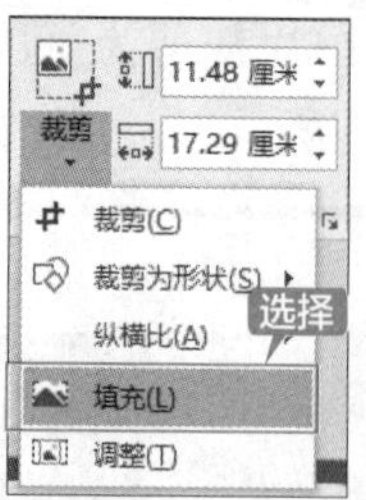

第 3 步 即可将图片裁剪为填充形状来保留原图片的纵横比，如下图所示。

6.4.4 旋转图片

如果需要旋转图片，可以先选中图片，然后将鼠标指针移至图片上方绿色的控制点上，当鼠标指针变为形状时，按住鼠标左键并拖曳鼠标即可旋转图片。在旋转的过程中鼠标指针显示为形状，如下图所示。

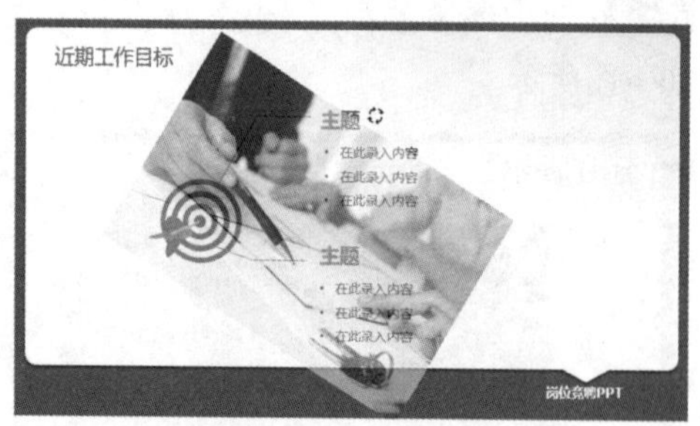

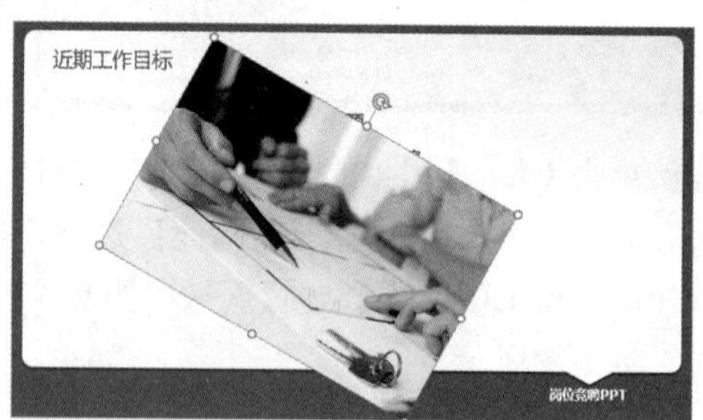

6.4.5 重点：为图片设置样式

插入图片后，可以通过添加阴影、发光、映像、柔化边缘、凹凸和三维（3-D）旋转等效果来增强图片的感染力，也可以为图片设置样式来更改图片的亮度、对比度或模糊度等。

选择要设置样式的图片后，可以通过【图片工具-格式】选项卡【图片样式】组中的命令为图片设置样式，如下图所示。

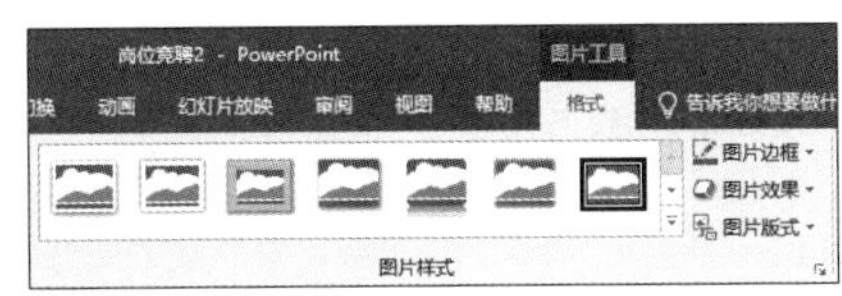

为图片设置样式的具体操作步骤如下。

第1步 选择要添加效果的图片，如下图所示。

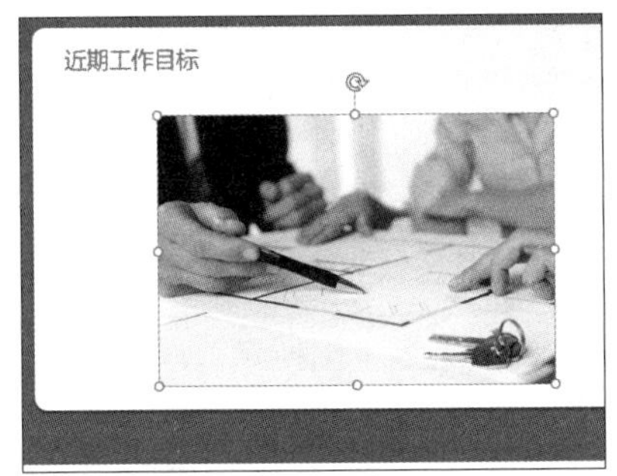

第2步 单击【图片工具-格式】选项卡【图片样式】组中的【其他】按钮，在弹出的列表中选择【柔化边缘椭圆】选项，如下图所示。

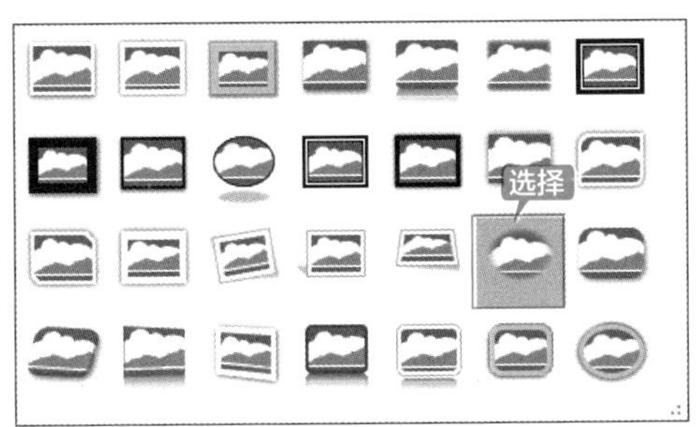

第3步 即可将图片设置为柔化边缘椭圆样式，如下图所示。

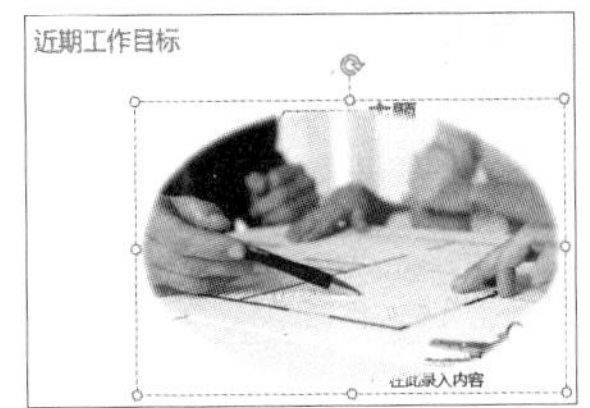

第4步 单击【图片工具-格式】选项卡【图片样式】组中的【图片效果】下拉按钮，在弹出的下拉列表中选择【映像】选项，并从其子菜单中选择【映像变体】区域中的【半映像：4磅偏移量】选项，如下图所示。

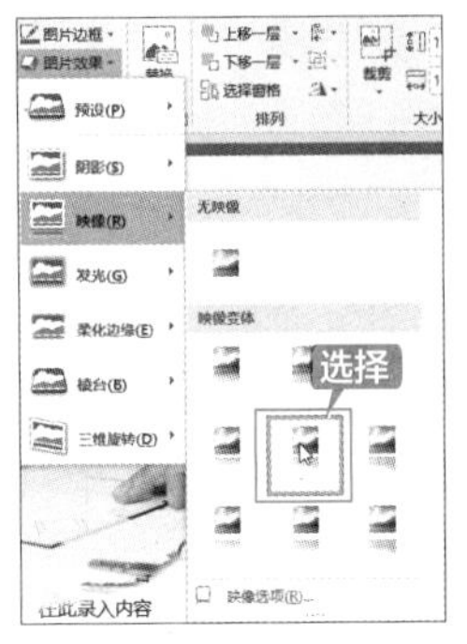

第5步 单击【图片工具-格式】选项卡【图片样式】组中的【图片效果】下拉按钮，在弹出的下拉列表中选择【柔化边缘】选项，并从其子菜单中选择【柔化边缘变体】区域中的【25磅】选项，更改柔化边缘为“25磅”，如下图所示。

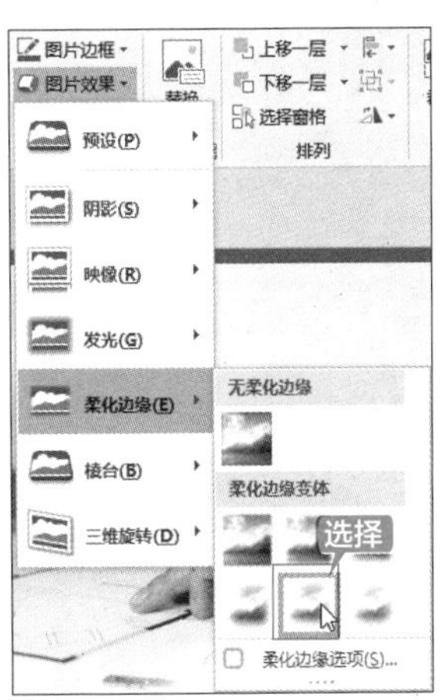

第 6 步 效果如下图所示。

第 7 步 单击【图片工具–格式】选项卡【图片样式】组中的【图片效果】下拉按钮，在弹出的下拉列表中选择【三维旋转】选项，并从其子菜单中选择【平行】区域中的【等角轴线：底部朝下】选项，如下图所示。

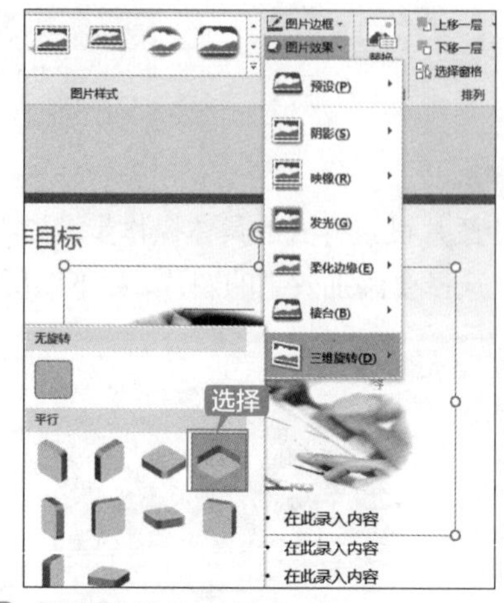

第 8 步 最终效果如下图所示。

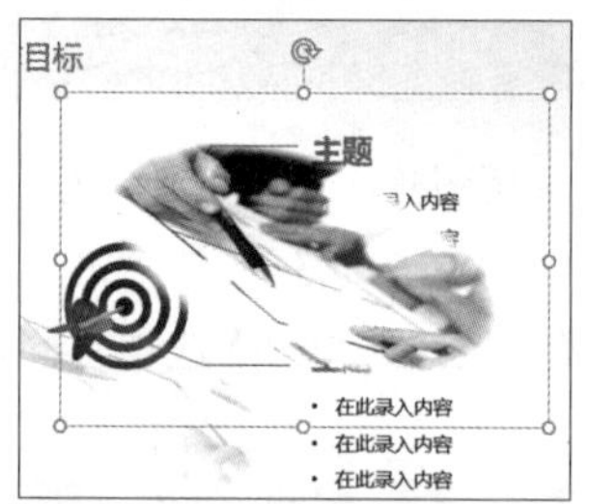

6.4.6 为图片设置颜色效果

可以通过调整图片的颜色浓度（饱和度）和色调（色温）对图片重新着色或者更改图片中某个颜色的透明度，也可以将多个颜色效果应用于图片中。

下面通过实例具体介绍为图片设置颜色效果的操作步骤。

第 1 步 继续 6.4.3 小节的实例操作，如下图所示。

第 2 步 单击【调整】组中的【颜色】下拉按钮，在弹出的下拉列表中选择【颜色饱和度】区域中的【饱和度：33%】选项，如下图所示。

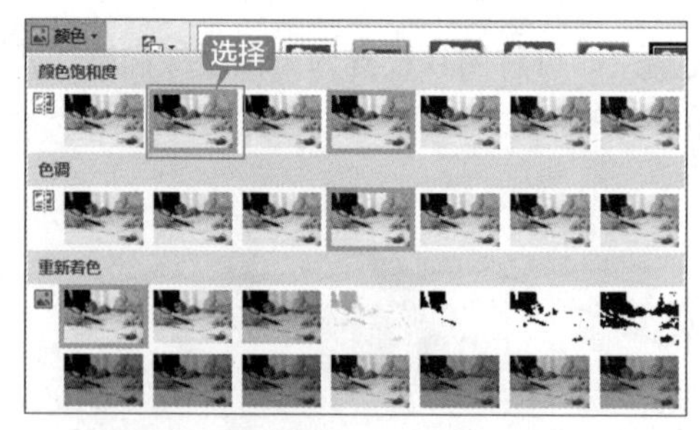

第 3 步 效果如下图所示。

提示

饱和度是颜色的浓度。饱和度越高，图片色彩越鲜艳；饱和度越低，图片色彩越黯淡。

第4步 单击【调整】组中的【颜色】下拉按钮，在弹出的下拉列表中选择【色调】区域中的【色温：11200K】选项，如下图所示。

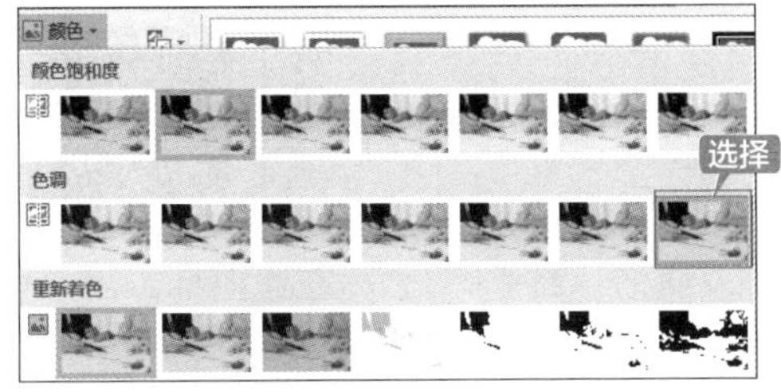

第5步 效果如下图所示。

第6步 单击【调整】组中的【颜色】下拉按钮，在弹出的下拉列表中选择【重新着色】区域中的【蓝色，个性色1浅色】选项，如下图所示。

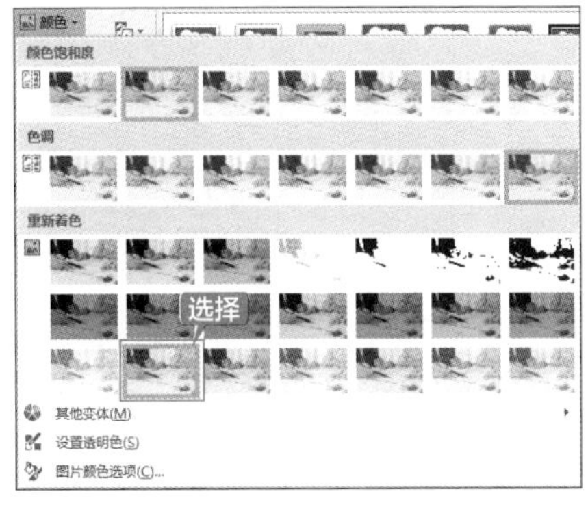

第7步 按【Esc】键退出，图片设置的最终颜色效果如下图所示。

6.4.7 为图片设置艺术效果

可以将艺术效果应用于图片或图片填充，使图片看上去更像草图、绘图或绘画。图片填充是一个形状，或者是其中填充了图片的其他对象。

一次只能将一种艺术效果应用于图片，因此，应用新的艺术效果时会删除以前应用的艺术效果，具体操作步骤如下。

第1步 继续6.4.6小节的实例操作，选中幻灯片中的图片，单击【图片工具-格式】选项卡【调整】组中的【艺术效果】下拉按钮，如下图所示。

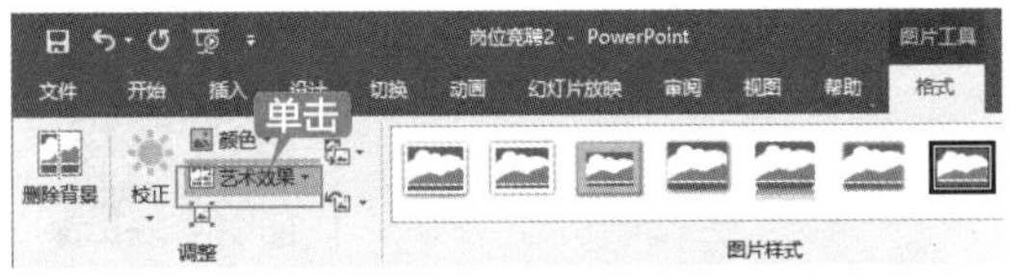

第2步 在弹出的下拉列表中选择【铅笔灰度】选项，如下图所示。

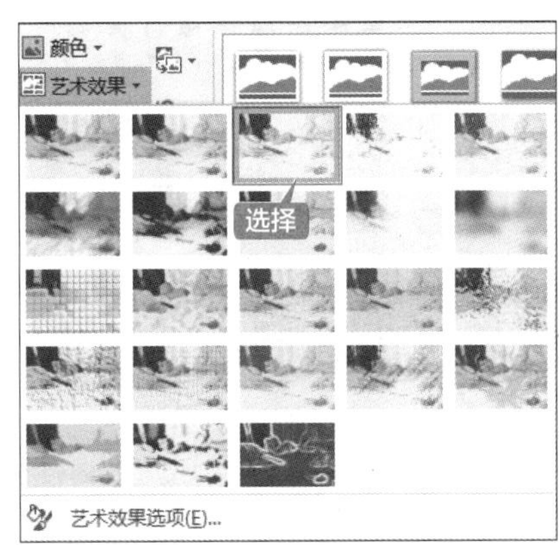

第3步 在幻灯片的空白位置处单击，退出艺术效果的设置，最终效果如下图所示。

6.5 新功能：使用在线图标

在 PowerPoint 2019 中提供了人物、技术和电子、通信、商业等 22 类在线图标，用户可以根据需要选择合适的图标并插入 PPT 中，插入在线图标的具体操作步骤如下。

第1步 打开“素材 \ch06\ 插入在线图标 . pptx”文件，单击【插入】选项卡【插图】组中的【图标】按钮，如下图所示。

第2步 弹出【插入图标】对话框，在左侧选择【商业】选项，在右侧选择一种图标类型，单击【插入】按钮，如下图所示。

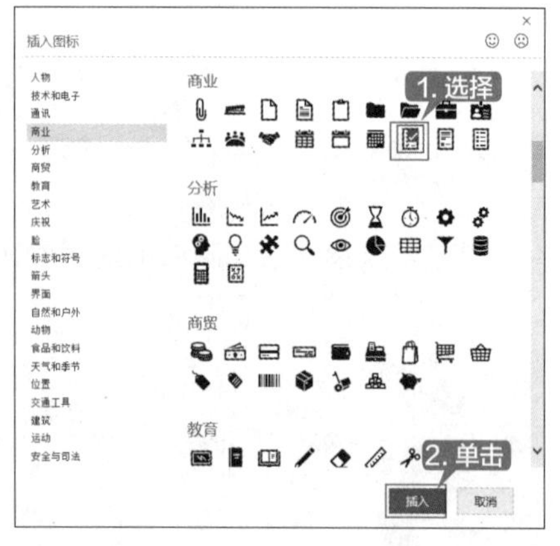

第3步 即可插入选择的图标，效果如下图所示。

明 确 内 容
市 场 调 研
分 析 数 据
撰 写 报 告

第4步 使用同样的方法，插入其他的在线图标即可，如下图所示。

明 确 内 容
市 场 调 研
分 析 数 据
撰 写 报 告

6.6 创建相册

随着数码相机的不断普及，利用计算机制作电子相册的人越来越多。本节不在专门软件中介绍制作相册的方法，而是使用 PowerPoint 2019 轻松创建漂亮的电子相册。

第 1 步 选择任一幻灯片，单击【插入】选项卡【图像】组中的【相册】下拉按钮，在弹出的列表中选择【新建相册】选项，弹出【相册】对话框，单击【文件／磁盘】按钮，如下图所示。

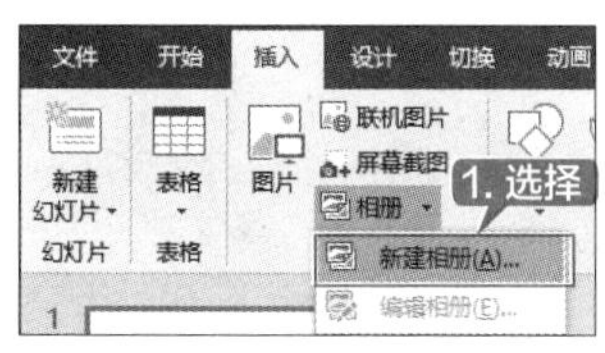

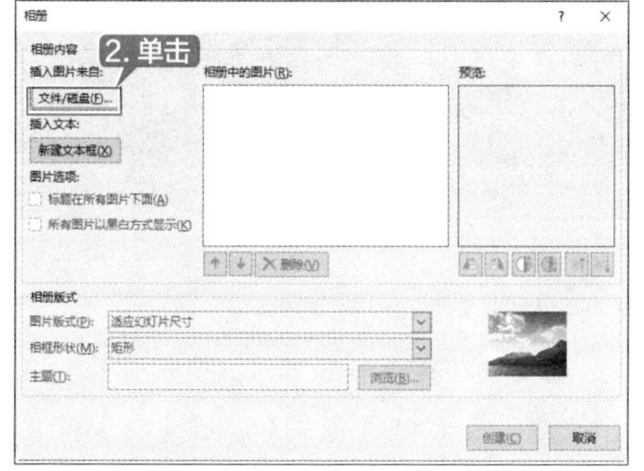

第 2 步 弹出【插入新图片】对话框，在该对话框中选择“素材 \ch06\01.jpg、02.jpg、03.jpg、04.jpg”图片，如下图所示。

第 3 步 单击【插入】按钮返回【相册】对话框，如下图所示。

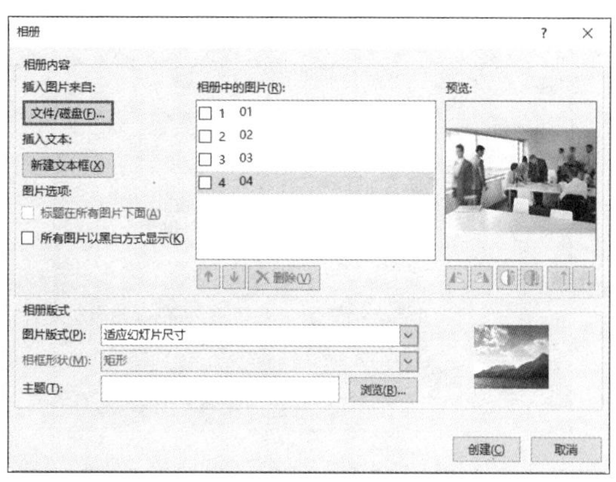

第 4 步 选中【相册中的图片】列表中的图片，然后单击 ↑ 或 ↓ 按钮可以调整相册中图片的顺序。同样可以运用【相册】对话框中其他选项和按钮来设置相册中的图片，如下图所示。

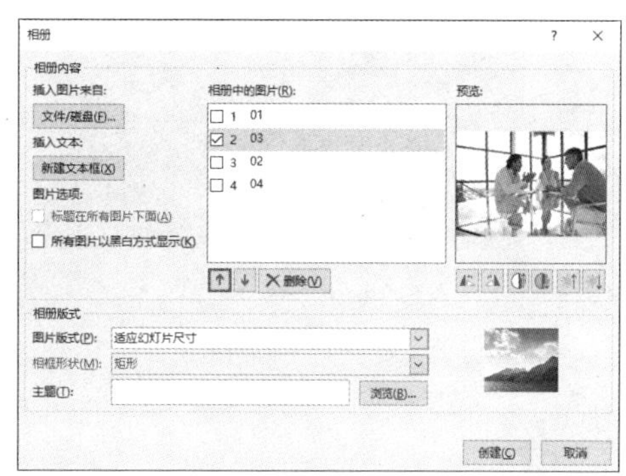

第 5 步 在【相册版式】选项区域中的【图片版式】下拉列表中选择【1 张图片（带标题）】选项，如下图所示。

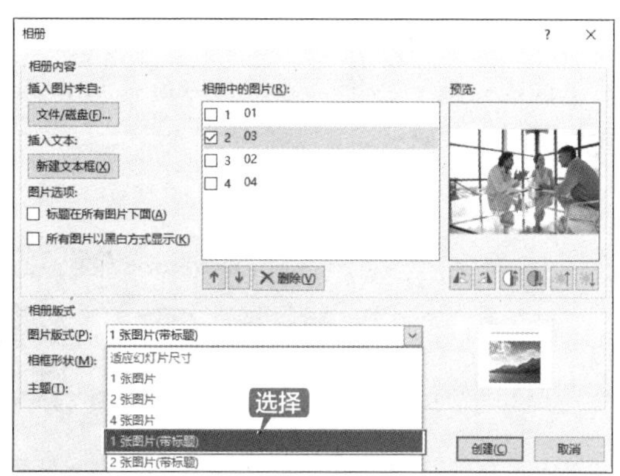

第 6 步 单击【相册版式】选项区域中【主题】后的【浏览】按钮，在弹出的【选择主题】对话框中选择下图所示的主题。

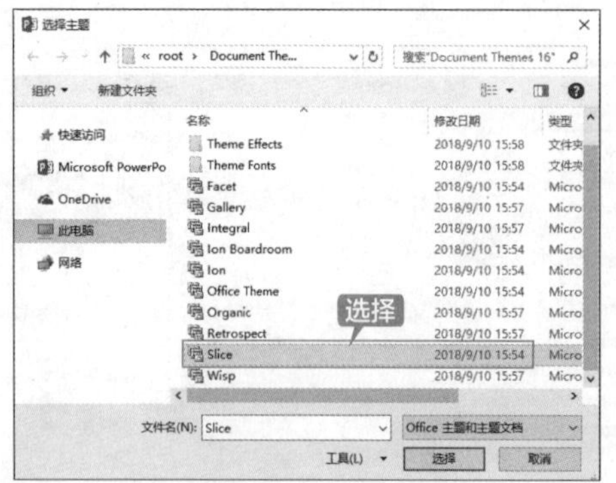

第 7 步 单击【选择】按钮，返回【相册】对话框，单击【创建】按钮即可创建一个插入相册图片的新演示文稿，如下图所示。

第 8 步 在演示文稿中为每个幻灯片添加相册标题，并调整图片的形状样式。结果保存为“结果 \ch06\ 相册 .pptx” 文件，在幻灯片浏览视图状态下最终效果如下图所示。

提示

相册中还可以添加音乐，使制作的相册更完美。电子相册完成后，按【F5】键直接进入幻灯片放映模式，以便更好地欣赏在 PowerPoint 中制作的相册效果。

制作沟通技巧培训演示文稿

沟通是人与人之间、人与群体之间思想与感情的传递和反馈的过程，以求思想达成一致和感情的通畅。沟通是社会交际中必不可少的技能，沟通的成效直接影响工作的效率或事业的高度。

本例制作一个关于沟通技巧的演示文稿，展示出提高沟通技巧的步骤及要素，如下图所示。

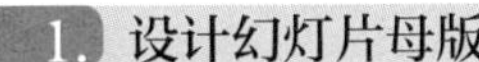

1. 设计幻灯片母版

此演示文稿中除了首页和结束页外，其他所有幻灯片中都需要在标题处放置一个关于沟通交际的图片，为了体现版面的美观，并设置四角为弧形。设计幻灯片母版的步骤如下。

第 1 步 启动 PowerPoint 2019，新建一个空白演示文稿，进入 PowerPoint 工作界面，如下图所示。

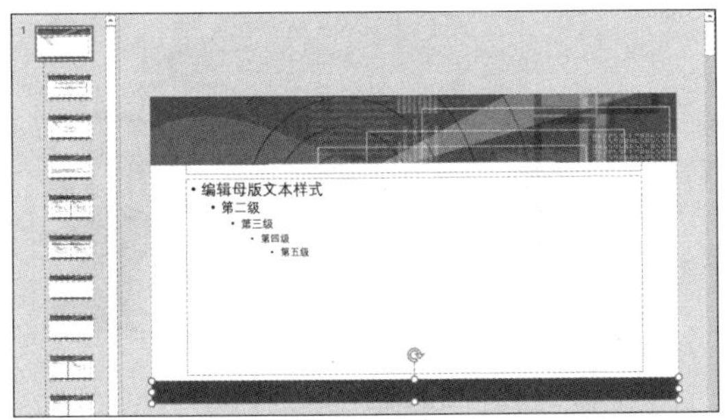

第 2 步 单击【视图】选项卡【母版视图】组中的【幻灯片母版】按钮，切换到幻灯片母版视图，并在【幻灯片缩略图】窗格中单击第 1 张幻灯片，如下图所示。

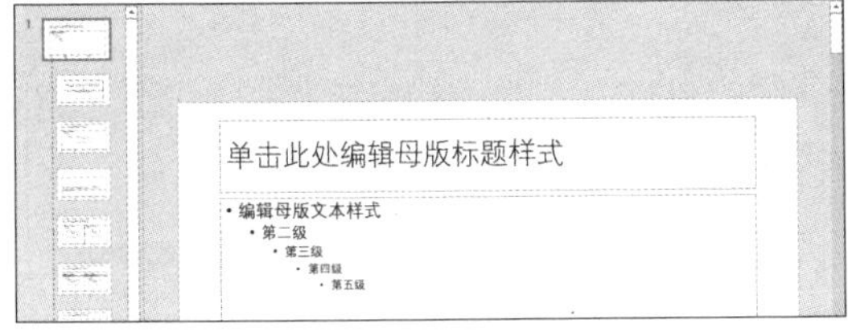

第 3 步 单击【插入】选项卡【图像】组中的【图片】按钮，在弹出的对话框中浏览到“素材\ch06”文件夹，并选中“05.jpg”图片，单击【插入】按钮，如下图所示。

第 4 步 插入图片后调整图片的位置，如下图所示。

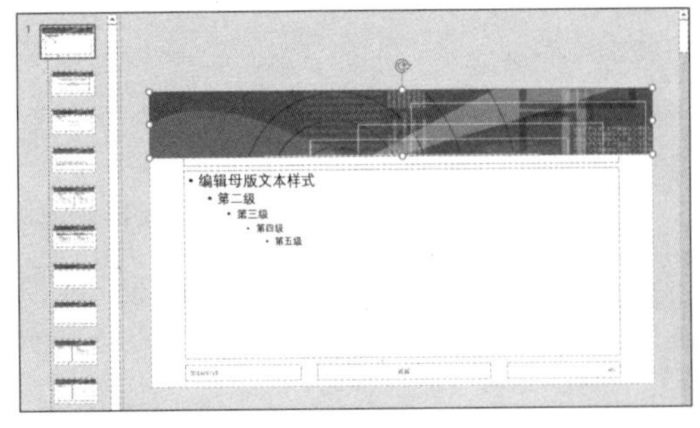

第 5 步 使用形状工具在幻灯片底部绘制一个矩形框，并填充颜色为蓝色（R：156，G：61，B:243），如下图所示。

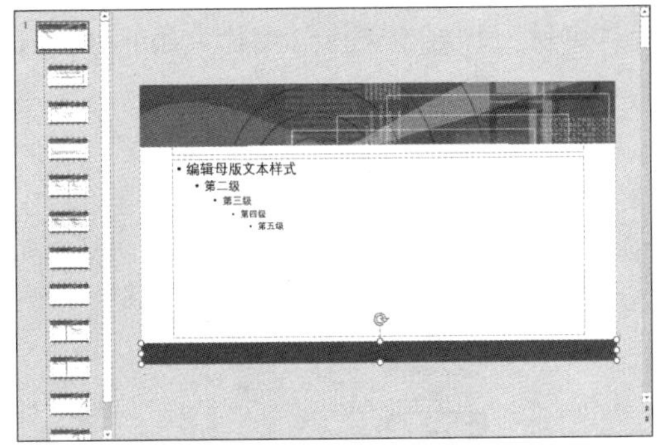

第 6 步 单击快速访问工具栏中的【保存】按钮，将演示文稿保存为“沟通技巧 .pptx”。

2. 设计首页和图文幻灯片

(1) 设计首页幻灯片

第 1 步 在幻灯片母版视图中选择【幻灯片缩略图】窗格中的第 2 张幻灯片，如下图所示。

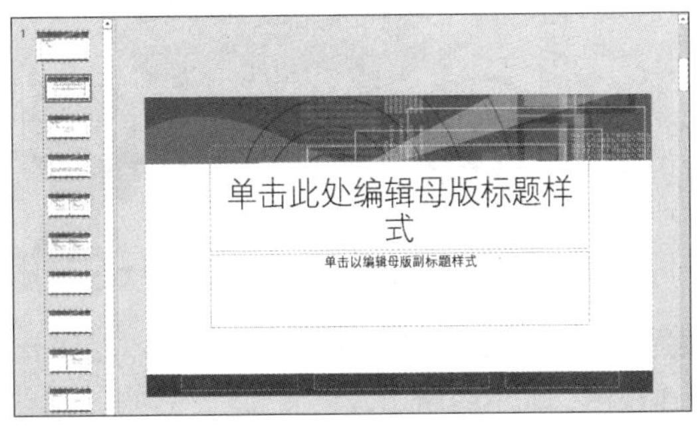

第 2 步 选中【幻灯片母版】选项卡【背景】组中的【隐藏背景图形】复选框，如下图所示。

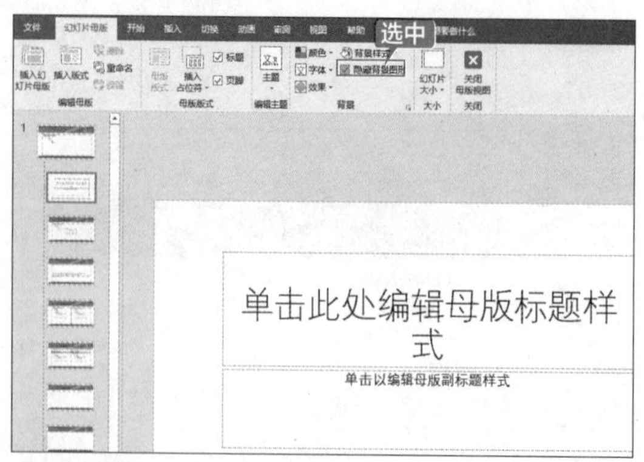

第 3 步 单击【背景】组右下角的按钮，在弹出的【设置背景格式】任务窗格的【填充】区域中选中【图片或纹理填充】单选按钮，并单击【文件】按钮，在弹出的对话框中选择“素材 \ch06\06.jpg”图片，如下图所示。

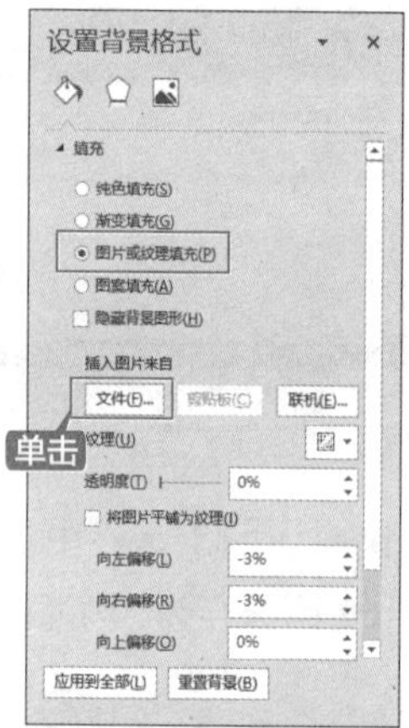

第 4 步 设置背景后的幻灯片如下图所示。

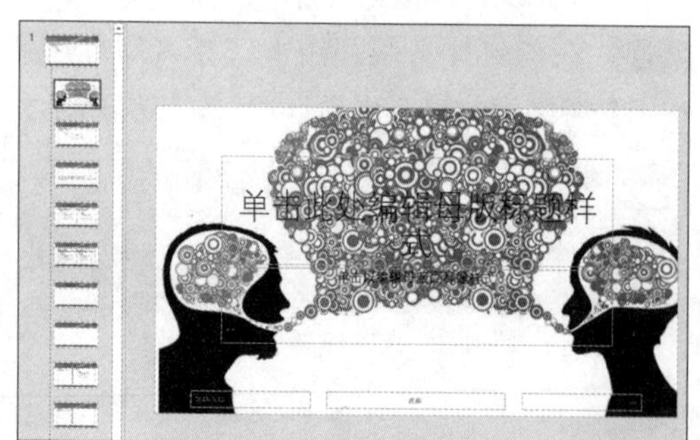

第 5 步 单击【关闭母版视图】按钮，返回普通视图，如下图所示。

第 6 步 在幻灯片中输入文字“提升你的沟通技巧”，如下图所示。

（2）设计图文幻灯片

第 1 步 新建一张【仅标题】幻灯片，并输入标题“为什么要沟通？”，如下图所示。

第 2 步 单击【插入】选项卡【图像】组中的【图片】按钮，插入“素材 \ch06\07.jpg、08.jpg”图片，并调整图片的位置，如下图所示。

第 3 步 选择两幅图片，通过【图片工具-格式】选项卡【图片样式】组中的【图片版式】选项为图片设置样式，如选择【蛇形图片题注】选项，如下图所示。

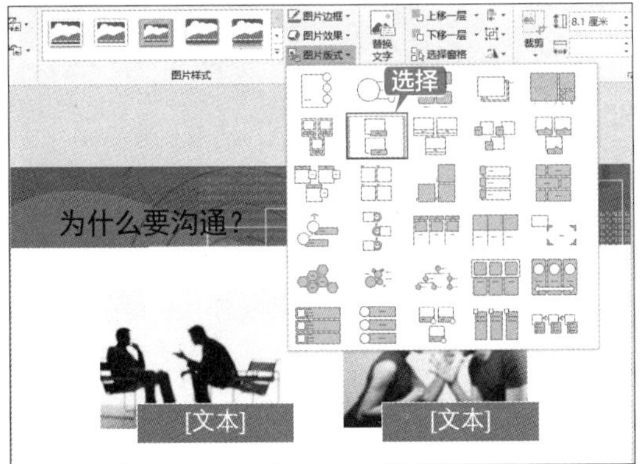

第 4 步 单击图片左侧的 图标，在弹出的窗格中输入文字，如下图所示。

第 5 步 新建一张【标题和内容】幻灯片，并输入标题“沟通有多重要？”，如下图所示。

第 6 步 单击内容文本框中的图表按钮 图表，在弹出的【插入图表】对话框中选择【三维饼图】选项，如下图所示。

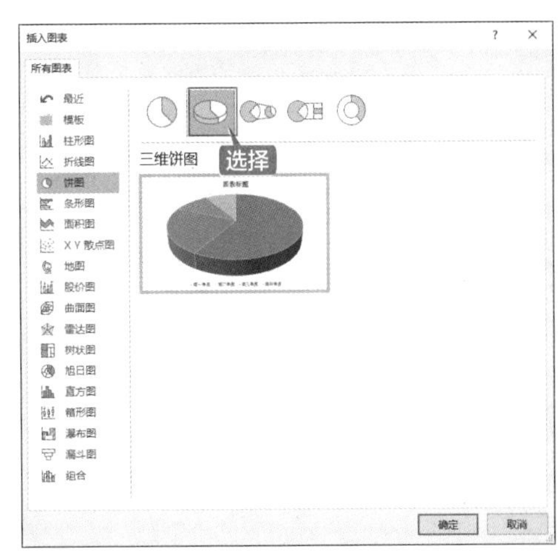

第 7 步 在打开的 Excel 工作簿中修改数据，如下图所示。

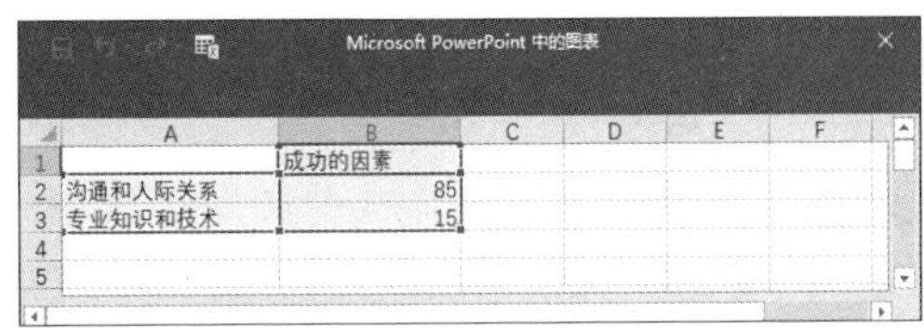

第 8 步 保存并关闭 Excel 工作簿，即可在幻灯片中插入图表，并修改图表如下图所示。

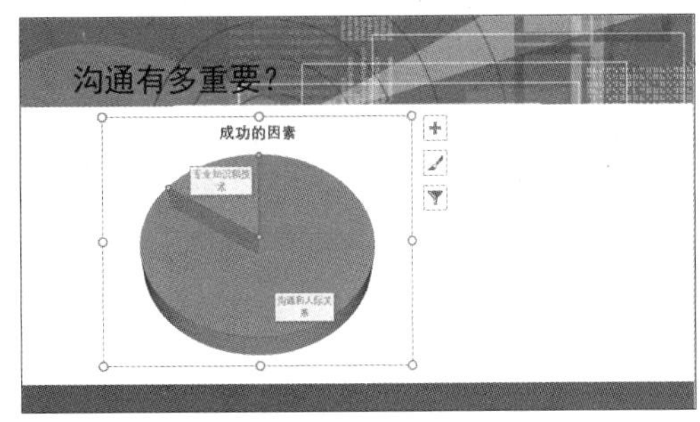

第 9 步 在图表右侧插入一个文本框，输入内容，并调整文字的字体、字号和颜色，如下图所示。

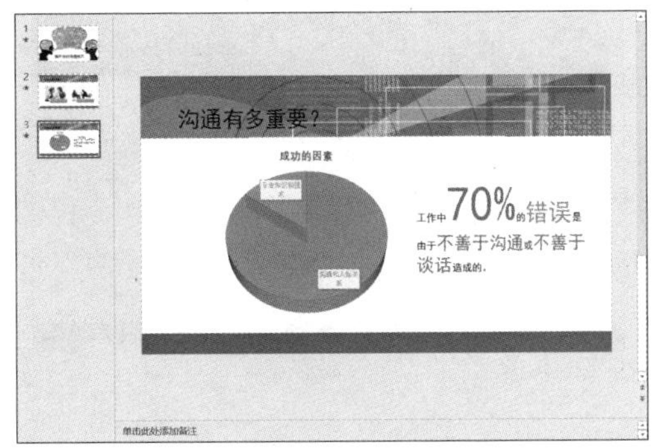

3. 设计图形幻灯片

使用各种形状图形和 SmartArt 图形直观地展示沟通的重要原则和高效沟通的步骤。

（1）设计“沟通的重要原则”幻灯片

第1步 新建一张【仅标题】幻灯片，并输入标题内容“沟通的重要原则”，如下图所示。

第2步 使用形状工具绘制 4 个圆角矩形和一个圆环，调整圆角矩形的圆角角度，设置【形状填充】颜色为灰色，【形状轮廓】颜色为白色，【粗细】为“2.25 磅”，【形状效果】为【阴影】中的【偏移：左上】，如下图所示。

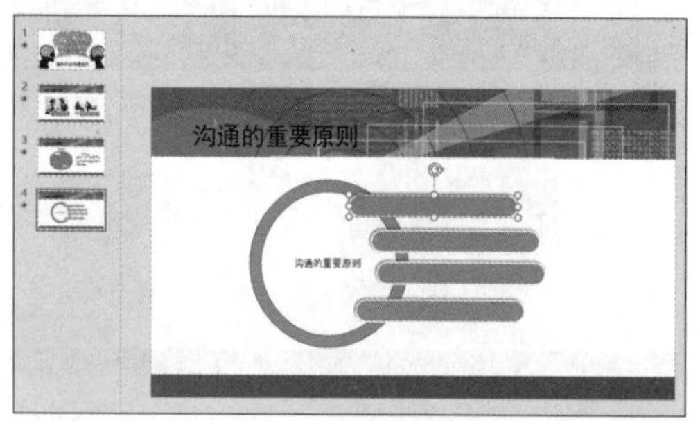

第3步 右击形状，在弹出的快捷菜单中选择【编辑文字】选项，输入文字，如下图所示。

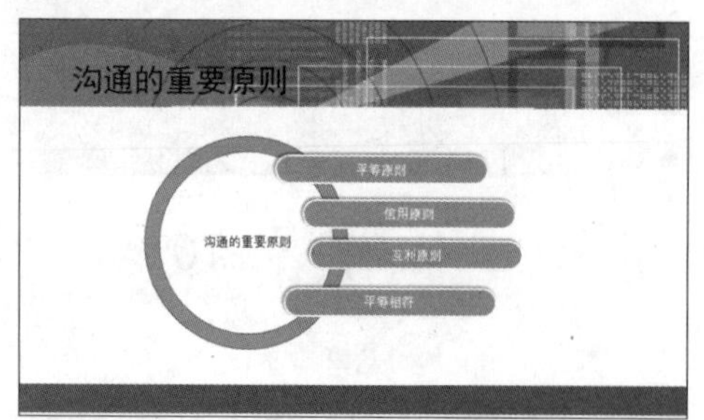

（2）设计“高效沟通步骤”幻灯片

第1步 新建一张【仅标题】幻灯片，并输入标题“高效沟通步骤”，如下图所示。

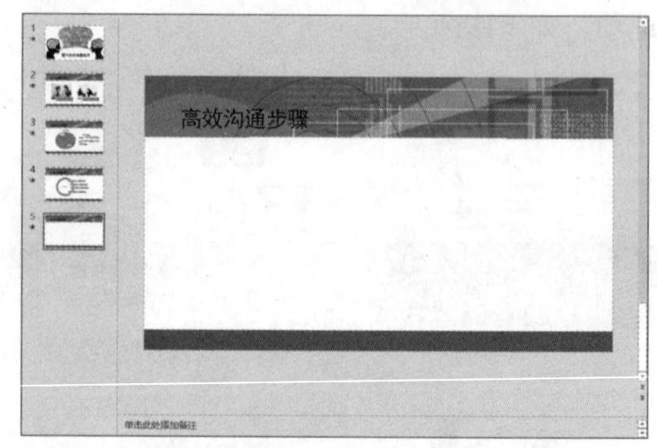

第2步 单击【插入】选项卡【插图】组中的【SmartArt】按钮，在弹出的【选择 SmartArt 图形】对话框中选择【连续块状流程】图形，单击【确定】按钮，如下图所示。

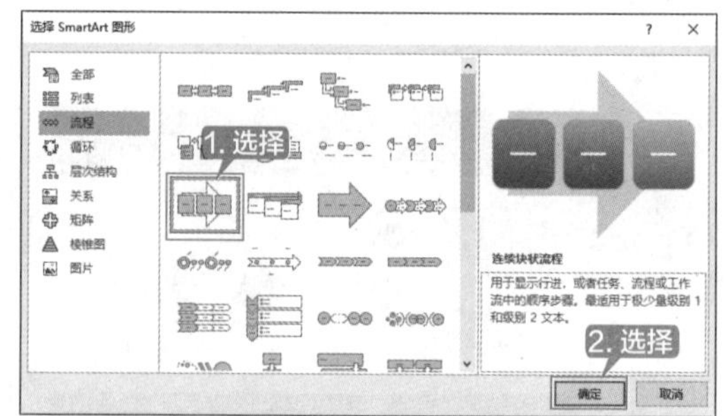

第3步 在 SmartArt 图形左侧添加形状并输入文字，在【SmartArt 工具-设计】选项卡中设置【SmartArt 样式】为【细微效果】，如下图所示。

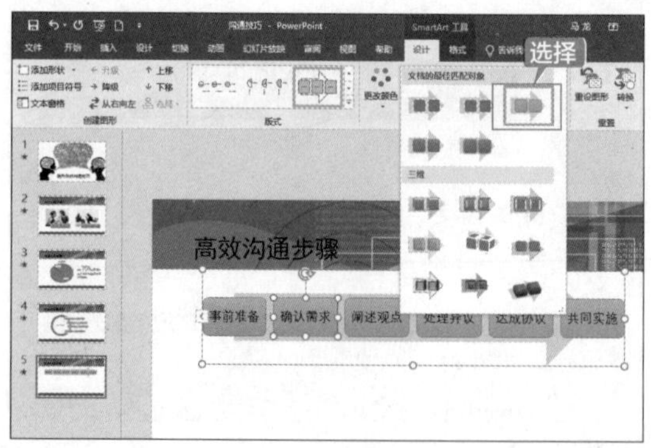

第4步 在 SmartArt 图形下方绘制 6 个圆角矩形，并应用【细微效果】形状样式，如下图所示。

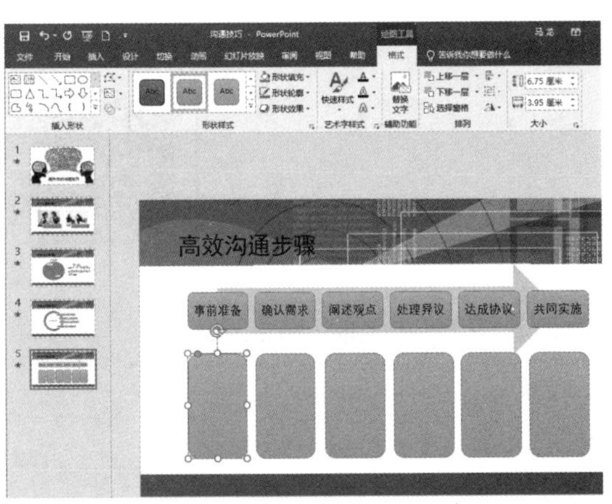

第 5 步 在圆角矩形中输入文字，为文字添加"√"形式的项目符号，并设置字体颜色为黑色，如下图所示。

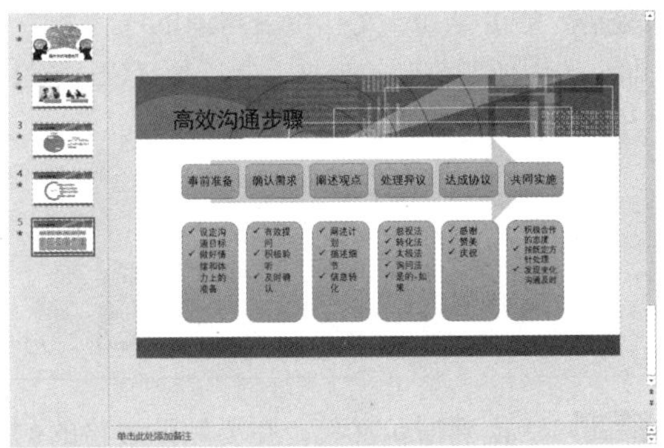

4. 设计结束页幻灯片

结束页幻灯片和首页幻灯片的背景一致，只是标题内容不同，具体操作步骤如下。

第 1 步 新建一张【标题幻灯片】，如下图所示。

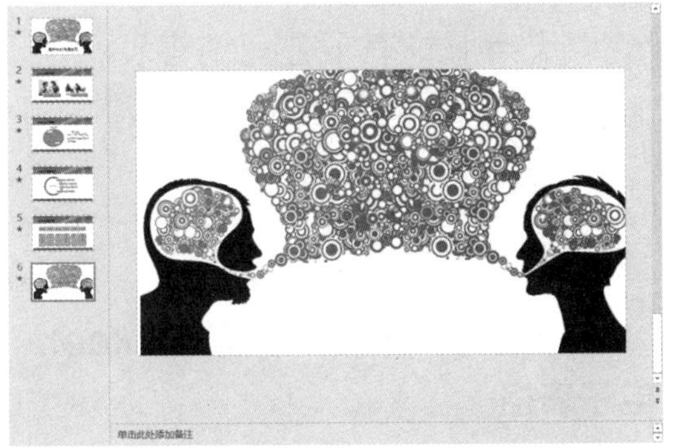

第 2 步 在标题文本框中输入"谢谢观看！"，如下图所示。

第 3 步 选择第 1 张幻灯片，并单击【切换】选项卡【切换到此幻灯片】组中的下拉按钮，应用【淡入 / 淡出】效果，如下图所示。

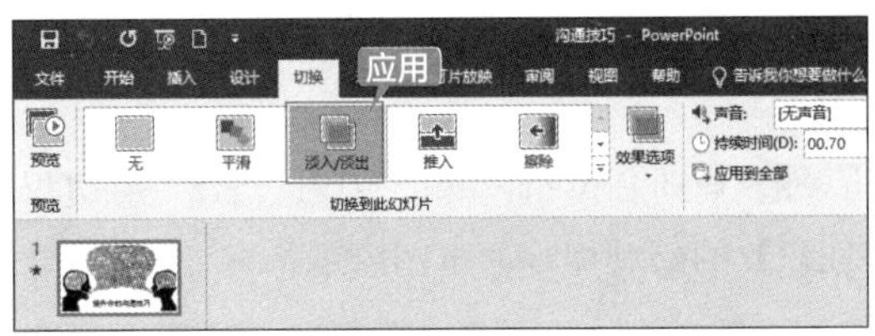

第 4 步 分别为其他幻灯片应用切换效果，并单击【预览】按钮查看切换效果，如下图所示。

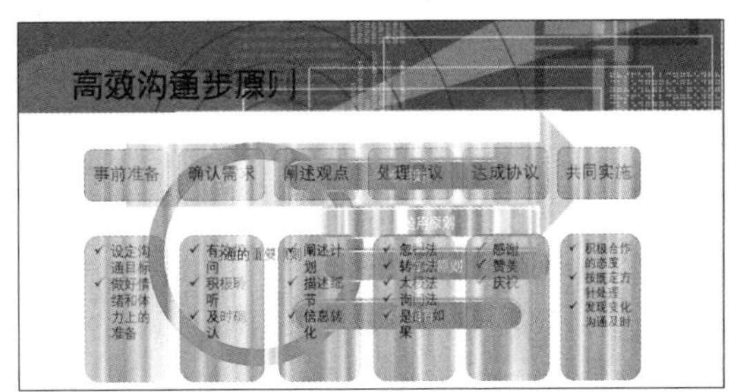

第 5 步 按【F5】键观看演示文稿放映，如下图所示。

至此，沟通技巧演示文稿制作完成。

◇ 从 Word 中复制和粘贴表格

除了在 PowerPoint 2019 中直接创建表格，还可以从 Word 中复制和粘贴表格。

第 1 步 打开"素材 \ch06\ 销售表 .docx"文件，如下图所示。

天宇服饰有限公司销售表

	一门店	二门店	三门店	总额（万元）
第一季度	15	13	18	46
第二季度	8	9	9	26
第三季度	12	11	13	36
第四季度	15	12	15	42

第 2 步 启动 PowerPoint 2019，新建一张【仅标题】的幻灯片，如下图所示。

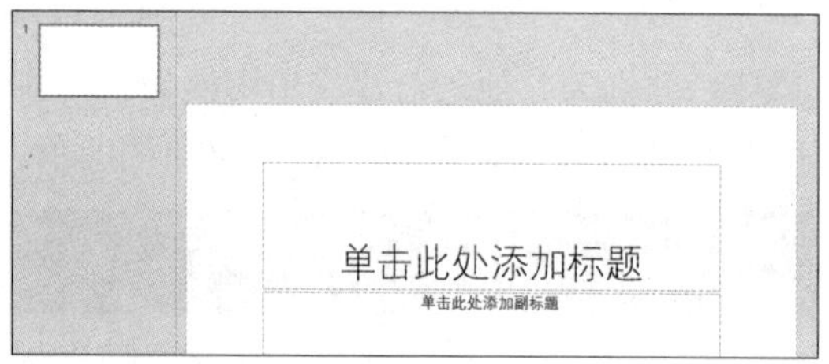

第 3 步 选中 Word 文档中的"天宇服饰有限公司销售表"文字并右击，在弹出的快捷菜单中选择【复制】命令，如下图所示。

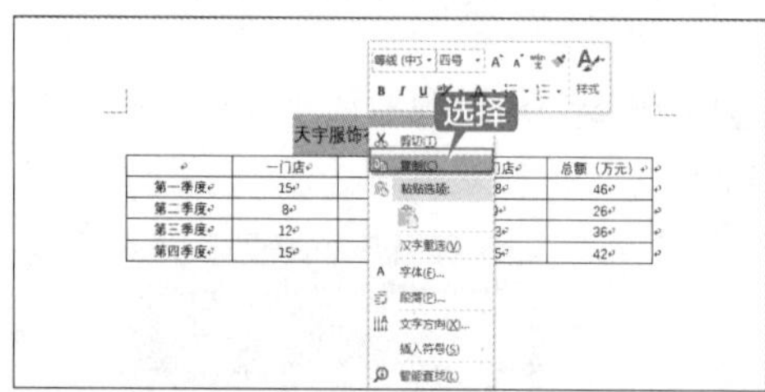

第 4 步 在演示文稿中单击"单击此处添加标题"文字，然后单击【开始】选项卡【剪贴板】组中的【粘贴】按钮，即可完成标题文字的粘贴，如下图所示。

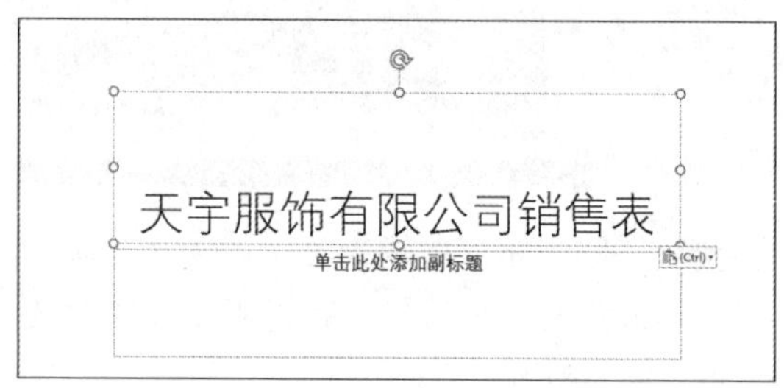

第 5 步 单击 Word 文档中表格前的图标，即可选中所要复制的表格，然后按【Ctrl+C】组合键复制选中的表格，如下图所示。

天宇服饰有限公司销售表

	一门店	二门店	三门店	总额（万元）
第一季度	15	13	18	46
第二季度	8	9	9	26
第三季度	12	11	13	36
第四季度	15	12	15	42

第 6 步 切换到演示文稿，在要粘贴表格的幻灯片中单击，然后按【Ctrl+V】组合键粘贴表格。通过拖动表格边框将其移动到所需的位置，拖动边框四周的黑色句柄调整其大小；并调整表格中字体大小和格式，最终结果如下图所示。

天宇服饰有限公司销售表

	一门店	二门店	三门店	总额（万元）
第一季度	15	13	18	46
第二季度	8	9	9	26
第三季度	12	11	13	36
第四季度	15	12	15	42

◇ 在 PowerPoint 中插入 Excel 电子表格

在 PowerPoint 中插入表格，要对其中的数据进行计算十分不便，而插入 Excel 电子

表格，则可以使用 Excel 的编辑功能对数据进行处理，如使用 Excel 公式进行计算、插入图表等。可以在 PowerPoint 中插入一个新的 Excel 电子表格，也可以插入已有的 Excel 工作簿。

1. 插入 Excel 电子表格

第 1 步 选中要插入 Excel 电子表格的幻灯片，单击【插入】选项卡【表格】组中的【表格】下拉按钮，从弹出的下拉列表中选择【Excel 电子表格】选项，如下图所示。

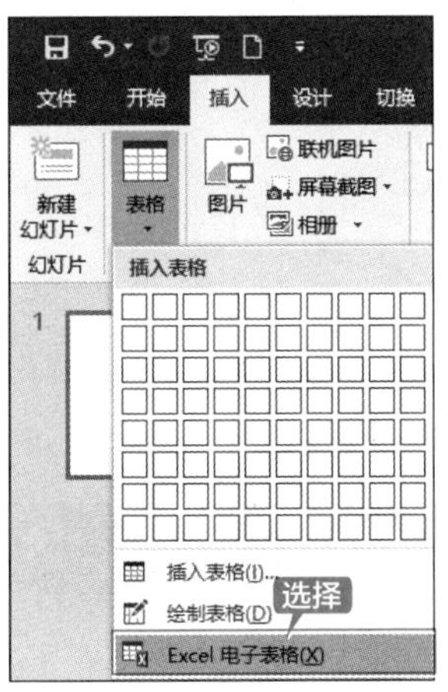

第 2 步 PowerPoint 会在当前幻灯片中插入一个 Excel 工作表，并且功能区变成 Excel 2019 的功能区界面，如下图所示。

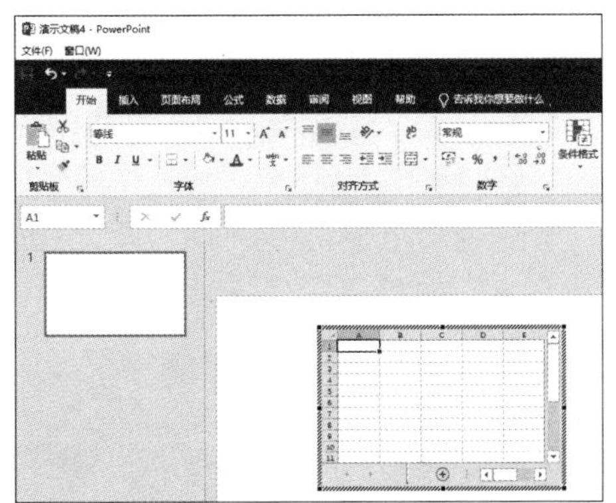

第 3 步 拖动表格边框将其移动到所需的位置，拖动边框四周的黑色句柄调整其大小，最终效果如下图所示。

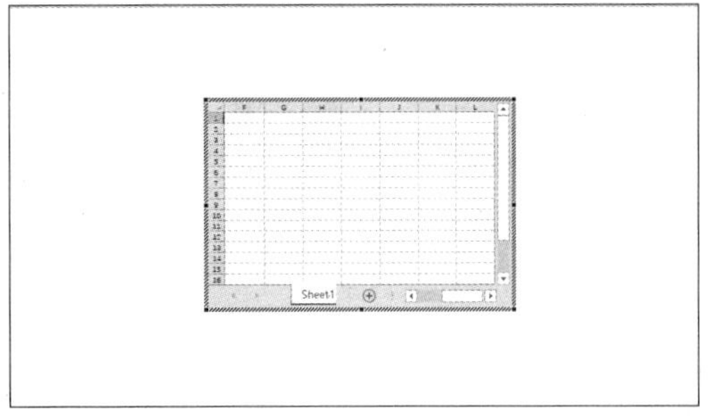

第 4 步 在表格中输入数据并进行处理，就像在 Excel 中进行操作一样，然后在幻灯片的其他空白位置处单击即可，如下图所示。

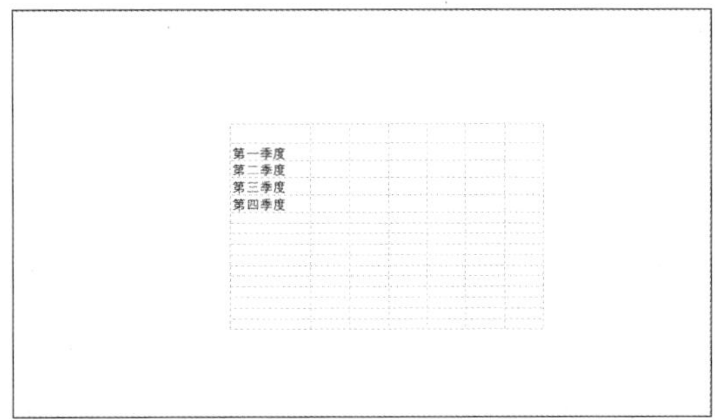

第 5 步 表格编辑完成后，单击表格外的任意位置结束编辑。要重新编辑表格，只需在表格上双击即可。

2. 插入对象方式

第 1 步 打开需要添加 Excel 工作表的幻灯片，单击【插入】选项卡【文本】组中的【对象】按钮，如下图所示。

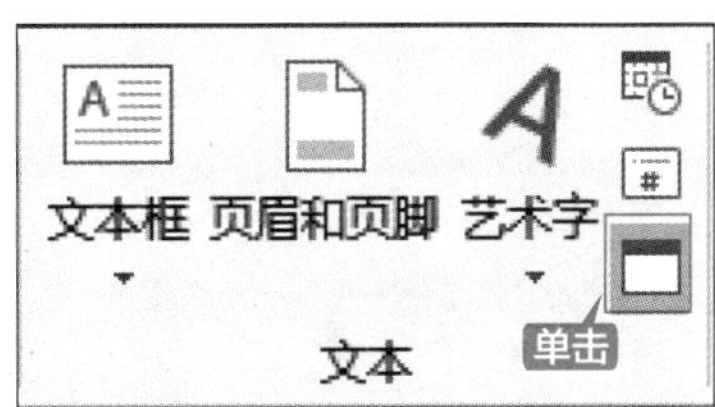

第 2 步 弹出【插入对象】对话框，选择【Microsoft Excel Worksheet】选项，单击【确定】按钮完成插入，如下图所示。

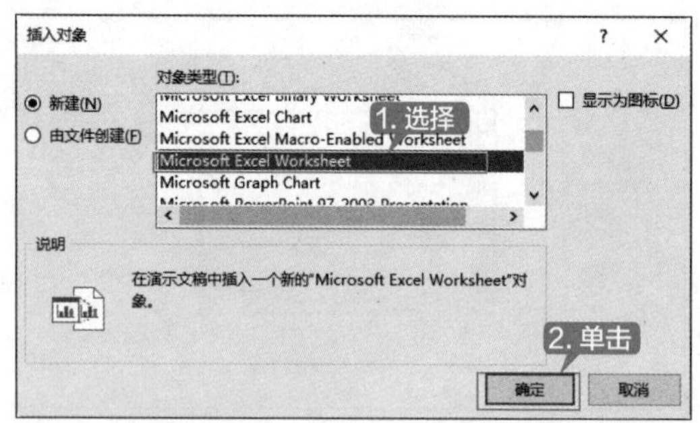

提示

如果要插入已创建好的工作表，需要选中【由文件创建】单选按钮，然后再输入文件名称或者单击【浏览】按钮来定位文件，如下图所示。

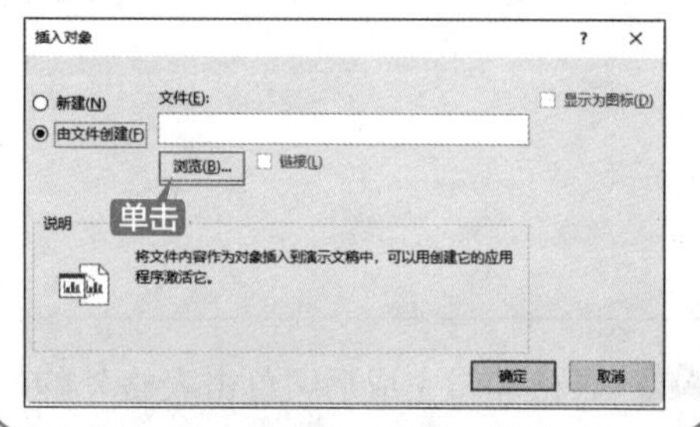

◇ 新功能：创建漏斗图

在 PowerPoint 2019 中新增了“漏斗图”图表类型，漏斗图一般用于业务流程比较规范、周期长、环节多的流程分析，通过各个环节业务数据的对比，发现并找出问题所在。

第 1 步 启动 PowerPoint 2019 软件，新建一个空白演示文稿，单击【插入】选项卡【插图】组中的【图表】按钮，弹出【插入图表】对话框，在左侧列表中选择【漏斗图】选项，单击【确定】按钮，如下图所示。

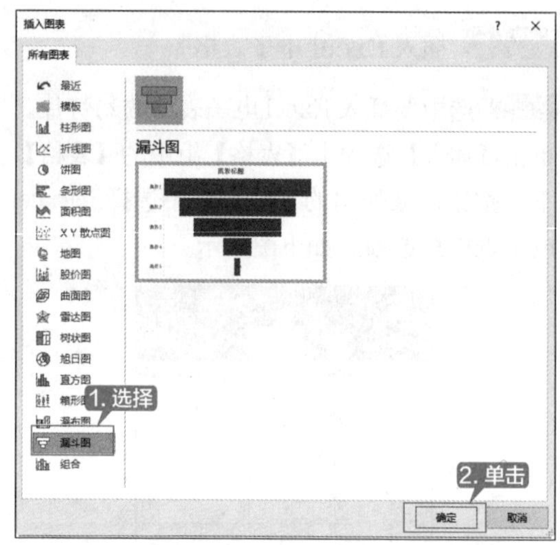

第 2 步 即可完成漏斗图的创建，如下图所示。

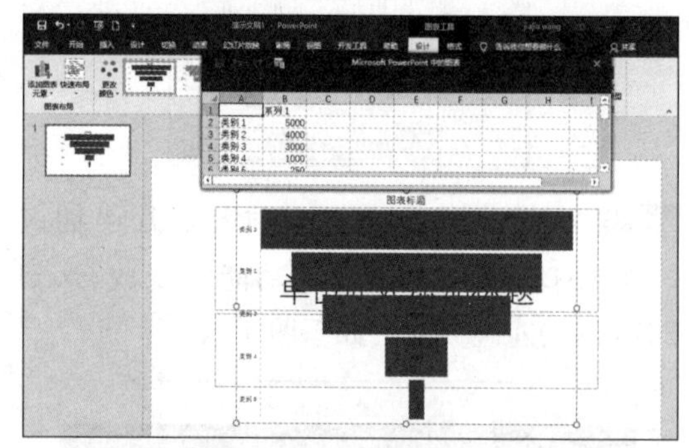

第 7 章

使用图表和图形展示内容

本章导读

在幻灯片中加入图表或图形，可以使幻灯片的内容更丰富。本章主要介绍在 PowerPoint 2019 中使用图表、图形的基本操作，包括使用图表、形状和 SmartArt 图形的操作方法。用户通过对这些高级排版知识的学习，能够更好地提高工作效率。

思维导图

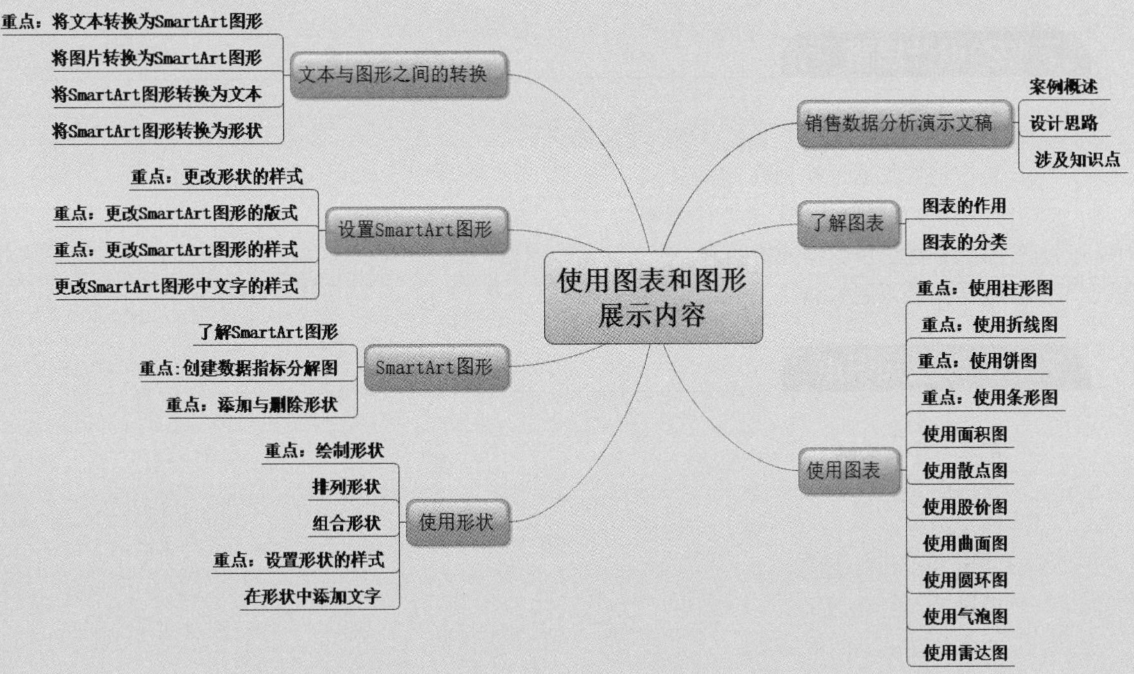

7.1 销售数据分析演示文稿

对于经营分析，用数据来一一证明相关经营成果是非常有说服力的。例如，全年的经营情况可以通过曲线图来展示，观众可以一目了然地看到某个季度的销售表现如何，进一步分析，可以找出为什么会出现这种变化，客单价与来客数是上升还是下降。通过这些数据的表现，可以进行大胆预测、小心求证，这样的分析报告就是一份完美的经营销售分析报告了。

案例名称：制作销售数据分析演示文稿

案例目的：使用图表和图形展示内容

	素材	素材 \ch07\ 销售数据分析 .pptx
	结果	结果 \ch07\ 销售数据分析 .pptx
	视频	视频教学 \07 第 7 章

7.1.1 案例概述

制作销售数据分析演示文稿需要阐述以下几点。

① 整体经营情况的分析。

② 各品类的经营情况分析。

③ 各品类销售占比的同比变化情况。

④ 分析总结。

7.1.2 设计思路

制作销售数据分析 PPT 时可以按以下思路进行。

① 制作销售数据分析 PPT 封面。

② 为销售数据分析 PPT 添加目录等。

③ 添加各类销售数据分析图表。

④ 根据图表得到的结论。

7.1.3 涉及知识点

本案例主要涉及以下知识点。

① 使用图表。

② 使用图形。

③ 使用 SmartArt 图形。

④ 设置 SmartArt 图形。

⑤ 文本与图形之间的转换。

7.2 了解图表

在学习向幻灯片中插入图表之前，先了解一下图表的作用及分类。

7.2.1 图表的作用

形象直观的图表与文字数据相比更容易让人理解，插入在幻灯片中的图表可以使幻灯片的显示效果更加清晰，如下图所示。

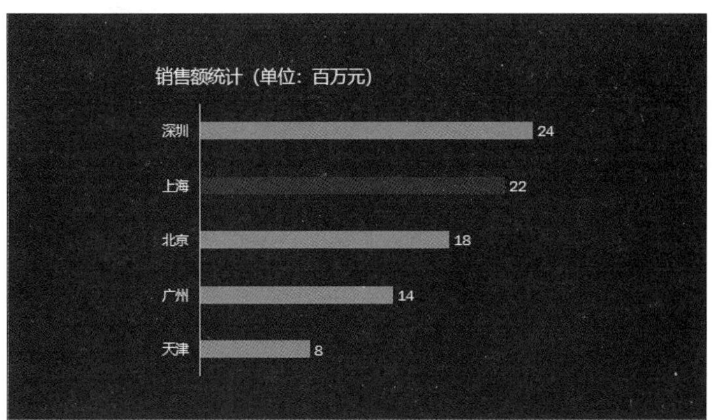

7.2.2 图表的分类

在 PowerPoint 2019 中，可以插入幻灯片中的图表包括柱形图、折线图、饼图、条形图、面积图、XY 散点图、地图、股价图、曲面图、雷达图、树状图、旭日图、直方图、箱形图、瀑布图和漏斗图等。【插入图表】对话框中显示了图表的分类，如下图所示。

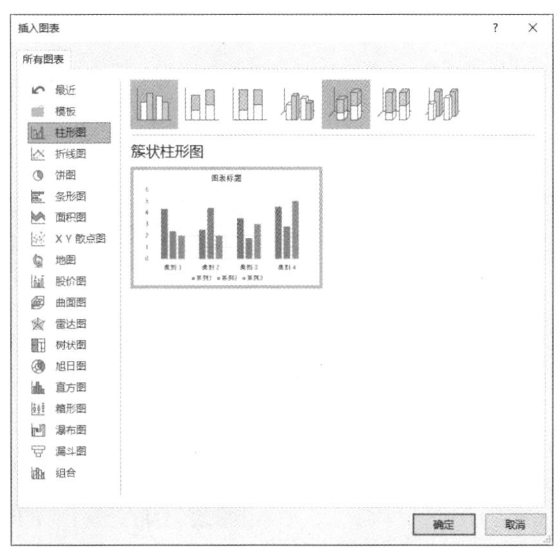

7.3 使用图表

本节介绍使用图表中不同类型的图表，以学习并掌握图表的使用方法。

7.3.1 重点：使用柱形图

柱形图是用于显示数据趋势及比较相关数据的一种图表。经常用于表示以行和列排列的数据，而常用的布局是将信息类型放在横坐标轴上，将数值项放在纵坐标轴上。

下面以销售额和销售量的数据对比为例介绍在幻灯片中使用柱形图的方法，效果如下图所示。

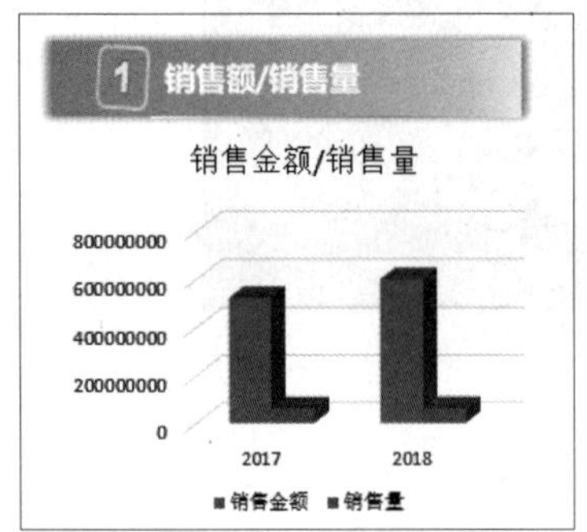

第 1 步 打开"素材\ch07\销售数据分析.pptx"文件，选择第 8 张幻灯片，如下图所示。

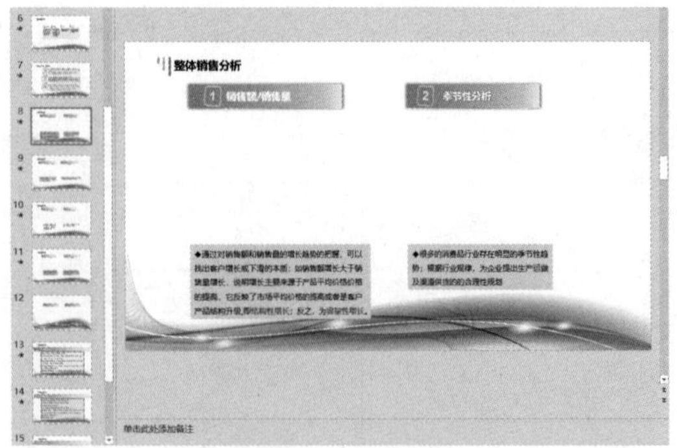

第 2 步 单击功能区的【插入】选项卡【插图】组中的【图表】按钮，如下图所示。

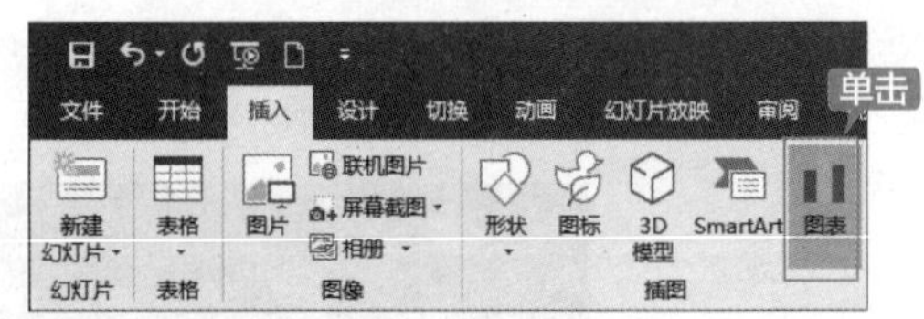

第 3 步 在弹出的【插入图表】对话框中选择【柱形图】区域的【三维簇状柱形图】图样，然后单击【确定】按钮，如下图所示。

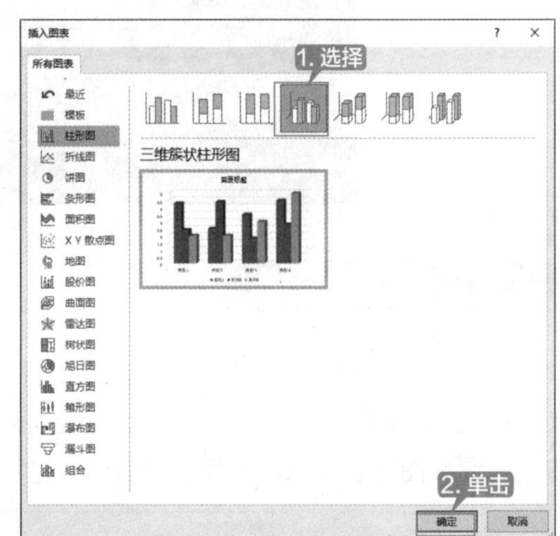

第 4 步 单击【确定】按钮后会自动弹出 Excel 2019 软件的界面，在单元格中输入需要显示的数据，如下图所示。

Microsoft PowerPoint 中的图表

	A	B	C	D	E	F
1	年	销售金额	销售量			
2	2017	524073103	60409284			
3	2018	601724309.8	61883333			
4						
5						
6						
7						
8						

第 5 步 输入完毕后关闭 Excel 表格，即可在幻灯片中插入一个柱形图，如下图所示。

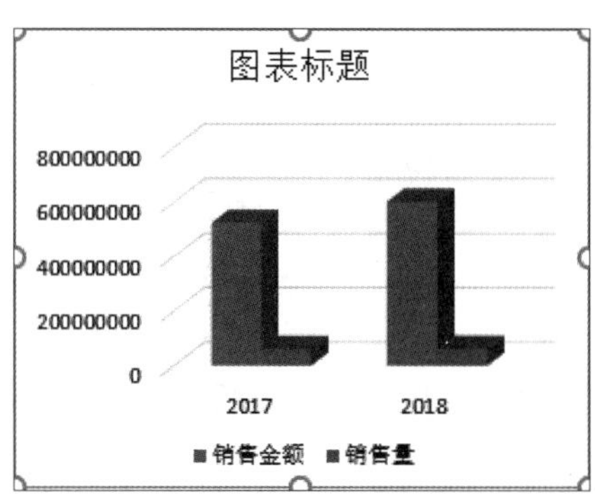

第6步 单击幻灯片中的“图表标题”占位符，输入文字“销售金额／销售量”。最终效果如下图所示。

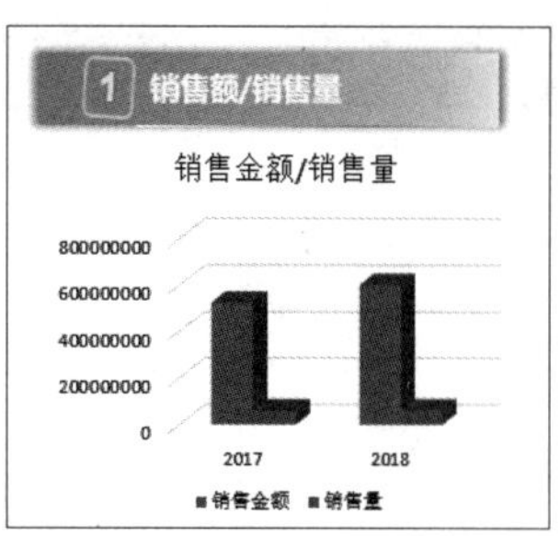

提示

选择插入的图表后，功能区显示【图表工具–设计】【图表工具–布局】和【图表工具–格式】选项卡，通过各选项卡各组中的命令可以对插入的图表类型、布局、样式等进行修改，也可以重新编辑图表中的文字内容。

7.3.2 重点：使用折线图

折线图与柱形图类似，也可以很好地显示在工作表中以行和列排列的数据，区别在于折线图还可以显示一段时间内连续数据的特点，特别适合用于显示趋势。

下面以销售数据的季节性分析为例，介绍在幻灯片中使用折线图的方法,效果如下图所示。

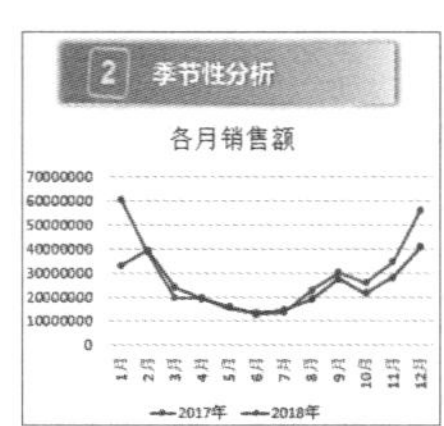

第1步 继续7.3.1小节的实例操作，单击【插入】选项卡【插图】组中的【图表】按钮，如下图所示。

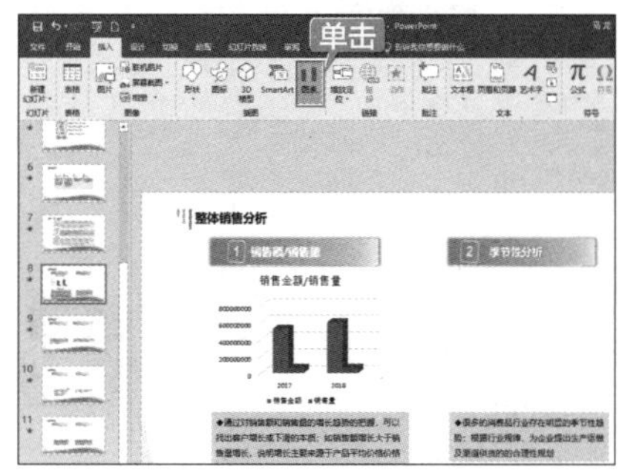

第2步 在弹出的【插入图表】对话框中选择【折线图】区域的【带数据标记的折线图】图样，然后单击【确定】按钮，如下图所示。

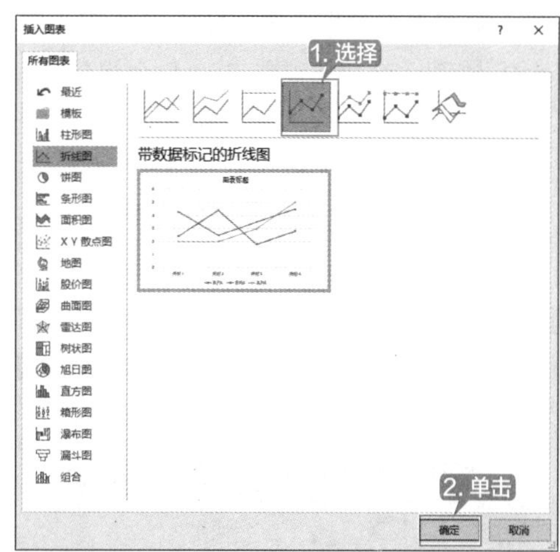

第3步 单击【确定】按钮后会自动弹出Excel 2019软件的界面，在单元格中输入需要显示的数据，如下图所示。

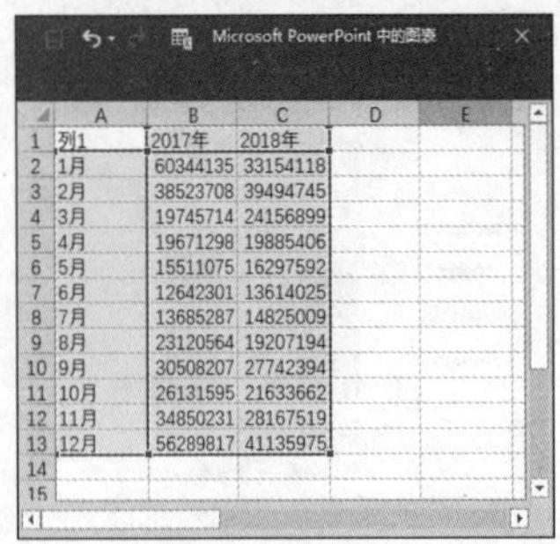

列1	2017年	2018年
1月	60344135	33154118
2月	38523708	39494745
3月	19745714	24156899
4月	19671298	19885406
5月	15511075	16297592
6月	12642301	13614025
7月	13685287	14825009
8月	23120564	19207194
9月	30508207	27742394
10月	26131595	21633662
11月	34850231	28167519
12月	56289817	41135975

提示

为了更好地显示图表的效果，单击 Excel 界面功能区的【最小化显示】按钮，将功能区最小化显示。

第 4 步 输入完毕后关闭 Excel 表格，即可在幻灯片中插入一个折线图，如下图所示。

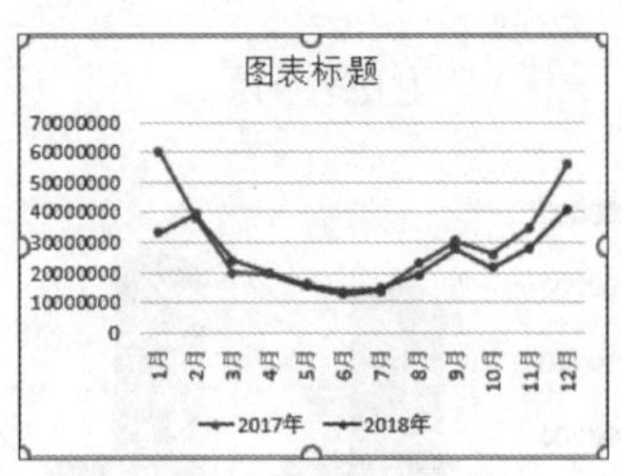

第 5 步 在幻灯片中输入标题，最终效果如下图所示。

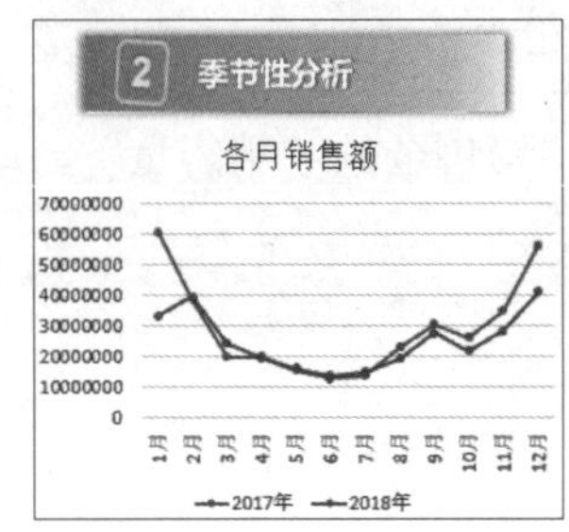

7.3.3 重点：使用饼图

饼图一般用来显示个体与整体的比例关系，显示数据系列相对于总量的比例，每个扇区显示其占总体的百分比，所有扇区百分数的总和为 100%。

下列图表类型是用于比较组分的有效图表。

① 饼图适合用于比较 2 ~ 5 个组分。

② 复合饼图适合用于比较 6 ~ 10 个组分。

③ 复合条饼图可处理 6 ~ 15 个组分。

④ 如果有两个或多个饼图，应使用百分比堆积柱形图。百分比堆积条形图、百分比堆积折线图及百分比堆积面积图都是由百分比堆积柱形图衍变而来的。

第 1 步 继续 7.3.2 小节的实例操作，选择第 10 张幻灯片，单击【插入】选项卡【插图】组中的【图表】按钮，如下图所示。

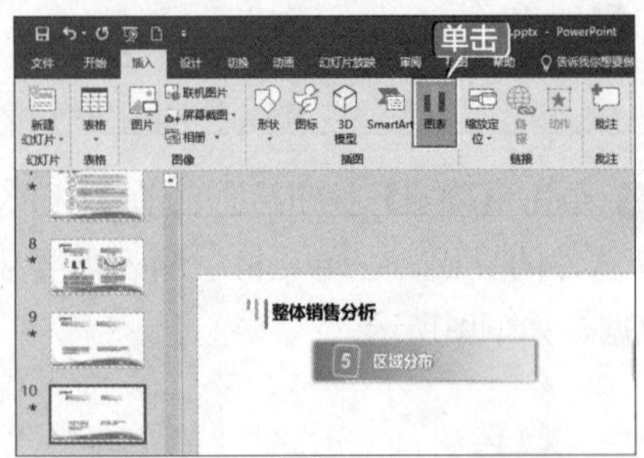

第 2 步 在弹出的【插入图表】对话框中选择【饼图】区域的【三维饼图】图样，然后单击【确定】按钮，如下图所示。

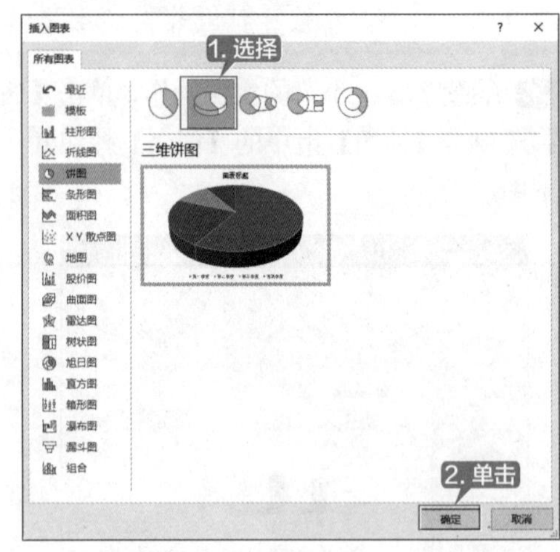

第 3 步 单击【确定】按钮后会自动弹出 Excel 2019 软件的界面，在单元格中输入需要显示的数据，如下图所示。

Microsoft PowerPoint 中的图表

	A	B	C	D	E	F
1		销售额占比				
2	东北	0.2				
3	西北	0.12				
4	华北	0.31				
5	华东	0.16				
6	华南	0.18				
7	西北	0.03				
8						
9						

第 4 步 输入完毕后关闭 Excel 表格即可在幻灯片中插入一个三维饼图，如下图所示。

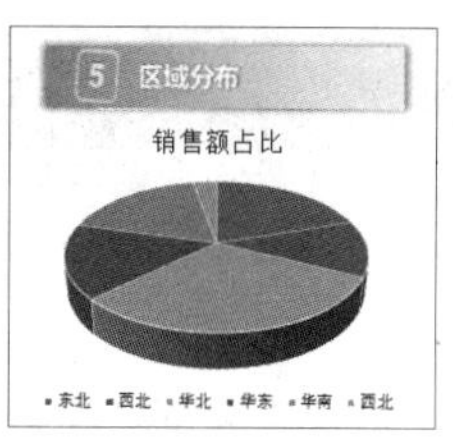

提示

可以将创建的饼图的一部分拉出来与饼图分离，以更清晰地表达效果，如下图所示。

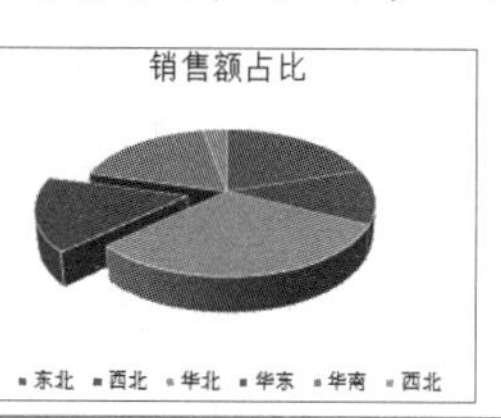

7.3.4 重点：使用条形图

条形图适用于比较两个或多个项之间的差异。下面以使用条形图展示销售区域异动为例，介绍在幻灯片中使用条形图的方法，效果如下图所示。

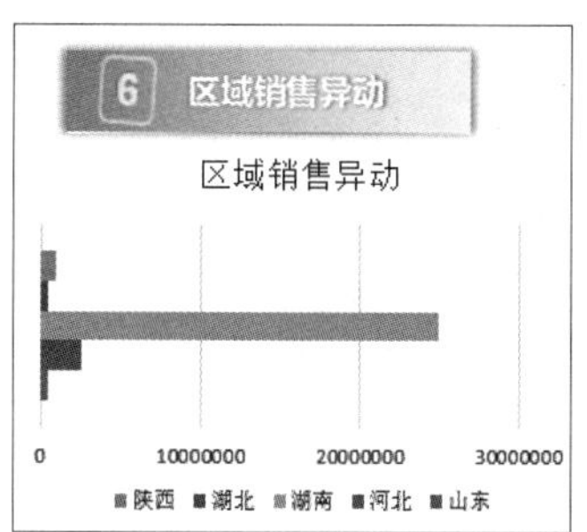

第 1 步 继续 7.3.3 小节的实例操作，单击【插入】选项卡【插图】组中的【图表】按钮，如下图所示。

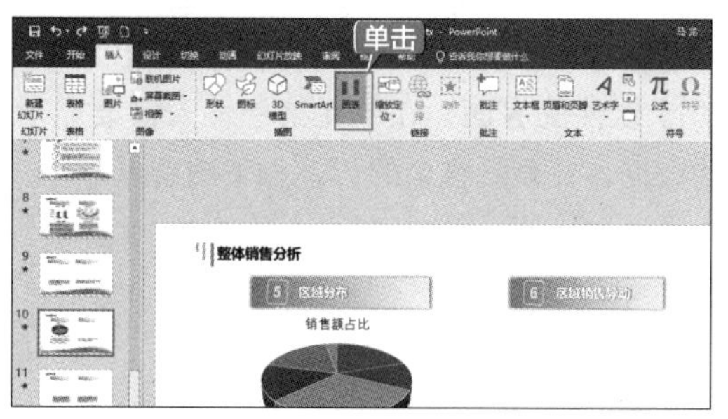

第 2 步 在弹出的【插入图表】对话框中选择【条形图】区域的【簇状条形图】图样，然后单击【确定】按钮，如下图所示。

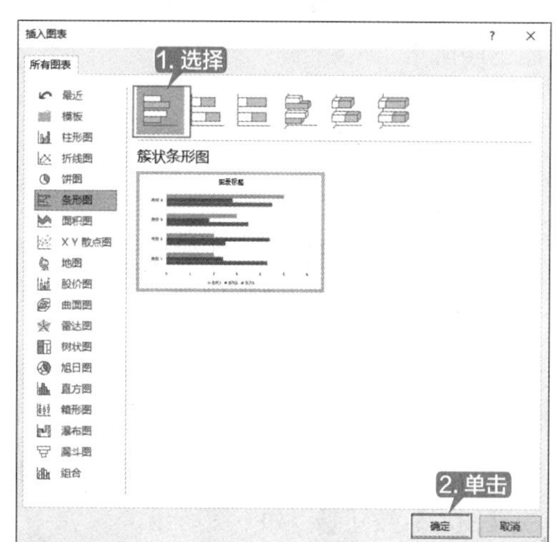

第 3 步 单击【确定】按钮后会自动弹出 Excel 2019 软件的界面，在单元格中输入需要显示的数据，删除多余的列，如下图所示。

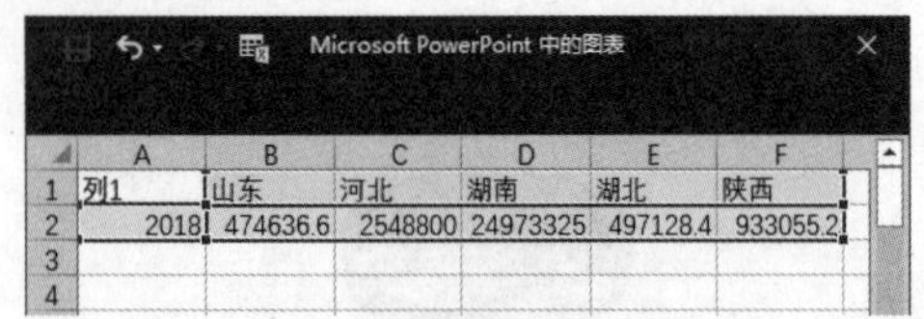

	A	B	C	D	E	F
1	列1	山东	河北	湖南	湖北	陕西
2	2018	474636.6	2548800	24973325	497128.4	933055.2
3						
4						

第 4 步 输入完毕后关闭 Excel 表格即可在幻灯片中插入一个条形图，如下图所示。

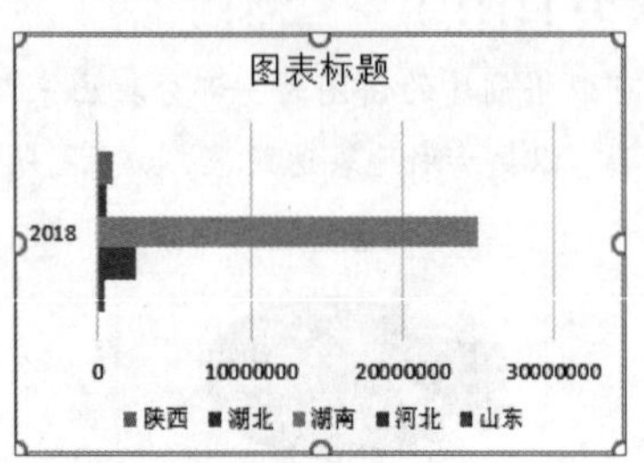

第 5 步 输入标题“区域销售异动”。删除多余内容，最终效果如下图所示。

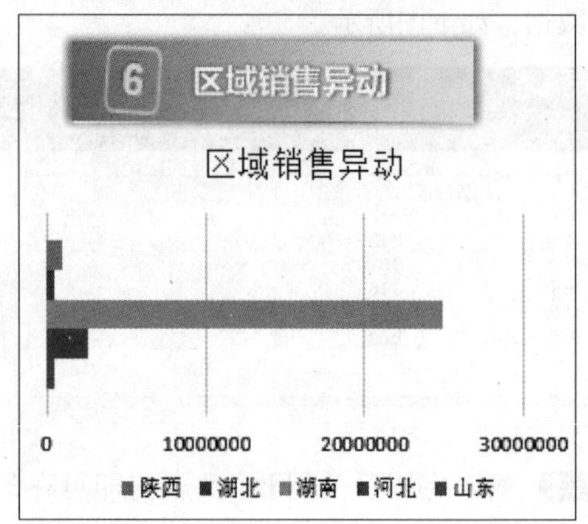

7.3.5 使用面积图

除折线图外，面积图是唯一一种连续显示数据的图表类型。因此，面积图常用来表示在一个连续时间段内出现的数据。

下面以使用面积图展示某公司 2018 年第四季度各月化妆品和护肤品的销量变化为例，介绍在幻灯片中使用面积图的方法，效果如下图所示。

第 1 步 继续 7.3.4 小节的实例操作，选择第 9 张幻灯片，单击【插入】选项卡【插图】组中的【图表】按钮，如下图所示。

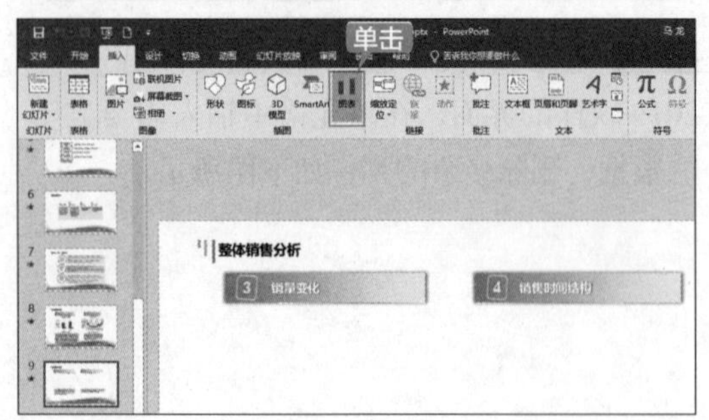

第 2 步 在弹出的【插入图表】对话框中选择【面积图】区域的【堆积面积图】图样，然后单击【确定】按钮，如下图所示。

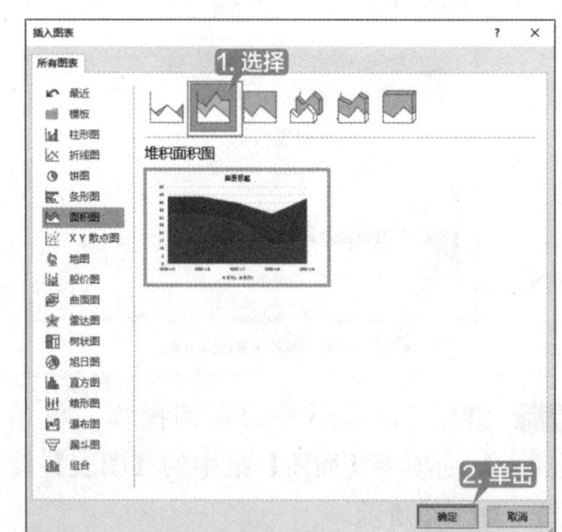

第 3 步 单击【确定】按钮后会自动弹出 Excel 2019 软件的界面，在单元格中输入需要显示的数据，并删除多余的行，如下图所示。

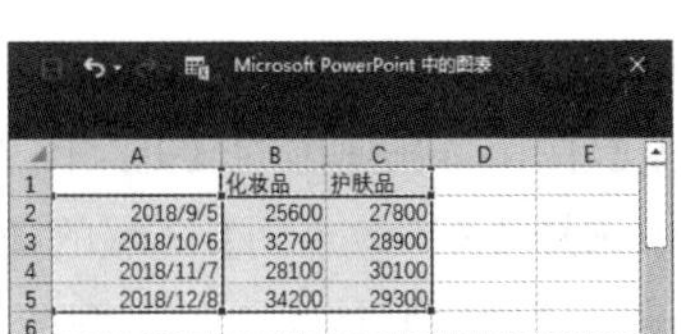

	A	B	C	D	E
1		化妆品	护肤品		
2	2018/9/5	25600	27800		
3	2018/10/6	32700	28900		
4	2018/11/7	28100	30100		
5	2018/12/8	34200	29300		
6					

第 4 步 输入完毕后关闭 Excel 表格，即可在幻灯片中插入一个面积图，如下图所示。

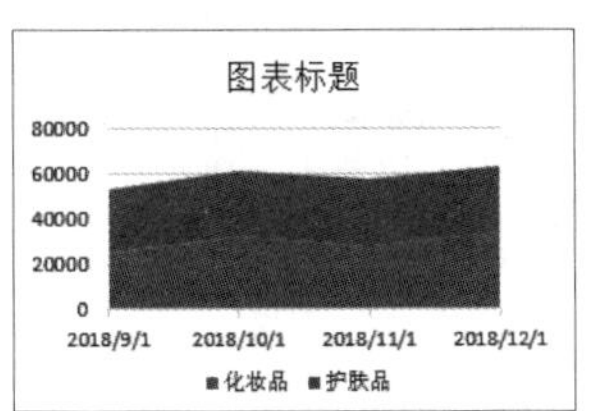

第 5 步 在幻灯片中输入标题“销量变化图表”。最终效果如下图所示。

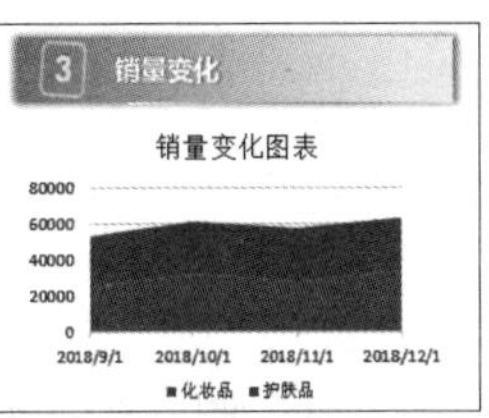

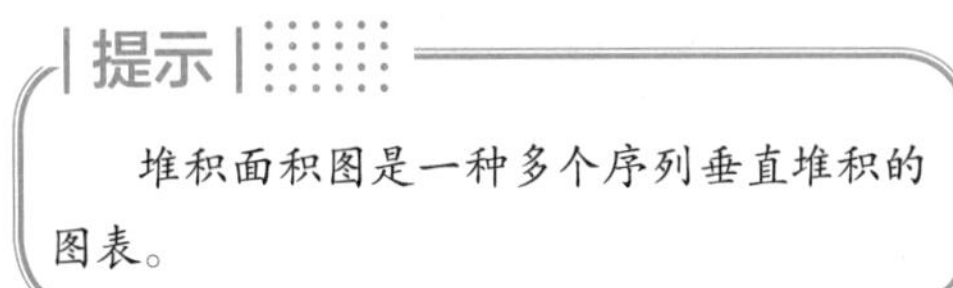

提示

堆积面积图是一种多个序列垂直堆积的图表。

7.3.6 使用 XY 散点图

XY 散点图将值序列显示为一组点，值由点在图表空间中的位置表示，类别由图表中的不同点表示。散点图通常用于比较跨类别的非重复值。XY 散点图包括散点图、折线散点图及平滑线散点图。

下面以使用 XY 散点图展示销售门店一天不同时间段购买人数变化为例，介绍在幻灯片中使用 XY 散点图的方法，效果如下图所示。

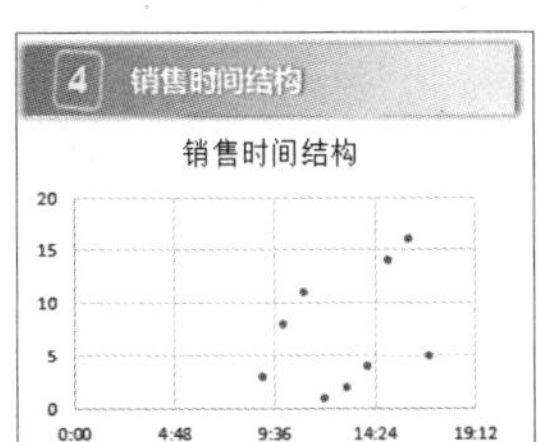

第 1 步 继续 7.3.5 小节的实例操作，单击【插入】选项卡【插图】组中的【图表】按钮，如下图所示。

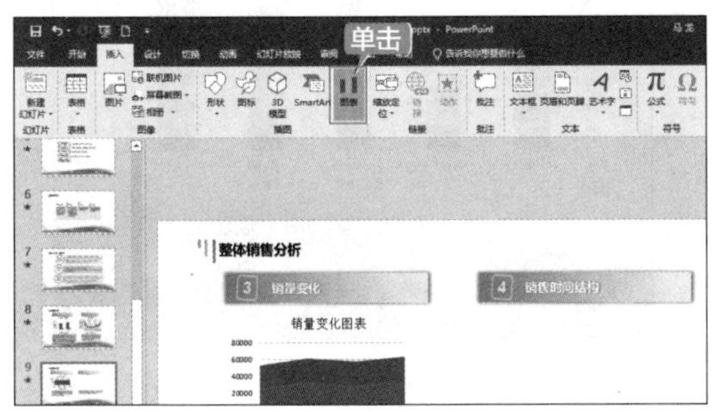

第 2 步 在弹出的【插入图表】对话框中选择【XY 散点图】区域的【带平滑线和数据标记的散点图】图样，然后单击【确定】按钮，如下图所示。

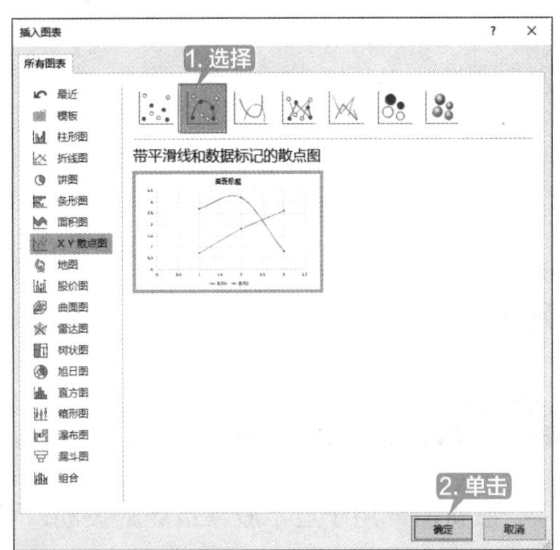

第 3 步 单击【确定】按钮后会自动弹出 Excel 2019 软件的界面，在单元格中输入所需要显示的数据，并根据需要插入新的行，如下图所示。

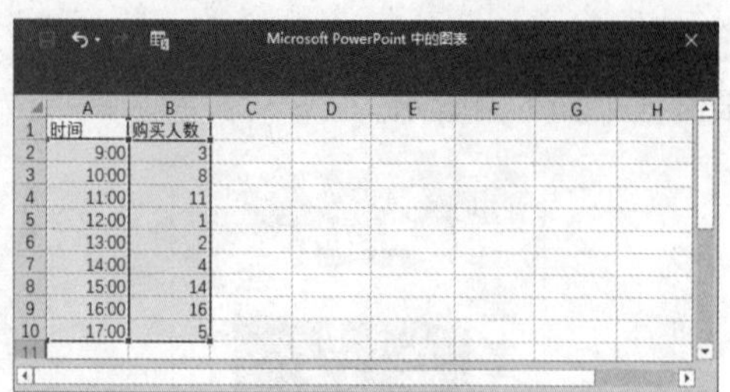
Microsoft PowerPoint 中的图表

时间	购买人数
9:00	3
10:00	8
11:00	11
12:00	1
13:00	2
14:00	4
15:00	14
16:00	16
17:00	5

第 4 步 输入完毕后关闭 Excel 表格，即可在幻灯片中插入一个 XY 散点图，如下图所示。

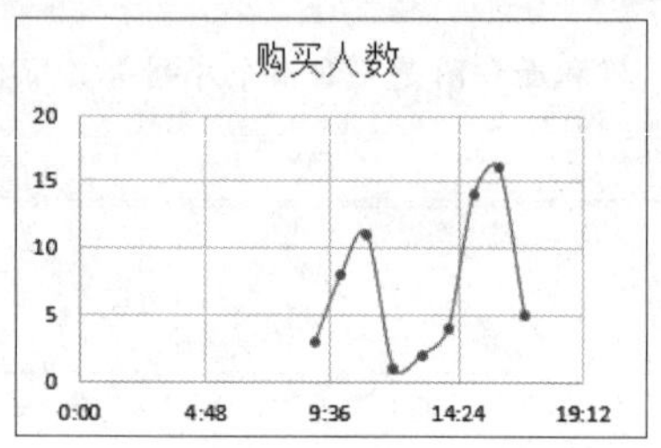

第 5 步 在幻灯片中输入标题“销售时间结构”。最终效果如下图所示。

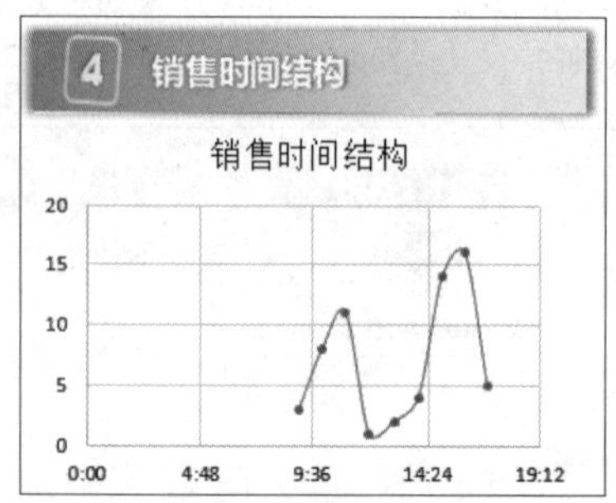

第 6 步 选择幻灯片中的图表，然后单击【图表工具-设计】选项卡【类型】组中的【更改图表类型】按钮，在弹出的【更改图表类型】对话框中选择【XY 散点图】区域的【散点图】图样，单击【确定】按钮，如下图所示。

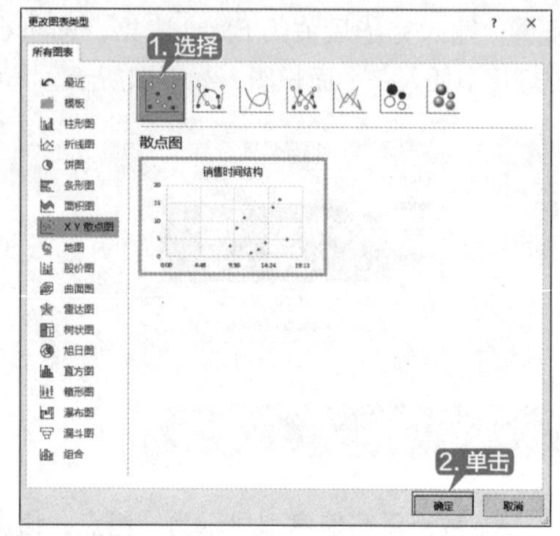

第 7 步 即可更改原散点图为仅带数据标记的散点图，最终效果如下图所示。

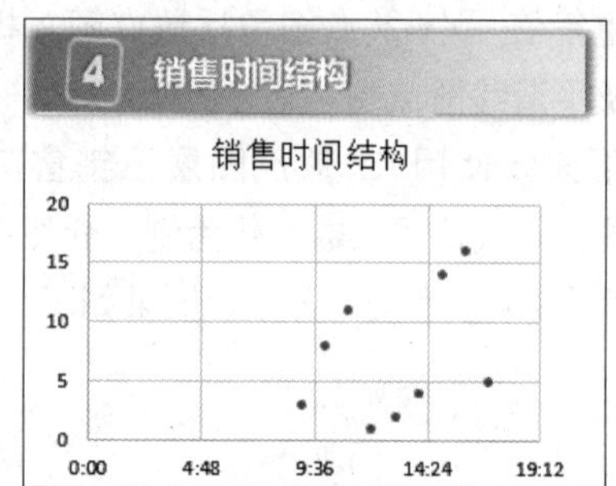

7.3.7 使用股价图

股价图常用于显示股票市场的波动，可使用它显示特定股票的最高价、最低价与收盘价等。

下面以使用股价图展示某股票连续几日的成交量、开盘、盘高、盘低及收盘的数值对比为例，介绍在幻灯片中使用股价图的方法，效果如下图所示。

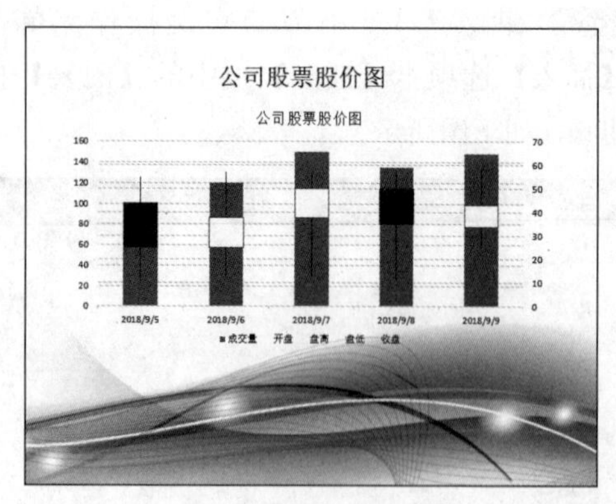

第 1 步 在第 9 张幻灯片下方新建一个【标题和内容】幻灯片，单击【插入】选项卡【插图】组中的【图表】按钮，如下图所示。

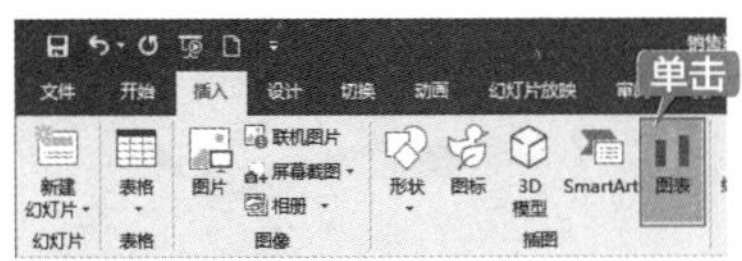

第 2 步 在弹出的【插入图表】对话框中选择【股价图】区域的【成交量－开盘－盘高－盘低－收盘图】图样，再单击【确定】按钮，如下图所示。

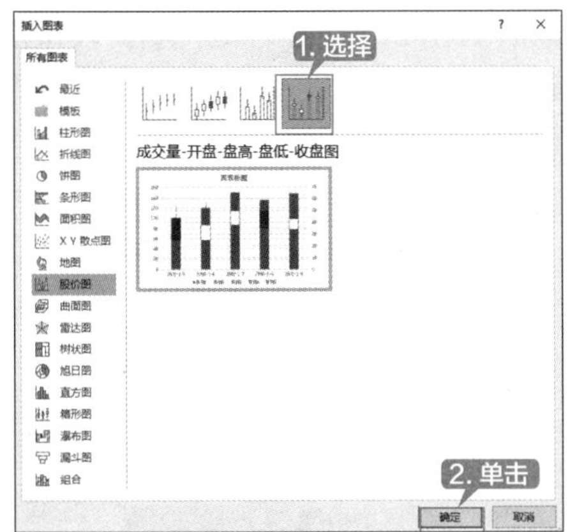

第 3 步 单击【确定】按钮后会自动弹出 Excel 2019 软件的界面，在单元格中输入所需要显示的数据，如下图所示。

Microsoft PowerPoint 中的图表

	A	B	C	D	E	F	G	H
1		成交量	开盘	盘高	盘低	收盘		
2	2018/9/5	70	44	55	11	25		
3	2018/9/6	120	25	57	12	38		
4	2018/9/7	150	38	57	13	50		
5	2018/9/8	135	50	58	11	35		
6	2018/9/9	148	34	58	25	43		
7								

第 4 步 输入完毕后关闭 Excel 表格，即可在幻灯片中插入一个股价图，如下图所示。

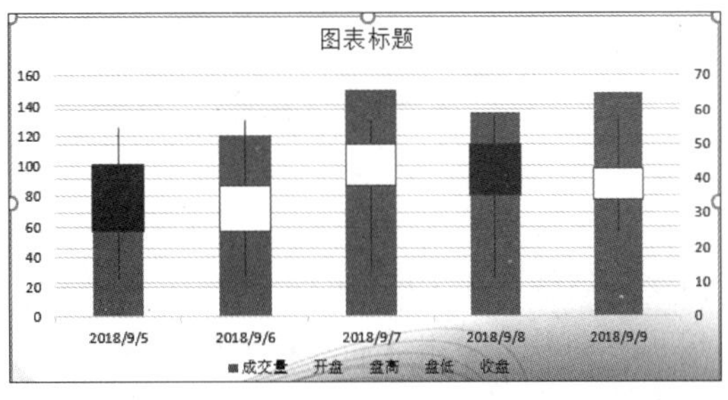

提示

此股价图中，左侧一列数值为成交量显示数据，右侧一列数值为价格数据。当收盘价高于开盘价时以白色块显示，当收盘价低于开盘价时以黑色块显示。

第 5 步 单击幻灯片中的“单击此处添加标题”占位符，输入文字“公司股票股价图”。最终效果如下图所示。

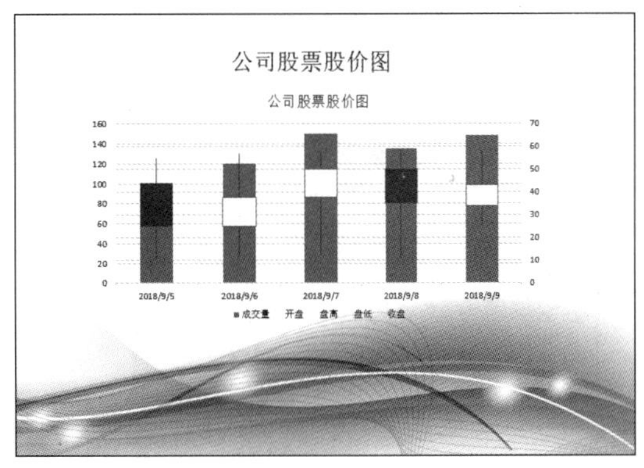

7.3.8 使用曲面图

使用曲面图可以找到两组数据之间的最佳组合，当类别和数据系列都是数值时，可以使用曲面图。就像在地形图中一样，颜色和图案表示处于相同数值范围内的区域。

下面以使用曲面图展示产品在不同年份的变化为例，介绍在幻灯片中使用曲面图的方法，效果如下图所示。

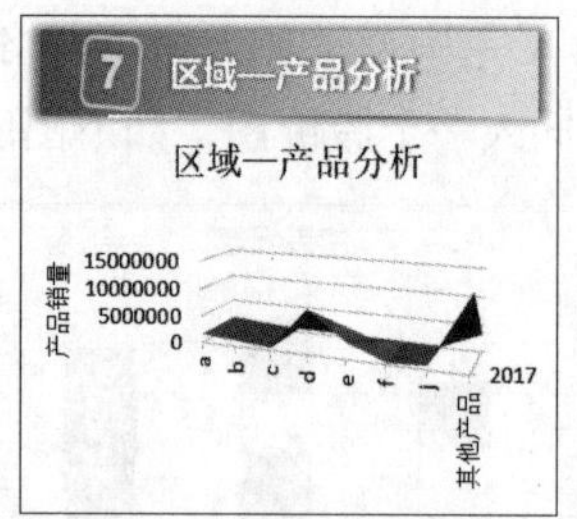

第1步 继续 7.3.7 小节的实例操作，选择第 12 张幻灯片，单击【插入】选项卡【插图】组中的【图表】按钮，如下图所示。

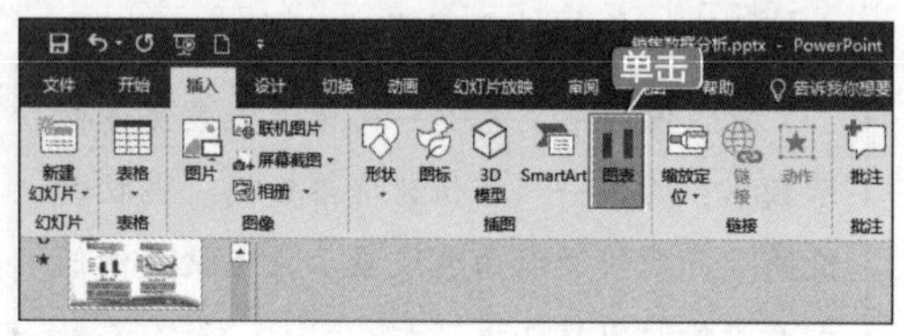

第2步 在弹出的【插入图表】对话框中选择【曲面图】区域的【三维曲面图】图样，然后单击【确定】按钮，如下图所示。

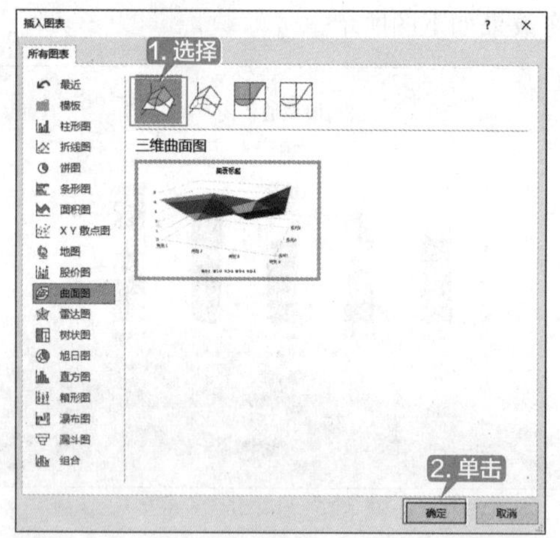

第3步 单击【确定】按钮后会自动弹出 Excel 2019 软件的界面，在单元格中输入需要显示的数据，如下图所示。

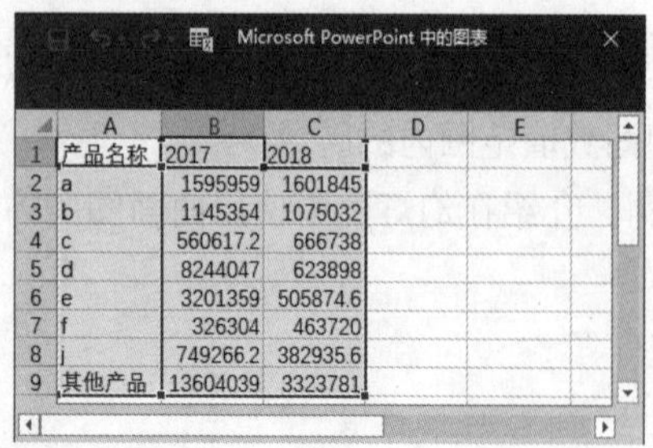
Microsoft PowerPoint 中的图表

	A	B	C	D	E
1	产品名称	2017	2018		
2	a	1595959	1601845		
3	b	1145354	1075032		
4	c	560617.2	666738		
5	d	8244047	623898		
6	e	3201359	505874.6		
7	f	326304	463720		
8	j	749266.2	382935.6		
9	其他产品	13604039	3323781		

第4步 输入完毕后关闭 Excel 表格，即可在幻灯片中插入一个曲面图，如下图所示。

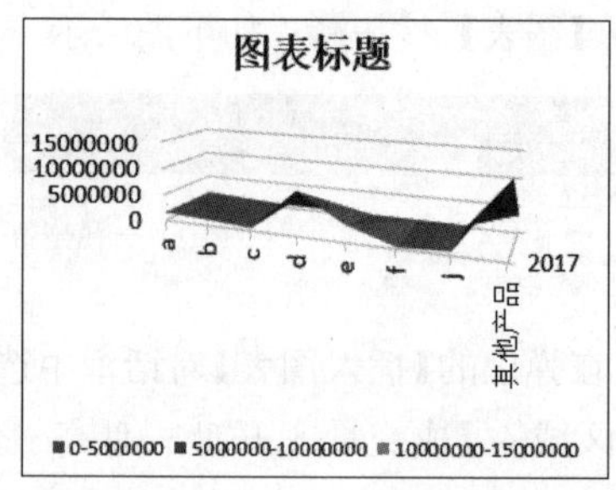

第5步 选择图表，单击【图表工具-设计】选项卡【图表布局】组中的【添加图表元素】下拉按钮，从弹出的下拉列表中选择【图例】→【无】选项。在图表中取消图例的显示，如下图所示。

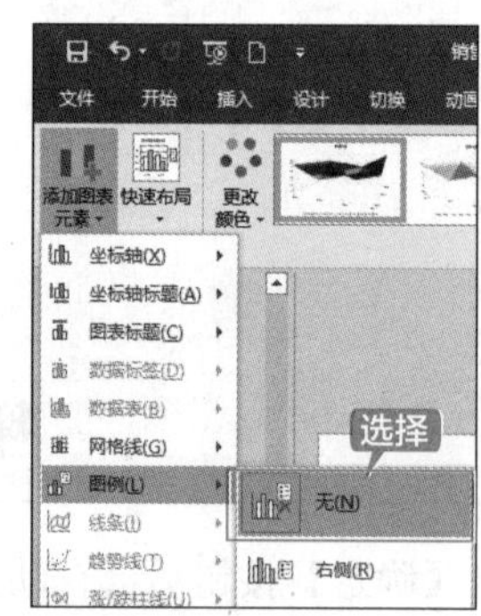

第6步 效果如下图所示

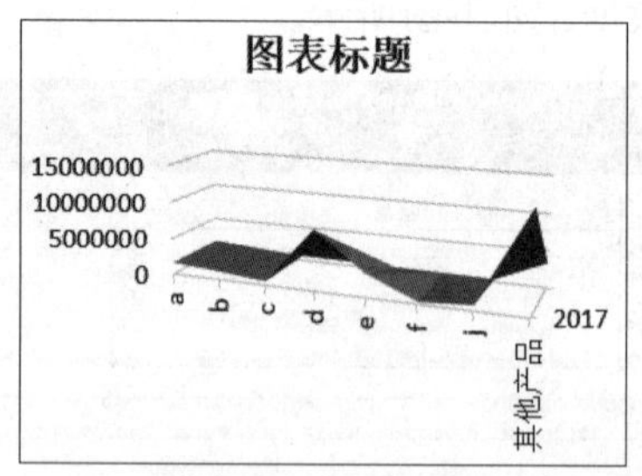

第7步 将"图表标题"更改为"区域—产品分析"，如下图所示。

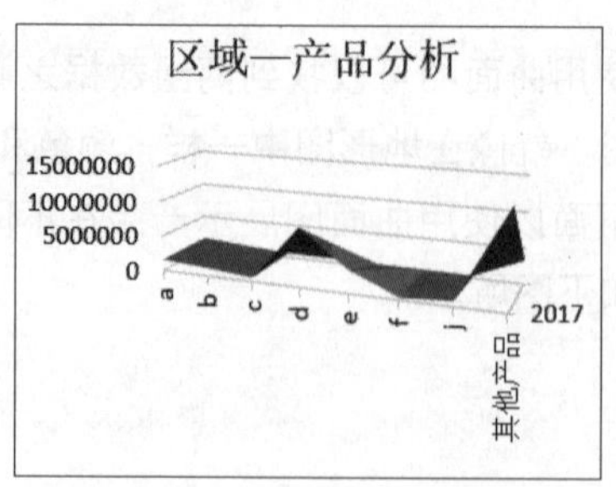

第 8 步 重复第 5 步的操作，选择【坐标轴标题】→【主要纵坐标轴】选项，添加坐标轴标题，如下图所示。

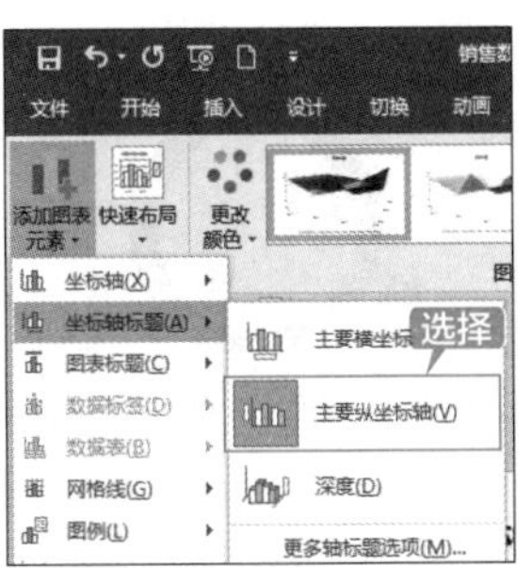

第 9 步 最终效果如下图所示。

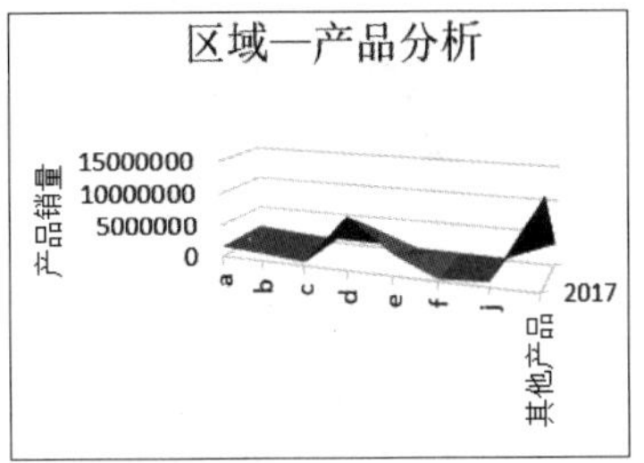

7.3.9 使用圆环图

与饼图一样，圆环图可以显示整体中各部分的关系。但与饼图不同的是，它能够绘制超过一列或一行的数据。

下面以使用圆环图展示某公司产品销售量—区域分析为例，介绍在幻灯片中使用圆环图的方法，效果如下图所示。

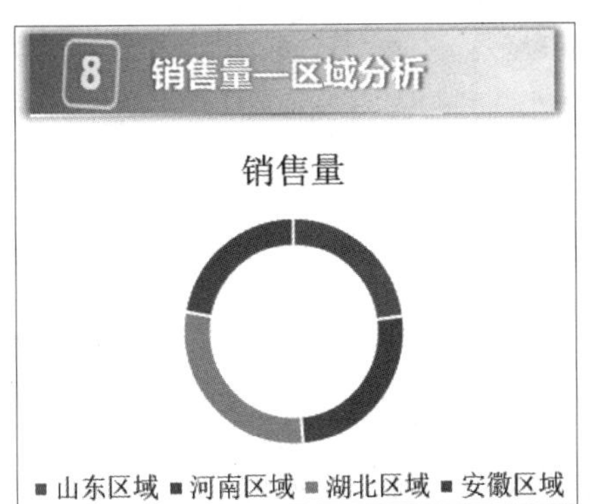

第 1 步 继续 7.3.8 小节的实例操作，单击【插入】选项卡【插图】组中的【图表】按钮，如下图所示。

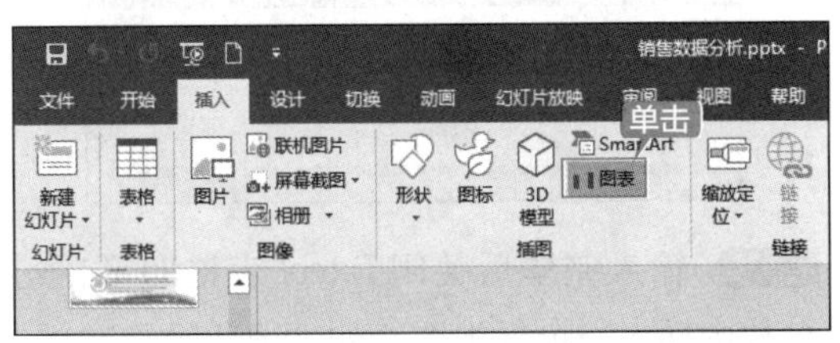

第 2 步 在弹出的【插入图表】对话框中选择【饼图】区域的【圆环图】图样，然后单击【确定】按钮，如下图所示。

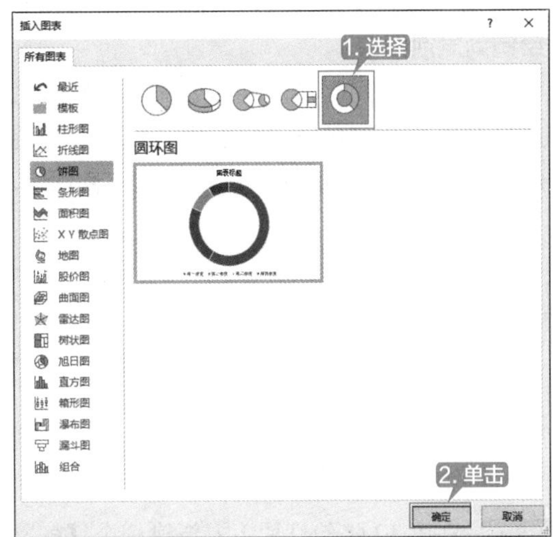

第 3 步 自动弹出 Excel 2019 软件的界面，在单元格中输入需要显示的数据，如下图所示。

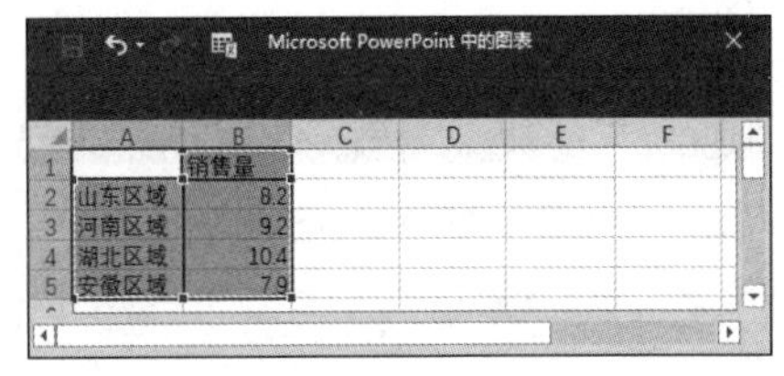

第 4 步 输入完毕后关闭 Excel 表格，即可在幻灯片中插入一个圆环图，如下图所示。

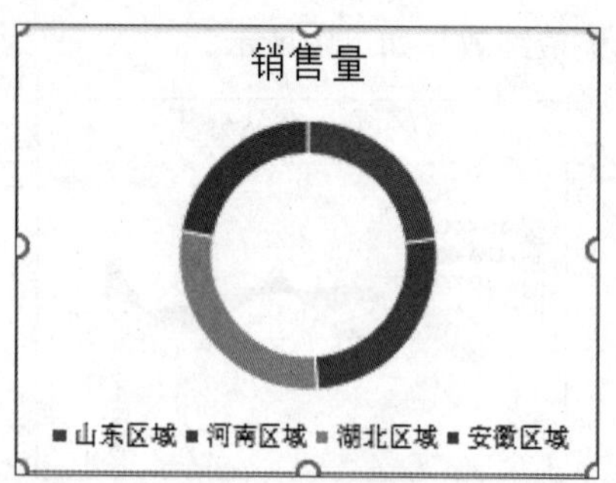

第5步 调整圆环图中文字的大小，效果如下图所示。

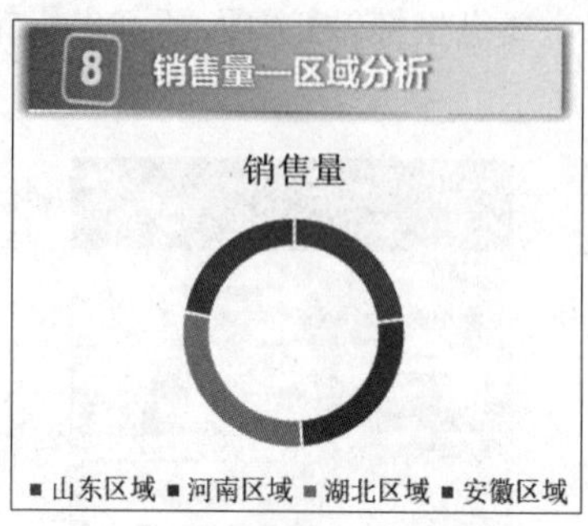

7.3.10 使用气泡图

气泡图是一种特殊的XY散点图，可显示3个变量的关系。根据排列在工作表的列中的数据，第1列中列出x值，在相邻列中列出相应的y值和气泡大小的值，这些值都绘制到气泡图中。

下面以使用气泡图展示公司产品销售数量、销售额及市场所占的份额为例，介绍在幻灯片中使用气泡图的方法，效果如下图所示。

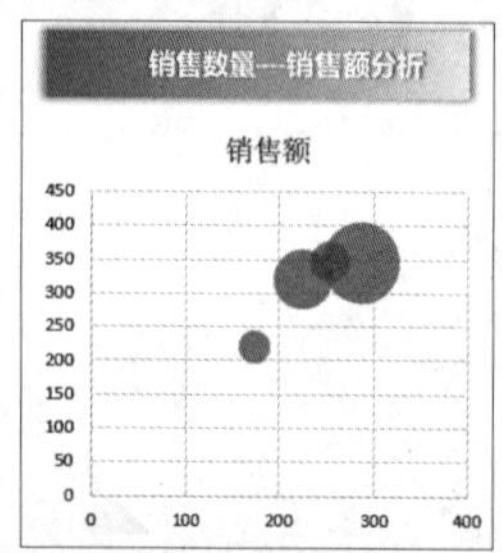

第1步 在第12张幻灯片下方新建一个【标题和内容】幻灯片，并删除文本占位符，单击【插入】选项卡【插图】组中的【图表】按钮，如下图所示。

第2步 在弹出的【插入图表】对话框中选择【XY散点图】区域的【气泡图】图样，然后单击【确定】按钮，如下图所示。

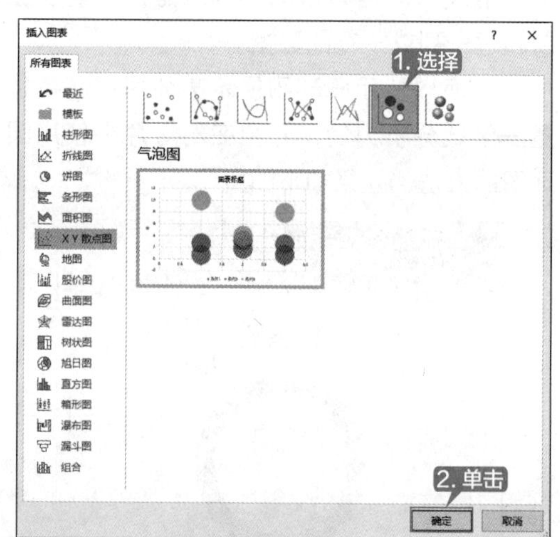

第3步 单击【确定】按钮后会自动弹出Excel 2019软件的界面，在单元格中输入需要显示的数据，如下图所示。

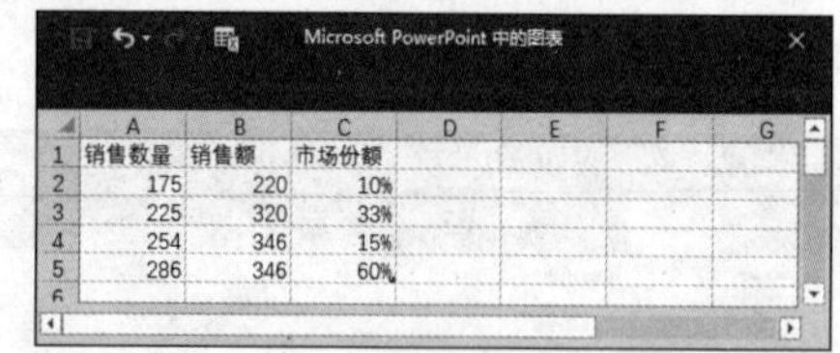
Microsoft PowerPoint 中的图表

	A	B	C	D	E	F	G
1	销售数量	销售额	市场份额				
2	175	220	10%				
3	225	320	33%				
4	254	346	15%				
5	286	346	60%				

第4步 输入完毕后关闭Excel表格即可在幻灯片中插入一个气泡图，如下图所示。

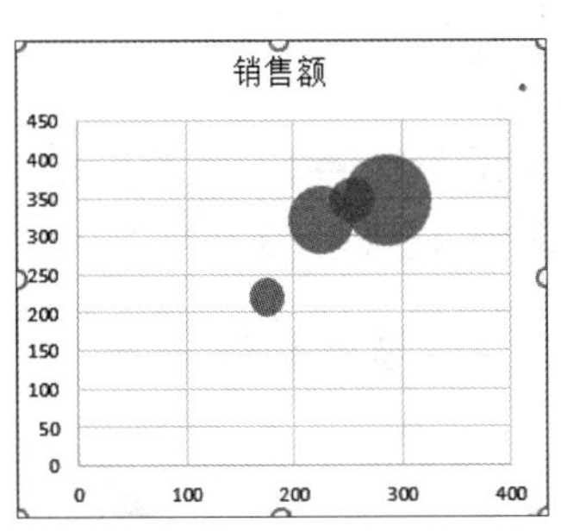

第 5 步 在幻灯片中添加标题，最终效果如下图所示。

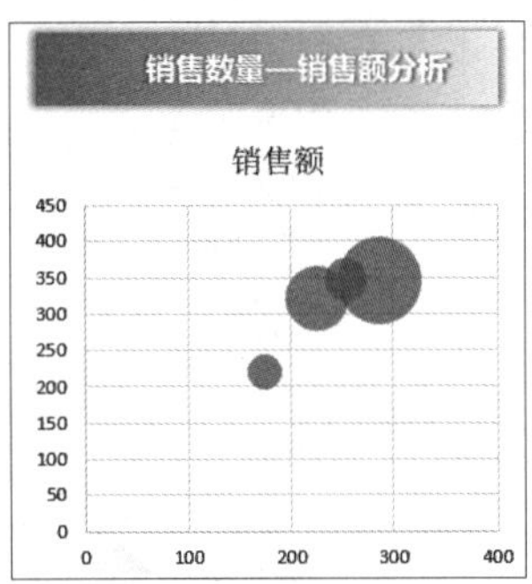

7.3.11 使用雷达图

雷达图可显示 4 ~ 6 个变量之间的关系，如常用于显示个人或公司在员工绩效评价、客户满意度调查等方面的应用。

下面以使用雷达图分别对中低端客户、高端客户在工作质量、工作速度、服务态度及时间观念方面进行 1~5 分的评分来展示客户的满意度为例，介绍在幻灯片中使用雷达图的方法，效果如下图所示。

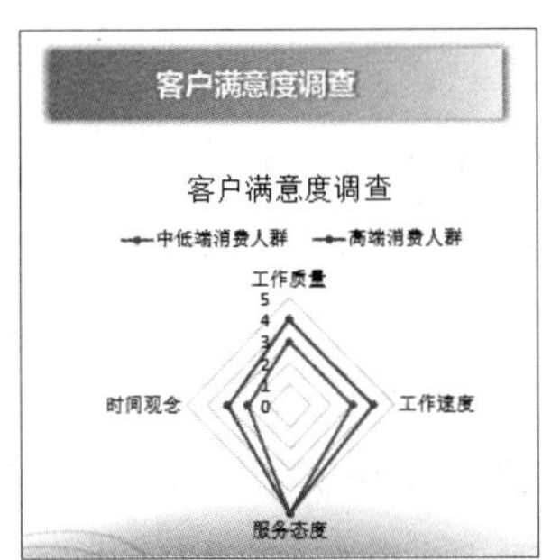

第 1 步 继续 7.3.10 小节的实例操作，单击【插入】选项卡【插图】组中的【图表】按钮，如下图所示。

第 2 步 在弹出的【插入图表】对话框中选择【雷达图】区域的【带数据标记的雷达图】图样，然后单击【确定】按钮，如下图所示。

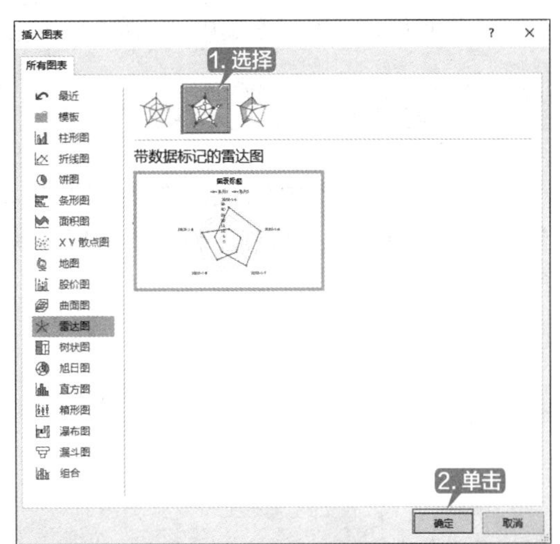

第 3 步 单击【确定】按钮后会自动弹出 Excel 2019 软件的界面，在单元格中输入需要显示的数据，如下图所示。

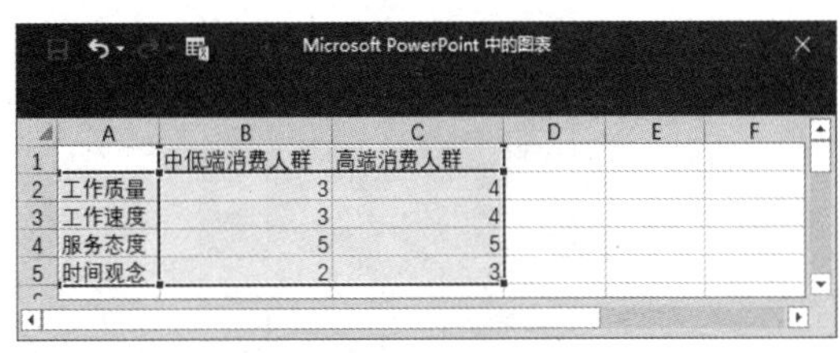
Microsoft PowerPoint 中的图表

	A	B	C	D	E	F
1		中低端消费人群	高端消费人群			
2	工作质量	3	4			
3	工作速度	3	4			
4	服务态度	5	5			
5	时间观念	2	3			

第 4 步 输入完毕后关闭 Excel 表格，即可在

幻灯片中插入一个雷达图，如下图所示。

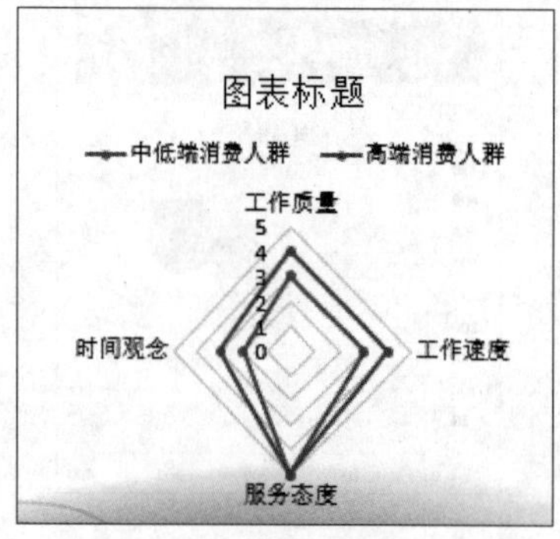

第 5 步 单击幻灯片中的“单击此处添加标题”占位符，输入标题“客户满意度调查”。最终效果如下图所示。

7.4 使用形状

在文件中可以添加一个形状，或者合并多个形状可以生成一个更为复杂的形状。添加一个或多个形状后，还可以在其中添加文字、项目符号、编号和快速样式等。

7.4.1 重点：绘制形状

在幻灯片中，单击【开始】选项卡【绘图】组中的【形状】下拉按钮，弹出下图所示的下拉列表。

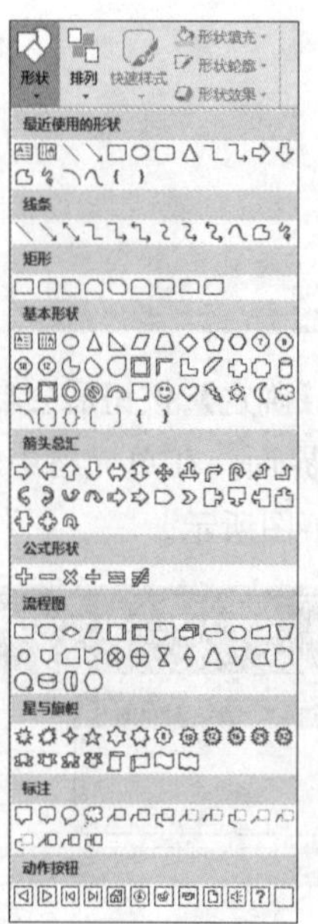

通过该下拉列表中的选项可以在幻灯片中绘制包括线条、矩形、基本形状、箭头总汇、公式形状、流程图、星与旗帜、标注和动作按钮等在内的形状。

在【最近使用的形状】区域中可以快速找到最近使用过的形状，以便再次使用。

下面介绍绘制形状的具体操作方法。

第 1 步 打开“素材 \ch07\ 设计 PPT.pptx”文件，选择第 2 张幻灯片，如下图所示。

第 2 步 单击【开始】选项卡【绘图】组中的【形状】下拉按钮，在弹出的下拉列表中选择【流程图】区域中的【流程图：排序】形状，如下图所示。

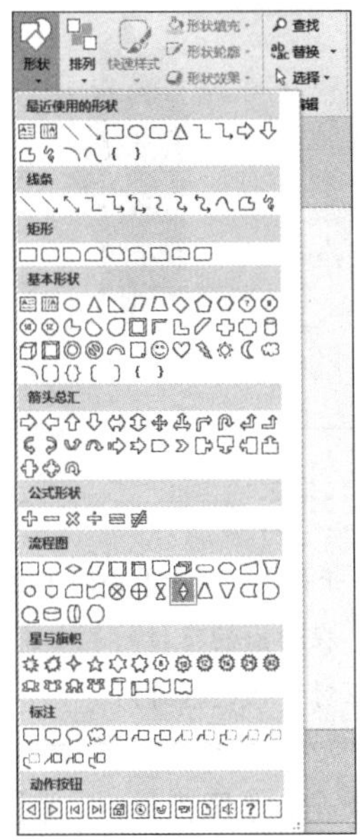

第 3 步 此时鼠标指针在幻灯片中的形状显示为十，在幻灯片空白位置处单击，按住鼠标左键并拖动到适当位置处释放鼠标左键，绘制的排序形状如下图所示。

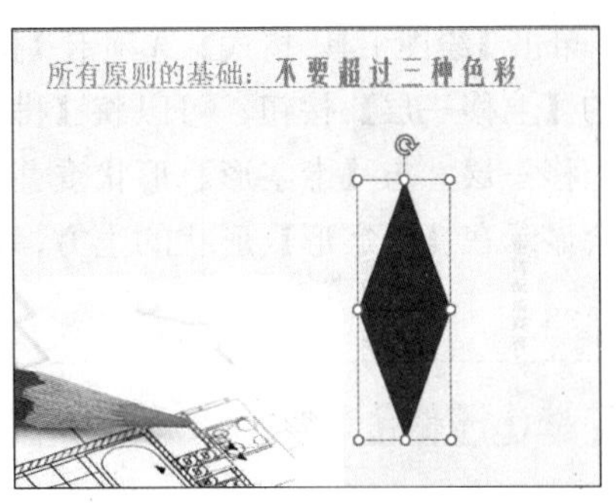

第 4 步 重复第 2 步和第 3 步的操作，在幻灯片中依次绘制【流程图】区域中的【对照】形状和【基本形状】区域中的【十字形】形状，最终效果如下图所示。

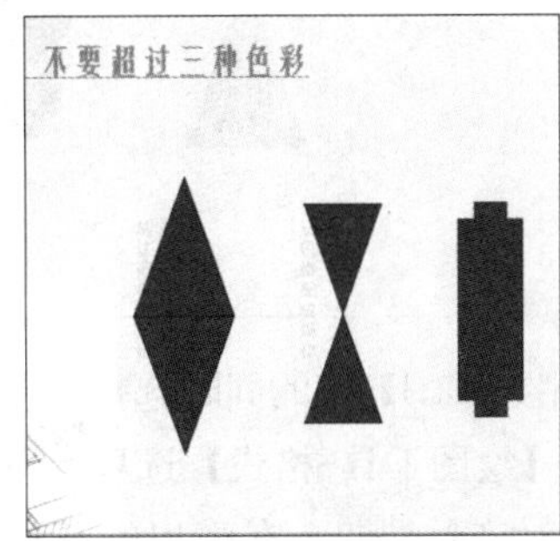

另外，单击【插入】选项卡【插图】组中的【形状】按钮，在弹出的下拉列表中选择所需要的形状，也可以在幻灯片中插入相应的形状。

7.4.2 排列形状

在幻灯片中绘制多个形状后，可以对这些形状进行排列操作。下面接着 7.4.1 小节绘制的形状，通过实例介绍排列形状的具体操作步骤。

第 1 步 接着 7.4.1 小节的实例操作，选择【排序】形状，如下图所示。

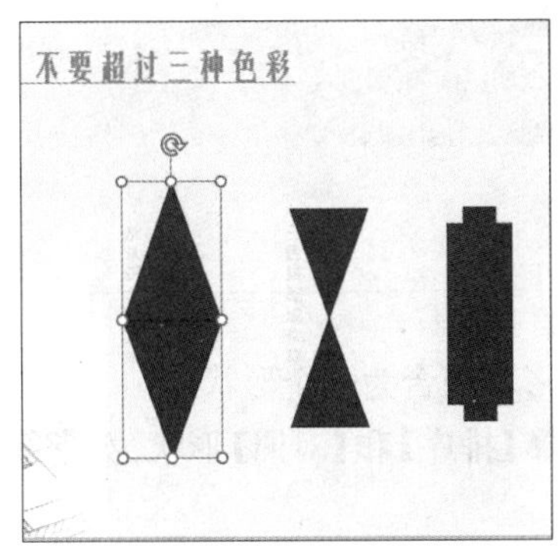

第 2 步 拖曳【排序】形状到【十字形】形状上面并与其部分重叠，如下图所示。

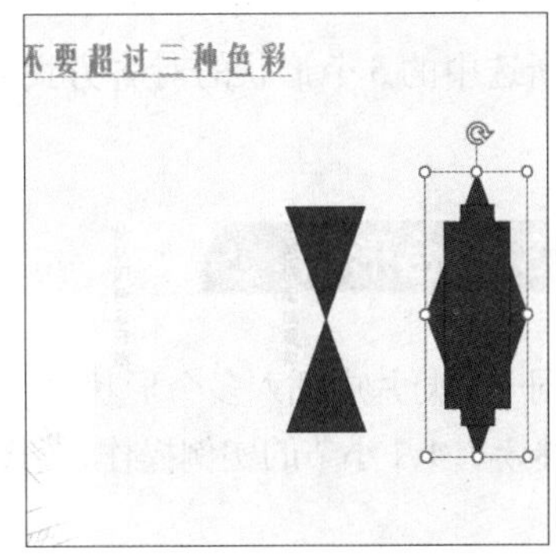

第3步 单击【绘图工具-格式】选项卡【排列】组中的【上移一层】按钮，可以将【排序】形状上移一层，与【十字形】形状重叠的部分就会显示在【十字形】形状的上方，如下图所示。

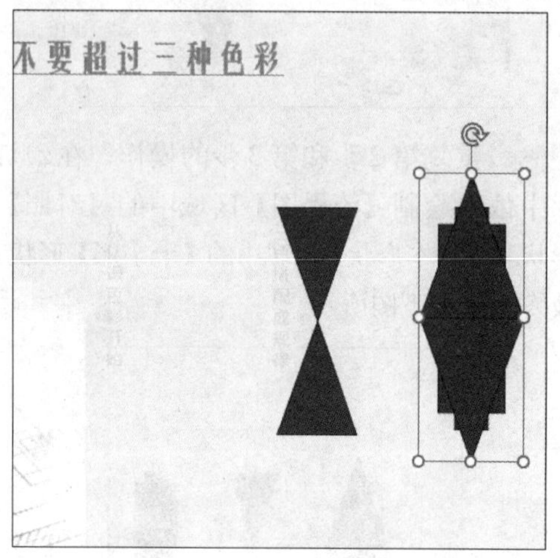

第4步 按住【Ctrl】键的同时选择所有形状，然后单击【绘图工具-格式】选项卡【排列】组中的【对齐】按钮，在弹出的下拉列表中选择【左对齐】选项，如下图所示。

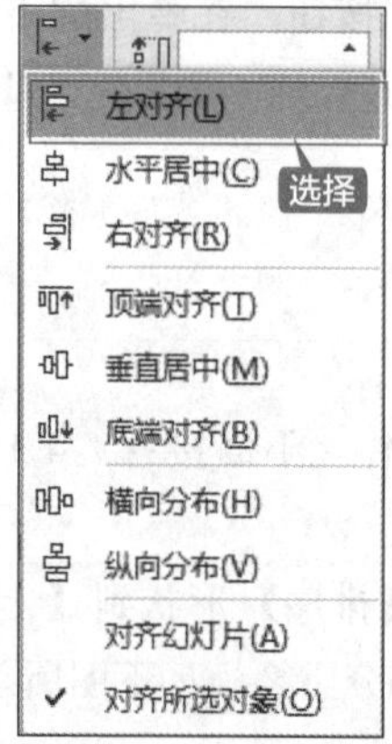

第5步 所选中的3个形状的对齐方式即被设为左对齐，如下图所示。

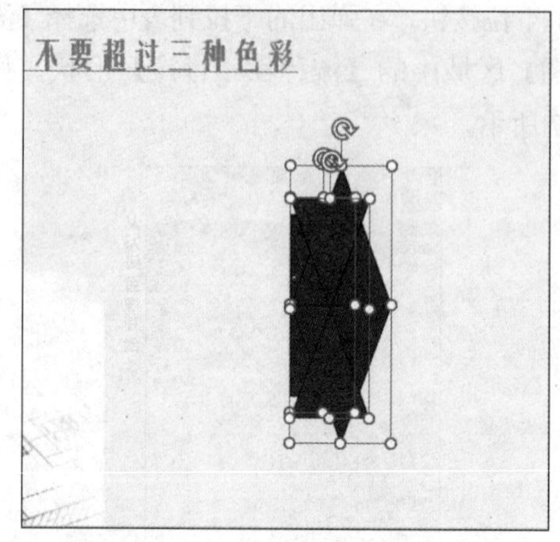

提示

单击【开始】选项卡【绘图】组中的【排列】按钮，在弹出的下拉列表中选择相应的选项也可以对形状进行排列。

此外，单击【绘图工具-格式】选项卡【排列】组中的【旋转】按钮，从弹出的列表中可以对选中的形状进行旋转设置。

单击【绘图工具-格式】选项卡【排列】组中的【选择窗格】按钮，弹出【选择】任务窗格。通过该任务窗格可以设置要显示或隐藏的形状，并对它们重新排序，如下图所示。

7.4.3 组合形状

在同一幻灯片中插入多个形状时，可以将选中的多个形状组合为一个形状。

第1步 继续7.4.1小节的实例操作，将图形整齐排列，并选择【排序】和【对照】形状，如下图所示。

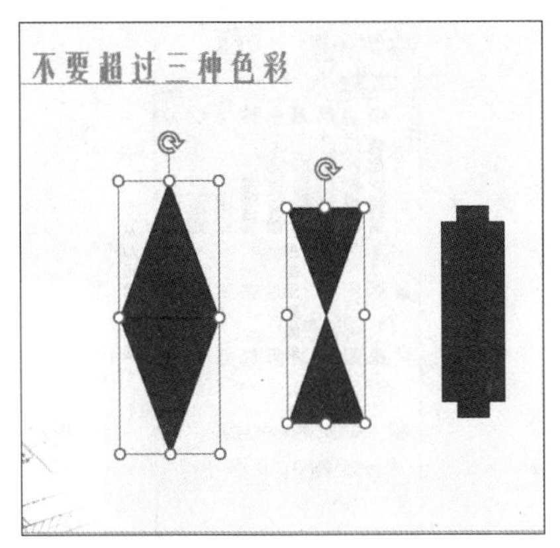

第 2 步 单击【绘图工具-格式】选项卡【排列】组中的【组合】按钮，在弹出的下拉列表中选择【组合】选项，如下图所示。

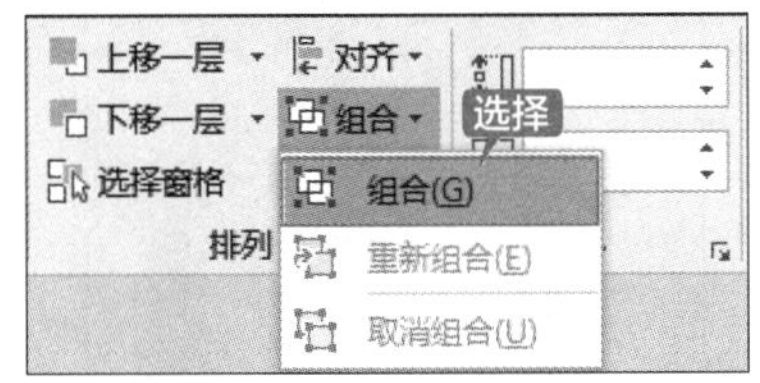

第 3 步 【排序】和【对照】形状被组合为一个形状，组合后的选中效果如下图所示。

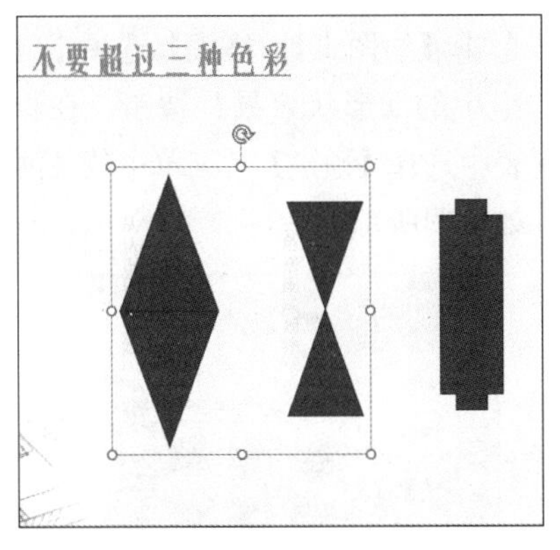

第 4 步 选择【组合】下拉列表中的【取消组合】选项，即可取消它们之间的组合而显示为两个单个形状，如下图所示。

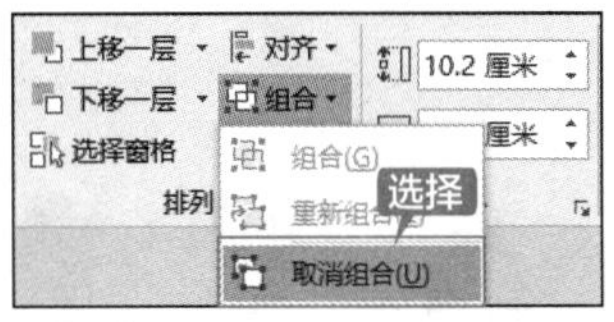

第 5 步 最终效果如下图所示。

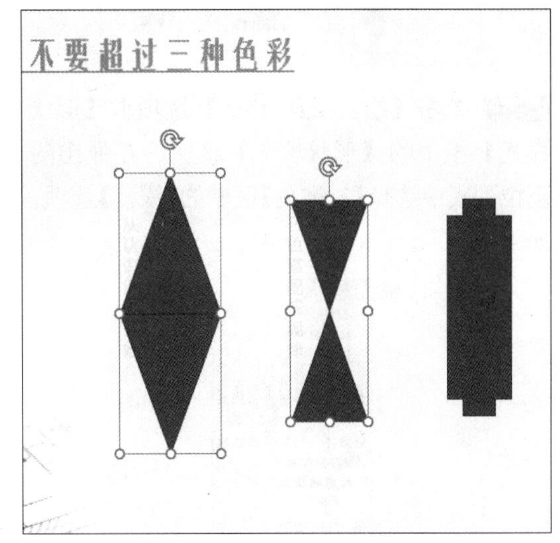

提示

可以根据实际需要组合同一幻灯片中的任意几个或全部形状，也可以在组合的基础上再和其他的形状进行组合。

7.4.4 重点：设置形状的样式

在【绘图工具-格式】选项卡【形状样式】组中可以对幻灯片中的形状设置样式，包括设置形状的填充颜色、形状轮廓的颜色和形状的效果等，如下图所示。

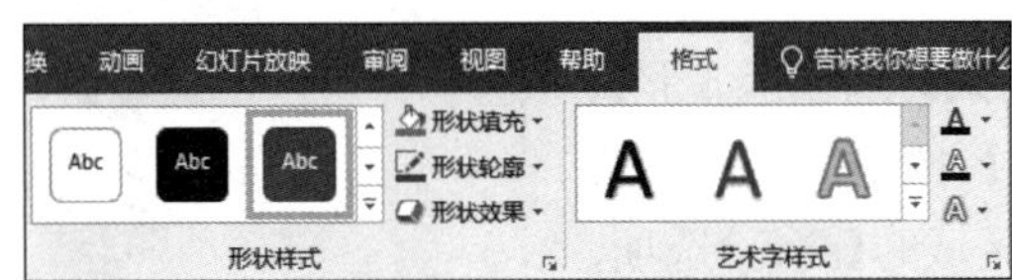

第 1 步 继续 7.4.1 小节的实例操作，选择【排序】形状，如下图所示。

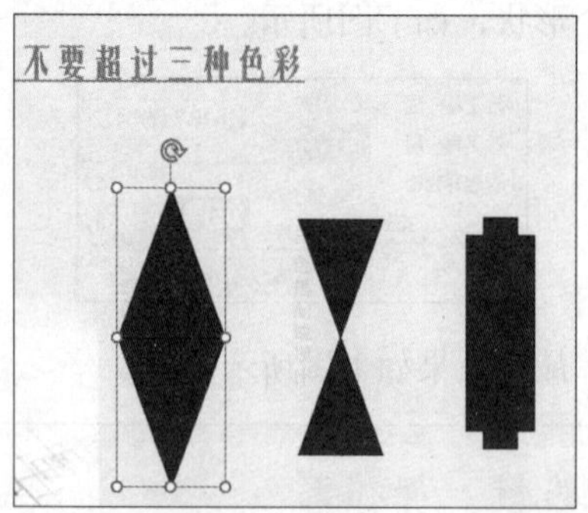

第 2 步 单击【绘图工具-格式】选项卡【形状样式】组中的【形状填充】按钮，在弹出的下拉列表中选择【标准色】区域的【浅蓝】选项，如下图所示。

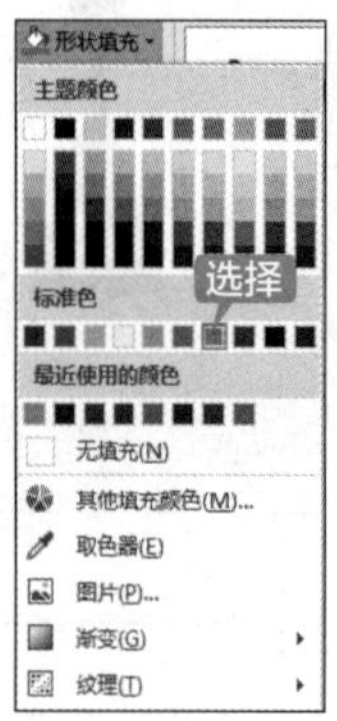

第 3 步 【排序】形状内部即被浅蓝色填充，效果如下图所示。

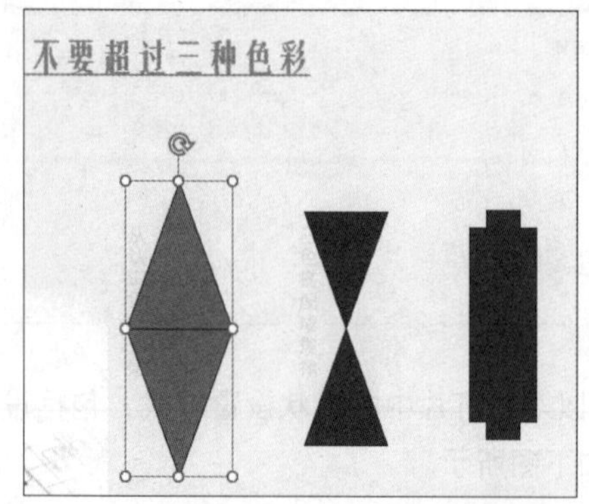

第 4 步 单击【绘图工具-格式】选项卡【形状样式】组中的【形状轮廓】按钮，在弹出的下拉列表中选择【标准色】区域的【红色】选项，如下图所示。

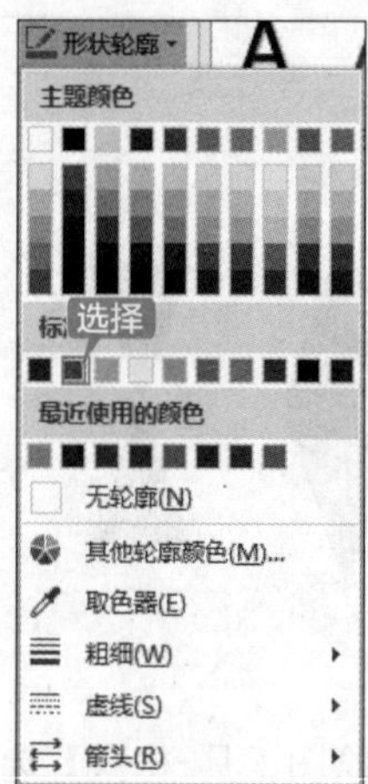

第 5 步 【排序】形状的轮廓即显示为红色，效果如下图所示。

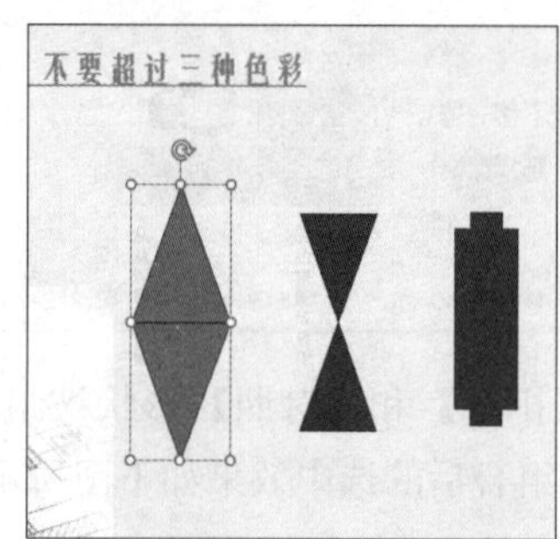

第 6 步 单击【绘图工具-格式】选项卡【形状样式】组中的【形状效果】按钮，在弹出的下拉列表中选择【预设】子菜单中的【预设 4】样式，如下图所示。

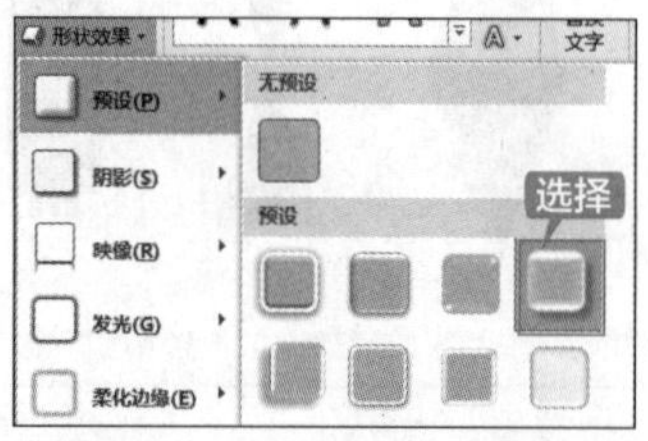

第 7 步 对【排序】形状使用【预设 4】的效果如下图所示。

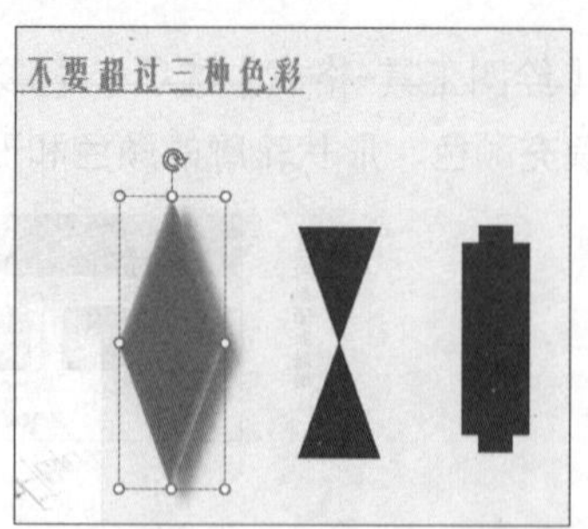

7.4.5 在形状中添加文字

在文本框中可以添加文字，在绘制或插入的形状中也可以添加文字，具体操作步骤如下。

第 1 步 继续 7.4.4 小节的实例操作，右击流程图形状，在弹出的快捷菜单中选择【编辑文字】选项后输入文字，如输入“主题色”，如下图所示。

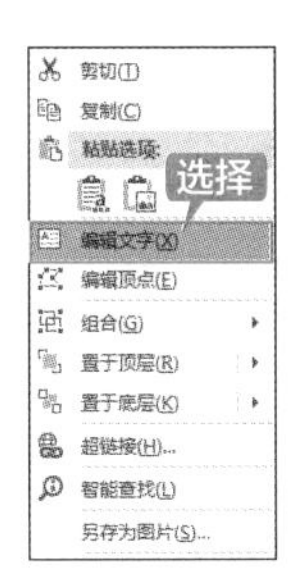

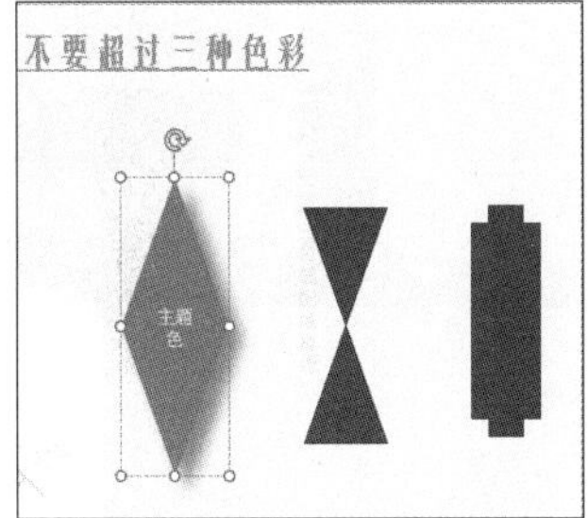

第 2 步 选中输入的文字，在【开始】选项卡【字体】组中更改文字的字号为“24”，如下图所示。

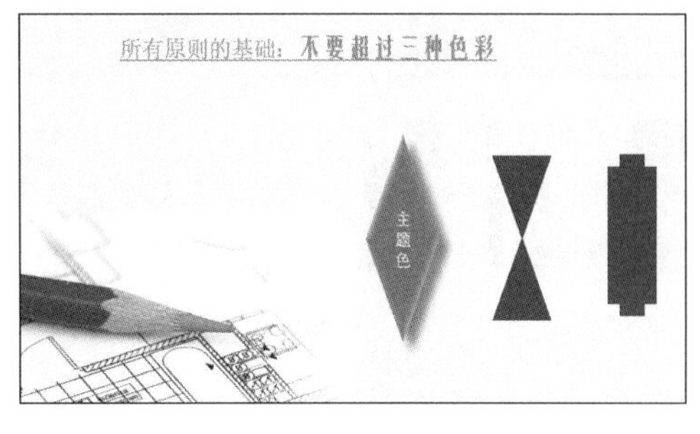

第 3 步 要对形状中已添加的文字进行修改，可以单击该形状直接进入编辑状态。

7.5 SmartArt 图形

本节介绍 SmartArt 图形及其在 PowerPoint 演示文稿中的各种操作方法。

7.5.1 了解 SmartArt 图形

SmartArt 图形是信息和观点的视觉表示形式。可以通过从多种不同布局中进行选择来创建 SmartArt 图形，从而快速、轻松和有效地传达信息。

使用 SmartArt 图形，只需单击几下鼠标，就可以创建具有设计师水准的插图。

PowerPoint 演示文稿通常包含带有项目符号列表的幻灯片，使用 PowerPoint 时，可以将幻灯片文本转换为 SmartArt 图形。此外，还可以向 SmartArt 图形添加动画。

7.5.2 重点：创建数据指标分解图

数据指标分解图是以图形方式表示数据结构，如销售数据包含哪些指标参数。在 PowerPoint 中通过使用 SmartArt 图形，可以创建数据指标分解图，并将其包括在演示文稿中。

在 PowerPoint 演示文稿中创建数据指标分解图的具体操作步骤如下。

第 1 步 启动 PowerPoint 2019，打开“素材\ch07\销售数据分析 .pptx”文件，然后选择第 4 张幻灯片，如下图所示。

第2步 单击功能区的【插入】选项卡【插图】组中的【SmartArt】按钮 SmartArt ，如下图所示。

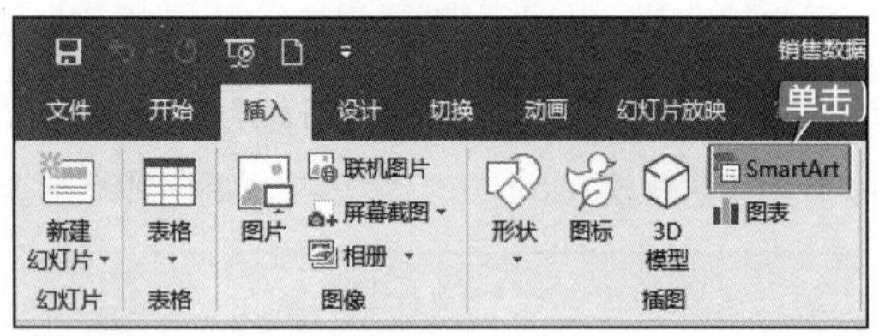

第3步 在弹出的【选择 SmartArt 图形】对话框中选择【层次结构】区域的【水平多层层次图】图样，然后单击【确定】按钮，如下图所示。

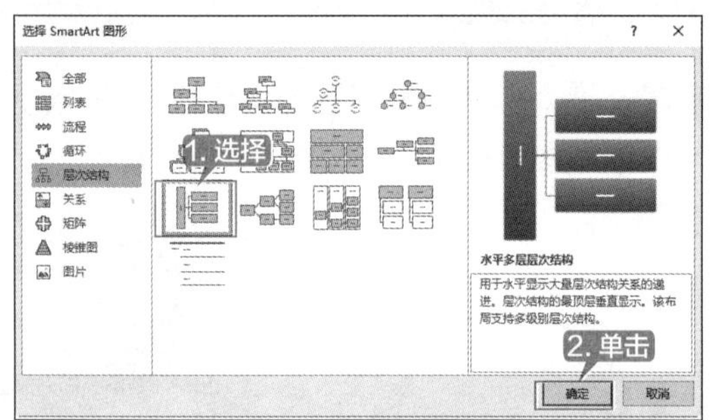

第4步 即可在幻灯片中创建一个水平多层层次结构图，同时出现一个【在此处键入文字】窗格，如下图所示。

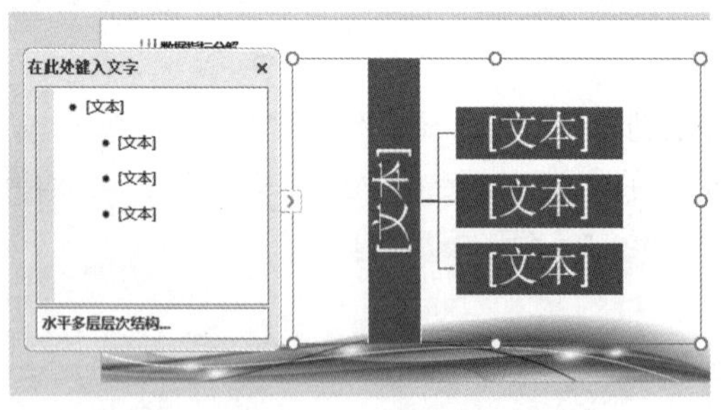

第5步 创建层次结构图后，可以单击幻灯片的层次结构图中的“文本”，直接输入文字内容，也可以单击【在此处键入文字】窗格中的“文本”来添加文字内容，如下图所示。

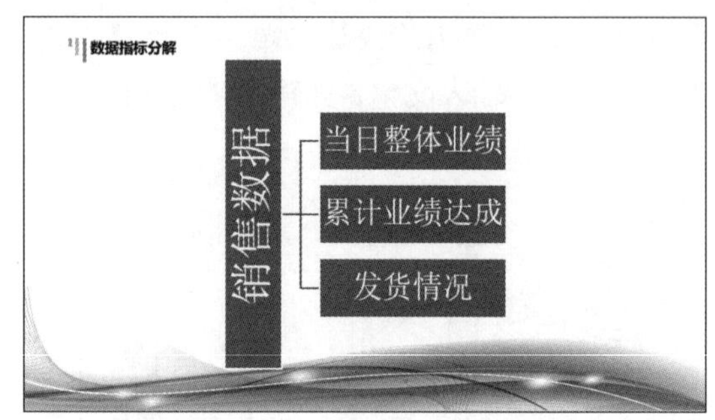

提示

【在此处键入文字】窗格被关闭后，幻灯片左侧会显示一个控件。单击该控件按钮，可以将【在此处键入文字】窗格再次显示出来。此外，单击【SmartArt 工具-设计】选项卡【创建图形】组中的【文本窗格】按钮也可将【在此处键入文字】窗格再次显示出来，如下图所示。

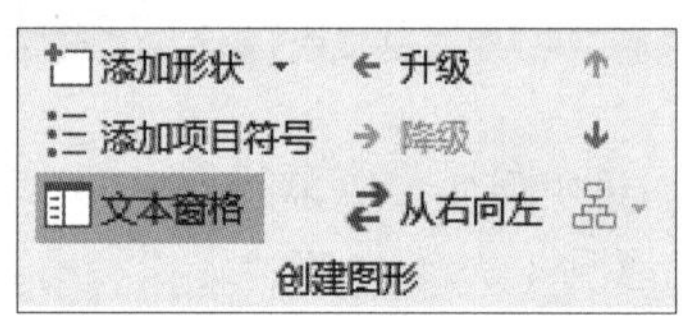

7.5.3 重点：添加与删除形状

在演示文稿中创建 SmartArt 图形后，可以在现有的图形中添加或删除形状。

1. 添加形状

第1步 继续 7.5.2 小节的实例操作，选择“发货情况”形状，单击【SmartArt 工具-设计】选项卡【创建图形】组中的【添加形状】按钮，在弹出的下拉菜单中选择【在后面添加形状】选项，如下图所示。

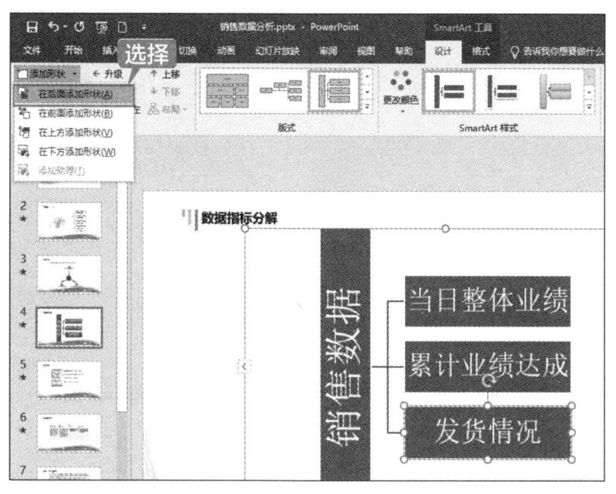

第 2 步 即可在所选择形状的后面添加一个新的形状，再其中输入文字“销售质量”，选择“当日整体业绩”形状，如下图所示。

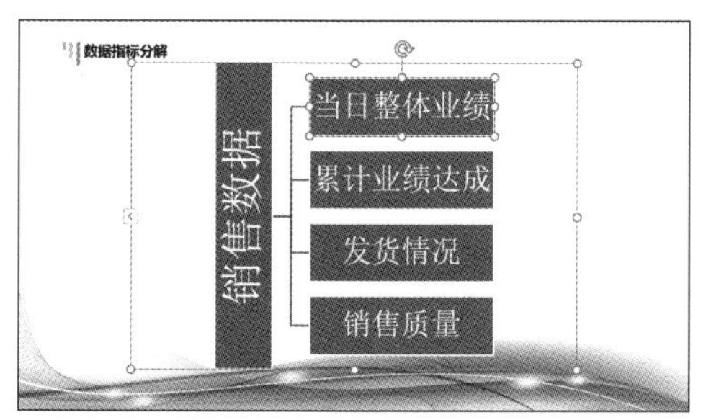

第 3 步 单击【SmartArt 工具-设计】选项卡【创建图形】组中的【添加形状】按钮，在弹出的下拉菜单中选择【在下方添加形状】选项，如下图所示。

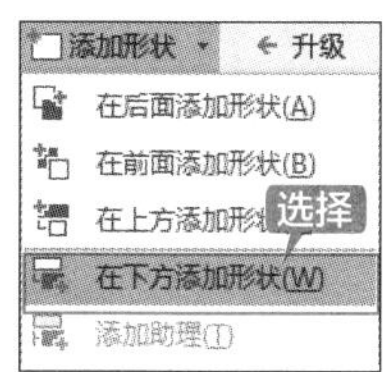

第 4 步 即可在所选择形状的下方添加一个新的形状，且该新形状处于被选中状态，如下图所示。

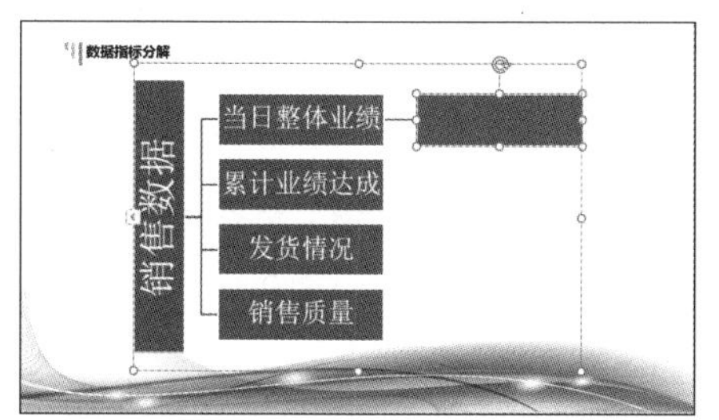

第 5 步 在新添加的形状中输入文本，结果如下图所示。

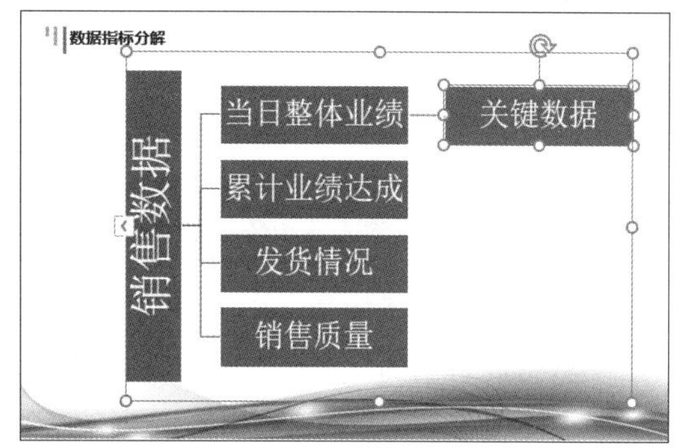

第 6 步 也可以将光标定位在【在此处键入文字】窗格中的文本之前或之后，然后按【Enter】键即可创建一个形状，如在“关键数据”下方添加一个新的形状，如下图所示。

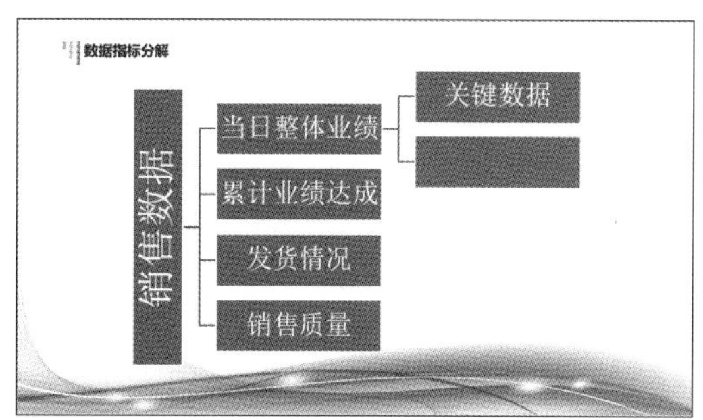

第 7 步 继续添加其他形状，最终效果如下图所示。

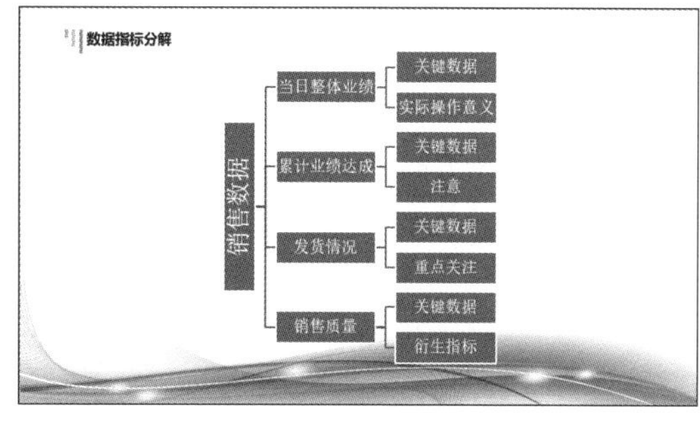

2. 删除形状

要从 SmartArt 图形中删除形状，单击要删除的形状，然后按【Delete】键即可。若要删除整个 SmartArt 图形，单击 SmartArt 图形的边框，然后按【Delete】键即可。

7.6 设置 SmartArt 图形

本节将介绍插入 SmartArt 图形之后对其进行样式、布局等方面的设置方法。

7.6.1 重点：更改形状的样式

在演示文稿中添加 SmartArt 图形后，可以更改图形中的一个或多个形状的颜色和轮廓。更改形状样式的具体操作步骤如下。

第 1 步 继续 7.5.3 小节的实例操作，选择“销售数据”形状，如下图所示。

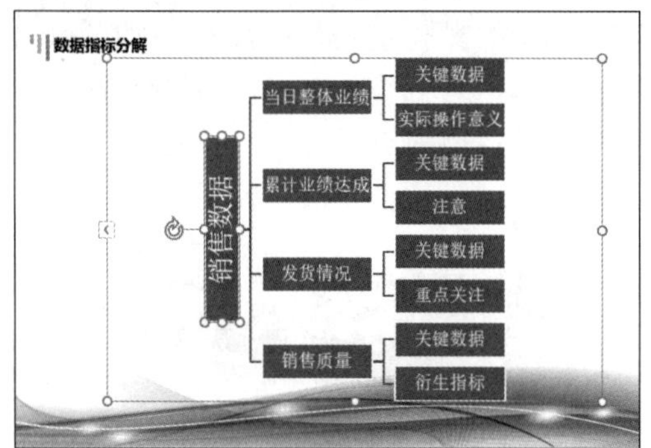

第 2 步 单击【SmartArt 工具-格式】选项卡【形状样式】组中的【形状填充】按钮，在弹出的下拉列表中选择【主题颜色】区域中的【水绿色，个性色 5，淡色 40%】选项，如下图所示。

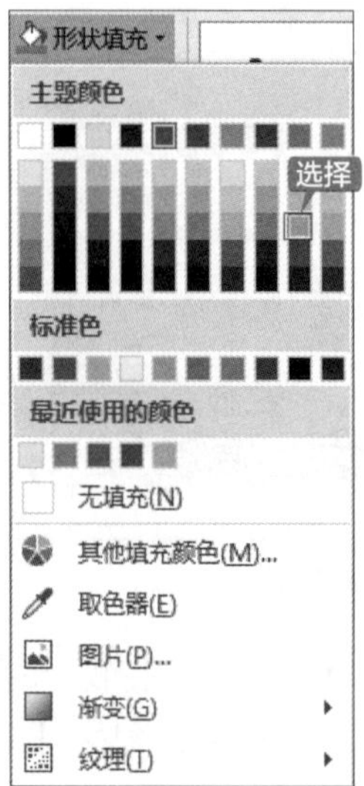

第 3 步 “销售数据”形状即被填充为水绿色，效果如下图所示。

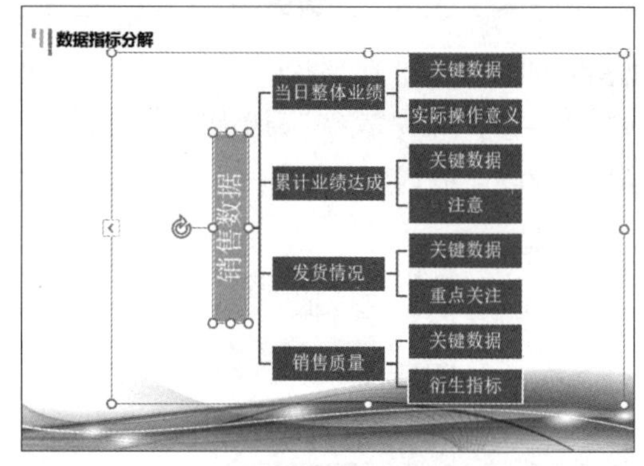

第 4 步 单击【SmartArt 工具-格式】选项卡【形状样式】组中的【形状轮廓】按钮，在弹出的下拉列表中选择【虚线】子菜单中的【画线－点】选项，如下图所示。

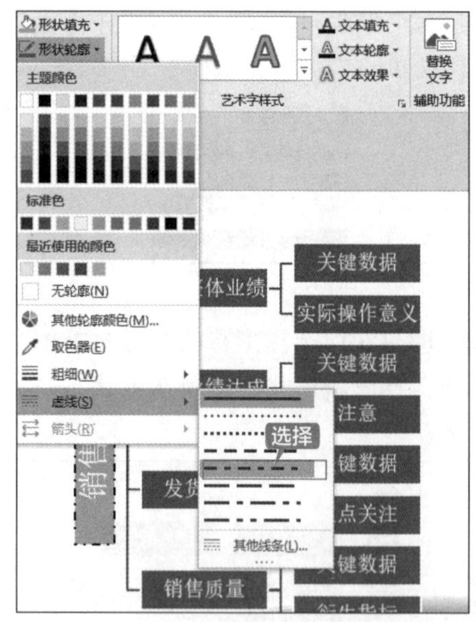

第 5 步 形状轮廓即显示“划线－点”的样式，效果如下图所示。

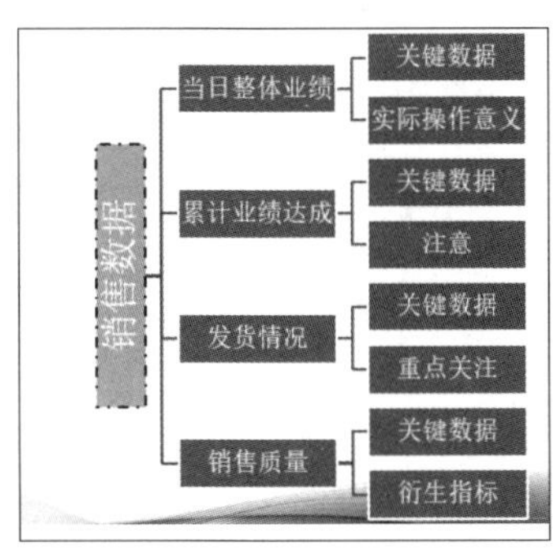

第 6 步 继续选中形状，单击【SmartArt 工具-格式】选项卡【形状样式】组中的【形状效果】按钮，在弹出的下拉列表中选择【柔化边缘】子菜单中的【2.5 磅】选项，如下图所示。

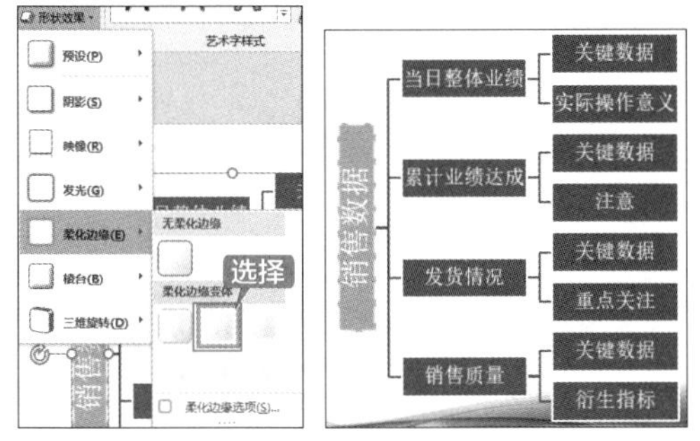

第 7 步 选择“当日整体业绩”形状，单击【SmartArt 工具-格式】选项卡【形状样式】组中的【其他】按钮，在弹出的列表中选择【细微效果 – 水绿色，强调颜色 5】选项，如下图所示。

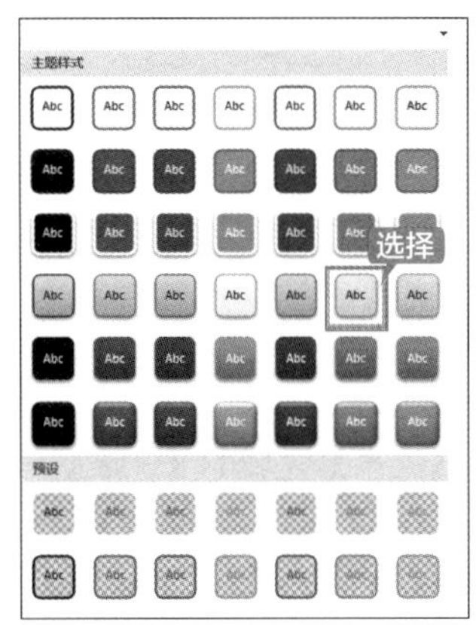

第 8 步 更改形状部分样式后的效果如下图所示。

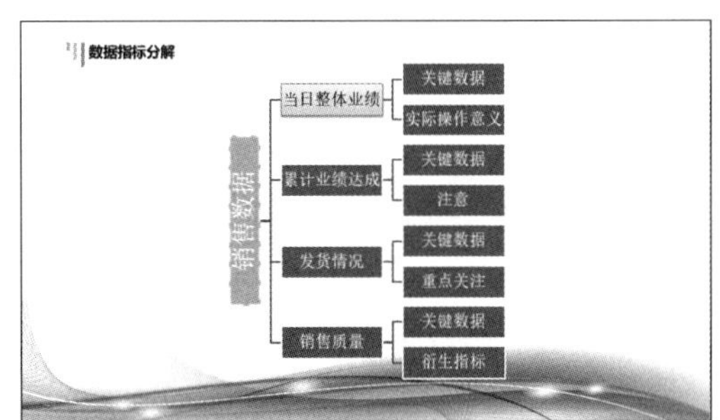

7.6.2 重点：更改 SmartArt 图形的版式

创建 SmartArt 图形后，可以通过【SmartArt 工具-设计】选项卡【版式】组中提供的布局样式来更改 SmartArt 图形的布局。

更改 SmartArt 图形的布局的具体操作步骤如下。

第 1 步 打开“素材 \ch07\ 销售数据 02.pptx”文件，选择第 4 张幻灯片页面插入的组织结构图，如下图所示。

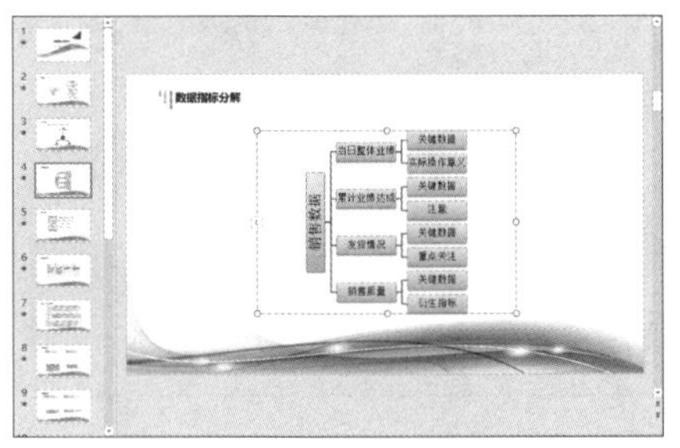

第 2 步 单击【SmartArt 工具-设计】选项卡【版式】组中的【其他】按钮，在弹出的列表中选择【半圆组织结构图】图样来更改布局，如下图所示。

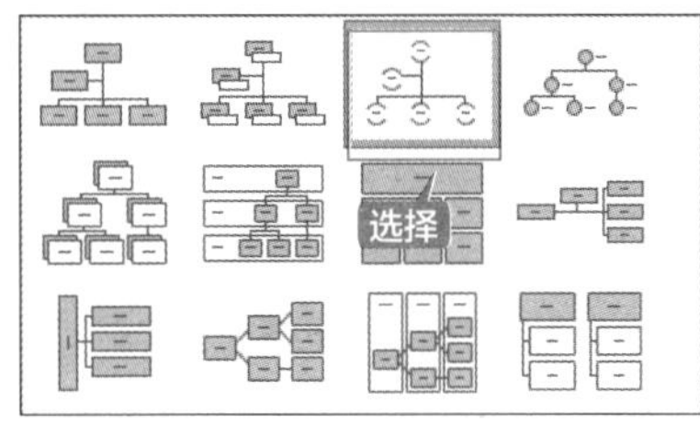

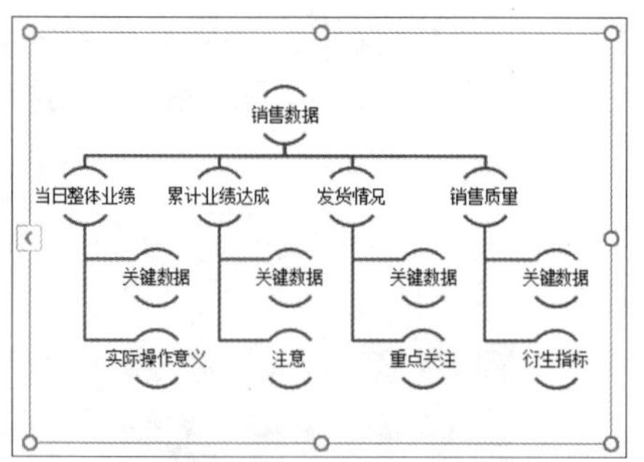

第 3 步 也可选择【版式】列表中的【其他布局】选项，在弹出的【选择 SmartArt 图形】对话框中选择【关系】区域的【分离射线】图样，如下图所示。

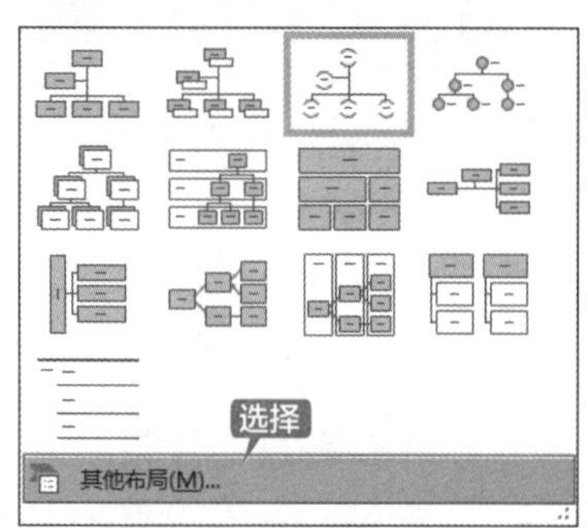

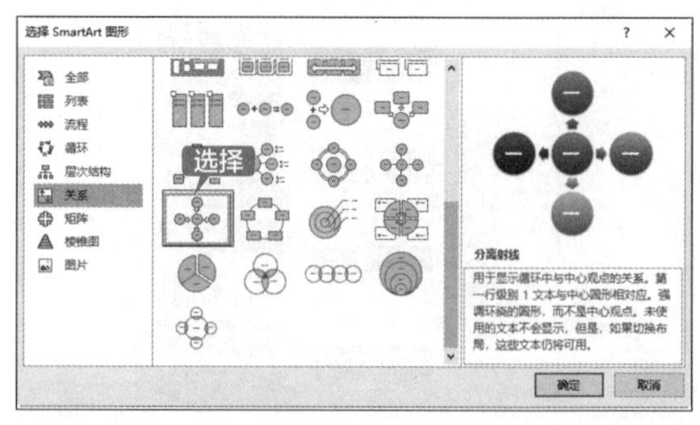

第 4 步 单击【确定】按钮，适当调整 SmartArt 图形，最终结果如下图所示。

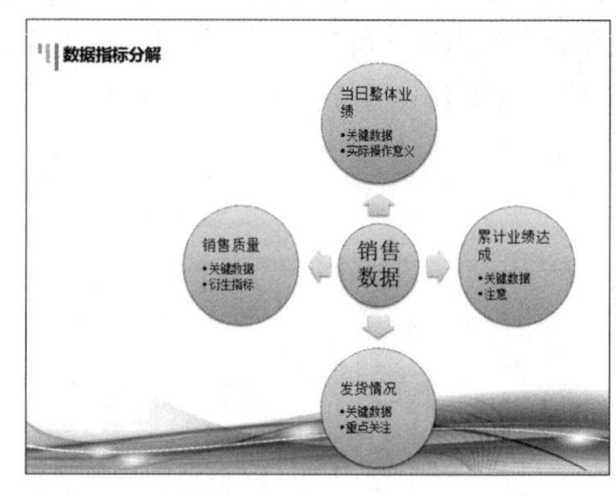

7.6.3 重点：更改 SmartArt 图形的样式

更改 SmartArt 图形中部分形状的样式的方法已经介绍过，接下来介绍更改 SmartArt 图形中所有形状样式，也就是 SmartArt 图形样式的方法。

更改 SmartArt 图形样式的具体操作步骤如下。

第 1 步 继续 7.6.2 小节的实例操作，选择 SmartArt 图形的边框，如下图所示。

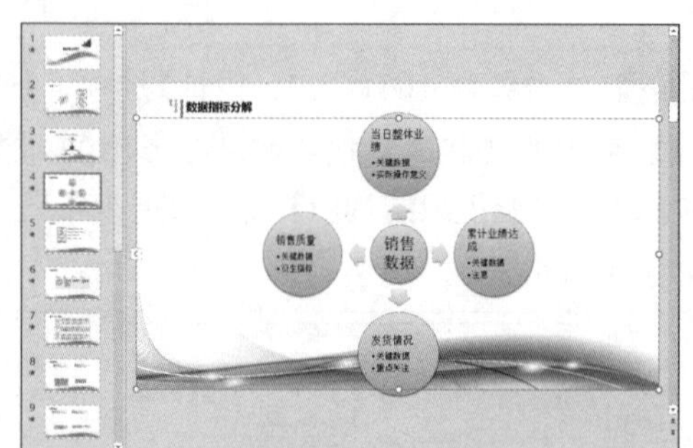

第 2 步 单击【SmartArt 工具-设计】选项卡【SmartArt 样式】组中的【更改颜色】按钮，在弹出的下拉列表中选择【彩色】区域中的【彩色范围 – 个性色 4 至 5】选项，如下图所示。

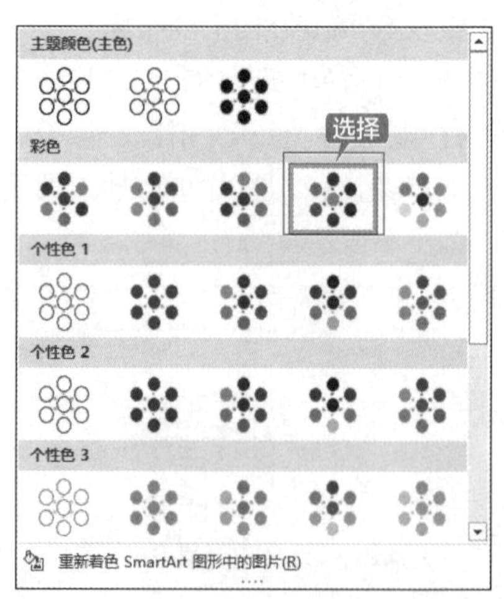

第 3 步 更改颜色样式后的效果如下图所示。

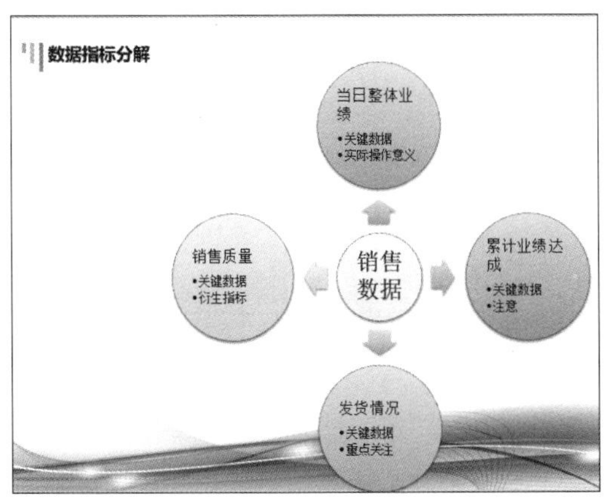

第 4 步 单击【SmartArt 工具–设计】选项卡【SmartArt 样式】组中【快速样式】区域中的【其他】按钮，在弹出的列表中选择【三维】区域中的【优雅】选项来更改样式，如下图所示。

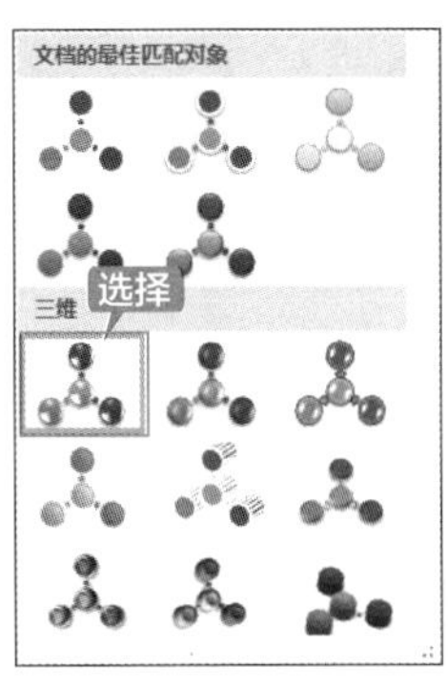

第 5 步 更改 SmartArt 图形样式为“优雅”后的效果如下图所示。

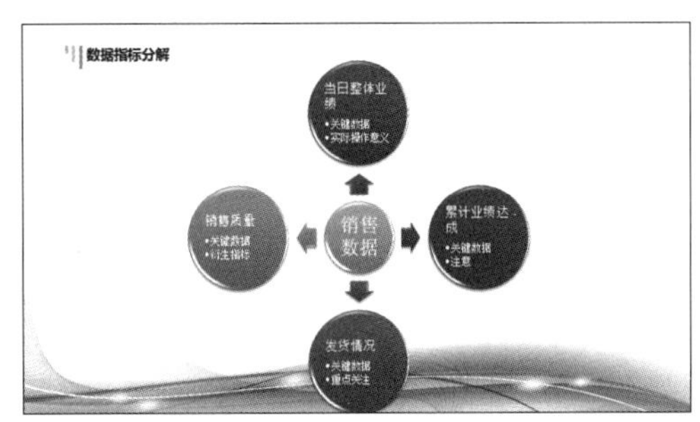

7.6.4 更改 SmartArt 图形中文字的样式

本小节介绍更改 SmartArt 图形中文字的样式的具体操作步骤。

第 1 步 打开“素材 \ch07\ 销售数据 02.pptx”文件，选择 SmartArt 图形中的文字，如下图所示。

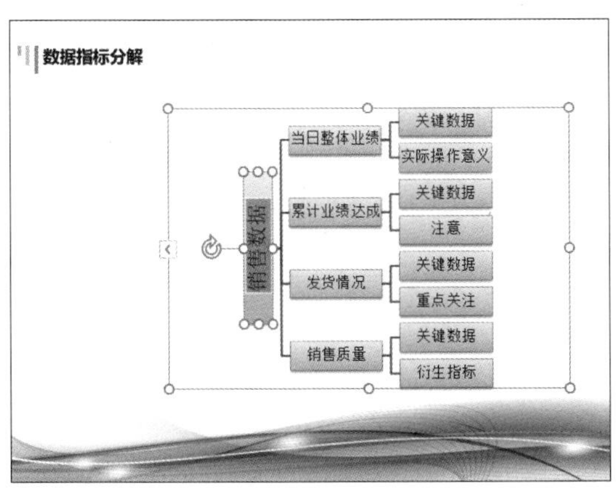

第 2 步 通过【开始】选项卡【字体】组中的命令，可以更改字体的样式，如将字体更改为“楷体”，字体颜色更改为“深红”，字号更改为“28”，此时其他字体也会适当更改字号和图形形状以使 SmartArt 图形中的字体一致，如下图所示。

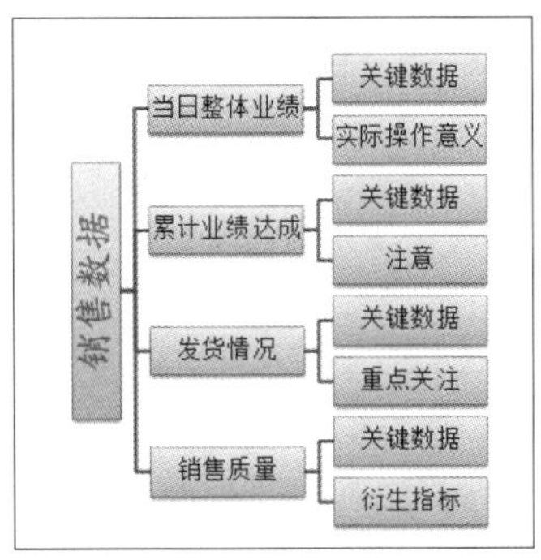

第 3 步 选择“销售质量”这几个字，单击【SmartArt 工具–格式】选项卡【艺术字样式】组中【快速样式】区域中的【其他】按钮，在弹出的列表中选择【填充：白色；边框：红色，主题色 2；清晰阴影：红色，主题色 2】选项来更改文字样式，如下图所示。

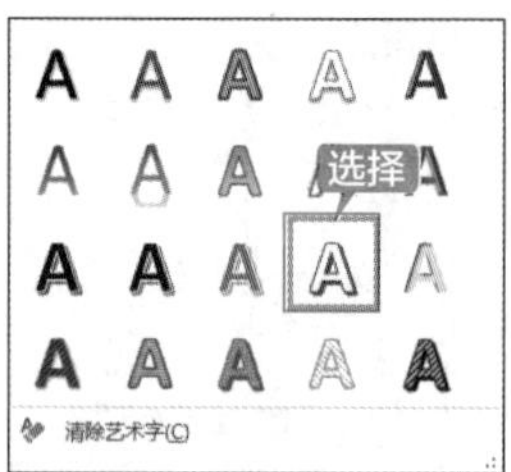

第 4 步 效果如下图所示。

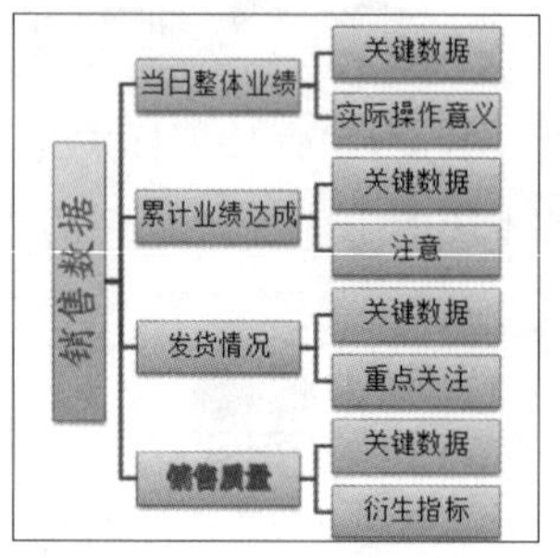

第 5 步 用同样的方法改变其他字体样式，最终效果如下图所示。

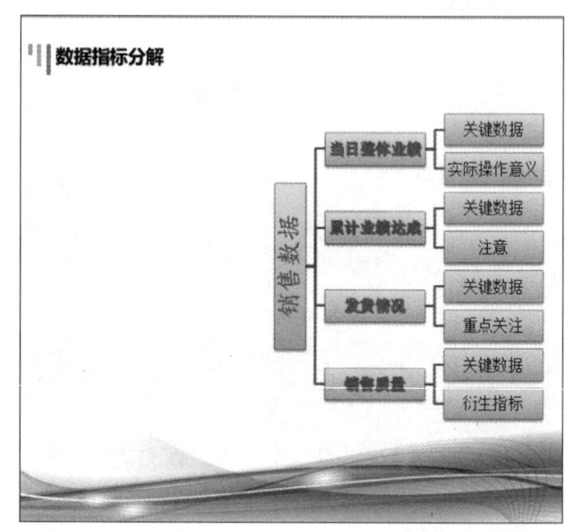

7.7 文本与图形之间的转换

介绍过使用形状和 SmartArt 图形的知识后，接下来介绍文本与图形之间的相互转换方法。

7.7.1 重点：将文本转换为 SmartArt 图形

在演示文稿中，可以将幻灯片中的文本转换为 SmartArt 图形，以便在 PowerPoint 中可视地显示信息，并且可以对其进行布局的设置，还可以更改 SmartArt 图形的颜色或者向其添加 SmartArt 样式来自定义 SmartArt 图形。

将幻灯片文本转换为 SmartArt 图形的具体操作步骤如下。

第 1 步 打开“素材 \ch07\ 销售数据分析 03.pptx”文件，选择第 2 张幻灯片，如下图所示。

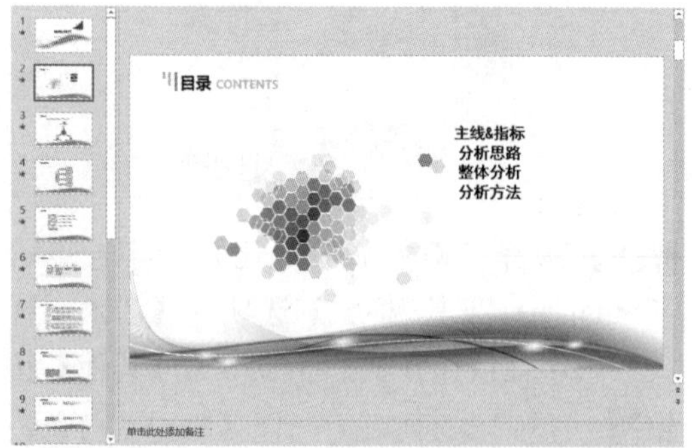

第 2 步 单击内容文字占位符的边框，如下图所示。

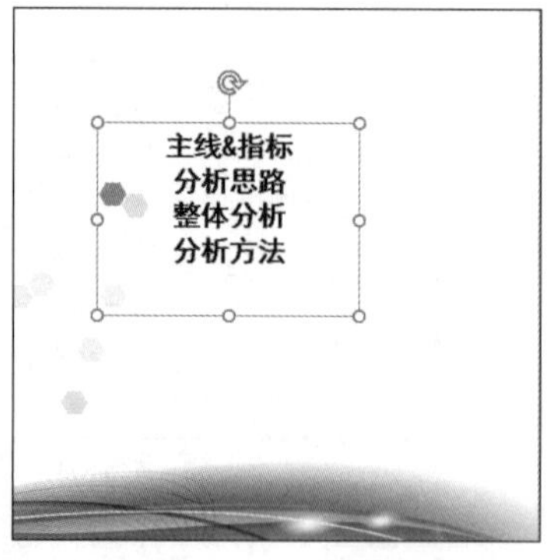

第 3 步 单击【开始】选项卡【段落】组中的【转换为 SmartArt 图形】下拉按钮，在弹出的下拉列表中选择【垂直项目符号列表】选项，如下图所示。

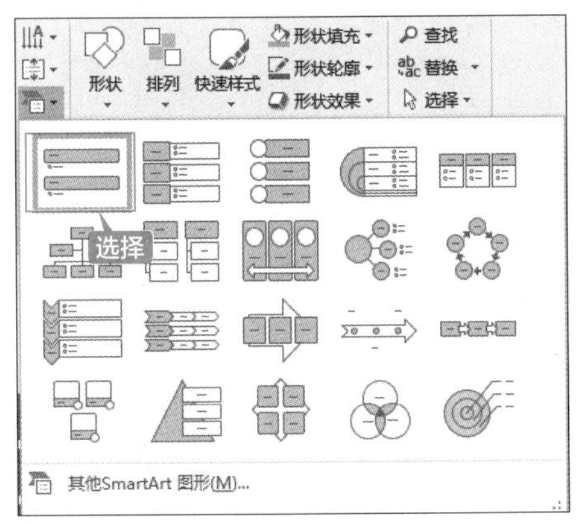

第 4 步 效果如下图所示。

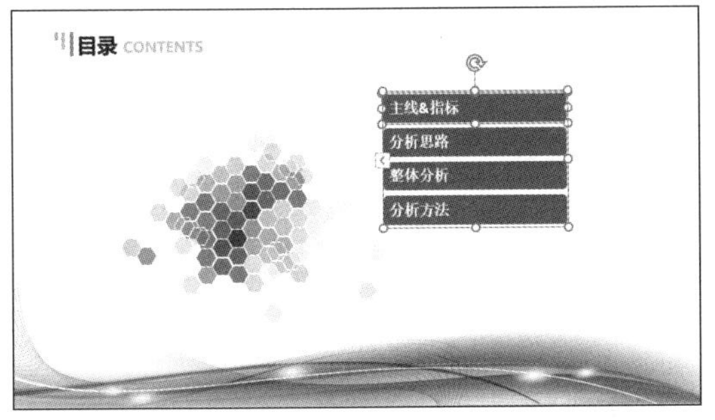

提示

也可选择【转换为 SmartArt 图形】下拉列表中的【其他 SmartArt 图形】选项，从弹出的【选择 SmartArt 图形】对话框中选择所要转换的图形。

第 5 步 选择【SmartArt 工具-设计】选项卡【版式】组中的【其他】列表中的【垂直框列表】选项，如下图所示。

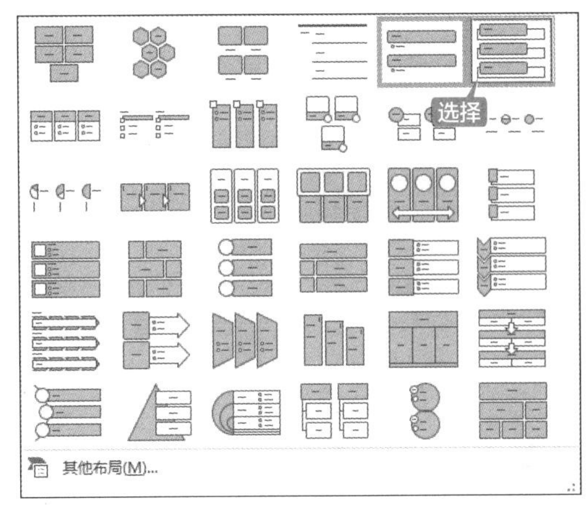

第 6 步 更改布局后，适当调整图形中文字的字号，最终效果如下图所示。

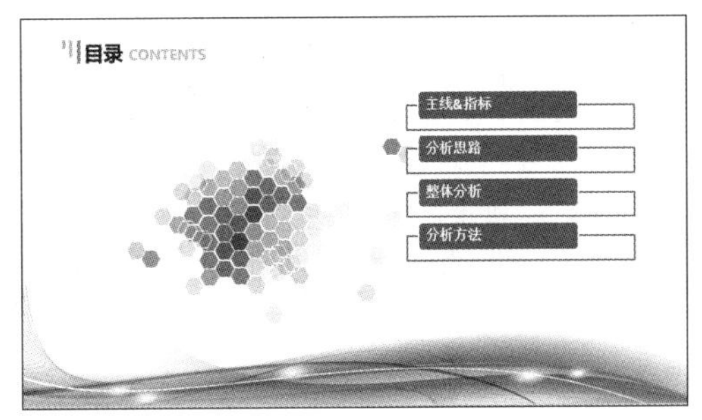

7.7.2 将图片转换为 SmartArt 图形

除了可以将幻灯片中的文本转换为 SmartArt 图形外，还可以使用一种图片居中的新 SmartArt 图形布局，将幻灯片中的图片转换为 SmartArt 图形。

将幻灯片中的图片转换为 SmartArt 图形的具体操作步骤如下。

第 1 步 打开“素材 \ch07\ 销售数据图片 . pptx”文件，选择第 1 张图片，然后按住【Ctrl】键选择其他两张图片，如下图所示。

第 2 步 单击【图片工具-格式】选项卡【图片样式】组中的【图片版式】按钮，在弹出的下拉列表中选择【交替图片圆形】选项，如下图所示。

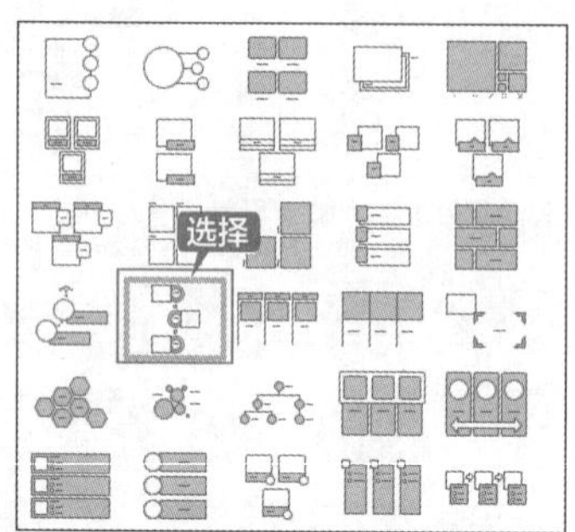

第 3 步 图片即可转换为 SmartArt 图形，适当调整 SmartArt 图形的大小即可，如下图所示。

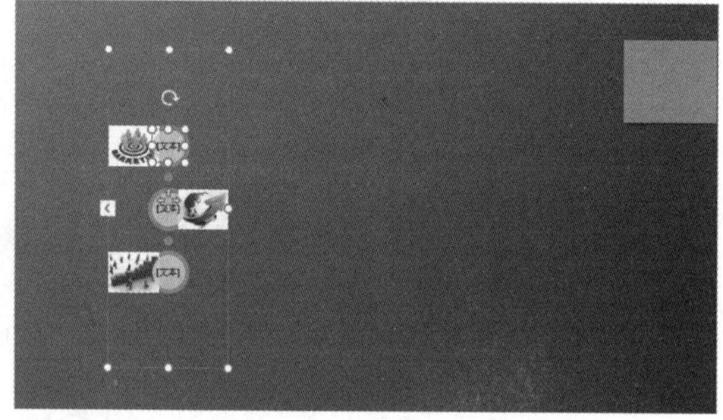

第 4 步 在 SmartArt 图形的“文本”处输入相应的文字，效果如下图所示。

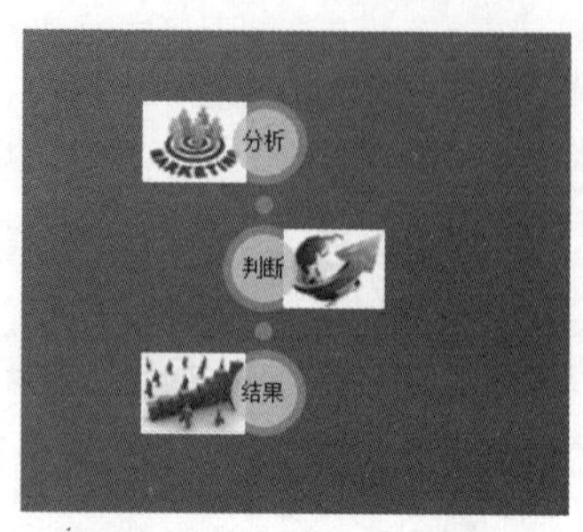

第 5 步 在【SmartArt 工具-设计】选项卡【SmartArt 样式】组中更改 SmartArt 样式为下图所示的【卡通】样式。

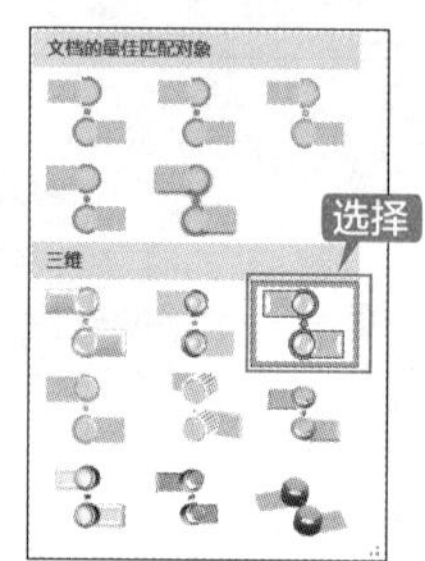

第 6 步 最终效果如下图所示。

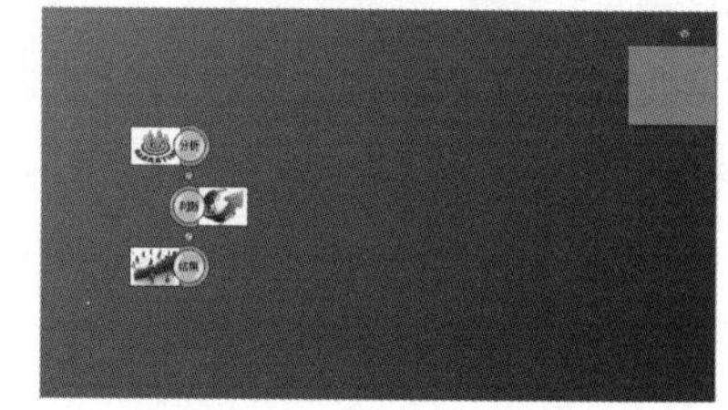

7.7.3 将 SmartArt 图形转换为文本

在演示文稿中，可以将幻灯片中的文本转换为 SmartArt 图形，也可以将幻灯片中的 SmartArt 图形转换为文本。

将幻灯片中的 SmartArt 图形转换为文本的具体操作步骤如下。

第 1 步 打开“素材\ch07\销售数据分析 03.pptx”文件，选中第 4 张幻灯片中的 SmartArt 图形的边框，如下图所示。

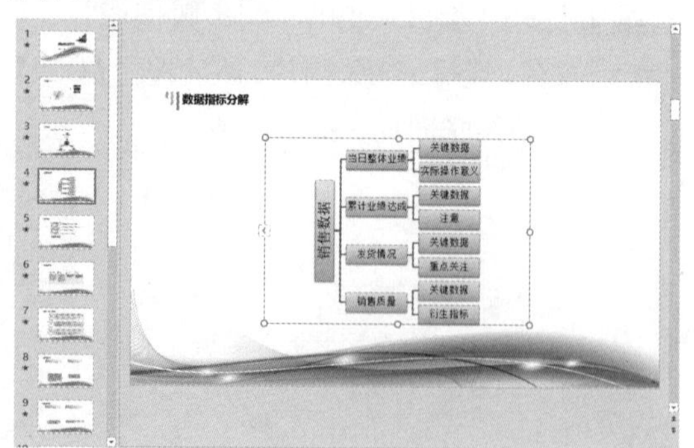

第 2 步 单击【SmartArt 工具-设计】选项卡【重置】组中的【转换】按钮，从弹出的下拉列表中选择【转换为文本】选项，如下图所示。

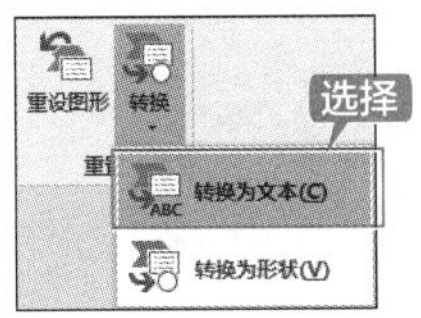

第 3 步 即可将幻灯片中的 SmartArt 图形转换为文本，如下图所示。

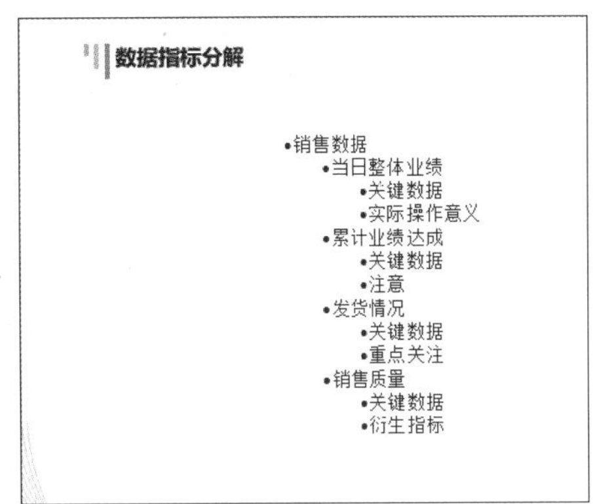

7.7.4 将 SmartArt 图形转换为形状

在演示文稿中，不仅可以将幻灯片中的 SmartArt 图形转换为文本，还可以将其转换为形状。

将幻灯片中的 SmartArt 图形转换为形状的具体操作步骤如下。

第 1 步 打开“素材 \ch07\ 销售数据分析 03.pptx”文件，选中 SmartArt 图形的边框，如下图所示。

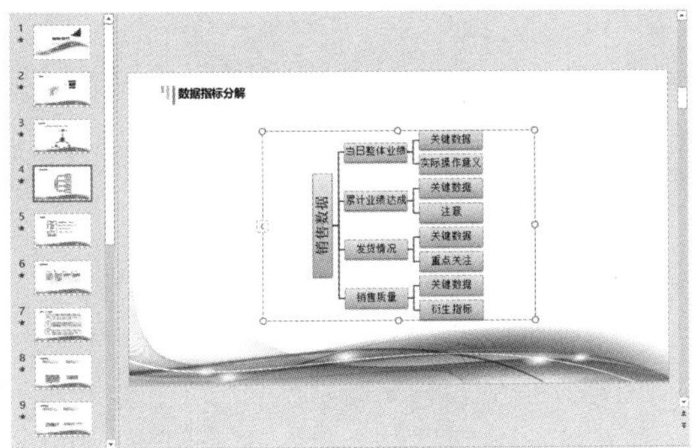

第 2 步 单击【SmartArt 工具-设计】选项卡【重置】组中的【转换】按钮，从弹出的下拉列表中选择【转换为形状】选项，如下图所示。

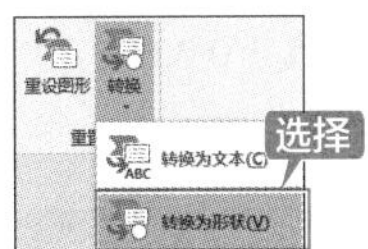

第 3 步 即可将幻灯片中的 SmartArt 图形转换为形状，图形边框随之转换为形状的边框，如下图所示，且【SmartArt 工具】选项卡转换为【绘图工具】选项卡。

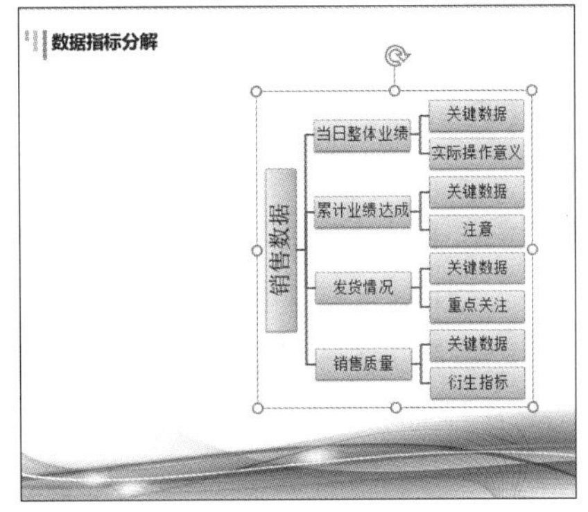

制作电脑销售报告演示文稿

销售报告 PPT 就是要将数据以直观的图表形式展示出来，以便观众能够快速地了解数据信息，所以在此类 PPT 中，合适地应用图表十分关键。如果在图表中再配以动画形式，更能给人耳目一新的感觉，如下图所示。

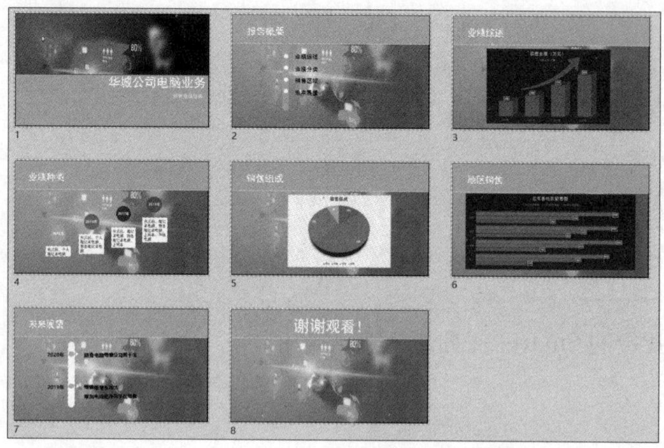

1. 设计幻灯片母版

设计幻灯片母版的具体操作步骤如下。

第 1 步 启动 PowerPoint 2019，新建一个空白的演示文稿，进入 PowerPoint 工作界面，如下图所示。

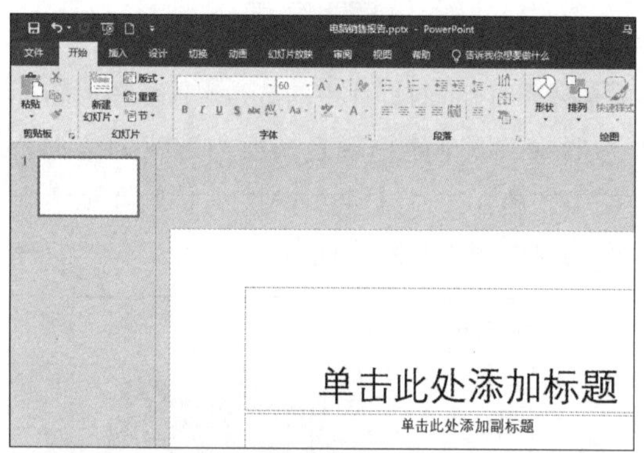

第 2 步 单击【视图】选项卡【母版视图】组中的【幻灯片母版】按钮，切换到幻灯片母版视图，在【幻灯片缩略图】窗格中单击第 1 张幻灯片，如下图所示。

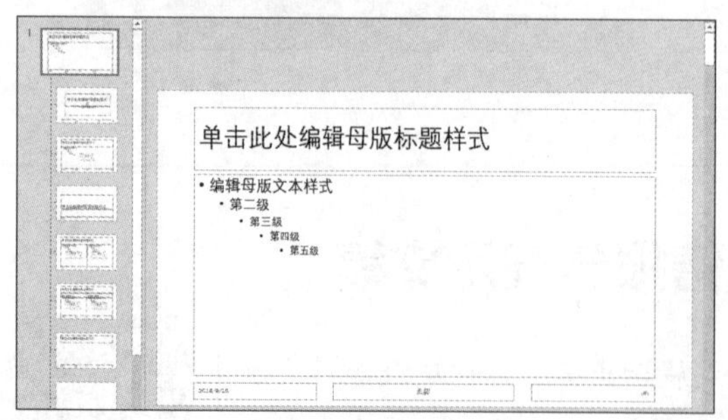

第 3 步 单击【幻灯片母版】选项卡【背景】组右下角的 按钮，在弹出的【设置背景格式】任务窗格中展开【填充】选项，选中【图片或纹理填充】单选按钮，并单击【文件】按钮，在弹出的【插入图片】对话框中选中“04.jpg”图片，单击【插入】按钮，如下图所示。

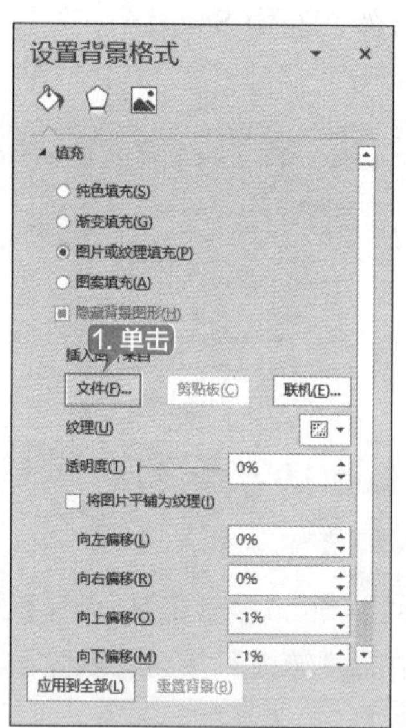

第 4 步 设置背景后的幻灯片母版如下图所示。

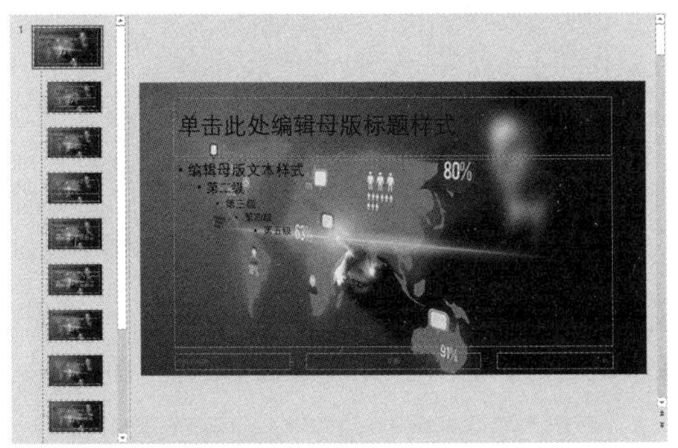

第 5 步 在幻灯片上绘制一个矩形框，并填充为橙色，无轮廓，效果如下图所示。

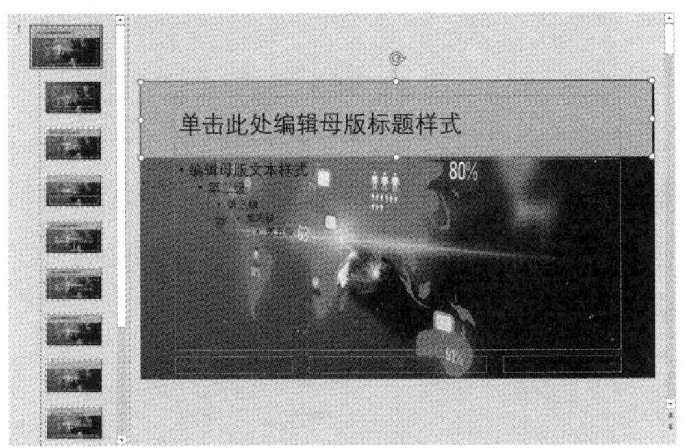

第 6 步 将标题框置于顶层，调整标题框的大小和位置，并设置标题框内容的字体为“黑体”，字号为“44”，效果如下图所示。

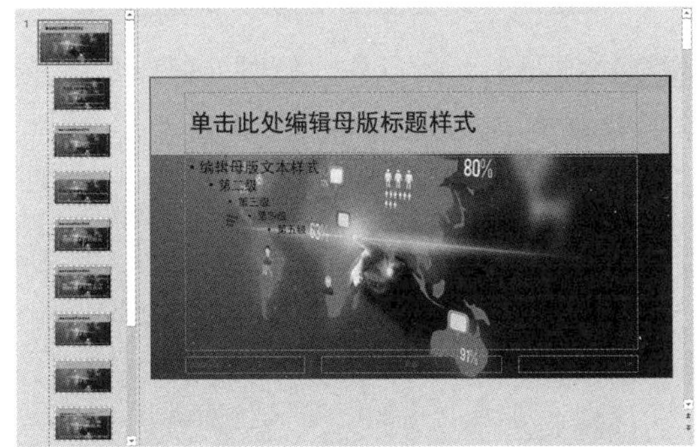

第 7 步 在幻灯片上橙色矩形下方再绘制一个矩形框，并设置成半透明效果，然后改变填充颜色为白色，无轮廓，如下图所示。

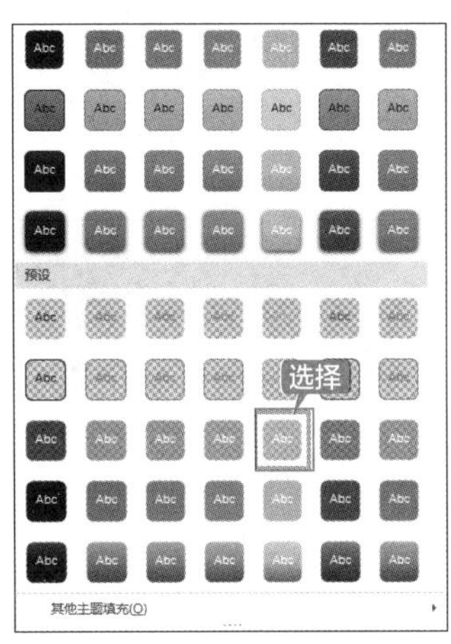

第 8 步 效果如下图所示。

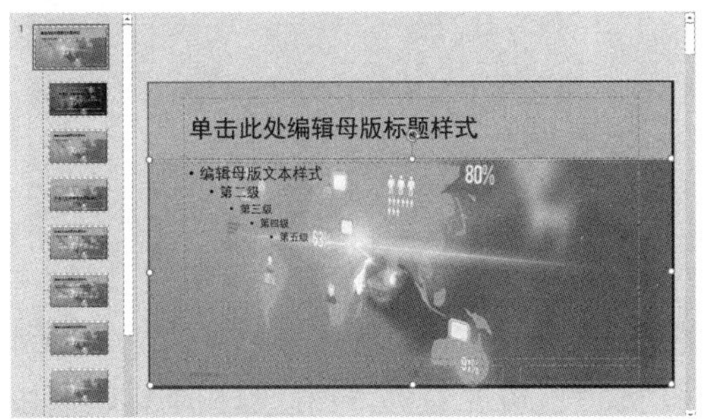

第 9 步 单击快速访问工具栏中的【保存】按钮，将演示文稿保存为“电脑销售报告 .pptx”，如下图所示。

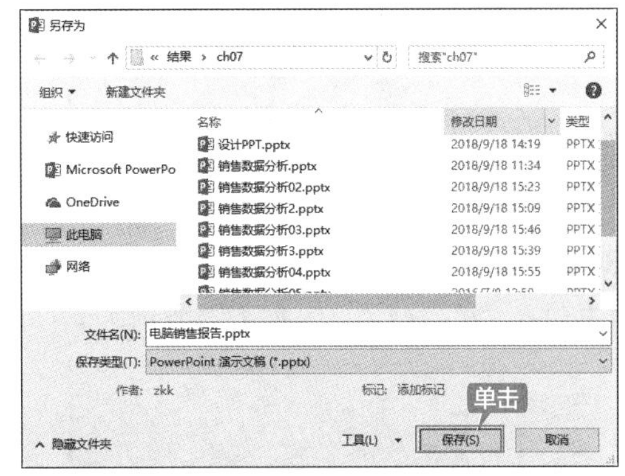

2. 设计首页和报告概要幻灯片

设计首页和报告概要幻灯片的具体操作步骤如下。

第 1 步 在【幻灯片母版】视图中，选择【幻灯片缩略图】窗格中的第 2 张幻灯片，选中【背景】组中的【隐藏背景图形】复选框，如下图所示。

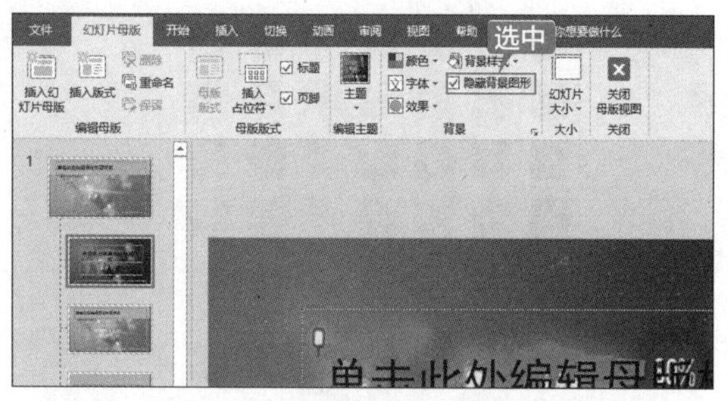

第 2 步 在幻灯片上绘制一个矩形框，并填充为橙色，无轮廓，效果如下图所示。

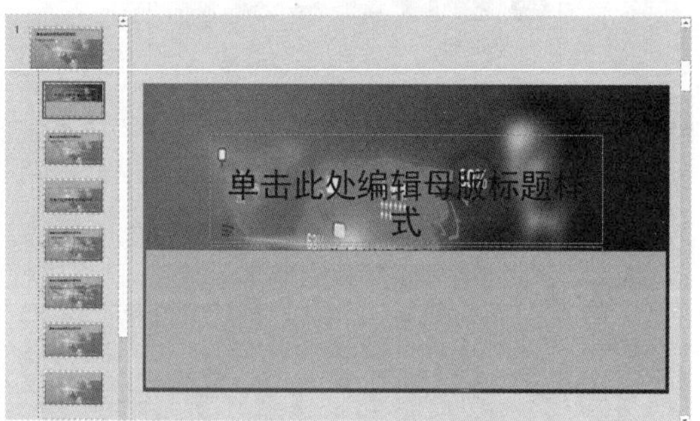

第 3 步 单击【关闭母版视图】按钮，切换到普通视图，并在首页添加标题和副标题，如下图所示。

第 4 步 新建【仅标题】幻灯片，在标题文本框中输入"报告概要"，如下图所示。

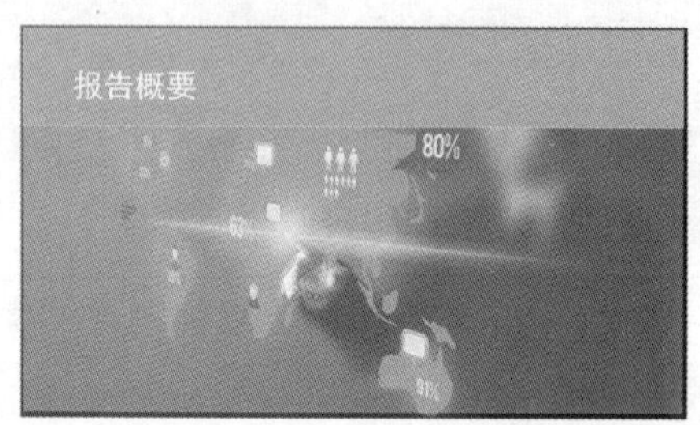

第 5 步 使用形状工具绘制一个圆角矩形，设置【形状填充】为橙色，无轮廓，效果如下图所示。

第 6 步 在圆角矩形上再绘制 4 个圆形，设置【形状填充】为白色，无轮廓，效果如下图所示。

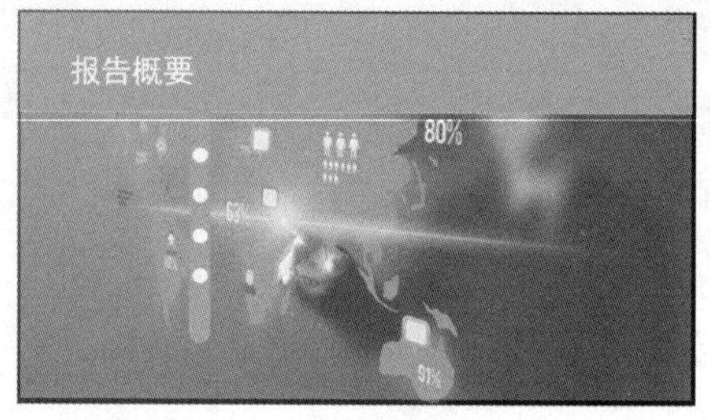

第 7 步 在白色圆形右侧插入一个文本框，并输入"业绩综述"，并设置字体和颜色，如下图所示。

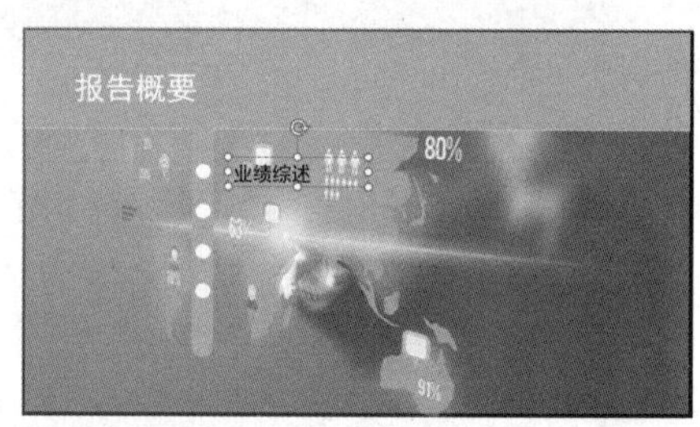

第 8 步 按照上面的操作，绘制其他图形，并依次添加文字，最终效果如下图所示。

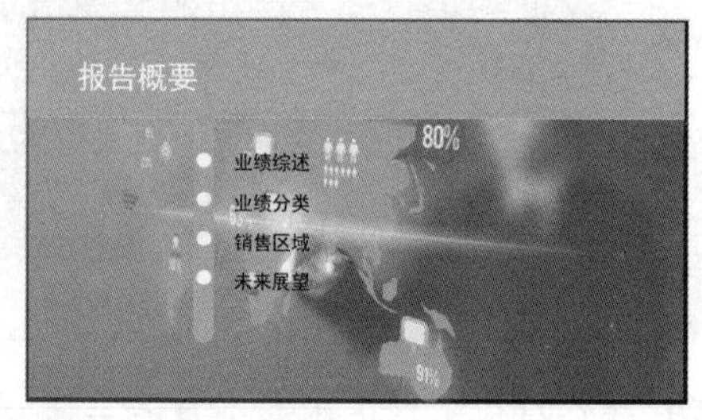

3. 设计业绩综述幻灯片

设计业绩综述幻灯片的具体操作步骤如下。

第 1 步 新建一张【标题和内容】幻灯片，并输入标题"业绩综述"，如下图所示。

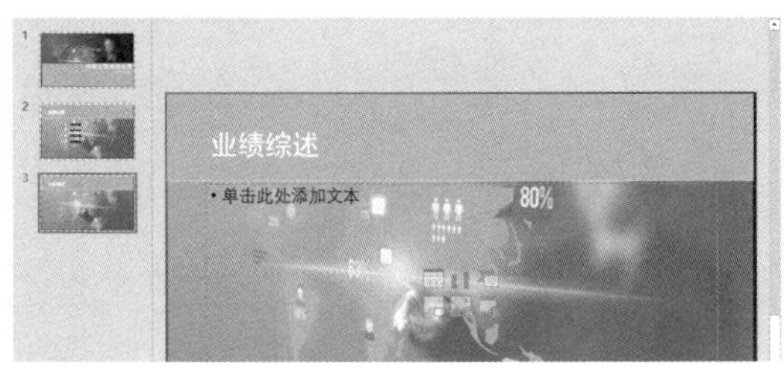

第 2 步 单击内容文本框中的【插入图表】按钮，在弹出的【插入图表】对话框中选择【三维簇状柱形图】图样，单击【确定】按钮，如下图所示。

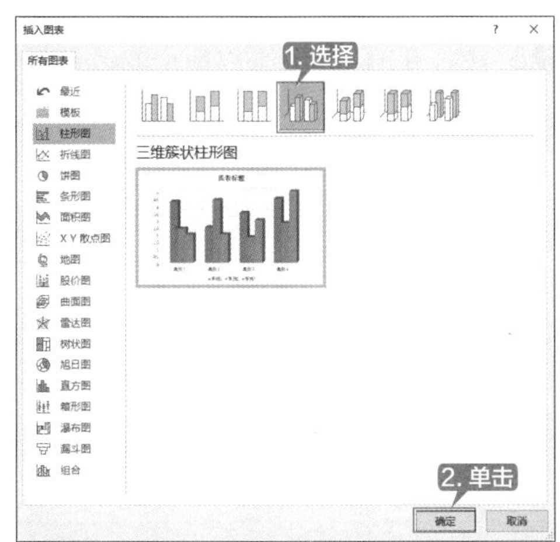

第 3 步 在打开的 Excel 工作簿中修改数据，如下图所示。

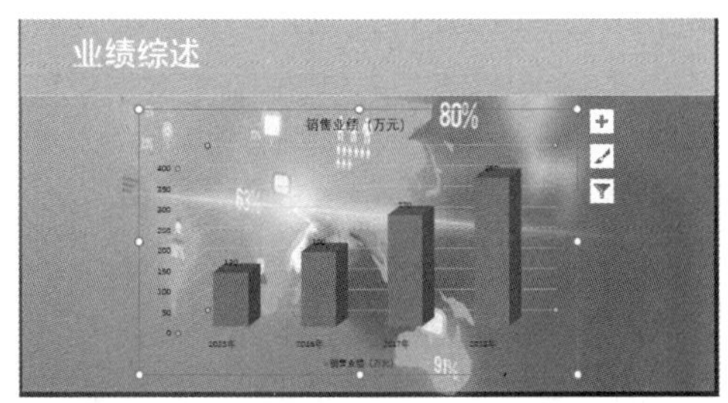
Microsoft PowerPoint 中的图表

	A	B	C	D	E	F
1		销售业绩（万元）				
2	2015年	130				
3	2016年	180				
4	2017年	270				
5	2018年	360				

第 4 步 关闭 Excel 工作簿，在幻灯片中即可插入相应的图表，如下图所示。

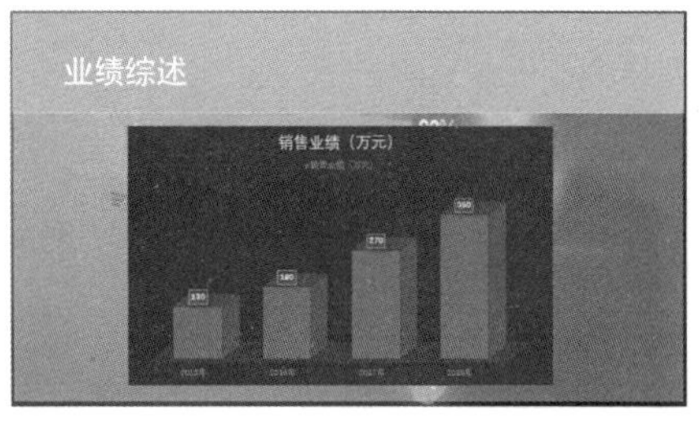

第 5 步 为图表应用一种样式，并在图表中隐藏纵坐标轴、网格线、图例和标题，并显示数据标签，设置字体为白色，效果如下图所示。

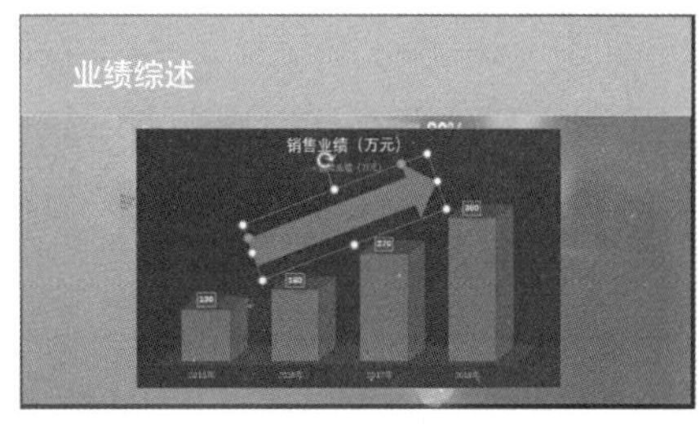

第 6 步 绘制一个箭头形状，并填充为红色，效果如下图所示。

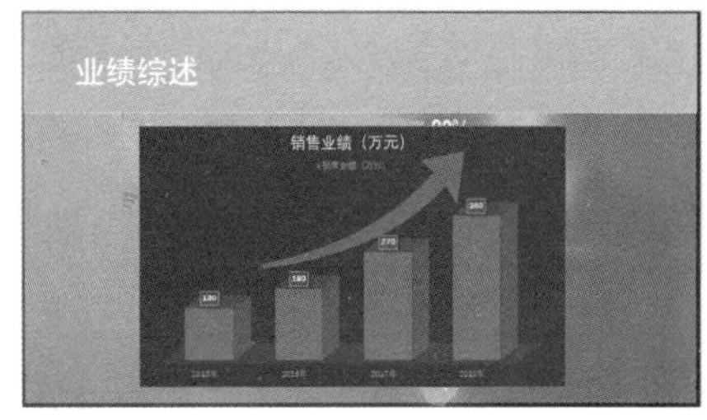

第 7 步 右击箭头图形，在弹出的快捷菜单中选择【编辑顶点】选项，调整各个顶点，如下图所示。

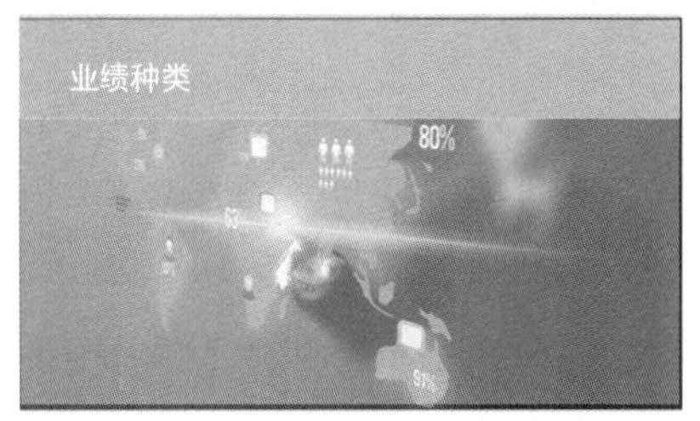

4. 设计业绩种类幻灯片

设计业绩种类幻灯片的具体操作步骤如下。

第 1 步 新建一张【仅标题】幻灯片，并输入标题“业绩种类”，如下图所示。

第 2 步 绘制 4 个圆形，分别填充橙色、蓝色、深灰色和红色，效果如下图所示。

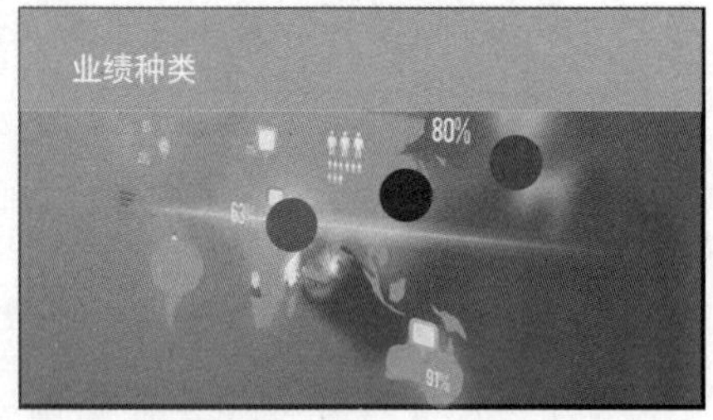

第 3 步 在圆形上添加文字，如下图所示。

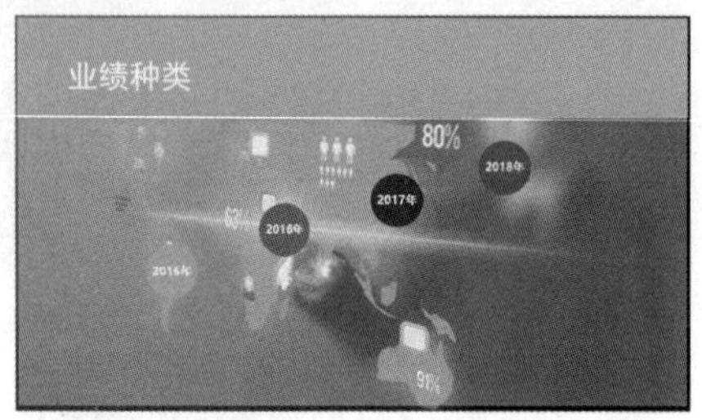

第 4 步 分别在圆形的下方插入文本框，并输入说明文字，如下图所示。

5. 设计销售组成和地区销售幻灯片

（1）设计销售组成幻灯片

第 1 步 新建一张【标题和内容】幻灯片，并输入标题“销售组成”，如下图所示。

第 2 步 单击内容文本框中的【插入图表】按钮，在弹出的【插入图表】对话框中选择【三维饼图】图样，单击【确定】按钮，如下图所示。

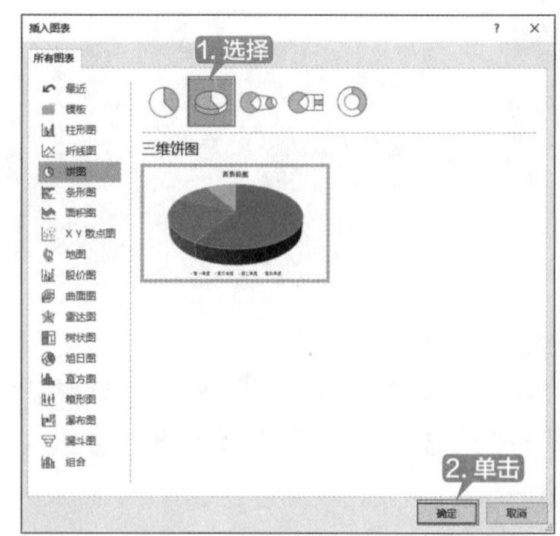

第 3 步 在打开的 Excel 工作簿中修改数据，如下图所示。

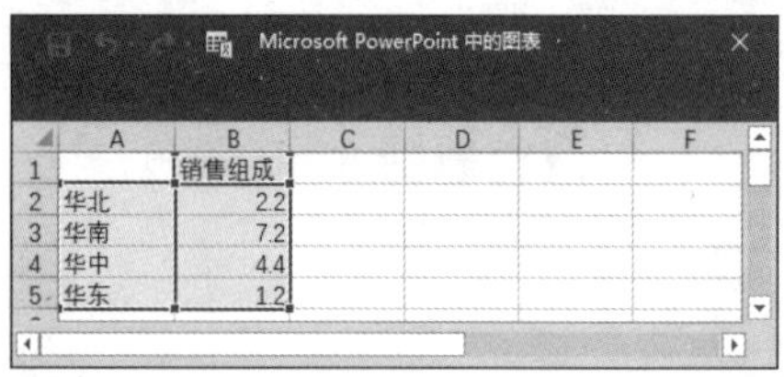
Microsoft PowerPoint 中的图表

	A	B	C	D	E	F
1		销售组成				
2	华北	2.2				
3	华南	7.2				
4	华中	4.4				
5	华东	1.2				

第 4 步 关闭 Excel 工作簿，幻灯片中即可插入相应的图表，如下图所示。

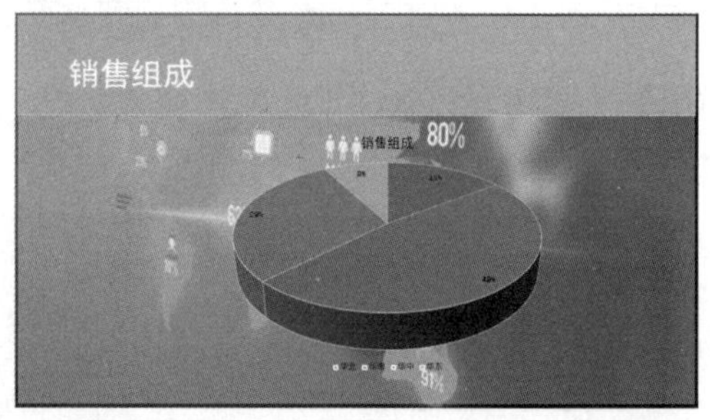

第 5 步 为图表应用一种样式，隐藏图表的标题，在图表内显示数据标签，并将数据标签的文字颜色更改为白色，如下图所示。

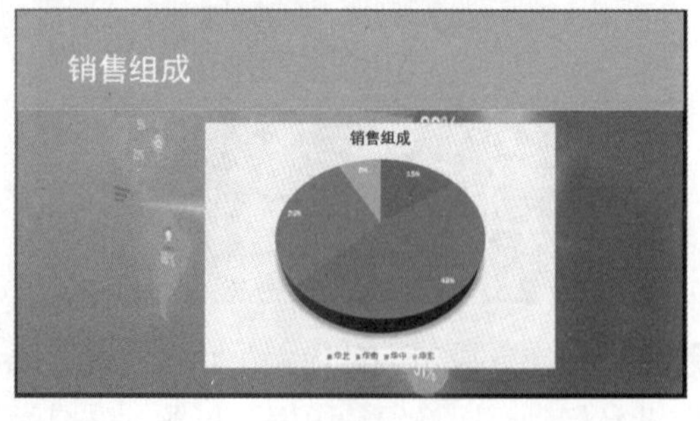

（2）设计地区销售幻灯片

第 1 步 新建一张【标题和内容】幻灯片，并输入标题“地区销售”，如下图所示。

第 2 步 添加一个“三维簇状条形图”，将 Excel 工作簿中的数据修改为如下数据。

Microsoft PowerPoint 中的图表

	A	B	C	D	E
1		2016年销售额	2017年销售额	2018年销售额	
2	华北	200	390	500	
3	华南	250	401	550	
4	华中	350	412	530	
5	华东	290	378	535	

第 3 步 关闭 Excel 工作簿，幻灯片中即可插入相应的图表，如下图所示。

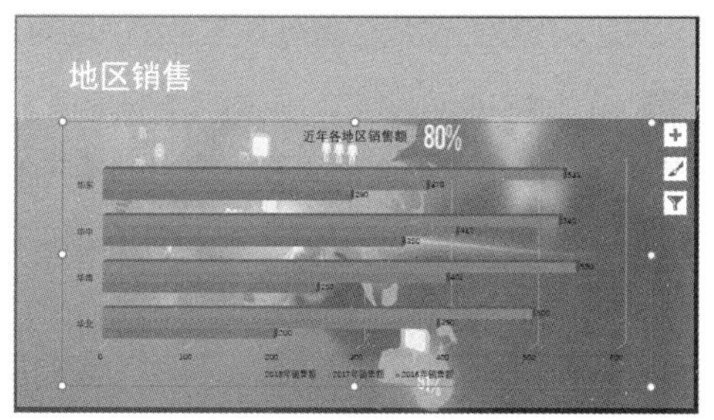

第 4 步 为图表应用一种样式，隐藏图表的标题、横坐标、图例和网格线，并显示图表的数据标签，如下图所示。

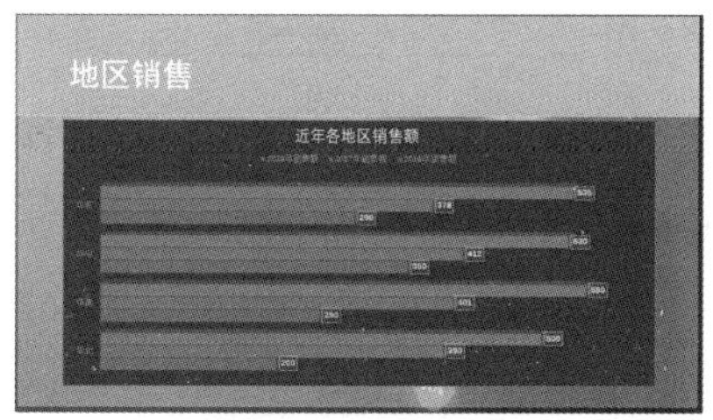

6. 设计未来展望和结束页幻灯片

设计未来展望幻灯片和结束页幻灯片的具体操作步骤如下。

第 1 步 新建一张【仅标题】幻灯片，并输入标题“未来展望”，如下图所示。

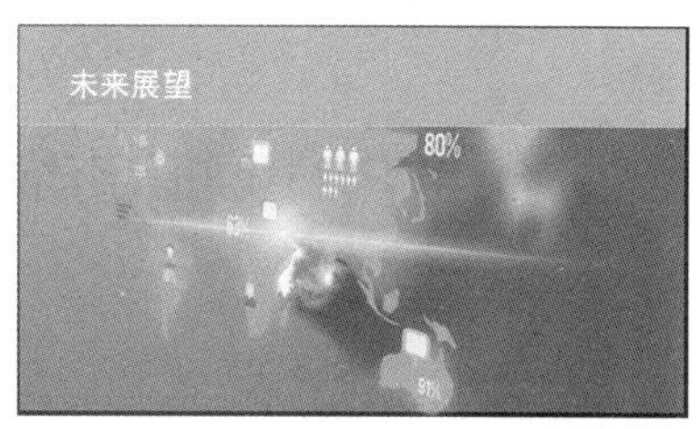

第 2 步 绘制两个圆形和一个圆角矩形框，设置圆形的填充颜色为橙色，并绘制两个三角形，设置圆角矩形的【形状填充】为白色，并绘制两个三角形，【形状填充】为白色，效果如下图所示。

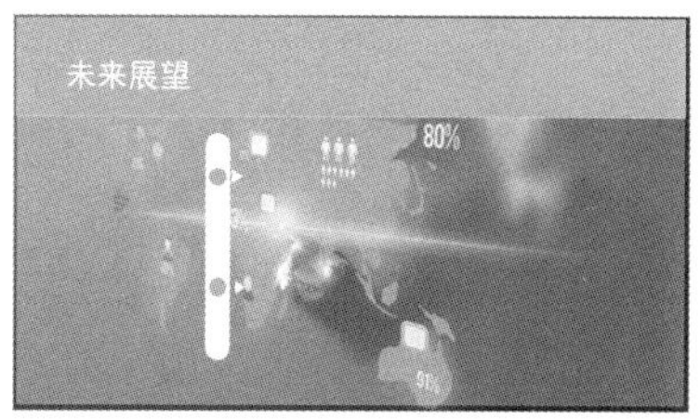

第 3 步 在图形中添加文字，如下图所示。

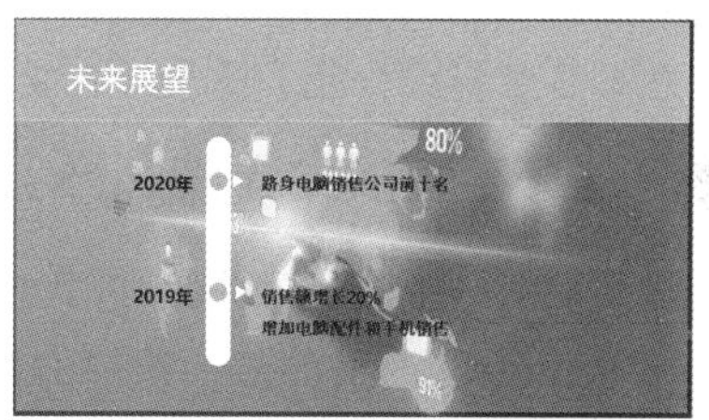

第 4 步 新建一张【标题】幻灯片，并输入“谢谢观看！”，设置字体为“黑体”、字号为“72”，效果如下图所示。

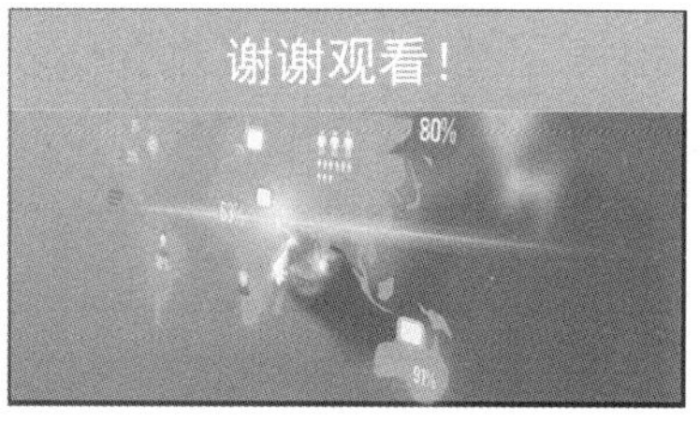

至此，电脑销售报告 PPT 制作完成。

◇ 将 PPT 图形用动画展示

PowerPoint 中的 SmartArt 图形是一个完整的图形，如何将图形中的各个部分分别用动画展示出来呢？其实，只需在图形边框处右击，然后在弹出的快捷菜单中选择【组合】→【取消组合】命令即可，如下图所示。

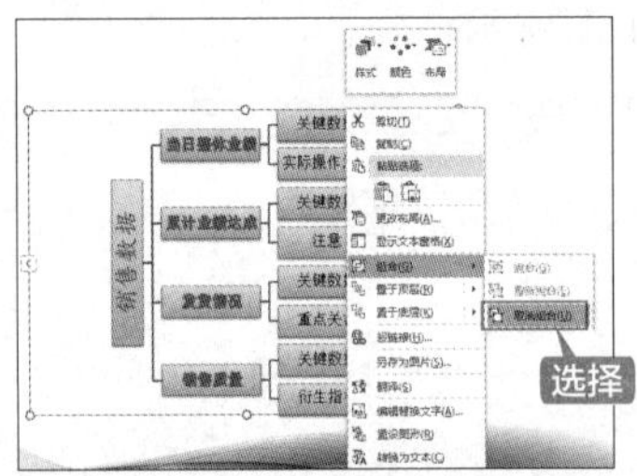

接下来就可以对图形中的每个部分分别设置动作了。有关设置动画动作的具体操作方法将在第 9 章详细介绍，这里不再赘述。

◇ 将流程文字转换为美观图形

在 7.7.1 小节中介绍了将幻灯片中的文本转换为 SmartArt 图形的具体操作方法。在将流程文字转换为图形后，如果觉得直接转变后的图形还是有点单调，那么还可以对流程图进行适当的装饰。

第 1 步 打开“素材 \ch07\ 销售数据分析 03.pptx”文件，选择第 4 张幻灯片中的流程图，如下图所示。

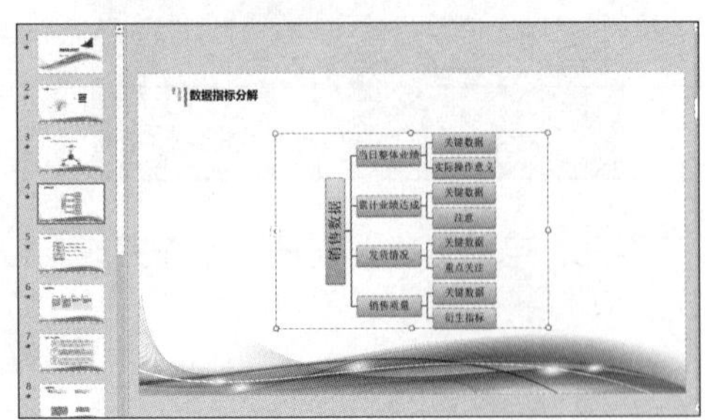

第 2 步 单击【SmartArt 工具-设计】选项卡【SmartArt 样式】组中【快速样式】区域中的【其他】按钮，在弹出的列表中选择【白色轮廓】选项，如下图所示。

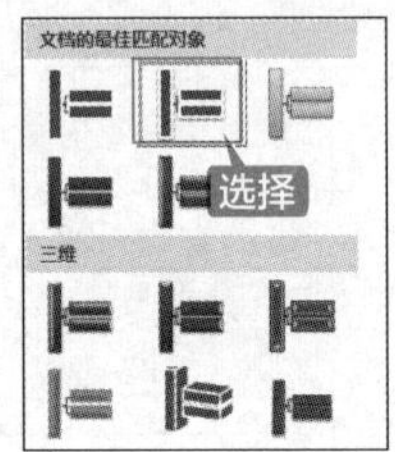

第 3 步 图形样式设置为“白色轮廓”样式后的效果如下图所示。

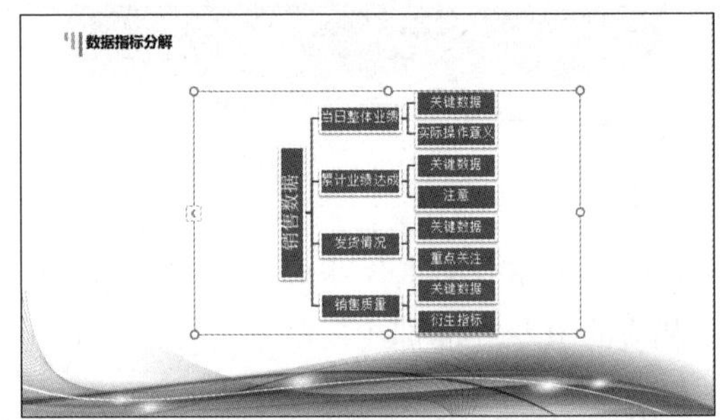

第 4 步 单击【SmartArt 工具-格式】选项卡【艺术字样式】组中【快速样式】区域中的【其他】按钮，在弹出的列表中选择下图所示的图样来更改文字样式。

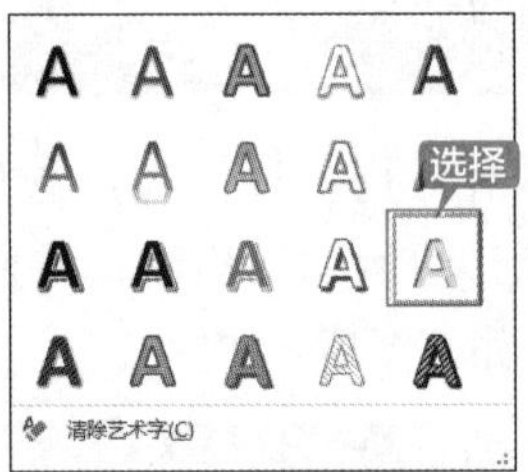

第 5 步 更改字体样式后的效果如下图所示。

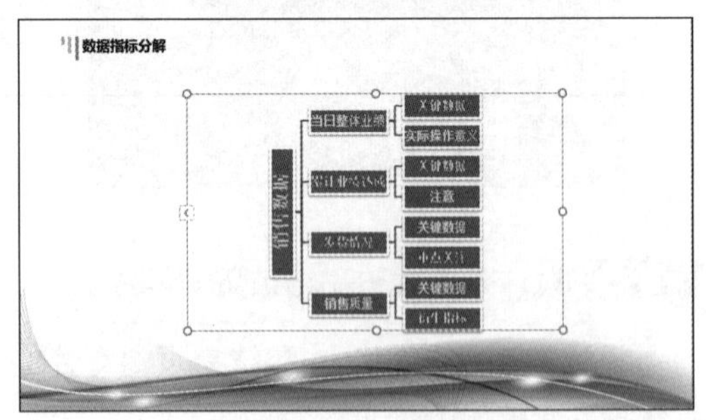

第 8 章 模板与母版

本章导读

对于初学者来说，模板就是一个框架，可以方便地填入内容。在 PPT 中使用了模板和母版的情况下，如果想要修改所有幻灯片标题的样式，那么只需要在幻灯片的母版中修改一处即可。

思维导图

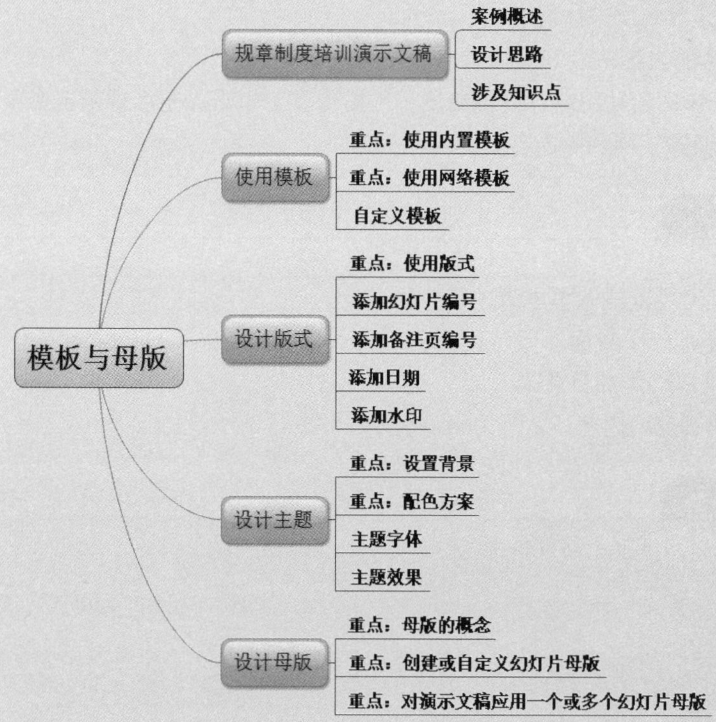

8.1 规章制度培训演示文稿

规章制度是用人单位制订的组织劳动过程和进行劳动管理的规则的总和，也称为内部劳动规则，是企业内部的“法律”。规章制度内容广泛，涵盖了用人单位经营管理的各个方面。规章制度主要包括劳动合同管理、工资管理、社会保险福利待遇、工时休假、职工奖惩，以及其他劳动管理规定。

案例名称：制作规章制度演示文稿

案例目的：掌握幻灯片模板和母版的使用

	素材	素材 \ch08\ 规章制度培训 .pptx
	结果	结果 \ch08\ 规章制度培训 .pptx
	视频	视频教学 \08 第 8 章

8.1.1 案例概述

规章制度培训演示文稿主要包含以下几点内容。

（1）制订制度的目的

规章制度首先是应用于标准化管理，即制度可以规范员工的行为，规范企业管理等。如果有全面完善的规章制度，公司内部员工工作积极性就可以得到广泛调动，员工最注重的因素就是发展和公平，公平就是靠制度来体现的。

（2）规章制度包含的内容

公司规章制度一般包括考勤纪律、就餐制度、工作牌、工作服、制度规范至形象与环境、制度规范至资源与完全及员工福利等内容。

8.1.2 设计思路

制作规章制度 PPT 时可以按以下思路进行。

① 制作规章制度培训 PPT 封面。

② 为规章制度培训 PPT 添加目录等。

③ 添加规章制度培训分项内容。

8.1.3 涉及知识点

本案例主要涉及以下知识点。

① 使用版式。

② 使用主题。

③ 使用效果。

④ 设置模板。

8.2 使用模板

PowerPoint 模板是另存为“.potx”文件的一张幻灯片或一组幻灯片的图案或蓝图。模板可以包含版式、主题颜色、主题字体、主题效果和背景样式，甚至还可以包含内容。

可以获取多种不同类型的 PowerPoint 内置免费模板，也可以在 Office.com 和其他合作伙伴网站上获取应用于演示文稿的数百种免费模板。此外，还可以创建自定义模板，然后存储、重用及与他人共享。

8.2.1 重点：使用内置模板

创建新的空白演示文稿，或使用最近打开的模板、样本模板或主题等，都可以通过选择【文件】选项卡，从弹出的界面左侧列表中选择【新建】选项，然后从【新建】界面中选择需要使用的内置模板。

下面介绍使用内置模板的具体操作步骤。

第 1 步 在打开的演示文稿 1 中选择【文件】选项卡，从弹出的界面左侧列表中选择【新建】选项，如下图所示。

第 2 步 即会在右侧弹出【新建】界面，如下图所示。

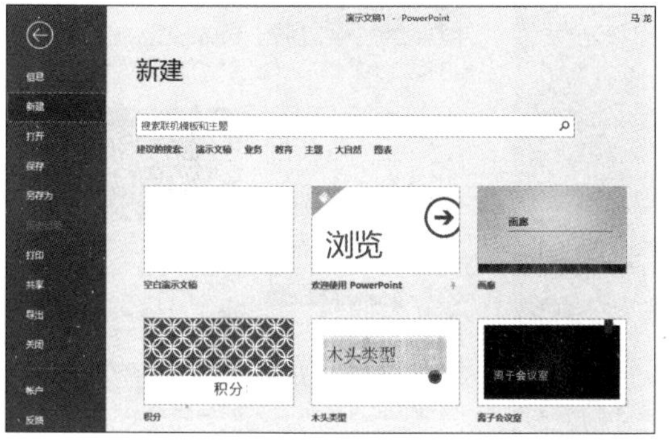

第 3 步 选择【空白演示文稿】选项，或在【空白演示文稿】选项上右击，在弹出的快捷菜单中选择【创建】选项，如下图所示。

第 4 步 系统即可自动创建一个名称为“演示文稿 2”的空白新演示文稿，如下图所示。

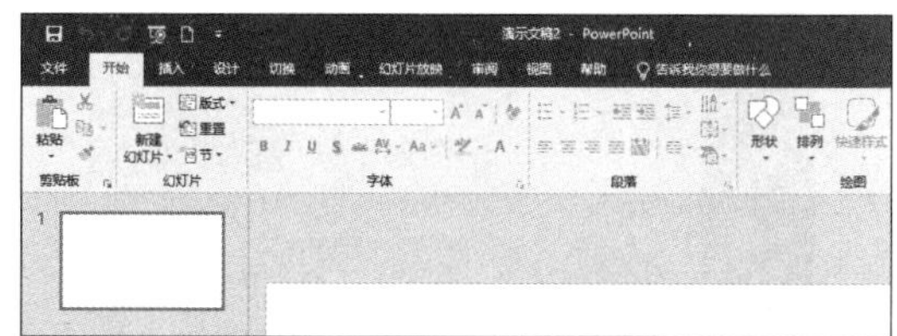

第 5 步 用户也可以从样本模板中选择需要创建的内置模板，如下图所示。

第 6 步 本例选择【天体】样本模板选项，即可从弹出的样本模板中选择需要创建的模板，单击【创建】按钮，如下图所示。

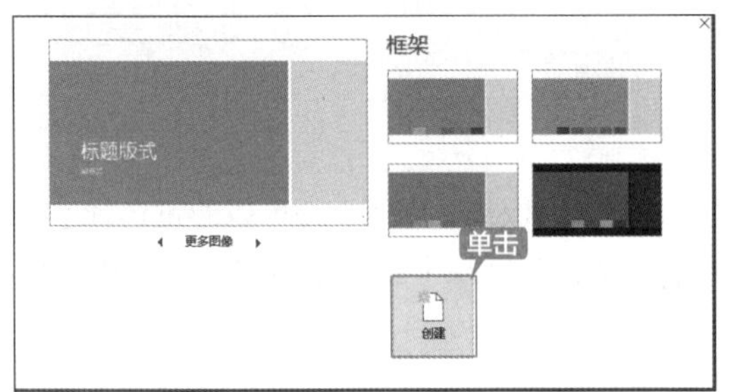

第 7 步 即可从主题模板中选择需要创建主题模板的演示文稿，如下图所示。

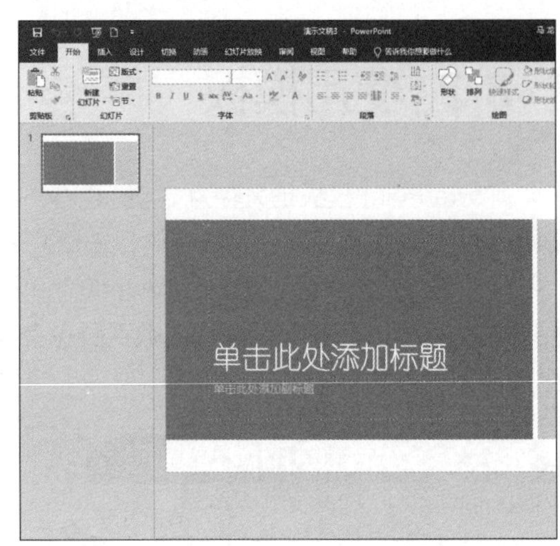

8.2.2 重点：使用网络模板

除了 8.2.1 小节中介绍的使用免费的内置模板外，还可以使用 Office.com 提供的免费网络模板。

使用网络模板的具体操作步骤如下。

第 1 步 在打开的演示文稿中选择【文件】选项卡，从弹出的界面左侧列表中选择【新建】选项，可在【新建】界面看到【搜索】区域的选项，如下图所示。

第 2 步 在【新建】下的搜索框中输入需要的模板类型即可联机搜索相关模板和主题，例如，本例输入“教育”，单击【搜索】按钮 后即可搜索相关模板和主题，选择需要的模板，如下图所示。

第 3 步 在打开的界面中单击【创建】按钮，如下图所示。

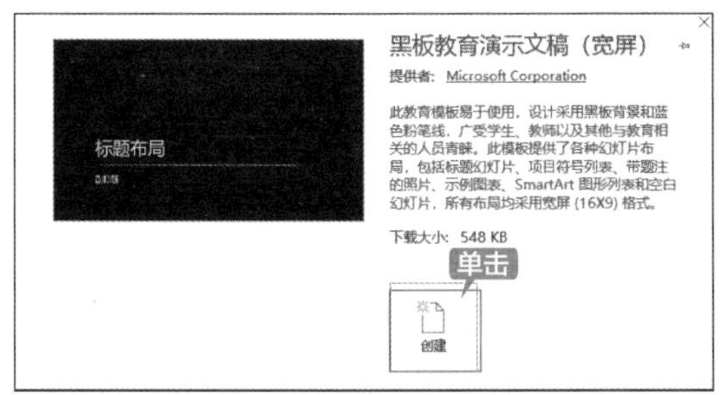

第 4 步 即可下载该模板，应用模板后的效果如下图所示。

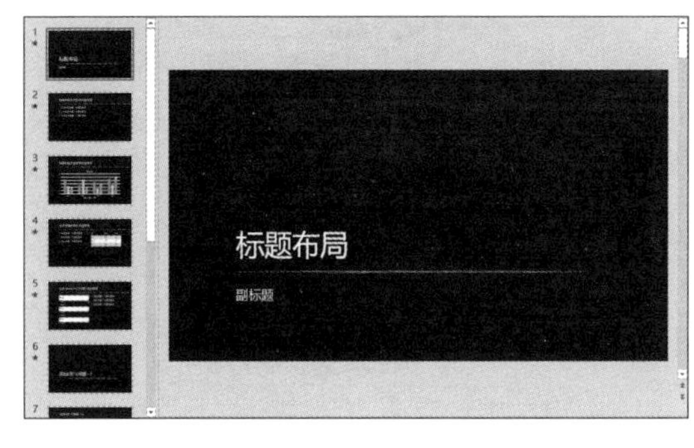

提示

使用网络模板需要连接网络。

8.2.3 自定义模板

为了使幻灯片更加美观，用户除了使用 PowerPoint 自带的背景样式和配色方案外，还可以通过自定义的方法定制专用的主题效果，如下图所示。

提示

设定完专用的主题效果后，可以单击【设计】选项卡【主题】组右侧的【其他】按钮，在弹出的下拉列表中选择【保存当前主题】选项。保存的主题效果可以多次引用，不需要用一次设置一次。

PowerPoint 中自带了一些字体样式，不同的幻灯片所需要的字体也不一样。如果在自带的字体中找不到需要的字体，用户可以自定义其他字体效果以方便将来再次使用。

第 1 步 单击【设计】选项卡【变体】组中的【其他】按钮，在弹出的下拉列表中选择【字体】→【自定义字体】选项，如下图所示。

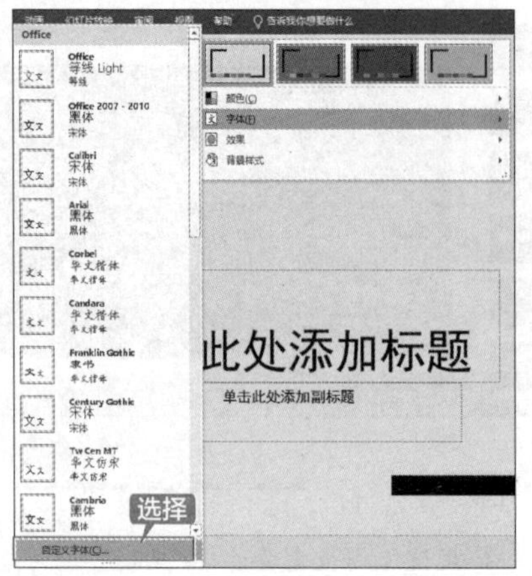

第 2 步 弹出【新建主题字体】对话框后，可自行选择适当的字体效果。单击【保存】按钮，完成自定义字体的操作，如下图所示。

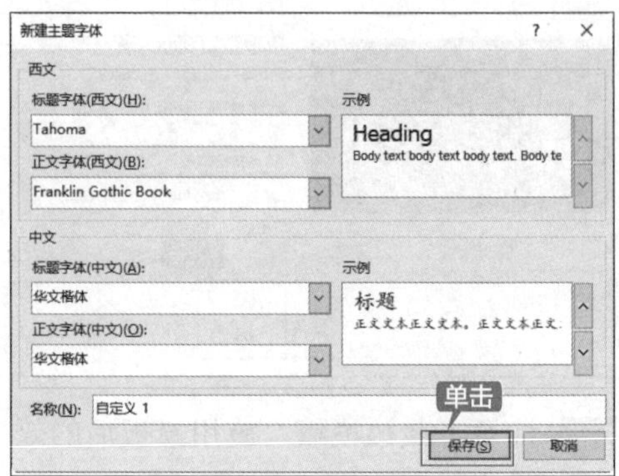

8.3 设计版式

本节主要介绍幻灯片版式，以及向演示文稿中添加幻灯片编号、备注页编号、日期和时间及水印等的方法。

8.3.1 重点：使用版式

幻灯片版式包含要在幻灯片上显示的全部内容的格式设置、位置和占位符。PowerPoint 中包含标题幻灯片、标题和内容、节标题等 11 种内置幻灯片版式，如下图所示。

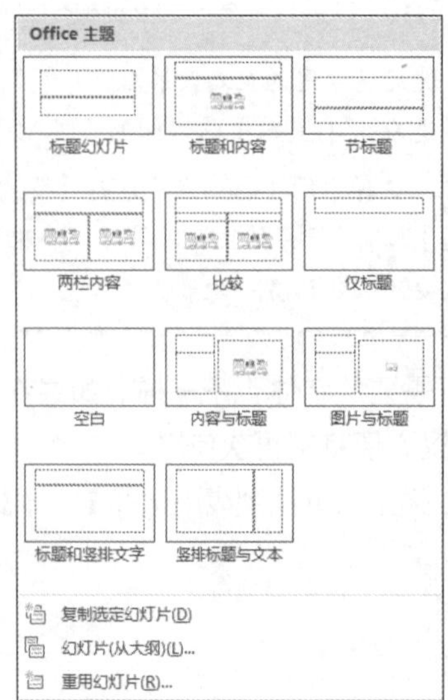

以上每种版式均显示了将在其中添加文本或图形的各种占位符的位置。

在 PowerPoint 中使用幻灯片版式的具体操作步骤如下。

第 1 步 启动 PowerPoint 2019，新建一个包含标题幻灯片的空白演示文稿，如下图所示。

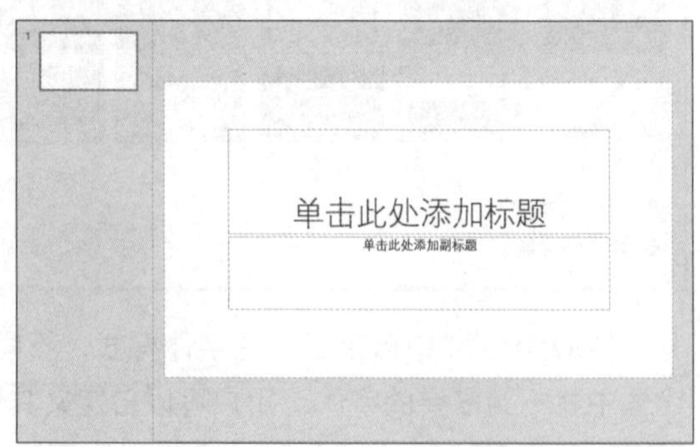

第 2 步 单击【开始】选项卡【幻灯片】组中的【新建幻灯片】下拉按钮，如下图所示。

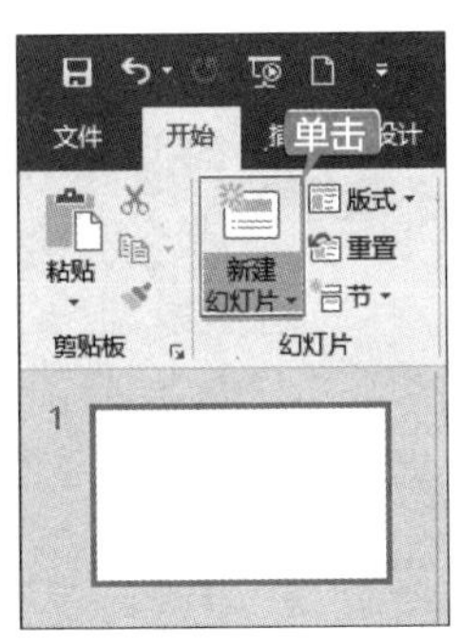

第 3 步 在弹出的下拉列表的【Office 主题】区域选择一个要新建的幻灯片版式即可，如此处选择【标题和内容】选项，如下图所示。

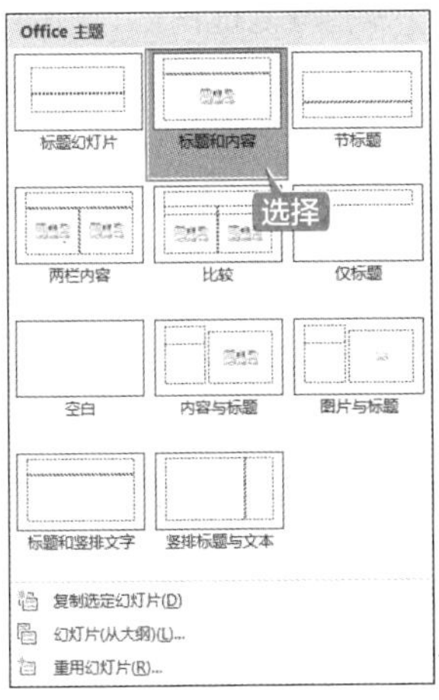

第 4 步 即可在演示文稿中创建一个“标题和内容”的幻灯片，如下图所示。

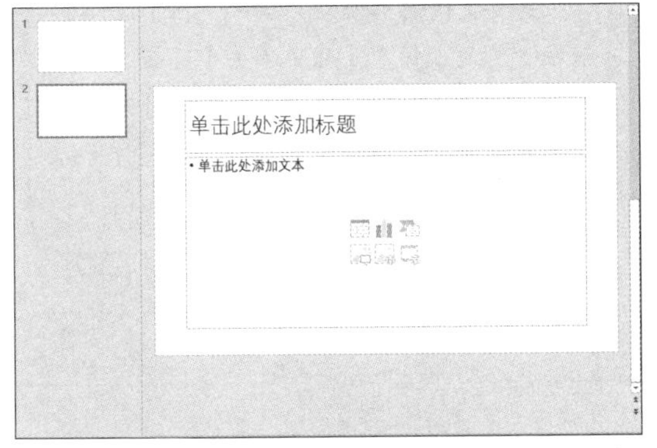

第 5 步 选择第 2 张幻灯片，单击【开始】选项卡【幻灯片】组中的【版式】下拉按钮，在弹出的下拉列表中选择【内容与标题】选项，如下图所示。

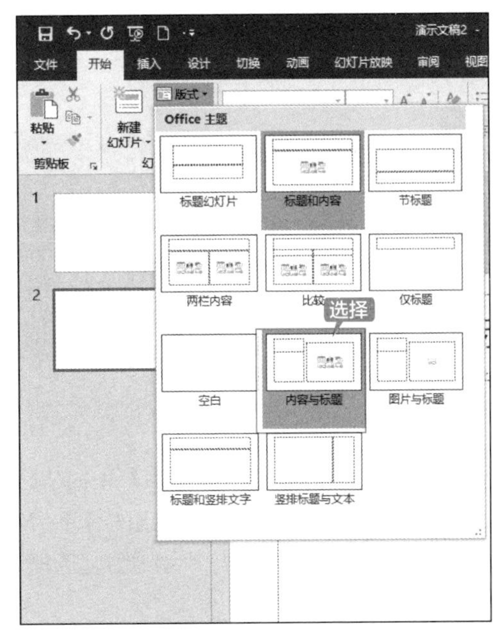

第 6 步 即可将该幻灯片的【标题和内容】版式更改为【内容与标题】版式，如下图所示。

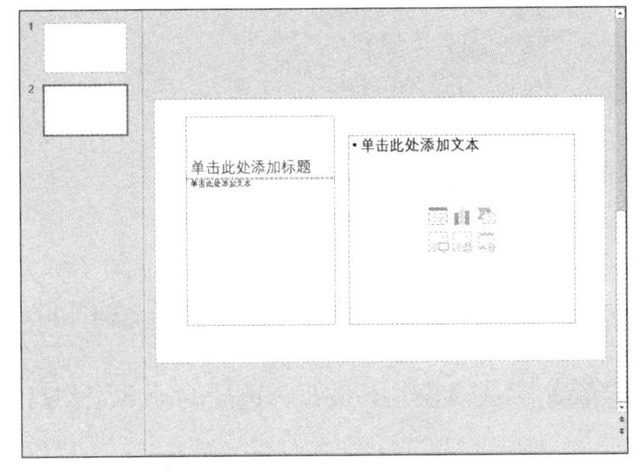

8.3.2 添加幻灯片编号

在演示文稿中既可以添加幻灯片编号、备注页编号、日期和时间，还可以添加水印。在演示文稿中添加幻灯片编号的具体操作步骤如下。

第 1 步 打开“素材\ch08\规章制度培训.pptx”文件，单击【视图】选项卡【演示文稿视图】组中的【普通】按钮，使演示文稿处于普通视图状态。在【幻灯片缩略图】窗格中选择第 2 张幻灯片，如下图所示。

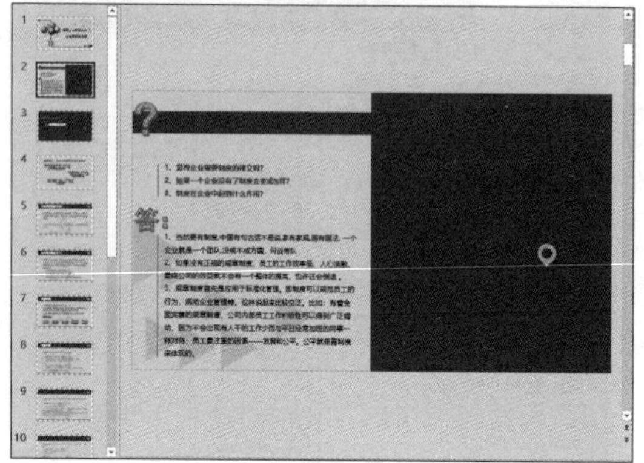

第 2 步 单击【插入】选项卡【文本】组中的【插入幻灯片编号】按钮，在弹出的【页眉和页脚】对话框中选中【幻灯片编号】复选框，如下图所示。

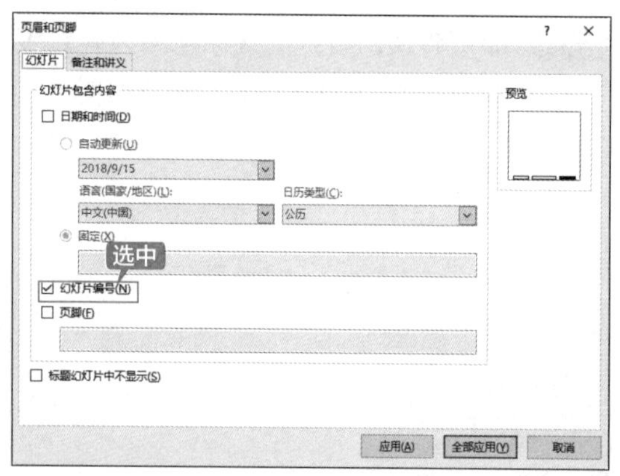

第 3 步 单击【应用】按钮，选择的第 2 张幻灯片右下角即会插入幻灯片编号，如下图所示。

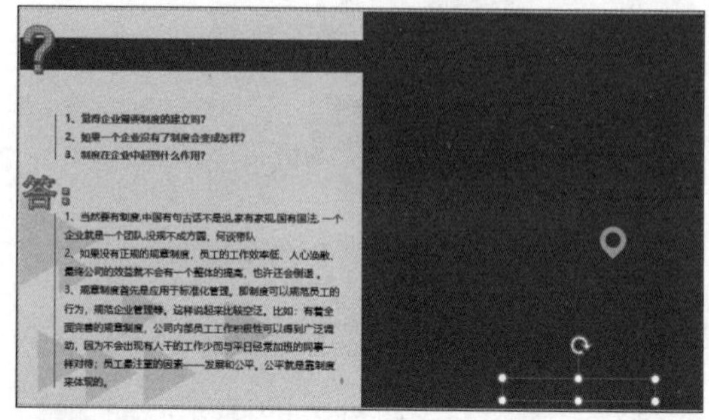

第 4 步 若在演示文稿中的所有幻灯片中都添加幻灯片编号，在【页眉和页脚】对话框中选中【幻灯片编号】复选框后，单击【全部应用】按钮即可，如下图所示。

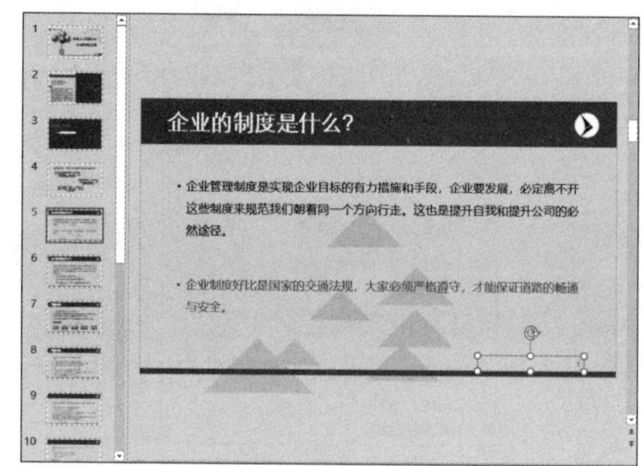

提示

若要更改起始幻灯片编号，在【设计】选项卡【页面设置】组中单击【页面设置】按钮，然后在弹出的【页面设置】对话框的【幻灯片编号起始值】文本框中输入新的幻灯片编号即可。

8.3.3 添加备注页编号

在演示文稿中添加备注页编号和添加幻灯片编号类似，只需在弹出的【页眉和页脚】对话框中选择【备注和讲义】选项卡，然后选中【页码】复选框，最后单击【全部应用】按钮即可，如下图所示。

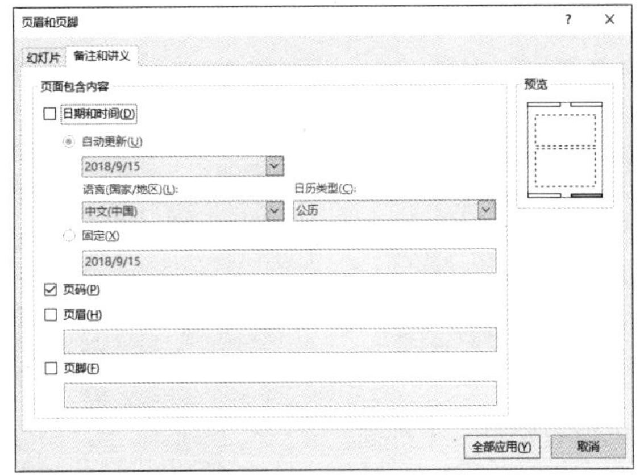

8.3.4 添加日期

在演示文稿中添加日期的具体操作步骤如下。

第 1 步 打开“素材\ch08\规章制度培训.pptx”文件，切换到普通视图状态。在【幻灯片缩略图】窗格中选择第 2 张幻灯片，如下图所示。

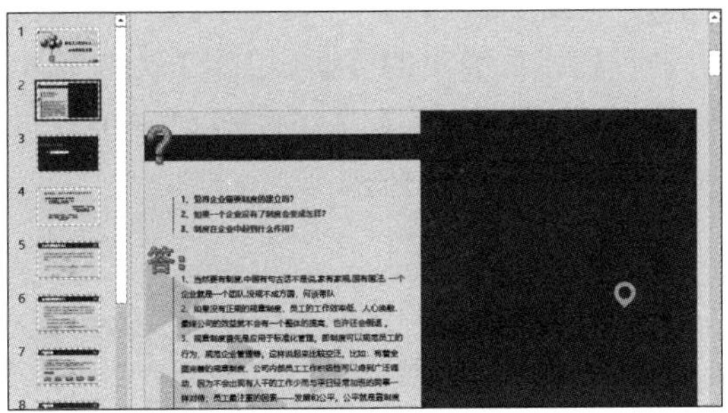

第 2 步 单击【插入】选项卡【文本】组中的【日期和时间】按钮，在弹出的【页眉和页脚】对话框的【幻灯片】选项卡中选中【日期和时间】复选框，如下图所示。

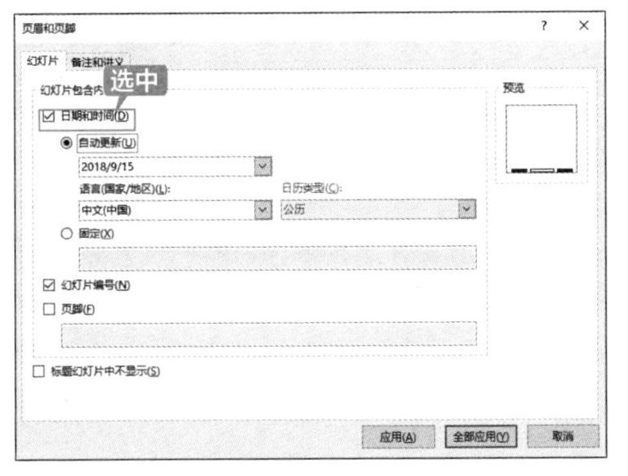

提示

选择【幻灯片】选项卡，可在幻灯片中添加日期和时间；选择【备注和讲义】选项卡，可在备注页中添加日期和时间。

第 3 步 选中【固定】单选按钮，并在其下的文本框中输入想要显示的日期，如下图所示。

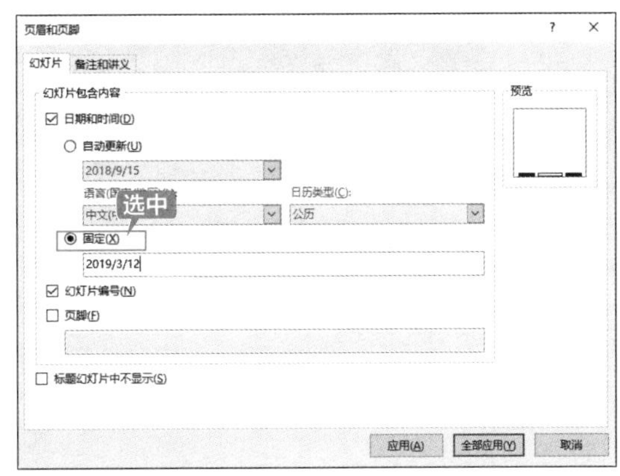

提示

若要指定在每次打开或打印演示文稿时反映当前日期和时间的更新，可以选中【自动更新】单选按钮，然后选择所需的日期格式即可。

第 4 步 单击【应用】按钮，选择的第 2 张幻灯片左下角即会插入日期，如下图所示。

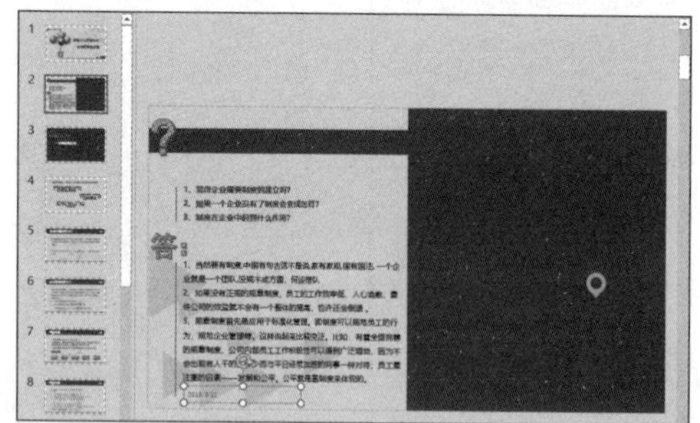

第 5 步　若在演示文稿中的所有幻灯片中都添加日期，单击【全部应用】按钮即可，如下图所示。

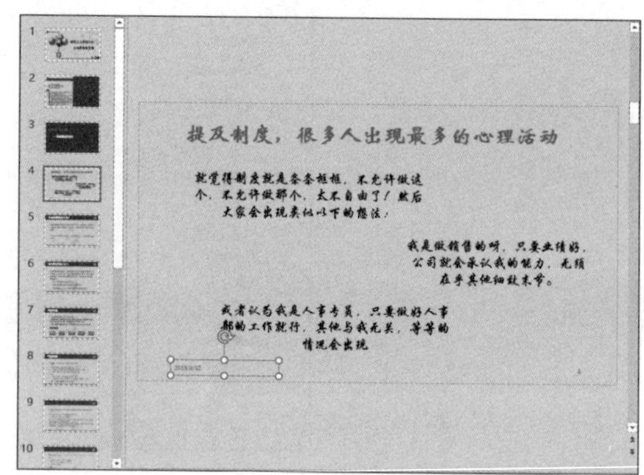

8.3.5 添加水印

在幻灯片中添加水印时，既可以使用图片作为水印，也可以使用文本框或艺术字作为水印，操作方式类似。

使用图片添加水印的具体操作步骤如下。

第 1 步　打开“素材\ch08\规章制度培训.pptx”文件，选择要添加水印的第 3 张幻灯片，如下图所示。

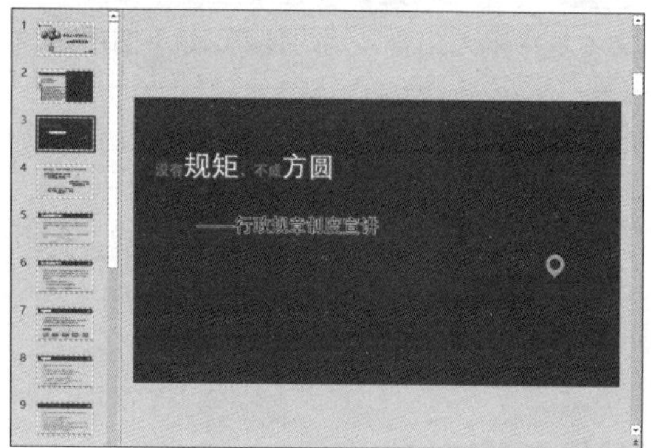

> **提示**
>
> ① 要为空白演示文稿中的所有幻灯片添加水印，需要单击【视图】选项卡【母版视图】组中的【幻灯片母版】按钮。
>
> ② 如果完成的演示文稿包含一个或多个母版幻灯片，则可能不需要对这些母版幻灯片应用背景，以及对演示文稿进行不必要的更改。比较安全的做法是一次为一张幻灯片添加背景。

第 2 步　单击【插入】选项卡【图像】组中的【图片】按钮，在弹出的【插入图片】对话框中选择所需要的图片，如选择“素材\ch08\01.jpg”文件，如下图所示。

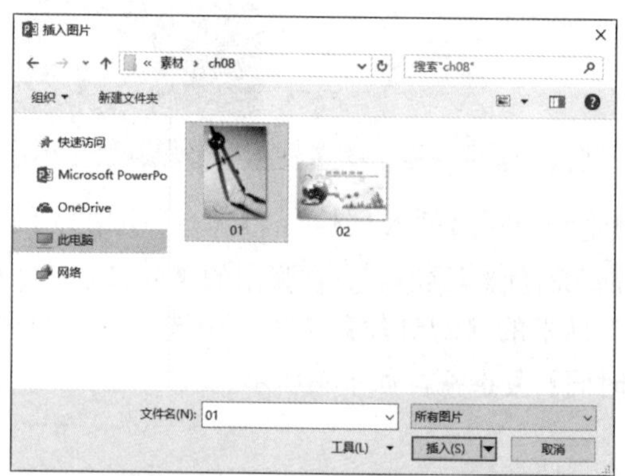

> **提示**
>
> 也可以单击【插入】选项卡【图像】组中的【链接图片】按钮，在弹出的【插入图片】对话框中搜索合适的图片作为水印。

第 3 步　单击【插入】按钮，即可将选择的图片插入幻灯片中，如下图所示。

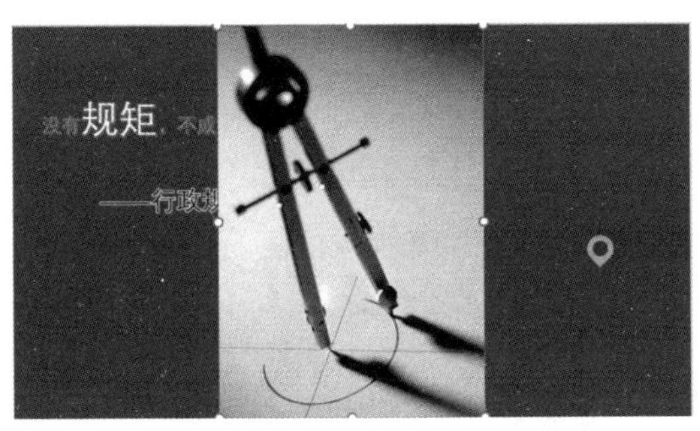

第4步 在插入的图片处于选中状态时右击，在弹出的快捷菜单中选择【大小和位置】选项，如下图所示。

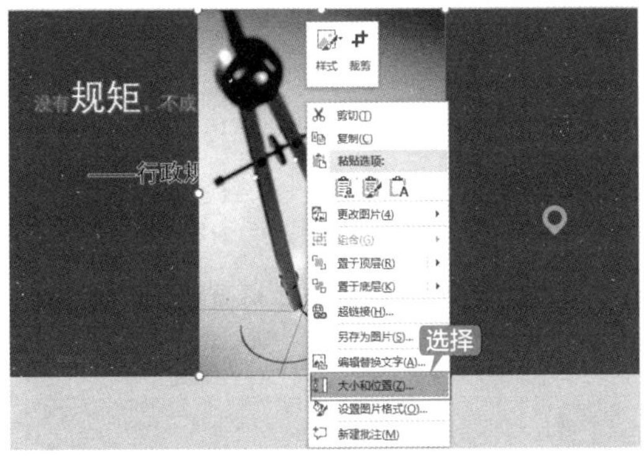

第5步 在弹出的【设置图片格式】任务窗格中的【大小】区域中选中【锁定纵横比】和【相对于图片原始尺寸】复选框，并在【缩放高度】文本框中更改缩放比例为“1%”，在其他文本框中单击会自动调整图片尺寸的高度、宽度和缩放比例中的宽度，如下图所示。

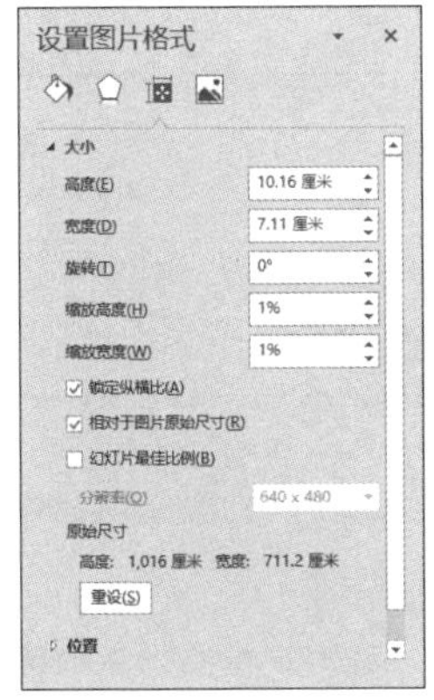

第6步 在【设置图片格式】任务窗格中展开【位置】选项，在【水平位置】文本框和【垂直位置】文本框中分别更改数值为“6厘米”和“1厘米”，以确定图片相对于左上角的位置，如下图所示。

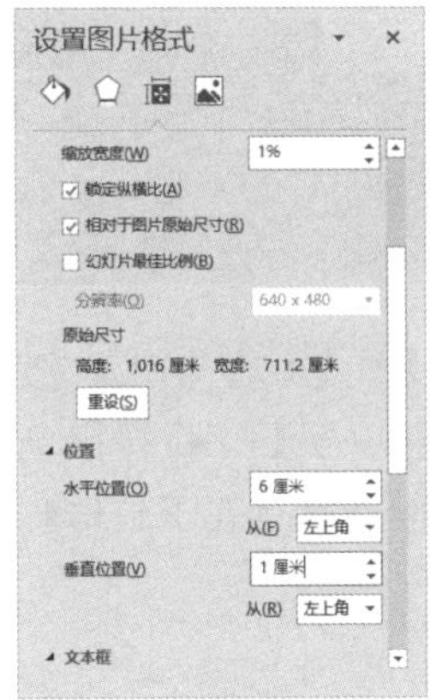

第7步 单击【关闭】按钮，调整图片位置后的效果如下图所示。

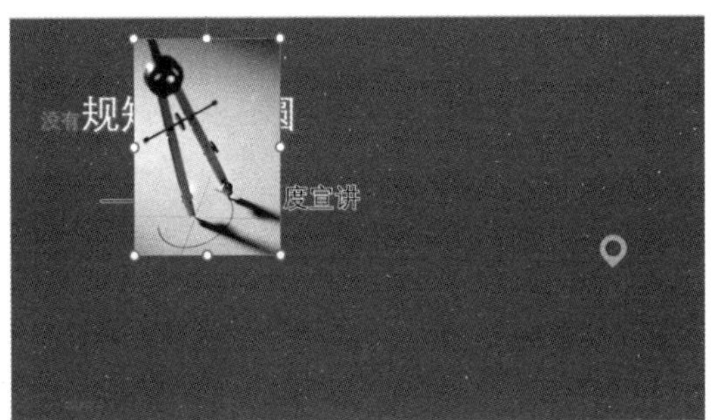

第8步 单击【图片工具-格式】选项卡【调整】组中的【颜色】按钮，然后从弹出的下拉列表的【重新着色】区域中选择【冲蚀】选项，如下图所示。

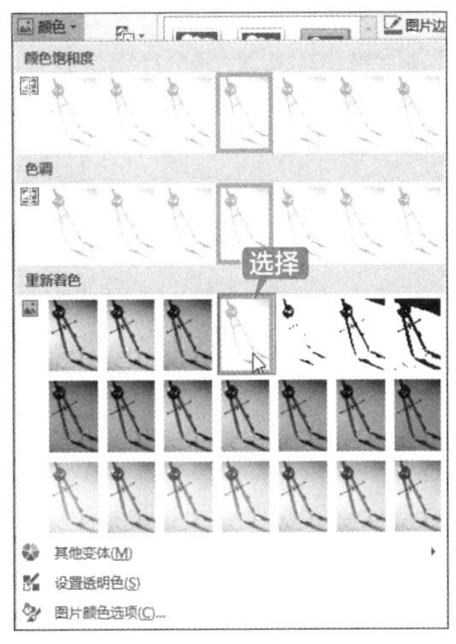

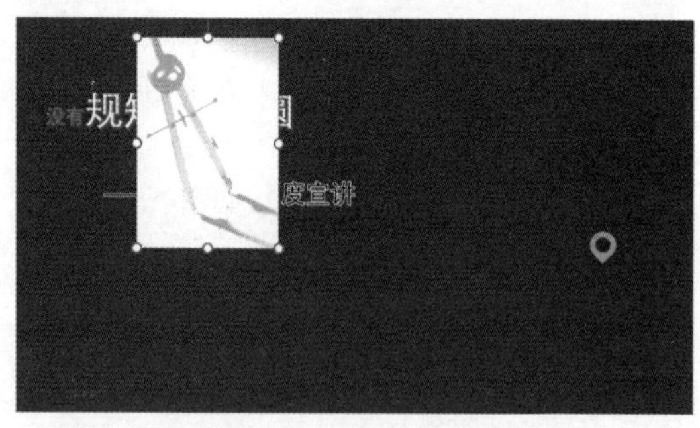

第 9 步 单击【图片工具-格式】选项卡【排列】组中的【下移一层】下拉按钮，然后从弹出的下拉列表中选择【置于底层】选项，如下图所示。

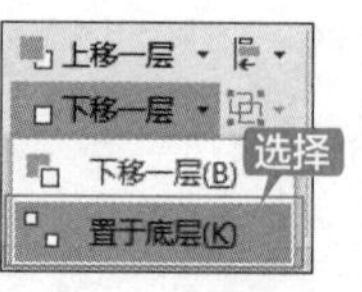

第 10 步 将背景颜色换成白色，至此，完成了将图片制作成水印的操作，如下图所示。

8.4 设计主题

为了使当前演示文稿整体搭配比较合理，用户除了需要对演示文稿的整体框架进行搭配外，还需要对演示文稿进行颜色、字体和效果等主题的设置，如下图所示。

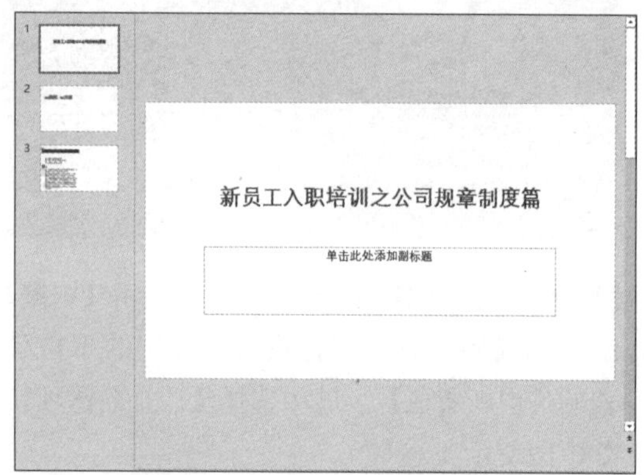

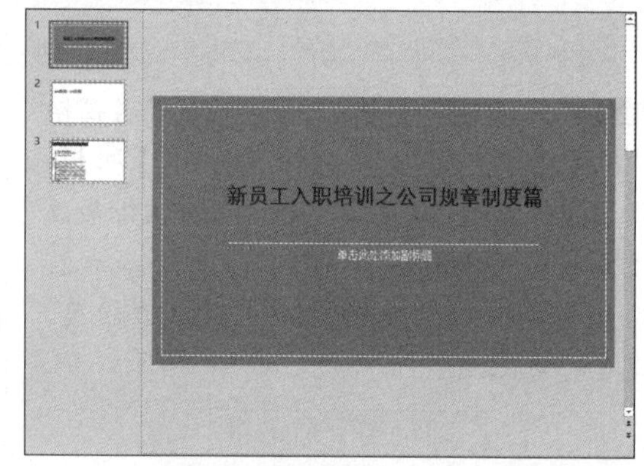

8.4.1 重点：设置背景

PowerPoint 中自带了多种背景样式，用户可以根据需要挑选使用。

第 1 步 打开“素材 \ch08\ 规章制度培训 2.pptx”文件，选中要设置背景样式的幻灯片，如下图所示。

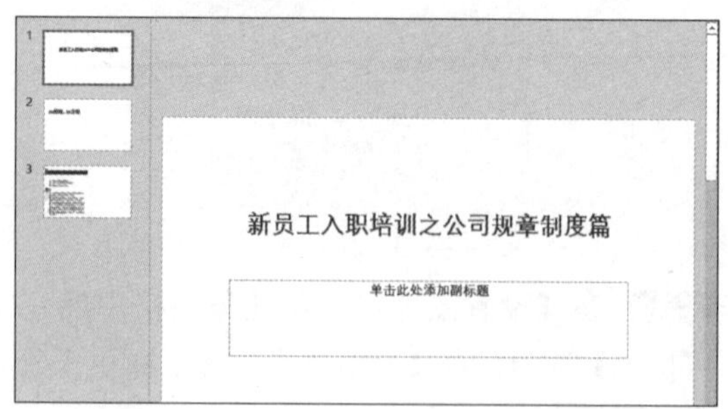

第 2 步 单击【设计】选项卡【变体】组中的【背景样式】选项，在弹出的下拉列表中选择一种样式来应用于当前演示文稿中，如选择【样式 10】选项，如下图所示。

第 3 步 所选的背景样式会直接应用于当前幻灯片中，如下图所示。

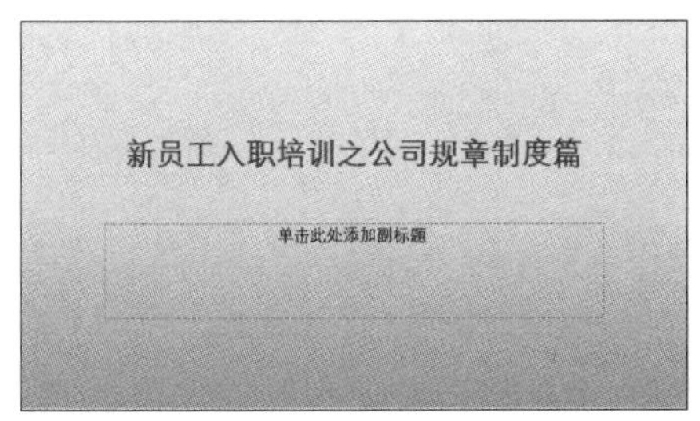

第 4 步 如果在当前【背景样式】列表中没有适合的背景样式，可以选择【设置背景格式】选项以自定义背景样式，如下图所示。

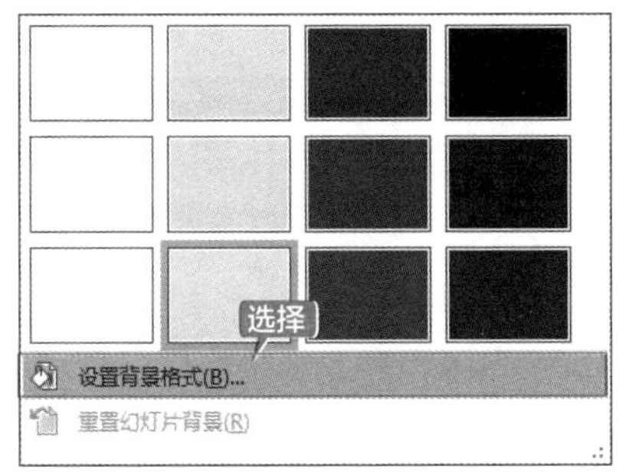

第 5 步 在弹出的【设置背景格式】任务窗格中设置合适的背景样式，如单击【填充】区域中【预设渐变】右侧的下拉按钮，在弹出的下拉列表中选择【浅色渐变 – 个性色 5】选项，然后单击【关闭】按钮，如下图所示。

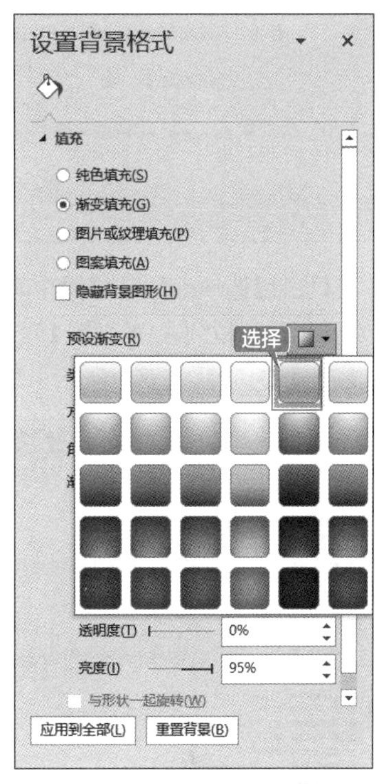

第 6 步 自定义的背景样式将被应用到当前幻灯片中，如下图所示。

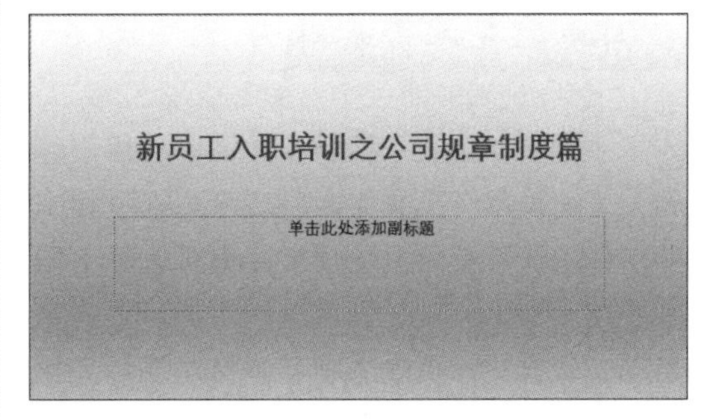

8.4.2 重点：配色方案

PowerPoint 中自带的主题样式如果不符合当前的幻灯片，用户可以自行搭配颜色以满足需要。每种颜色的搭配都会产生一种视觉效果。

第 1 步 打开“素材 \ch08\ 规章制度培训 2.pptx”文件，如下图所示。

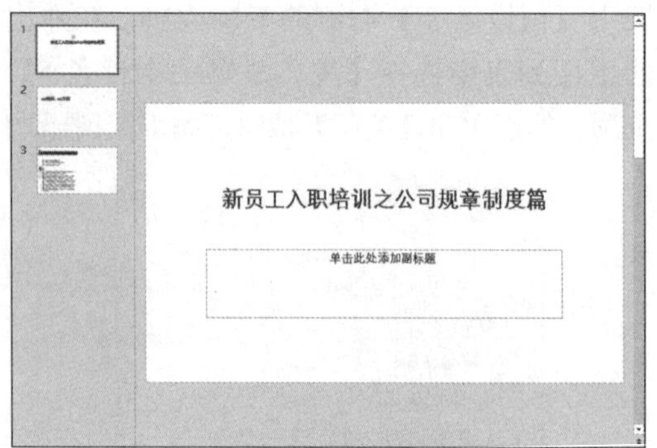

第 2 步 单击【设计】选项卡【变体】组中的【其他】按钮，在弹出的下拉列表中选择【颜色】→【自定义颜色】选项，如下图所示。

第 3 步 弹出【新建主题颜色】对话框，选择适当的颜色进行整体的搭配，单击【保存】按钮，如下图所示。

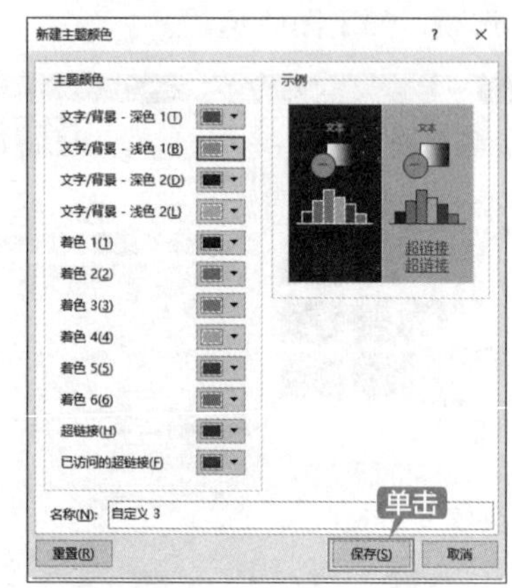

第 4 步 所选择的自定义颜色将会直接应用于当前幻灯片中，如下图所示。

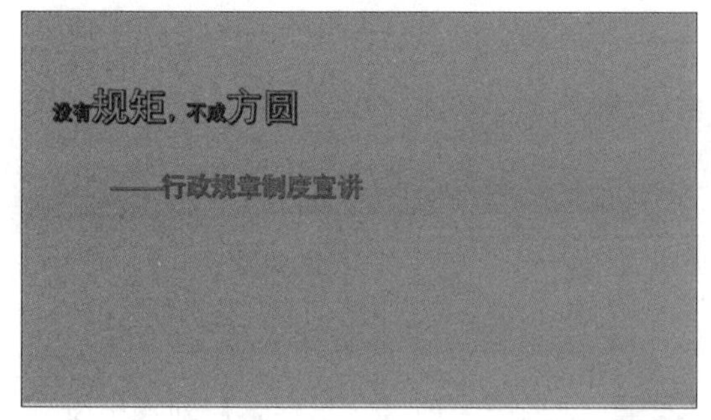

8.4.3 主题字体

主题字体定义了两种字体：一种用于标题，另一种用于正文文本。二者可以是相同的字体（在所有位置使用），也可以是不同的字体。PowerPoint 使用这些字体可以构造自动文本样式，更改主题字体将对演示文稿中的所有标题和项目符号文本进行更新。

选择要设置主题字体效果的幻灯片后，单击【设计】选项卡【变体】组中的【字体】按钮，在弹出的下拉列表中，用于每种主题字体的标题字体和正文文本字体的名称将显示在相应的主题名称下，从中可以选择需要的字体，如下图所示。

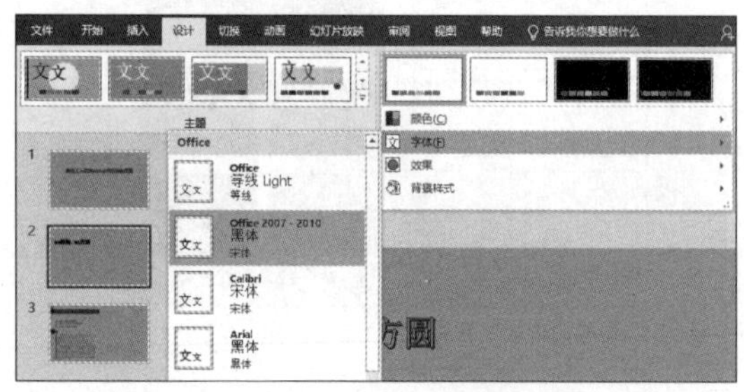

如果内置字体中没有满足需要的字体效果，可以选择下拉列表中的【自定义字体】选项，弹出【新建主题字体】对话框，如下图所示。

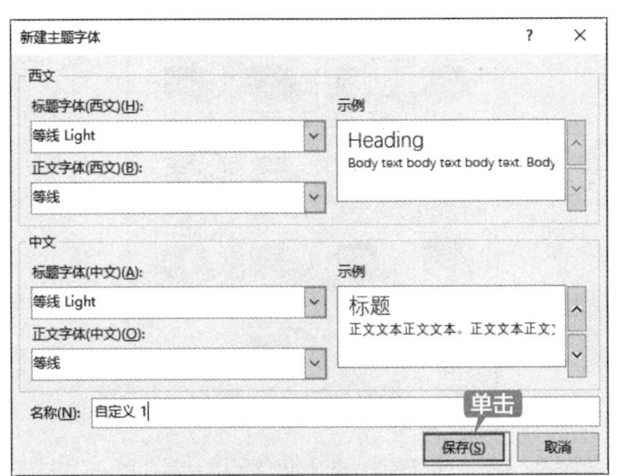

在该对话框中通过设置西文字体和中文字体，然后单击【保存】按钮，即可完成对主题字体的自定义。

8.4.4 主题效果

主题效果是应用于文件中元素的视觉属性的集合。主题效果、主题颜色和主题字体三者构成一个主题。

选择幻灯片后，单击【设计】选项卡【变体】组中的【效果】按钮，在弹出的下拉列表中同样可以选择需要的内置艺术效果，如下图所示。

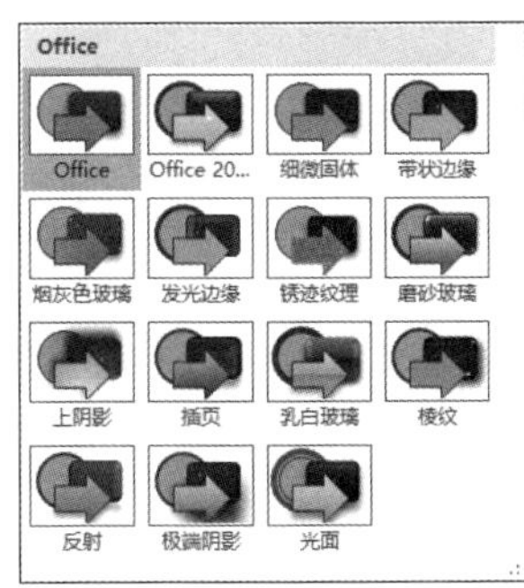

下面举例介绍在 PowerPoint 2019 中使用主题字体和主题效果的具体操作步骤。

第 1 步 打开“素材 \ch08\ 岗位竞聘 .pptx”文件，选择第 3 张幻灯片，如下图所示。

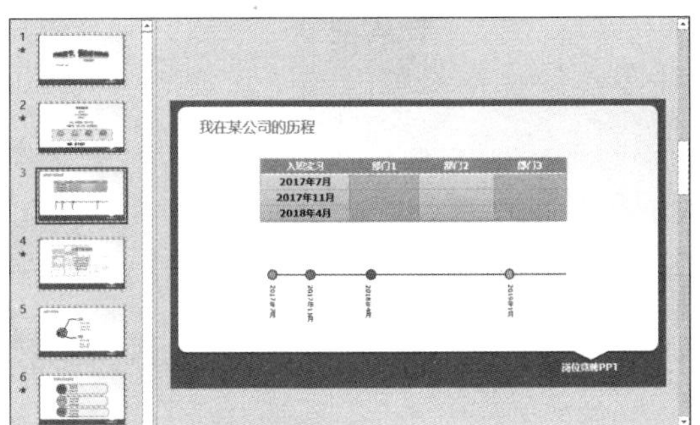

第 2 步 选择【设计】选项卡【变体】组中的【字体】选项，如下图所示。

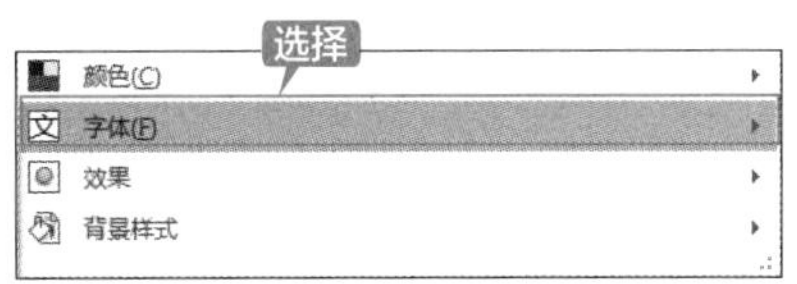

第 3 步 从弹出的下拉列表中选择【华文楷体】字体，如下图所示。

第 4 步 演示文稿中的字体即可设置为选择的“华文楷体”字体，如下图所示。

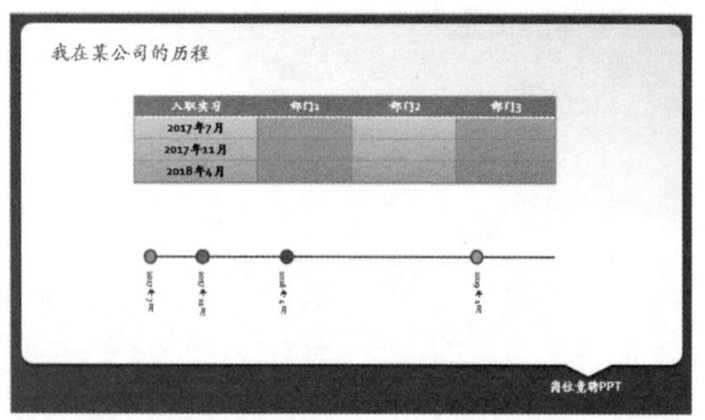

第 5 步 选择【设计】选项卡【变体】组中的【效果】选项，如下图所示。

第 6 步 从弹出的下拉列表中选择【极端阴影】效果，如下图所示。

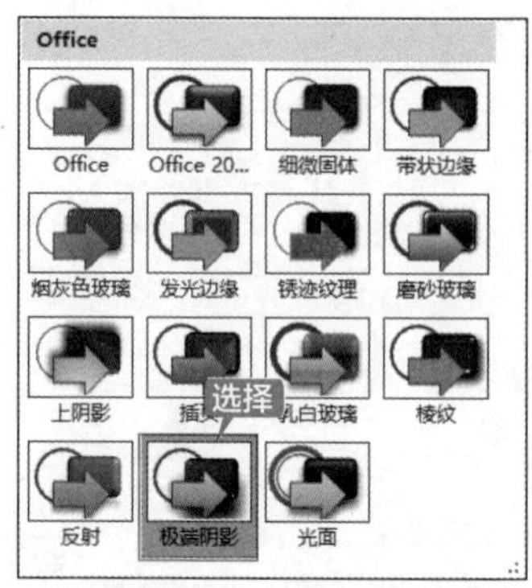

第 7 步 演示文稿中的主题效果即被更改为极端阴影，如下图所示。

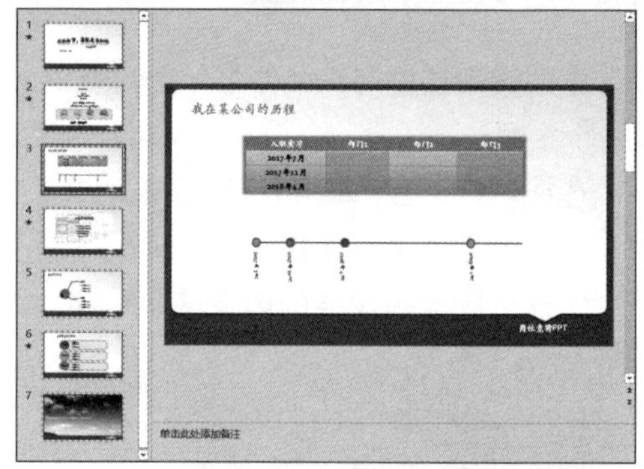

8.5 设计母版

幻灯片母版与幻灯片模板很相似。使用母版的目的是对幻灯片进行文本的放置位置、文本样式、背景和颜色主题等效果的更改，如下图所示。

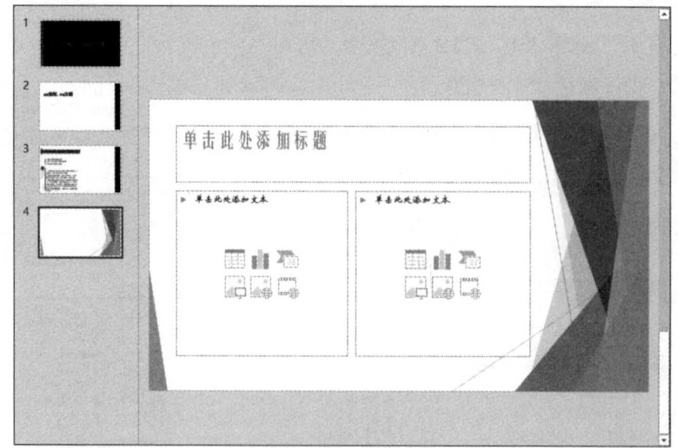

幻灯片母版可以用来设置演示文稿中的背景、颜色主题和动画等。使用幻灯片中的母版也可以快速制作出多张具有特色的幻灯片。

8.5.1 重点：母版的概念

幻灯片母版是幻灯片层次结构中的顶层幻灯片，用于存储有关演示文稿的主题和幻灯片版式的信息，包括背景、颜色、字体、效果、占位符大小和位置。

每个演示文稿至少包含一个幻灯片母版。修改和使用幻灯片母版的主要优点是可以对演示文稿中的每张幻灯片（包括以后添加到演示文稿中的幻灯片）进行统一的样式更改。使用幻灯片母版时，无须在多张幻灯片上重复输入相同的信息，这样可以为用户节省很多时间。

8.5.2 重点：创建或自定义幻灯片母版

创建幻灯片母版最好在开始构建各张幻灯片之前，而不要在构建了幻灯片之后再创建母版。这样可以使添加到演示文稿中的所有幻灯片都基于创建的幻灯片母版和相关联的版式，从而避免幻灯片上的某些项目不符合幻灯片母版设计风格现象的出现。

创建或自定义幻灯片母版包括创建幻灯片母版、设置母版背景和设置占位符等操作。

第 1 步　新建空白演示文稿，单击【视图】选项卡【母版视图】组中的【幻灯片母版】按钮，如下图所示。

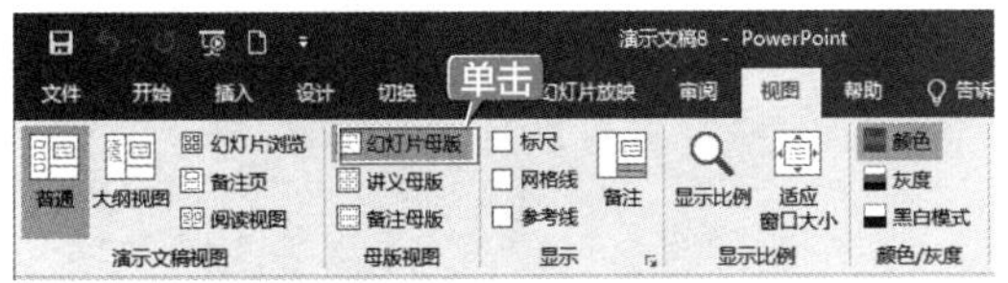

第 2 步　在弹出的【幻灯片母版】选项卡下的各组中可以设置占位符的大小及位置、背景样式和幻灯片的方向等，如下图所示。

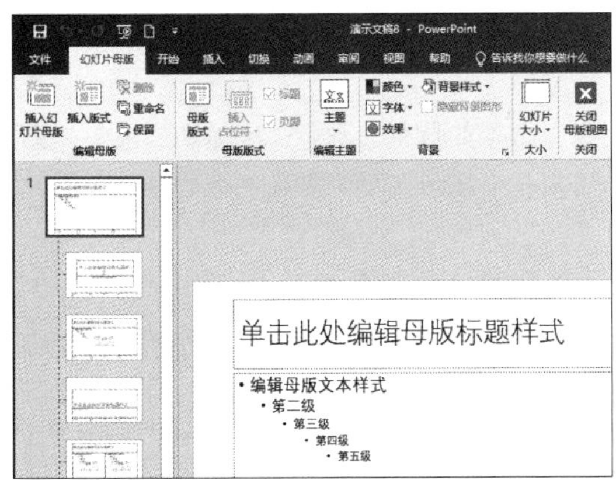

第 3 步　单击【幻灯片母版】选项卡【背景】组中的【背景样式】按钮，在弹出的下拉列表中选择合适的背景样式，如选择【样式 11】选项，如下图所示。

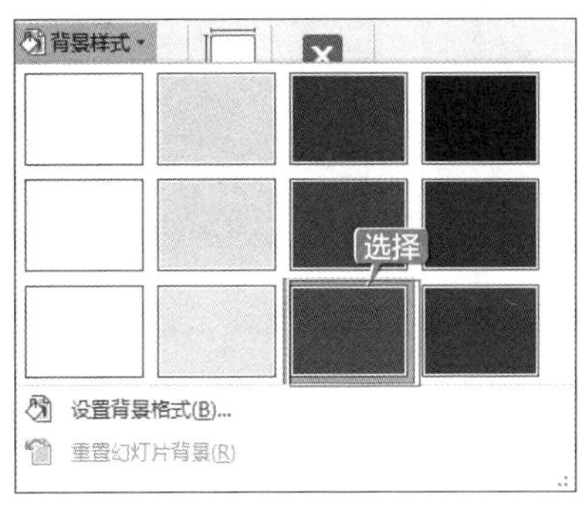

第 4 步　选择的背景样式即可应用于当前幻灯片中，如下图所示。

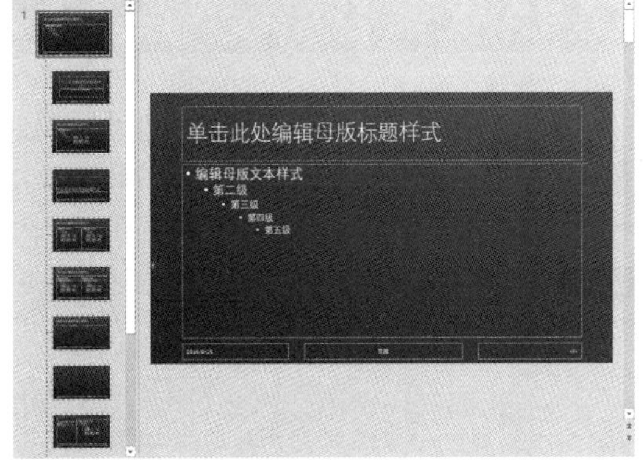

第 5 步　在幻灯片中单击要更改的占位符，当四周出现小节点时，可拖动四周的任意一个节点更改占位符的大小，如下图所示。

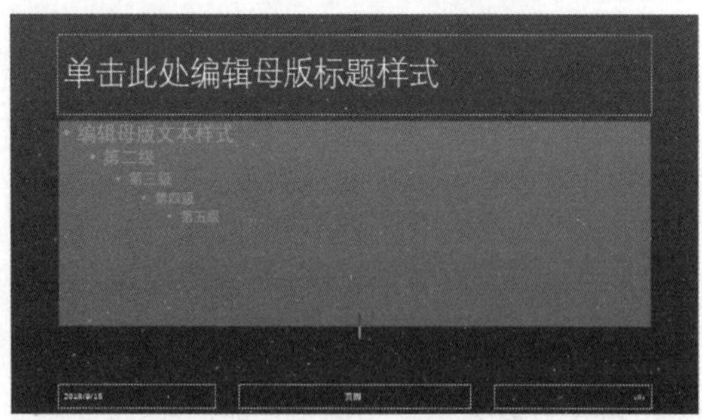

第 6 步 在【开始】选项卡【字体】组中可以对占位符中的文本进行字体样式、字号和颜色的设置，如下图所示。

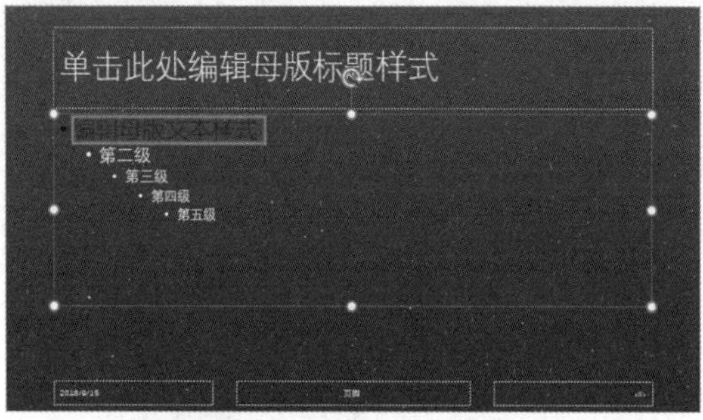

提示

幻灯片母版包含文本占位符和页脚占位符。在母版中对占位符的位置、大小和字体等格式更改后,会自动应用于所有的幻灯片中。

第 7 步 在【开始】选项卡【段落】组中可对占位符中的文本进行对齐方式等设置，如下图所示。

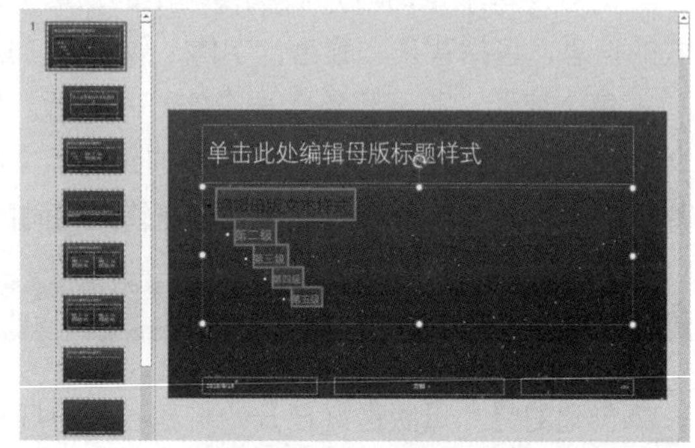

第 8 步 设置完毕，单击【幻灯片母版】选项卡【关闭】组中的【关闭母版视图】按钮，即可使空白幻灯片中的版式一致，如下图所示。

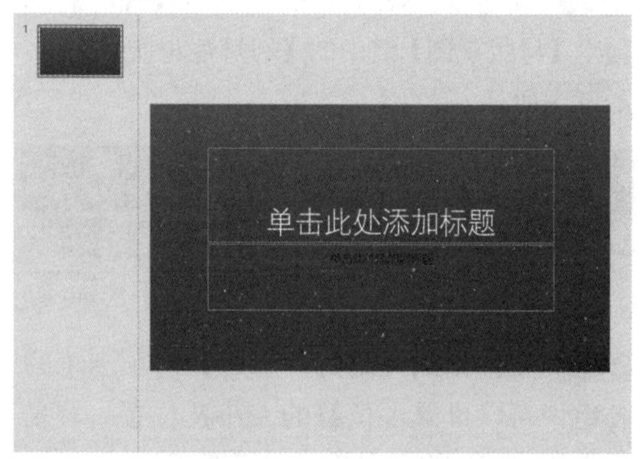

8.5.3 重点：对演示文稿应用一个或多个幻灯片母版

若要使演示文稿包含两个或更多个不同的样式或主题（如背景、颜色、字体和效果），则需要为每个主题分别插入一个幻灯片母版。下面介绍在一个演示文稿中应用一个或多个幻灯片母版的具体操作步骤。

第 1 步 打开“素材\ch08\规章制度培训 2.pptx”文件，如下图所示。

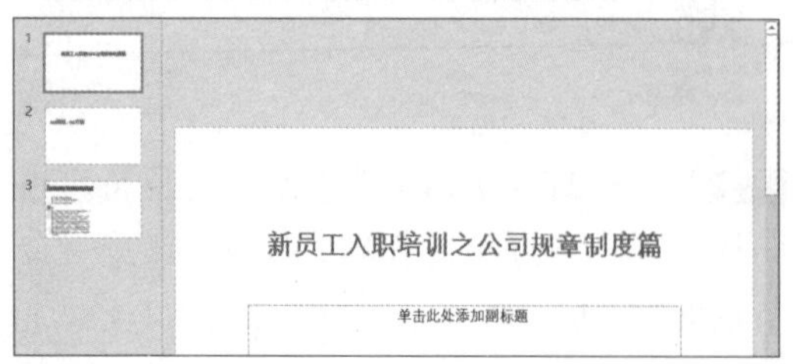

第 2 步 单击【视图】选项卡【母版视图】组中的【幻灯片母版】按钮，如下图所示。

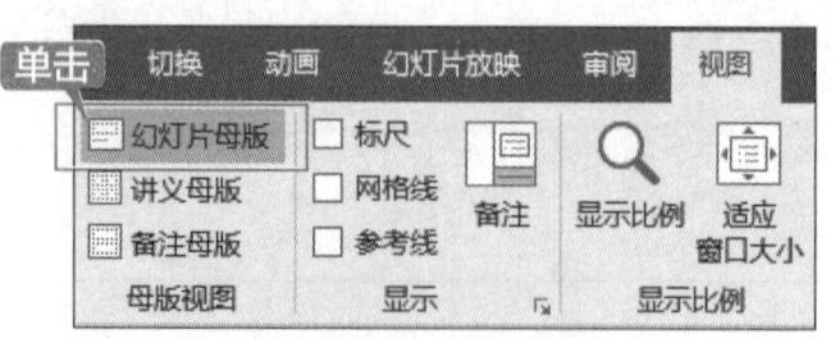

第 3 步 系统自动切换到幻灯片母版视图，如下图所示。

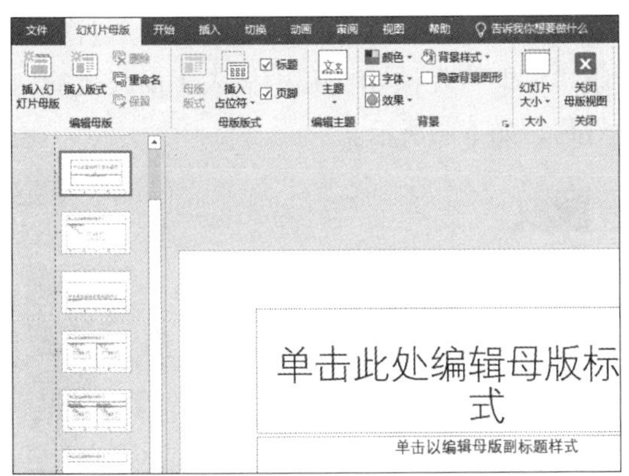

第 4 步 单击【幻灯片母版】选项卡【编辑主题】组中的【主题】下拉按钮，在弹出的下拉列表中选择【Office】区域中的【切片】主题，如下图所示。

第 5 步 为演示文稿应用“切片”主题后的效果如下图所示。

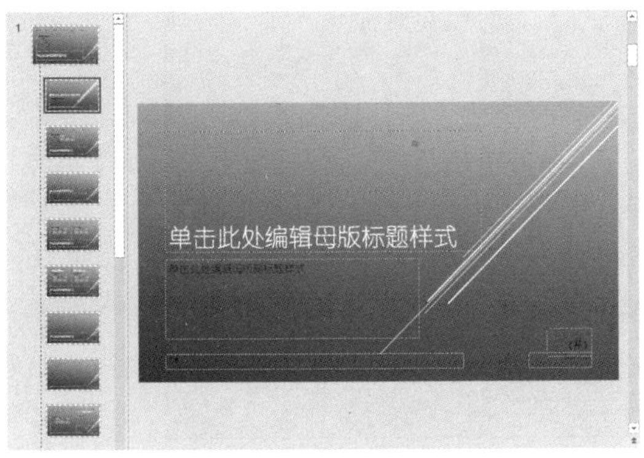

第 6 步 在幻灯片母版视图下的【幻灯片缩略图】窗格中，在最后一张幻灯片下方单击，如下图所示。

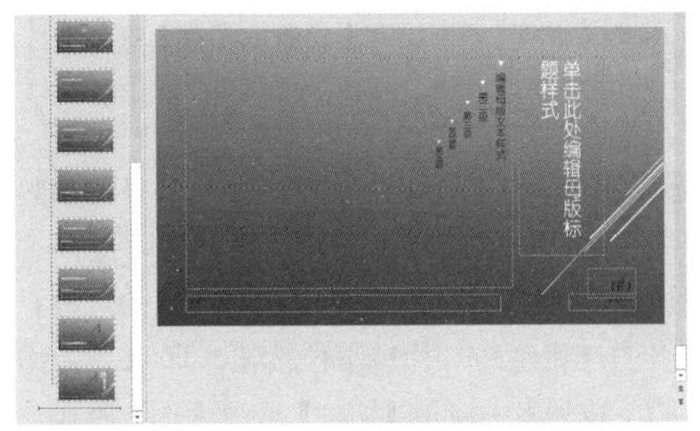

第 7 步 单击【幻灯片母版】选项卡【编辑主题】组中的【主题】下拉按钮，在弹出的下拉列表中选择【Office】区域中的【平面】主题，如下图所示。

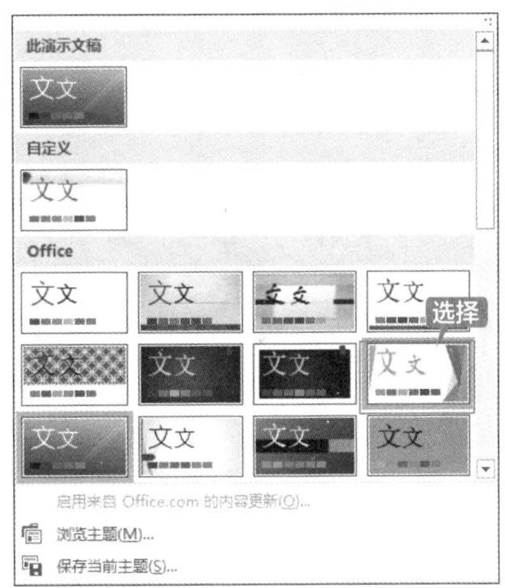

第 8 步 即可为演示文稿应用第 2 个幻灯片母版，效果如下图所示。

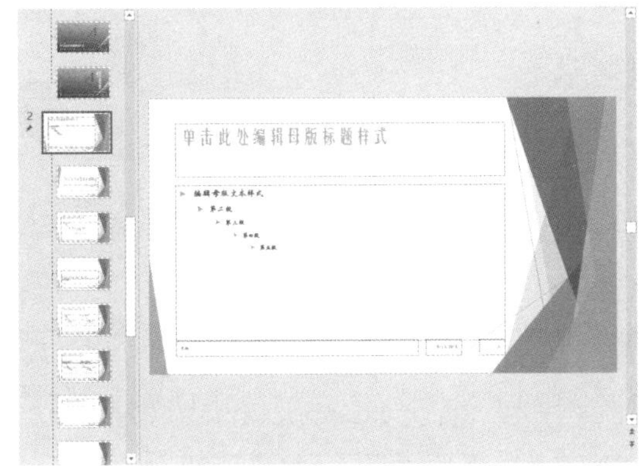

提示

为同一个演示文稿应用多个幻灯片母版后，可以在幻灯片母版视图下【幻灯片母版】选项卡的【编辑主题】组和【背景】组中为幻灯片设置颜色、字体、效果及背景等。

第 9 步 单击【幻灯片母版】选项卡【关闭】组中的【关闭母版视图】按钮，即可返回普通视图。此时单击【开始】选项卡【幻灯片】组的【新建幻灯片】下拉按钮，即可在弹出的下拉列表中应用【切片】或【平面】版式，如下图所示。

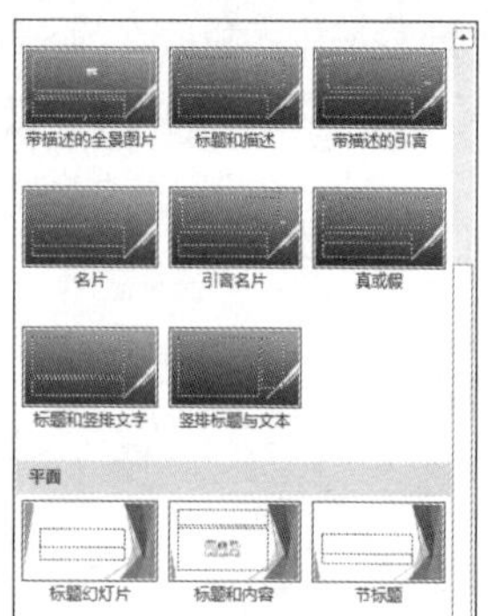

第 10 步 如选择【平面】区域中的【两栏内容】版式，即可在演示文稿中插入平面版式的幻灯片，如下图所示。

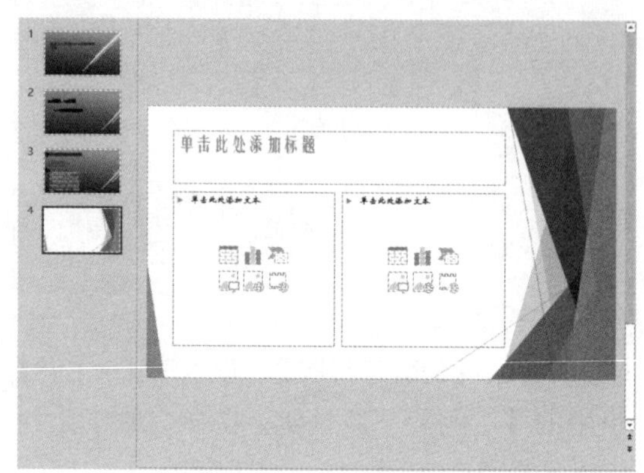

制作品牌介绍演示文稿

品牌介绍 PPT 就是要将品牌的理念、精神和形象以直观的图表形式展示出来，以便观众能够快速地了解品牌信息。在 PPT 中配以动画形式，更能给人耳目一新的感觉，如下图所示。

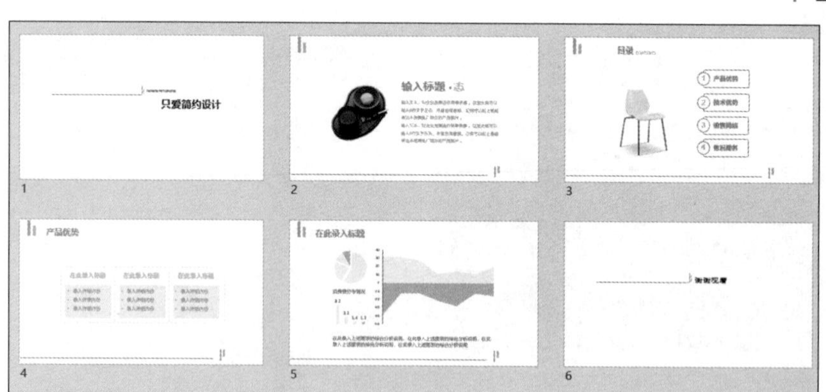

第 1 步 打开“素材 \ch08\ 品牌介绍 .pptx”文件，如下图所示。

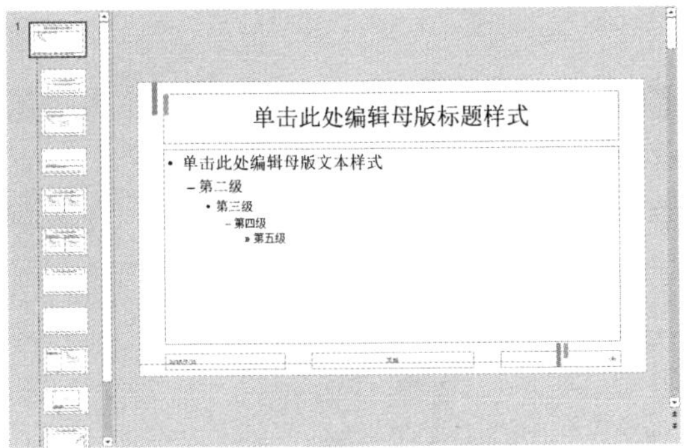

第 2 步 单击【视图】选项卡【母版视图】组中的【幻灯片母版】按钮，切换到幻灯片母版视图，并在【幻灯片缩略图】窗格中选择第 1 张幻灯片，如下图所示。

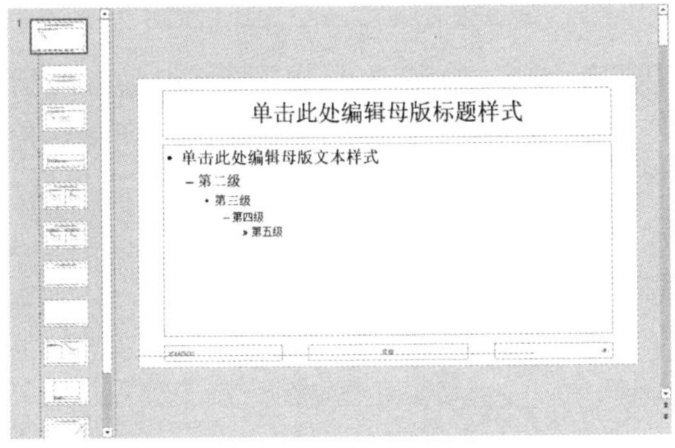

第 3 步 在幻灯片的左上角绘制一个矩形框，并设置【形状填充】为灰色，【形状轮廓】为无轮廓，效果如下图所示。

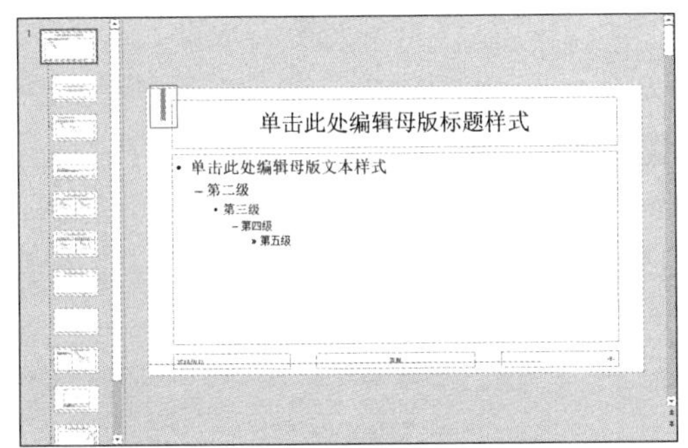

第 4 步 继续在幻灯片中绘制一个矩形框，并填充为橙色，无轮廓，效果如下图所示。

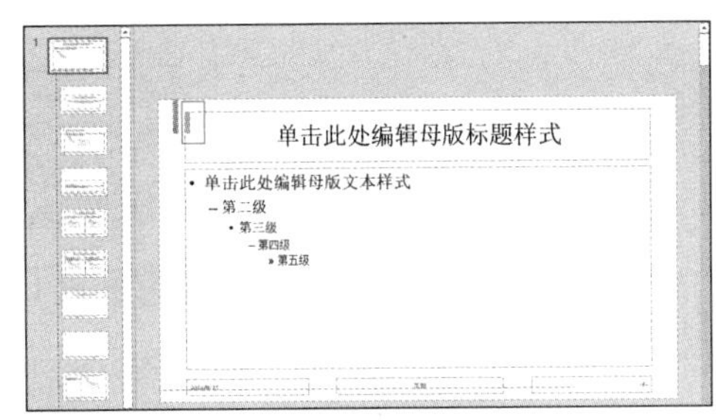

第 5 步 继续在幻灯片下方再绘制两个矩形，如下图所示。

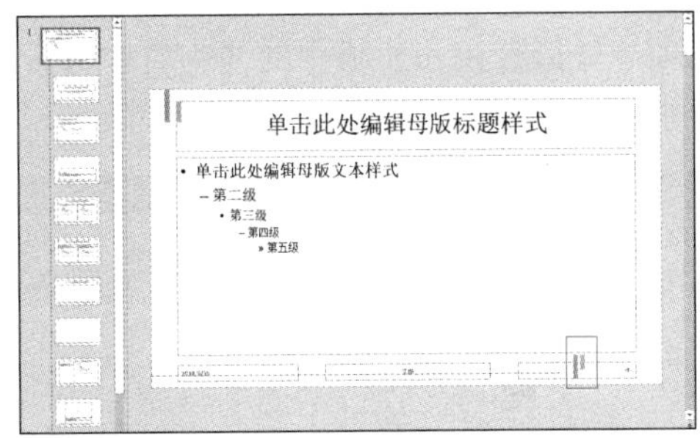

第 6 步 设置完毕，单击【幻灯片母版】选项卡【关闭】组中的【关闭母版视图】按钮即可，如下图所示。

第 7 步 单击快速访问工具栏中的【保存】按钮，将演示文稿保存为“品牌介绍 .pptx”，如下图所示。

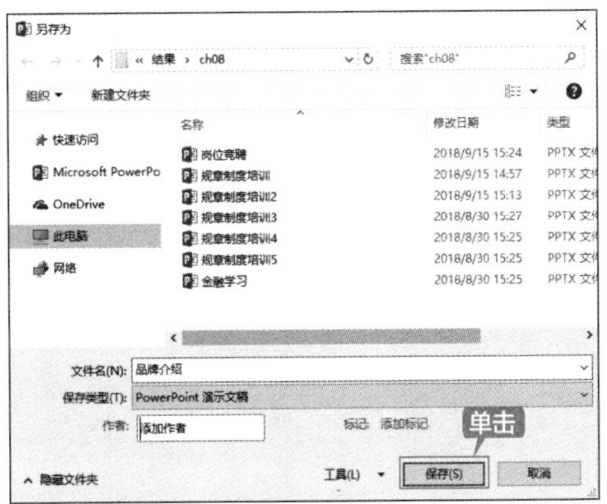

◇ 制作属于自己的 PPT 模板

除了使用 PowerPoint 内置模板和网络模板外，还可以制作属于自己的 PPT 模板。

第 1 步 新建一个演示文稿，并单击【视图】选项卡【母版视图】组中的【幻灯片母版】按钮，切换到幻灯片母版视图，如下图所示。

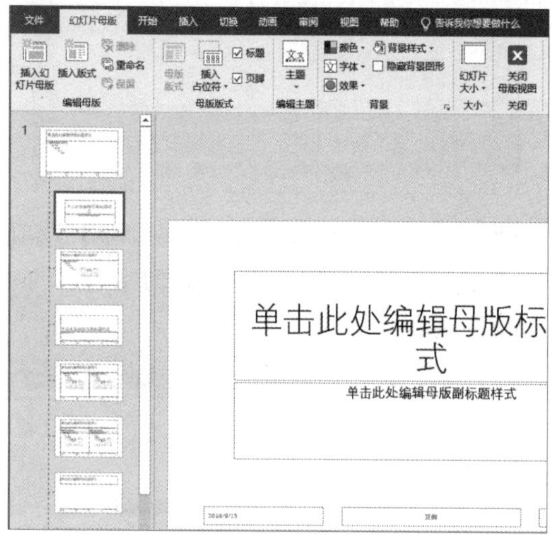

第 2 步 在【幻灯片缩略图】窗格中选择第 1 张幻灯片，单击【插入】选项卡【图像】组中的【图片】按钮，如下图所示。

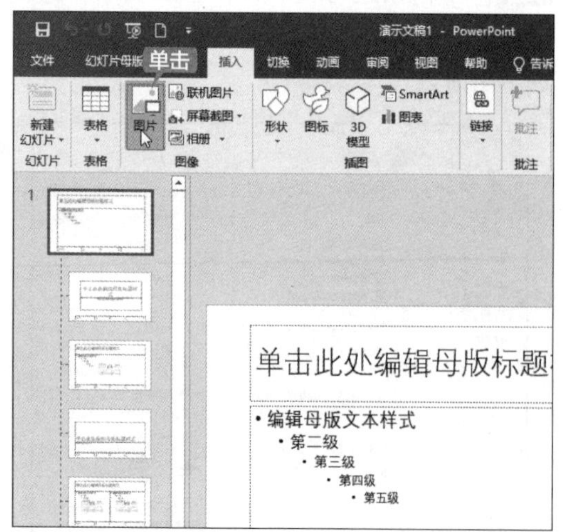

第 3 步 在弹出的【插入图片】对话框中选择要插入的“素材 \ch08\02.jpg”文件，如下图所示。

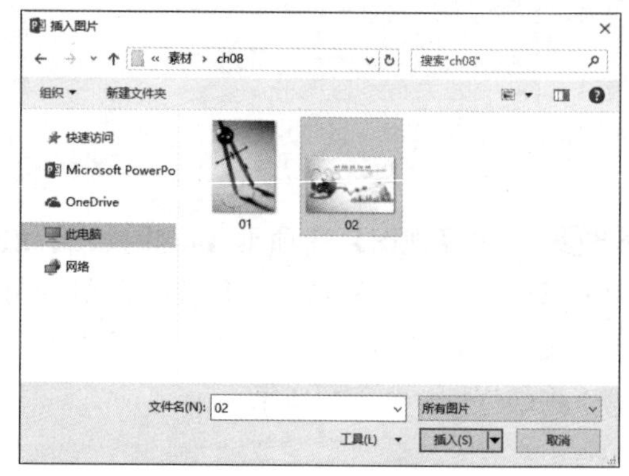

第 4 步 单击【插入】按钮，即可将该图片插入所有母版幻灯片中，并根据需要调整图片大小，如下图所示。

第 5 步 单击【图片工具-格式】选项卡【排列】组中的【下移一层】下拉按钮，在弹出的下拉列表中选择【置于底层】选项，如下图所示。

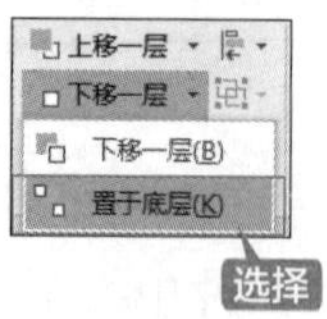

第 6 步 图片即可置于底层，而不会影响母版中其他内容的排版和编辑，如下图所示。

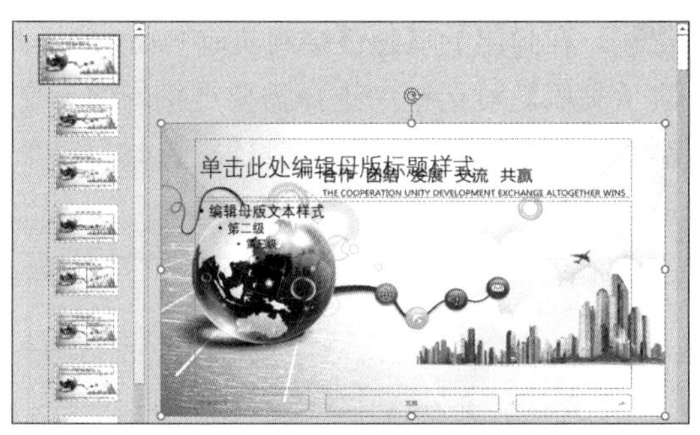

第 7 步 单击【幻灯片母版】选项卡【关闭】组中的【关闭母版视图】按钮退出母版视图，如下图所示。

第 8 步 单击【开始】选项卡【幻灯片】组中的【新建幻灯片】下拉按钮，在弹出的下拉列表中可以看到插入的图片已经运用到所有的版式中，如下图所示。

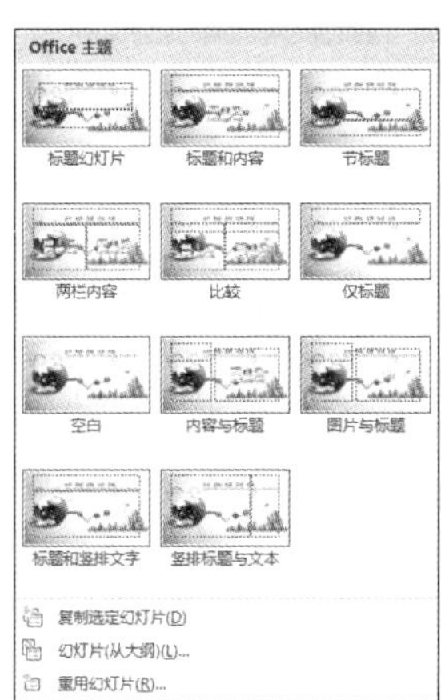

第 9 步 可以在创建的版式中编辑演示文稿，或单击快速访问工具栏中的【保存】按钮，在弹出的【另存为】对话框中的【保存类型】下拉列表中选择【PowerPoint 模板】选项，在【文件名】文本框中输入名称并保存，以便以后使用该模板，如下图所示。

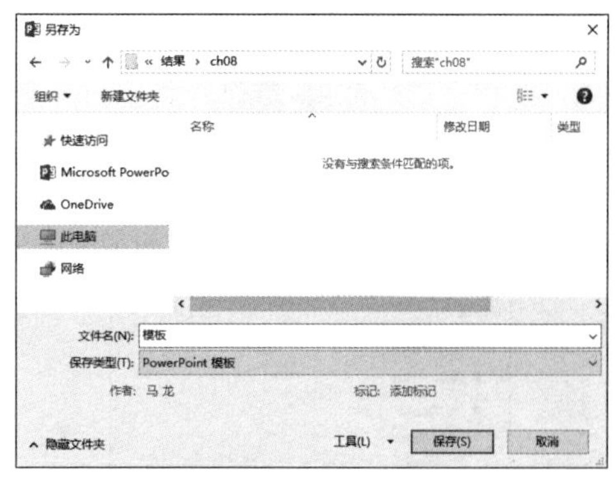

◇ 在同一演示文稿中使用纵向和横向幻灯片方向

默认情况下，PowerPoint 2019 幻灯片布局设置为横向。虽然一个演示文稿中只能有一种方向（横向或纵向），但可以通过链接两个演示文稿，以便在看似一个的演示文稿中同时显示纵向和横向幻灯片。

链接两个演示文稿的具体操作步骤如下。

第 1 步 打开“素材\ch08\金融学习.pptx”文件，该演示文稿使用的是纵向幻灯片方向，如下图所示。

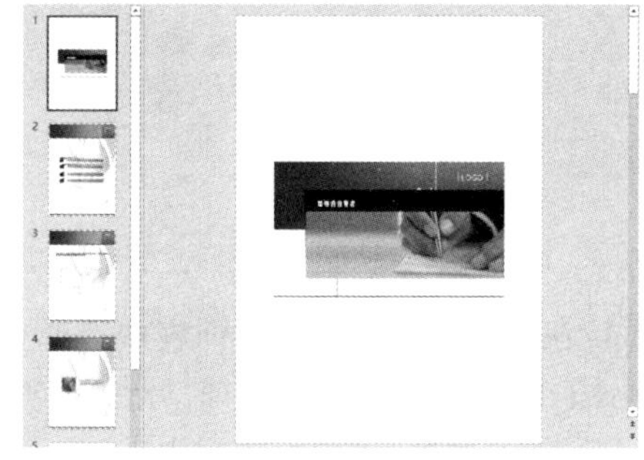

第 2 步 选择第 2 张幻灯片，并选中第一个项目文本，如下图所示。

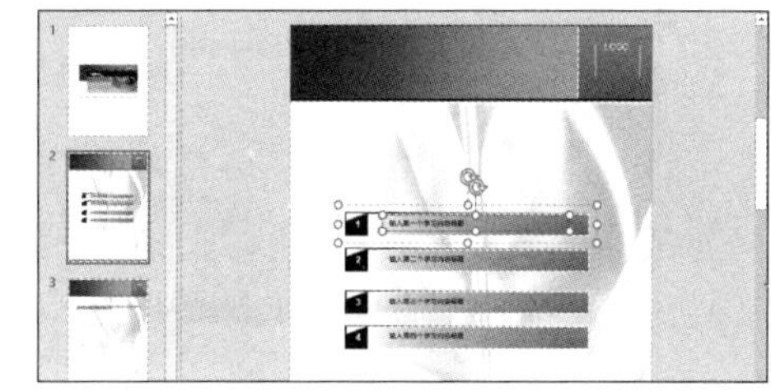

第 3 步 单击【插入】选项卡【链接】组中的【动作】按钮，如下图所示。

第 4 步 弹出【操作设置】对话框，如下图所示。

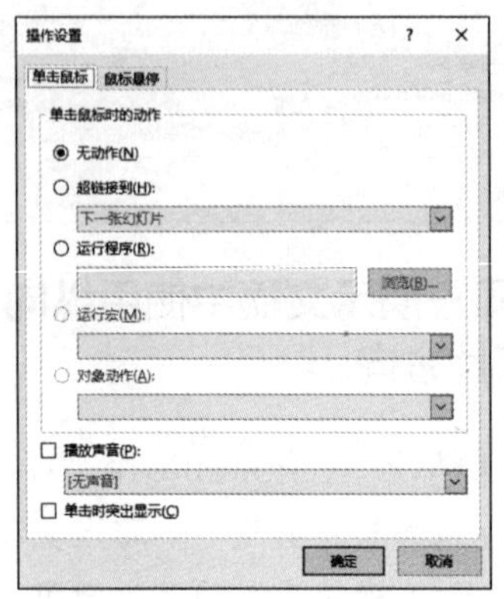

第 5 步 选择【鼠标悬停】选项卡，并选中【超链接到】单选按钮，如下图所示。

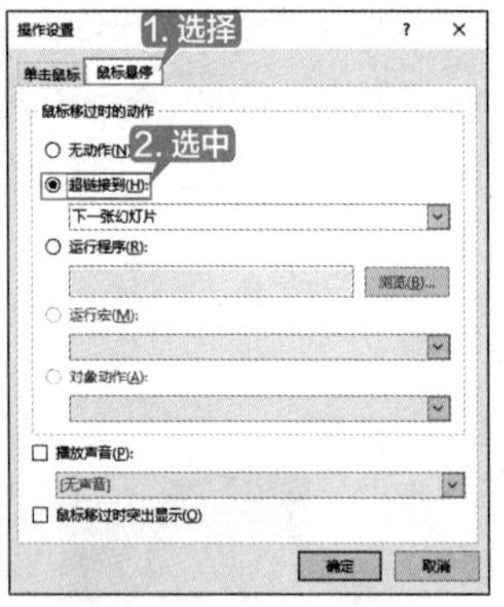

第 6 步 在【超链接到】下拉列表中选择【其他 PowerPoint 演示文稿】选项，如下图所示。

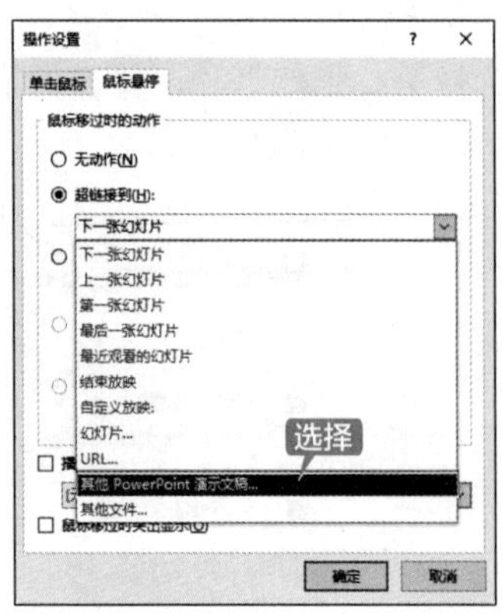

第 7 步 在弹出的【超链接到其他 PowerPoint 演示文稿】对话框中选择需要链接的演示文稿“素材 \ch08\ 规章制度培训 .pptx”，单击【确定】按钮，如下图所示。

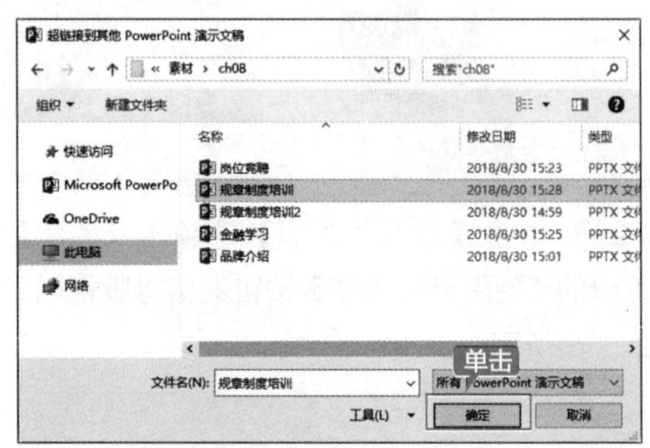

第 8 步 在弹出的【超链接到幻灯片】对话框的【幻灯片标题】列表框中选择要链接的幻灯片，如选择“员工福利”幻灯片，单击【确定】按钮。

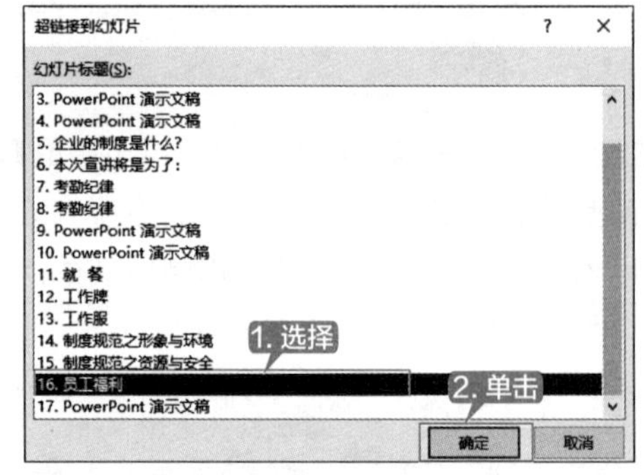

第 9 步 返回【操作设置】对话框后再次单击【确定】按钮即可完成第 1 个演示文稿到第 2 个演示文稿的链接创建，并将该演示文稿另存为“结果 \ch08\ 金融学习 .pptx”文件即可。

提示

① 必须总是使用两种演示文稿文件放映幻灯片，并且这两种演示文稿文件必须保存在相同目录下。

② 在创建链接之前，最好将两个演示文稿放在同一文件夹中。这样，如果将该文件夹复制到光盘或进行移动，演示文稿仍然可以正确链接。

第 3 篇

动画和多媒体篇

本篇主要介绍在 PowerPoint 2019 中添加动画、多媒体及超链接的操作。通过本篇的学习，读者可以掌握如何在 PowerPoint 2019 中设计动画效果、为幻灯片添加切换效果、添加多媒体、创建超链接和使用动作等操作。

第 9 章 设计动画和切换效果

本章导读

在演示文稿中添加适当的动画，可以使演示文稿的播放效果更加形象，也可以通过动画使一些复杂内容逐步显示以便观众容易理解，而添加适合的切换效果能更好地展现幻灯片中的内容。本章介绍添加动画和切换效果的操作方法。

思维导图

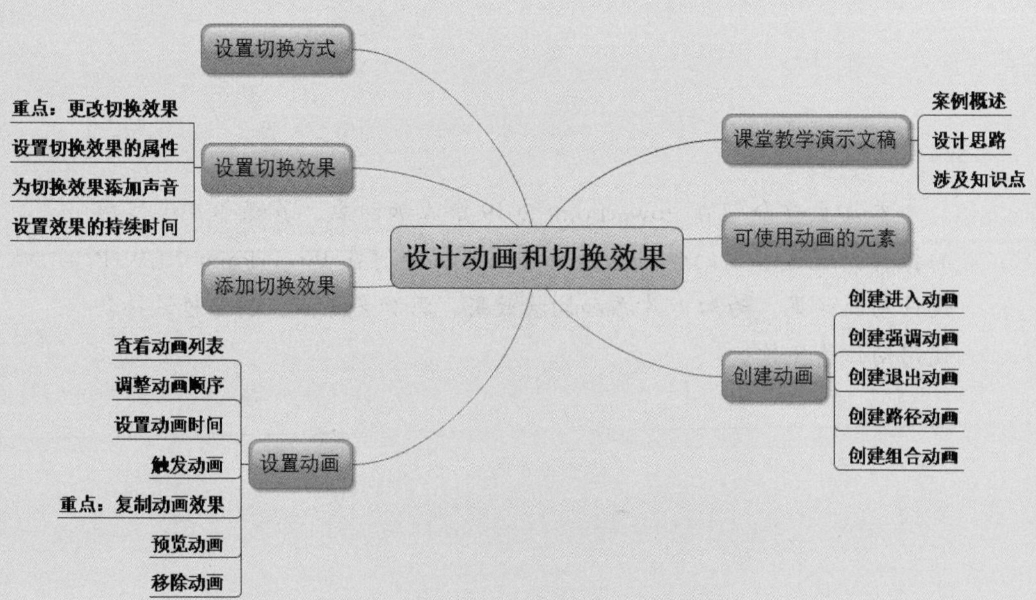

9.1 课堂教学演示文稿

多媒体教学演示文稿是一种集文本、图形、图像、动画、音频和视频等多种媒体形式于一体的教学课件。教师可以利用多媒体教学演示文稿演示和呈现教学信息、组织教学活动、辅助课堂教学等。

案例名称：制作课堂教学演示文稿		
案例目的：掌握设计动画效果		
	素材	素材 \ch09\ 课堂教学 .pptx
	结果	结果 \ch09\ 课堂教学 .pptx
	视频	视频教学 \09 第 9 章

9.1.1 案例概述

制作课堂教学演示文稿用到的各种媒体形式的特点、功能及其在教学中应用情况如下。

（1）文本

① 简要、概括。

② 阐述事实、概念、原理，表述问题，描述抽象事物。

③ 用于讲课提纲、说明性文字等的呈现。

（2）图形

① 直观形象。

② 形象表征事物形态，直观展示事物间关系。

③ 用于轮廓图、结构图、流程图、示意图等的展示。

（3）图像

① 真实再现、生动。

② 再现真实事物静态特征，表现细节内容。

③ 用于实物图、人物照、景观照、插图等的展示。

（4）音频

① 声音信息的重现。

② 为教学提供音乐、声响、解说。

③ 用于课文朗读、背景音乐、解说、音效等。

（5）视频

① 动态真实。

② 呈现真实动态过程，再现真实运动变化。

③ 用于创设情境、营造氛围、展现真实场景等。

（6）动画

① 动态的直观形象。

② 模拟运动过程，突出事物的本质。

③ 用于过程演示、原理阐释等。

9.1.2 设计思路

制作课堂教学 PPT 时可以按以下思路进行。

① 制作课堂教学培训 PPT 封面。

② 为制作课堂教学培训 PPT 设计内容等。

③ 为课堂教学培训 PPT 添加动画效果。

④ 为课堂教学培训 PPT 添加和设置切换效果。

9.1.3 涉及知识点

本案例主要涉及以下知识点。

① 使用动画元素。

② 创建动画效果。

③ 设置动画。

④ 添加切换效果。

⑤ 设置切换效果。

⑥ 设置切换形式。

9.2 可使用动画的元素

可以将 PowerPoint 2019 演示文稿中的文本、图片、形状、表格、SmartArt 图形和其他对象制作成动画，赋予它们进入、退出、大小、颜色变化或移动等视觉效果。

如下图所示，分别给文本和图片添加了动画效果。

9.3 创建动画

使用动画不仅可以让观众把注意力集中在要点和控制信息流上，还可以提高观众对演示文稿的兴趣。可以将动画效果应用于个别幻灯片上的文本或对象、幻灯片母版上的文本或对象，或者自定义幻灯片版式上的占位符。

在 PowerPoint 2019 中可以创建包括进入、强调、退出及路径等不同类型的动画效果。

9.3.1 创建进入动画

可以为对象创建进入动画。例如，可以使对象逐渐淡入焦点，从边缘飞入幻灯片或跳入视图中。创建进入动画的具体操作步骤如下。

第1步 打开“素材 \ch09\ 课堂教学 .pptx”文件，选择幻灯片中要创建进入动画效果的文字，

如下图所示。

第 2 步 单击【动画】选项卡【动画】组中的【其他】按钮，弹出下图所示的下拉列表。

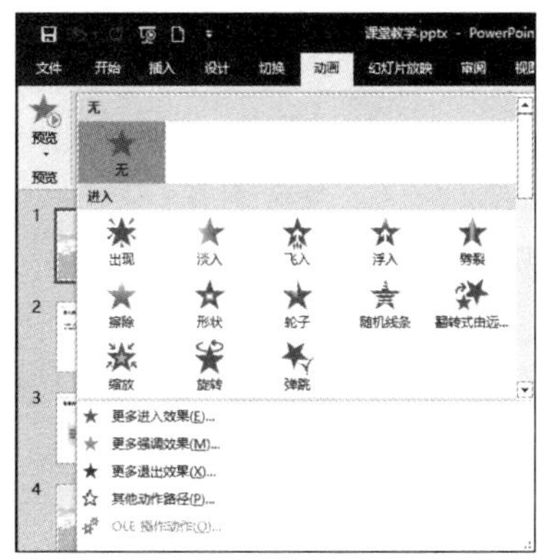

第 3 步 如下图所示，选择下拉列表中的【进入】→【劈裂】选项，即可创建此对象进入动画效果。

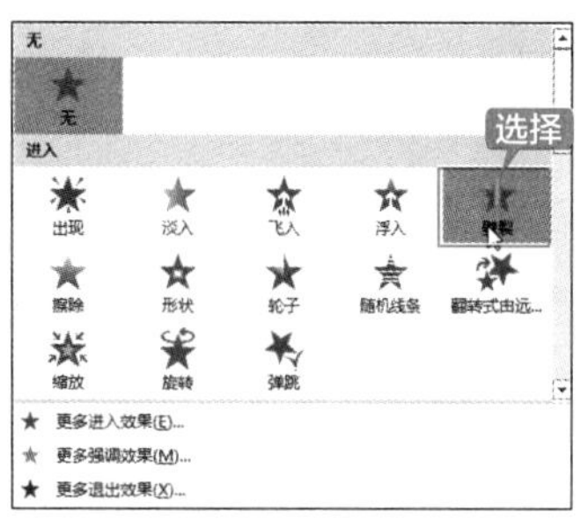

第 4 步 添加动画效果后，文字对象前面将显示一个动画编号标记 1 ，如下图所示。

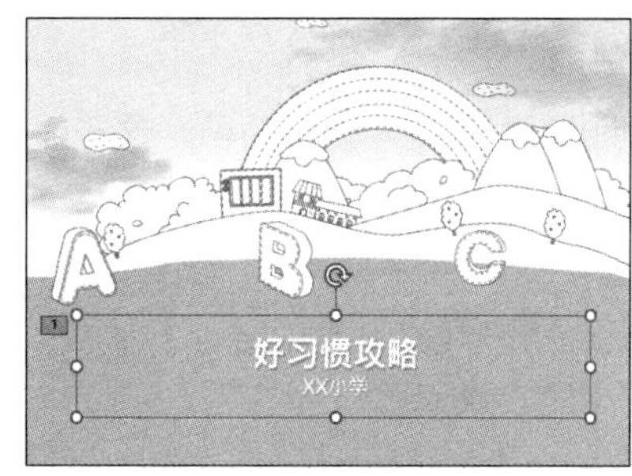

提示

创建动画后，幻灯片中的动画编号标记在打印时不会被打印出来。

9.3.2 创建强调动画

可以为对象创建强调动画，这些效果包括使对象缩小或放大、更改颜色或沿着其中心旋转等。继续 9.3.1 小节的操作，创建强调动画的具体操作步骤如下。

第 1 步 选择幻灯片中要创建强调动画效果的文字，如下图所示。

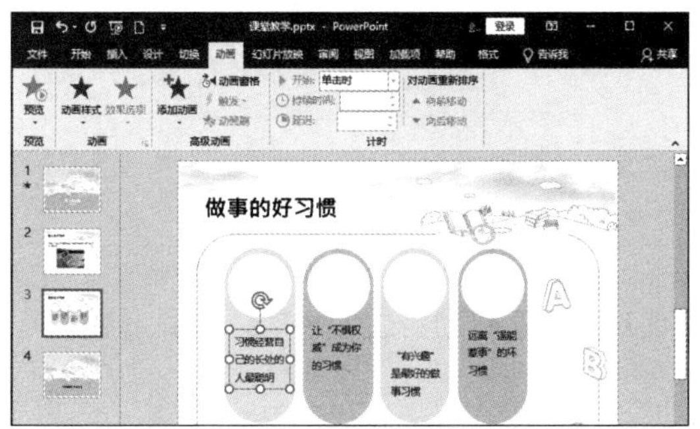

第 2 步 单击【动画】选项卡【动画】组中的【其他】按钮，在弹出的下拉列表中选择【强调】→【放大 / 缩小】选项，如下图所示。

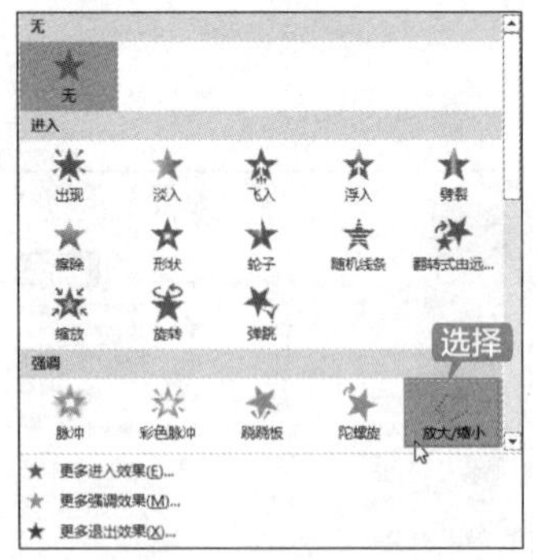

第 3 步 即可为此对象创建强调动画效果，如下图所示。

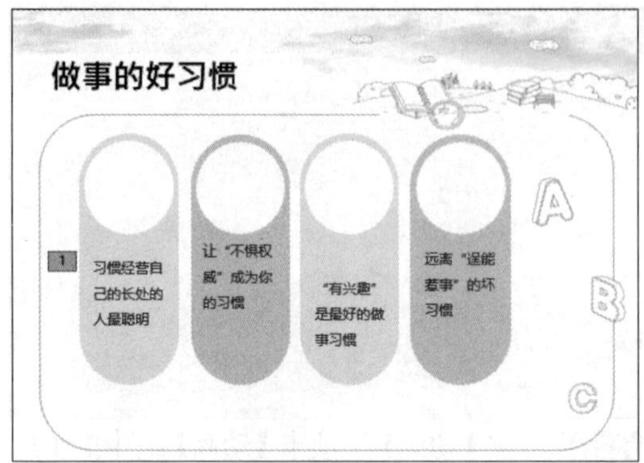

9.3.3 创建退出动画

可以为对象创建退出动画，这些效果包括使对象飞出幻灯片、从视图中消失或从幻灯片中旋出等。

继续 9.3.2 小节的操作，创建退出动画的具体操作步骤如下。

第 1 步 选择幻灯片中要创建退出动画效果的对象，如下图所示。

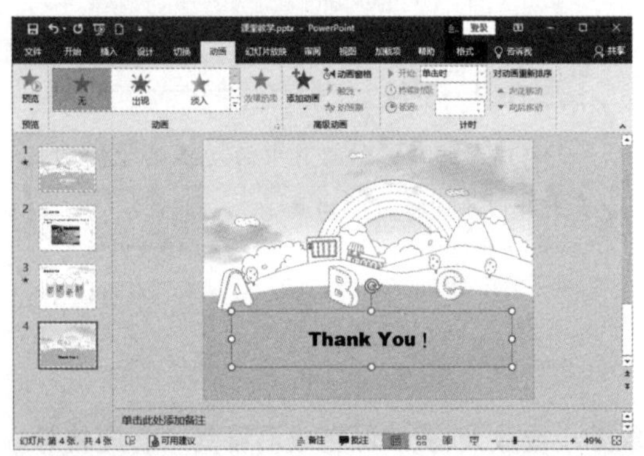

第 2 步 单击【动画】选项卡【动画】组中的【其他】按钮，在弹出的下拉列表中选择【退出】→【轮子】选项，如下图所示。

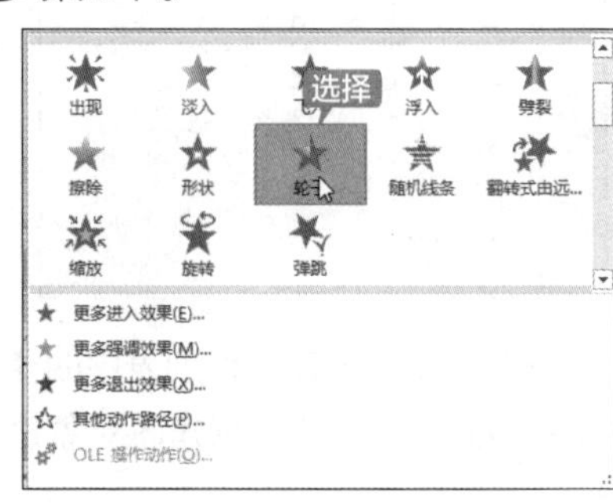

第 3 步 即可为此对象创建"轮子"退出动画效果，如下图所示。

9.3.4 创建路径动画

可以为对象创建动作路径动画，这些效果包括使对象上下移动、左右移动，以及沿着星形或圆形图案移动。

继续 9.3.3 小节的操作，创建路径动画的具体操作步骤如下。

第 1 步 选择幻灯片中要创建路径动画效果的对象，如下图所示。

第 2 步 单击【动画】选项卡【动画】组中的【其他】按钮，在弹出的下拉列表中选择【动作路径】→【弧形】选项，如下图所示。

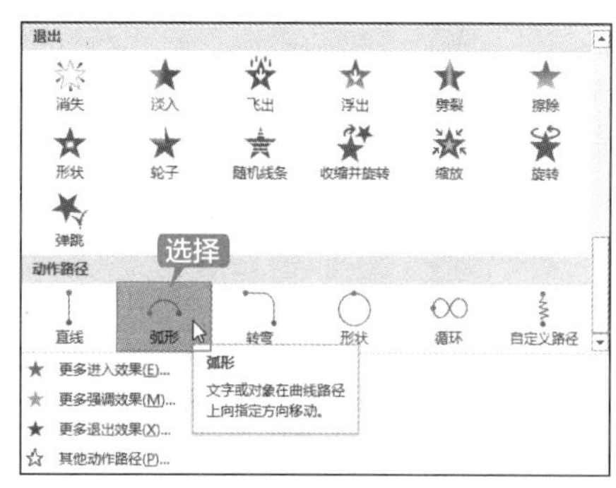

第 3 步 即可为此对象创建“弧形”路径动画效果，如下图所示。

9.3.5 创建组合动画

PowerPoint 2019 的动画效果比较多，对于图片来说，不仅能一幅一幅地创建动画效果，而且可以将多幅图片组合在一起，然后为其制作动画效果，其设置的具体操作步骤如下。

第 1 步 打开“素材 \ch09\ 课堂教学 01.pptx”文件，如下图所示。

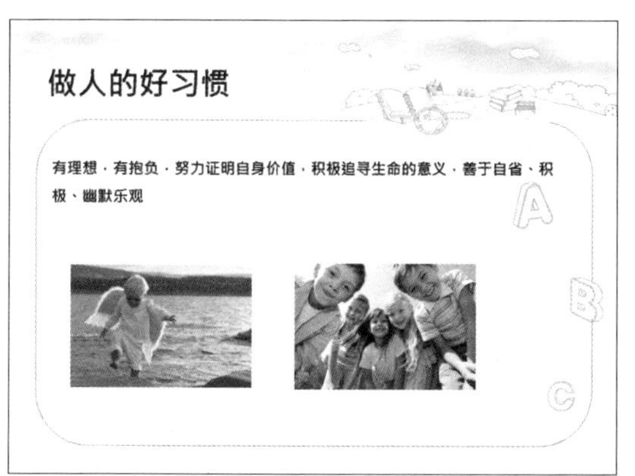

第 2 步 按住【Shift】键，同时选中两张图片并右击，在弹出的快捷菜单中选择【组合】→【组合】命令，如下图所示。

第 3 步 单击【动画】选项卡【动画】组中的【其他】按钮，为图片添加动画效果，这里选择【强调】→【陀螺旋】选项，如下图所示。

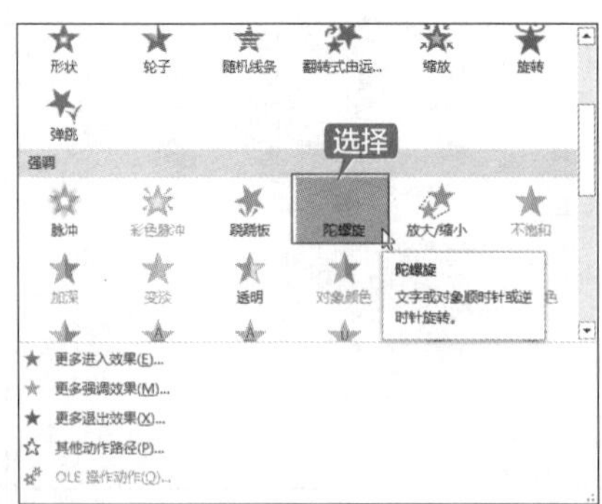

第 4 步 即可为两张图片同时创建动画效果，如下图所示。

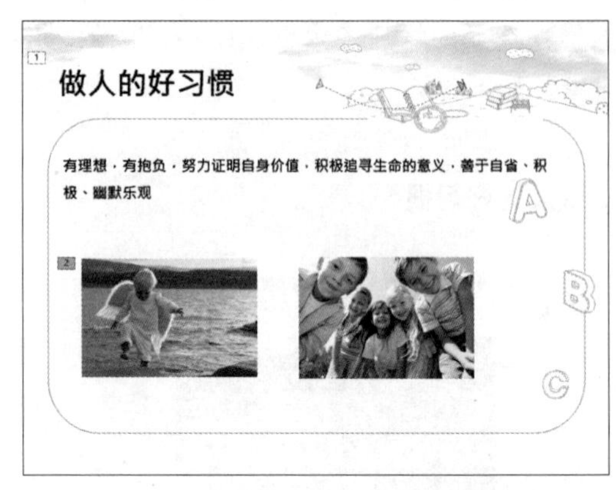

9.4 设置动画

【动画窗格】面板显示了有关动画效果的重要信息，如效果的类型、多个动画效果之间的相对顺序、受影响对象的名称及效果的持续时间。

9.4.1 查看动画列表

单击【动画】选项卡【高级动画】组中的【动画窗格】按钮 动画窗格，可以在【动画窗格】面板中查看幻灯片上的动画列表，如下图所示。

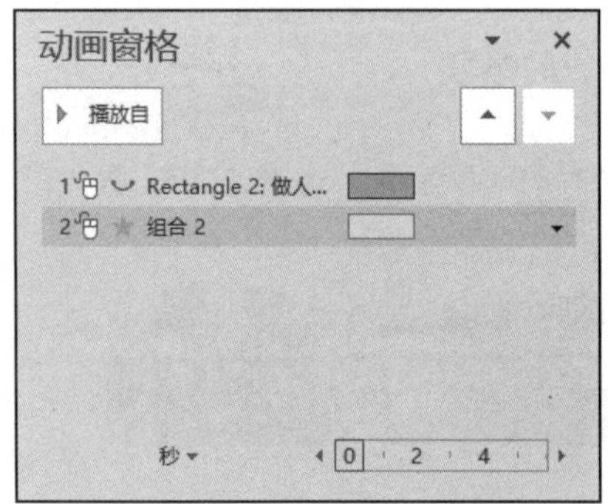

下面介绍动画列表中各选项的含义。

① 编号 2：表示动画效果的播放顺序，此编号与幻灯片上显示的不可打印的编号标记是相对应的。

② 时间线：代表效果的持续时间。

③ 图标：代表动画效果的类型。上图中代表的是【陀螺旋】效果。

④ 菜单图标：选择列表中的项目后会看到相应菜单图标（向下箭头），单击该图标即可弹出下图所示的下拉菜单。

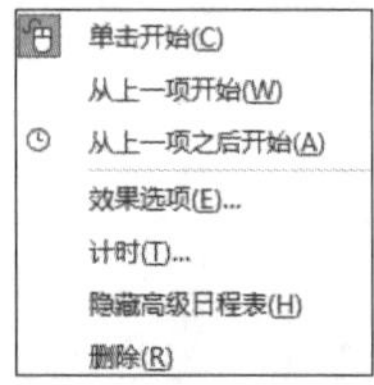

提示

单击菜单图标，其下拉列表中的各个参数的含义如下。

①【单击开始】（鼠标图标）命令是指需要单击鼠标左键后才开始播放动画。

②【从上一项开始】命令是指设置的动画效果会与前一个动画效果一起播放。

③【从上一项之后开始】（时钟图标）命令是指设置的动画效果会跟着前一个动画播放。

9.4.2 调整动画顺序

在放映过程中，也可以对幻灯片播放的顺序进行调整。

1. 通过【动画窗格】面板调整动画顺序

第 1 步 打开“素材 \ch09\ 课堂教学动画顺序 .pptx”文件，选择第 2 张幻灯片，如下图所示。

第 2 步 单击【动画】选项卡【高级动画】组中的【动画窗格】按钮，弹出【动画窗格】面板，如下图所示。

第 3 步 选择【动画窗格】面板中需要调整顺序的动画，如选择动画 2，然后单击【动画窗格】面板下方的向上按钮或向下按钮进行调整，如下图所示。

2. 通过【动画】选项卡调整动画顺序

第 1 步 在打开的素材中，选择第 2 张幻灯片，并选中“文字”动画，如下图所示。

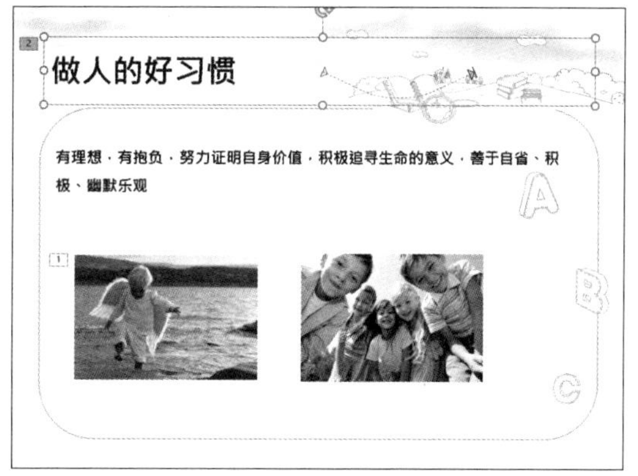

第 2 步 单击【动画】选项卡【计时】组中【对动画重新排序】区域的【向前移动】按钮，如下图所示。

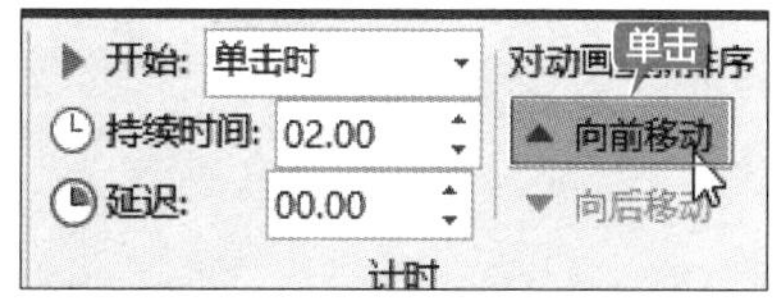

第 3 步 即可将此动画顺序向前移动一个次序，并在幻灯片工作区中看到此动画前面的编号发生改变，如下图所示。

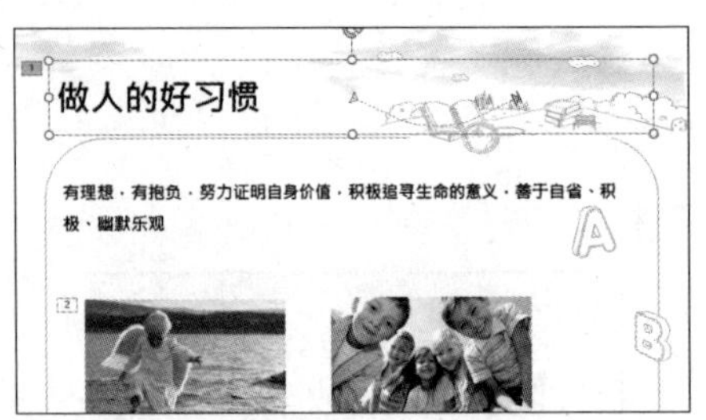

> **提示**
>
> 要调整动画的顺序，也可以先选中要调整顺序的动画，然后按住鼠标左键不放，将其拖曳到适当位置后再释放鼠标左键，即可把动画重新排序。

9.4.3 设置动画时间

创建动画之后，可以在【动画】选项卡上为动画指定开始、持续时间或延迟计时。

若要为动画设置开始计时，可以在【计时】组中单击【开始】右侧的下拉按钮，从弹出的下拉列表中选择所需的计时。该下拉列表包括【单击时】【与上一动画同时】和【上一动画之后】3 个选项，如下图所示。

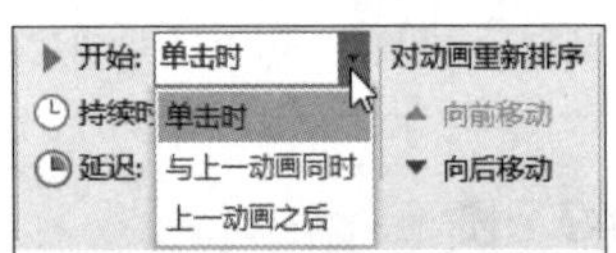

若要设置动画将要运行的持续时间，可以在【计时】组中的【持续时间】文本框中输入所需的秒数，或者单击【持续时间】文本框后面的微调按钮来调整，如下图所示。

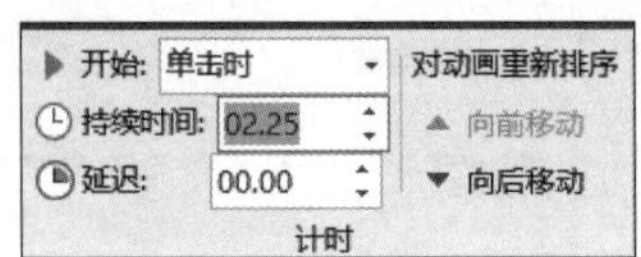

若要设置动画开始前的延迟计时，可以在【计时】组中的【延迟】文本框中输入所需的秒数，或者使用微调按钮来调整，如下图所示。

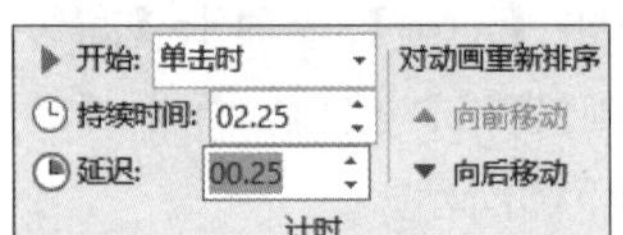

9.4.4 触发动画

触发动画是设置动画的特殊开始条件，具体操作步骤如下。

第 1 步 打开“素材 \ch09\ 课堂教学 .pptx”文件，选择标题，如下图所示。

第 2 步 单击【动画】选项卡【动画】组中的【其他】按钮，在弹出的下拉列表中选择【强调】→【填充颜色】选项，即可创建动画，如下图所示。

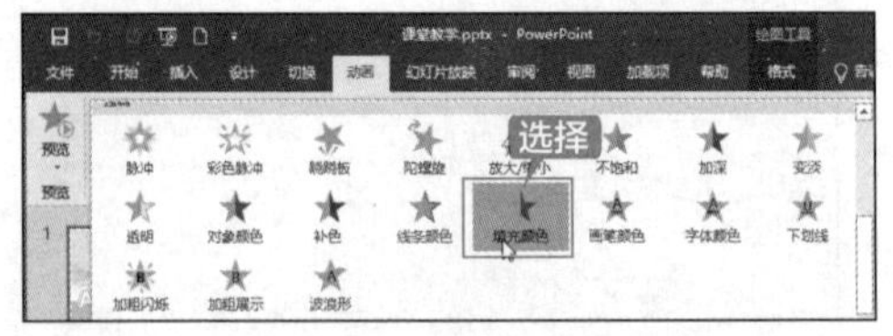

第 3 步 选择创建的动画，单击【动画】选项卡【高级动画】组中的【触发】按钮，在弹出的下拉菜单中选择【通过单击】→【Rectangle 2】选项，如下图所示。

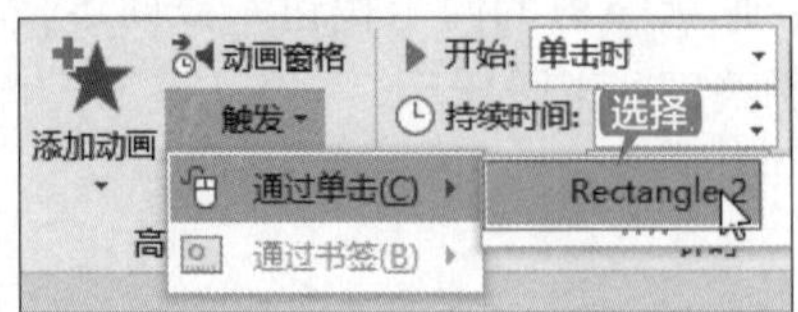

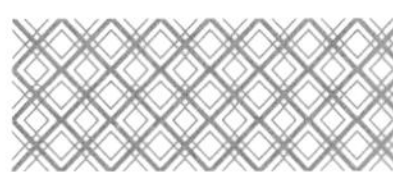

第 4 步 创建触发动画后的动画编号变为图标，在放映幻灯片时单击设置过触发动画的对象后即可显示动画效果，如下图所示。

9.4.5 重点：复制动画效果

在 PowerPoint 2019 中，可以使用动画刷复制一个对象的动画，并将其应用到另一个对象，具体操作步骤如下。

第 1 步 接着 9.4.4 小节的实例操作，选中幻灯片中创建过动画的对象，如下图所示。

第 2 步 单击【动画】选项卡【高级动画】组中的【动画刷】按钮，此时幻灯片中的鼠标指针变为动画刷的形状，如下图所示。

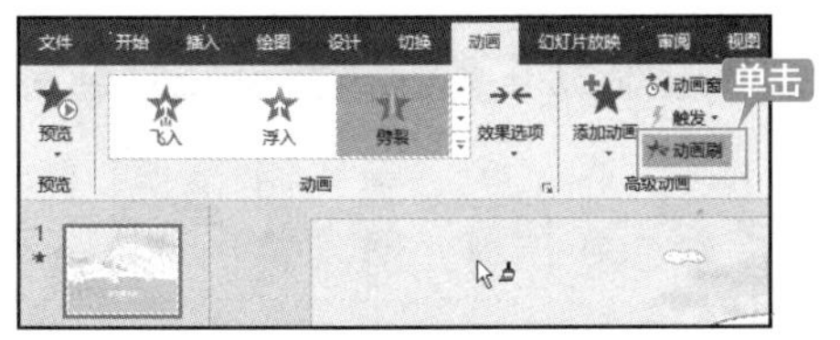

第 3 步 在【幻灯片缩略图】窗格中选择第 2 张幻灯片，用动画刷选中第 2 张幻灯片中的“标题文字”，即可复制动画效果到此对象上，如下图所示。

第 4 步 按【Esc】键退出复制动画效果的操作。

9.4.6 预览动画

为文字或图形对象添加动画效果后，可以单击【动画】选项卡【预览】组中的【预览】按钮，验证它们是否起作用，如下图所示。

单击【预览】下拉按钮，弹出下图所示的下拉列表。

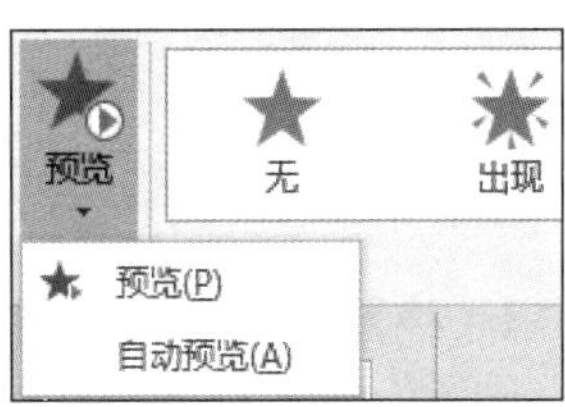

该下拉列表中包含【预览】和【自动预览】两个选项。选中【自动预览】复选框后，每次为对象创建动画后，可自动在【幻灯片缩略图】窗格中预览动画效果。

9.4.7 移除动画

为对象创建动画效果后，也可以根据需要移除动画。移除动画的方法有以下两种。

第 1 种，继续 9.4.6 小节的实例操作，单击【动画】选项卡【动画】组中的【其他】按钮，在弹出的下拉列表中选择【无】→【无】选项，如下图所示。

第 2 种，单击【动画】选项卡【高级动画】组中的【动画窗格】按钮，在弹出的【动画窗格】面板中选择要移除动画的选项，然后单击菜单图标（向下箭头），在弹出的下拉列表中选择【删除】选项即可，如下图所示。

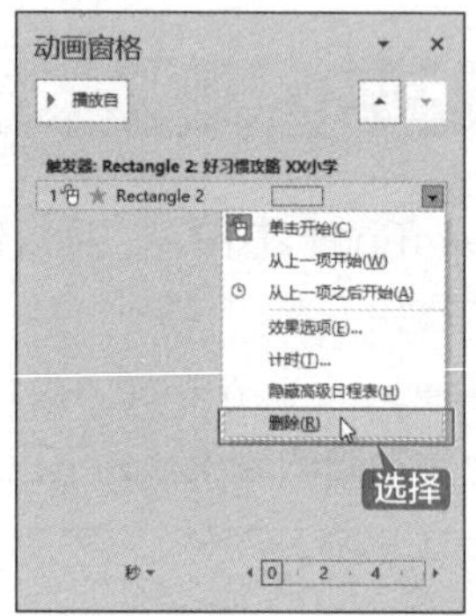

9.5 添加切换效果

幻灯片切换效果是在演示期间从一张幻灯片移到下一张幻灯片时在【幻灯片放映】视图中出现的动画效果。幻灯片切换时产生的类似动画效果，可以使幻灯片在放映时更加生动形象。

第 1 步 打开“素材 \ch09\ 课堂教学 .pptx”文件，在【幻灯片缩略图】窗格中选择第 2 张幻灯片，如下图所示。

第 2 步 单击【切换】选项卡【切换到此幻灯片】组中的【其他】按钮，在弹出下拉列表的【细微】区域中选择一个细微型切换效果，如选择【分割】选项，如下图所示，即可为选中的幻灯片添加分割的切换效果。

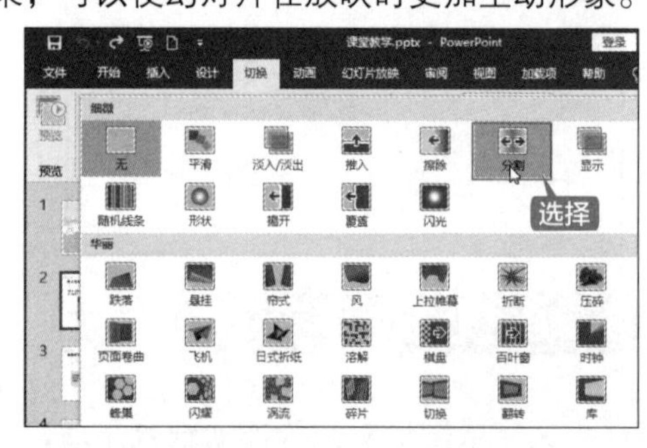

第 3 步 添加过细微型分割效果的幻灯片在放映时即可显示此切换效果，下图所示为切换时的部分截图。

9.6 设置切换效果

为幻灯片添加切换效果后，可以设置切换效果的持续时间，并添加声音，甚至还可以对切换效果的属性进行自定义。

9.6.1 重点：更改切换效果

更改幻灯片切换效果的具体操作步骤如下。

第 1 步 打开“素材 \ch09\ 课堂教学 .pptx”文件，切换到普通视图状态。在【幻灯片缩略图】窗格中选择第 3 张幻灯片，如下图所示。

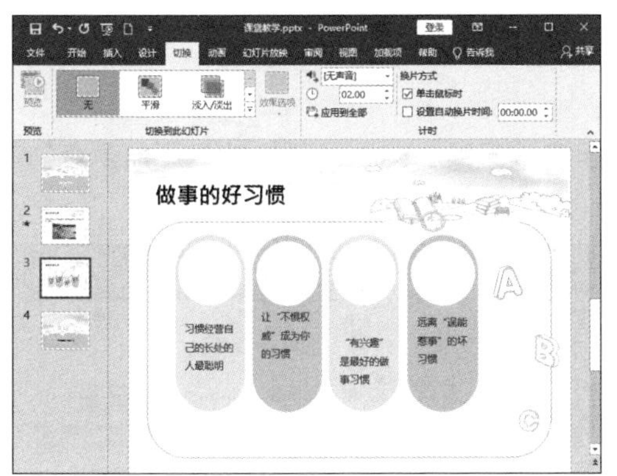

第 2 步 单击【切换】选项卡【切换到此幻灯片】组中的【其他】按钮⊟，从弹出的下拉列表中可以看到此幻灯片添加了【动态内容】→【旋转】切换效果，如下图所示。

第 3 步 从下拉列表中为此幻灯片设置新的切换效果，如选择【华丽】→【闪耀】切换效果，如下图所示。

9.6.2 设置切换效果的属性

PowerPoint 2019 中的部分切换效果具有可自定义的属性，可以对这些属性进行自定义设置。

第 1 步 接着 9.6.1 小节的实例继续操作。在【幻灯片缩略图】窗格中选择第 3 张幻灯片，如下图所示。

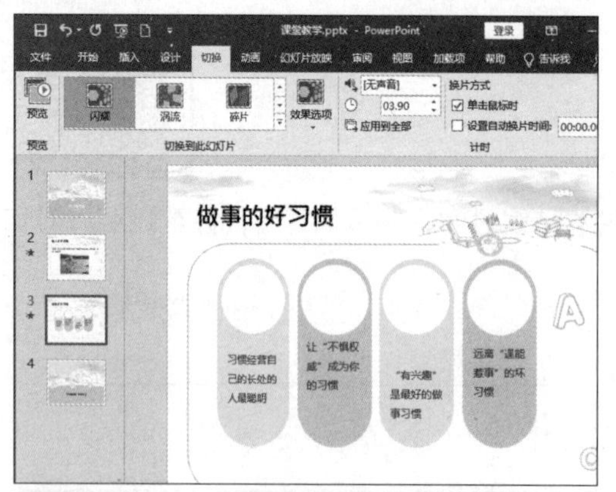

第 2 步 单击【切换】选项卡【切换到此幻灯片】组中的【效果选项】按钮，在弹出的下拉列表中选择其他选项可以更改切换效果的切换起始方向。如果要更改默认的效果，只需在列表中选择切换效果即可，如选择【从右侧闪耀的六边形】选项，如下图所示。

9.6.3 为切换效果添加声音

如果想使切换的效果更加逼真，可以为其添加声音效果。为幻灯片切换效果添加声音的具体操作步骤如下。

第 1 步 接着上面的实例继续操作。在【幻灯片缩略图】窗格中选择任意一张幻灯片。单击【切换】选项卡【计时】组中的【声音】下拉按钮▾，如下图所示。

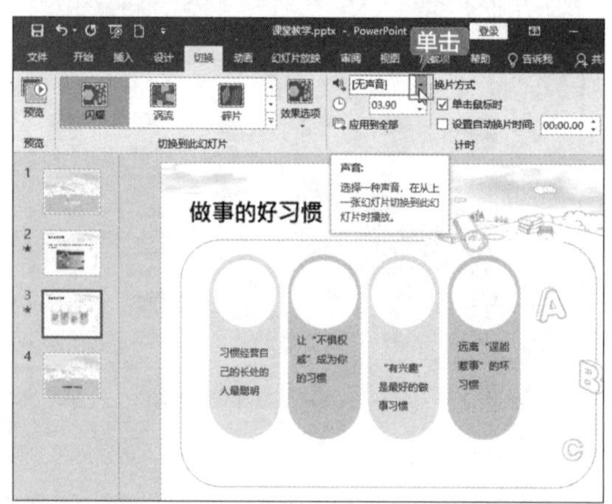

第 2 步 从弹出的下拉列表中选择需要的声音效果，如选择【风铃】选项，即可为切换效果添加风铃声音效果，如下图所示。

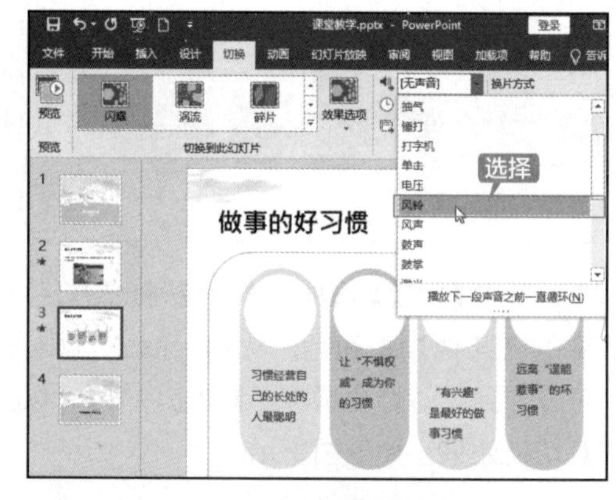

第 3 步 可以从弹出的下拉列表中选择【其他声音】选项来添加自己想要的效果，如下图所示。

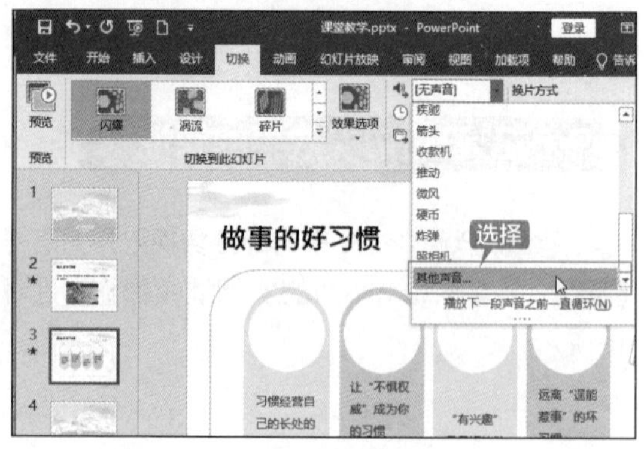

第 4 步 在弹出的【添加音频】对话框中选择所需的音频文件，即可为幻灯片插入该音频文件声音，如下图所示。

9.6.4 设置效果的持续时间

在切换幻灯片时，用户可以为其设置持续的时间，从而控制切换速度，以便查看幻灯片的内容。为幻灯片设置切换效果持续时间的具体操作步骤如下。

第 1 步 接着上面的实例继续操作。在【幻灯片缩略图】窗格中单击添加切换效果的幻灯片，在【切换】选项卡【计时】组中选中【持续时间】文本框，如下图所示。

第 2 步 在【持续时间】文本框中输入所需的速度，如输入“1.2”，即可将持续时间的速度显示为下图所示的“01.20”。

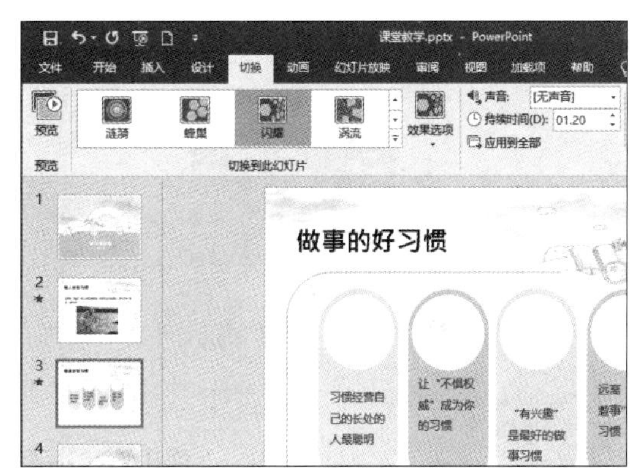

9.7 设置切换方式

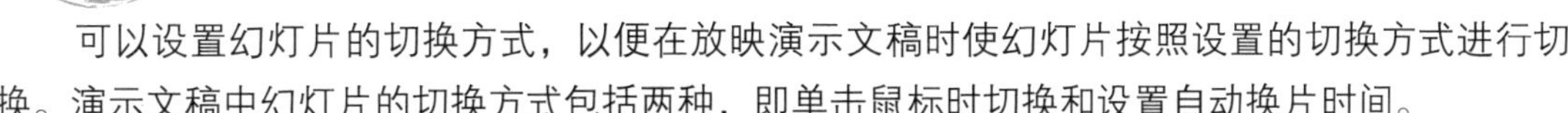

可以设置幻灯片的切换方式，以便在放映演示文稿时使幻灯片按照设置的切换方式进行切换。演示文稿中幻灯片的切换方式包括两种，即单击鼠标时切换和设置自动换片时间。

在【切换】选项卡【计时】组的【换片方式】区域可以设置幻灯片的切换方式。如下图所示，选中【单击鼠标时】复选框，可以设置单击鼠标为切换放映演示文稿中幻灯片的切换方式。

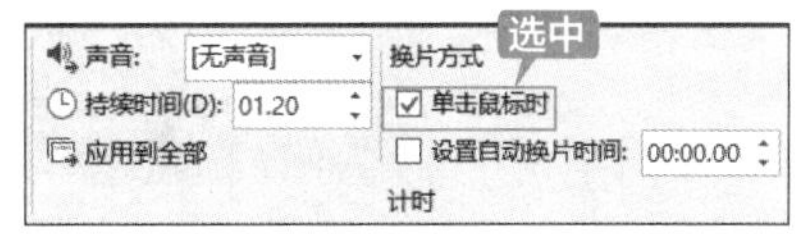

选中【设置自动换片时间】复选框，可以在【设置自动换片时间】文本框中输入自动换片的时间来完成幻灯片的切换。

下面通过具体的实例介绍设置切换方式的具体操作步骤。

第 1 步　继续 9.6.4 小节的实例操作，选择演示文稿中的第 3 张幻灯片。在【切换】选项卡【计时】组的【换片方式】区域中，选中【单击鼠标时】复选框，如下图所示，即可设置在该张幻灯片中单击鼠标时切换至下一张幻灯片。

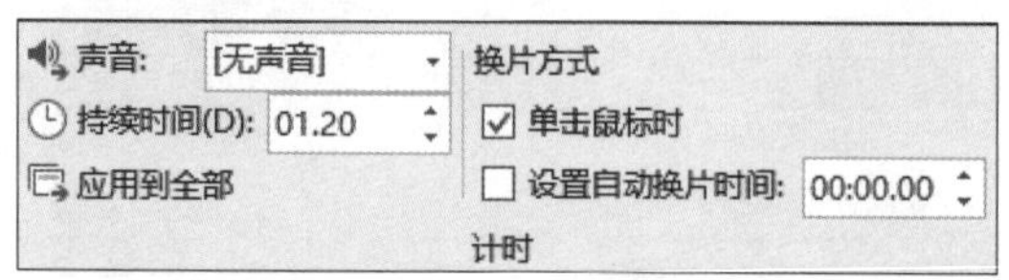

第 2 步　在【幻灯片缩略图】窗格中选择第 2 张幻灯片，如下图所示。

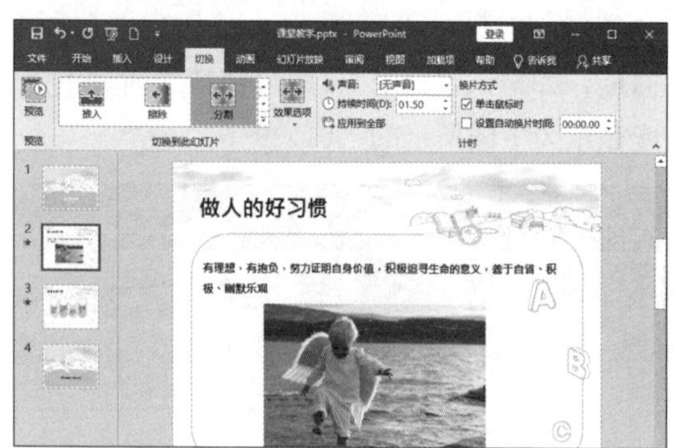

第 3 步　在【切换】选项卡【计时】组的【换片方式】区域取消选中【单击鼠标时】复选框，选中【设置自动换片时间】复选框，并设置换片时间为 5 秒，如下图所示。

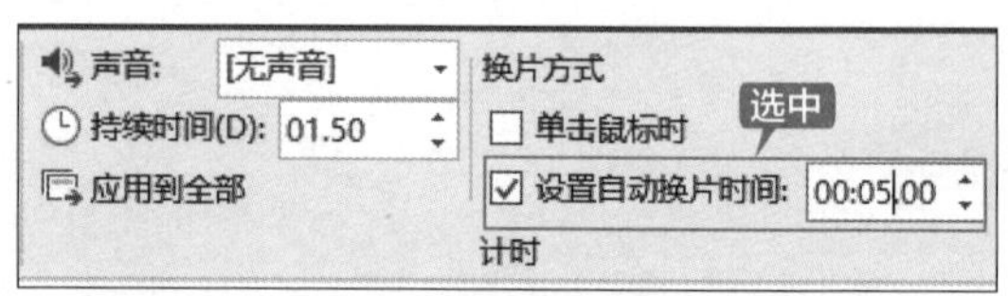

第 4 步　设置完成后，放映幻灯片时第 2 张幻灯片即可在 5 秒后自动切换至第 3 张幻灯片。

提示

【单击鼠标时】复选框和【设置自动换片时间】复选框可以同时选中，这样切换时既可以单击鼠标切换，也可以在设置的自动切换时间后切换。

制作销售策划案演示文稿

在新产品出厂时，公司一般都会要求员工对老产品销售情况及以前的工作情况进行简单的总结，并且对新产品的未来市场占有率编写一个策划案。本案例制作的策划案最终效果如下图所示。

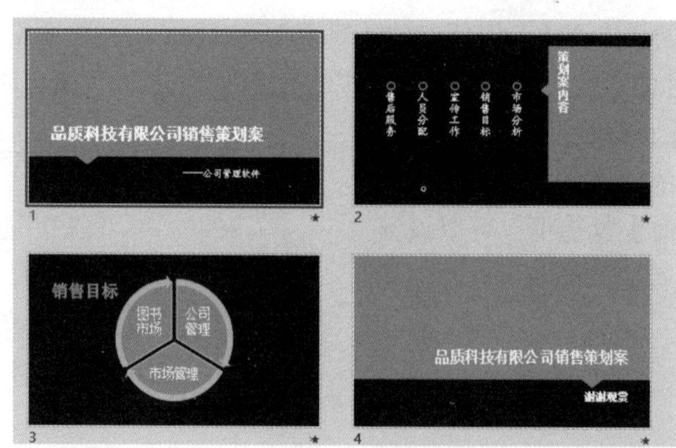

制作销售策划案的具体操作步骤如下。

1. 设计首页页面

第1步 新建一个版式为“标题幻灯片”的幻灯片，如下图所示。

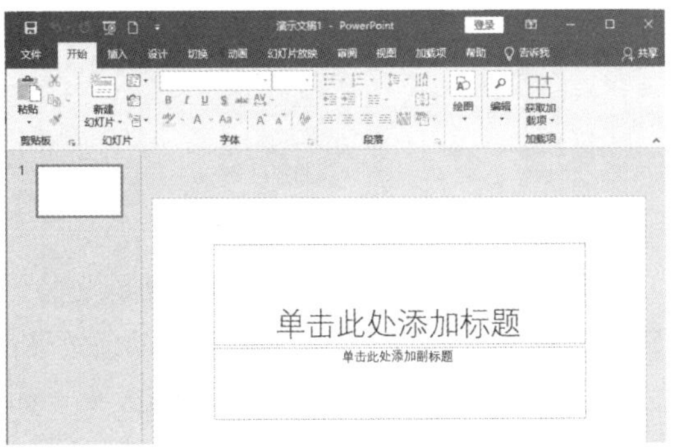

第2步 为幻灯片应用【引用】主题样式。并在【单击此处添加标题】文本占位符中输入销售策划案的名称“品质科技有限公司销售策划案”，并根据需要设置字体效果，如下图所示。

第3步 在【单击此处添加副标题】文本占位符中输入销售策划案的简要“——公司管理软件”，并设置字体样式和对齐方式，最终效果如下图所示。

2. 制作销售策划案内容页面

第1步 新建一个版式为“竖排标题与文本”的幻灯片，并输入销售策划案的标题“策划案内容”，如下图所示。

第2步 在【单击此处添加文本】文本占位符中输入下图所示的具体内容，将文字设置为默认颜色和大小，每个段落之间空一个段落行，并设置文字居中对齐。

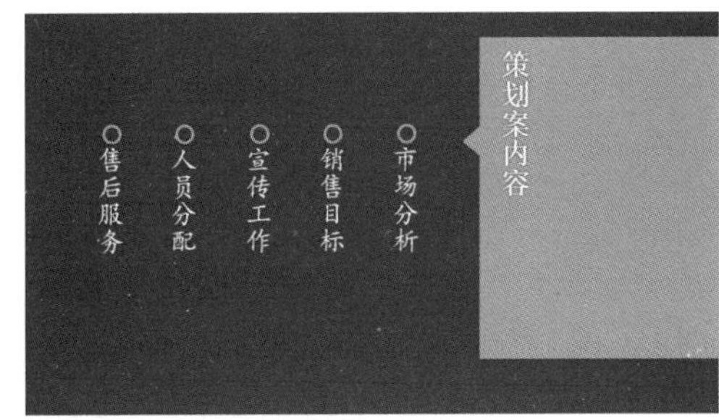

3. 设计销售目标页面

第1步 新建一个版式为“空白”的幻灯片。单击【插入】选项卡【文本】组中的【艺术字】按钮，在弹出的下拉列表中选择【图案填充 - 深青，个性色 1，50%，清晰阴影 - 个性色 1】字体效果，并输入标题“销售目标”，如下图所示。

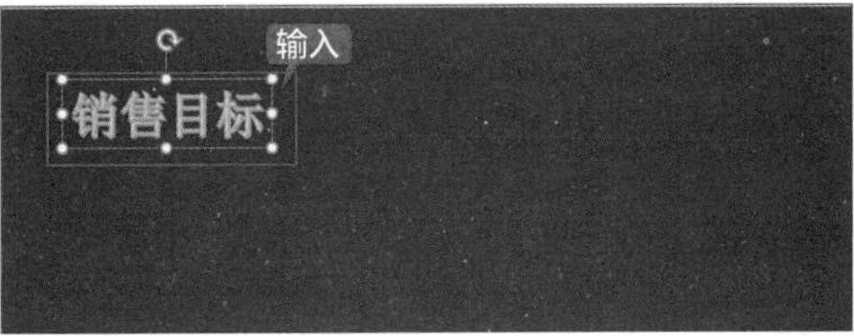

第 2 步 单击【插入】选项卡【插图】组中的【SmartArt】按钮，插入【分段循环】图形。并在插入 SmartArt 图形的文本区域中分别输入下图所示的具体内容。

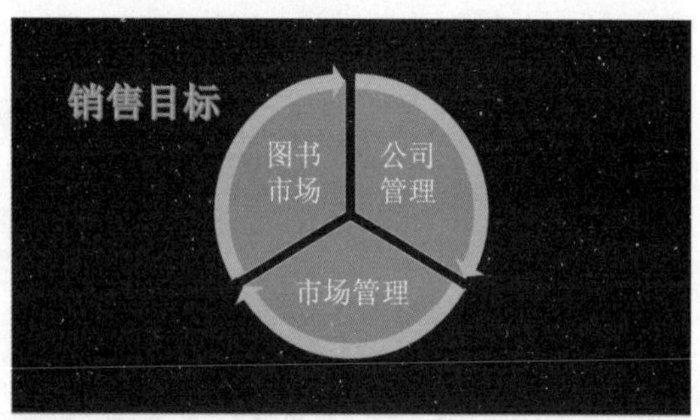

4. 制作尾页内容

第 1 步 新建一个版式为"节标题幻灯片"的幻灯片。在【单击此处添加标题】文本占位符中输入销售策划案的名称"品质科技有限公司销售策划案"，如下图所示。

第 2 步 在【单击此处添加副标题】文本占位符中输入"谢谢观赏"，并设置字体样式和对齐方式，最终效果如下图所示。

5. 制作动画效果

第 1 步 选中第 1 张幻灯片中的标题，单击【动画】选项卡【动画】组中的【其他】按钮 。在弹出的下拉列表中为标题设置动画效果，本例选择【进入】→【浮入】动画效果，如下图所示。

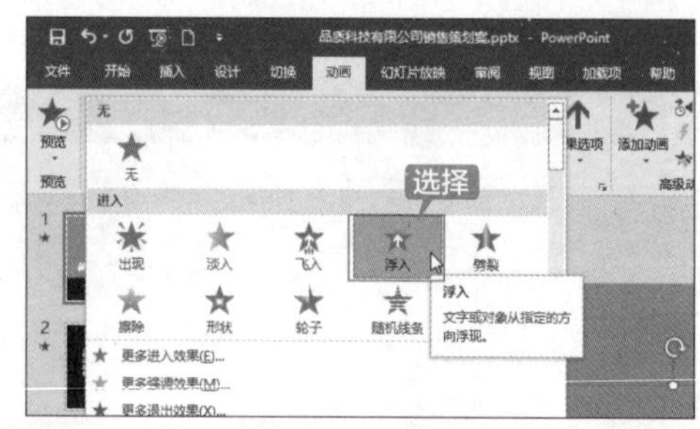

第 2 步 用同样的方法为副标题设置动画效果，本例选择【进入】→【飞入】动画效果，如下图所示。

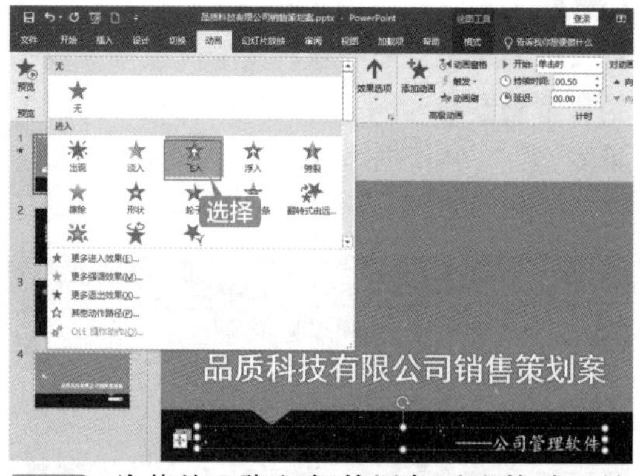

第 3 步 为其他 3 张幻灯片添加适当的动画效果，幻灯片浏览视图下的最终效果如下图所示。

6. 添加切换效果

第 1 步 选中第 1 张幻灯片中，单击【切换】选项卡【切换到此幻灯片】组中的【其他】按钮 ，在弹出的下拉列表中选择【细微】→【揭开】选项，即可为选中的幻灯片添加揭开的切换效果，如下图所示。

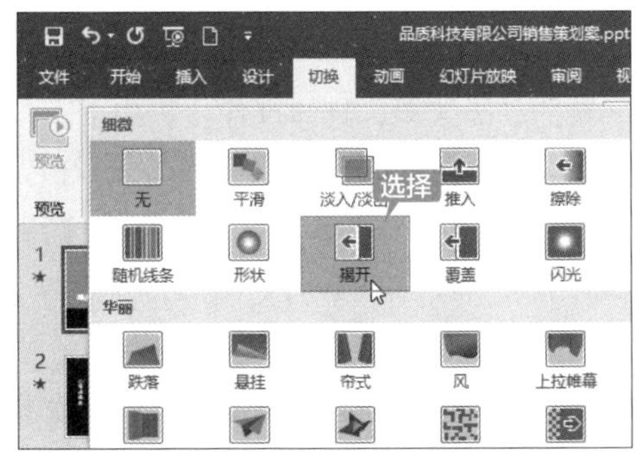

第 2 步 用同样的方法为其他幻灯片添加切换效果，并可根据需要进行设置，最终效果如下图所示。

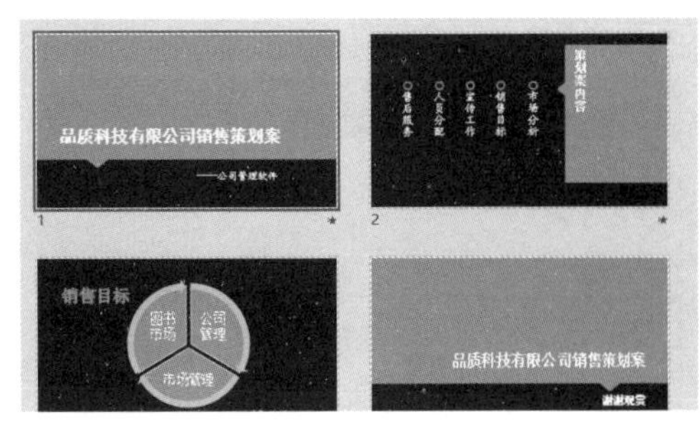

◇ 制作更多动画效果

在 PowerPoint 中选中要添加动画效果的对象后，单击【动画】选项卡【动画】组中的【其他】按钮▤，在弹出的下拉列表中可以直接选择需要的动画效果，也可以在下拉列表中选择【更多进入效果】【更多强调效果】及【更多退出效果】等选项，从而制作出需要的动画效果，如下图所示。

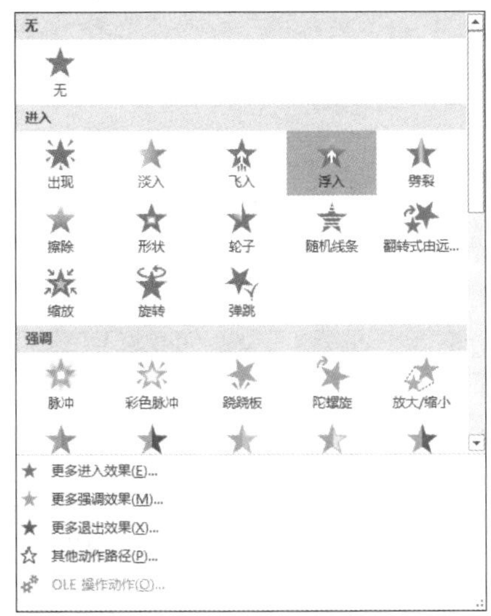

下面以制作更多强调效果为例，介绍制作更多动画效果的具体操作步骤。

第 1 步 新建一个版式为“空白”的幻灯片，并单击【设计】选项卡【主题】组中的【其他主题】下拉按钮，在弹出的下拉列表中选择【主要事件】主题样式，如下图所示。

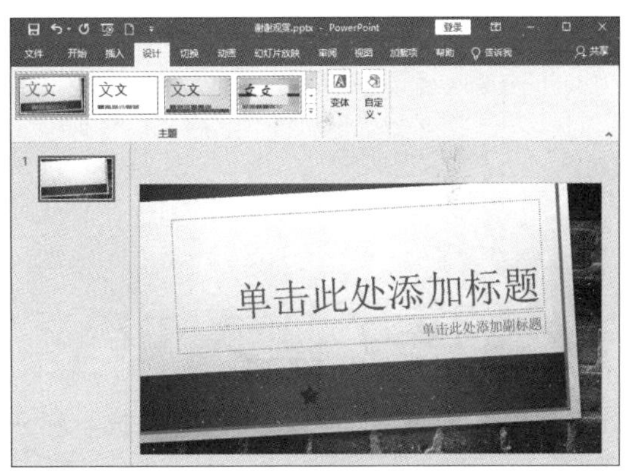

第 2 步 在幻灯片上的标题文本框中输入“谢谢观赏！”，如下图所示。

第 3 步 选中输入的文字，单击【动画】选项卡【动画】组中的【其他】按钮，在弹出的下拉列表中选择【更多强调效果】选项，如下图所示。

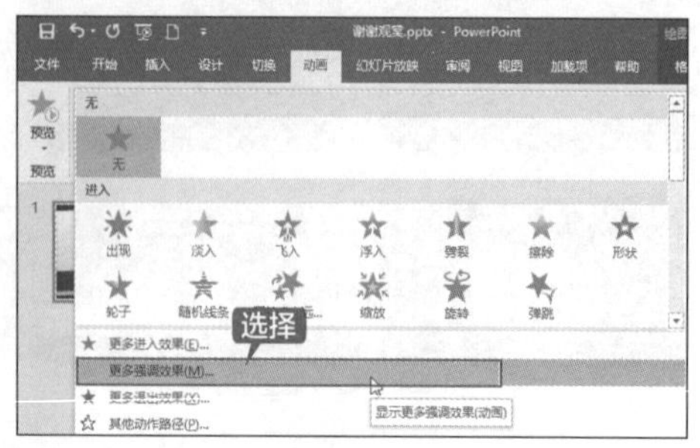

第 4 步 在弹出的【更改强调效果】对话框中选择【华丽】→【闪烁】选项，单击【确定】按钮，如下图所示。

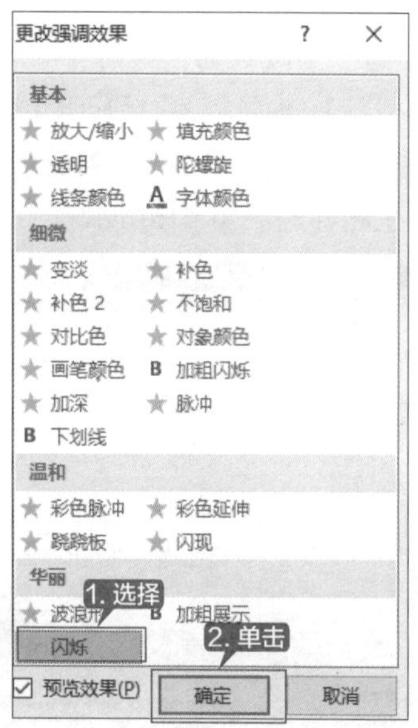

第 5 步 即可为文字添加闪烁动画效果，如下图所示。

◇ 制作电影字幕效果

在 PowerPoint 2019 中可以轻松实现电影字幕的动画效果，具体操作步骤如下。

第 1 步 新建一个版式为“空白”的幻灯片，并选择【设计】选项卡【主题】组中【其他主题】下拉列表中的【水汽尾迹】主题样式，如下图所示。

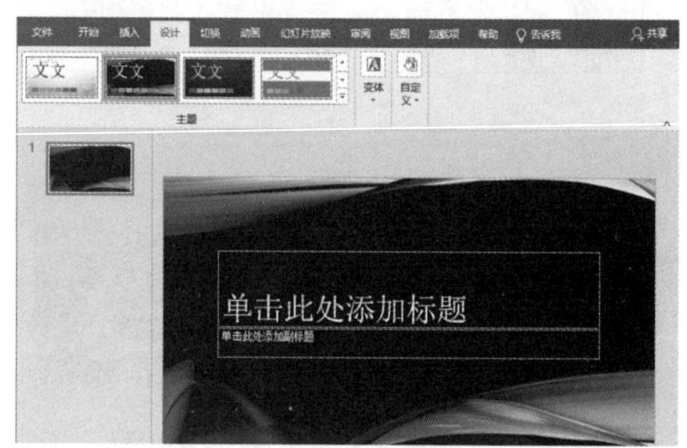

第 2 步 在幻灯片中绘制一个文本框，将“素材 \ch09\ 黄鹤楼 .txt”文件中的内容粘贴到文本框中，并调整文字的字体、大小及格式，效果如下图所示。

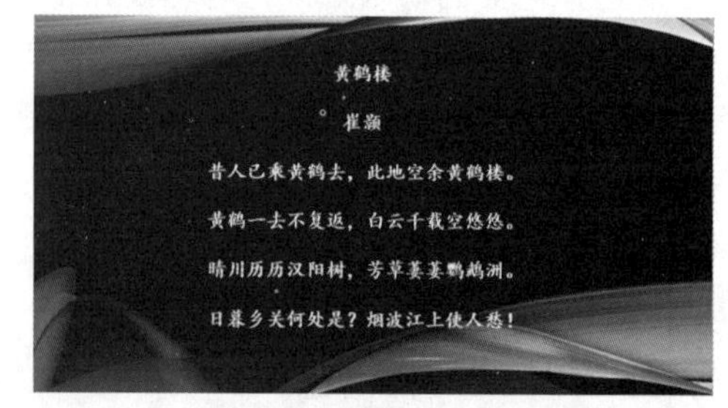

第 3 步 选中文本框，单击【动画】选项卡【动画】组中的【其他】按钮，在弹出的下拉列表中选择【更多退出效果】选项，如下图所示。

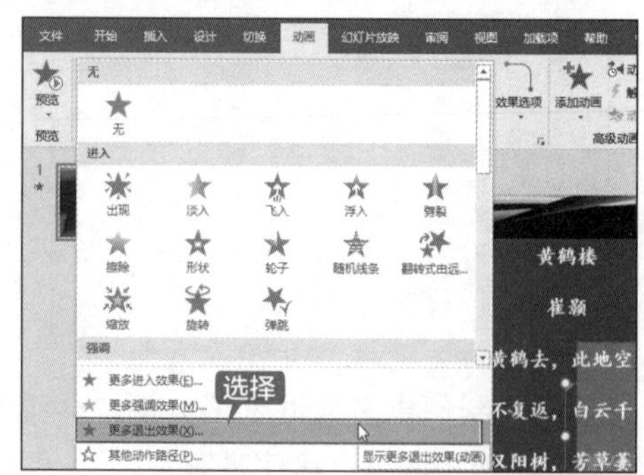

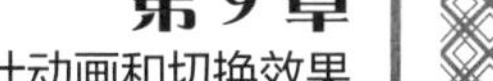

第 4 步 在弹出的【更改退出效果】对话框中选择【华丽】→【字幕式】选项，单击【确定】按钮，如下图所示。

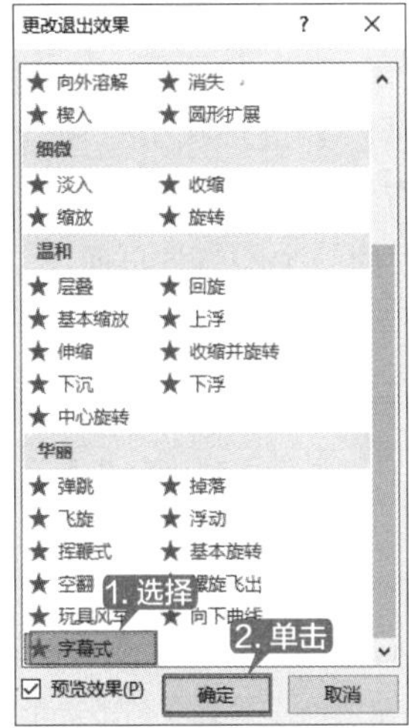

第 5 步 即可完成电影字幕效果的制作，如下图所示。

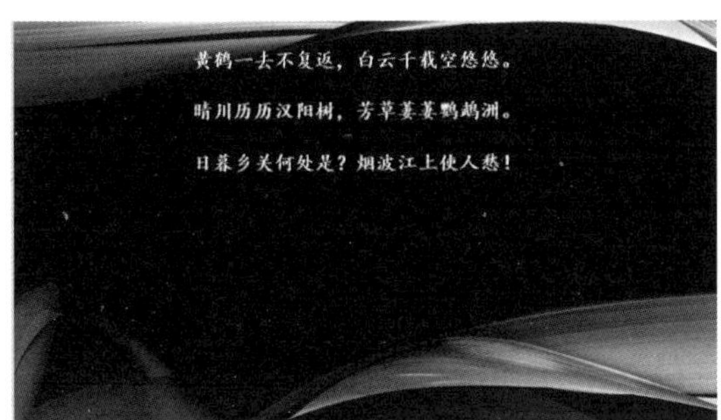

◇ 新功能：使用缩放定位观看幻灯片

PowerPoint 2019 中新增的“缩放定位”功能，使 PPT 的演示更加具有动态效果。下面具体介绍“缩放定位”功能。

第 1 步 打开“素材 \ch09\ 缩放定位 .pptx”文件，新建一张空白幻灯片。单击第 1 张幻灯片，选择【插入】选项卡下【链接】组中的【缩放定位】按钮，在弹出的下拉列表中选择【幻灯片缩放定位】选项，如下图所示。

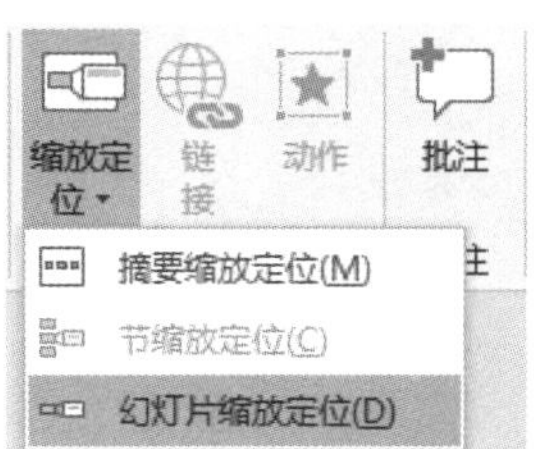

第 2 步 弹出【插入幻灯片缩放定位】对话框，选中【2. 幻灯片 2】复选框，单击【插入】按钮，如下图所示。

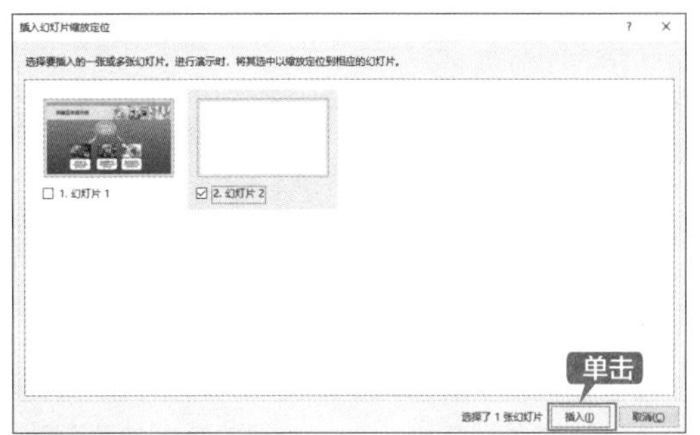

第 3 步 即可在第 1 张幻灯片中插入一个白色方框形状，将这个形状移动到要创建链接的位置，选择【缩放工具-格式】选项卡，单击【缩放定位样式】组中的【缩放定位背景】下拉按钮，如下图所示。

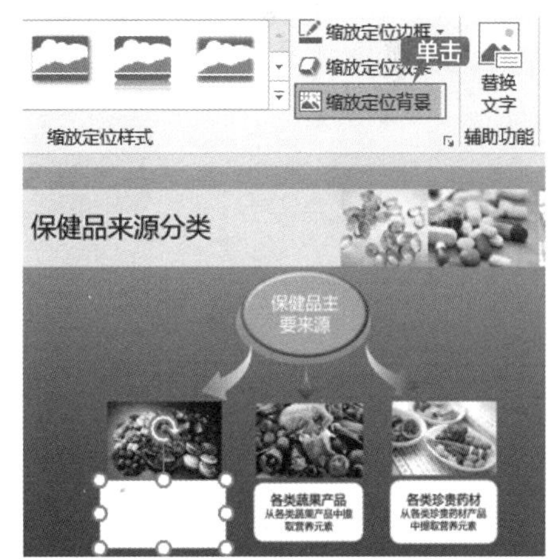

第 4 步 即可看到插入的白色方框形状变成了透明的，如下图所示。

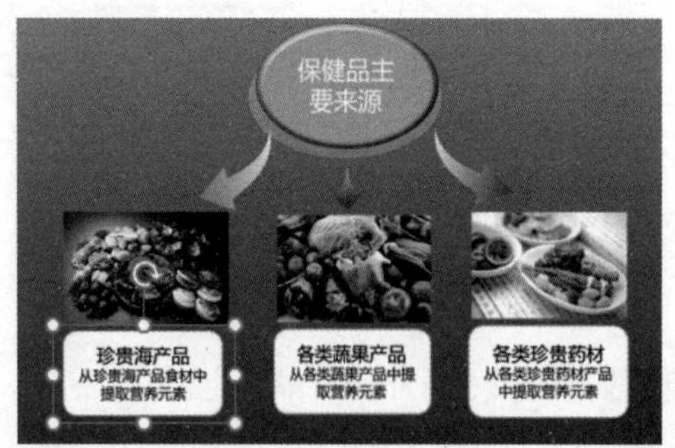

第 5 步 选中【格式】选项卡下【缩放定位选项】组中的【返回到缩放】复选框，如下图所示。

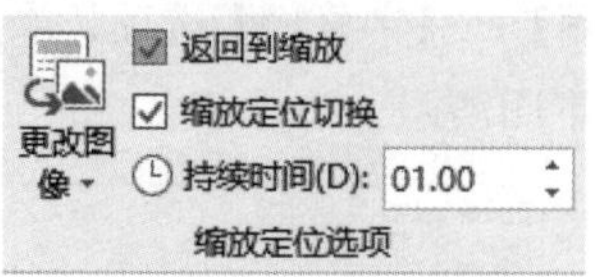

第 6 步 按【F5】键放映幻灯片，在添加缩放页面的位置单击，即可查看缩放效果，再次单击即可返回整个幻灯片页面。

提示

① 在插入缩放幻灯片页面后，按【F5】键放映幻灯片时，单击插入的幻灯片页面，即可跳转至该页面进行放映。

② 在【缩放定位】下拉列表中还有【摘要缩放定位】和【节缩放定位】选项。

摘要缩放定位："摘要缩放定位"就像登录页面，可在此处立即查看演示文稿的各个部分。演示时，可以按任何喜欢的顺序，使用"缩放"功能从演示文稿中的一个位置转到另一个位置。可在不中断演示流程的情况下，实现创新、向前跳转或重新访问其他幻灯片。

节缩放定位：在使用"节缩放定位"功能之前，需要先在【幻灯片缩略图】窗格中设置新增节，设置节缩放定位之后，在放映幻灯片时，即可以"节"为单位放映幻灯片。

第 10 章

添加多媒体和超链接

本章导读

在制作的幻灯片中添加各种多媒体元素，会使幻灯片的内容更加富有感染力。另外，使用超链接可以从一张幻灯片跳转至另一张幻灯片。本章介绍在 PowerPoint 2019 中添加音频、视频及设置音频、视频的方法，以及使用创建超链接和创建动作的方法为幻灯片添加超链接。

思维导图

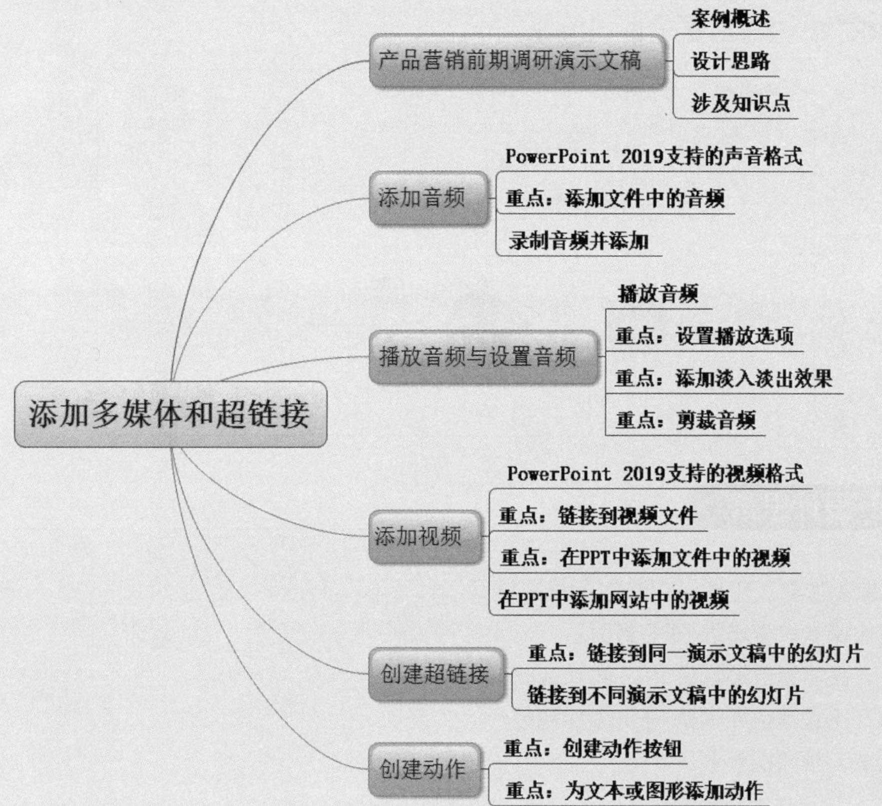

10.1 产品营销前期调研演示文稿

产品营销前期调研是指调研人员针对市场调研的问题，运用分析资料，对产品的营销情况提出客观的调查结论。通常用调研报告的形式，将市场调研结果呈送给决策者。对于商业性市场调研公司来说，调研报告也是其递交给客户的有关工作的主要结果。

案例名称：制作产品营销前期调研演示文稿

案例目的：学习添加多媒体

	素材	素材 \ch10\ 产品营销前期调研 .pptx
	结果	结果 \ch10\ 产品营销前期调研 .pptx
	视频	视频教学 \10 第 10 章

10.1.1 案例概述

制作产品营销前期调研演示文稿，首先需要了解产品营销前期调研的相关内容。

① 调研部的角色是什么?

② 调研部作为观察员与分析员需要做哪些工作?

③ 调研部还应该做什么?

④ 调研部作为战略成员需要做哪些工作?

前期调研策划工作的要点如下图所示。

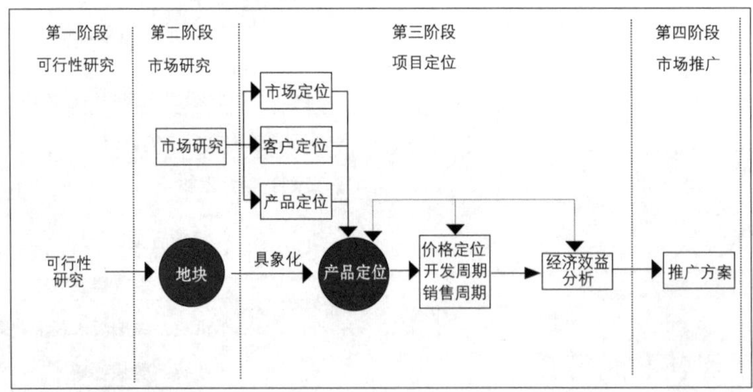

10.1.2 设计思路

制作课堂教学 PPT 时可以按以下思路进行。

① 制作课堂教学培训 PPT 封面。

② 为产品营销前期调研 PPT 添加音频。

③ 为产品营销前期调研 PPT 添加视频。

④ 调整音频和视频效果。

10.1.3 涉及知识点

本案例主要涉及以下知识点。

① 添加音频。

② 播放音频和设置音频。

③ 添加视频。

④ 预览视频和设置视频。

10.2 添加音频

在 PowerPoint 2019 中，可以添加来自文件、剪贴画中的音频，使用 CD 中的音乐，还可以自己录制音频，并将其添加到演示文稿中。

10.2.1 PowerPoint 2019 支持的声音格式

PowerPoint 2019 支持的声音格式比较多，下表所示的这些音频格式都可以添加到 PowerPoint 2019 中。

音频文件	音频格式
AIFF 音频文件（aiff）	*.aif、*.aifc、*.aiff
AU 音频文件（au）	*au、*.snd
MIDI 文件（midi）	*.mid、*.midi、*.rmi
MP3 音频文件（mp3）	*.mp3、*.m3u
Windows 音频文件（wav）	*.wav
Windows Media 音频文件（wma）	*.wma、*.wax
QuickTime 音频文件（aiff）	*.3g2、*.3gp、*.aac、*.m4a、*.m4b、*.mp4

10.2.2 重点：添加文件中的音频

将文件中的音频添加到幻灯片中的具体操作步骤如下。

第 1 步 打开“素材 \ch10\ 产品营销前期调研 .pptx”文件，单击要添加音频文件的幻灯片，如下图所示。

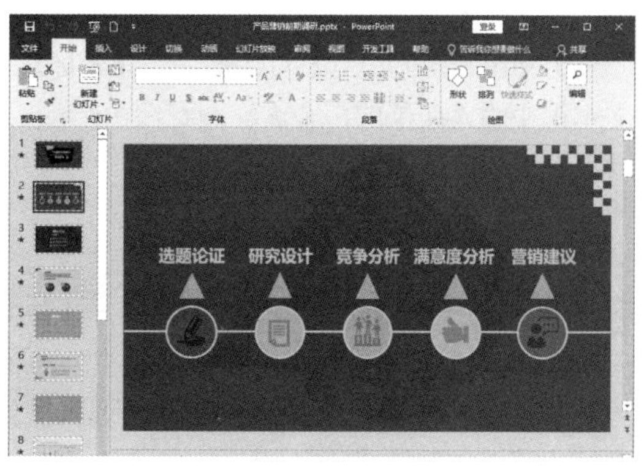

第 2 步 单击【插入】选项卡【媒体】组中的【音频】按钮，在弹出的下拉列表中选择【PC上的音频】选项，如下图所示。

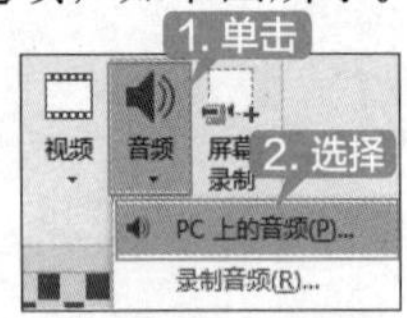

第 3 步 弹出【插入音频】对话框，在【查找范围】下拉列表中选择所需的音频文件，这里选择"素材 \ch10\02.wav"文件，单击【插入】按钮，如下图所示。

第 4 步 所需要的音频文件将会直接应用于当前幻灯片中，并拖动音频文件图标到幻灯片中的适当位置，如下图所示。

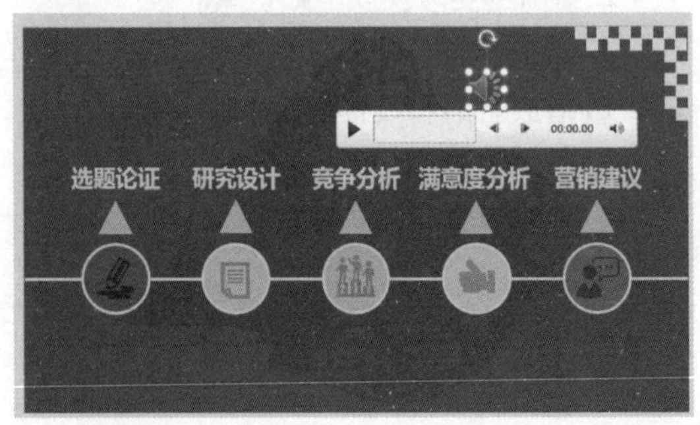

提示

在幻灯片上插入音频剪辑时，将显示一个表示音频文件图标。

10.2.3 录制音频并添加

用户可以根据需要自己录制音频文件为幻灯片添加声音效果，具体操作步骤如下。

第 1 步 单击【插入】选项卡【媒体】组中的【音频】按钮，在弹出的下拉列表中选择【录制音频】选项，如下图所示。

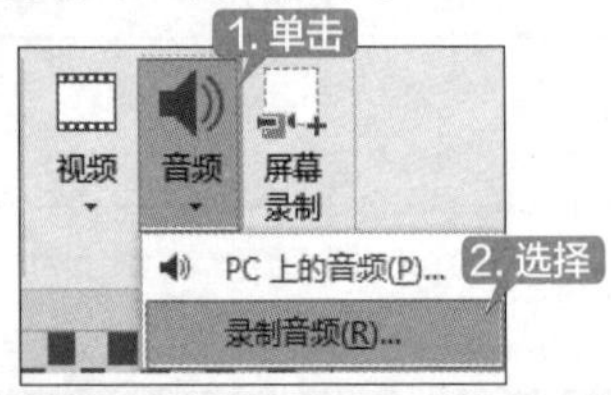

第 2 步 弹出【录制声音】对话框，在【名称】文本框中输入所录的声音名称，如下图所示。

单击【录制】按钮开始录制，录制完毕后，单击【停止】按钮。如果想预先听一下录制的声音，可以单击【播放】按钮试听，最后单击【确定】按钮，即可将录制的音频添加到当前幻灯片中。

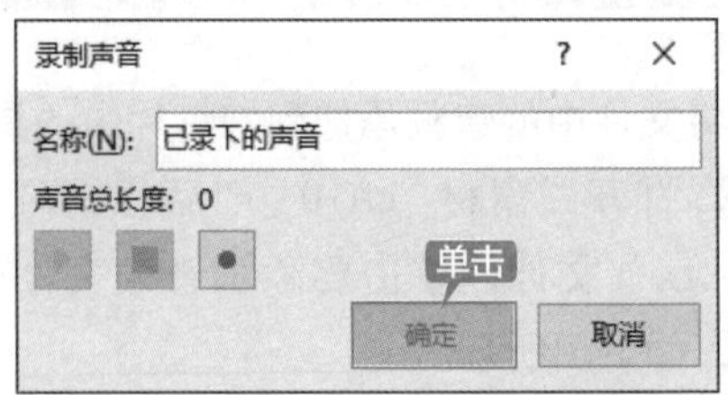

10.3 播放音频与设置音频

在幻灯片中添加音频文件后不仅可以播放音频，还可以设置音频效果、剪裁音频，以及在音频中插入书签等。

10.3.1 播放音频

在幻灯片中插入音频文件后，可以播放该音频文件以试听效果。播放音频的方法有以下两种。

方法 1：选中插入的音频文件后，单击音频文件图标下的【播放】按钮▶，即可播放音频，如下图所示。

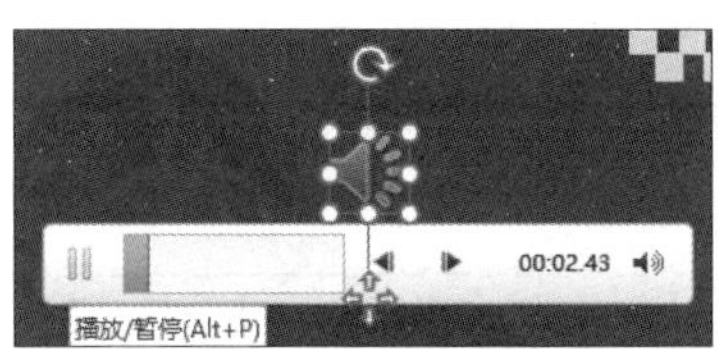

另外，单击【向前 / 向后移动】按钮可以调整播放的速度，还可以使用按钮来调整声音的大小。

方法 2：单击【音频工具 – 播放】选项卡【预览】组中的【播放】按钮▶，即可播放插入的音频文件，如下图所示。

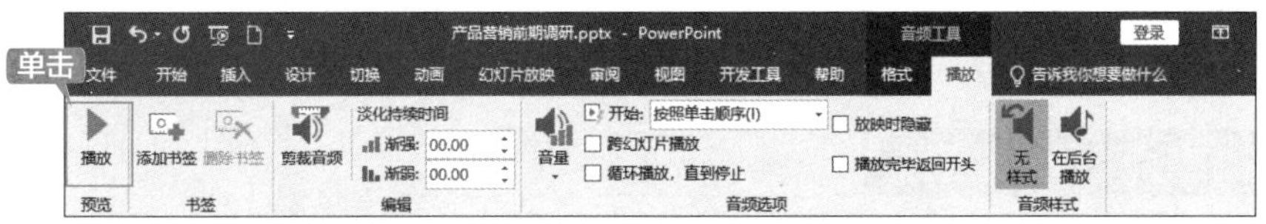

10.3.2 重点：设置播放选项

在进行演讲时，可以将音频剪辑设置为在显示幻灯片时自动开始播放、在单击鼠标时开始播放或播放演示文稿中的所有幻灯片，甚至可以循环连续播放，直至停止播放。

设置播放选项，可以在【音频工具 – 播放】选项卡的【音频选项】组中进行设置，具体操作步骤如下。

第 1 步 选中幻灯片中添加的音频文件，可以查看【音频工具 – 播放】选项卡【音频选项】组中的各个选项，如下图所示。

第 2 步 单击【音量】按钮，在弹出的下拉列表中可以设置音量的大小，如下图所示。

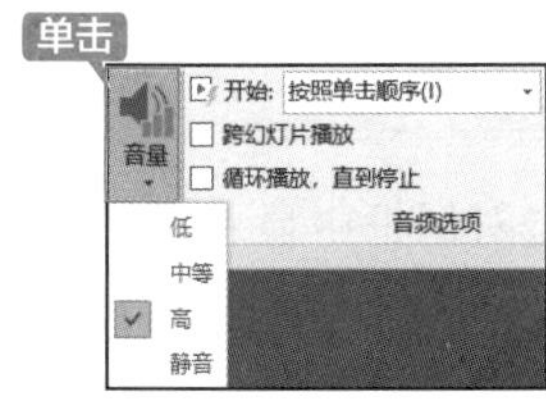

第 3 步 单击【开始】右侧的下拉按钮，在弹出的下拉列表中包括【按照单击顺序】【自动】和【单击时】3 个选项，如下图所示。可以将音频剪辑设置为在显示幻灯片时自动开始播放或在单击鼠标时开始播放。

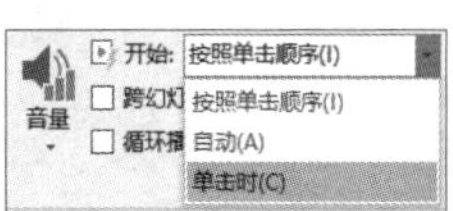

第 4 步 选中【放映时隐藏】复选框，可以在放映幻灯片时将音频文件图标隐藏而直接根据设置播放，如下图所示。

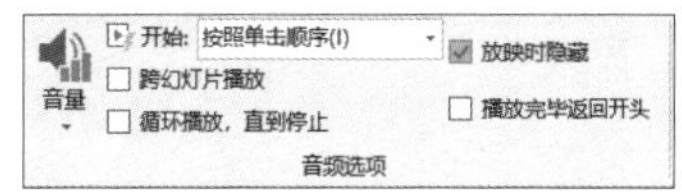

第 5 步 同时选中【循环播放，直到停止】和【播放完毕返回开头】复选框，可以将该音频文件设置为循环播放，如下图所示。

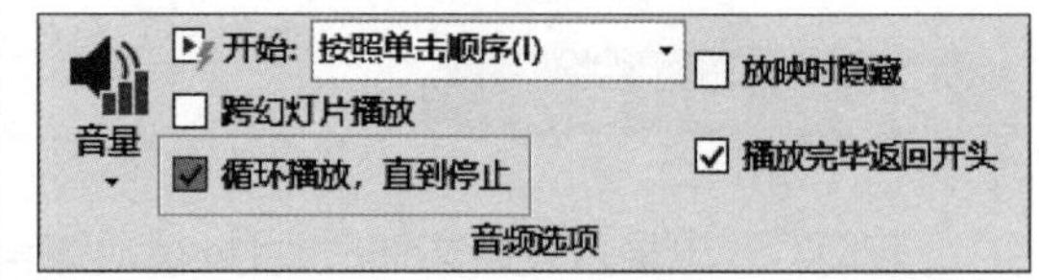

10.3.3 重点：添加淡入淡出效果

在演示文稿中添加音频文件后，除了可以设置播放选项外，还可以在【音频工具 – 播放】选项卡的【编辑】组中为音频文件添加淡入和淡出的效果，如下图所示。

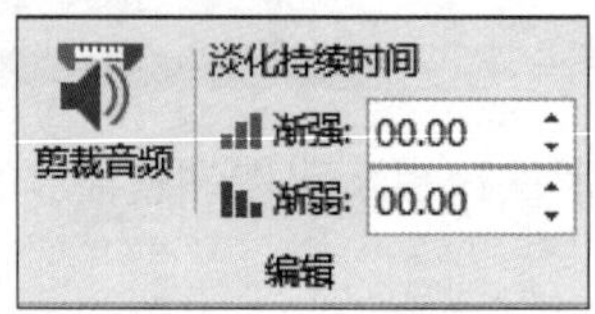

在【淡化持续时间】区域的【渐强】文本框中输入数值，可以设置在音频剪辑开始的几秒内使用淡入效果。在【渐弱】文本框中输入数值，则可以设置在音频剪辑结束的几秒内使用淡出效果。

10.3.4 重点：剪裁音频

插入音频文件后，可以在每个音频剪辑的开头和末尾处对音频进行修剪。这样可以缩短音频文件的播放时间，以使其与幻灯片的计时相符。

剪裁音频的具体操作步骤如下。

第 1 步 选择幻灯片中要进行剪裁的音频文件，单击音频文件图标下的【播放】按钮▶播放音频，如下图所示。

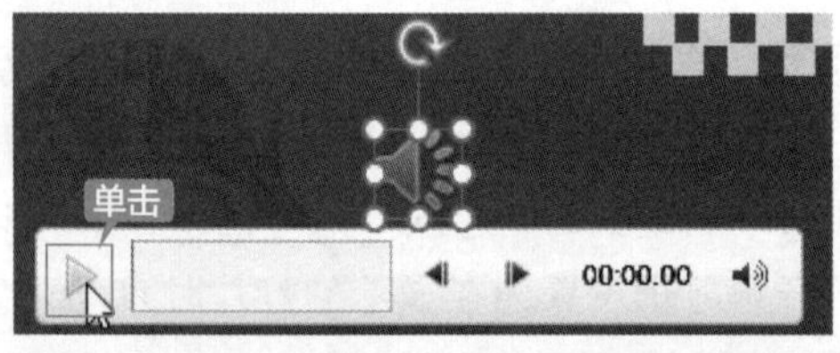

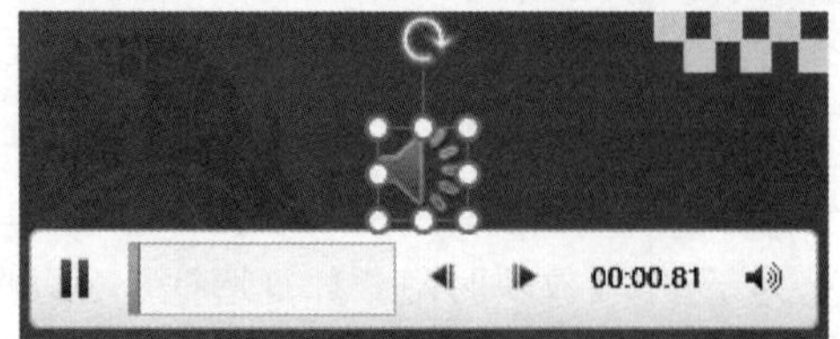

第 2 步 单击【音频工具 – 播放】选项卡【编辑】组中的【剪裁音频】按钮，如下图所示。

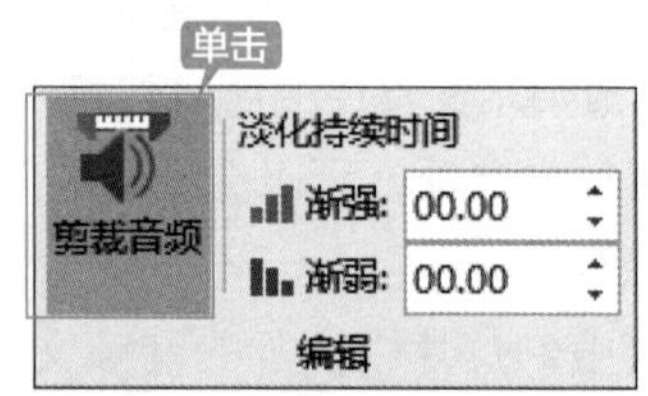

第 3 步 弹出【剪裁音频】对话框，在该对话框中可以看到音频文件的持续时间、开始时间及结束时间，如下图所示。

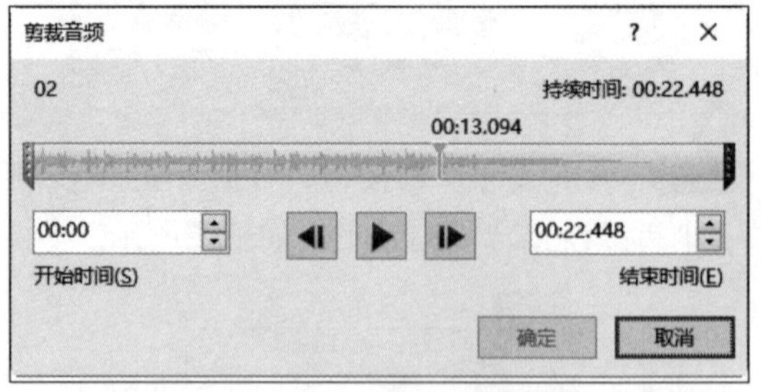

第 4 步 单击对话框中显示的音频的起点（最左侧的绿色标记），当鼠标指针显示为双向

箭头⇹时，将其拖动到所需的音频剪辑起始位置并释放，即可修剪音频文件的开始部分，如下图所示。

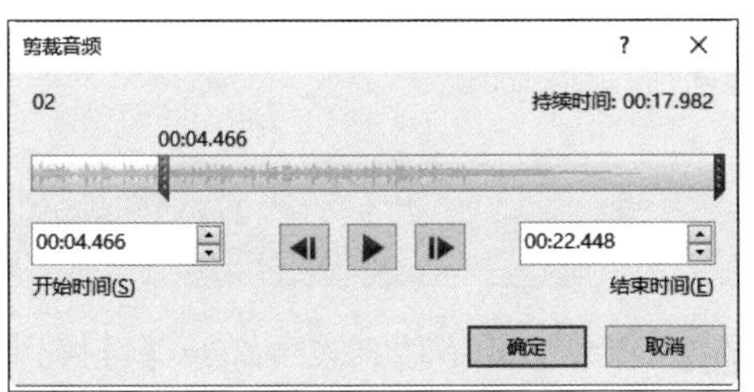

第 5 步 单击对话框中显示的音频的终点（最右侧的红色标记▌），当鼠标指针显示为双向箭头⇹时，将其拖动到所需的音频剪辑结束位置并释放，即可修剪音频文件的末尾部分，如下图所示。

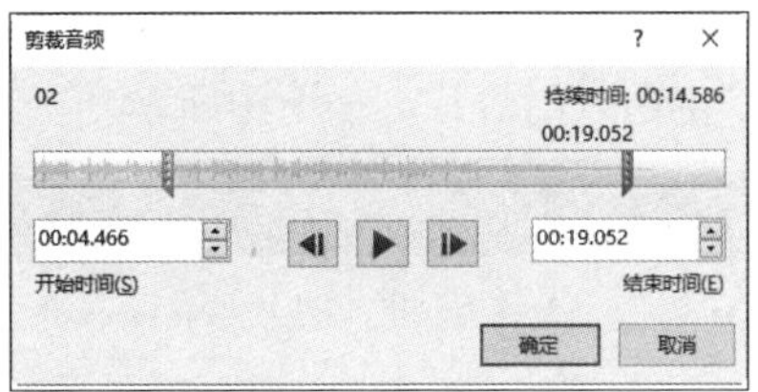

提示

也可以在【开始时间】【结束时间】微调框中输入精确的数值剪裁音频文件。

第 6 步 单击对话框中的【播放】按钮▶试听并调整效果，单击【确定】按钮，即可完成音频的剪裁。

10.4 添加视频

在 PowerPoint 2019 演示文稿中可以链接外部视频文件或电影文件。本节介绍向 PPT 中链接视频文件，添加文件、网站及剪贴画中的视频，以及设置视频的效果、样式等基本操作。

10.4.1 PowerPoint 2019 支持的视频格式

PowerPoint 2019 支持的视频格式比较多，下表所示的这些视频格式都可以添加到 PowerPoint 2019 中。

视频文件	视频格式
Windows Media 文件（asf）	*.asf、*.asx、*.wpl、*.wm、*.wmx、*.wmd、*.wmz、*.dvr-ms
Windows 视频文件（avi）	*.avi
电影文件（mpeg）	*.mpeg、*.mpg、*.mpe、*.mlv、*.m2v、*.mod、*.mp2、*.mpv2、*.mp2v、*.mpa
Windows Media 视频文件（wmv）	*.wmv、*.wvx
QuickTime 视频文件	*.qt、*.mov、*.3g2、*.3gp、*.dv、*.m4v、*.mp4
Adobe Flash Media	*.swf

10.4.2 重点：链接到视频文件

可以从 PowerPoint 2019 演示文稿中链接外部视频文件或电影文件，通过链接视频，可以解决演示文稿文件太大的问题。

在 PowerPoint 2019 演示文稿中添加指向视频的链接，具体操作步骤如下。

第 1 步 打开“素材 \ch10\ 产品营销前期调研 .pptx”文件，在第 1 张幻灯片下方插入一张“空白”幻灯片，如下图所示。

第 2 步 单击【插入】选项卡【媒体】组中的【视频】下拉按钮，在弹出的下拉列表中选择【PC 上的视频】选项，如下图所示。

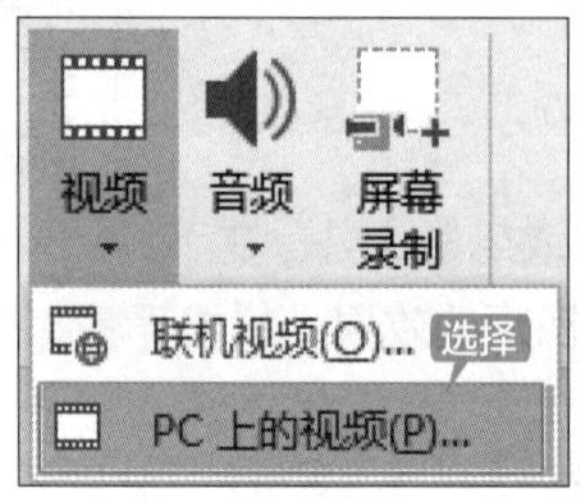

第 3 步 弹出【插入视频文件】对话框，在【查找范围】下拉列表中选择所需的视频文件，这里选择“素材 \ch10\01.mov”文件，单击【插入】右侧的下拉按钮，如下图所示。

第 4 步 在弹出的下拉列表中选择【链接到文件】命令，如下图所示。

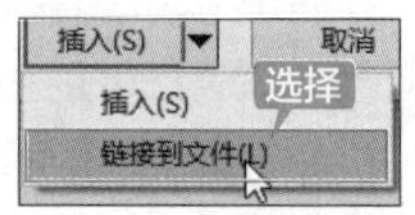

第 5 步 所需要的视频文件将会直接应用于当前幻灯片中，如下图所示。

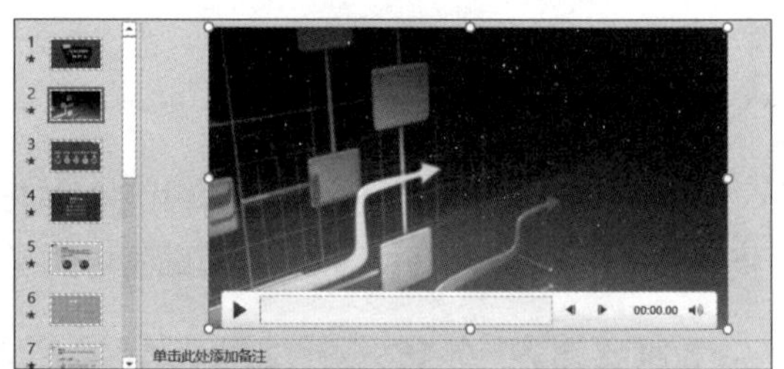

提示

为了防止可能出现与断开的链接有关的问题，最好先将视频文件复制到演示文稿所在的文件夹中，然后再链接到视频文件。

10.4.3 重点：在 PPT 中添加文件中的视频

在 PowerPoint 2019 演示文稿中添加文件中的视频与链接到视频文件类似，具体操作步骤如下。

第 1 步 打开“素材 \ch10\ 产品营销前期调研 .pptx”文件，在第 1 张幻灯片下方插入一张“空白”幻灯片，如下图所示。

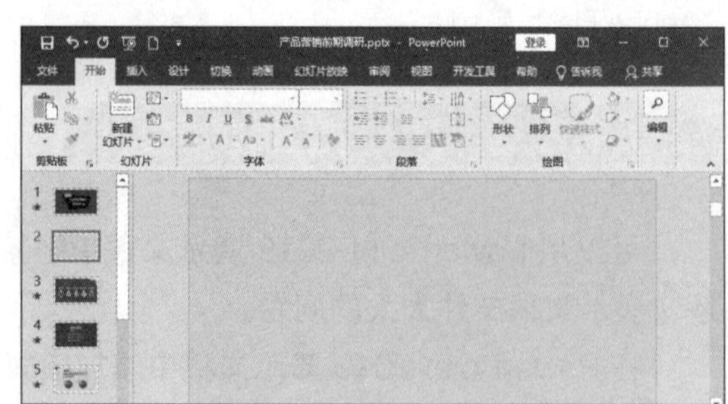

第 2 步 单击【插入】选项卡【媒体】组中的【视频】下拉按钮，在弹出的下拉列表中选择【PC 上的视频】选项，如下图所示。

第 3 步 弹出【插入视频文件】对话框，在【查找范围】下拉列表中选择所需的视频文件，单击【插入】按钮，如下图所示。

第 4 步 所需要的视频文件将会直接应用于当前幻灯片中。下图所示为预览插入的视频文件的部分截图。

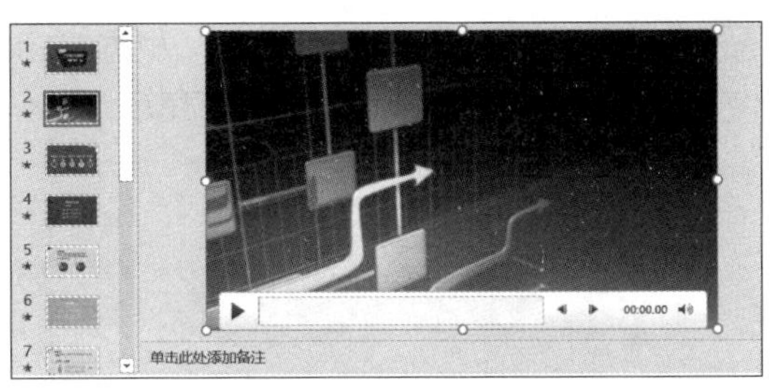

第 5 步 单击【视频工具 - 格式】选项卡【预览】组中的【播放】按钮▶，如下图所示，插入幻灯片中的视频文件即可显示播放界面。

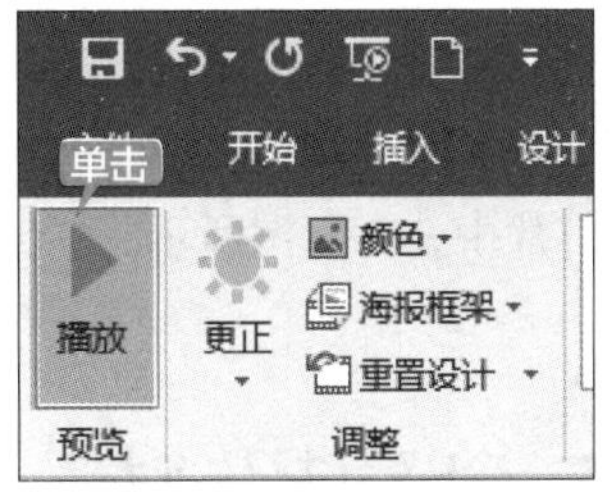

第 6 步 单击视频文件中的【播放】按钮▶，即可开始播放该视频，如下图所示。

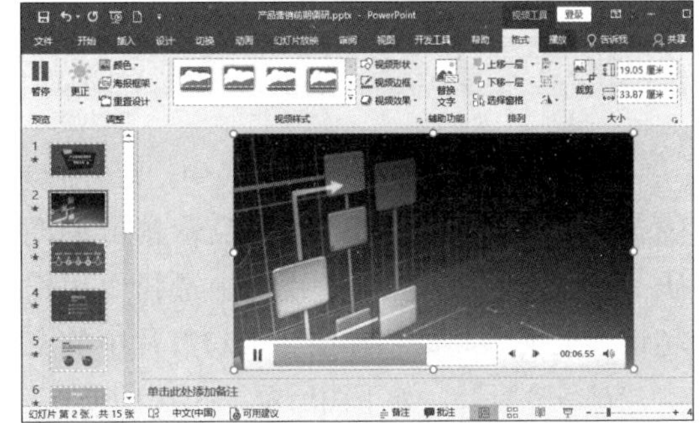

10.4.4 在 PPT 中添加网站中的视频

在 PowerPoint 2019 演示文稿中添加网站中视频的具体操作步骤如下。

第 1 步 打开“素材 \ch10\ 产品营销前期调研 .pptx”文件，在第 1 张幻灯片下方插入一张“空白”幻灯片，如下图所示。

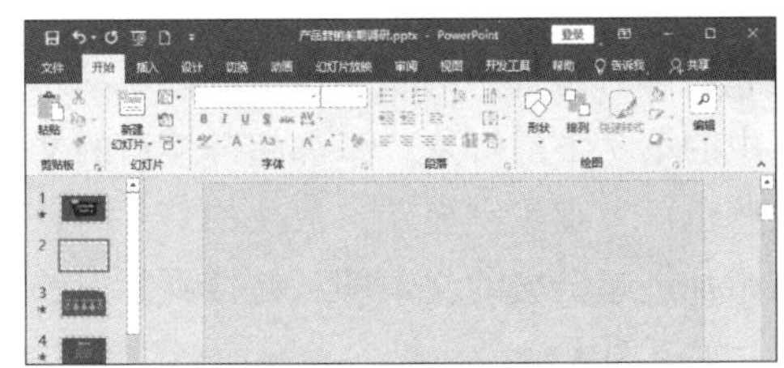

第 2 步 单击【插入】选项卡【媒体】组中的【视频】下拉按钮，在弹出的下拉列表中选择【联机视频】选项，如下图所示。

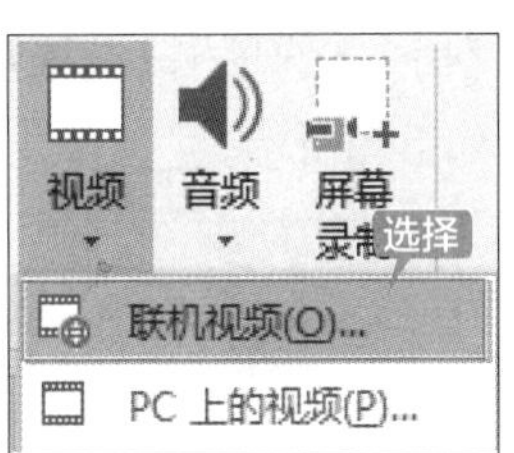

第 3 步 弹出【插入视频】对话框，根据提示复制粘贴视频链接代码即可，如下图所示。

第 4 步 这里复制播放器的链接代码，单击【插入】按钮，所需要的视频文件将会直接应用于当前幻灯片中，如下图所示。

提示

添加网站中的视频文件需要连接网络，且添加的视频文件需要是网页上的视频文件，而不是已下载的视频文件。

10.5 创建超链接

添加视频文件后，不仅可以预览视频文件，还可以对视频文件进行设置。

10.5.1 重点：链接到同一演示文稿中的幻灯片

将文本链接到同一演示文稿中幻灯片的具体操作步骤如下。

第 1 步 打开“素材 \ch10\ 产品营销前期调研 .pptx”文件，在普通视图中选择要用作超链接的文本，如选择第 2 张幻灯片中的文本“竞争分析”，如下图所示。

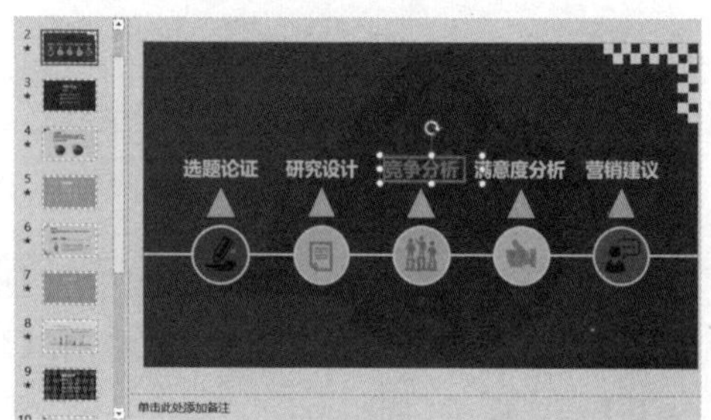

第 2 步 单击【插入】选项卡【链接】组中的【链接】按钮，如下图所示。

第 3 步 在弹出的【插入超链接】对话框【链接到】列表框中选择【本文档中的位置】选项，在【请选择文档中的位置】列表框中选择【7. 幻灯片 7】选项，单击【确定】按钮，如下图所示。

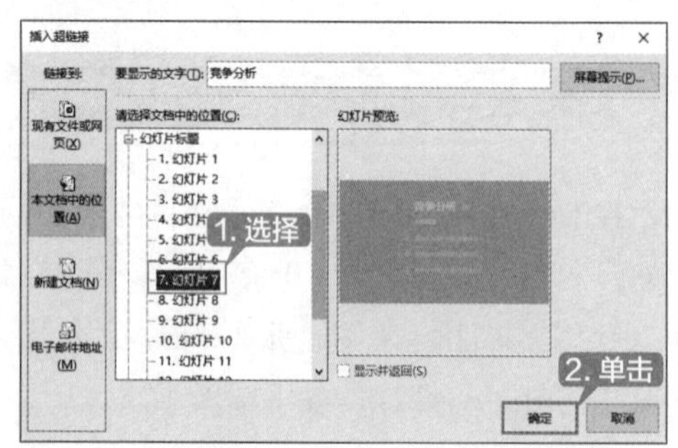

第 4 步 即可将选中的文本链接到同一演示文稿中的第 7 张幻灯片。添加超链接后的文本以蓝色、下画线字显示，放映幻灯片时，单击添加过超链接的文本即可链接到相应的文件，如下图所示。

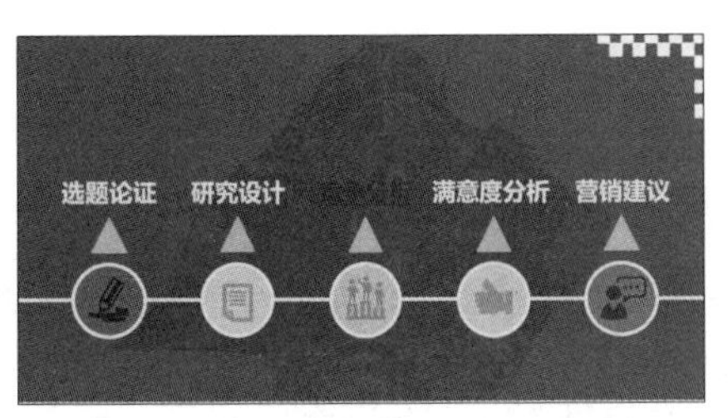

第 5 步 按【F5】键放映幻灯片，单击创建了超链接的文本“竞争分析”，即可将幻灯片链接到另一幻灯片中，如下图所示。

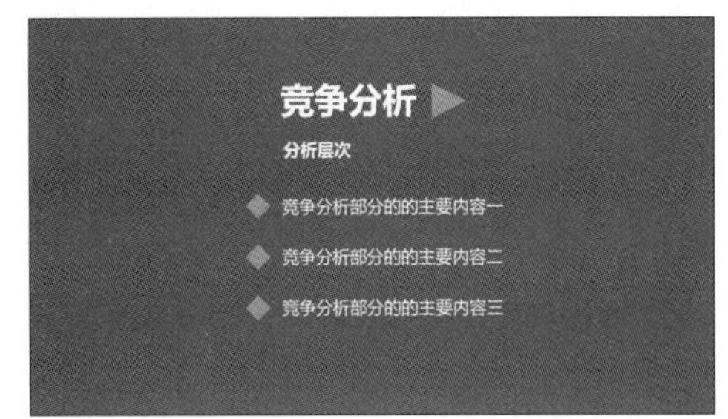

10.5.2 链接到不同演示文稿中的幻灯片

在演示文稿中插入视频文件后，还可以对该视频文件进行视频的颜色效果、视频样式及视频播放选项等设置。

将文本链接到不同演示文稿中幻灯片的具体操作步骤如下。

第 1 步 接着 10.5.1 小节继续操作，在打开的“产品营销前期调研 .pptx”文件中，选择要用作超链接的文本，如选择第 4 张幻灯片中的文本“决策问题”，如下图所示。

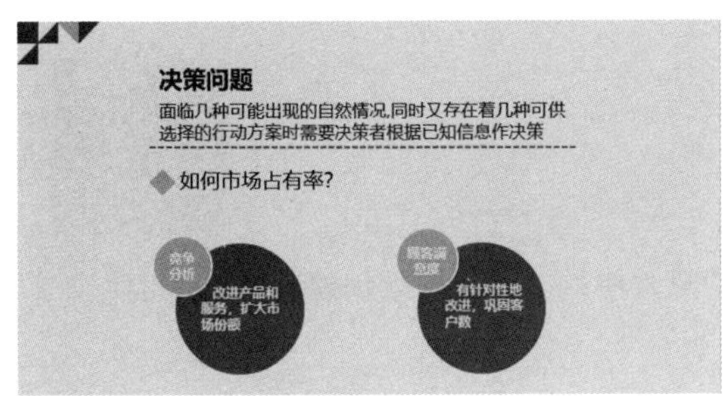

第 2 步 单击【插入】选项卡【链接】组中的【链接】按钮，如下图所示。

第 3 步 在弹出的【插入超链接】对话框【链接到】列表框中选择【现有文件或网页】选项，在【查找范围】下拉列表中选择【产品营销前期调研 02.pptx】选项作为链接到幻灯片的演示文稿，单击【书签】按钮，如下图所示。

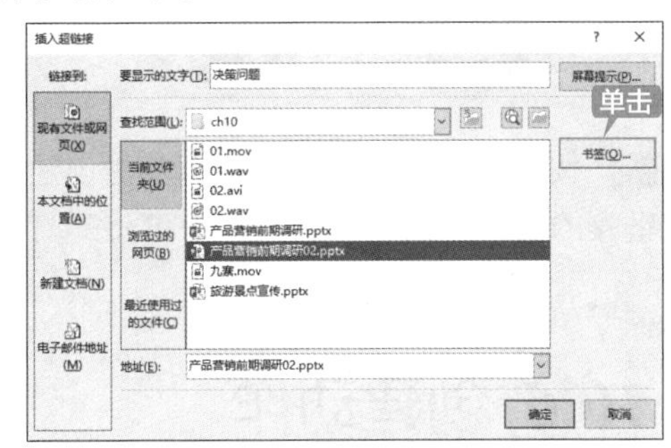

第 4 步 在弹出的【在文档中选择位置】对话框中选择幻灯片标题，单击【确定】按钮，如下图所示。

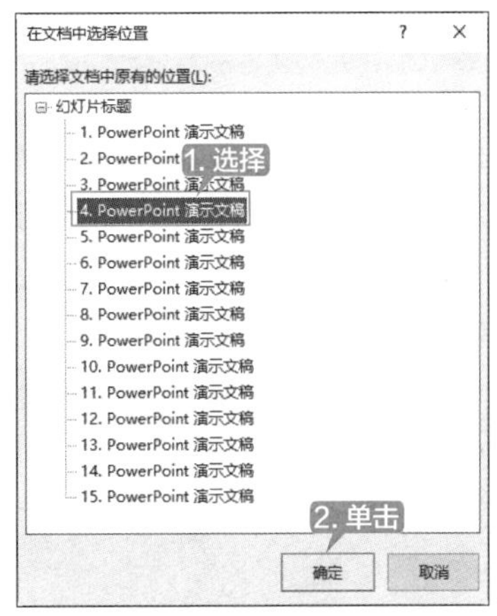

第 5 步 返回【插入超链接】对话框，可以看到选择的幻灯片标题也添加到【地址】文本框中，单击【确定】按钮，如下图所示。

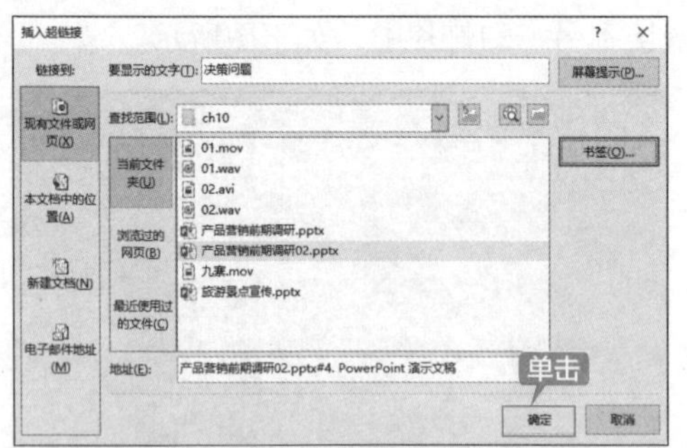

第 6 步 即可将选中的文本链接到另一演示文稿中的幻灯片，如下图所示。

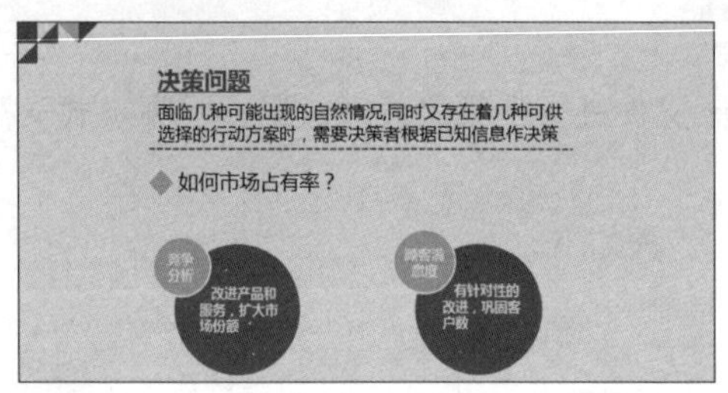

第 7 步 按【F5】键放映幻灯片，单击创建了超链接的文本“决策问题”，即可将幻灯片链接到另一演示文稿的幻灯片中，如下图所示。

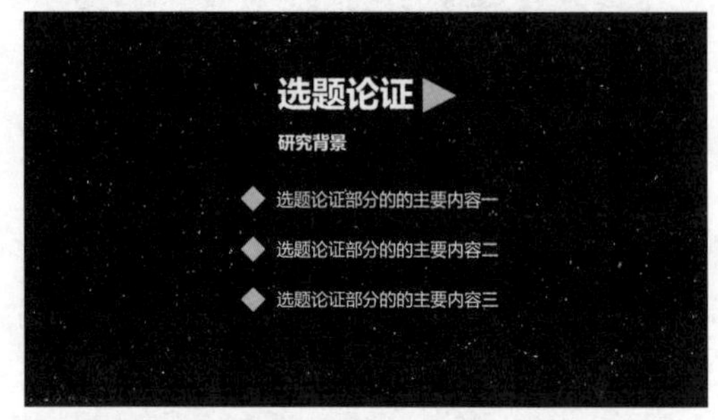

提示

如果在主演示文稿中添加指向演示文稿的链接，则在将主演示文稿复制到便携式电脑中时，请确保将链接的演示文稿复制到主演示文稿所在的文件夹中。如果不复制链接的演示文稿，或者重命名、移动、删除它，则当从主演示文稿中单击指向链接的演示文稿的超链接时，链接的演示文稿将不可用。

10.6 创建动作

在 PowerPoint 2019 中，既可以为幻灯片、幻灯片中的文本或对象创建超链接，也可以创建动作。

10.6.1 重点：创建动作按钮

给幻灯片创建动作按钮的具体操作步骤如下。

第 1 步 打开“素材 \ch10\ 产品营销前期调研 .pptx”文件，选择要创建动作按钮的幻灯片，如下图所示。

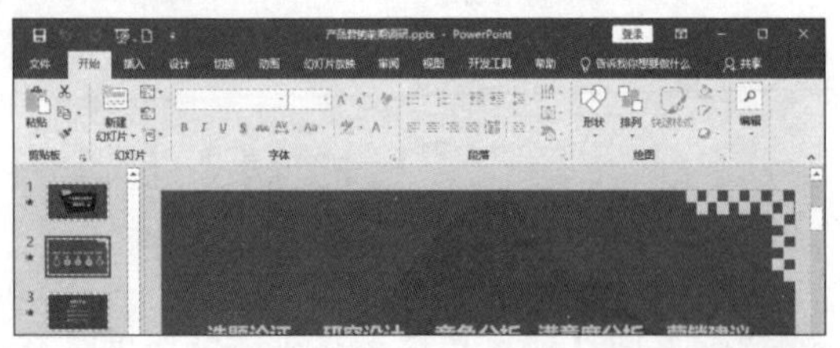

第 2 步 单击【插入】选项卡【插图】组中的【形状】按钮，在弹出的下拉列表中单击【动作按钮】→【后退或前一项】图标，如下图所示。

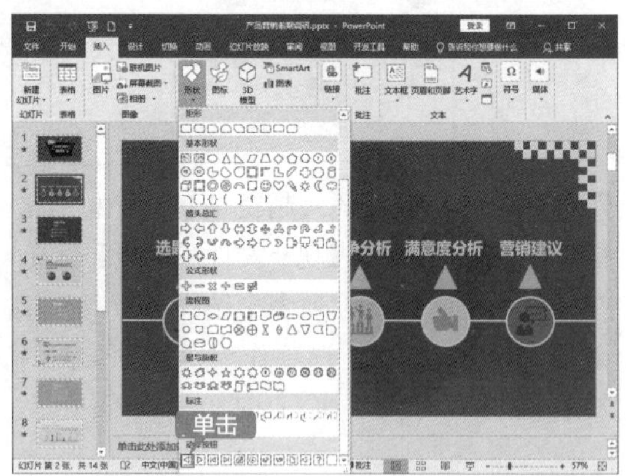

第 3 步 在幻灯片的左下角单击并按住鼠标左键不放，将其拖曳到适当位置释放，弹出【操作设置】对话框。选择【单击鼠标】选项卡，在【单击鼠标时的动作】选项区域中选中【超链接到】单选按钮，并在其下拉列表中选择【幻灯片】选项，如下图所示。

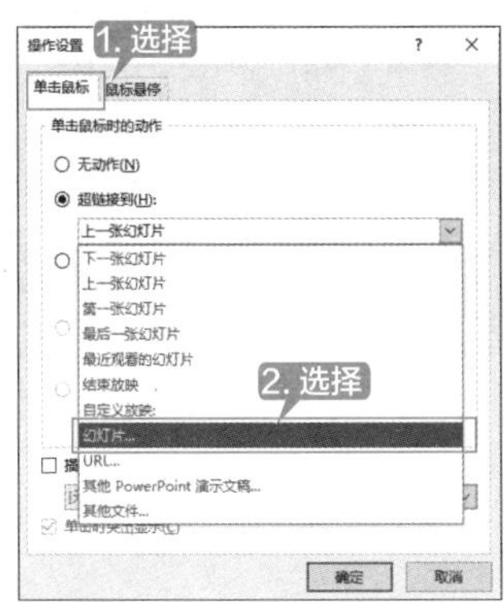

第 4 步 弹出【超链接到幻灯片】文本框，在【幻灯片标题】列表框中选择要链接到的幻灯片，单击【确定】按钮，如下图所示。

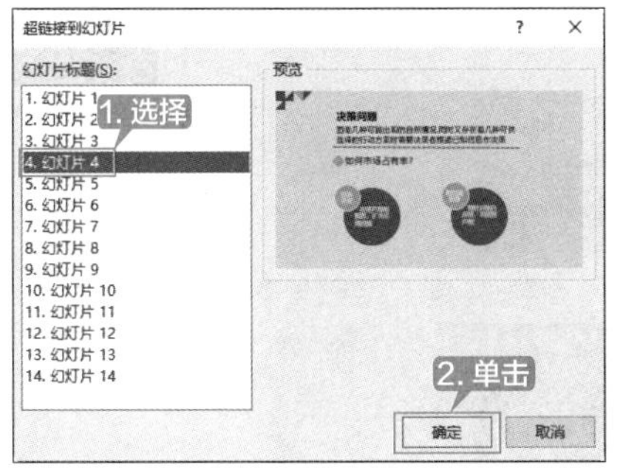

第 5 步 返回【操作设置】对话框，单击【确定】按钮，如下图所示。

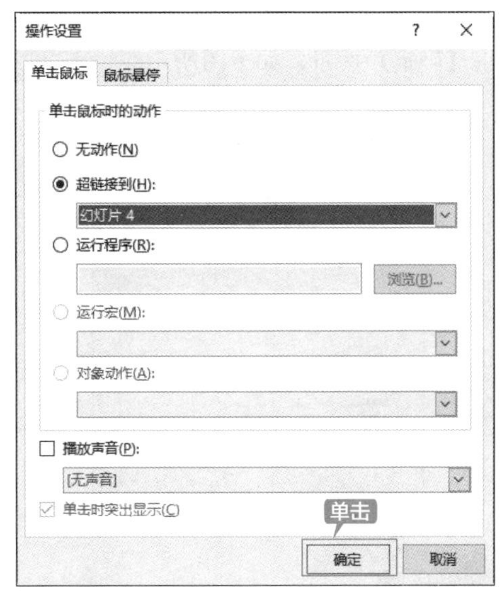

第 6 步 即可完成动作按钮的添加，如下图所示。在放映幻灯片时，单击该按钮，即可将幻灯片链接到另一幻灯片中。

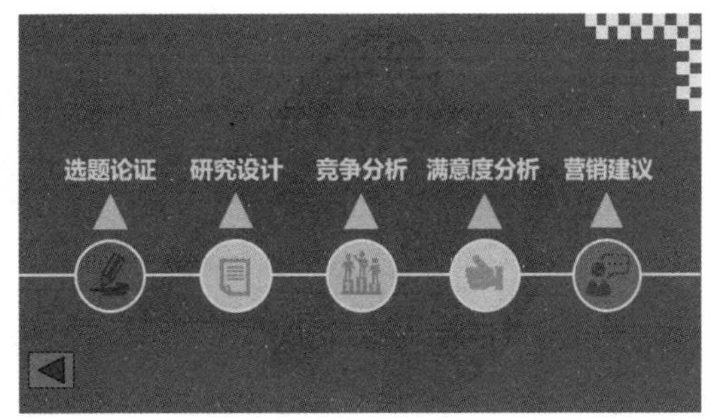

10.6.2 重点：为文本或图形添加动作

给幻灯片中的文本或图形添加动作按钮的具体操作步骤如下。

第 1 步 接着 10.6.1 小节继续操作，选择要添加动作的文本，如选择第 5 张幻灯片中的“研究设计”文本，如下图所示。

第 2 步 单击【插入】选项卡【链接】组中的【动作】按钮，如下图所示。

第 3 步 在弹出的【操作设置】对话框中选择【单

击鼠标】选项卡，在【单击鼠标时的动作】选项区域中选中【超链接到】单选按钮，并在其下拉列表中选择【下一张幻灯片】选项，单击【确定】按钮，如下图所示。

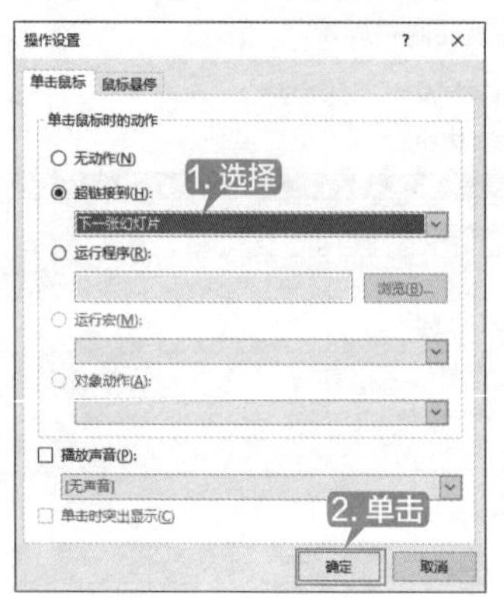

第 4 步 即可完成为文本添加动作按钮的操作。添加动作后的文本以蓝色、下画线字显示，放映幻灯片时，单击添加过动作的文本即可进行相应的动作操作，如下图所示。

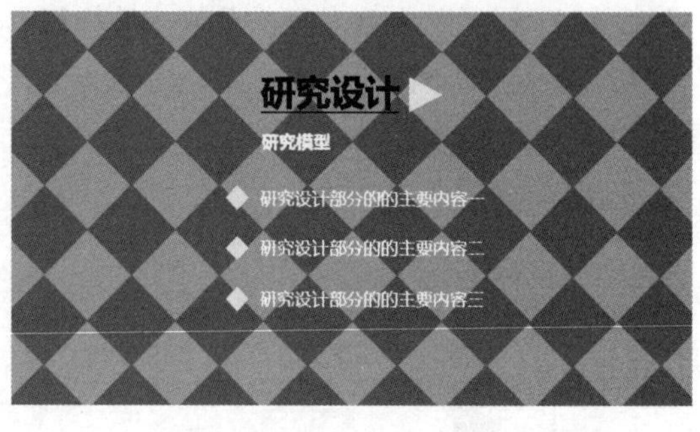

制作旅游景点宣传 PPT

本案例制作旅游景点宣传 PPT，其最终效果如下图所示。

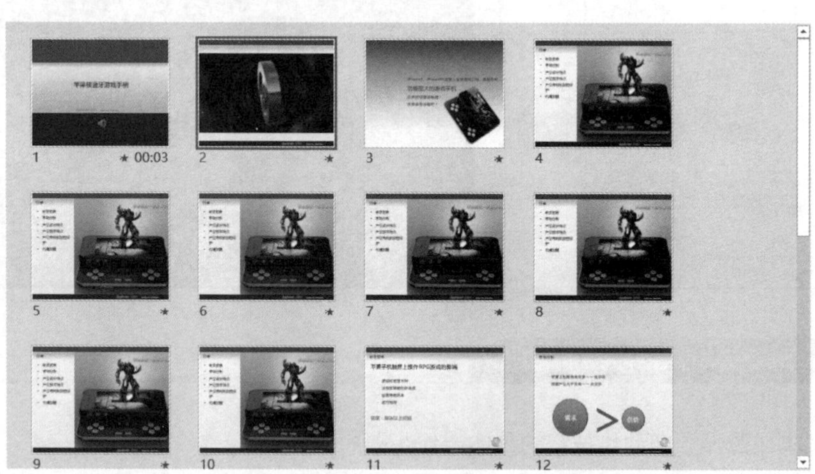

制作新产品宣传演示文稿的具体操作步骤如下。

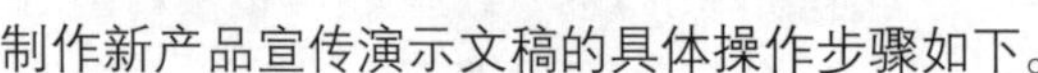

1. 添加多媒体

第 1 步 打开“素材\ch10\旅游景点宣传.pptx”文件，选中要添加音频文件的幻灯片，如下图所示。

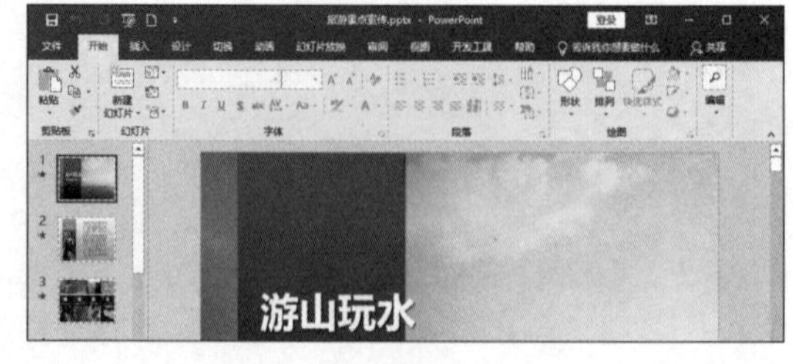

第 2 步 单击【插入】选项卡【媒体】组中的【音频】按钮，在弹出的下拉列表中选择【PC 上的音频】选项，如下图所示。

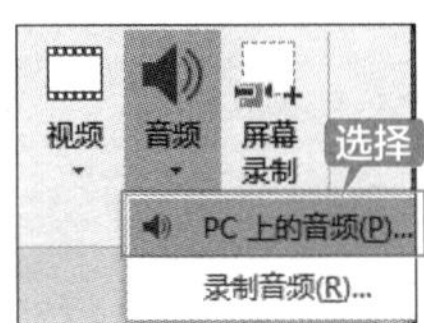

第 3 步 弹出【插入音频】对话框，在【查找范围】下拉列表中选择所需的音频文件，这里选择“素材 \ch10\01.wav”文件，单击【插入】按钮，如下图所示。

第 4 步 所需要的音频文件会直接应用于当前幻灯片中，将音频文件图标拖动到幻灯片中的适当位置即可，如下图所示。

第 5 步 在第 1 张幻灯片下方插入一张“空白”幻灯片，如下图所示。

第 6 步 单击【插入】选项卡【媒体】组中的【视频】下拉按钮，在弹出的下拉列表中选择【PC 上的视频】选项，如下图所示。

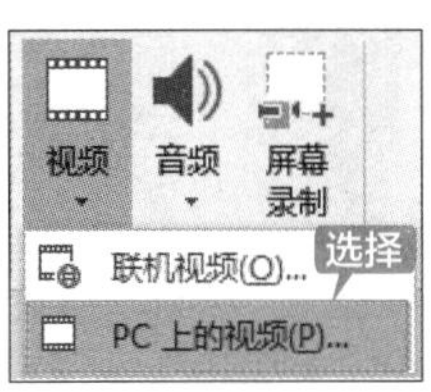

第 7 步 弹出【插入视频文件】对话框，在【查找范围】下拉列表中选择所需的视频文件，这里选择“素材 \ch10\ 九寨 .mov”文件，单击【插入】下拉按钮，在弹出的下拉列表中选择【链接到文件】命令，如下图所示。

第 8 步 所需要的视频文件会直接应用于当前幻灯片中，如下图所示。

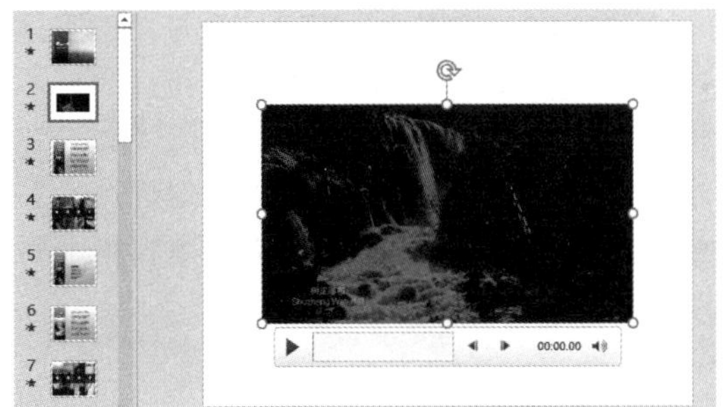

2. 设置超链接

第 1 步 接着前面的内容继续操作，在普通视图中选择要用作超链接的文本，如选择第 3 张幻灯片中的文本“九寨沟”，如下图所示。

第 2 步 单击【插入】选项卡【链接】组中的【链接】按钮，如下图所示。

第 3 步 在弹出的【插入超链接】对话框【链接到】列表框中选择【本文档中的位置】选项，在【请选择文档中的位置】列表框中选择【5. 幻灯片 5】选项，单击【确定】按钮，如下图所示。

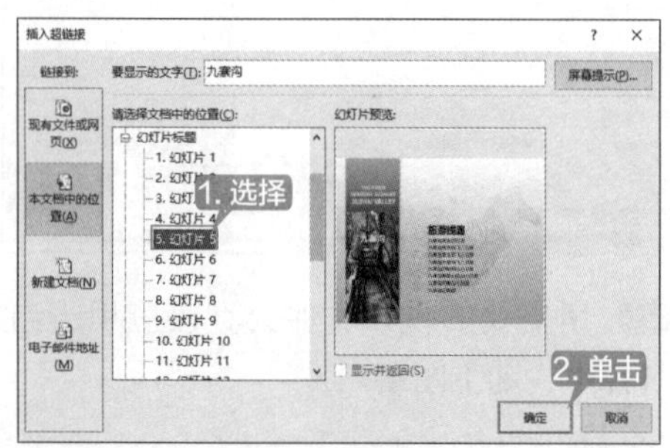

第 4 步 即可将选中的文本链接到同一演示文稿中的最后一张幻灯片。添加超链接后的文本以蓝色、下画线字显示，放映幻灯片时，单击添加过超链接的文本即可链接到相应的文件，如下图所示。

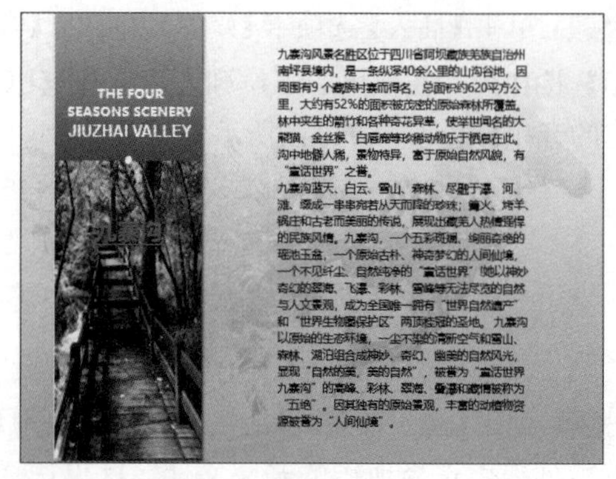

第 5 步 按【F5】键放映幻灯片，单击创建了超链接的文本“九寨沟”，即可将幻灯片链接到另一幻灯片中，如下图所示。

第 6 步 选择要创建动作按钮的幻灯片，如下图所示。

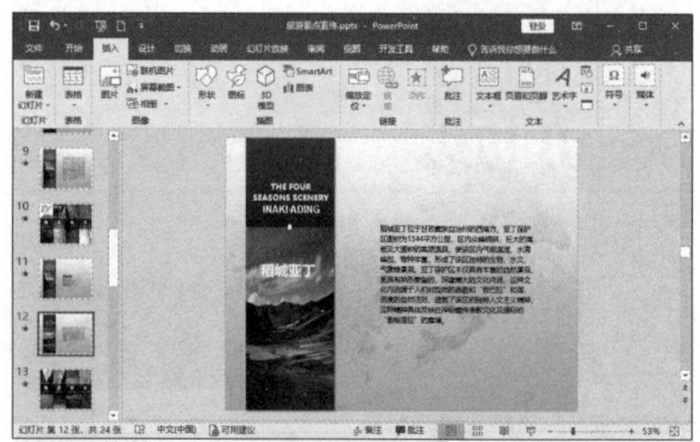

第 7 步 单击【插入】选项卡【插图】组中的【形状】下拉按钮，在弹出的下拉列表中单击【动作按钮】→【后退或前一项】图标，如下图所示。

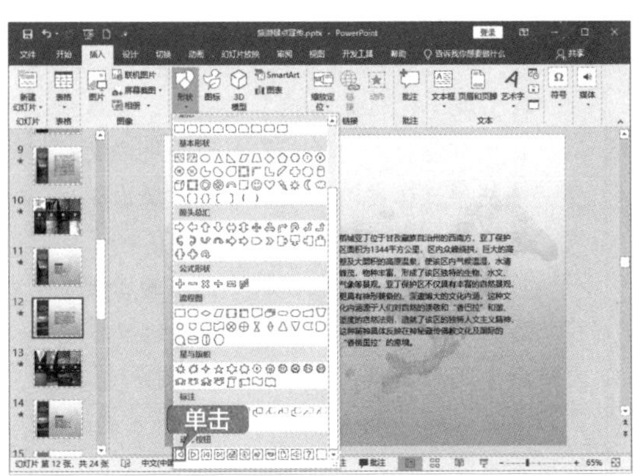

第 8 步 在幻灯片的左下角单击并按住鼠标左键不放，将其拖曳到适当位置释放，弹出【操作设置】对话框。选择【单击鼠标】选项卡，在【单击鼠标时的动作】选项区域中选中【超链接到】单选按钮，并在其下拉列表中选择【上一张幻灯片】选项，单击【确定】按钮，如下图所示。

第 9 步 即可完成动作按钮的创建，如下图所示。

◇ 优化演示文稿中多媒体的兼容性

若要避免在 PowerPoint 2019 演示文稿中包含媒体（如视频或音频文件）时出现播放问题，可以优化媒体文件的兼容性，这样就可以轻松地与他人共享演示文稿，或者将其随身携带到另一个地方（当要使用其他计算机在其他地方进行演示时）顺利播放多媒体文件。

第 1 步 打开“素材 \ch10\ 产品营销前期调研 02.pptx”文件，将鼠标指针移至插入的视频文件时显示播放按钮，如下图所示。

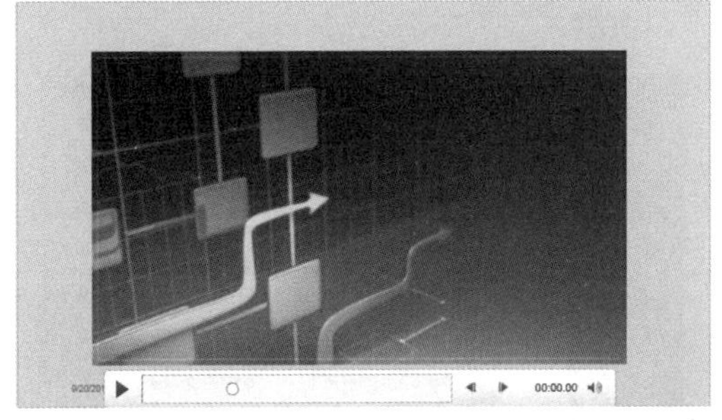

第 2 步 选择【文件】选项卡，在弹出的界面左侧列表中选择【信息】选项，在右侧单击【优化兼容性】按钮，如下图所示。

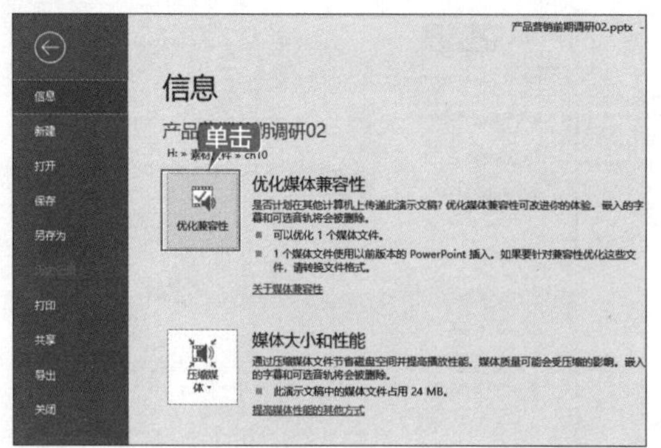

提示

在其他计算机上播放演示文稿中的媒体时，如果媒体插入格式引发兼容性问题，则会出现【优化兼容性】选项。

第 3 步 弹出【优化媒体兼容性】对话框，对幻灯片中视频文件的兼容性优化完成后，单击【关闭】按钮，如下图所示。

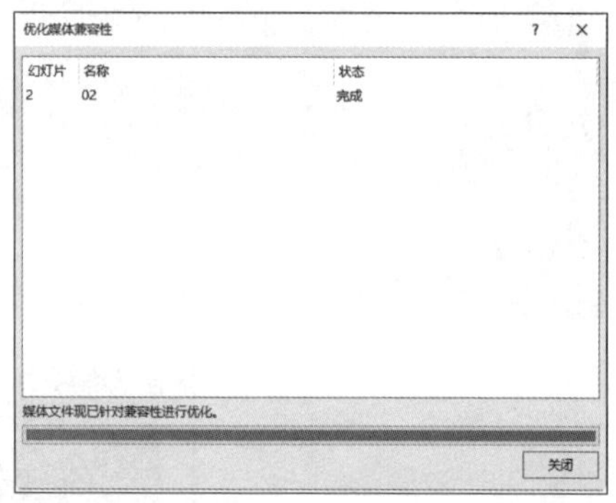

第 4 步 优化视频文件的兼容性后，【信息】界面中将不再显示【优化兼容性】选项，如下图所示。

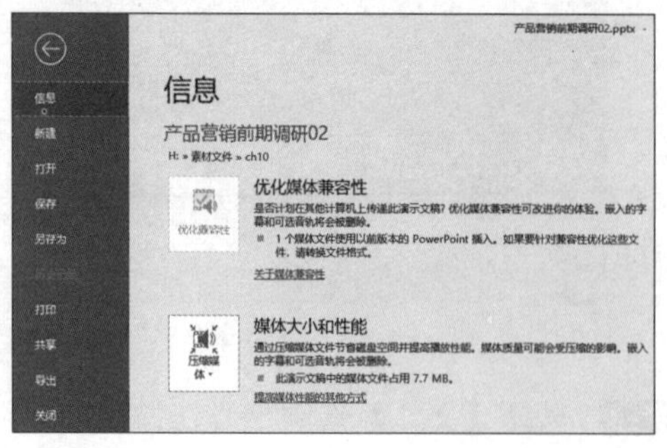

提示

在出现【优化兼容性】选项时，该选项不仅提供可能存在的播放问题的解决方案摘要，还提供媒体在演示文稿中的出现次数列表。下面是可引发播放问题的常见情况。

① 如果链接了视频，则【优化兼容性】摘要会报告需要嵌入的这些视频。选择【查看链接】选项继续，在打开的对话框中，只需对要嵌入的每个媒体项目选择【断开链接】选项便可嵌入视频。

② 如果视频是使用早期版本的 PowerPoint（如 2007 版）插入的，则需要升级媒体文件格式，以确保能够播放这些文件。升级会自动将这些媒体项目更新为新格式并嵌入它们。升级后，应运行【优化兼容性】命令。若要将媒体文件从早期版本升级到 PowerPoint 2019（并且如果这些文件是链接文件，则会嵌入它们），可选择【文件】选项卡，在弹出的界面左侧选择【信息】选项，然后选择【转换】选项。

◇ 压缩多媒体文件以减少演示文稿的大小

通过压缩多媒体文件，可以解决演示文稿太大的问题，以节省磁盘空间，并可以提高播放性能。

下面介绍在演示文稿中压缩多媒体的操作步骤。

第 1 步 在打开的素材文件“产品营销前期调研 02.pptx”文件中。选择【文件】选项卡，在弹出的界面左侧选择【信息】选项，在右侧单击【压缩媒体】按钮，如下图所示。

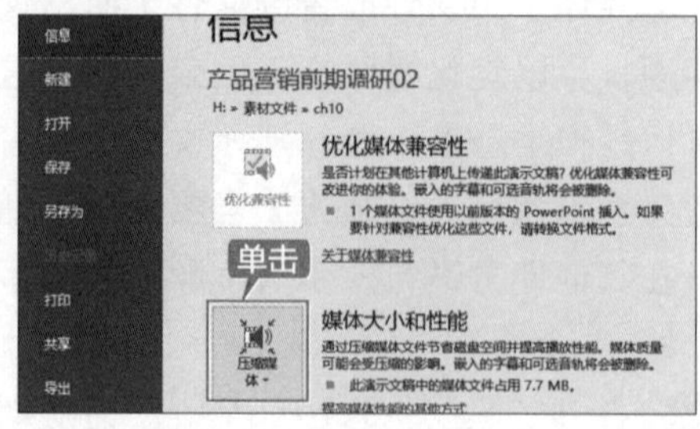

第 2 步 弹出下图所示的下拉列表，从中选择需要的选项即可，这里选择【高清（720p）】选项。

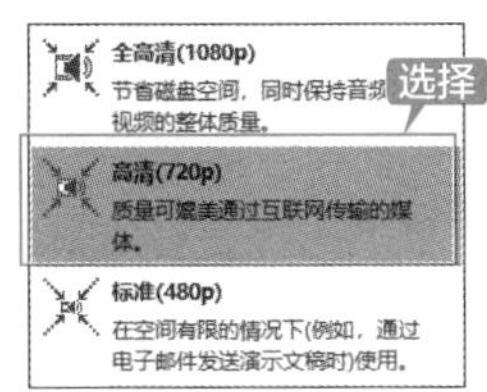

提示

若要指定视频的质量（视频质量决定视频的大小），可选择下列选项之一来解决问题。

【演示文稿质量】选项：可节省磁盘空间，同时保持音频和视频的整体质量。

【互联网质量】选项：质量可媲美通过互联网传输的媒体。

【低质量】选项：在空间有限的情况下（如通过电子邮件发送演示文稿时）使用。

◇ 改变超链接的颜色

PowerPoint 2019 中的超链接功能可以让幻灯片不受顺序限制，随时打开其他文件或网页。但在默认情况下，超链接后的文字为蓝色且带有下画线不能修改。如果希望对超链接的颜色进行修改，可以按以下操作步骤进行。

第 1 步 单击【设计】选项卡【变体】组中的【颜色】下拉按钮，在弹出的下拉列表中选择【自定义颜色】命令，如下图所示。

第 2 步 弹出【新建主题颜色】对话框，分别单击【超链接】和【已访问的超链接】右侧的下拉按钮，选择喜欢的颜色即可，如下图所示。

◇ 在 PowerPoint 演示文稿中创建自定义动作

在 PowerPoint 演示文稿中经常要用到链接功能，这一功能既可以通过超链接功能实现，也可以通过【动作按钮】功能实现。

下面建立一个“营销建议”按钮，以链接到第 11 张幻灯片上，如下图所示。

第 1 步 打开“素材 \ch10\ 产品营销前期调研 .pptx”文件，选择要创建自定义动作按钮的幻灯片，如下图所示。

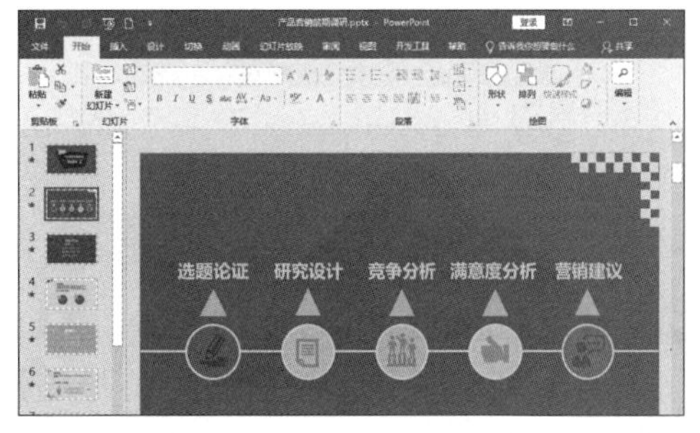

第 2 步 单击【插入】选项卡【插图】组中的【形状】按钮，在弹出的下拉列表中选择【动作

按钮】→【动作按钮：空白】选项，如下图所示。

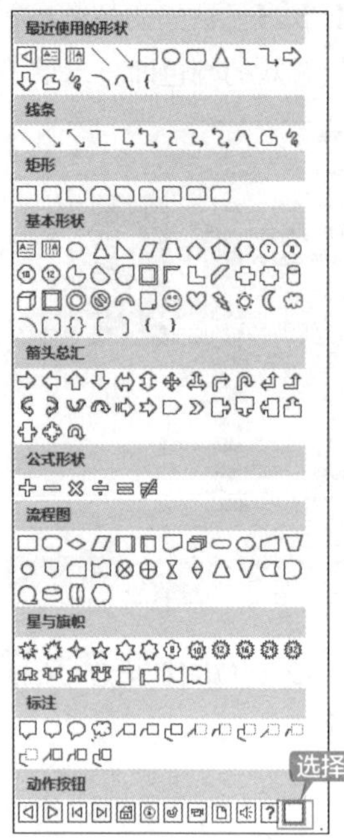

第 3 步　在幻灯片的左下角单击并按住鼠标左键不放，将其拖曳到适当位置释放，弹出【操作设置】对话框。选择【单击鼠标】选项卡，在【单击鼠标时的动作】选项区域中选中【超链接到】单选按钮，并在其下拉列表中选择【幻灯片……】选项，如下图所示。

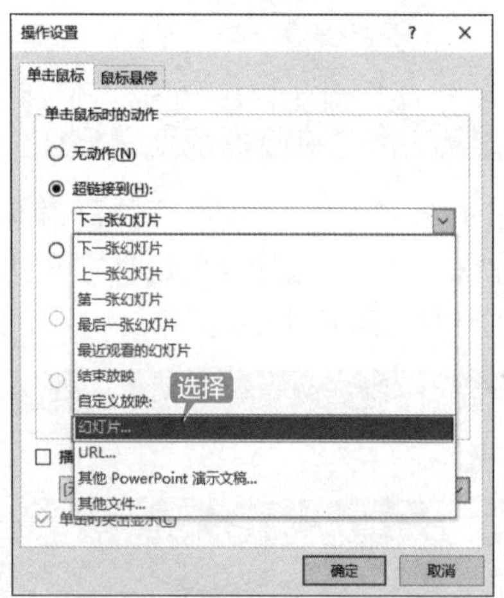

第 4 步　弹出【超链接到幻灯片】对话框，在【幻灯片标题】列表框中选择【11. 幻灯片 11】选项，单击【确定】按钮，如下图所示。

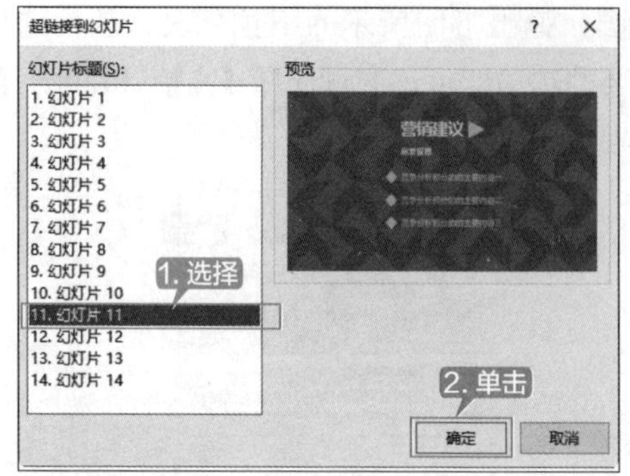

第 5 步　在【操作设置】对话框中可以看到【超链接到】文本框中显示【幻灯片 11】选项，单击【确定】按钮，如下图所示。

第 6 步　在幻灯片中双击创建的动作按钮，输入文本“营销建议”，如下图所示。

第 7 步　在放映幻灯片时，单击该按钮即可切换到第 11 张幻灯片中，如下图所示。

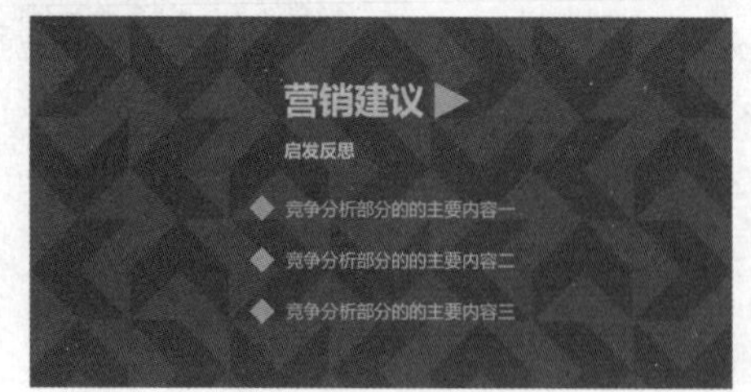

第 4 篇

演示与发布篇

第 11 章　PPT 的放映

第 12 章　PPT 的打印与输出

本篇主要介绍 PowerPoint 2019 的演示与发布。通过本篇的学习，读者可以掌握 PPT 的放映、PPT 的打印与输出等操作。

第 11 章

PPT 的放映

本章导读

制作好的幻灯片通过检查之后就可以播放使用了，掌握幻灯片播放的方法与技巧并灵活使用，可以达到意想不到的效果。本章主要介绍 PPT 放映的一些设置方法，包括演示方式、开始演示幻灯片的方法及添加备注等内容。用户通过对这些内容的学习，能够更好地提高演示效率。在公众场合进行 PPT 的放映之前需要掌握好 PPT 演示的时间，以便符合整个展示或演讲的需要。本章介绍排练计时等 PPT 自动演示的操作方法。

思维导图

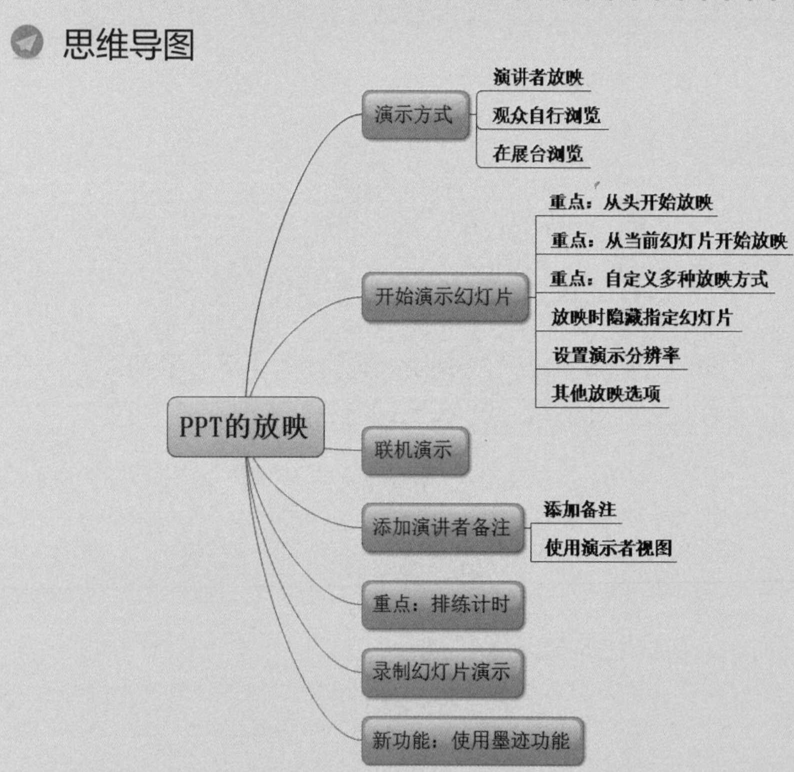

11.1 演示方式

在 PowerPoint 2019 中，演示文稿的放映类型包括演讲者放映、观众自行浏览和在展台浏览 3 种。

具体演示方式的设置可以通过单击【幻灯片放映】选项卡【设置】组中的【设置幻灯片放映】按钮，然后在弹出的【设置放映方式】对话框中进行放映类型、放映选项及推进幻灯片等设置，如下图所示。

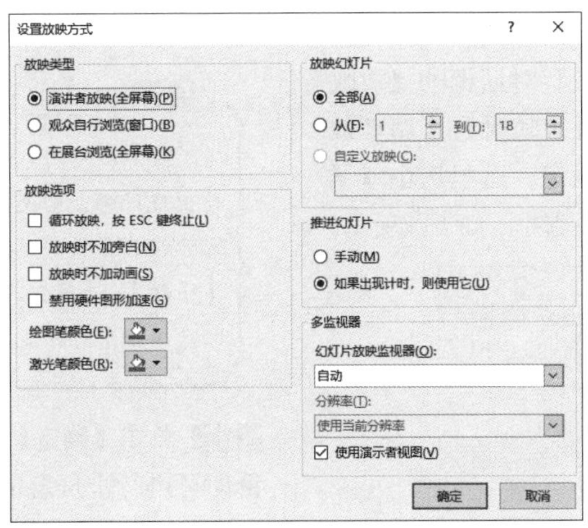

11.1.1 演讲者放映

演讲者放映方式是指由演讲者一边讲解一边放映幻灯片，此演示方式一般用于比较正式的场合，如专题讲座、学术报告等。

将演示文稿的放映方式设置为演讲者放映的具体操作步骤如下。

第 1 步 打开“素材 \ch11\ 工作总结 .pptx”文件，如下图所示。

第 2 步 单击【幻灯片放映】选项卡【设置】组中的【设置幻灯片放映】按钮，如下图所示。

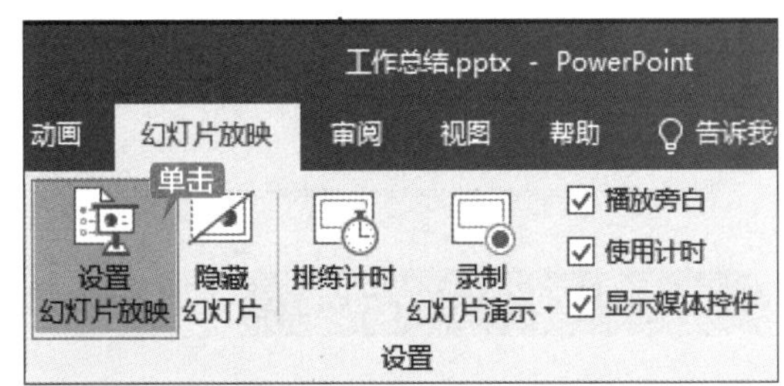

第 3 步 弹出【设置放映方式】对话框，在【放映类型】选项区域中选中【演讲者放映（全屏幕）】单选按钮，如下图所示，即可将放映方式设置为演讲者放映方式。

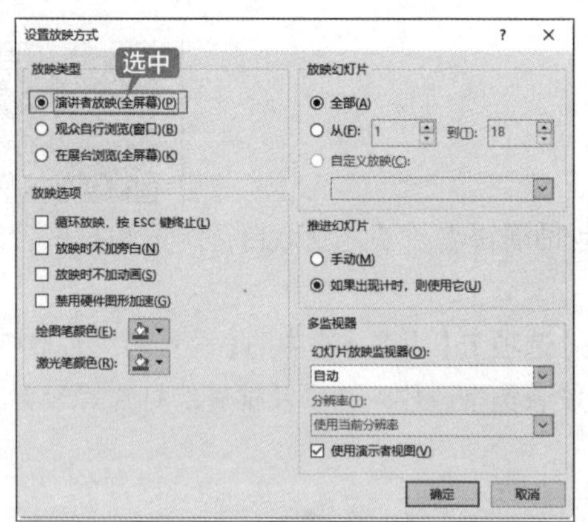

第 4 步 在【设置放映方式】对话框的【放映选项】选项区域可以设置放映时是否循环放映、是否添加旁白及动画等，这里选中【循环放映，按 Esc 键终止】复选框，如下图所示。

放映选项 选中
☑ 循环放映，按 ESC 键终止(L)
☐ 放映时不加旁白(N)
☐ 放映时不加动画(S)
☐ 禁用硬件图形加速(G)
绘图笔颜色(E):
激光笔颜色(R):

提示

选中【循环放映，按 Esc 键终止】复选框，可以设置在最后一张幻灯片放映结束后，自动返回第 1 张幻灯片继续放映，直到按【Esc】键结束放映。选中【放映时不加旁白】复选框，表示在放映时不播放在幻灯片中添加的声音。选中【放映时不加动画】复选框，表示在放映时原来设定的动画效果将被屏蔽。

第 5 步 在【放映幻灯片】选项区域中可以设置放映全部幻灯片，或者从第几页到第几页幻灯片使用演讲者放映方式。也可以在【推进幻灯片】选项区域中设置演示过程中的换片方式是采用手动还是根据排练时间进行，如选中【手动】单选按钮，如下图所示。

提示

在【推进幻灯片】选项区域中选中【如果出现计时，则使用它】单选按钮，这样多媒体报告在放映时便能自动换页。如果选中【手动】单选按钮，则在放映多媒体报告时，必须单击鼠标才能切换幻灯片。

第 6 步 单击【确定】按钮完成设置，按【F5】键即可进行全屏幕的 PPT 演示。下图所示为演讲者放映方式下的第 2 张幻灯片的演示状态。

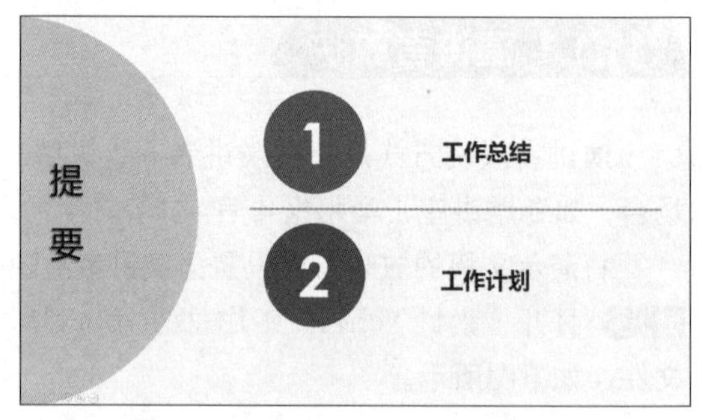

11.1.2 观众自行浏览

观众自行浏览，即由观众自己动手使用计算机观看幻灯片。如果希望让观众自己浏览多媒体报告，可将多媒体报告的放映方式设置为观众自行浏览。

第 1 步 打开“素材 \ch11\ 项目推广 .pptx”文件，如下图所示。

第 2 步 单击【幻灯片放映】选项卡【设置】组中的【设置幻灯片放映】按钮，弹出【设置放映方式】对话框，如下图所示。

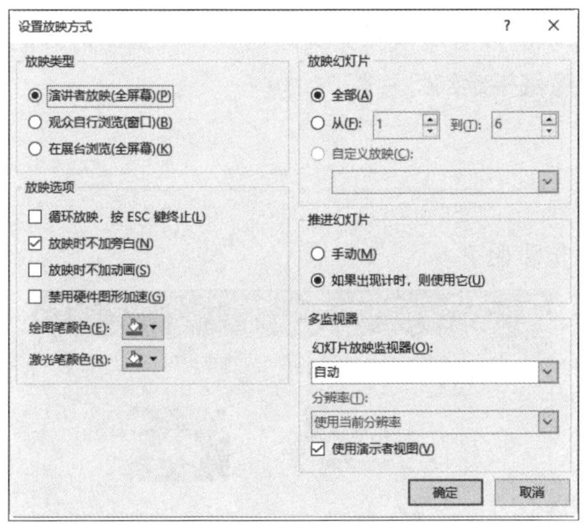

第 3 步 在【放映类型】选项区域选中【观众自行浏览（窗口）】单选按钮，如下图所示。

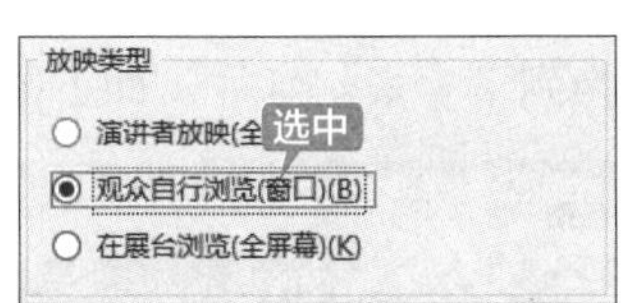

第 4 步 在【放映幻灯片】选项区域选中【从……到……】单选按钮，并在第 2 个文本框中输入“4”，这里设置从第 1 页到第 4 页的幻灯片放映方式为观众自行浏览，如下图所示。

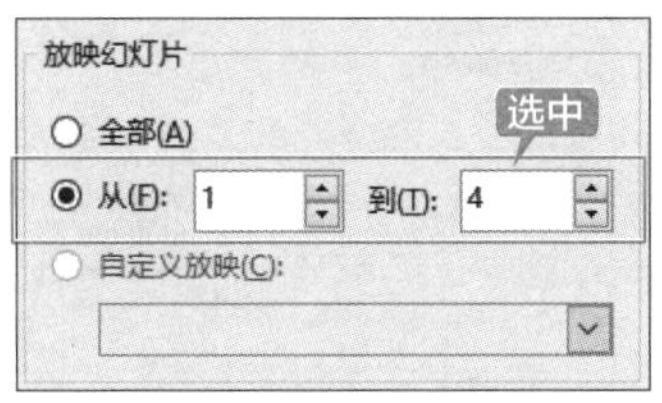

第 5 步 单击【确定】按钮完成设置，按【F5】键即可进行演示文稿的演示。可以看到设置后的前 4 页幻灯片以窗口的形式出现，并且在最下方显示状态栏，如下图所示。

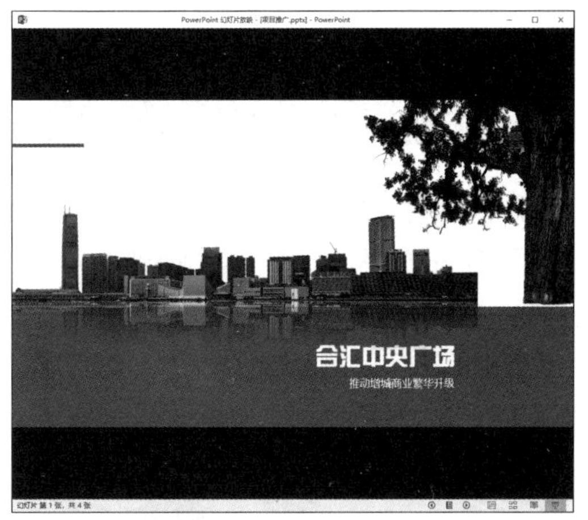

提示

单击状态栏中的【下一张】按钮 和【上一张】按钮 ，可以切换幻灯片；单击状态栏右侧的其他视图按钮，可以将演示文稿由演示状态切换到其他视图状态。

11.1.3 在展台浏览

在展台浏览放映方式可以让多媒体报告自动放映，而不需要演讲者操作。有时，有些场合需要让多媒体报告自动放映，如放在展览会的产品展示等。

打开演示文稿后，单击【幻灯片放映】选项卡【设置】组中的【设置幻灯片放映】按钮，在弹出的【设置放映方式】对话框中的【放映类型】选项区域选中【在展台浏览（全屏幕）】单选按钮，如下图所示，即可将演示方式设置为在展台浏览。

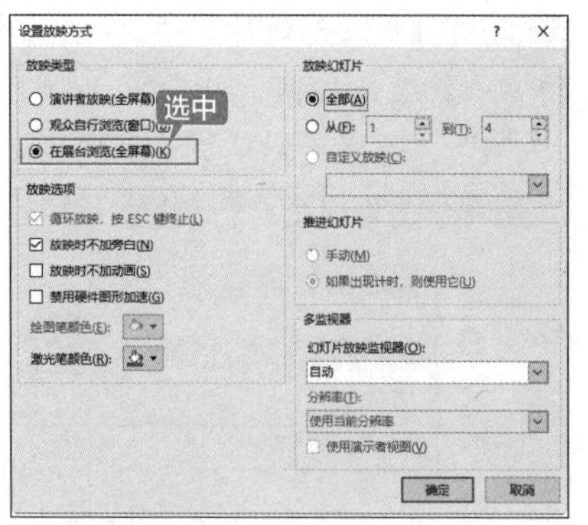

提示

可以将展台演示文稿设置为当参观者查看完整个演示文稿后，或者演示文稿保持闲置状态达到一段时间后，自动返回演示文稿首页，这样就不必时刻守着展台了。

11.2 开始演示幻灯片

默认情况下，幻灯片的放映方式为普通手动放映。读者可以根据实际需要，设置幻灯片的放映方法，如从头开始放映、自定义放映和放映时隐藏指定幻灯片等。

11.2.1 重点：从头开始放映

放映幻灯片一般是从头开始放映的，具体操作步骤如下。

第 1 步 打开“素材 \ch11\ 营销管理 .pptx”文件，如下图所示。

第 2 步 单击【幻灯片放映】选项卡【开始放映幻灯片】组中的【从头开始】按钮，如下图所示。

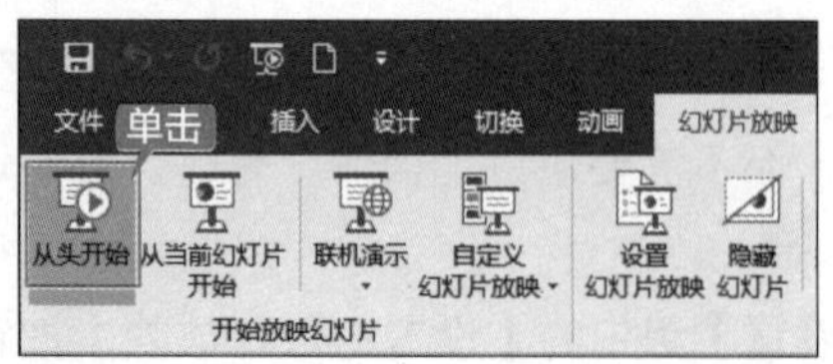

第 3 步 系统即可从头开始播放幻灯片，如下图所示。

第 4 步 单击鼠标，或者按【Enter】或【Space】键即可切换到下一张幻灯片，如下图所示。

提示

按键盘上的上、下、左、右方向键也可以向上或向下切换幻灯片。

11.2.2 重点：从当前幻灯片开始放映

在放映幻灯片时可以从选定的当前幻灯片开始放映，具体操作步骤如下。

第 1 步 打开“素材 \ch11\ 营销管理 .pptx”文件，选中第 3 张幻灯片，如下图所示。

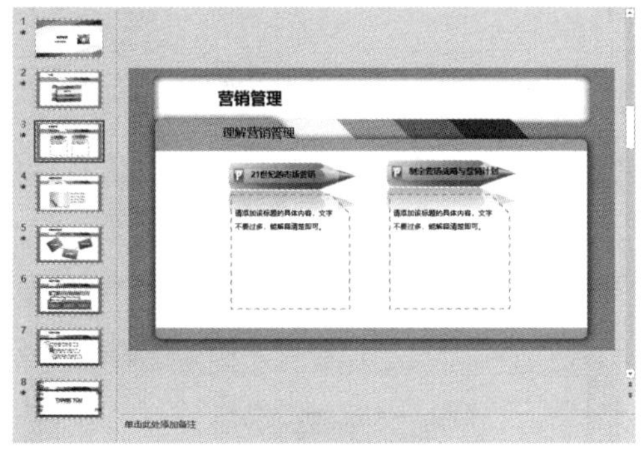

第 2 步 单击【幻灯片放映】选项卡【开始放映幻灯片】组中的【从当前幻灯片开始】按钮，如下图所示。

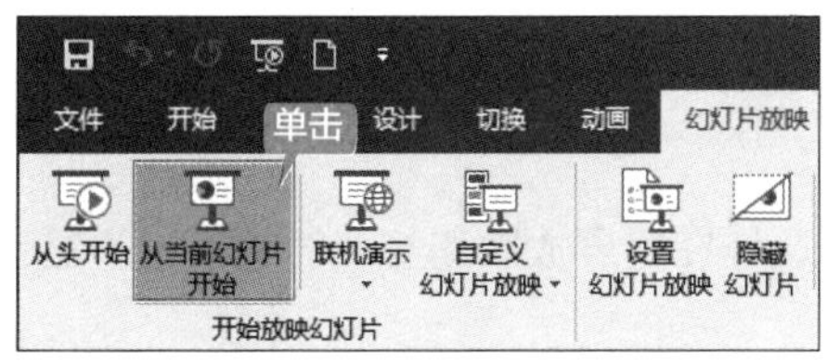

第 3 步 系统即可从当前幻灯片开始播放幻灯片，如下图所示。

第 4 步 按【Enter】或【Space】键即可切换到下一张幻灯片，如下图所示。

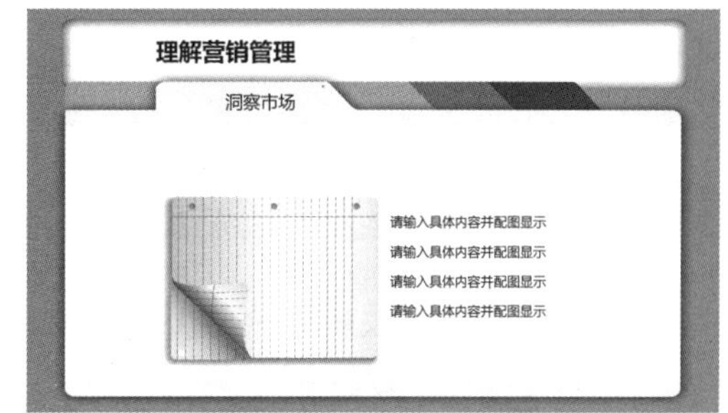

11.2.3 重点：自定义多种放映方式

利用 PowerPoint 2019 的【自定义幻灯片放映】功能，可以为幻灯片设置多种自定义放映方式。其中，设置自动放映的具体操作步骤如下。

第 1 步 打开“素材 \ch11\ 营销管理 .pptx”文件，如下图所示。

第 2 步 单击【幻灯片放映】选项卡【开始放映幻灯片】组中的【自定义幻灯片放映】按钮，在弹出的下拉菜单中选择【自定义放映】选项，如下图所示。

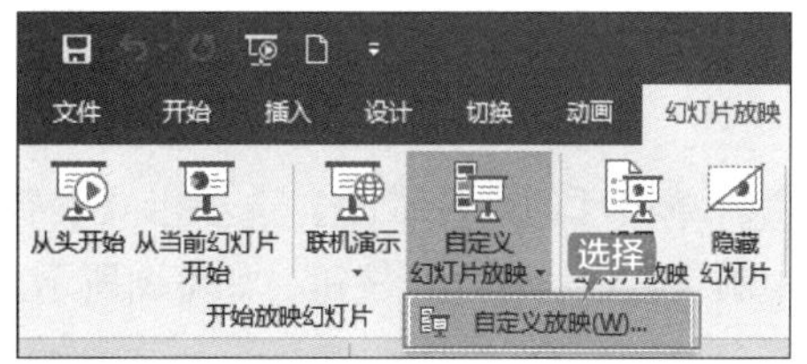

第 3 步 弹出【自定义放映】对话框，单击【新建】按钮，如下图所示。

第 4 步 弹出【定义自定义放映】对话框，在【在演示文稿中的幻灯片】列表框中选择需要放映的幻灯片，单击【添加】按钮，即可将选中的幻灯片添加到【在自定义放映中的幻灯片】列表框中，如下图所示。

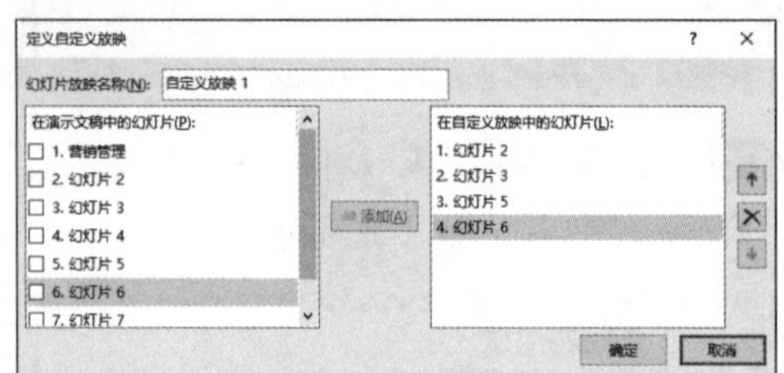

第 5 步 单击【确定】按钮，返回【自定义放映】对话框，如下图所示。

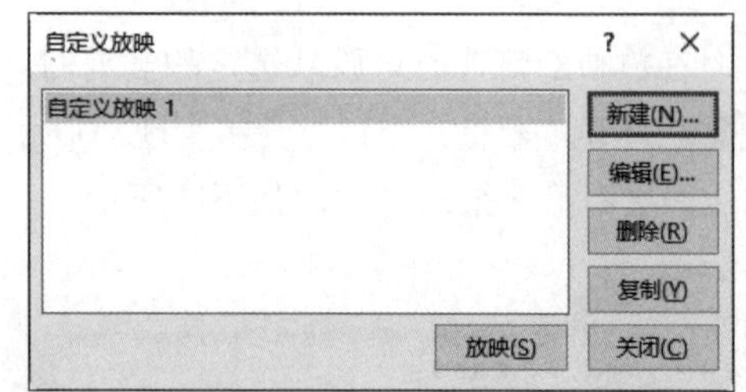

第 6 步 单击【放映】按钮，即可查看自动放映效果，如下图所示。

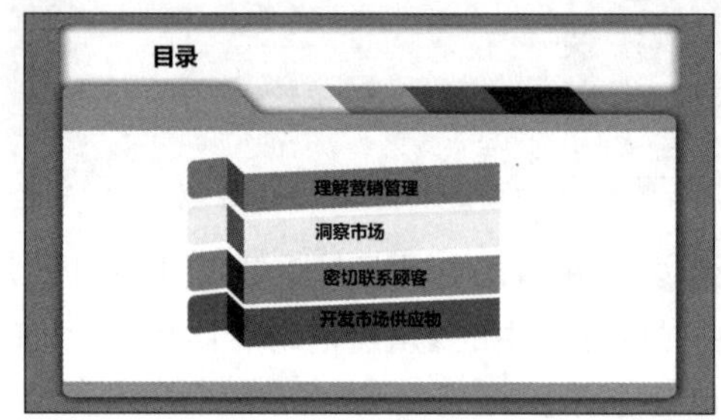

11.2.4 放映时隐藏指定幻灯片

在演示文稿中可以将某一张或多张幻灯片隐藏，这样在全屏放映幻灯片时就可以不显示此幻灯片，具体操作步骤如下。

第 1 步 打开“素材 \ch11\ 营销管理 .pptx”文件，并选中第 3 张幻灯片，如下图所示。

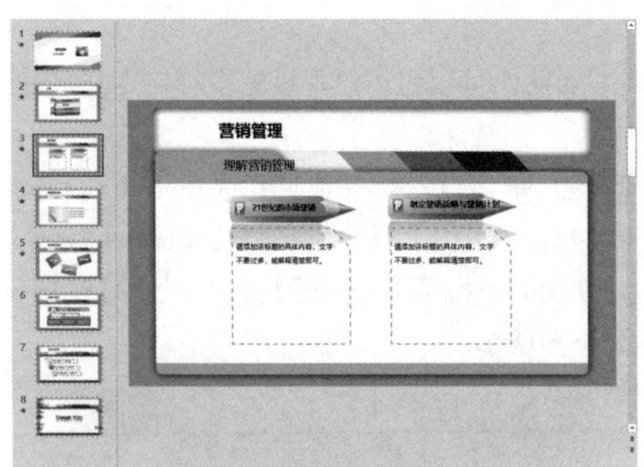

第 2 步 单击【幻灯片放映】选项卡【设置】组中的【隐藏幻灯片】按钮，如下图所示。

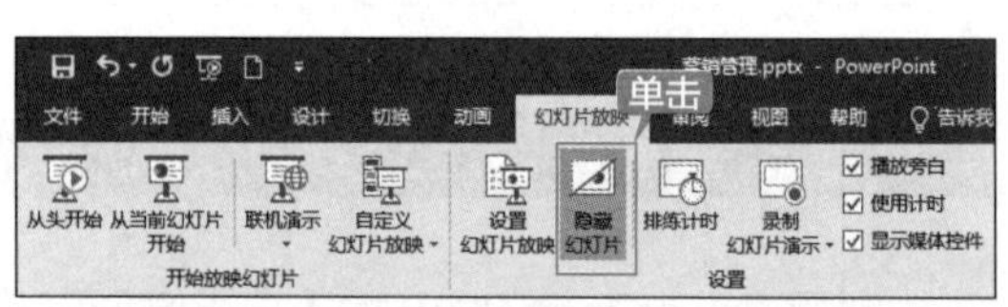

第 3 步 即可在左侧缩略图窗格中看到第 3 张幻灯片的编号显示为隐藏状态，如下图所示。

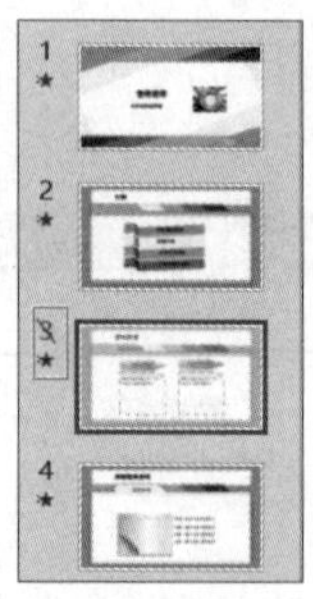

第 4 步 这样在放映幻灯片时第 3 张幻灯片就会被隐藏起来。

11.2.5 设置演示分辨率

在制作演示文稿时，常用的分辨率有 640 像素 ×480 像素、800 像素 ×600 像素和 1024 像素 ×768 像素等。但如果其他用户端的分辨率与所设定的分辨率不吻合时，就可能使演示内容出现在屏幕中央或出现不清晰的现象。

在 PowerPoint 2019 中，除了可以设置演示文稿的放映方式、隐藏指定幻灯片外，还可以设置演示分辨率，具体操作步骤如下。

第 1 步 在【幻灯片放映】选项卡【监视器】组中单击【监视器】右侧的下拉按钮，在弹出的下拉列表中选择【主监视器】选项，如下图所示。

第 2 步 单击【设置】组中的【设置幻灯片放映】按钮，如下图所示。

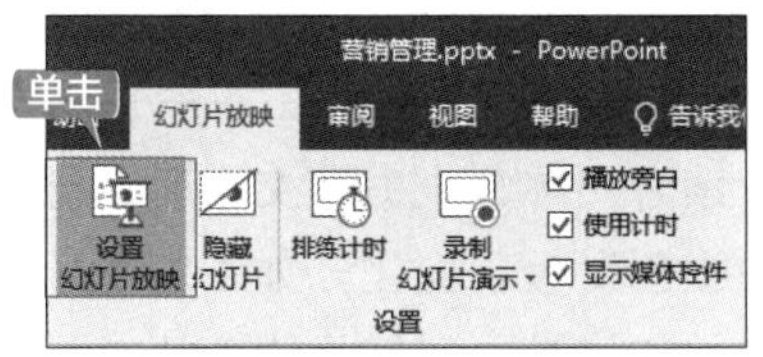

第 3 步 在弹出的【设置放映方式】对话框【分辨率】下拉列表中即可设置新的演示分辨率，如下图所示。

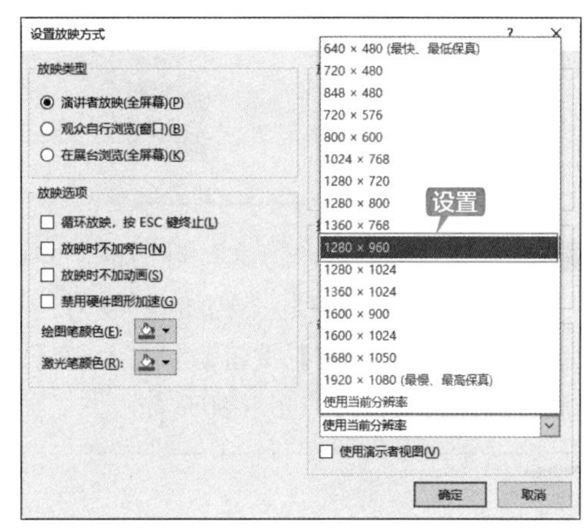

11.2.6 其他放映选项

通过使用【设置幻灯片放映】功能，读者可以自定义放映类型、换片方式和笔触颜色等参数。设置幻灯片自定义放映方式的具体操作步骤如下。

第 1 步 打开“素材 \ch11\ 工作总结 .pptx”文件，单击【幻灯片放映】选项卡【设置】组中的【设置幻灯片放映】按钮，如下图所示。

第 2 步 弹出【设置放映方式】对话框，单击【放映选项】选项区域【绘图笔颜色】右侧的下拉按钮，在弹出的下拉列表中选择【其他颜色】选项，如下图所示。

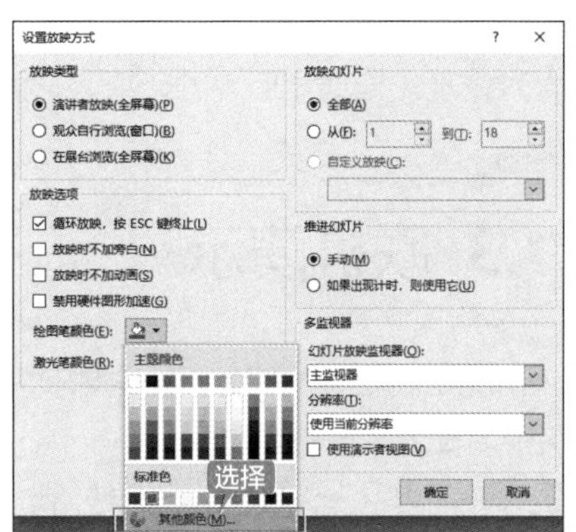

第 3 步 在弹出的【颜色】对话框中选择【自定义】选项卡，在【红色】【绿色】和【蓝色】文本框中分别输入数值“250”“100”和“50”，单击【确定】按钮，如下图所示。

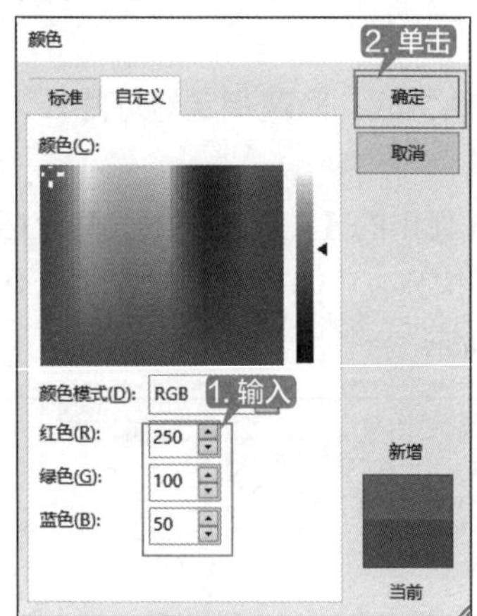

第 4 步 返回【设置放映方式】对话框，并设置【放映幻灯片】选项区域下的页数为“从 1 到 5”，单击【确定】按钮，即可关闭【设置放映方式】对话框，如下图所示。

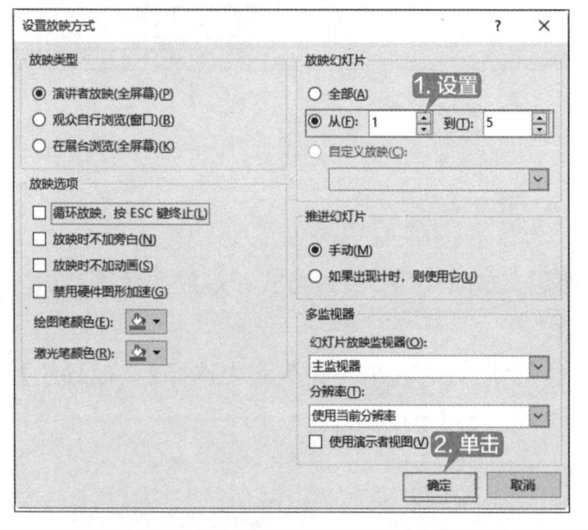

第 5 步 单击【幻灯片放映】选项卡【开始放映幻灯片】组中的【从头开始】按钮，如下图所示。

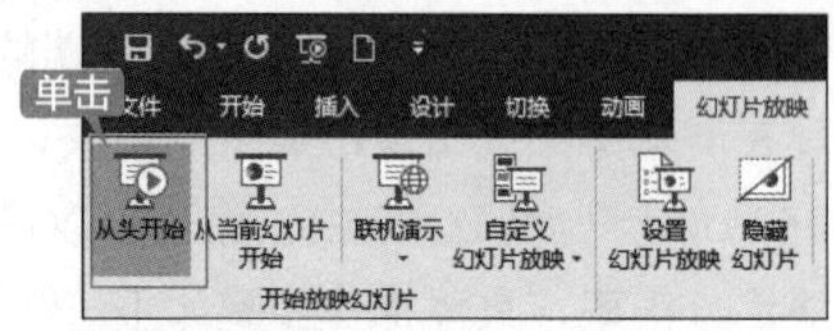

第 6 步 幻灯片进入放映模式，在幻灯片中右击，在弹出的快捷菜单中选择【指针选项】→【笔】选项，如下图所示。

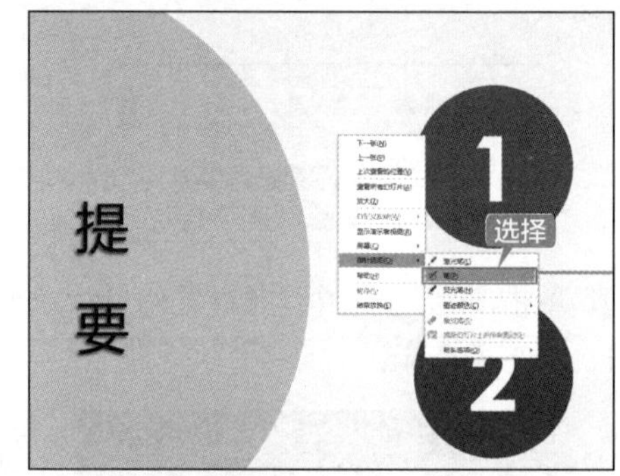

第 7 步 读者在屏幕上书写文字时，可以看到笔触的颜色发生了变化，如下图所示。同时在浏览幻灯片时，幻灯片的放映总页数也发生了相应的变化，即只放映了 5 张。

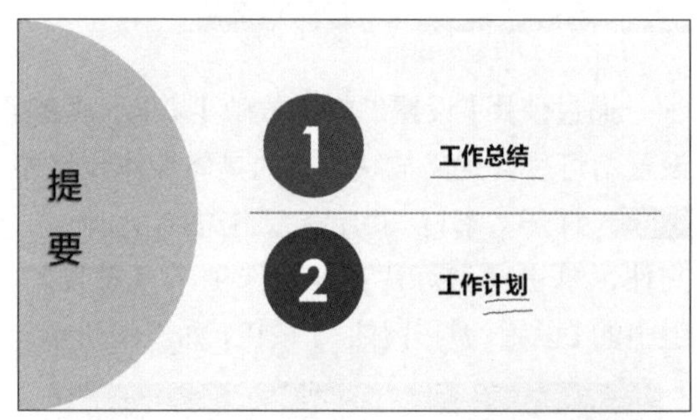

11.3 联机演示

PowerPoint 2019 新增了链接演示功能，用户可以向在 Web 浏览器中观看的远程观众广播幻灯片，具体操作步骤如下。

第 1 步 打开“素材 \ch11\ 工作总结 .pptx”文件，如下图所示。

第 2 步 单击【幻灯片放映】选项卡【开始放映幻灯片】组中的【联机演示】按钮，如下图所示。

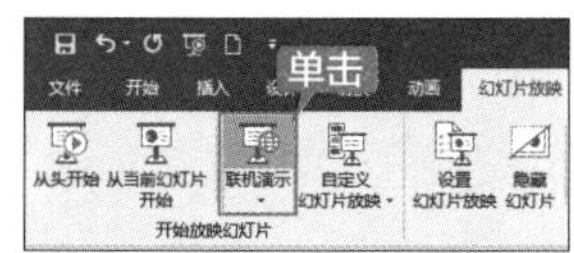

第 3 步 弹出【联机演示】对话框，单击【连接】按钮，如下图所示。

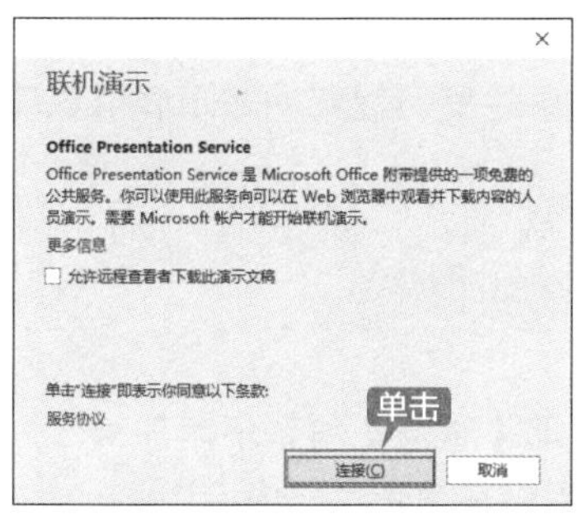

第 4 步 即可进入连接服务状态，如下图所示。

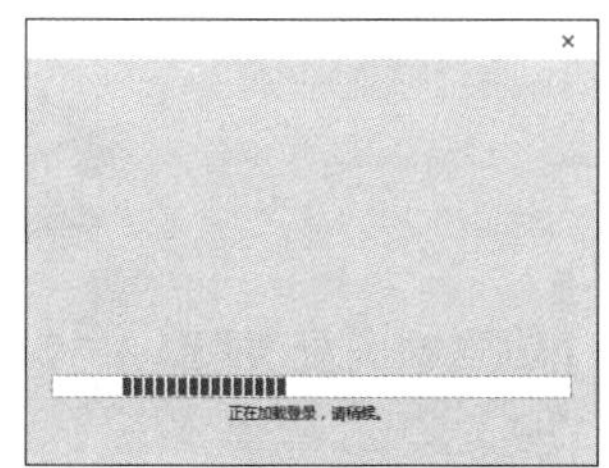

第 5 步 在弹出的对话框中输入【E-mail 地址】，单击【下一步】按钮，如下图所示。

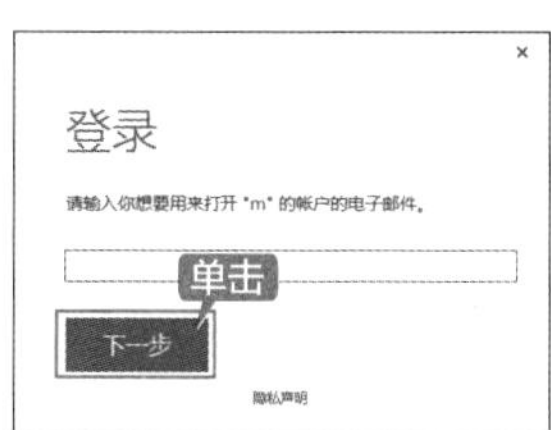

第 6 步 输入密码后单击【登录】按钮继续准备联机演示，如下图所示。

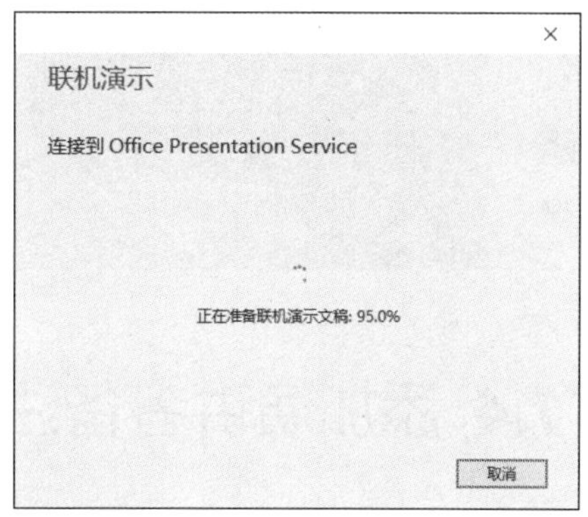

第 7 步 准备完成后即可复制文本框中的链接，也可以将此共享链接以电子邮件的形式发送给远程查看者，如下图所示。

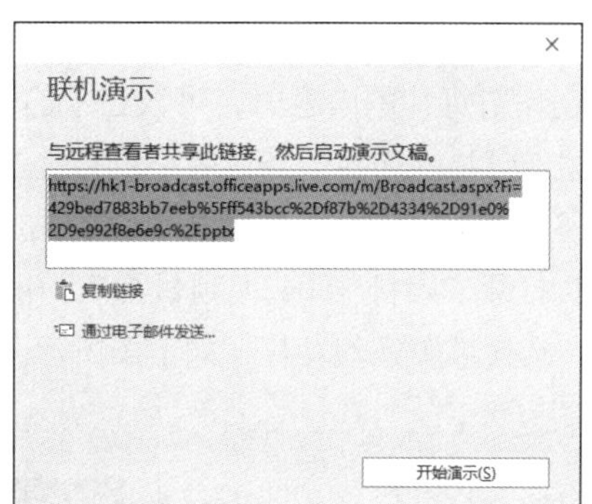

第 8 步 单击【开始放映幻灯片】按钮，即可远程广播幻灯片，如下图所示。

第 9 步 按【Esc】键退出全屏放映模式时，单击【联机演示】选项卡下【联机演示】组中的【结束联机演示】按钮，即可结束演示文稿的远程广播，如下图所示。

第 10 步 单击【结束联机演示】按钮时，弹出询问是否结束联机演示的提示框，如下图所示。单击【取消】按钮，即可继续广播幻灯片；单击【结束联机演示】按钮，即可立即结束此广播操作。

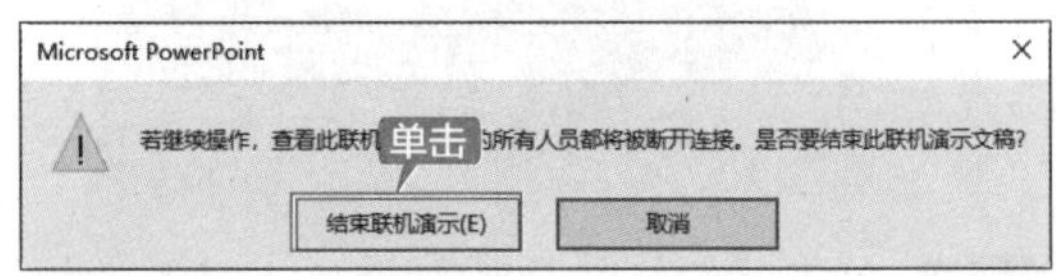

11.4 添加演讲者备注

使用演讲者备注可以详尽阐述幻灯片中的要点。好的备注既可以帮助演示者引导观众的思路，又可以防止幻灯片上的文本过多。

11.4.1 添加备注

创作幻灯片的内容时，可以在【幻灯片】工作区下方的【备注】窗格中添加备注，以便详尽阐述幻灯片的内容。演讲者可以将这些备注打印出来，以供在演示过程中参考。

下面介绍在幻灯片中添加备注的具体操作步骤。

第 1 步 打开“素材 \ch11\ 项目推广 .pptx”文件，选择第 1 张幻灯片，如下图所示。

第 2 步 在【备注】窗格的“单击此处添加备注”文本占位符中单击，如下图所示。

第 3 步 然后输入如下图所示的备注内容。

第 4 步 将鼠标指针指向【备注】窗格的上边框，当鼠标指针变为⇕形状后，向上拖动边框以增大备注空间，如下图所示。

11.4.2 使用演示者视图

为演示文稿添加备注后，在放映幻灯片时，演示者可以使用演示者视图在另一台监视器上查看备注内容。

在使用演示者视图放映时，演示者可以通过预览文本浏览下一次单击将添加到屏幕上的内容，并可以将演讲者的备注内容以清晰的大字体显示，以便演示者查看。

> **提示**
>
> 使用演示者视图，必须保证进行演示的计算机上能够支持两台以上的监视器，且 PowerPoint 2019 对于演示文稿最多支持使用两台监视器。

选中【幻灯片放映】选项卡【监视器】组中的【使用演示者视图】复选框，即可使用演示者视图放映幻灯片，如下图所示。

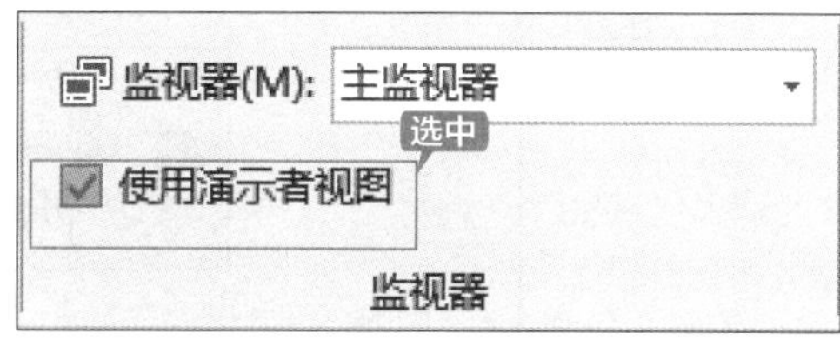

11.5 重点：排练计时

作为演示文稿的制作者，在公共场合演示时需要掌握好演示的时间，为此需要测定幻灯片放映时的停留时间，具体操作步骤如下。

第 1 步 打开“素材 \ch11\ 项目推广 .pptx”文件，如下图所示。

第 2 步 单击【幻灯片放映】选项卡【设置】组中的【排练计时】按钮，如下图所示。

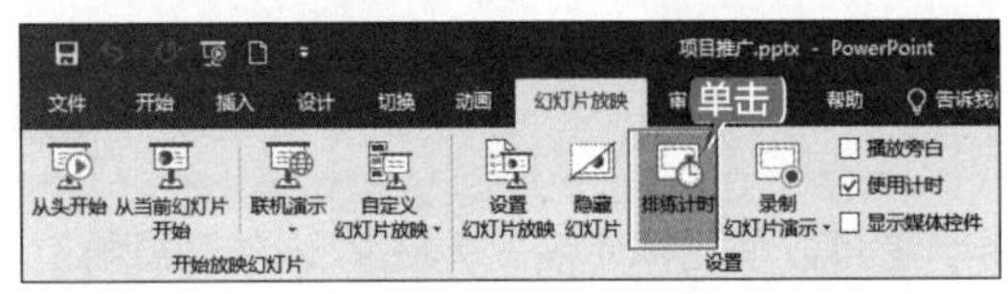

提示

如果对演示文稿中的每一张幻灯片都需要“排练计时”，则可以定位于演示文稿的第 1 张幻灯片中。

第 3 步 系统会自动切换到放映模式，并弹出【录制】对话框，在其中会自动计算出当前幻灯片的排练时间（时间的单位为秒），如下图所示。

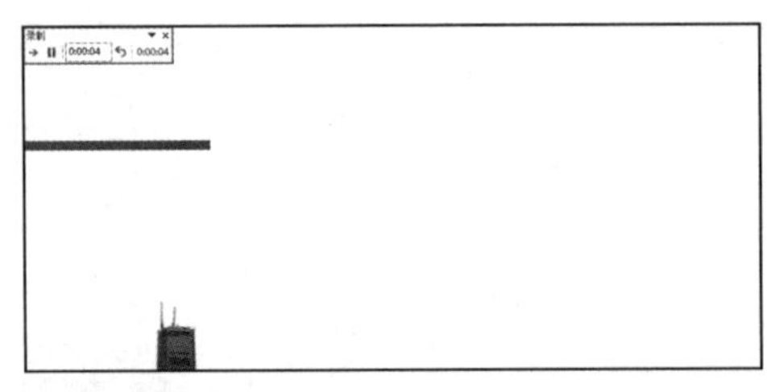

提示

在放映过程中需要临时查看或跳到某一张幻灯片时，可通过【录制】对话框中的按钮来实现。

①【下一项】➔：切换到下一张幻灯片。

②【暂停】❚❚：暂时停止计时后再次单击会恢复计时。

③【重复】↶：重复排练当前幻灯片。

第 4 步 切换至下一张幻灯片时，会自动开始重新计时，并显示总时间，如下图所示。

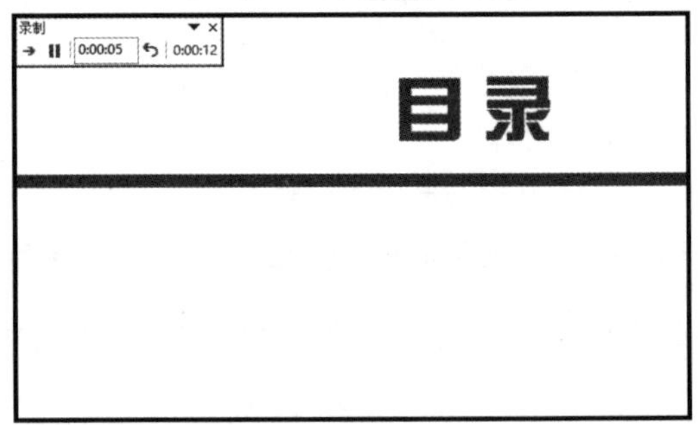

第 5 步 排练完成后，系统会出现一个警告的消息框，显示当前幻灯片放映的总时间。单击【是】按钮，完成幻灯片的排练计时，如下图所示。

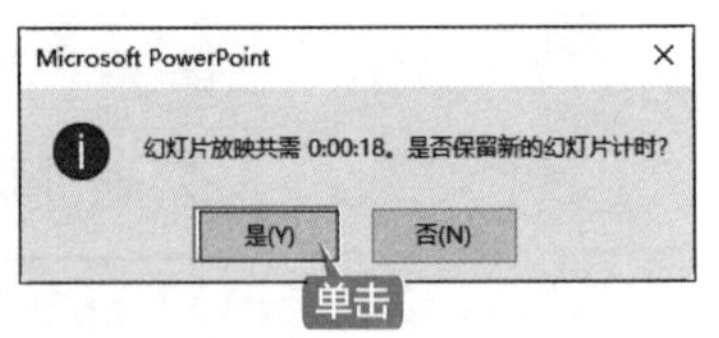

11.6 录制幻灯片演示

录制幻灯片演示可以记录 PPT 幻灯片的放映时间，同时允许用户使用鼠标或激光笔为幻灯片添加注释。也就是说，制作者对 PowerPoint 2019 的一切相关的注释都可以使用录制幻灯片演示功能记录下来，从而使 PowerPoint 2019 中幻灯片的互动性能大大提高。录制幻灯片演示的具体操作步骤如下。

第 1 步 打开“素材 \ch11\ 营销管理 .pptx”文件，如下图所示。

第 2 步 单击【幻灯片放映】选项卡【设置】组中的【录制幻灯片演示】下拉按钮，在弹出的下拉列表中选择【从头开始录制】或【从当前幻灯片开始录制】选项，这里选择【从头开始录制】选项，如下图所示。

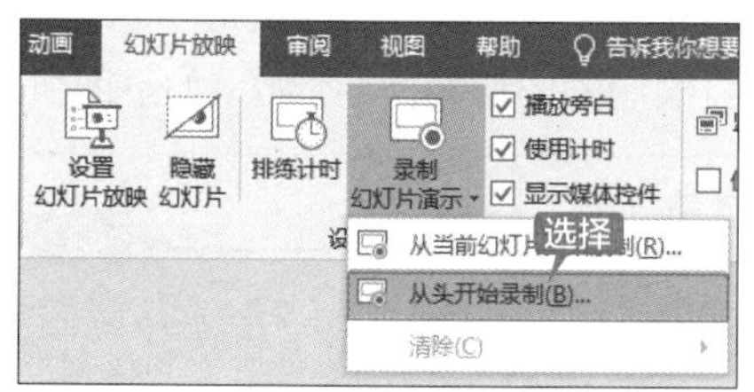

第 3 步 进入录制界面，单击【录制】按钮，如下图所示。

第 4 步 显示倒计时数字，显示完成后即可开始录制，如下图所示。

第 5 步 自动开始计时，单击【上一页】【下一页】按钮，选择幻灯片，单击底部的【画笔】和【笔触颜色】按钮，在幻灯片页面中可以添加注释，如下图所示。

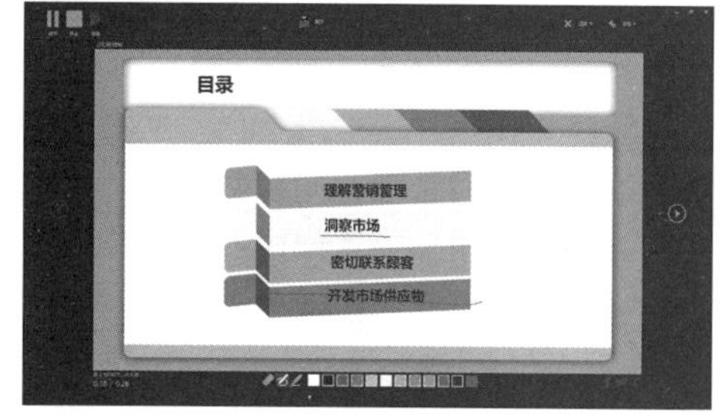

第 6 步 放映结束，按【Esc】键即可退出，如下图所示。

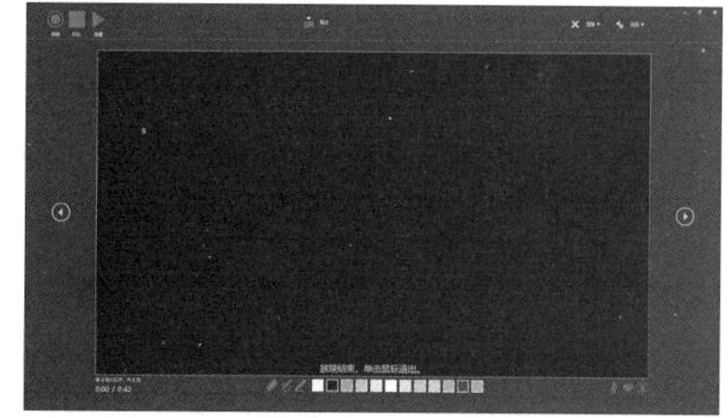

第 7 步 幻灯片放映结束时，录制幻灯片演示也随之结束，返回演示文稿窗口且自动切换到幻灯片浏览视图。在该窗口中显示了每张幻灯片的演示计时时间，如下图所示。

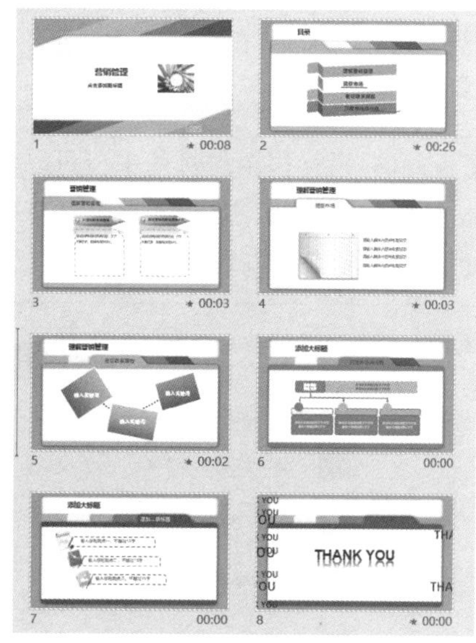

11.7 新功能：使用墨迹功能

画笔和荧光笔需要在放映状态下才能使用。在 PowerPoint 2019 中提供了墨迹书写功能，在不放映幻灯片的状态下即可在幻灯片页面中添加注释或勾画重点。使用墨迹书写勾画重点的具体操作步骤如下。

第 1 步 单击【审阅】选项卡下【墨迹】组中的【开始墨迹书写】按钮，如下图所示。

第 2 步 弹出【墨迹书写工具 – 笔】选项卡，在【写入】组中单击【笔】按钮，在【笔】组中单击【红色画笔（0.35 毫米）】选项，如下图所示。

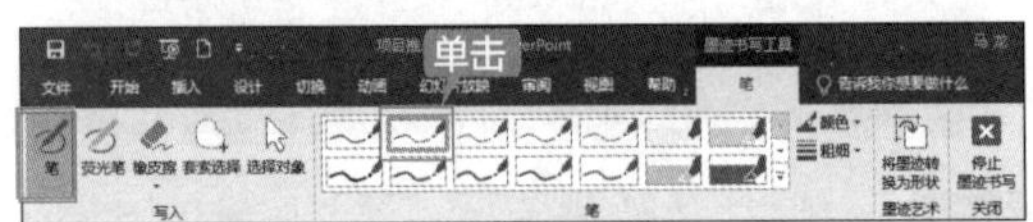

提示

单击【笔】组中的【颜色】下拉按钮，在弹出的下拉列表中可设置画笔的颜色；单击【粗细】下拉按钮，在弹出的下拉列表中可设置画笔的粗细。

第 3 步 将鼠标指针移至幻灯片中，可以看到鼠标指针变为形状，此时即可开始在幻灯片页面中进行标注，如下图所示。

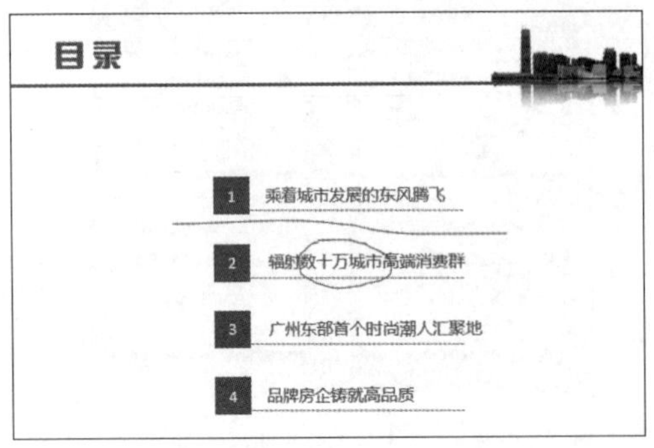

第 4 步 单击【笔】选项卡下【墨迹艺术】组中的【将墨迹转换为形状】按钮，如下图所示。

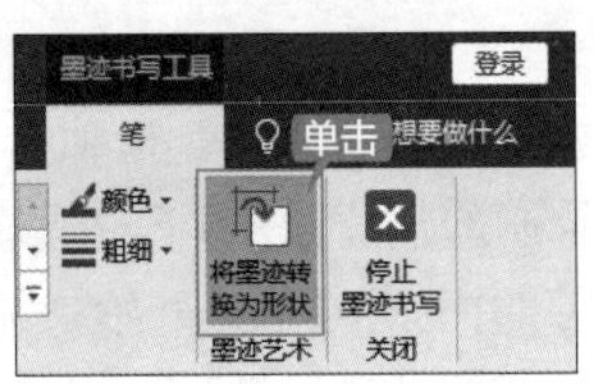

第 5 步 按住鼠标左键不放，在幻灯片页面中拖曳鼠标进行勾画，松开鼠标左键，系统会自动将绘制的图形转换为形状，如下图所示。

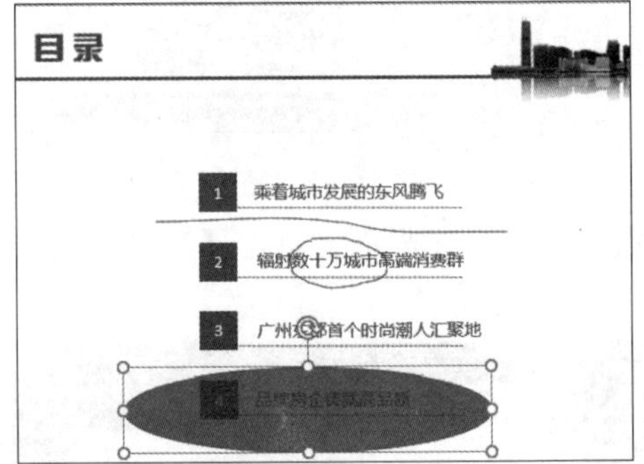

提示

再次单击【墨迹艺术】组中的【将墨迹转换为形状】按钮，即可退出“将墨迹转换为形状”功能。

第 6 步 单击【笔】选项卡下【写入】组中的【选择对象】按钮，如下图所示。

第 7 步 在要选择的标注上单击，即可选中该标注，然后根据需要对标注进行位置的移动及大小的调整，如下图所示。

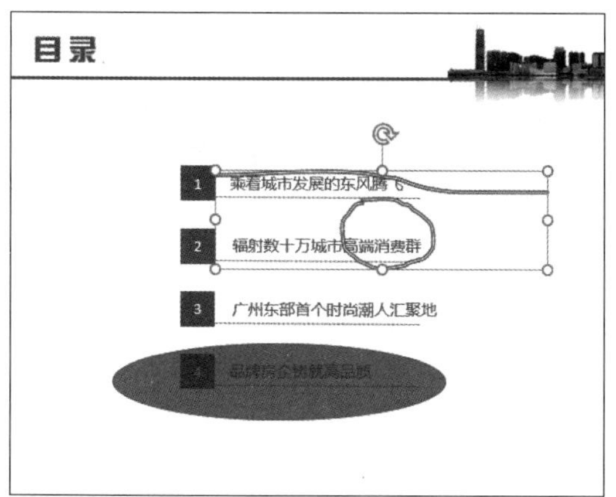

第 8 步 若要批量删除标注，可以单击【笔】选项卡下【写入】组中的【套索选择】按钮，如下图所示。

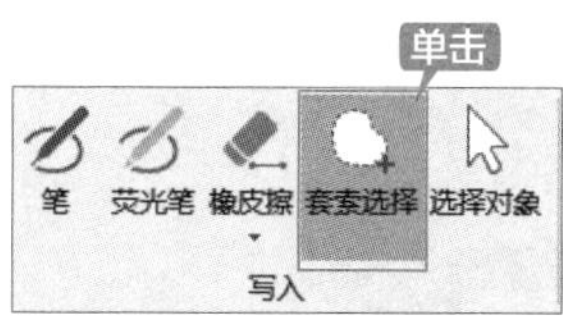

第 9 步 在幻灯片页面中按住鼠标左键进行拖曳，绘制选择范围，此时看到在选择范围中的所有标注都被选中，如下图所示。

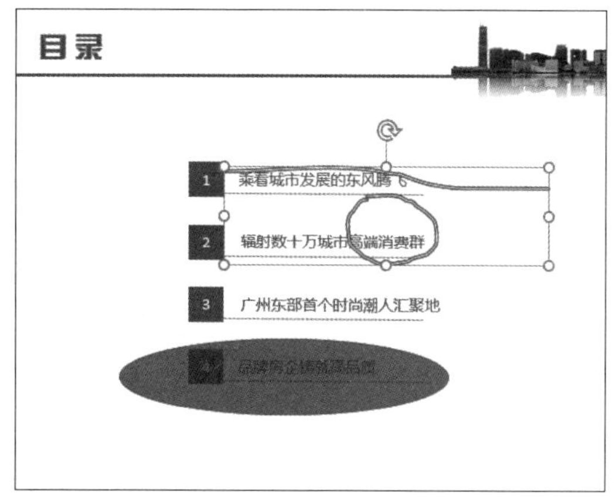

第 10 步 松开鼠标左键，然后按【Delete】键，即可将选中的标注删除，如下图所示。

◇ 如何在放映幻灯片时不使用排练时间换片

对演示文稿进行排练计时后，可以在【幻灯片浏览】视图中查看每张幻灯片的排练计时时间，也可以在放映幻灯片时按照排练计时进行自动放映。

如果需要在放映幻灯片时不按照事先的排练计时时间自动换片，只需单击【幻灯片放映】选项卡【设置】组中的【设置幻灯片放映】按钮，在弹出的【设置放映方式】对话框的【推进幻灯片】选项区域中选中【手动】单选按钮，单击【确定】按钮即可，如下图所示。

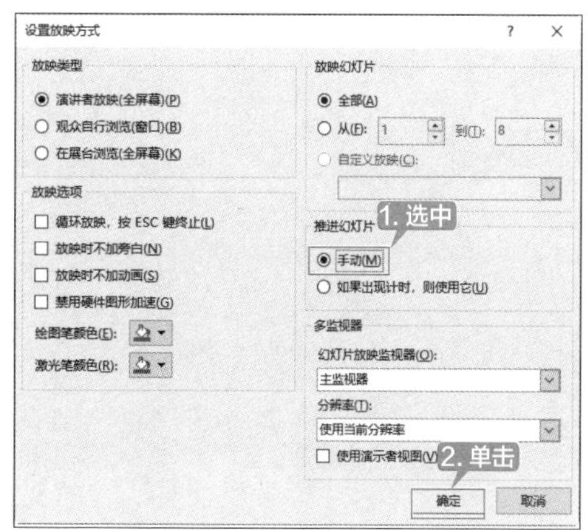

◇ 如何删除幻灯片中的排练计时

在幻灯片中进行排练计时或录制幻灯片演示后，可以根据需要删除幻灯片中的排练计时，具体操作步骤如下。

单击【幻灯片放映】选项卡【设置】组中的【录制幻灯片演示】按钮，在弹出的下拉列表中选择【清除】选项，然后在子菜单中选择【清除当前幻灯片中的计时】或【清除所有幻灯片中的计时】选项，即可删除当前幻灯片或所有幻灯片中的计时，如下图所示。

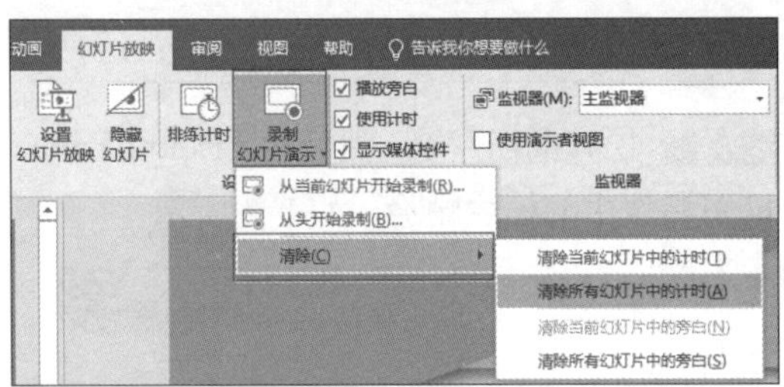

此外，当幻灯片中存在旁白时，选择【清除】子菜单中的【清除当前幻灯片中的旁白】或【清除所有幻灯片中的旁白】选项，即可删除幻灯片中的旁白。

◇ 在窗口模式下播放 PPT

在播放 PPT 演示文稿时，如果想要进行其他的操作，就需要先进行切换，这样操作起来很麻烦，但是通过 PPT 窗口模式播放就解决了这一难题。

在窗口模式下播放 PPT 的方法为：在按住【Alt】键的同时，依次按【D】和【V】键即可，如下图所示。

◇ 放映幻灯片时隐藏光标

在放映幻灯片时可以隐藏光标，具体操作步骤如下。

按【F5】键放映幻灯片，在放映幻灯片时右击，在弹出的快捷菜单中选择【指针选项】→【箭头选项】→【永远隐藏】命令，即可在放映幻灯片时隐藏鼠标光标，如下图所示。

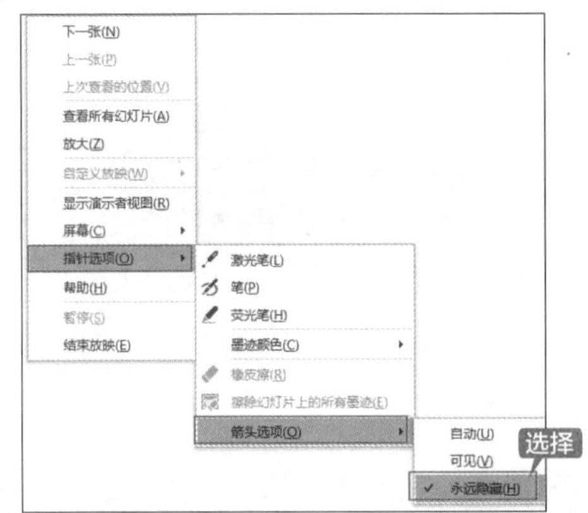

> **提示**
>
> 按【Ctrl+H】组合键，也可以隐藏光标。

第 12 章 PPT 的打印与输出

本章导读

通过 PowerPoint 2019 新增的幻灯片分节显示功能可以更好地管理幻灯片。幻灯片除了可以在计算机屏幕上做电子展示外，还可以被打印出来长期保存。另外，通过发布幻灯片能够轻松共享和打印这些文件。

思维导图

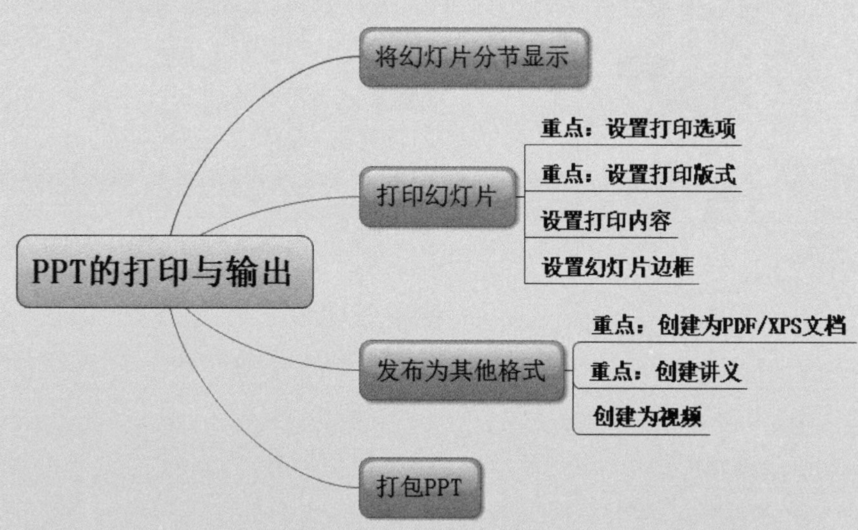

12.1 将幻灯片分节显示

在 PowerPoint 2019 左侧的幻灯片预览栏中新增了分节功能，用户通过建立多个节，不仅可以方便管理幻灯片，还可以为各个幻灯片章节重新排序或归类。

第 1 步 打开“素材\ch12\商务营销策略.pptx”文件，并选择第 3 张幻灯片，如下图所示。

第 2 步 单击【开始】选项卡下【幻灯片】组中的【节】按钮 节，在弹出的下拉列表中选择【新增节】选项，如下图所示。

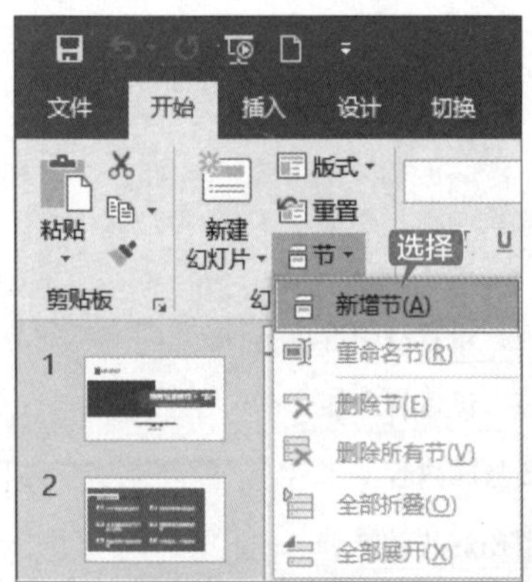

第 3 步 在左侧的【幻灯片缩略图】窗格中可以看到第 3 张幻灯片上方显示“无标题节”，并弹出【重命名节】对话框，第 3 张幻灯片及其下的所有幻灯片成为新增节中的内容。而第 3 张幻灯片之上的所有幻灯片显示为默认节。在【重命名节】对话框的【节名称】文本框中输入“销售分析”，单击【重命名】按钮，如下图所示。

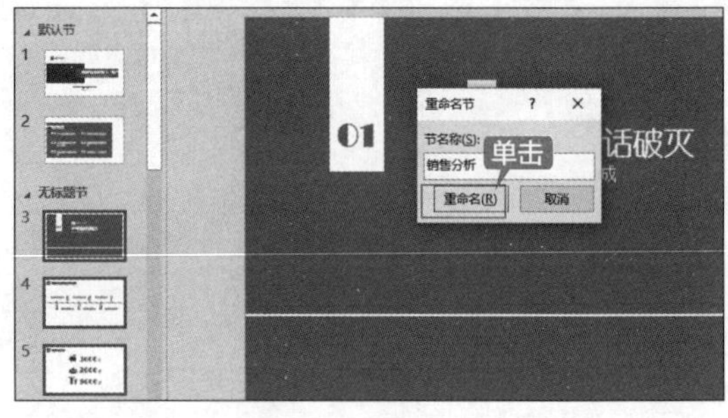

第 4 步 即可为新增节重命名，如下图所示。

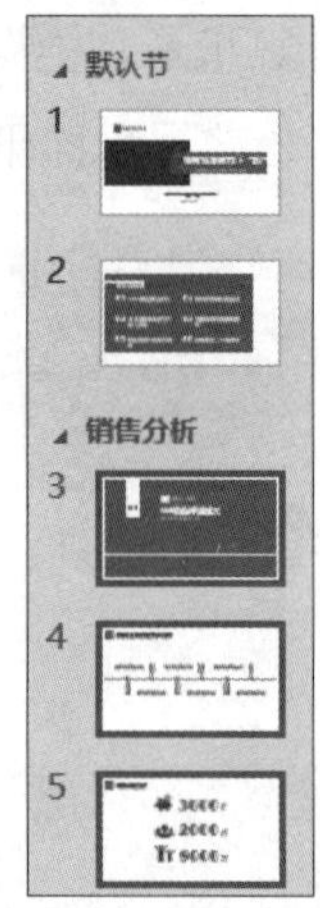

第 5 步 选择第 5 张幻灯片，重复第 2 步的操作，即可将第 5 张和后面的每张幻灯片设置为新增节，并将新增节名称命名为“年度业绩分析”，如下图所示。

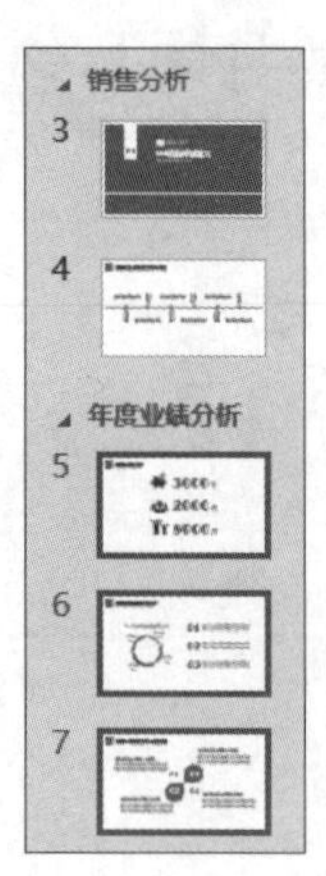

第6步 在【幻灯片缩略图】窗格中单击【默认节】展开按钮，即可选择默认节下的第1张和第2张幻灯片，如下图所示。

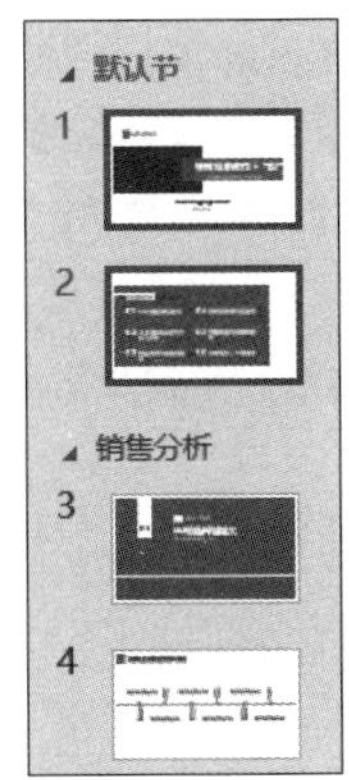

第7步 单击【开始】选项卡下【幻灯片】组中的【节】按钮，在弹出的下拉列表中选择【重命名节】选项。然后在弹出的【重命名节】对话框中重新命名即可，如将默认节重命名为“首页－目录”，单击【重命名】按钮，如下图所示。

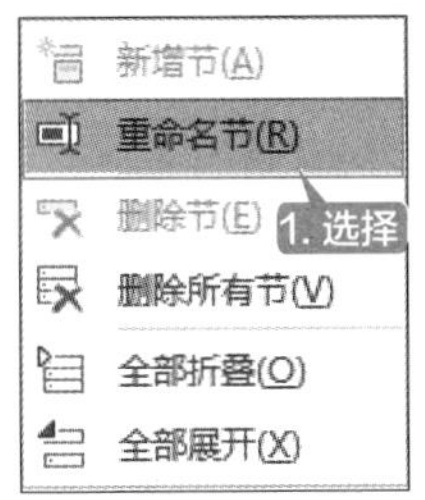

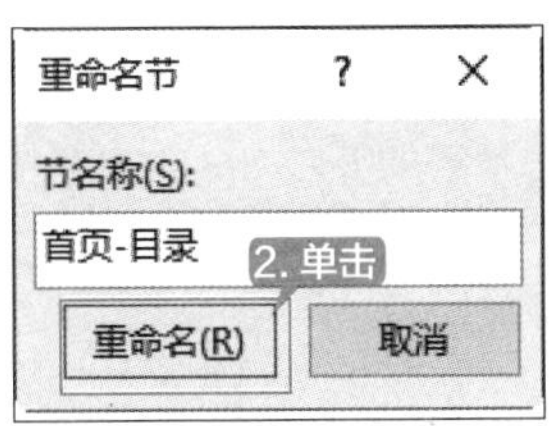

第8步 即可完成节的重命名，效果如下图所示。

第9步 选择任一幻灯片，单击【开始】选项卡下【幻灯片】组中的【节】按钮，在弹出的下拉列表中选择【全部折叠】选项，即可将幻灯片缩略图窗格中所有节的幻灯片折叠，而只显示为节标题。单击节标题前的【展开节】按钮，即可展开该节标题所包含的幻灯片，如下图所示。

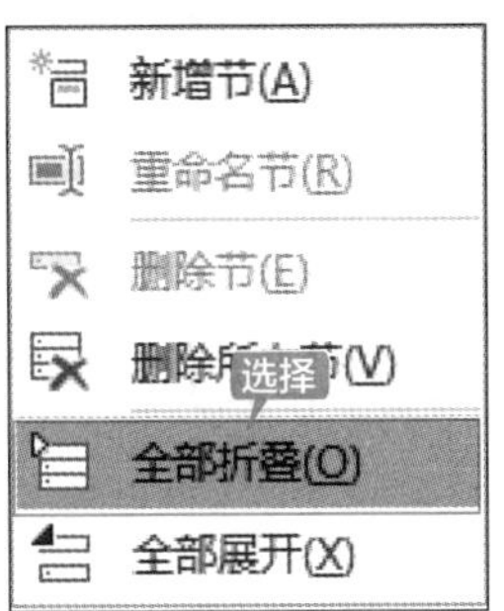

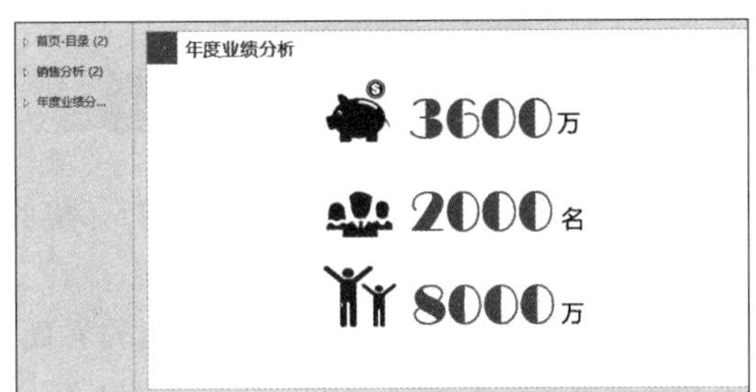

提示

将所有节标题折叠后，可以单击【文件】选项卡下【幻灯片】组中的【节】按钮，在弹出的下拉列表中选择【全部展开】选项，即可展开所有节下的幻灯片。

第10步 选择【幻灯片缩略图】窗格中的第2个节标题，单击【开始】选项卡下【幻灯片】组中的【节】按钮，在弹出的下拉列表中选择【删除节】选项，即可删除该节，而该节中的幻灯片将成为上一节中的内容，如下图所示。

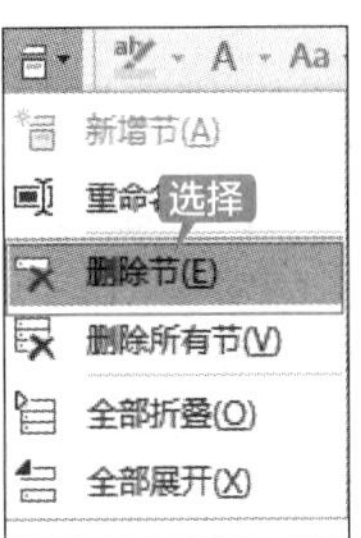

提示

选择含有节标题的任一幻灯片，然后单击【文件】选项卡【幻灯片】组中的【节】按钮，在弹出的下拉列表中选择【删除所有节】选项，即可删除所有节。

12.2 打印幻灯片

PowerPoint 2019 的打印功能非常强大，不仅可以将幻灯片打印到纸上，还可以打印到投影胶片上，通过投影仪来放映。

12.2.1 重点：设置打印选项

在打印幻灯片之前，首先要根据打印机的属性设置打印选项，具体操作步骤如下。

第 1 步 打开“素材\ch12\商务营销策略.pptx”文件，选择【文件】选项卡，在弹出的界面左侧选择【打印】选项，弹出打印设置界面，单击【打印机属性】按钮，如下图所示。

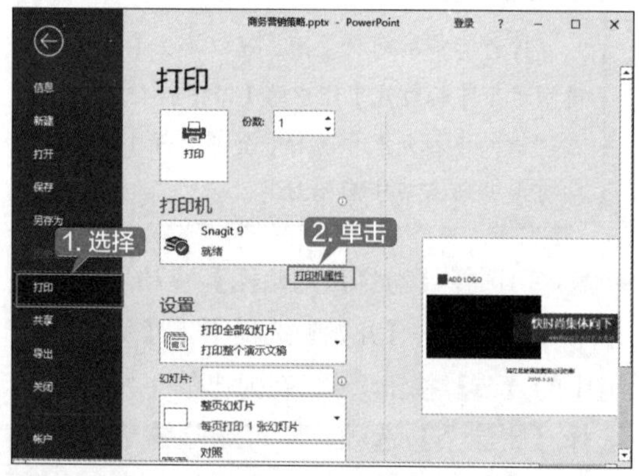

第 2 步 在弹出的对话框中可以设置页面的方向、页序、页面格式等，如下图所示。

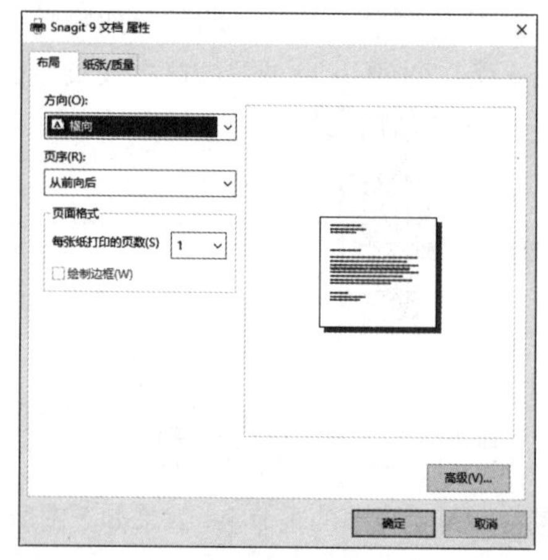

提示

不同打印机的各属性选项不同，用户可根据需要进行设置。

12.2.2 重点：设置打印版式

用户可根据需要设置幻灯片的打印版式，具体操作步骤如下。

第 1 步 接着 12.2.1 小节的内容继续操作。在【打印】设置界面中单击【整页幻灯片】下拉按钮，在弹出的下拉列表中可以设置打印的版式，这里选择【讲义】组中的【6 张水平放置的幻灯片】选项，如下图所示。

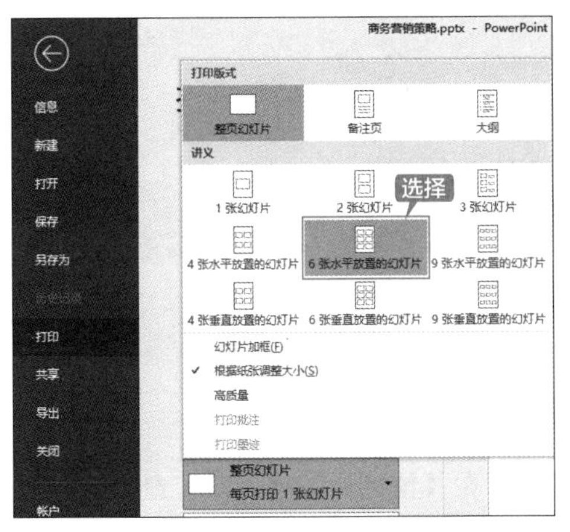

第 2 步 即可在右侧预览区域中看到设置的幻灯片版式，如下图所示。

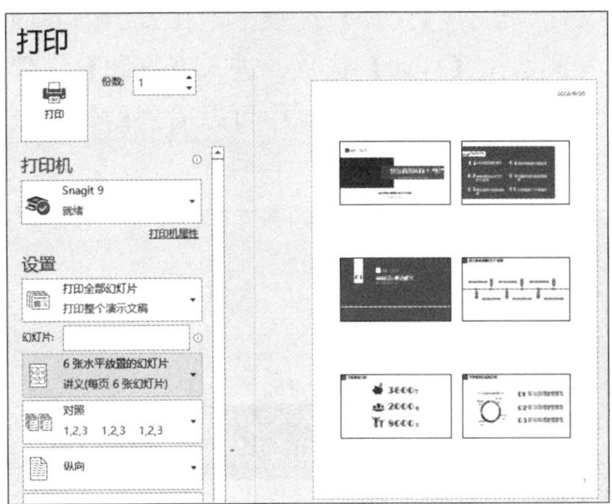

12.2.3 设置打印内容

在打印幻灯片时，不仅可以打印整个演示文稿中的内容，还可以只打印选定的幻灯片。

第 1 步 打开“素材\ch12\商务营销策略.pptx”文件，按住【Shift】键选择第 1～3 张幻灯片，如下图所示。

第 2 步 选择【文件】选项卡，在弹出的界面左侧选择【打印】选项，进入【打印】设置界面。在【设置】选项区域中单击【打印全部幻灯片】下拉按钮，在弹出的下拉列表可以选择要打印的内容，这里选择【打印选定区域】选项，即可只打印选定的 3 张幻灯片，如下图所示。

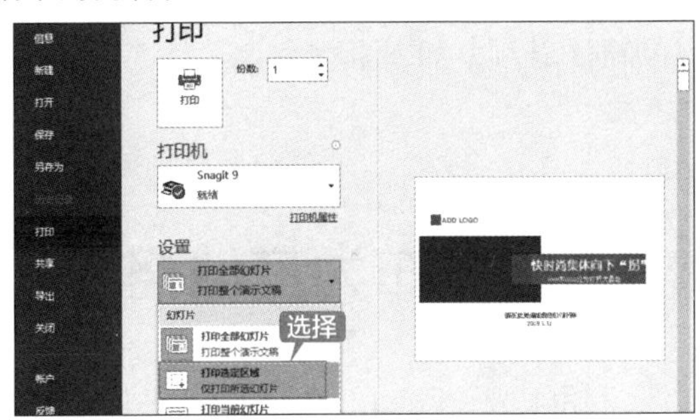

第 3 步 在预览区域中可以看到，打印的总页数由 18 变为 3，如下图所示。

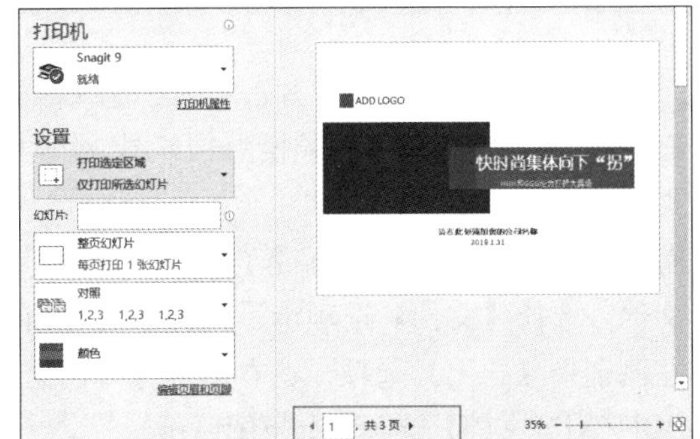

12.2.4 设置幻灯片边框

在打印幻灯片时，可以为幻灯片设置打印边框，具体操作步骤如下。

第 1 步 打开"素材\ch12\商务营销策略.pptx"文件，选择【文件】选项卡，在弹出的界面左侧选择【打印】选项，进入【打印】设置界面，此时在预览区域中可以看到幻灯片没有边框，如下图所示。

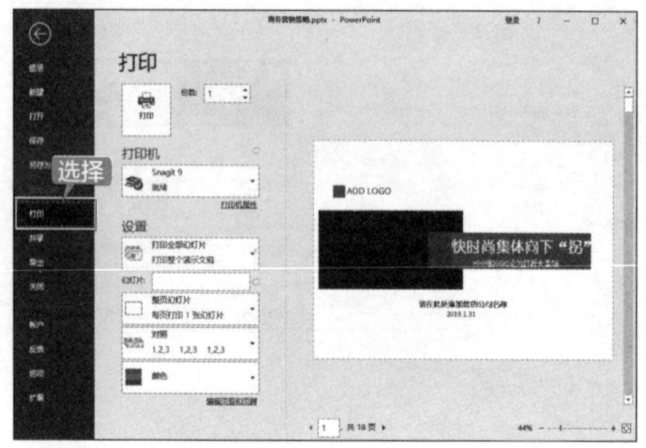

第 2 步 在【设置】组中单击【整页幻灯片】下拉按钮，在弹出的下拉列表中选择【幻灯片加框】选项，如下图所示。

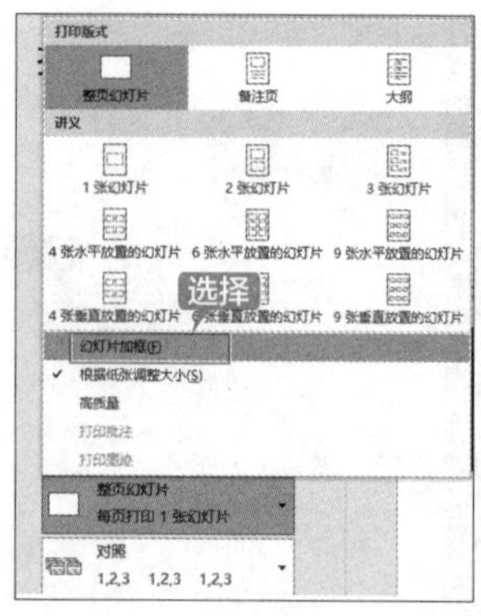

第 3 步 在【预览】区域可以看到为幻灯片设置边框后的效果，如下图所示。

12.3 发布为其他格式

利用 PowerPoint 2019 的保存并发送功能不仅可以将演示文稿创建为 PDF 文档、Word 文档或视频，还可以将演示文稿打包为 CD。

12.3.1 重点：创建为 PDF/XPS 文档

对于希望保存的幻灯片，不想让他人修改，但希望能共享和打印这些文件。此时可以使用 PowerPoint 2019 将文件转换为 PDF 或 XPS 格式，而无须其他软件或加载项。创建为 PDF/XPS 文档的操作步骤如下。

第 1 步 打开"素材\ch12\商务营销策略.pptx"文件。选择【文件】选项卡，在弹出的界面左侧选择【导出】选项，在右侧选择【创建 PDF/XPS 文档】选项，如下图所示。

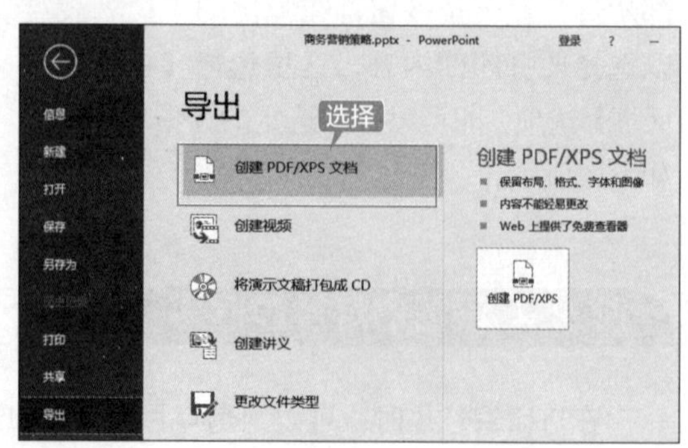

第 2 步 单击【创建 PDF/XPS】按钮，如下图所示。

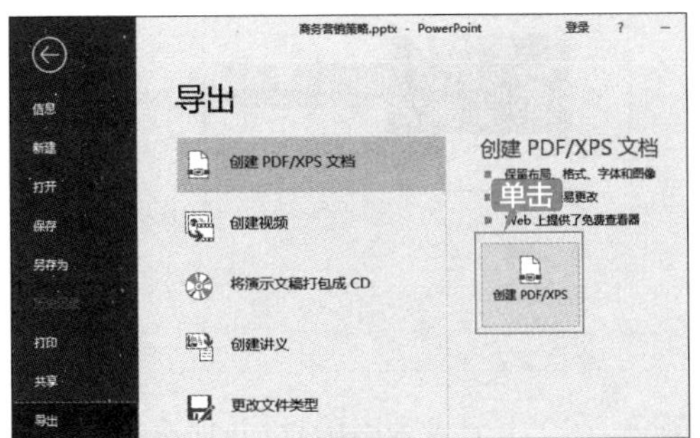

第 3 步 弹出【发布为 PDF 或 XPS】对话框，在【保存类型】文本框中选择保存的路径，在【文件名】文本框中输入文件名，单击【选项】按钮，如下图所示。

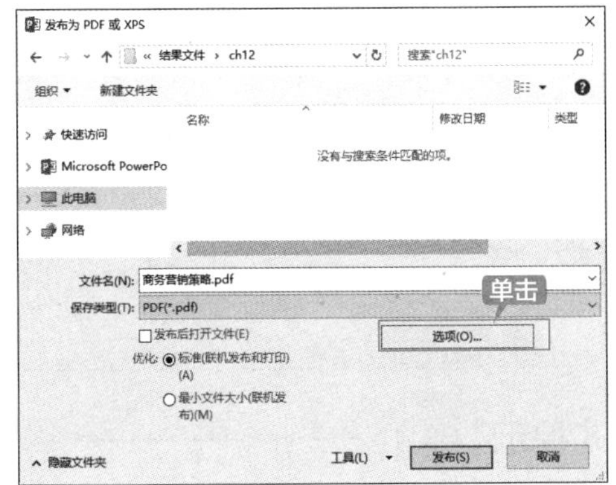

第 4 步 在弹出的【选项】对话框中设置范围、发布选项和 PDF 选项等参数，单击【确定】按钮，如下图所示。

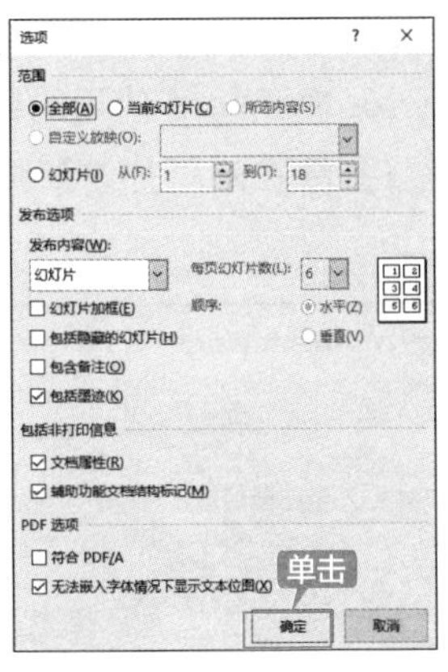

第 5 步 返回【发布为 PDF 或 XPS】对话框，单击【发布】按钮，系统开始自动发布幻灯片文件，如下图所示。

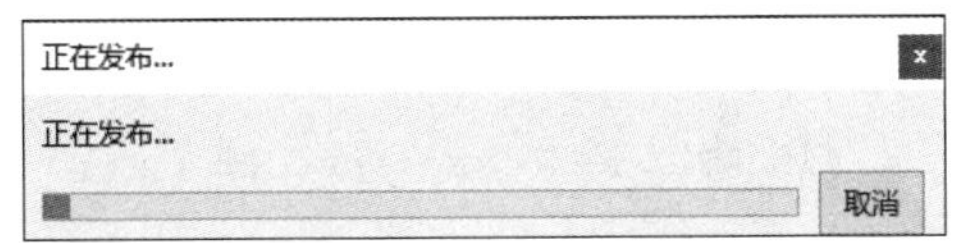

第 6 步 发布完成后，打开 PDF 文件，效果如下图所示。

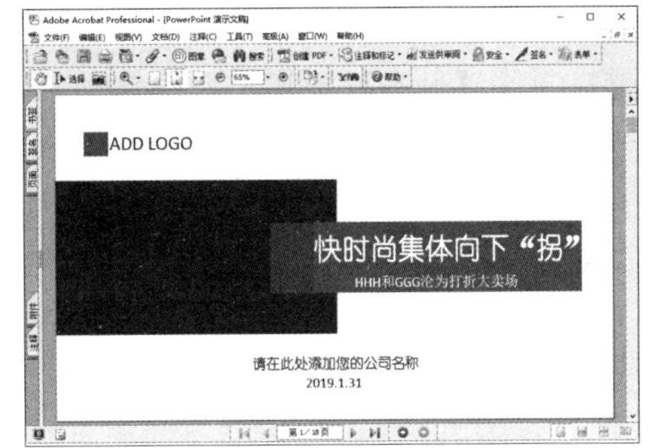

12.3.2 重点：创建讲义

将演示文稿创建为讲义是指将演示文稿创建为可以在 Word 中编辑和设置格式的讲义。

第 1 步 打开“素材\ch12\商务营销策略.pptx”文件。选择【文件】选项卡，在弹出的界面左侧选择【导出】选项，在右侧选择【创建讲义】选项，单击【创建讲义】按钮，如下图所示。

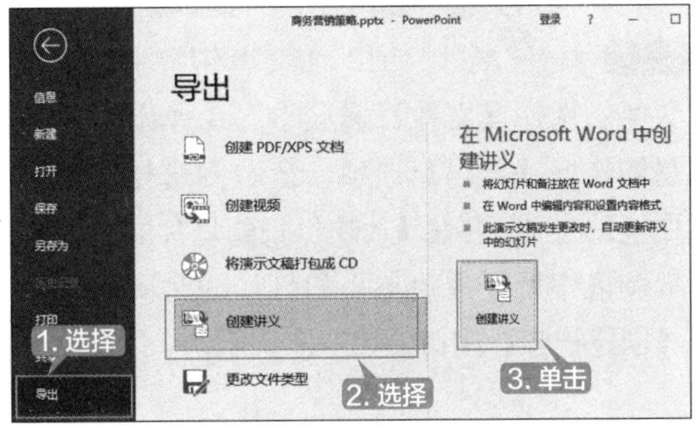

第 2 步 弹出【发送到 Microsoft Word】对话框，在【Microsoft Word 使用的版式】选项区域中选中【备注在幻灯片下】单选按钮，如下图所示。

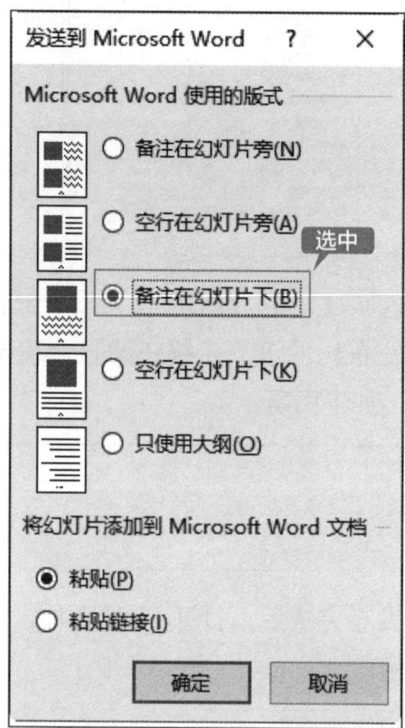

第 3 步 单击【确定】按钮，系统自动启动 Word，并将演示文稿中的字符转换到 Word 文档中，如下图所示。

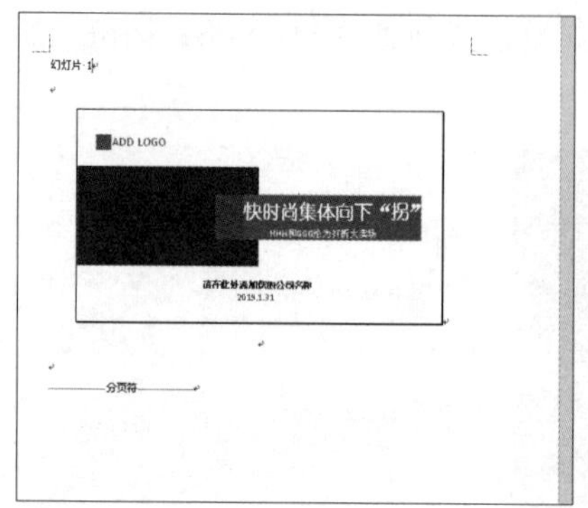

第 4 步 在 Word 文档中编辑并保存此讲义，即可完成 Word 文档的创建，如下图所示。

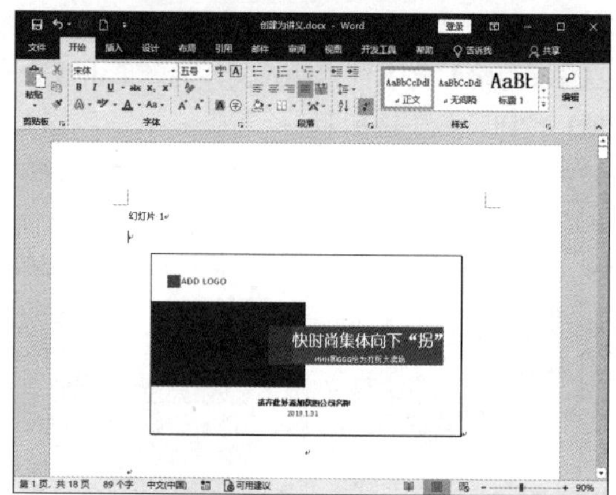

提示

要转换的演示文稿必须是用 PowerPoint 内置的"幻灯片版式"制作的幻灯片。如果是通过插入文本框等方法输入的字符，是不能实现转换的。

12.3.3 创建为视频

将演示文稿创建为视频的具体操作步骤如下。

第 1 步 打开"素材\ch12\商务营销策略.pptx"文件。选择【文件】选项卡，在弹出的界面左侧选择【导出】选项，在右侧选择【创建视频】选项，并在【放映每张幻灯片的秒数】微调框中设置放映每张幻灯片的时间，单击【创建视频】按钮，如下图所示。

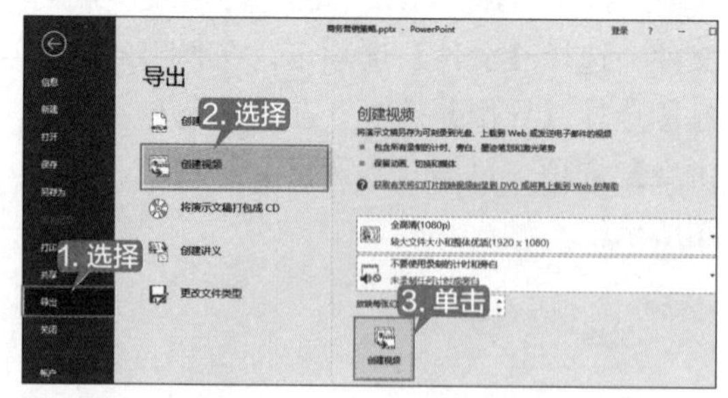

第 2 步 弹出【另存为】对话框。在【保存类型】和【文件名】文本框中分别设置保存路径和文件名，设置完成后单击【保存】按钮，系统即可自动开始制作视频，如下图所示。

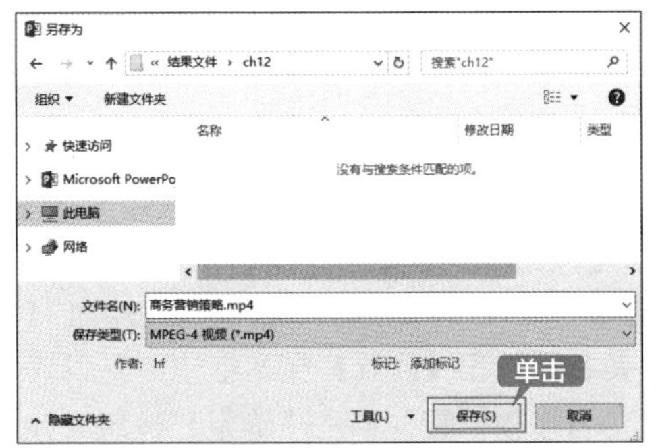

第 3 步 此时，状态栏中显示视频的制作进度，如下图所示。

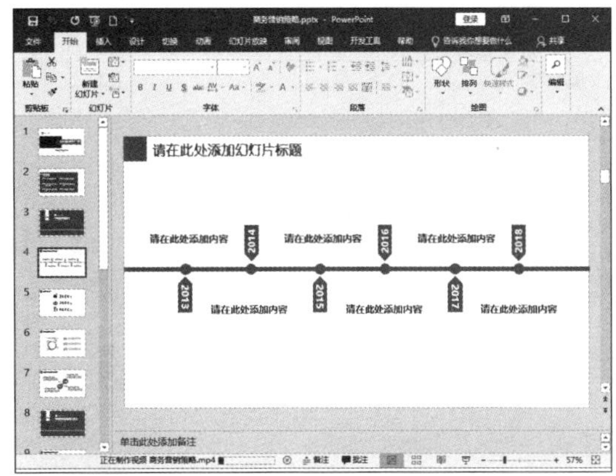

第 4 步 根据文件保存的路径找到制作好的视频文件，即可播放该视频文件，如下图所示。

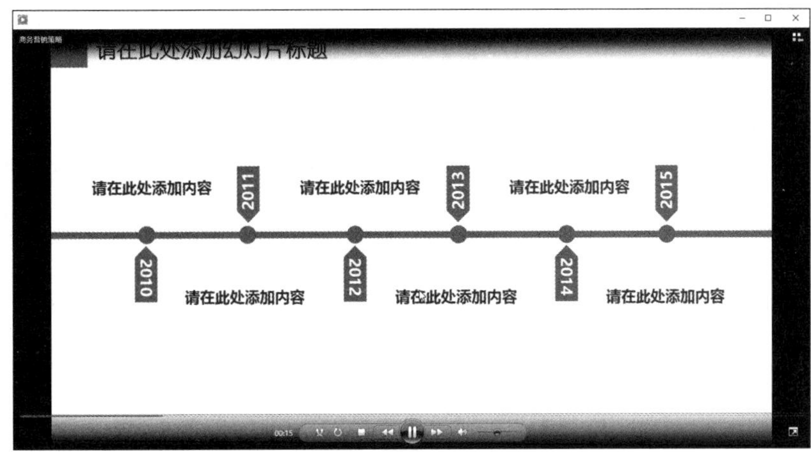

12.4 打包 PPT

如果所使用的计算机上没有安装 PowerPoint 软件，那么如何打开幻灯片文档呢？通过使用 PowerPoint 2019 提供的【打包成 CD】功能，可以实现在任意电脑上播放幻灯片的目的，具体操作步骤如下。

第 1 步 打开“素材\ch12\商务营销策略 .pptx”文件。选择【文件】选项卡，在弹出的界面左侧选择【导出】选项，在右侧选择【将演示文稿打包成 CD】选项，单击【打包成 CD】按钮，如下图所示。

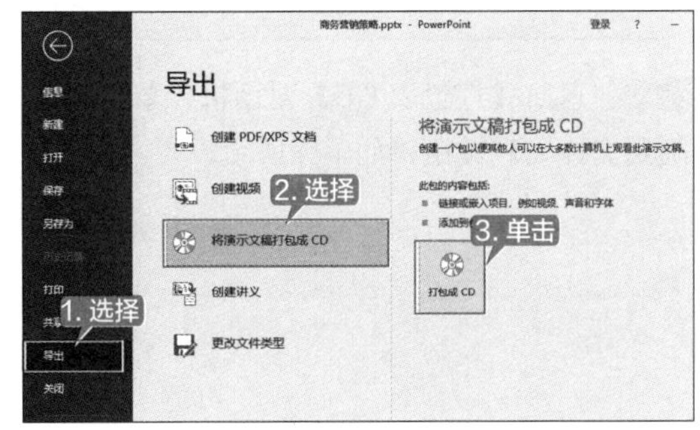

第 2 步 弹出【打包成 CD】对话框，在【要复制的文件】列表框中选择所需的选项，单击【选项】按钮，如下图所示。

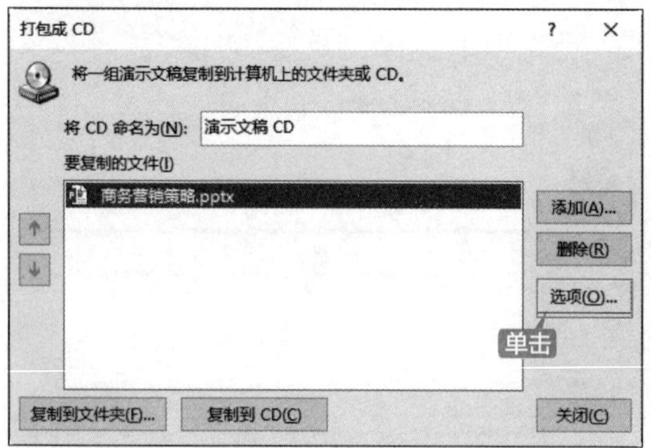

第 3 步 在弹出的【选项】对话框中可以设置要打包文件的安全性等选项，如设置打开和修改演示文稿的密码为“123456”，单击【确定】按钮。在弹出的【确认密码】对话框中输入确认密码，单击【确定】按钮，如下图所示。

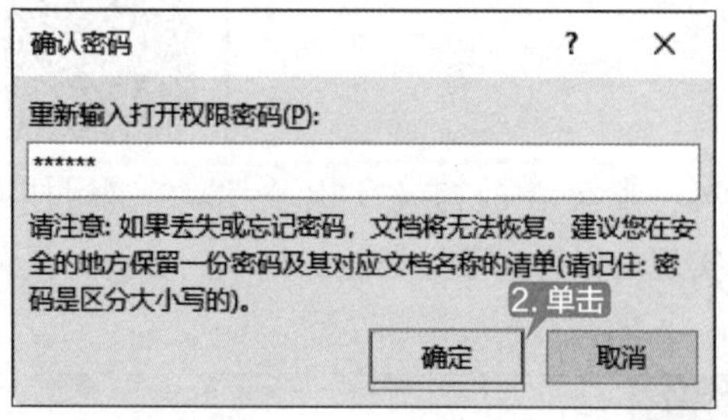

第 4 步 返回【打包成 CD】对话框，单击【复制到文件夹】按钮，如下图所示。

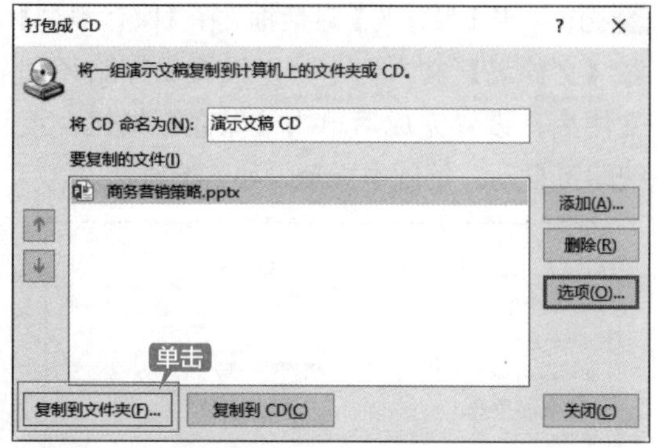

第 5 步 在弹出的【复制到文件夹】对话框【文件夹名称】和【位置】文本框中分别设置文件夹名称和位置，单击【确定】按钮，如下图所示。

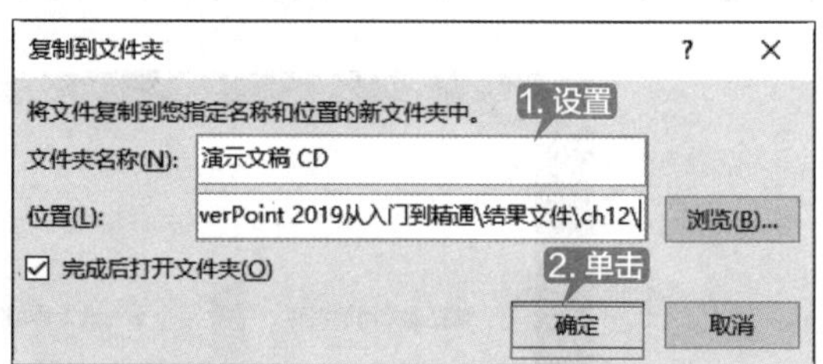

第 6 步 弹出【Microsoft PowerPoint】提示框，这里单击【是】按钮，系统开始自动复制文件到文件夹，如下图所示。

第 7 步 复制完成后，系统自动打开生成的 CD 文件夹，如下图所示。如果所使用的计算机上没有安装 PowerPoint，操作系统将自动运行“AUTORUN.INF”文件，并播放幻灯片。

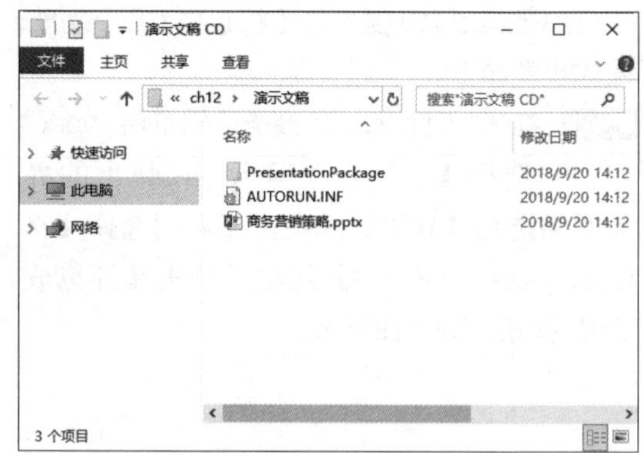

第 8 步 返回打开的“商务营销策略 .pptx”文件，单击【打包成 CD】对话框中的【关闭】按钮，即可完成打包操作，如下图所示。

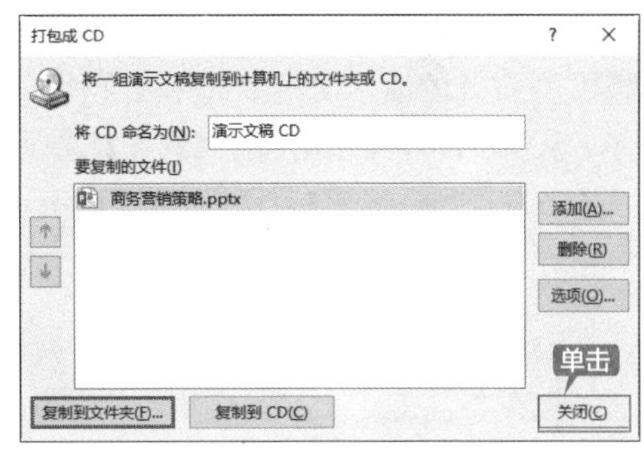

◇ 节约纸张和墨水打印幻灯片

将幻灯片打印出来可以方便校对其中的文字，但如果一张纸只打印出一张幻灯片太浪费了，可以通过设置一张纸打印多张幻灯片来解决此问题。

第 1 步 打开需要打印的包含多张幻灯片的演示文稿，选择【文件】选项卡，在弹出的界面左侧选择【打印】选项，在右侧单击【整页幻灯片】右侧的下拉按钮，如下图所示。

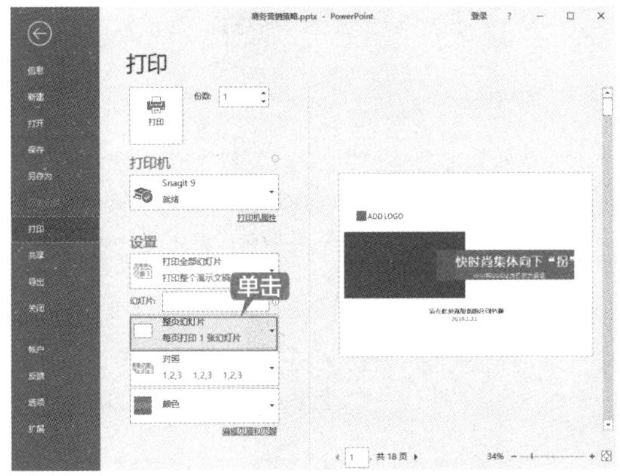

第 2 步 在弹出的下拉列表的【讲义】区域中选择相应的选项，即可将打印内容设置为讲义。如下图所示，选择【9张垂直放置的幻灯片】选项，即可在一张纸上打印 9 张垂直放置的幻灯片。

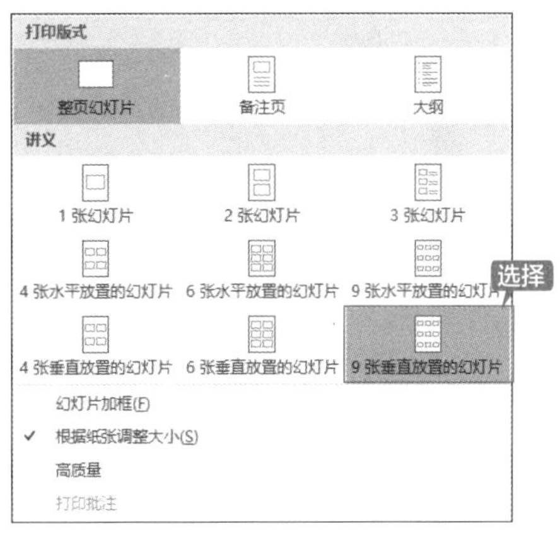

第 3 步 单击【颜色】右侧的下拉按钮，在弹出的下拉列表中选择【灰度】选项，即可节省打印墨水，如下图所示。

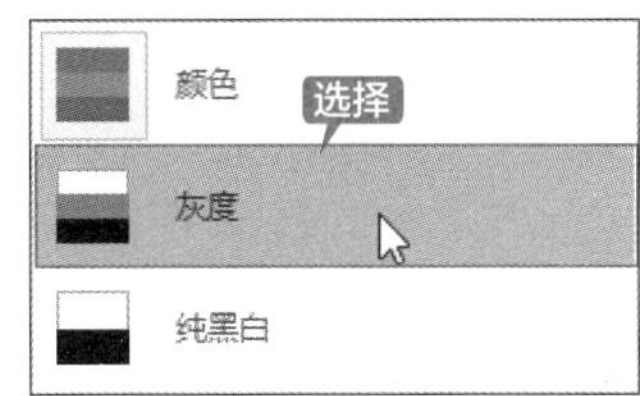

第 4 步 经过以上打印设置，即可在打印演示文稿时节约纸张和墨水。

◇ 取消以黑幻灯片结束

经常要制作并放映幻灯片的朋友都知道，每次幻灯片放映完后，屏幕总会显示为黑屏，如果此时接着放映下一组幻灯片，就会影响观赏效果。下面介绍取消以黑幻灯片结束幻灯片放映的步骤。

第 1 步　在打开的演示文稿中选择【文件】选项卡，从弹出的界面左侧选择【选项】选项，弹出【PowerPoint 选项】对话框，如下图所示。

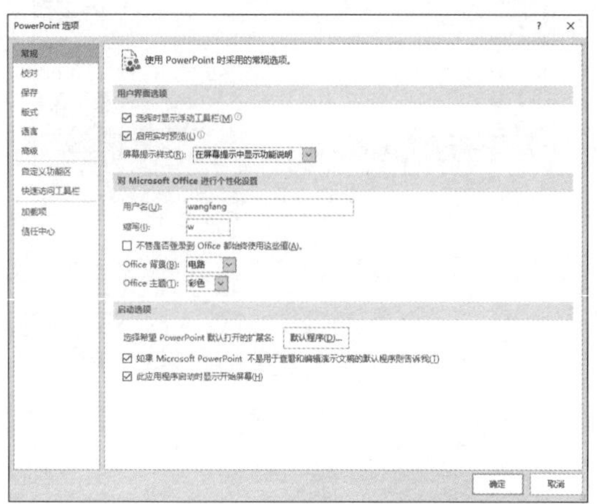

第 2 步　在【PowerPoint 选项】对话框左侧选择【高级】选项，在右侧的【幻灯片放映】选项区域中取消选中【以黑幻灯片结束】复选框，单击【确定】按钮，即可取消以黑幻灯片结束的操作，如下图所示。

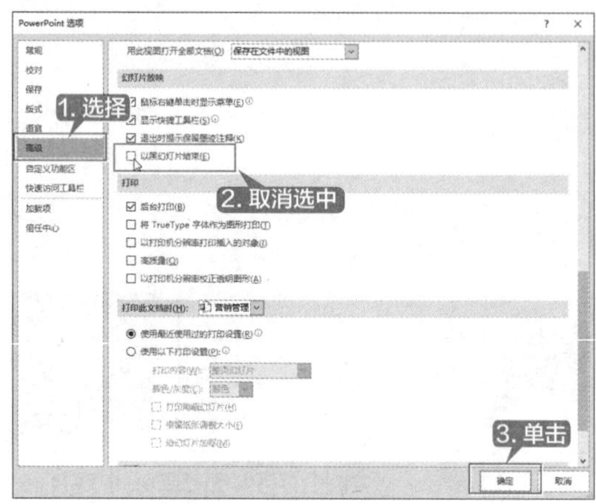

第5篇

案例实战篇

第 13 章　报告型 PPT 实战

第 14 章　简单实用型 PPT 实战

第 15 章　展示型 PPT 实战

本篇主要介绍 PowerPoint 2019 的案例实战。通过本篇的学习，读者可以了解和掌握制作报告型 PPT、简单实用型 PPT 及展示型 PPT 的操作技巧。

第 13 章 报告型 PPT 实战

本章导读

大量的数据容易使观众产生疲倦感和排斥感，可以通过各种图表和图形，将这些数据以最直观的形式展示给观众，让观众快速地明白这些数据之间的关联及更深层的含义。

思维导图

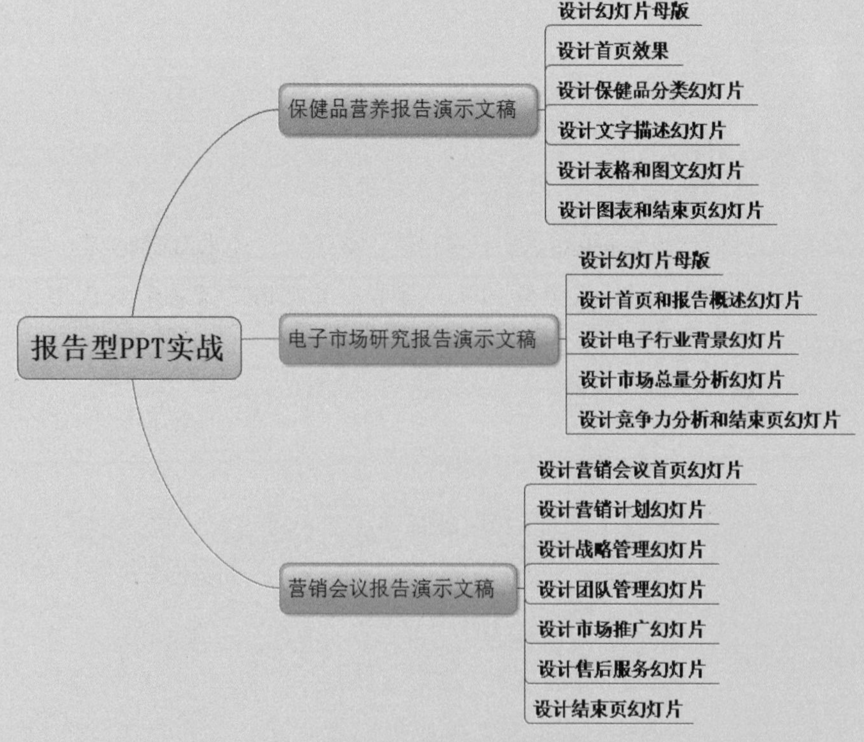

13.1 保健品营养报告演示文稿

在本 PPT 中通过图形、文字、表格及图表直观、形象地展示了保健品营养的相关知识，最终 PPT 效果如下图所示。

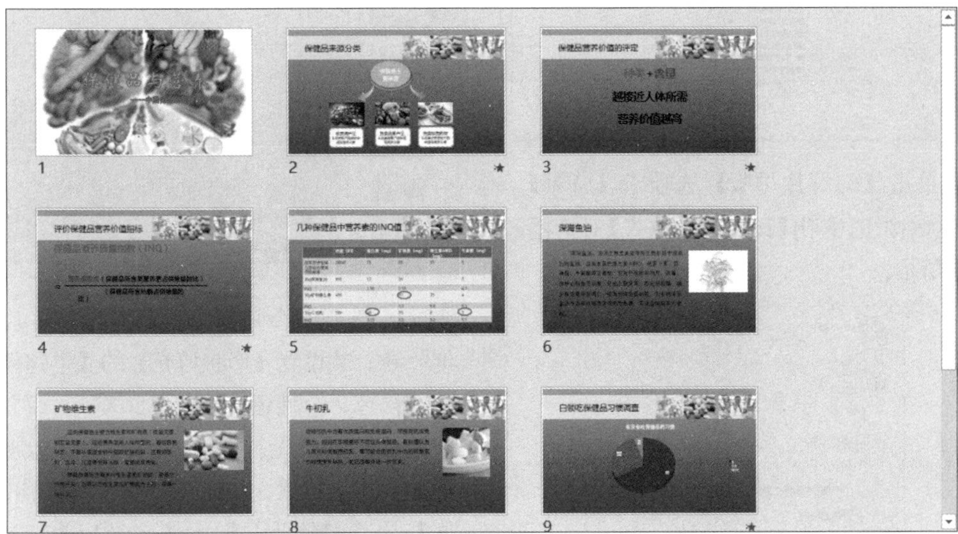

13.1.1 设计幻灯片母版

除了首页和结束页幻灯片外，其他幻灯片均使用含有保健品图片的标题框和渐变色背景，可在母版中进行统一设计，具体操作步骤如下。

第 1 步 启动 PowerPoint 2019，新建一个空白演示文稿，并进入 PowerPoint 工作界面，如下图所示。

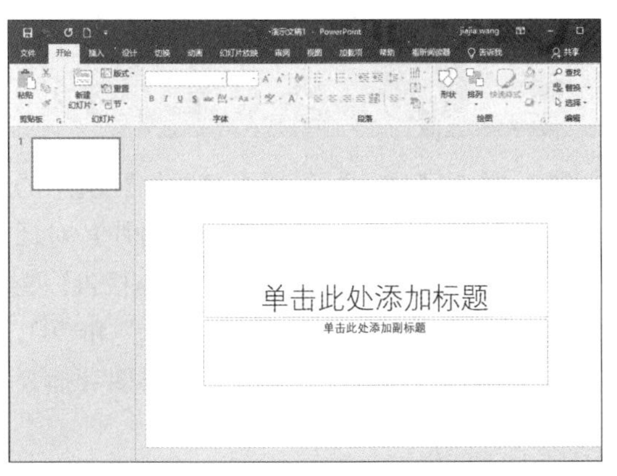

第 2 步 单击【视图】选项卡下【母版视图】组中的【幻灯片母版】按钮，切换到【幻灯片母版】视图，并在左侧列表中单击第 1 张幻灯片，如下图所示。

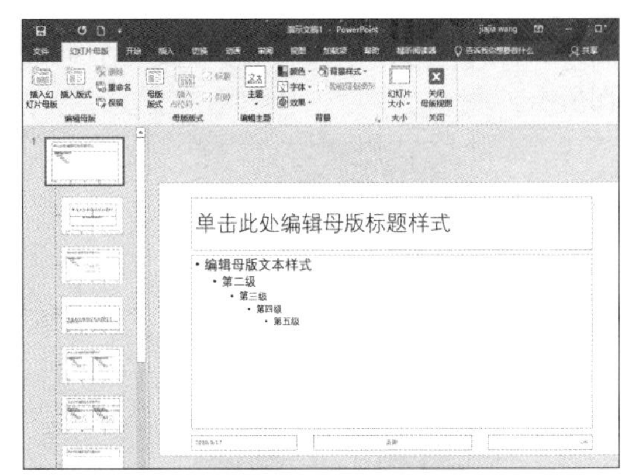

第 3 步 单击【幻灯片母版】选项卡【背景】组中的【颜色】按钮，在弹出的下拉列表中选择【红色】选项，如下图所示。

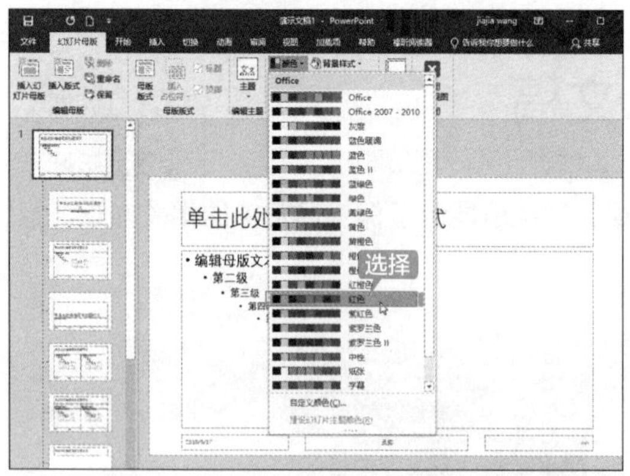

第 4 步 单击【幻灯片母版】选项卡【背景】组中的按钮，弹出【设置背景格式】对话框，如下图所示。

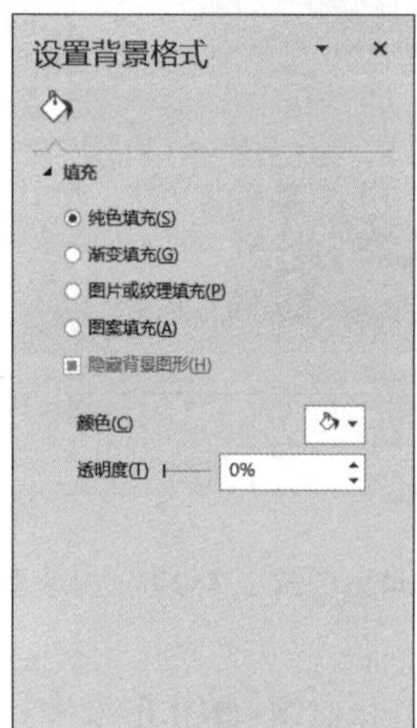

第 5 步 选中【渐变填充】单选按钮，设置【预设渐变】为【中等渐变 – 个性色 6】，如下图所示。

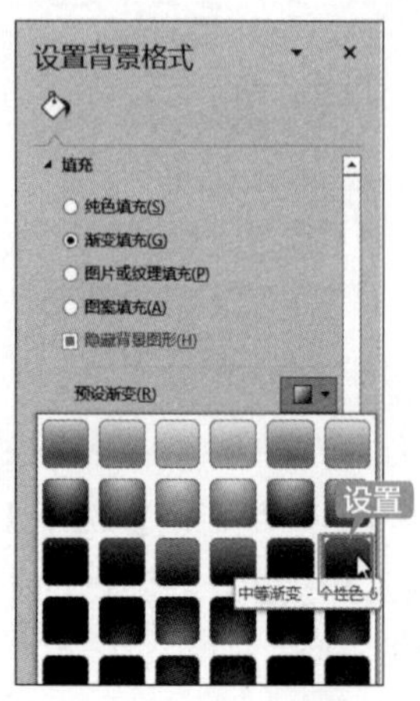

第 6 步 单击【设置背景格式】对话框中的【关闭】按钮，幻灯片母版视图中所有的幻灯片即可应用此样式，如下图所示。

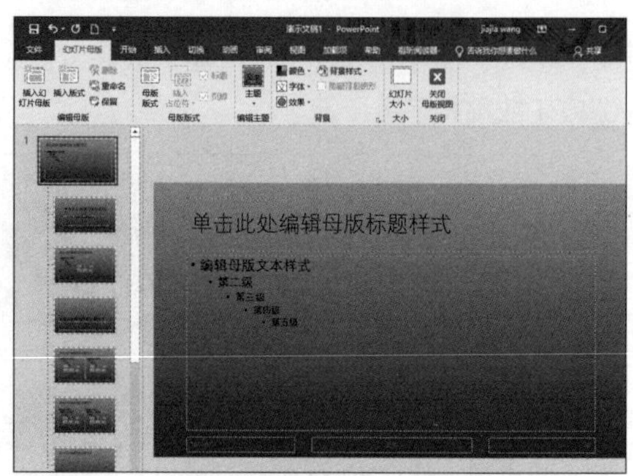

第 7 步 绘制一个矩形框，宽度和幻灯片的宽度一致，并设置【形状填充】的【主题颜色】为“褐色，个性色 6，淡色 80%”，设置【形状轮廓】为“无轮廓”。然后调整标题文本框的大小和位置，并设置文本框内文字的【字体】为“微软雅黑”、【字号】为“36”，效果如下图所示。

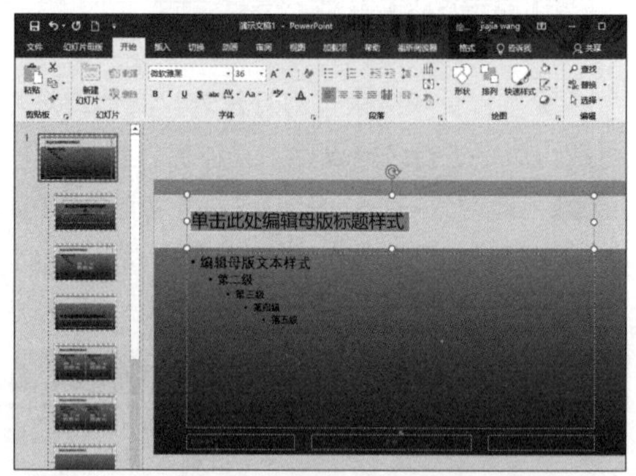

第 8 步 单击【插入】选项卡【图像】组中的【图片】按钮，在弹出的【插入图片】对话框中选择“素材 \ch13\ 保健品营养报告”文件夹，在其中选择“01.jpg”“02.jpg”和“03.jpg”图片，单击【插入】按钮，将图片插入幻灯片母版中，如下图所示。

第 9 步 效果如下图所示。

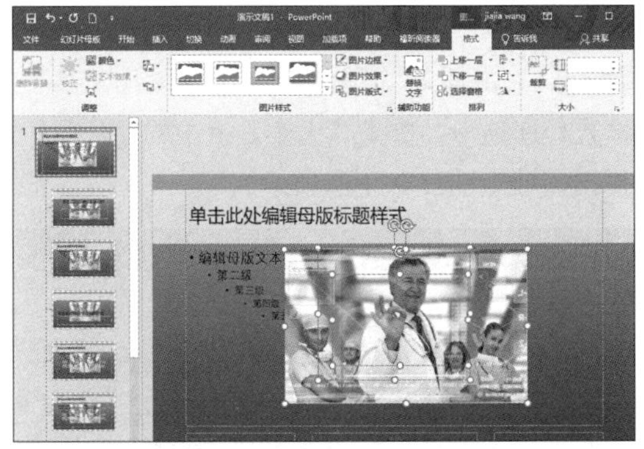

第 10 步 调整图片的位置，其效果如下图所示。

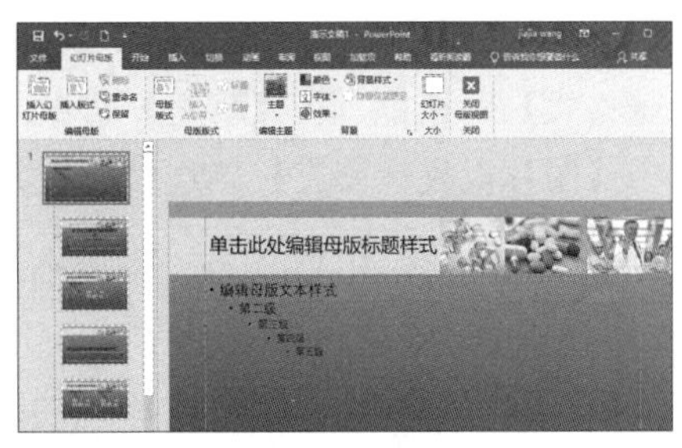

第 11 步 单击【关闭母版视图】按钮，再单击快速工具栏中的按钮，在弹出的【另存为】对话框中选择要保存演示文稿的位置，并在【文件名】文本框中输入“保健品营养报告 .pptx”，单击【保存】按钮，如下图所示。

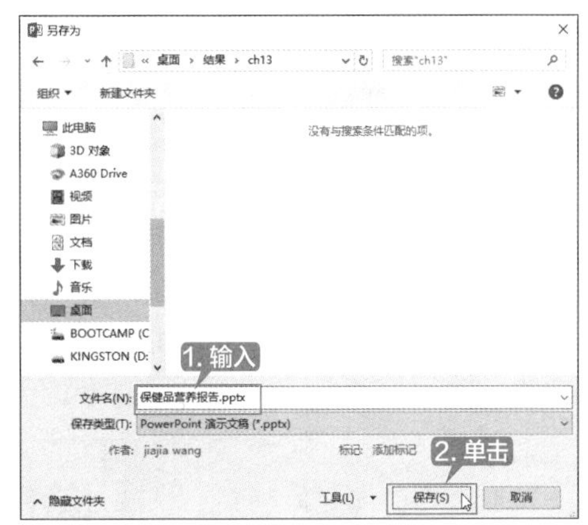

13.1.2 设计首页效果

设计首页幻灯片的操作步骤如下。

第 1 步 单击【视图】选项卡【母版视图】组中的【幻灯片母版】按钮，切换到【幻灯片母版】视图，如下图所示。

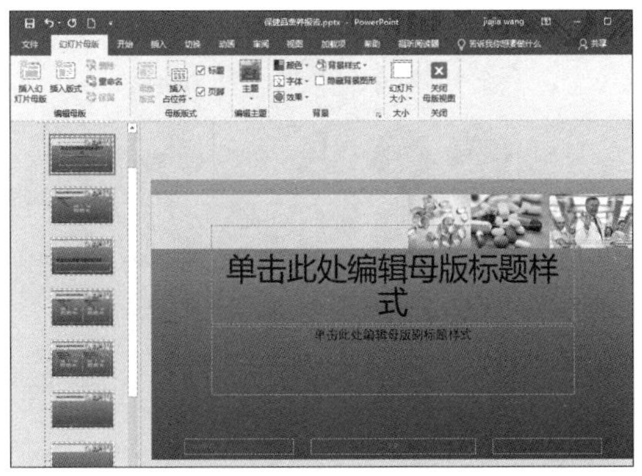

第 2 步 在左侧列表中选择第 2 张幻灯片，选中【背景】组中的【隐藏背景图形】复选框，以隐藏母版中添加的图形，如下图所示。

第 3 步 在右侧的幻灯片上右击，在弹出的快

捷菜单中选择【设置背景格式】选项，弹出【设置背景格式】对话框，在【填充】选项区域中选中【图片或纹理填充】单选按钮，并单击【文件】按钮，如下图所示。

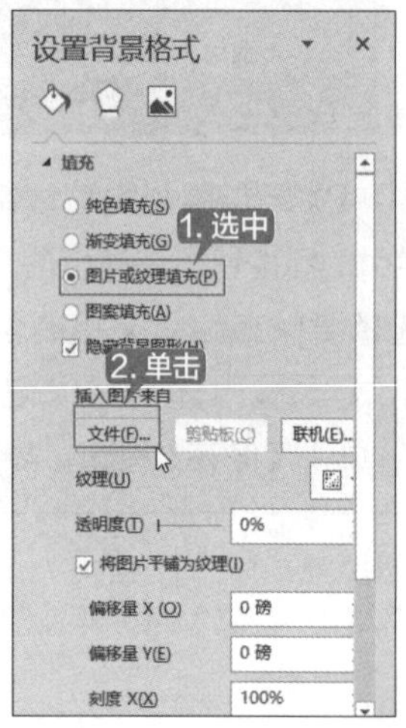

第 4 步 在弹出的【插入图片】对话框中选择“素材 \ch13\ 保健品营养报告”文件夹，在其中选择“04.jpg”图片，单击【插入】按钮，如下图所示。

第 5 步 单击【设置背景格式】对话框中的【关闭】按钮，返回幻灯片母版视图，插入的图片就会作为幻灯片的背景，如下图所示。

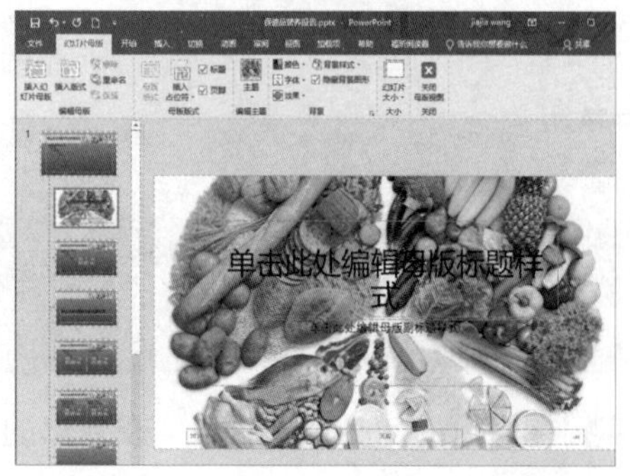

第 6 步 单击【插入】选项卡【图像】组中的【图片】按钮，再次插入“素材 \ch13\ 保健品营养报告 \04.jpg”图片，如下图所示。

第 7 步 单击插入的图片，选择【图片工具 - 格式】选项卡，单击【大小】组中的【裁剪】按钮，裁剪图片如下图所示。

第 8 步 选择裁剪后的图片，单击【调整】选项卡中的【艺术效果】按钮，在弹出的对话框中设置【艺术效果】为【虚化】，如下图所示。

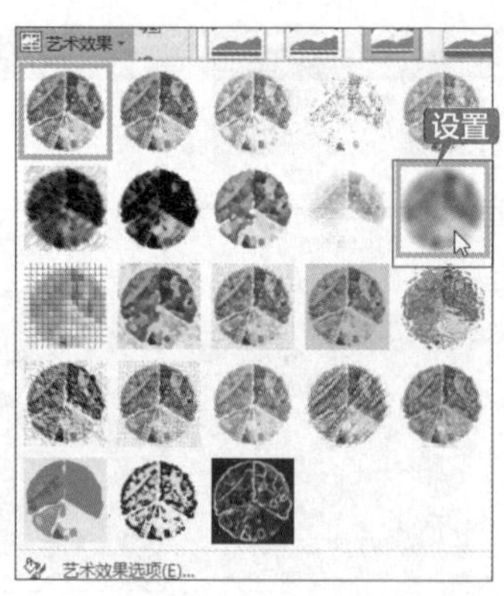

第 9 步 单击【幻灯片母版】选项卡中的【关闭母版视图】按钮，返回普通视图，设置的首页如下图所示。

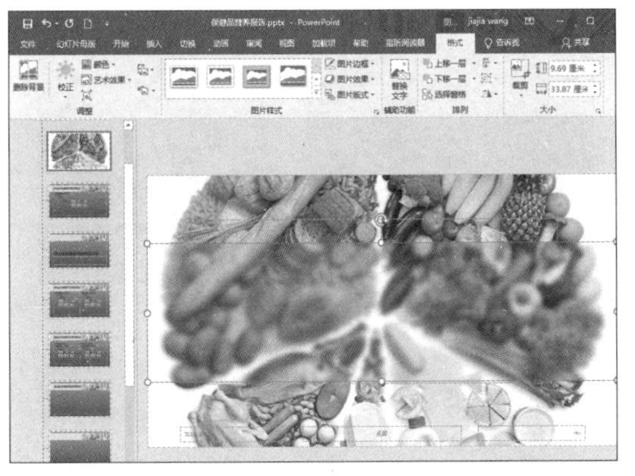

第 10 步 在幻灯片上输入标题“保健品与营养”和副标题“——中国保健品营养调查报告”，并设置字体、颜色、字号和艺术字样式，最终效果如下图所示。

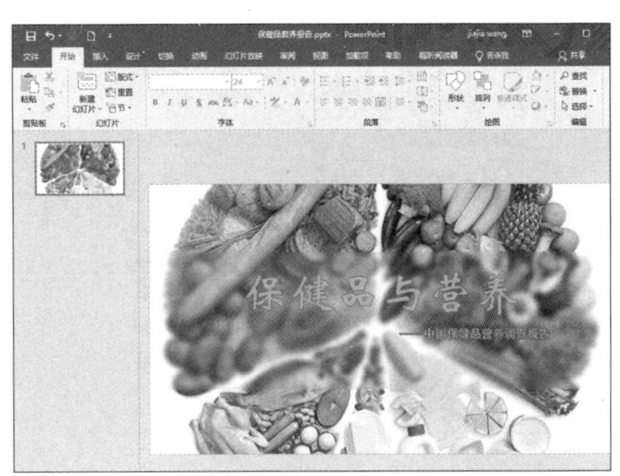

13.1.3 设计保健品分类幻灯片

设计保健品分类页幻灯片的具体操作步骤如下。

1. 绘制图形

第 1 步 新建一张“仅标题”幻灯片，在标题文本框中输入“保健品来源分类”，如下图所示。

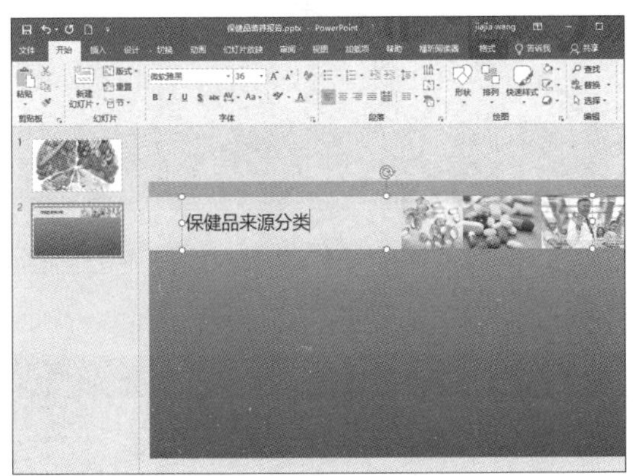

第 2 步 在幻灯片上使用形状工具绘制一个椭圆，并应用【形状样式】组中的【细微效果 - 橙色，强调颜色 2】样式，如下图所示。

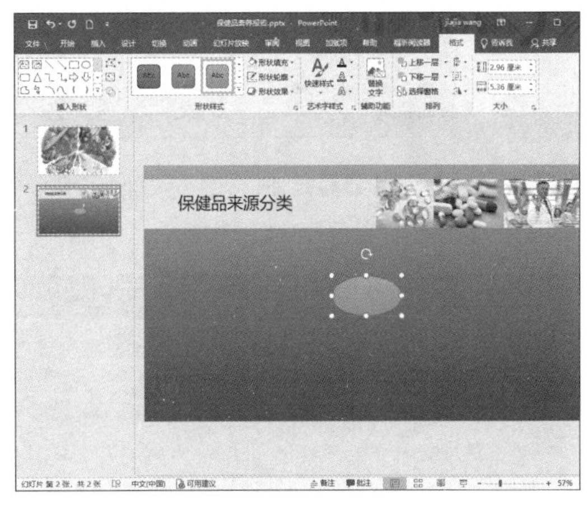

第 3 步 在椭圆的上方再绘制一个椭圆，颜色设置成绿色，再设置椭圆的三维格式，参数及最终效果如下图所示。

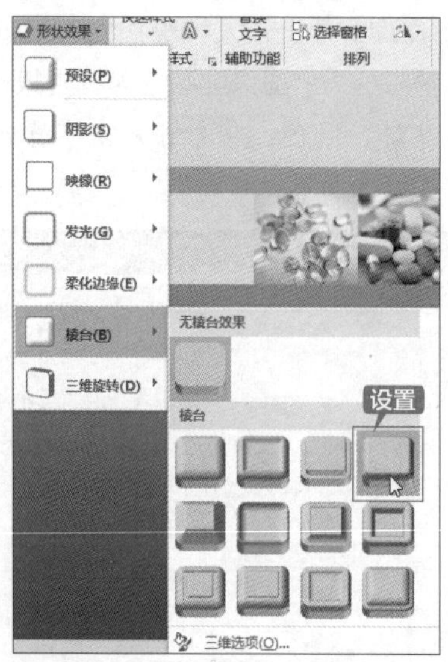

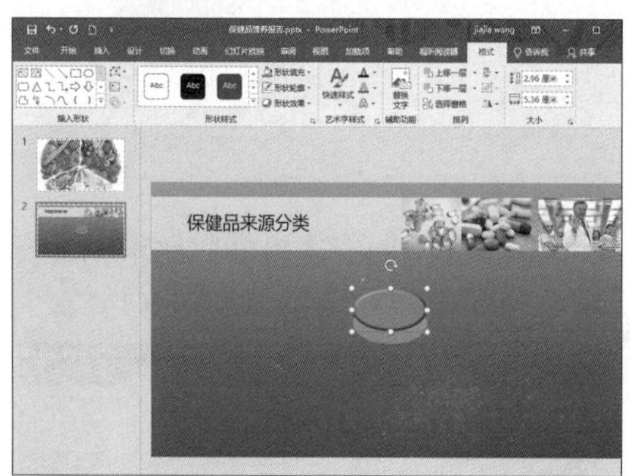

第 4 步 使用形状工具绘制一个左方向箭头，并填充为红色渐变色，如下图所示。

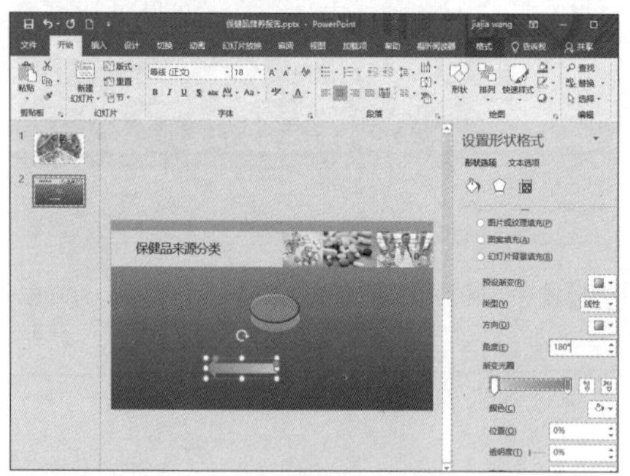

第 5 步 选择箭头并右击，在弹出的快捷菜单中选择【编辑顶点】选项，箭头周围会出现 7 个小黑点，选择右下角的黑点并右击，在弹出的快捷菜单中选择【删除顶点】选项，如下图所示。

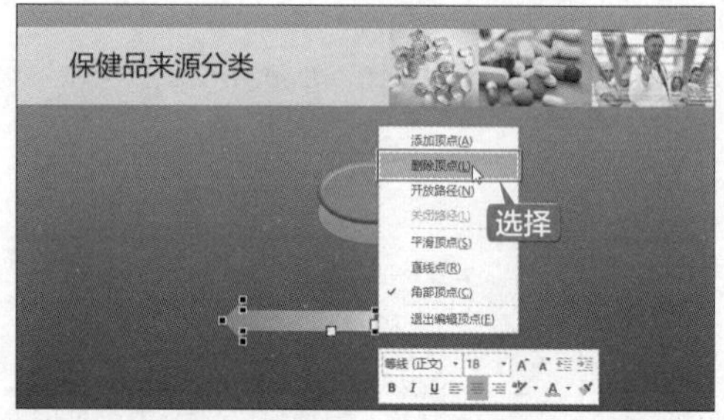

第 6 步 效果如下图所示。

第 7 步 调整箭头处和尾部的顶点，效果如下图所示。

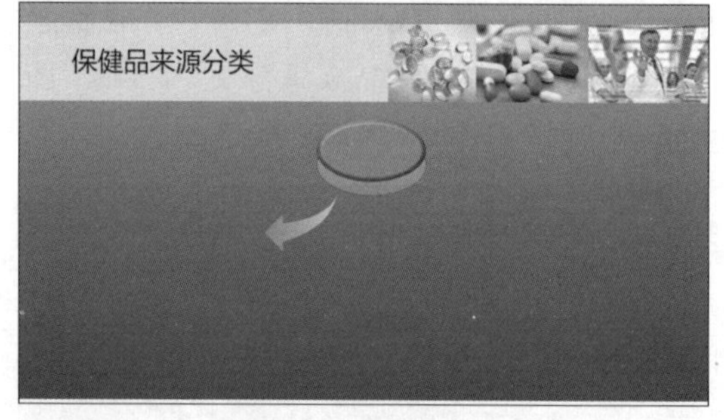

第 8 步 按照上面的操作步骤，绘制下方向箭头和右方向箭头，如下图所示。

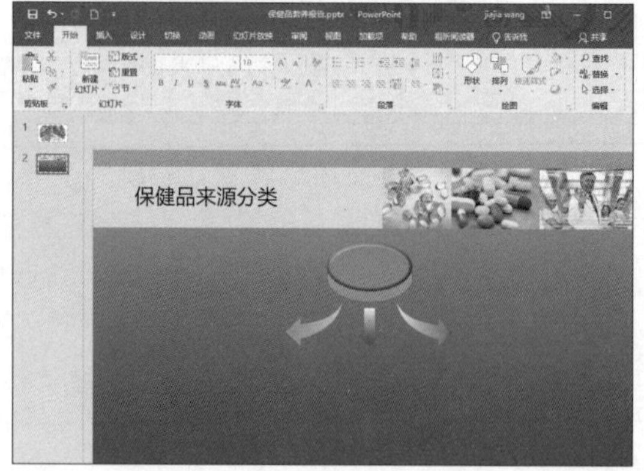

第 9 步 单击【插入】选项卡【图像】组中的【图片】按钮，插入“素材 \ch13\ 保健品营养报告”文件夹中的“05.jpg”“06.jpg”和“07.jpg”图片，将其调整大小并排列为如下图所示的形式。

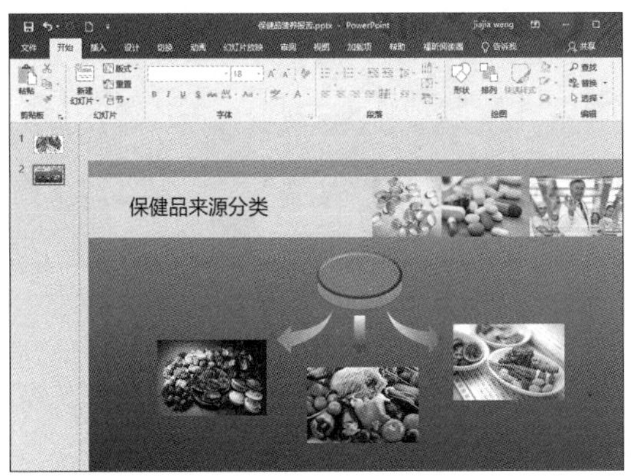

第 10 步 绘制 3 个圆角矩形，并设置【形状填充】为“白色”、【形状轮廓】为“浅绿”，然后右击形状，在弹出的快捷菜单中选择【编辑文字】选项，输入相应的文字，如下图所示。

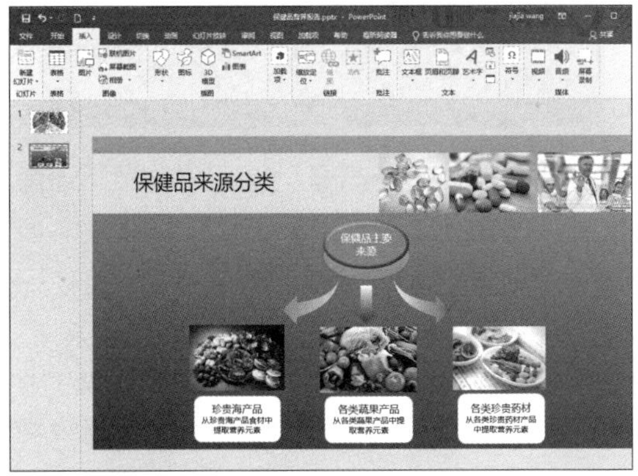

2. 添加动画

第 1 步 按住【Ctrl】键选择【保健品主要来源】的两个椭圆形状并右击，在弹出的快捷菜单中选择【组合】→【组合】选项，将图形组合在一起，如下图所示。

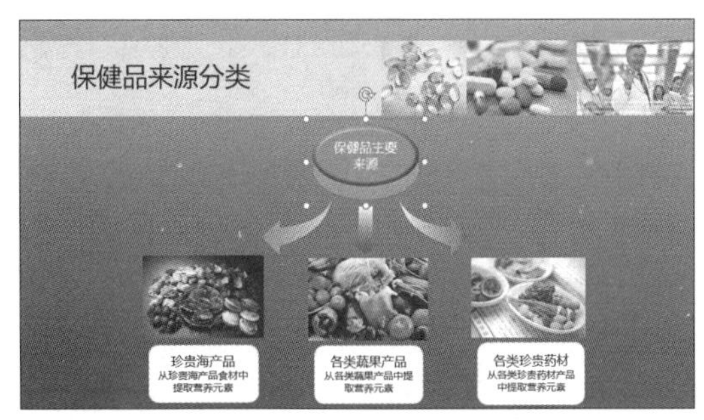

第 2 步 使用同样的方法，将 3 个箭头组合在一起，将 3 张图片和 3 个圆角矩形组合在一起，如下图所示。

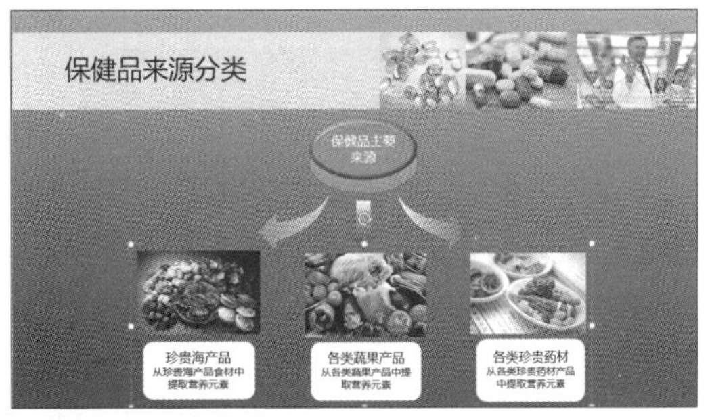

第 3 步 选择【保健品主要来源】组合，单击【动画】选项卡【动画】组中的【动画样式】按钮，在下拉列表中选择【淡入】选项，并在【计时】组的【开始】下拉列表中选择【与上一动画同时】选项，如下图所示。

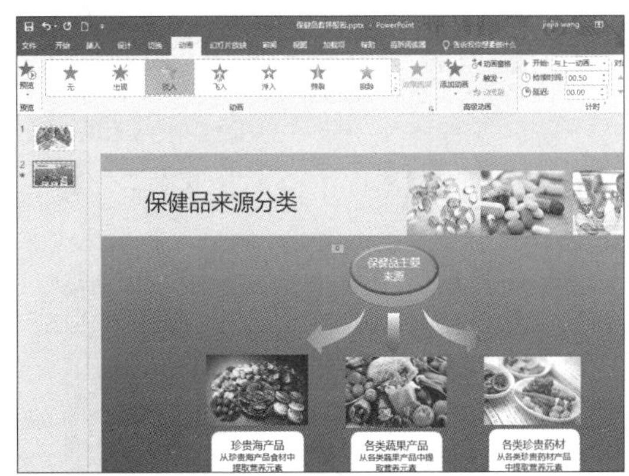

第 4 步 选择箭头组合图形，在【动画样式】下拉列表中选择【擦除】效果，单击【效果选项】按钮，在其下拉列表中选择【自顶部】选项，并在【计时】组的【开始】下拉列表中选择【上一动画之后】选项，如下图所示。

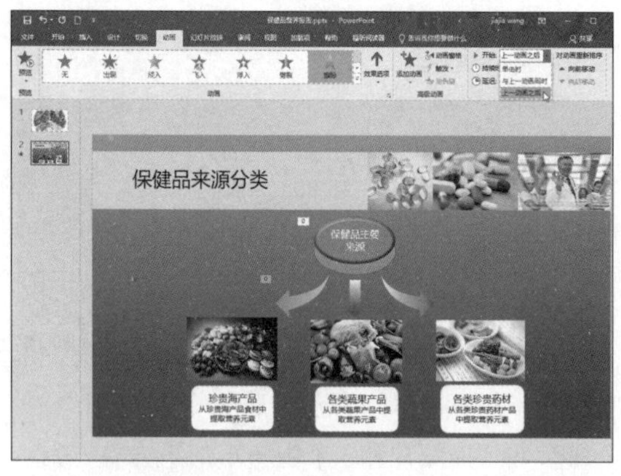

第 5 步 选择图片与矩形的组合，应用【缩放】动画效果，设置方法和箭头动画一致，最终效果如下图所示。

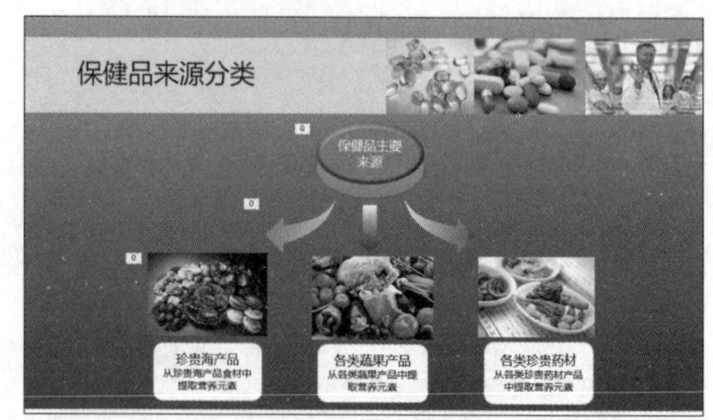

13.1.4 设计文字描述幻灯片

设计“保健品营养价值的评定”和“评价保健品营养价值指标”幻灯片的操作步骤如下。

第 1 步 新建一张“标题和内容”幻灯片，在标题文本框中输入“保健品营养价值的评定”，如下图所示。

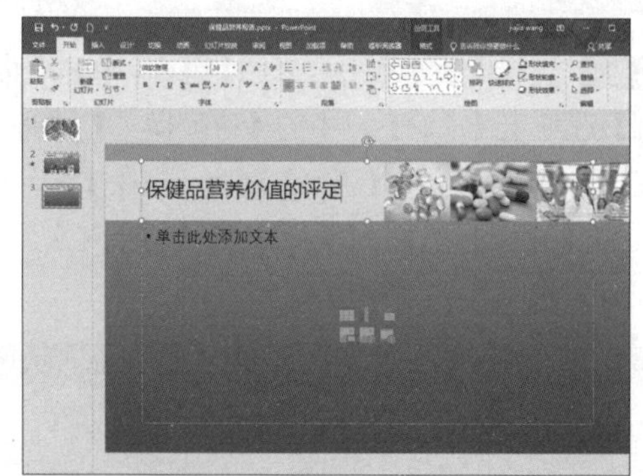

第 2 步 在内容文本框中输入以下文字，如下图所示。

第 3 步 设置【字体】为“微软雅黑”、【字号】为“52”，且为“加粗”样式，并设置“种类”二字的颜色为“红色”，“含量”二字的颜色为“蓝色”，效果如下图所示。

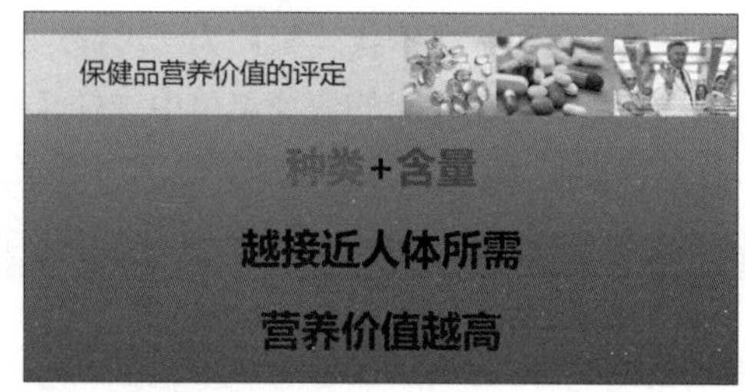

第 4 步 为“种类 + 含量”应用“劈裂”动画效果，设置【效果选项】为“中央向左右展开”，设置【开始】模式为“与上一动画同时”。为“越接近人体所需”应用“淡入”动画效果，设置【开始】模式为“上一动画之后”。为“营养价值越高”应用“缩放”动画效果，设置【效果选项】为“对象中心”、【开始】模式为“上一动画之后”，如下图所示。

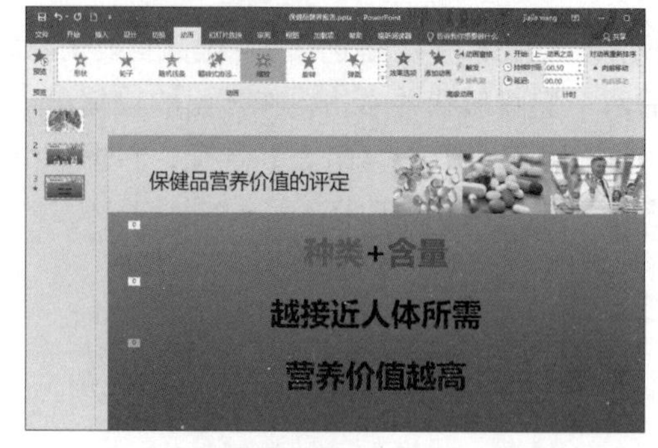

第 5 步 新建一张“标题和内容”幻灯片，在标题文本框中输入“评价保健品营养价值指标”，如下图所示。

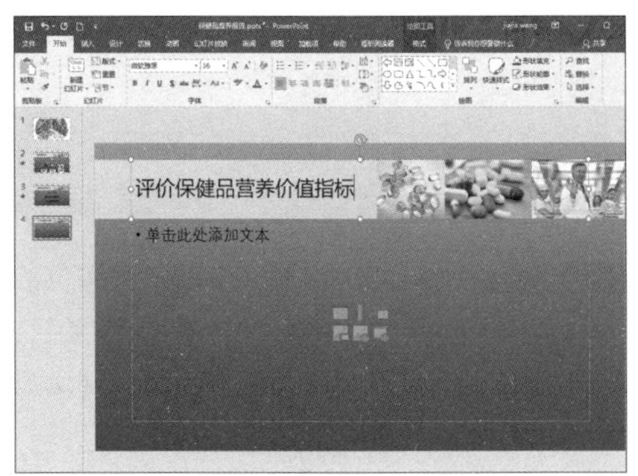

第 6 步 在内容文本框中输入“保健品营养质量指数（INQ）”，并设置其【字体】为“微软雅黑”、【字号】为“36”、【颜色】为“红色”，效果如下图所示。

第 7 步 添加两个文本框和一条直线，并输入下图所示的内容。

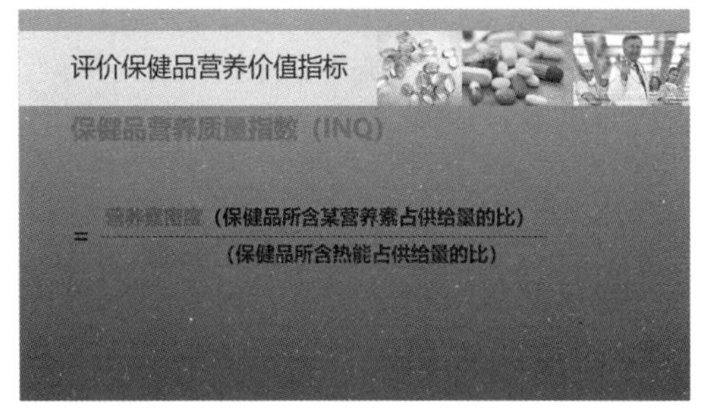

第 8 步 为“保健品营养质量指数（INQ）”和“=”应用“淡入”动画效果，为横线和上下的文本框应用“擦除”动画效果，并设置【效果选项】为“自左侧”、所有动画的【开始】模式为“上一动画之后”，如下图所示。

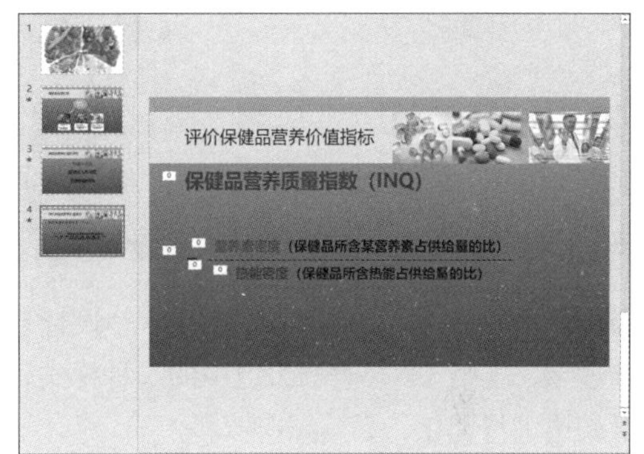

13.1.5 设计表格和图文幻灯片

设计保健品中营养素含量表格和图文幻灯片的具体操作步骤如下。

第 1 步 新建一张“仅标题”幻灯片，并在标题文本框中输入“几种保健品中营养素的 INQ 值”，如下图所示。

第 2 步 单击【插入】选项卡【表格】组中的【表格】按钮，在弹出的下拉列表中选择【插入表格】选项，在弹出的对话框【列数】文本框中输入“6”，【行数】文本框中输入“8”，单击【确定】按钮插入表格，并在表格中输入内容，如下图所示。

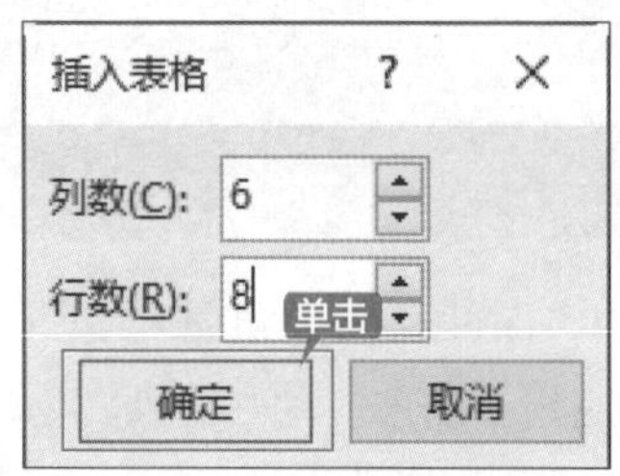

几种保健品中营养素的INQ值

	热能（KJ）	蛋白质（mg）	矿物质（mg）	维生素A和D（mg）	牛黄酸（mg）
成年男子轻体力劳动的营养供给标准	10045	75	65	15	5
10g深海鱼油	650	12	26	-	3
INQ		1.56	2.78	-	4.7
10g矿物维生素	450	-	60	15	4
INQ		-	5.7	5.8	5.1
10g牛初乳	780	45	35	8	5
INQ		3.15	3.3	3.2	5.7

第 3 步 选中表格，选择【表格工具 - 设计】选项卡，应用【表格样式】组中的一种样式，对表格进行美化，如下图所示。

第 4 步 使用形状工具绘制一个椭圆，并设置【形状轮廓】为“红色”、【形状填充】为“无填充颜色”，并使用椭圆标注出表格中营养素含量比较高的数值，如下图所示。

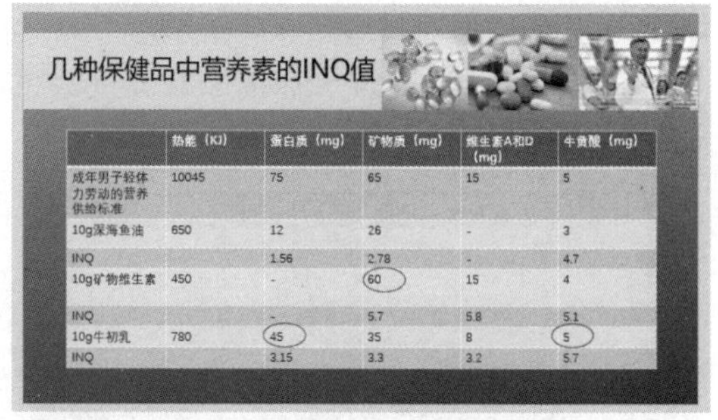

第 5 步 新建一张幻灯片，输入标题“深海鱼油”和内容，并设置【字体】为“微软雅黑”，设置标题的【字号】为“36”、内容的【字号】为“24”，效果如下图所示。

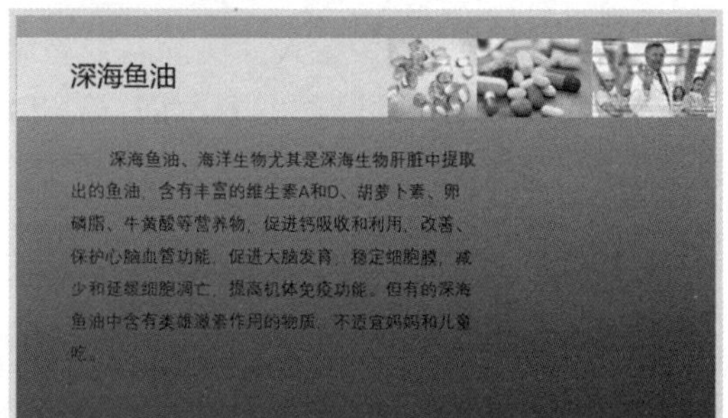

第 6 步 单击【插入】选项卡【图像】组中的【图片】按钮，插入“素材\ch13\保健品营养报告”文件夹中的“08.jpg”图片，如下图所示。

第 7 步 调整图片的大小和位置，最终效果如下图所示。

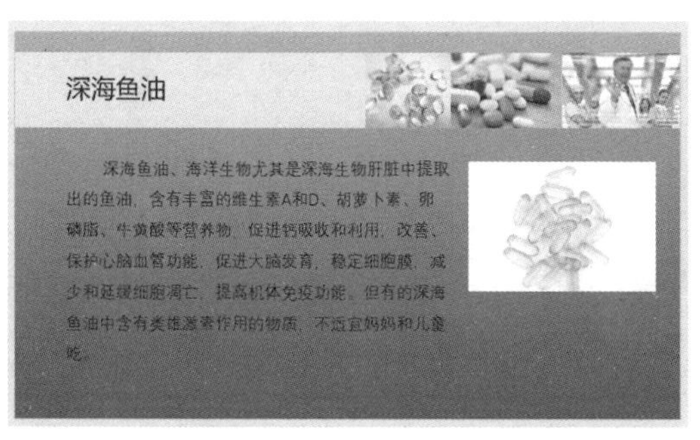

第 8 步 新建一张幻灯片，输入“矿物维生素”标题和相应的内容，如下图所示。

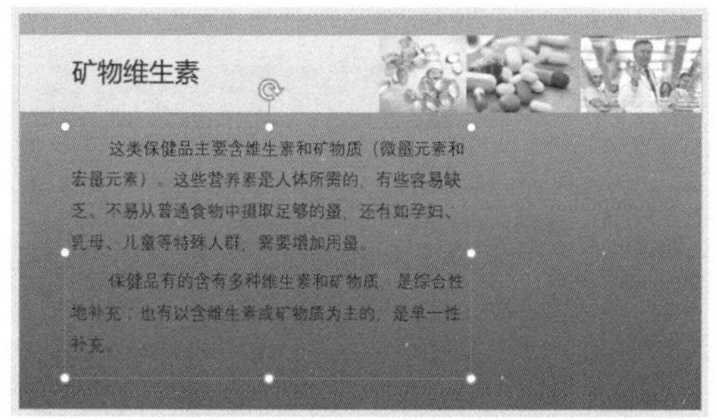

第 9 步 按照第 6 张幻灯片那样设置字体和字号，并插入图片，如下图所示。

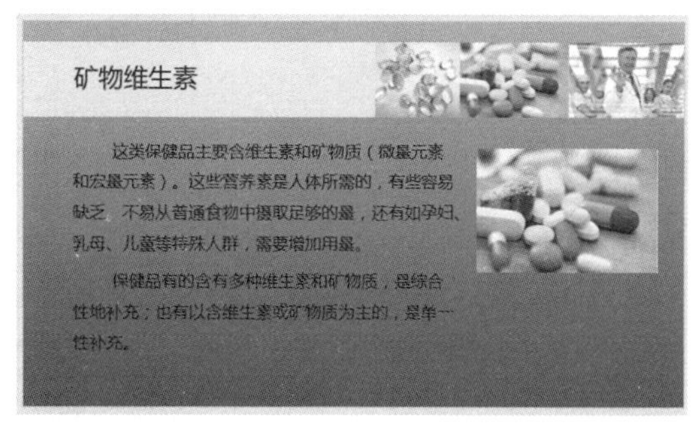

第 10 步 新建一张幻灯片，输入“牛初乳”标题和相应的内容，设置字体和字号，并插入图片，效果如下图所示。

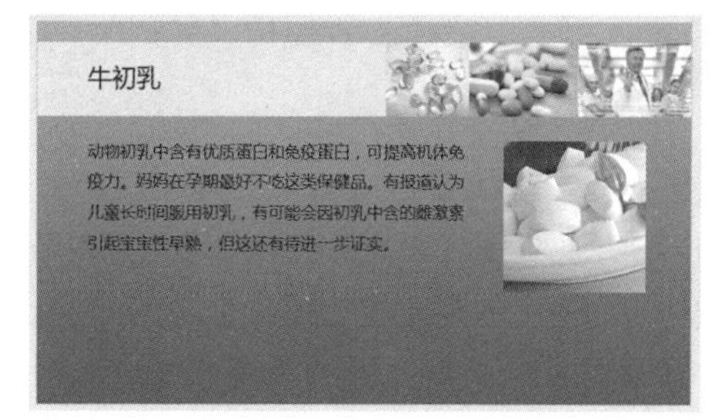

13.1.6 设计图表和结束页幻灯片

设计图表和结束页幻灯片的具体操作步骤如下。

第 1 步 新建一张“标题和内容”幻灯片，并输入标题“白领吃保健品习惯调查”，单击幻灯片内容文本框中的【插入图表】按钮▮，如下图所示。

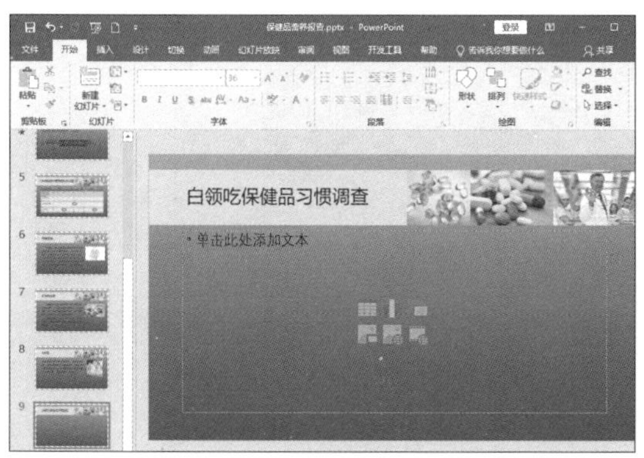

第 2 步 在弹出的【插入图表】对话框中选择【饼图】→【三维饼图】选项，单击【确定】按钮，如下图所示。

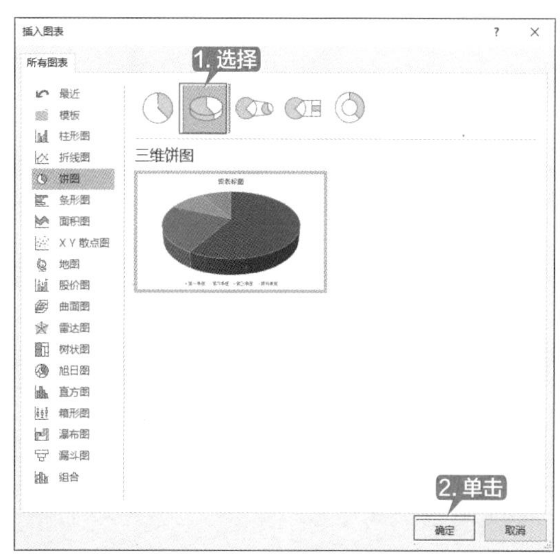

第 3 步 在弹出的 Excel 工作簿中输入下图所示的内容。

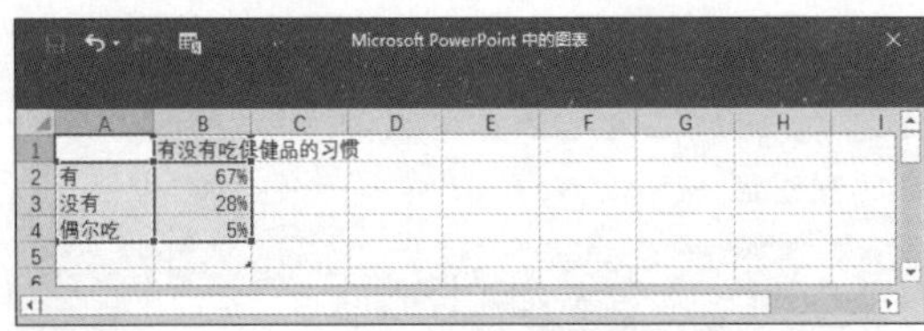

第 4 步 保存并关闭 Excel 工作簿，幻灯片中的图表即可根据输入的数据变化，如下图所示。

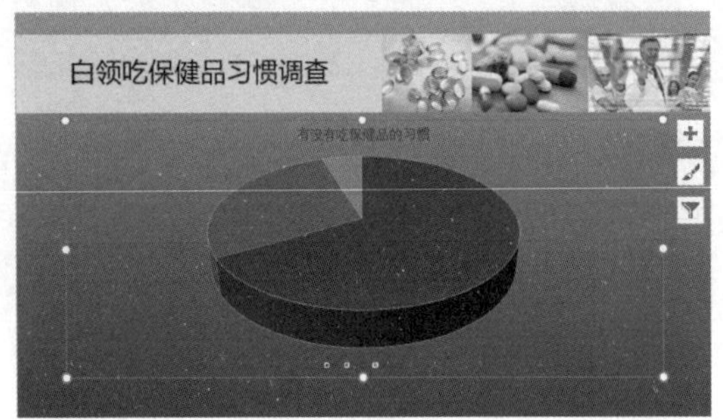

第 5 步 选择图表，在【图表工具－设计】选项卡中单击【图表布局】组中的【快速布局】按钮，在弹出的列表中选择【布局 6】选项，并在【图表样式】区域的【快速样式】列表中应用一种图表样式，如下图所示。

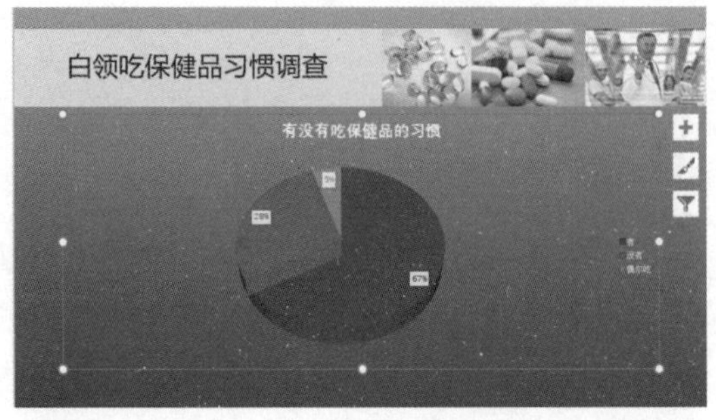

第 6 步 为第 9 张幻灯片中的图表应用“浮入”动画效果，均设置【开始】模式为“与上一动画同时”，如下图所示。

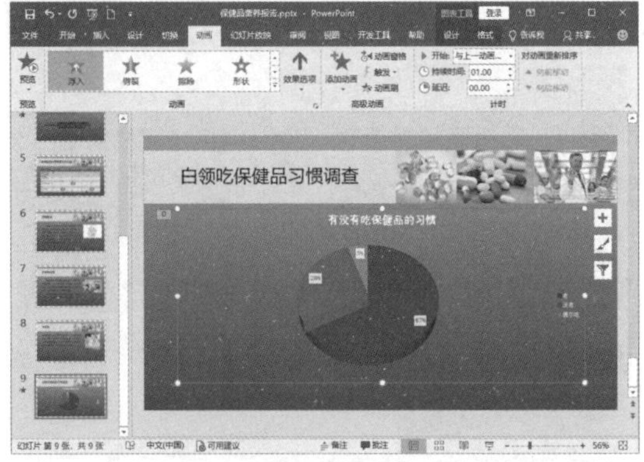

第 7 步 新建一张“标题”幻灯片，输入“谢谢观看！”，为其设置一种艺术字格式，并应用“淡入”动画效果，如下图所示。

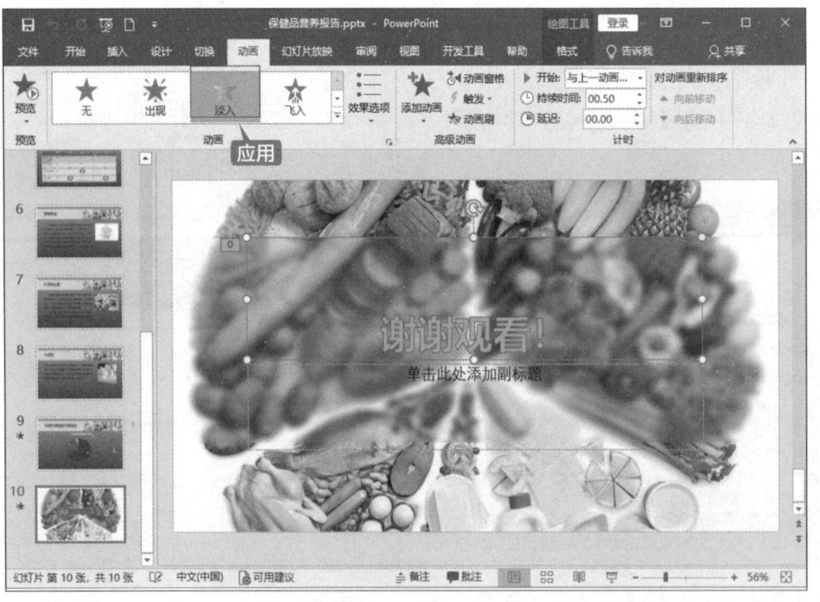

13.2 电子市场研究报告演示文稿

本实例是将电子市场的研究结果以 PPT 的形式展示出来，以供管理人员观看、商议，并针对当前的市场制订决策。最终的 PPT 效果如下图所示。

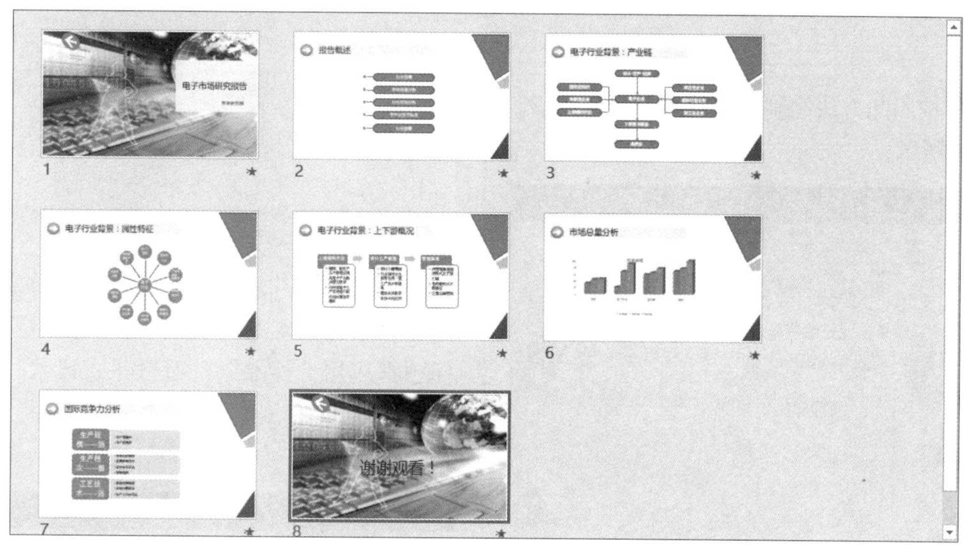

13.2.1 设计幻灯片母版

设计幻灯片母版时，除了首页和结束页外，其他幻灯片的背景由 3 种不同颜色的形状和动态的标题框组成，具体操作步骤如下。

第 1 步 启动 PowerPoint 2019，新建一个空白演示文稿，并进入 PowerPoint 工作界面，如下图所示。

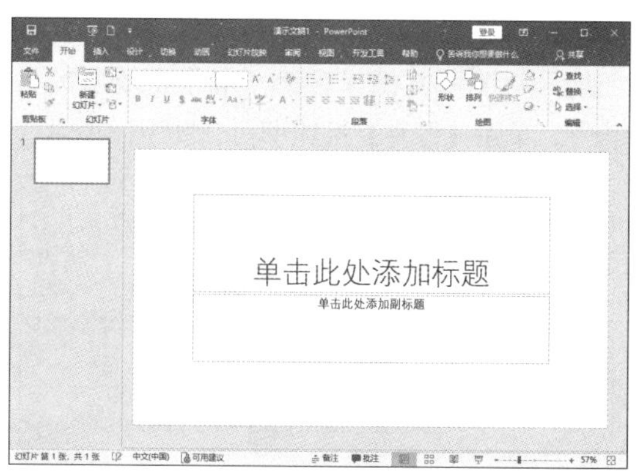

第 2 步 单击【视图】选项卡【母版视图】组中的【幻灯片母版】按钮，切换到【幻灯片母版】视图，并在左侧列表中单击第 1 张幻灯片，如下图所示。

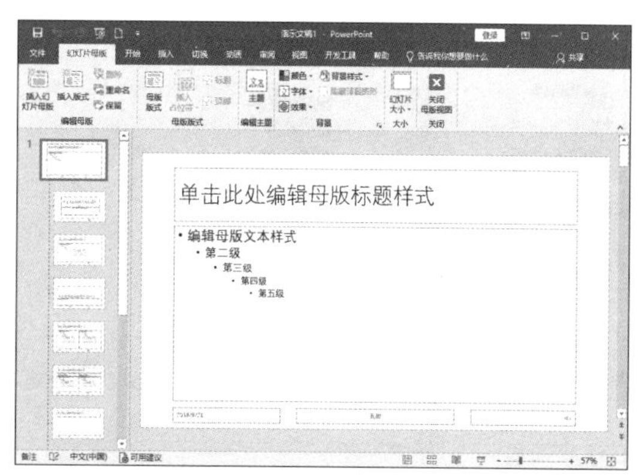

第 3 步 绘制一个矩形框并右击，在弹出的快捷菜单中选择【编辑顶点】选项，调整下方的两个顶点，最终效果如下图所示。

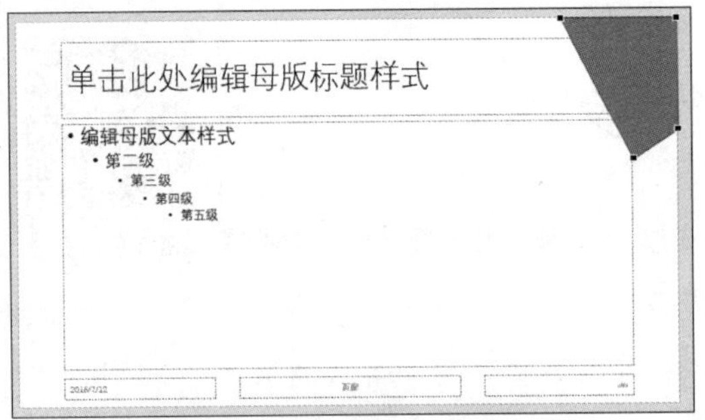

第 4 步 按照此方法绘制并调整另外两个图形，如下图所示。

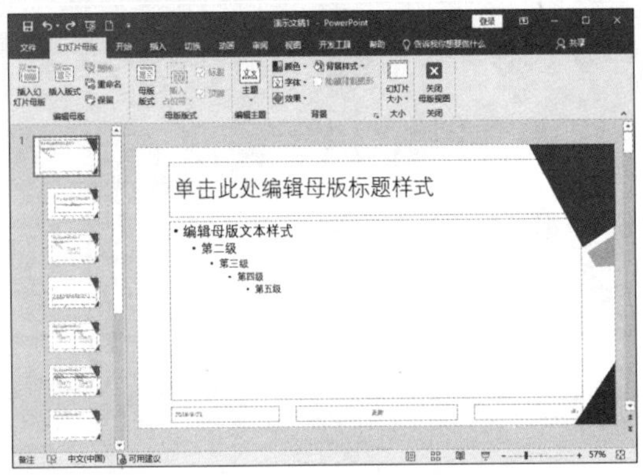

第 5 步 单击【插入】选项卡【图像】组中的【图片】按钮，在弹出的【插入图片】对话框中选择“素材 \ch13\ 电子市场研究报告”文件夹，在其中选择“01.jpg”文件，单击【插入】按钮，将图片插入幻灯片中，如下图所示。

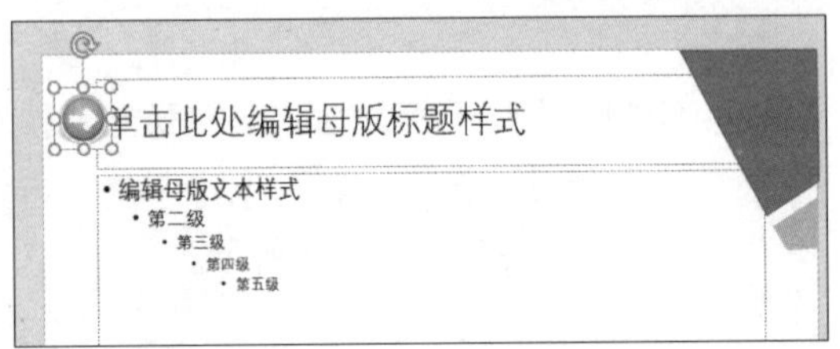

第 6 步 选择标题框，设置【形状填充】为“灰色填充”，并添加阴影效果。设置文字【字体】为“微软雅黑”、【字号】为“36”，效果如下图所示。

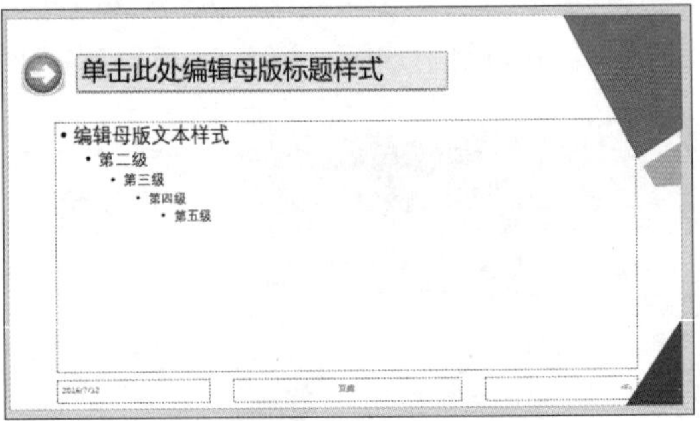

第 7 步 为该图片应用“淡出”动画效果，设置【开始】模式为“与上一动画同时”，为标题框应用“擦除”动画效果，设置【效果选项】为“自左侧”，设置【开始】模式为“上一动画之后”，如下图所示。

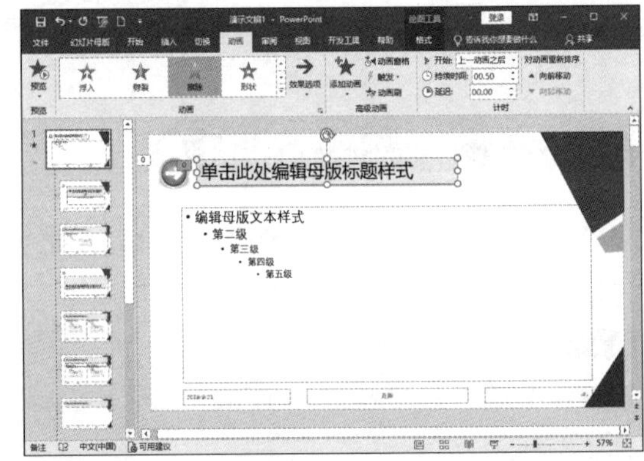

第 8 步 单击快速访问工具栏中的【保存】按钮🖫，将演示文稿保存为“电子市场研究报告”，单击【保存】按钮即可，如下图所示。

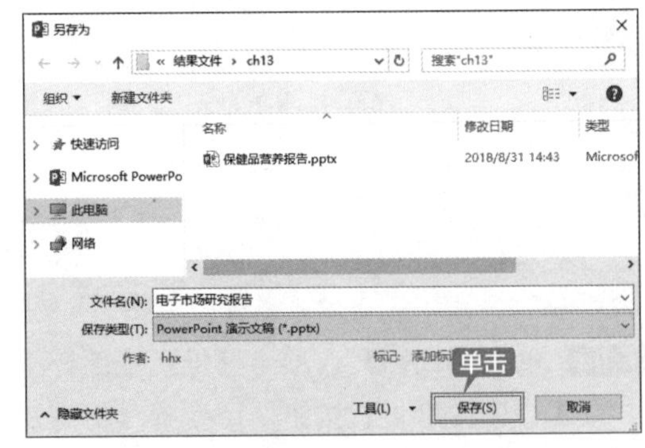

13.2.2 设计首页和报告概述幻灯片

设计首页和报告概述幻灯片的具体操作步骤如下。

第 1 步 在幻灯片母版视图中，选择第 2 张幻灯片，选中【背景】组中的【隐藏背景图形】复选框，并删除标题文本框，如下图所示。

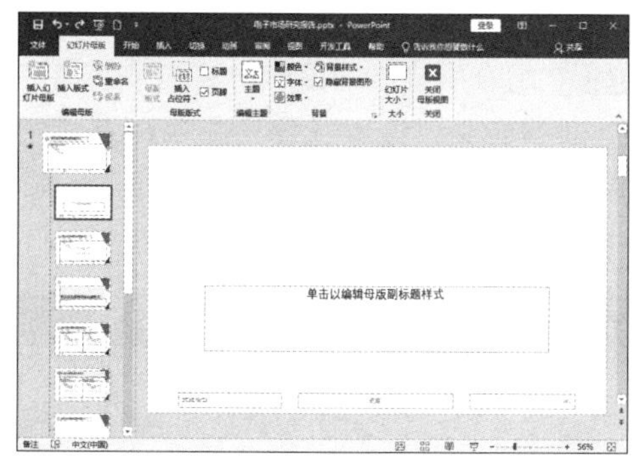

第 2 步 单击【插入】选项卡【图像】组中的【图片】按钮，在弹出的【插入图片】对话框中选择“素材\ch13\电子市场研究报告”文件夹，在其中选择“02.jpg”文件，单击【插入】按钮，将图片插入幻灯片中，如下图所示。

第 3 步 效果如下图所示。

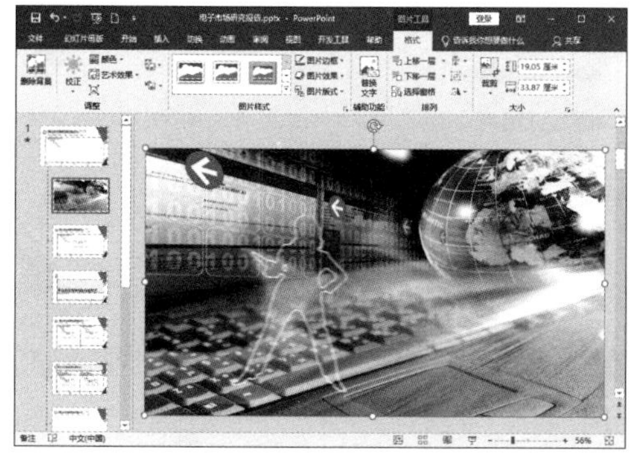

第 4 步 为图片应用一种颜色效果，如下图所示。

第 5 步 单击【幻灯片母版】选项卡中的【关闭母版视图】按钮，返回普通视图，如下图所示。

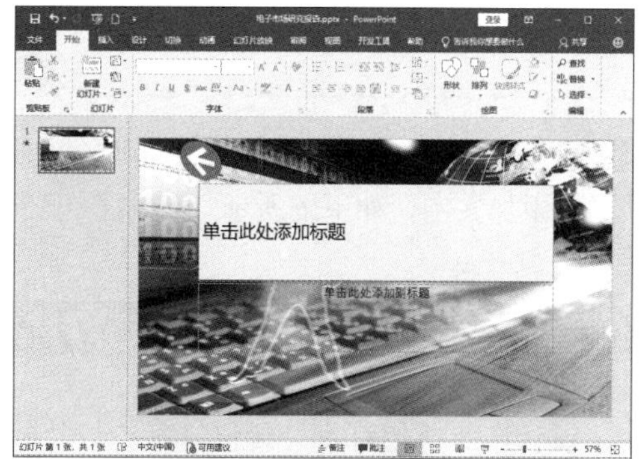

第 6 步 添加标题和副标题文字，并设置为下图所示的效果。

第 7 步 新建一张“标题和内容”幻灯片，并输入标题“报告概述”，如下图所示。

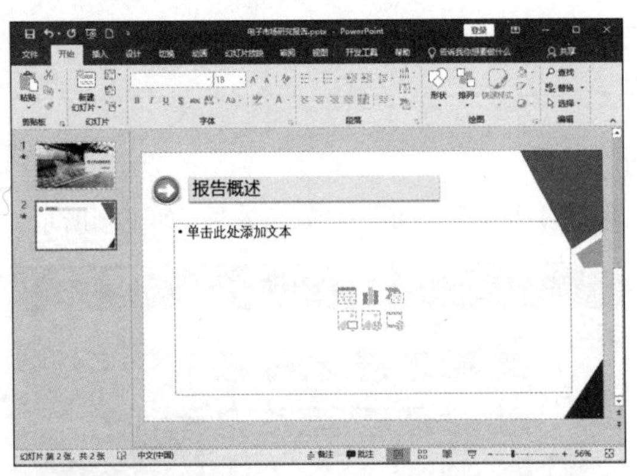

第 8 步 使用形状工具绘制一个圆、一条直线和一个圆角矩形，并设置如下图所示的样式。

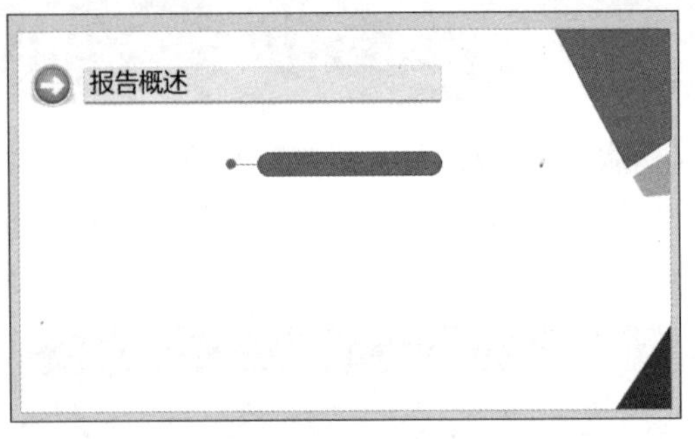

第 9 步 按照上面的操作绘制其他图形，并在图形上添加文字，如下图所示。

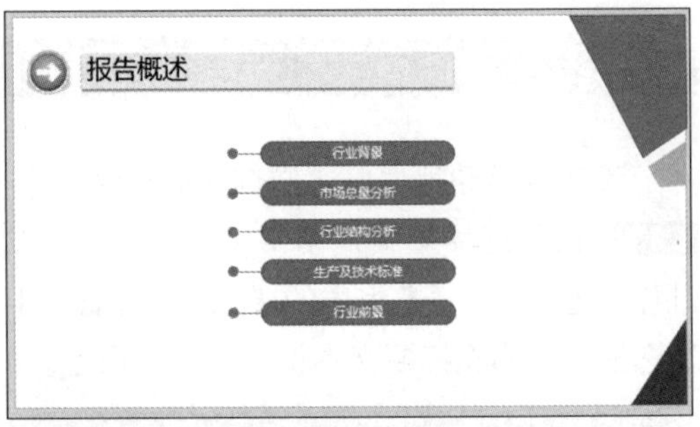

第 10 步 组合所绘制的图形和文字，并应用“擦除”动画效果，设置【效果选项】为“自左侧”，设置【开始】模式为“上一动画之后”，如下图所示。

13.2.3 设计电子行业背景幻灯片

设计产业链幻灯片、属性特征幻灯片、上下游概况幻灯片等行业背景幻灯片的具体操作步骤如下。

1. 设计产业链幻灯片

第 1 步 新建一张幻灯片，并输入标题“电子行业背景：产业链”，如下图所示。

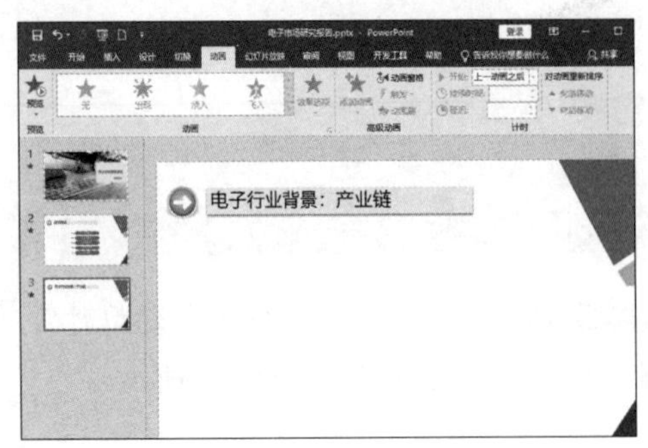

第 2 步 使用矩形工具绘制圆角矩形框，按照下图所示进行组合，并添加文字。

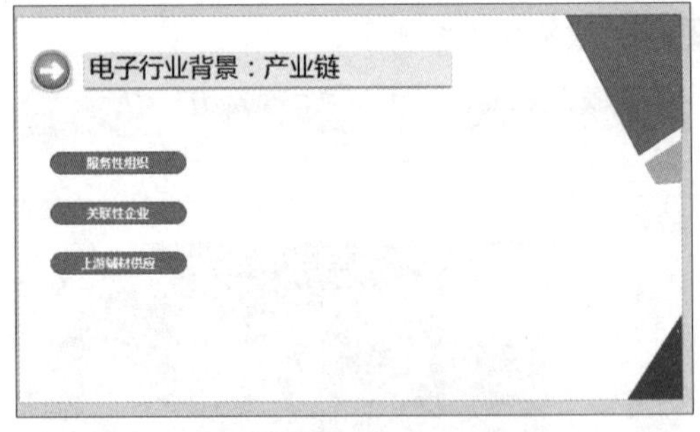

第 3 步 按照下图所示绘制箭头和产业链的流向图形。

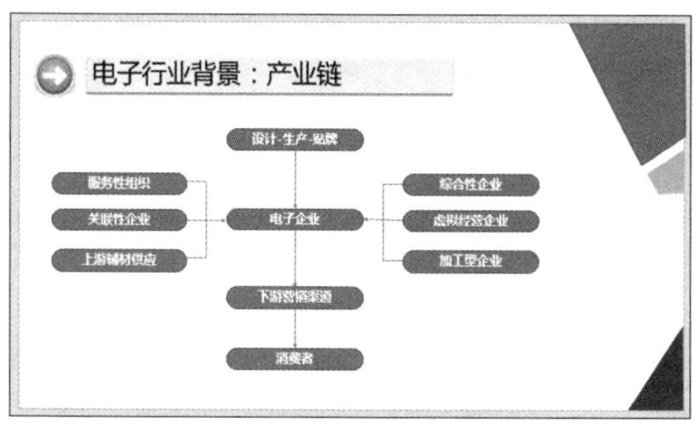

第 4 步 同时选中所有图形后将它们组合，并应用“淡入”动画效果，设置【开始】模式为“上一动画之后”，如下图所示。

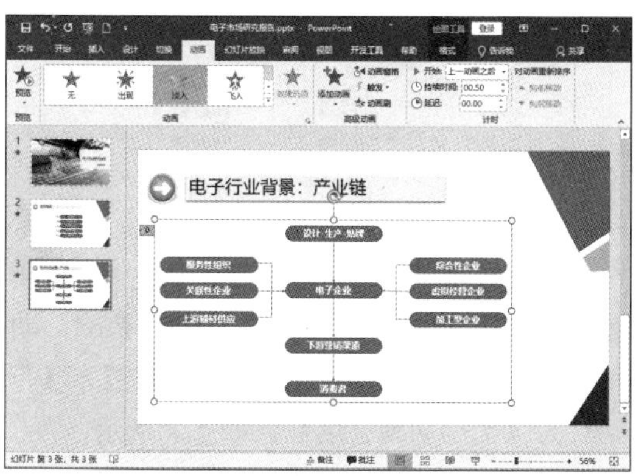

2. 设计属性特征幻灯片

第 1 步 新建一张幻灯片，并输入标题“电子行业背景：属性特征”，如下图所示。

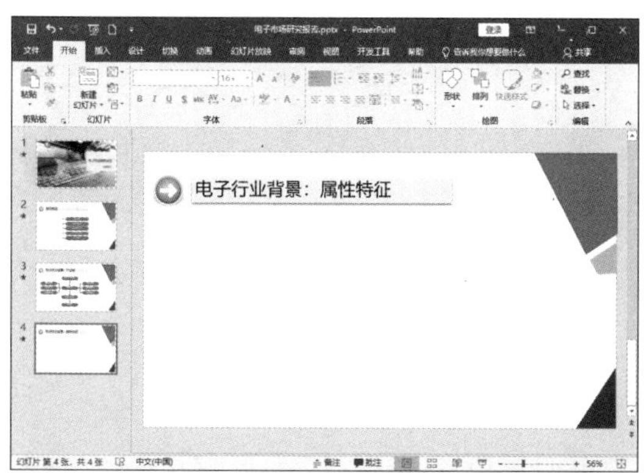

第 2 步 在幻灯片中插入一个【基本射线图】SmartArt 图形，如下图所示。

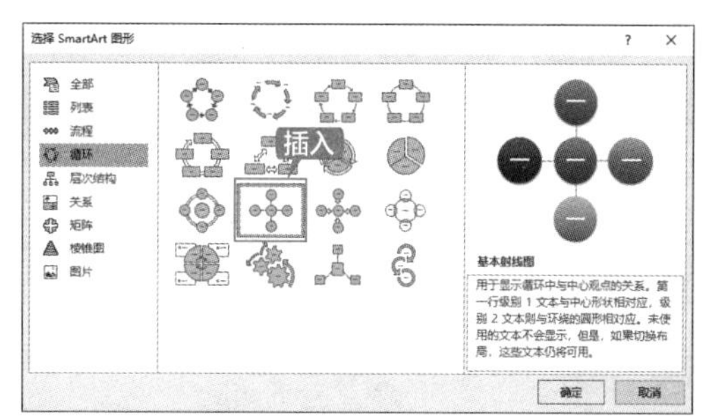

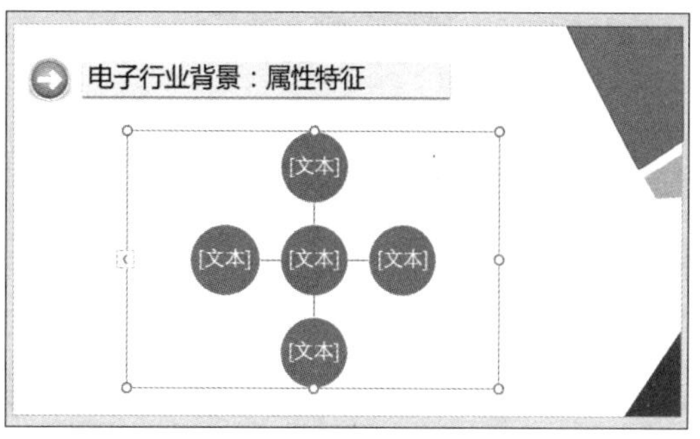

第 3 步 单击【基本射线图】SmartArt 图形左侧的 按钮，在文本处按【Enter】键创建 10 个圆形，如下图所示。

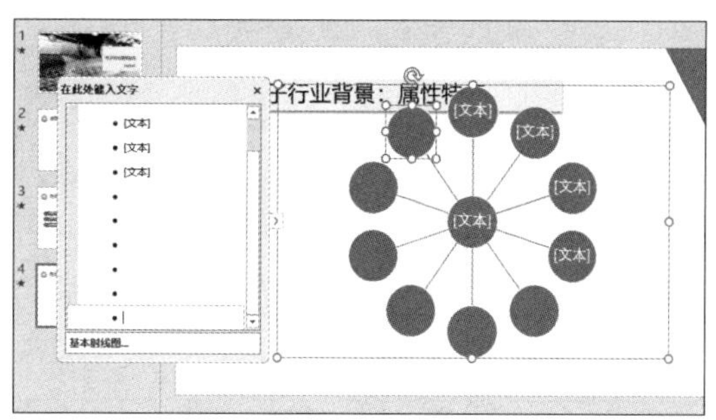

第 4 步 在 SmartArt 图形的文本框中输入文本内容，如下图所示。

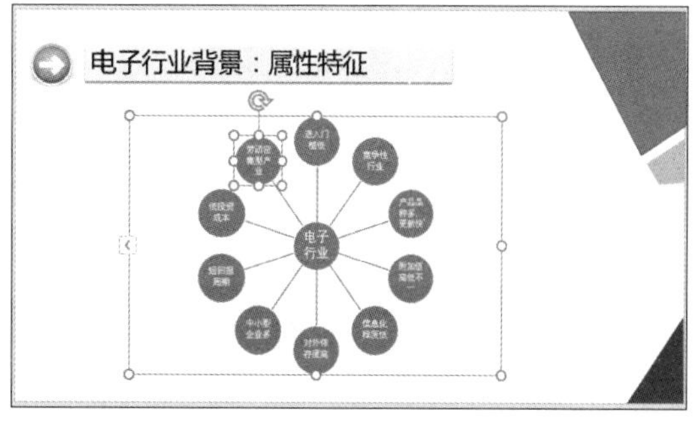

第 5 步 选择 SmartArt 图形，并应用“缩放”动画效果，设置【开始】模式为【上一动画

之后】，如下图所示。

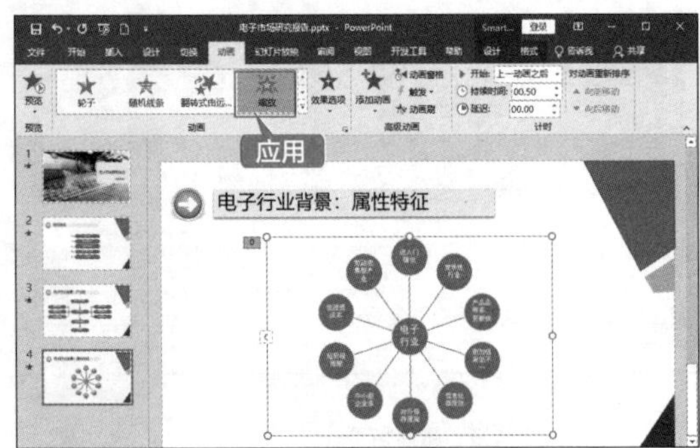

3. 设计上下游概况幻灯片

第 1 步 新建一张幻灯片，输入标题“电子行业背景：上下游概况”，如下图所示。

第 2 步 在幻灯片中插入一个【重点流程】SmartArt 图形，如下图所示。

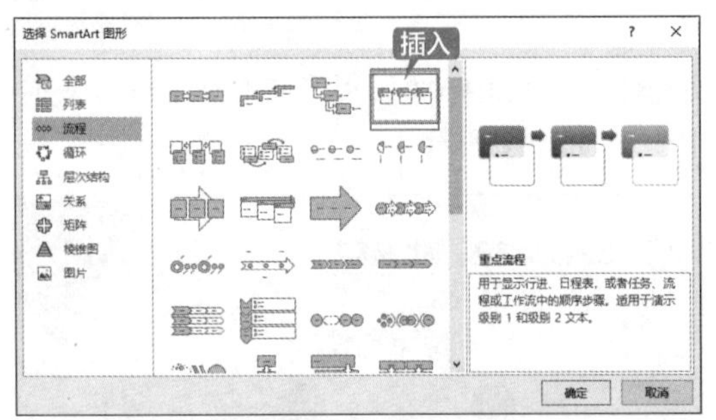

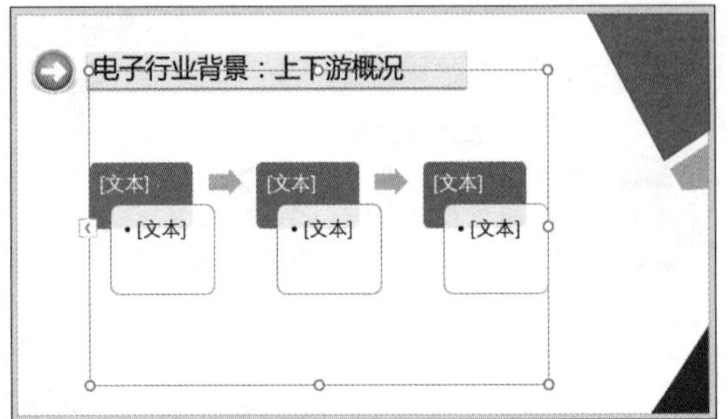

第 3 步 在图形上输入文字，如下图所示。

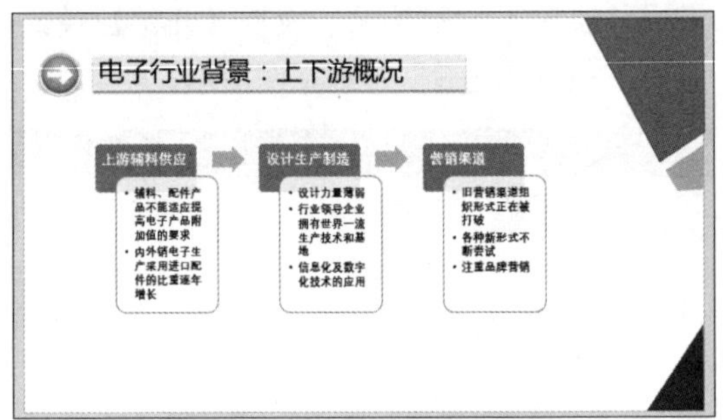

第 4 步 选择 SmartArt 图形，应用“擦除”动画效果，设置【效果选项】为【自左侧】，【开始】为【上一动画之后】，如下图所示。

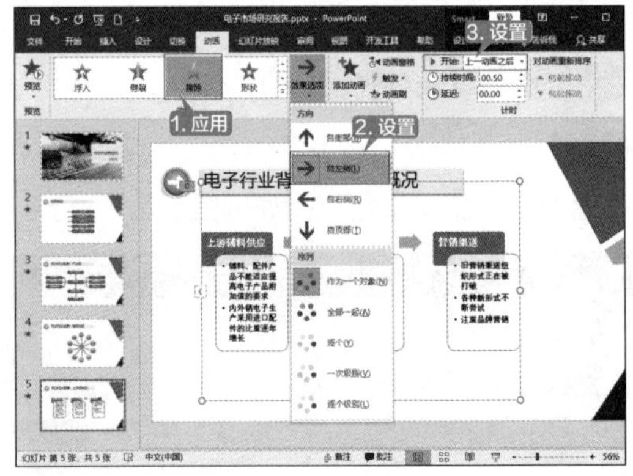

13.2.4 设计市场总量分析幻灯片

设计市场总量分析幻灯片的操作步骤如下。

第 1 步 新建一张“标题和内容”幻灯片，并输入标题“市场总量分析”，单击内容文本框中的【图表】按钮，如下图所示。

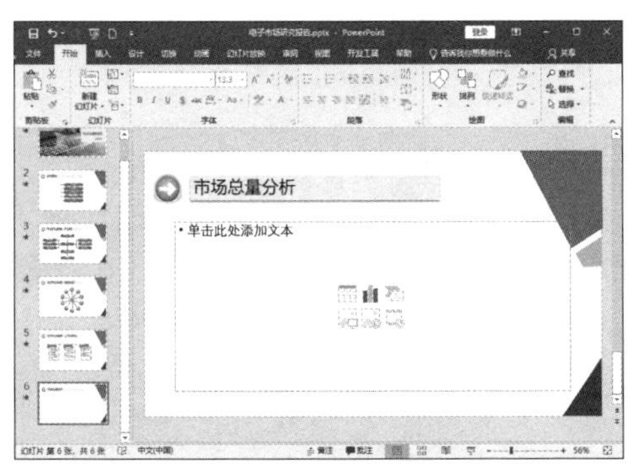

第 2 步 在弹出的【插入图表】对话框中选择【三维簇状柱形图】选项，单击【确定】按钮，如下图所示。

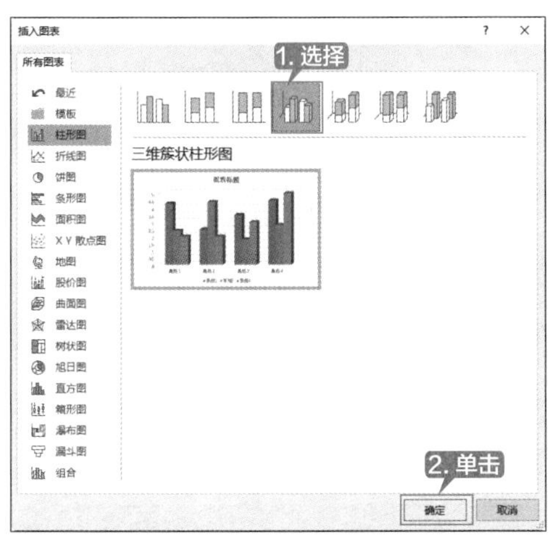

第 3 步 在打开的 Excel 工作簿中修改数据，如下图所示。

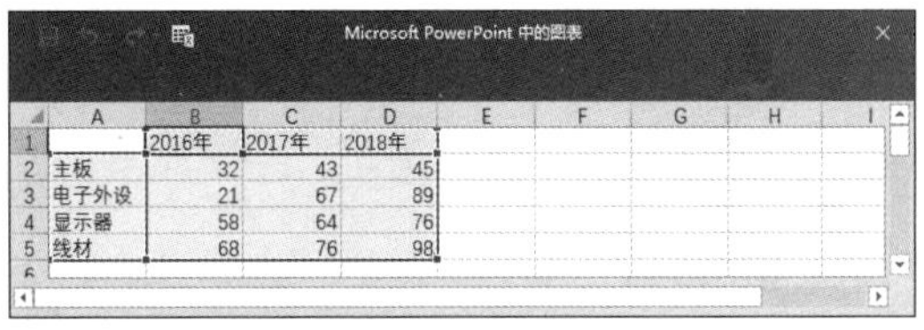

	A	B	C	D
1		2016年	2017年	2018年
2	主板	32	43	45
3	电子外设	21	67	89
4	显示器	58	64	76
5	线材	68	76	98

第 4 步 关闭 Excel 工作簿，幻灯片中即可插入相应的图表，并设置如下图所示的图表样式。

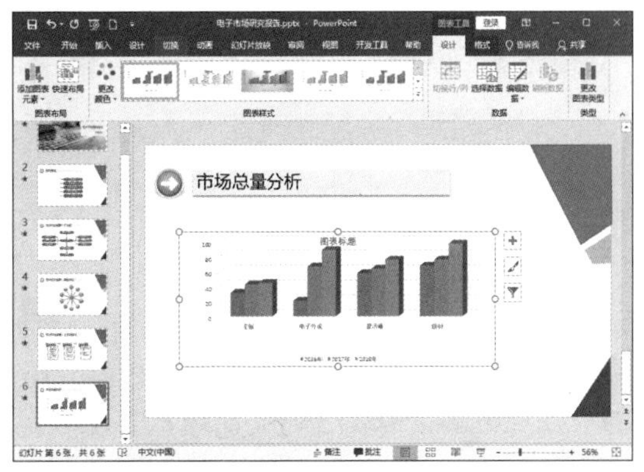

13.2.5 设计竞争力分析和结束页幻灯片

设计竞争力分析和结束页幻灯片的具体操作步骤如下。

第 1 步 新建一张幻灯片，并输入标题“国际竞争力分析”，如下图所示。

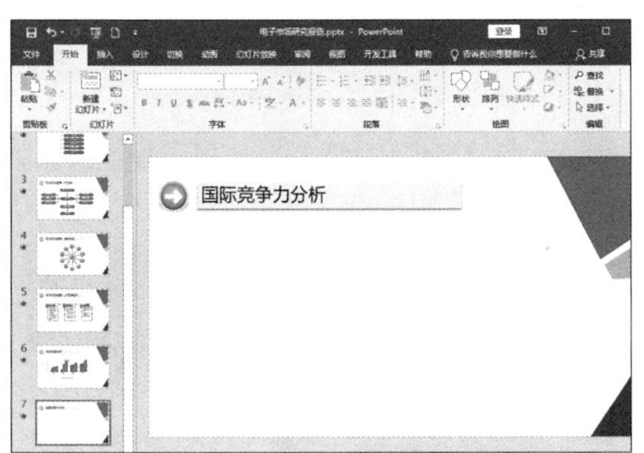

第 2 步 在幻灯片中插入【垂直块列表】SmartArt 图形，如下图所示。

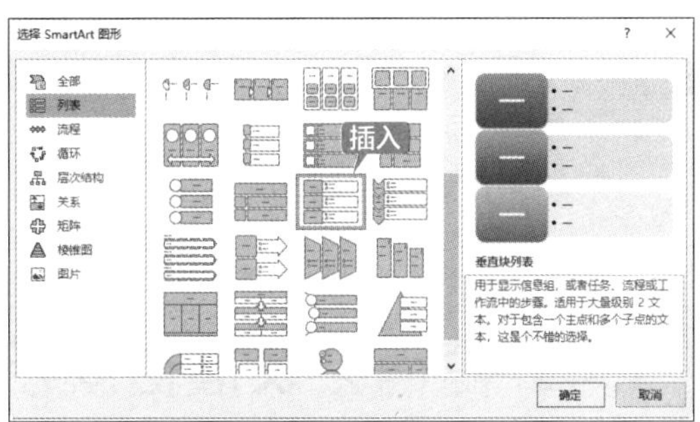

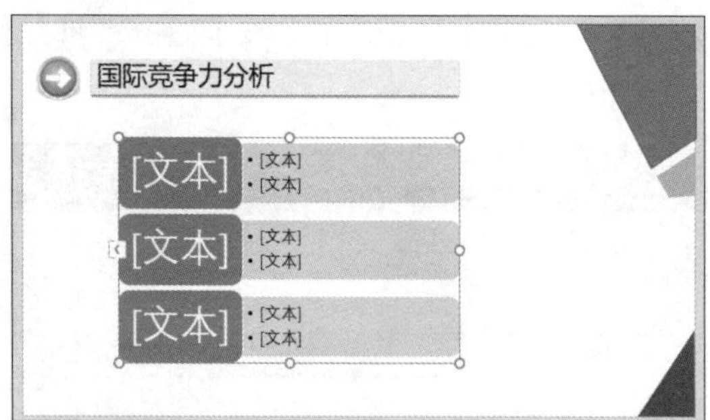

第 3 步 在图形上输入文字，如下图所示。

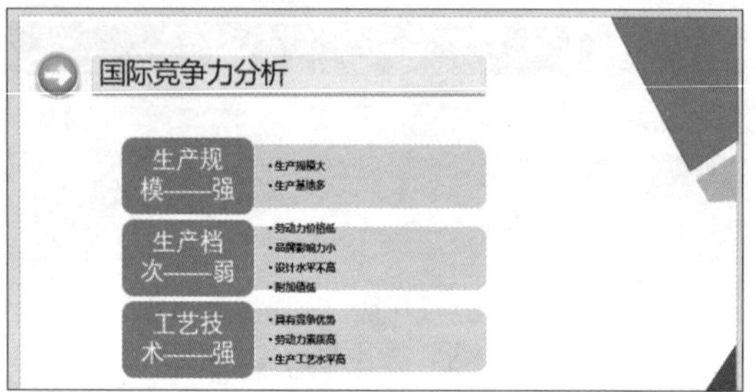

第 4 步 选择绘制的SmartArt图形，并应用“劈裂”动画效果，设置【效果选项】为【中央向上下展开】、【开始】为【上一动画之后】，如下图所示。

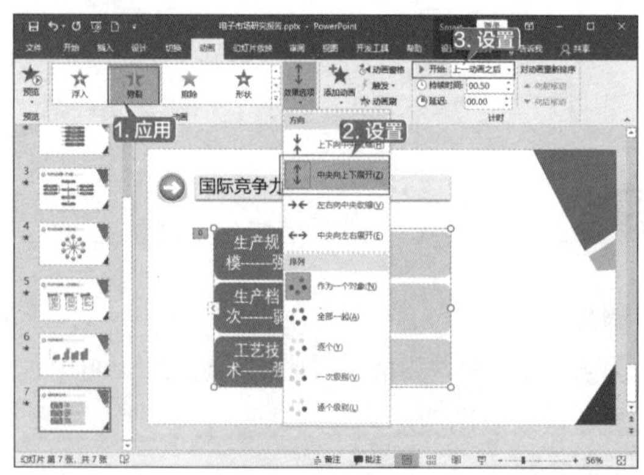

第 5 步 新建一张“标题”幻灯片，如下图所示。

第 6 步 插入一个文本框，并输入“谢谢观看！”，如下图所示。

第 7 步 为标题应用“淡入”动画效果，设置【开始】模式为“上一动画之后”，如下图所示。

至此，电子市场研究报告 PPT 设计完成，可以按【F5】键进行浏览和观看。

13.3 营销会议报告演示文稿

营销会议是解决营销部门对营销计划的设定、实施及后期服务等一系列问题的活动。本节讲述营销会议幻灯片的制作方法，最终效果如下图所示。

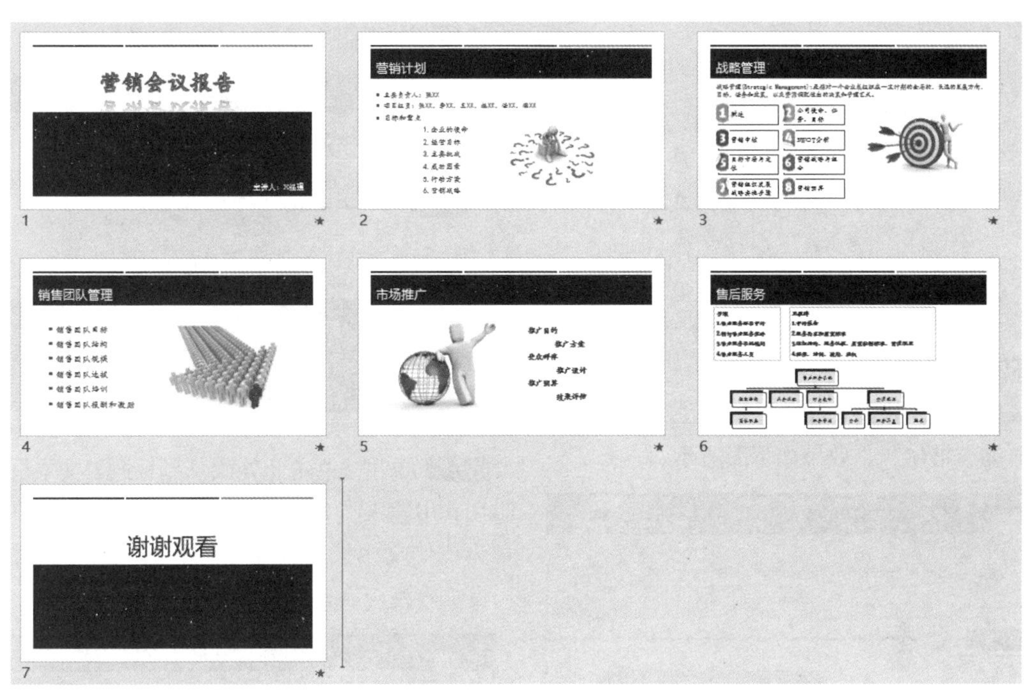

13.3.1 设计营销会议首页幻灯片

设计营销会议幻灯片的片头，主要列出会议的主题名称和演讲人等信息。下面以营销会议报告为例，讲述其具体操作步骤。

第 1 步 启动 PowerPoint 2019 应用软件，新建一个空白的演示文稿并进入 PowerPoint 工作界面，将其保存为“营销会议报告”演示文稿，如下图所示。

第 2 步 单击【设计】选项卡【主题】组中【其他】按钮，在弹出的下拉列表中选择【Office】区域中的【红利】选项，如下图所示。

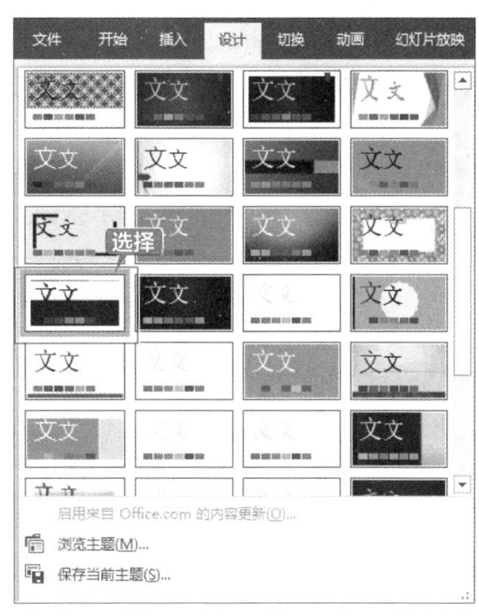

第 3 步 删除【单击此处添加标题】文本框，单击【插入】选项卡【文本】组中的【艺术字】按钮，在弹出的下拉列表中选择【填充：梅红，主题色 2；边框：梅红，主题色 2】选项，如

下图所示。

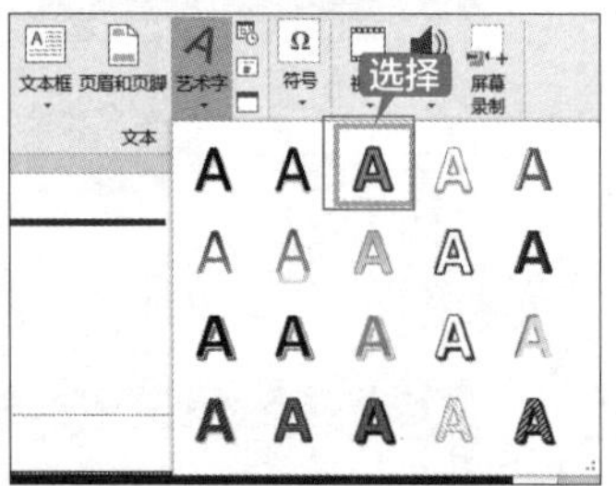

第 4 步 在插入的艺术字文本框中输入“营销会议报告”，并设置【字号】为“72”、【字体】为“楷体”，效果如下图所示。

第 5 步 选中艺术字，单击【格式】选项卡【形状样式】组中的【形状效果】按钮，在弹出的下拉列表中选择【映像】→【半映像，接触】选项，如下图所示。

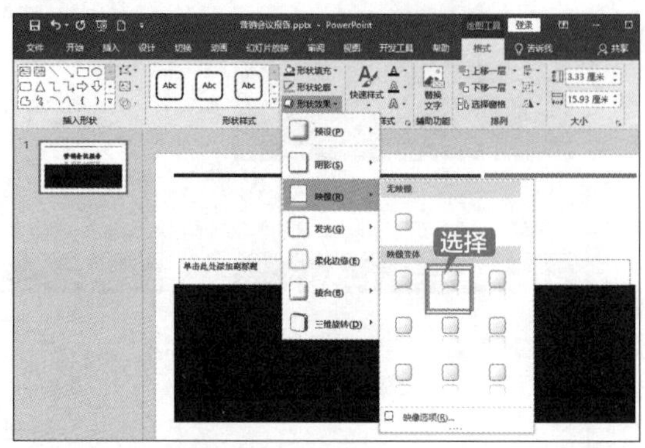

第 6 步 单击【单击此处添加副标题】文本框，在其中输入“主讲人：× 经理”，设置【字体】为“华文中宋”、【字号】为“24”，并拖曳文本框至合适的位置，效果如下图所示。

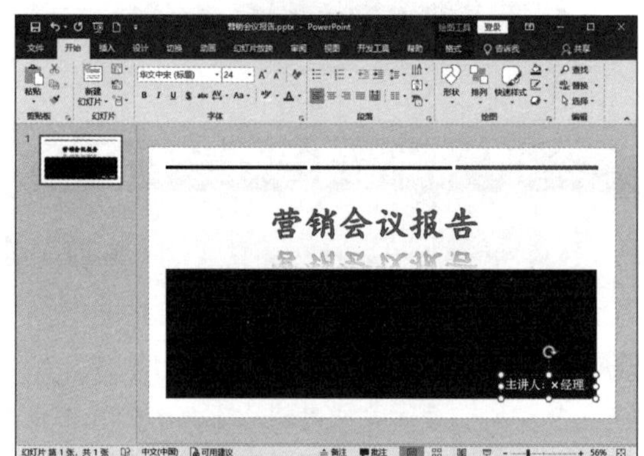

第 7 步 单击【切换】选项卡【切换到此幻灯片】组中的【其他】按钮，在弹出的下拉列表中选择【窗口】选项，如下图所示，为本张幻灯片设置切换效果。

13.3.2 设计营销计划幻灯片

设计营销计划幻灯片页面的具体操作步骤如下。

第 1 步 单击【开始】选项卡【幻灯片】组中的【新建幻灯片】按钮，在弹出的下拉列表中选择【标题和内容】选项，如下图所示。

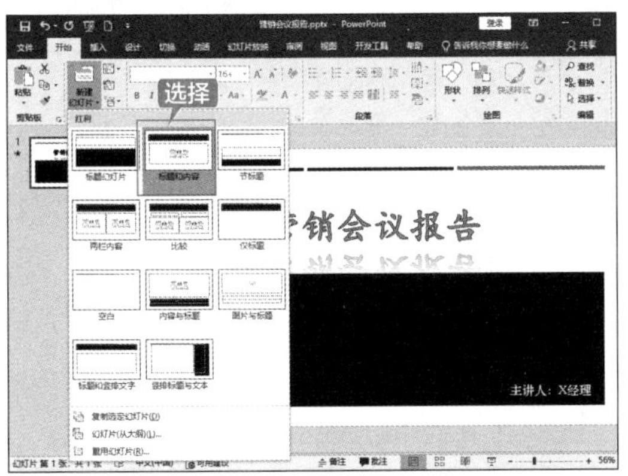

第 2 步 在新添加的幻灯片中单击【单击此处添加标题】文本框，并在其中输入“营销计划”，设置【字体】为“微软雅黑”、【字号】为“40”，效果如下图所示。

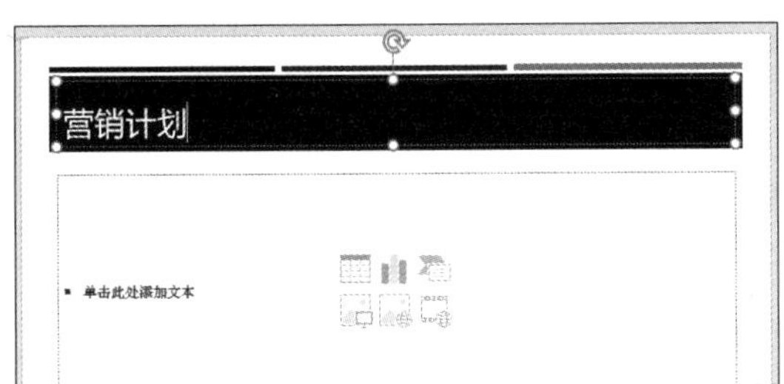

第 3 步 在【单击此处添加文本】文本框中输入“主要负责人：张 × ×”，设置【字体】为“楷体”、【字号】为“22”，然后对文本框进行移动调整，效果如下图所示。

第 4 步 再次输入“项目组员：张 × ×、李 × ×、王 × ×、赵 × ×、任 × ×、侯 × ×”，设置【字体】为“楷体”、【字号】为“22”，然后对文本框进行移动调整，如下图所示。

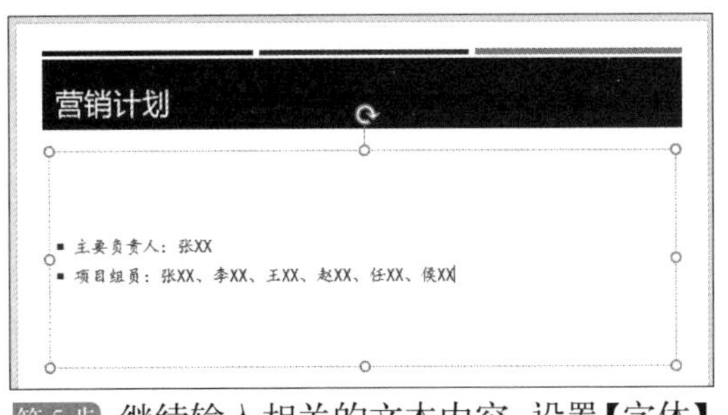

第 5 步 继续输入相关的文本内容，设置【字体】为“楷体”、【字号】为“24”，然后对文本框进行移动调整，同时对文本的内容格式进行调整，最终效果如下图所示。

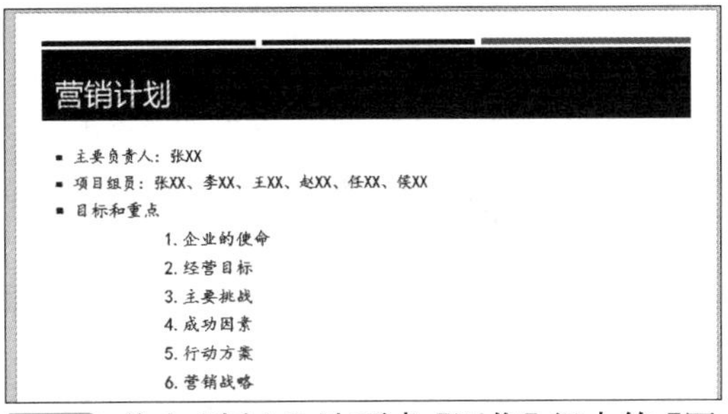

第 6 步 单击【插入】选项卡【图像】组中的【图片】按钮，在弹出的【插入图片】对话框中选择“素材\ch13\01.jpg”文件，如下图所示。

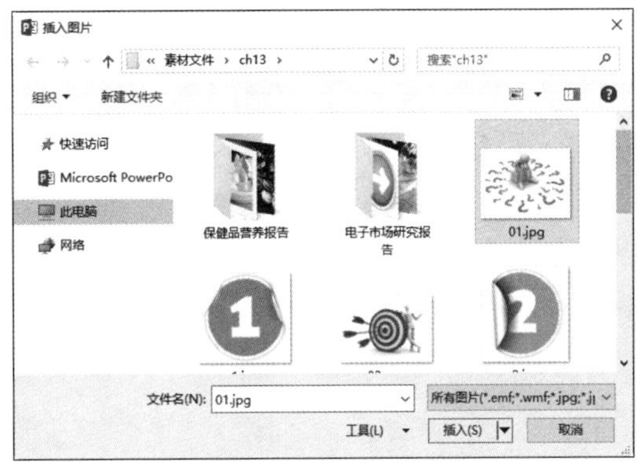

第 7 步 单击【插入】按钮，将图片插入幻灯片中并调整图片的位置，最终效果如下图所示。

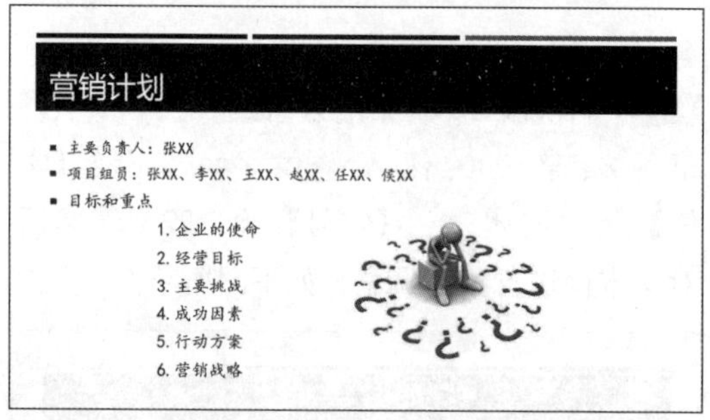

第 8 步 单击【切换】选项卡【切换到此幻灯片】组中的【其他】按钮，在弹出的下拉列表中选择【百叶窗】选项，即可为本张幻灯片设置切换效果，如下图所示。

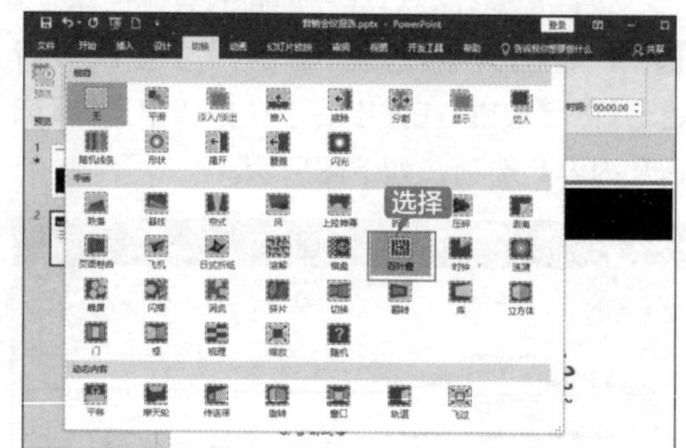

13.3.3 设计战略管理幻灯片

设计战略管理幻灯片的具体操作步骤如下。

第 1 步 单击【开始】选项卡【幻灯片】组中的【新建幻灯片】按钮，在弹出的下拉列表中选择【标题和内容】选项，然后在新添加的幻灯片中单击【单击此处添加标题】文本框，在其中输入“战略管理”，并设置【字体】为“微软雅黑”、【字号】为“40”，效果如下图所示。

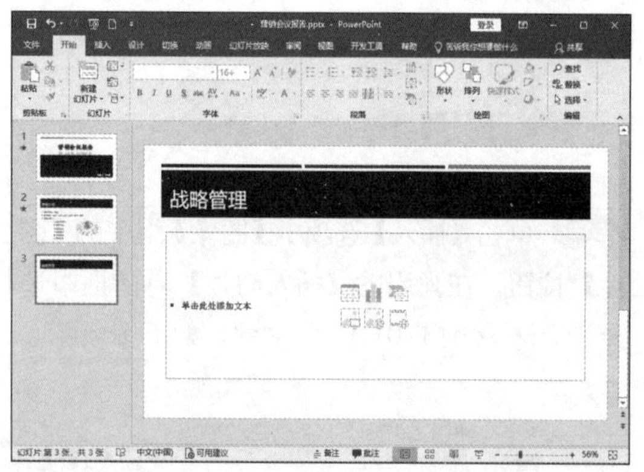

第 2 步 在【单击此处添加文本】文本框中输入相关的文本内容，设置【字体】为“楷体”、【字号】为“20”，然后对文本框进行移动调整，效果如下图所示。

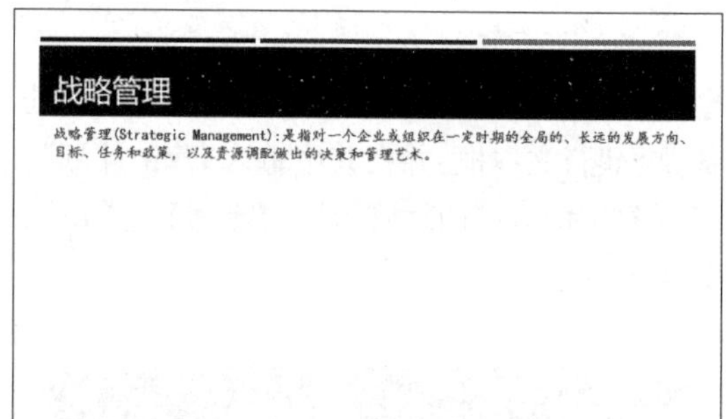

第 3 步 在幻灯片中插入一个【图片条纹】SmartArt 图形，如下图所示。

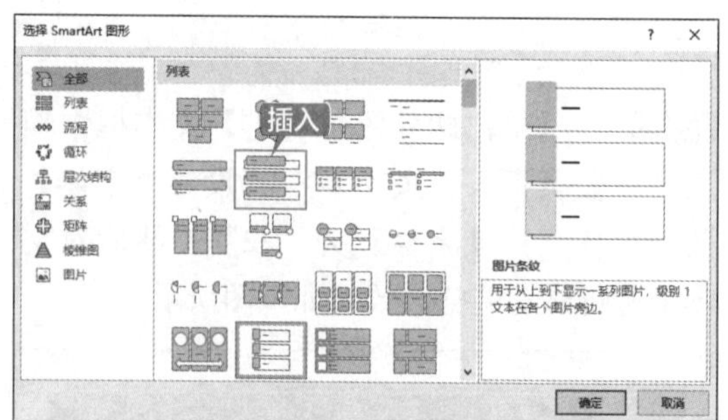

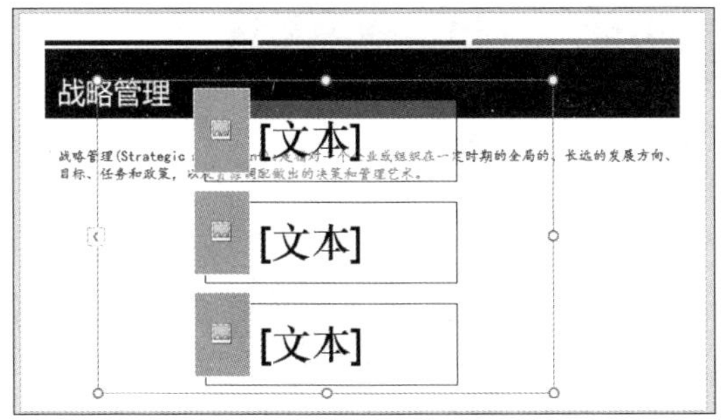

第 4 步 单击【图片条纹】SmartArt 图形左侧的 按钮，在文本处创建 8 个图形，并在图片位置行插入素材文件中的 01.jpg ~ 08.jpg 这 8 张数字图片，最终效果如下图所示。

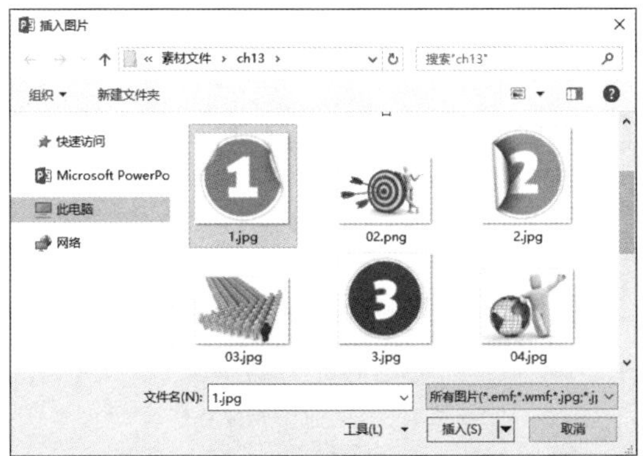

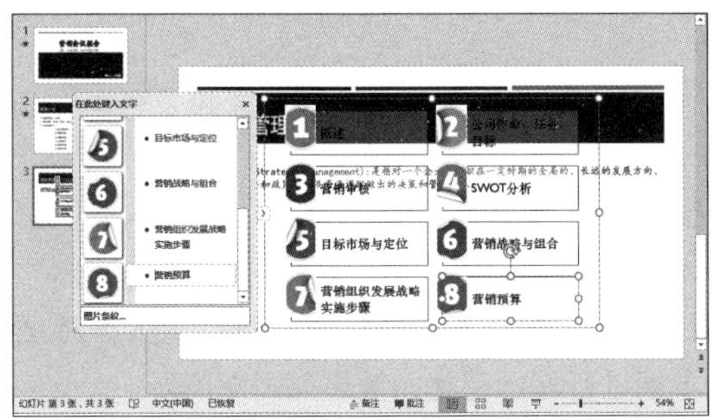

第 5 步 在文本处输入文本内容，并设置【字号】为“22”、【字体】为“华文楷体”，效果如下图所示。

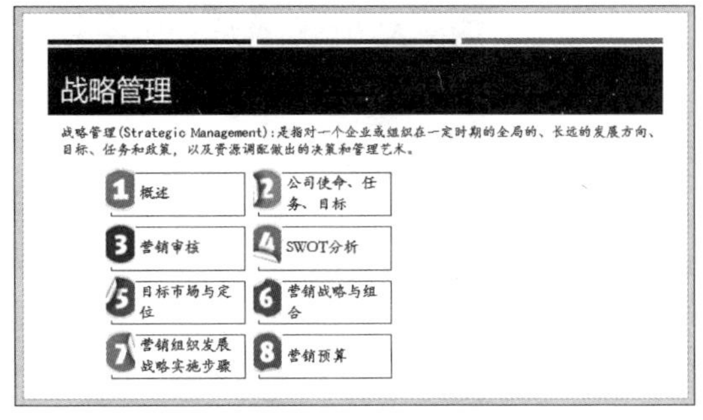

第 6 步 单击【插入】选项卡【图像】组中的【图片】按钮，在弹出的【插入图片】对话框中选择“02.png”图片，单击【插入】按钮，如下图所示。

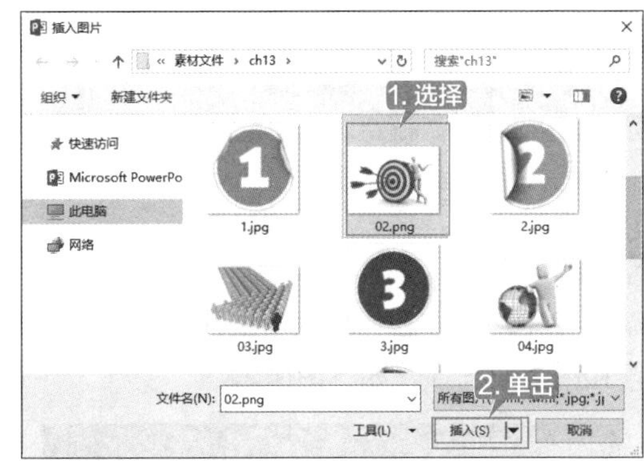

第 7 步 将图片插入幻灯片中并调整图片的位置，最终效果如下图所示。

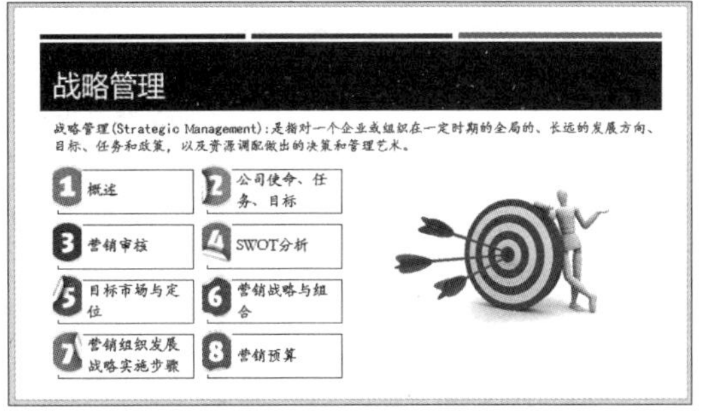

第 8 步 单击【切换】选项卡【切换到此幻灯片】组中的【其他】按钮，在弹出的下拉列表中选择【闪耀】选项，即可为本张幻灯片设置切换效果，如下图所示。

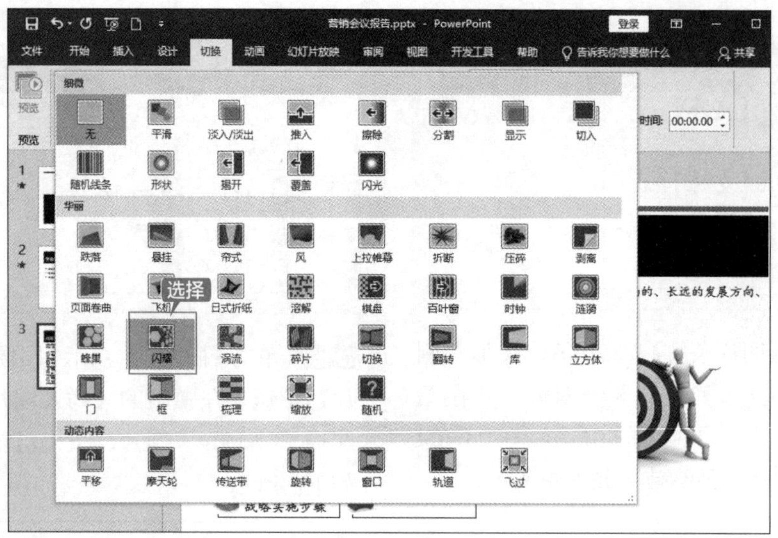

13.3.4 设计团队管理幻灯片

设计团队管理幻灯片的具体操作步骤如下。

第 1 步 单击【开始】选项卡【幻灯片】组中的【新建幻灯片】按钮，在弹出的下拉列表中选择【标题和内容】选项，如下图所示。

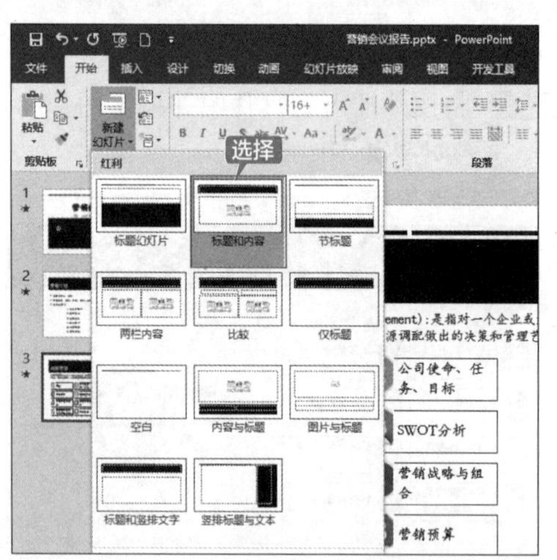

第 2 步 在新添加的幻灯片中单击【单击此处添加标题】文本框，在其中输入“销售团队管理”，并设置【字体】为“微软雅黑”、【字号】为“40”，效果如下图所示。

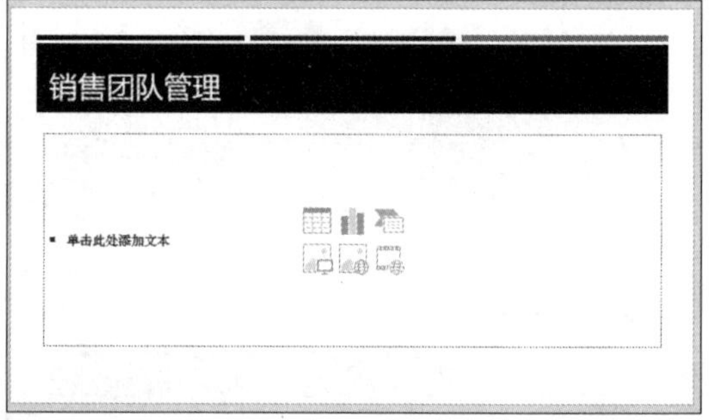

第 3 步 在【单击此处添加文本】文本框中输入相关的文本内容，设置【字体】为“楷体”且加粗，设置【字号】为“28”，然后对文本框进行移动调整，效果如下图所示。

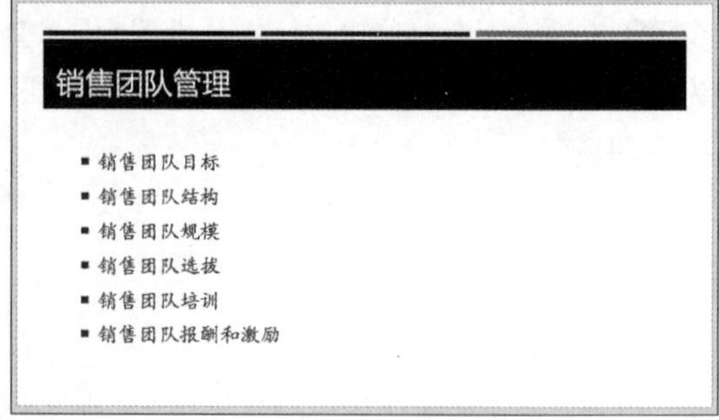

第 4 步 单击【插入】选项卡【图像】组中的

【图片】按钮，在弹出的【插入图片】对话框中选择“03.jpg”图片，单击【插入】按钮，如下图所示。

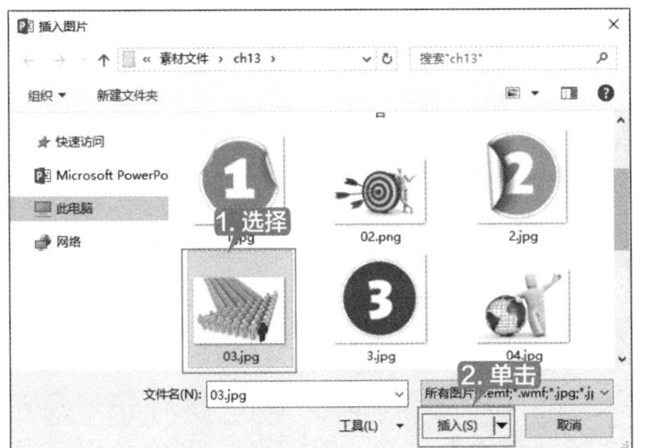

第 5 步 将图片插入幻灯片中并调整图片的位置，最终效果如下图所示。

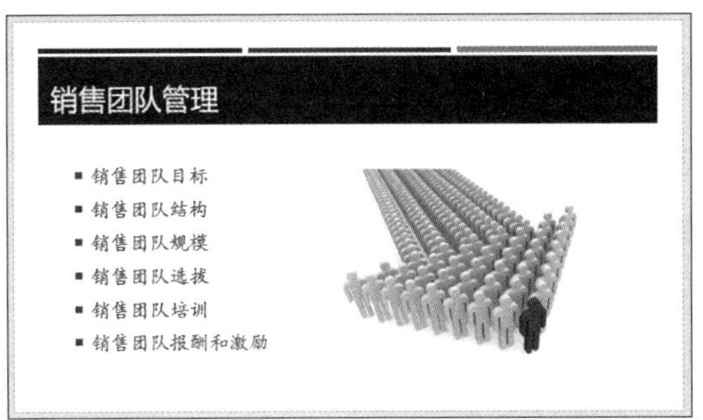

第 6 步 单击【切换】选项卡【切换到此幻灯片】组中的【其他】按钮，在弹出的下拉列表中选择【翻转】选项，即可为本张幻灯片设置切换效果，如下图所示。

13.3.5 设计市场推广幻灯片

设计市场推广幻灯片的具体操作步骤如下。

第 1 步 单击【开始】选项卡【幻灯片】组中的【新建幻灯片】按钮，在弹出的下拉列表中选择【标题和内容】选项，如下图所示。

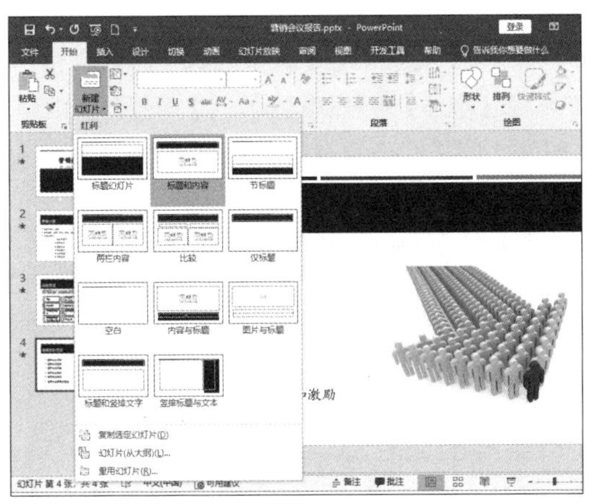

第 2 步 在新添加的幻灯片中单击【单击此处添加标题】文本框，在其中输入“市场推广”，并设置【字体】为“微软雅黑”、【字号】为“40”，效果如下图所示。

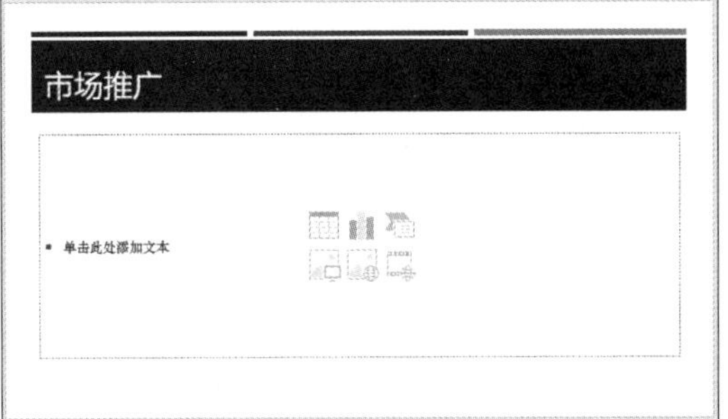

第 3 步 在【单击此处添加文本】文本框中输入相关的文本内容，设置【字体】为“楷体”

且加粗，设置【字号】为“24”，然后对文本框进行移动调整，同时对文本格式也进行调整，效果如下图所示。

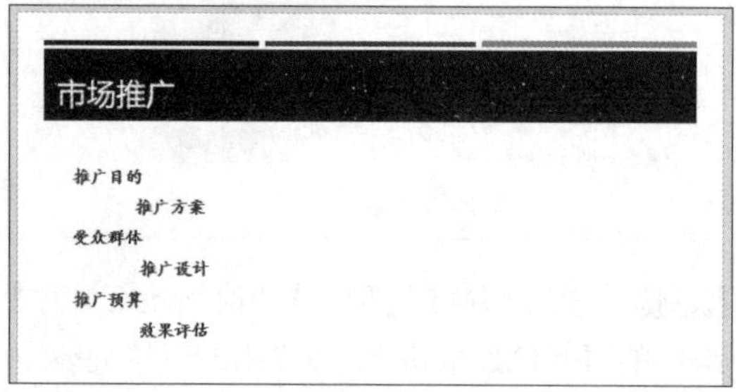

第 4 步 单击【插入】选项卡【图像】组中的【图片】按钮，在弹出的【插入图片】对话框中选择“04.jpg”图片，单击【插入】按钮，如下图所示。

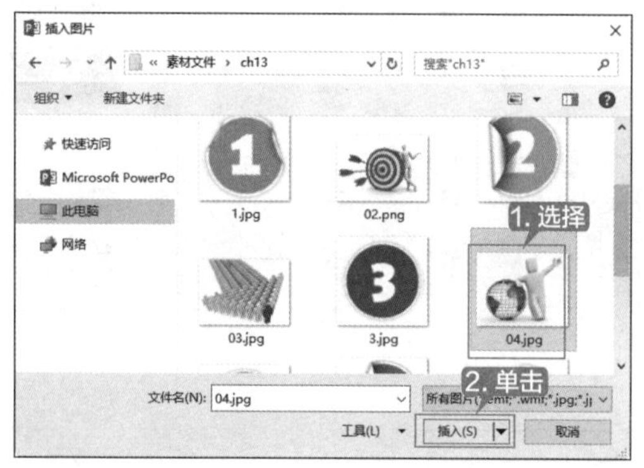

第 5 步 将图片插入幻灯片中并调整图片的位置，最终效果如下图所示。

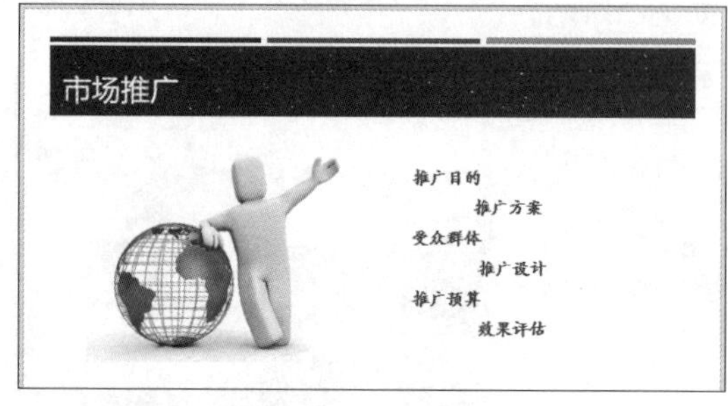

第 6 步 单击【切换】选项卡【切换到此幻灯片】组中的【其他】按钮，在弹出的下拉列表中选择【涟漪】选项，即可为本张幻灯片设置切换效果，如下图所示。

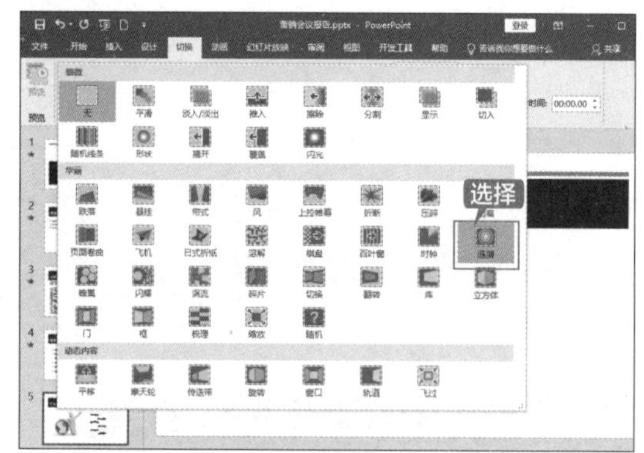

13.3.6 设计售后服务幻灯片

设计售后服务幻灯片的具体操作步骤如下。

第 1 步 单击【开始】选项卡【幻灯片】组中的【新建幻灯片】按钮，在弹出的下拉列表中选择【标题和内容】选项，如下图所示。

第 2 步 在新添加的幻灯片中单击【单击此处添加标题】文本框，在其中输入“售后服务”，并设置【字体】为“微软雅黑”、【字号】为“40”，效果如下图所示。

第 3 步 在【单击此处添加文本】文本框中输入相关的文本内容，设置【字体】为“楷体”且加粗，设置【字号】为“20”，然后对文本框进行移动调整，效果如下图所示。

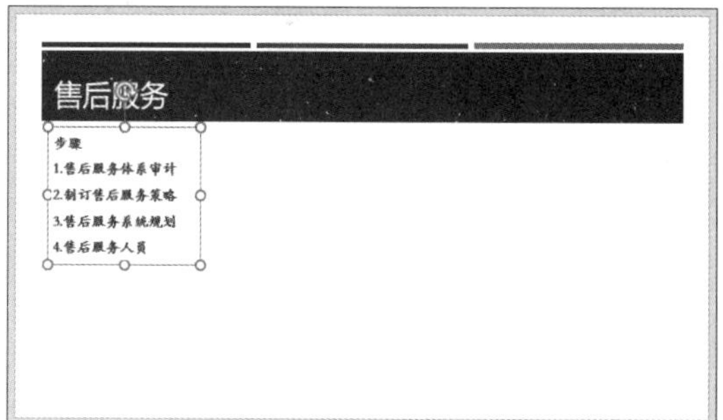

第 4 步 选中文本框，单击【格式】选项卡【形状样式】组中的【形状轮廓】按钮，在弹出的下拉列表中选择【橙色】选项，如下图所示。

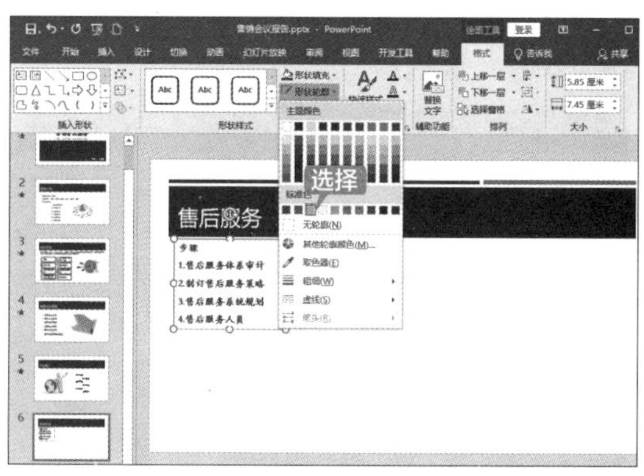

第 5 步 按照第 3 步和第 4 步的方法再绘制一个文本框，并输入相关的内容，然后进行文本内容设置和文本框位置调整，最终效果如下图所示。

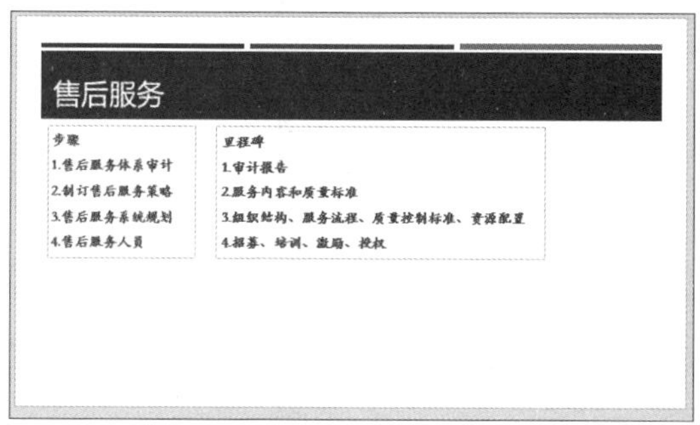

第 6 步 单击【插入】选项卡【插图】组中的【SmartArt】按钮，在弹出的【选择 SmartArt 图形】对话框中选择【层次结构】→【层次结构】选项，如下图所示。

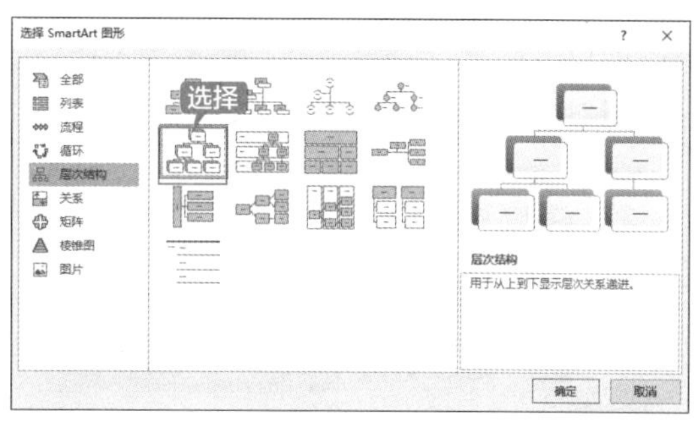

第 7 步 单击【确定】按钮，并按下图所示的形状对组织结构图进行设置。

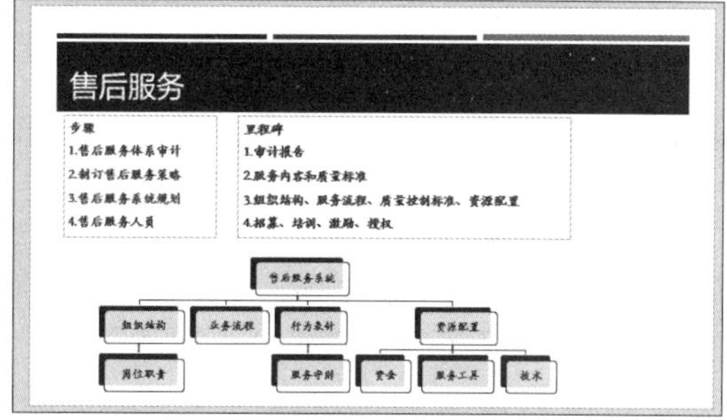

第 8 步 单击【切换】选项卡【切换到此幻灯片】组中的【其他】按钮，在弹出的下拉列表中选择【门】选项，即可为本张幻灯片设置切换效果，如下图所示。

13.3.7 设计结束页幻灯片

设计营销会议结束幻灯片的具体操作步骤如下。

第 1 步 单击【开始】选项卡【幻灯片】组中的【新建幻灯片】按钮，在弹出的下拉列表中选择【标题幻灯片】选项，如下图所示。

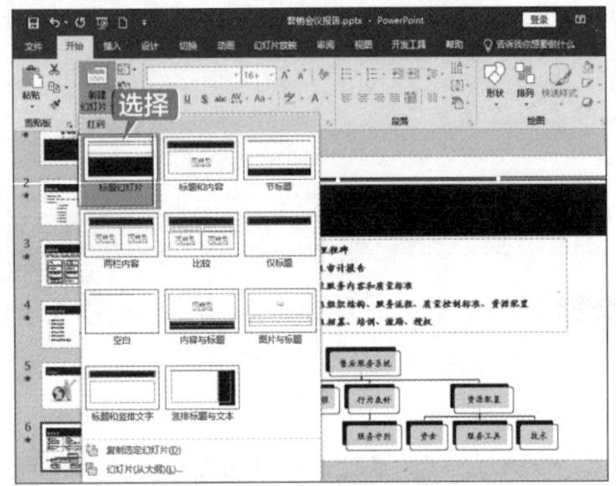

第 2 步 在插入的艺术字文本框中输入“谢谢观看”，并设置【字号】为“72”、【字体】为“微软雅黑”，最终效果如下图所示。

第 3 步 选中文字，单击【动画】选项卡【动画】组中的【淡入】按钮，即可完成对艺术字的动画设置，如下图所示。

第 4 步 单击【切换】选项卡【切换到此幻灯片】组中的【其他】按钮，在弹出的下拉列表中选择【擦除】选项，即可为本张幻灯片设置切换效果，如下图所示。

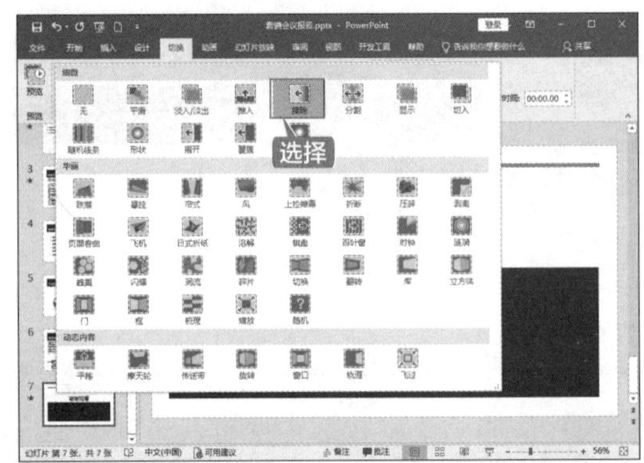

第 5 步 将制作好的幻灯片保存为“营销会议报告 .pptx”文件。

第 14 章 简单实用型 PPT 实战

本章导读

华丽的外表是为了吸引观众关注 PPT 的内容，使用 PPT 向观众传达信息时，首先要考虑内容的实用性和易读性，不仅要使观众明白要表达的意思，而且要让观众有所收获，得到有价值的信息。

思维导图

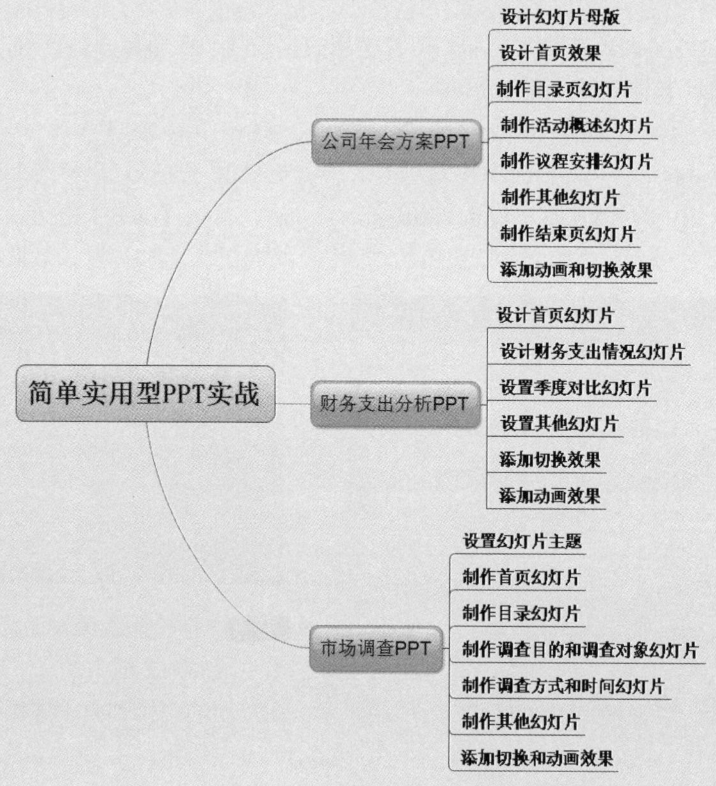

14.1 公司年会方案 PPT

通过年会可以总结一年的运营情况、鼓励团队士气、增加同事之间的感情，因此制作一份优秀的公司年会方案 PPT 就显得尤为重要，公司年会方案 PPT 最终效果如下图所示。

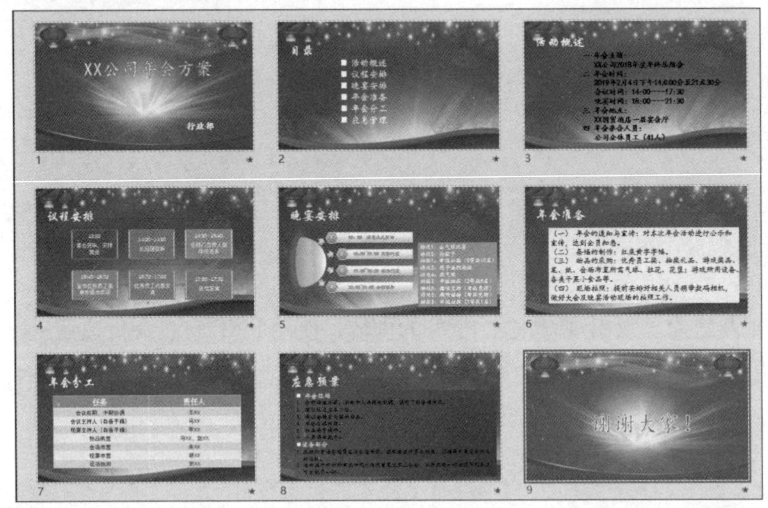

14.1.1 设计幻灯片母版

公司年会方案 PPT 中的每一张幻灯片使用的都是同一色彩氛围的背景，因此可以在母版中进行统一设计，具体操作步骤如下。

第 1 步 新建一个演示文稿，并保存为“公司年会方案 PPT.pptx”，单击【视图】选项卡下【母版视图】组中的【幻灯片母版】按钮，切换至【幻灯片母版】视图，如下图所示。

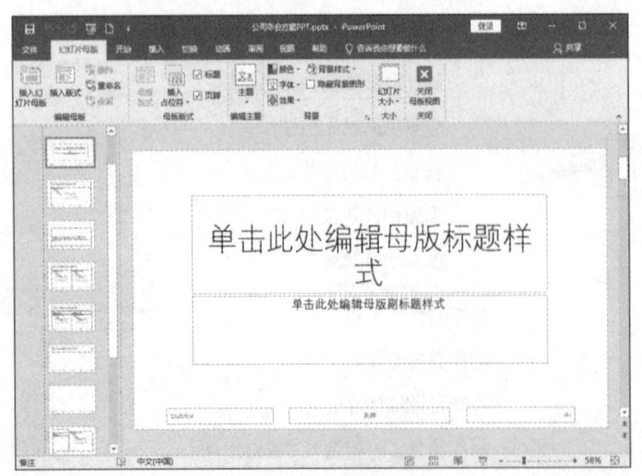

第 2 步 在左侧【幻灯片缩略图】窗格中选择第 1 张幻灯片，单击【插入】选项卡下【图像】组中的【图片】按钮，弹出【插入图片】对话框。选择“素材 \ch14\ 背景 1.jpg”文件，单击【插入】按钮，插入选择的图片并调整其大小和位置，效果如下图所示。

第 3 步 选择插入的图片，单击【格式】选项卡下【排列】组中的【下移一层】下拉按钮，在弹出的下拉列表中选择【置于底层】选项，如下图所示。

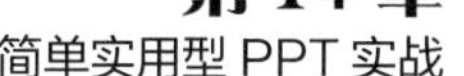

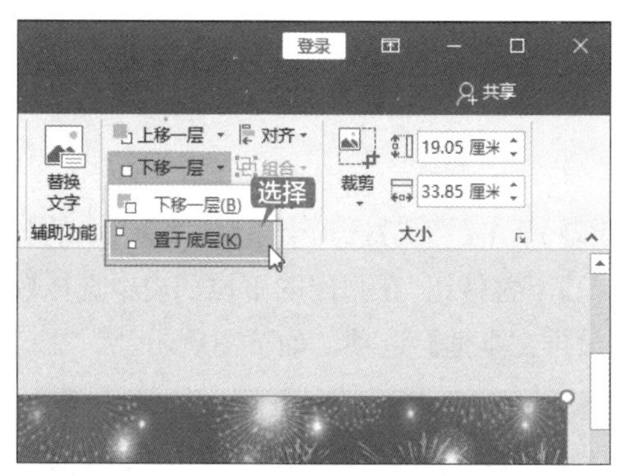

第 4 步 即可将图片置于幻灯片页面的底层，然后将标题文本框中的【字体】设置为“华文行楷”，【字号】设置为“54”，【字体颜色】设置为“白色”，并调整标题文本框的位置，效果如下图所示。

设置幻灯片背景的操作步骤如下。

第 1 步 在左侧【幻灯片缩略图】窗格中选择第 2 张幻灯片，选中【幻灯片母版】选项卡下【背景】组中的【隐藏背景图形】复选框，隐藏插入的背景图形，如下图所示。

第 2 步 单击【幻灯片母版】选项卡下【背景】组中的【背景样式】下拉按钮 背景样式，在弹出的下拉列表中选择【设置背景格式】选项，如下图所示。

第 3 步 打开【设置背景格式】窗格，在【填充】选项区域中选中【图片或纹理填充】单选按钮，然后单击【文件】按钮，如下图所示。

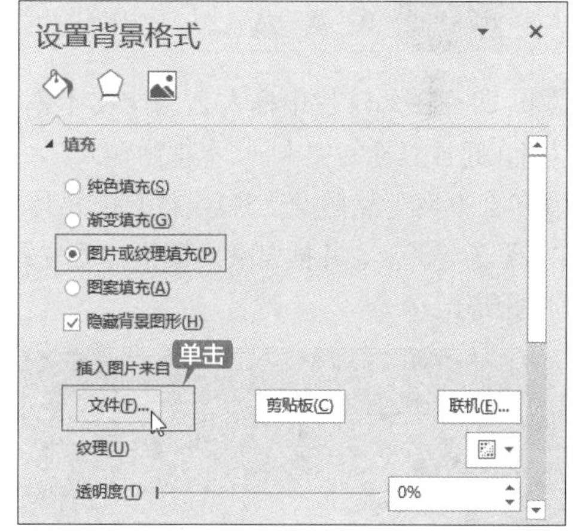

第 4 步 打开【插入图片】对话框，选择“素材\ch14\背景 2.jpg”文件，单击【插入】按钮，插入图片后的效果如下图所示。单击【幻灯片母版】选项卡下【关闭】组中的【关闭母版视图】按钮，返回普通视图。

14.1.2 设计首页效果

设计首页效果的具体操作步骤如下。

第 1 步 删除幻灯片首页的占位符，单击【插入】选项卡下【文本】组中的【艺术字】按钮，在弹出的下拉列表中选择一种艺术字样式，如下图所示。

第 2 步 即可在幻灯片中插入艺术字文本框，在“请在此放置你的文字”文本框中输入“××公司年会方案”，然后设置其【字体】为“楷体”、【字号】为“80”，并拖曳文本框至合适位置，如下图所示。

第 3 步 单击【插入】选项卡下【文本】组中的【文本框】下拉按钮，在弹出的下拉列表中选择【绘制横排文本框】选项，如下图所示。

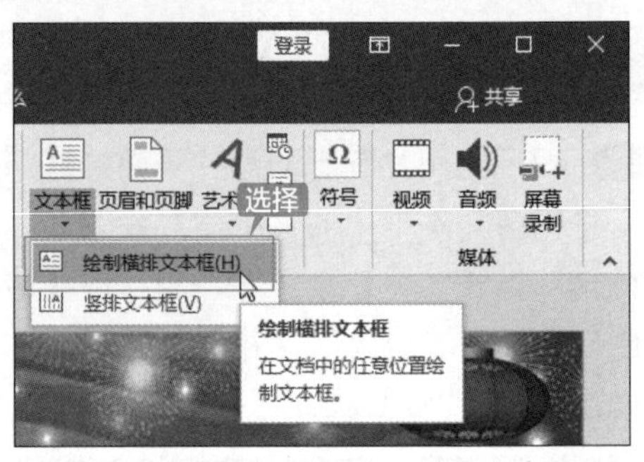

第 4 步 在幻灯片中拖曳出文本框，在其中输入“行政部”，设置其【字体】为“楷体”、【字号】为“40”、【字体颜色】为“白色”，并单击【加粗】按钮，效果如下图所示。

至此，幻灯片的首页设置完成。

14.1.3 设置目录页幻灯片

设置目录页幻灯片的具体操作步骤如下。

第 1 步 单击【开始】选项卡下【幻灯片】组中的【新建幻灯片】下拉按钮，在弹出的下拉列表中选择【仅标题】选项，如下图所示。

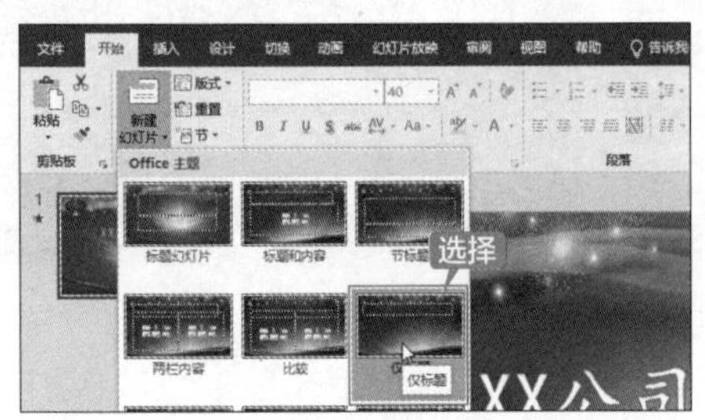

第 2 步 插入“仅标题”幻灯片页面。在【单击此处添加标题】文本框中输入“目录”，如下图所示。

第 3 步 插入横排文本框，并输入相关内容，设置【字体】为“楷体”、【字号】为“40”、【字体颜色】为“白色”，效果如下图所示。

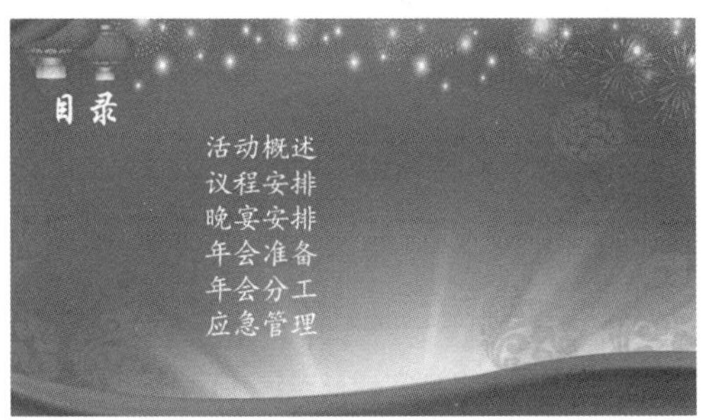

第 4 步 选择输入的目录文本，为其添加项目符号，并设置颜色为“白色”，即可看到添加项目符号后的效果，如下图所示。

14.1.4 制作活动概述幻灯片

制作活动概述幻灯片的具体操作步骤如下。

第 1 步 插入“仅标题”幻灯片，输入标题为“活动概述”，如下图所示。

第 2 步 打开“素材 \ch14\ 活动概述 .txt”文档，复制其内容，然后将其粘贴到幻灯片页面中，并根据需要设置字体样式，效果如下图所示。

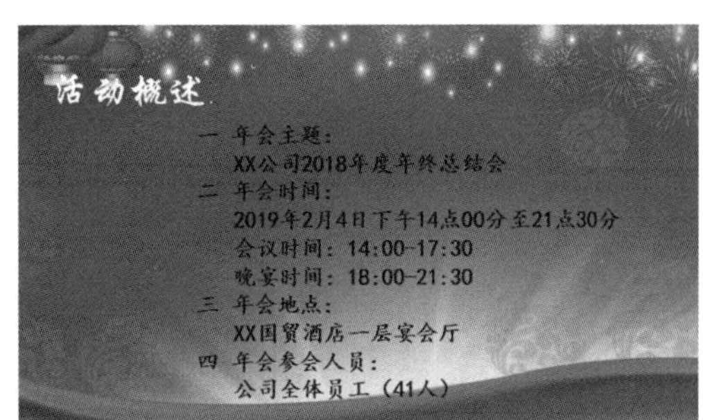

14.1.5 制作议程安排幻灯片

制作议程安排幻灯片的具体操作步骤如下。

第 1 步 插入“仅标题”幻灯片，输入标题为“议程安排”，如下图所示。

第 2 步 插入【重复蛇形流程】SmartArt 图形，根据需要输入相关内容并设置字体样式，效果如下图所示。

第 3 步 选择最后一个形状并右击，在弹出的

快捷菜单中选择【添加形状】→【在后面添加形状】选项，即可插入新形状，输入相关内容，如下图所示。至此，所有流程输入完毕。

第 4 步 选中重复蛇形流程图，单击【SmartArt 工具 - 设计】选项卡下【SmartArt 样式】组中的【更改颜色】按钮，在弹出的下拉列表中选择一种颜色样式，如下图所示。

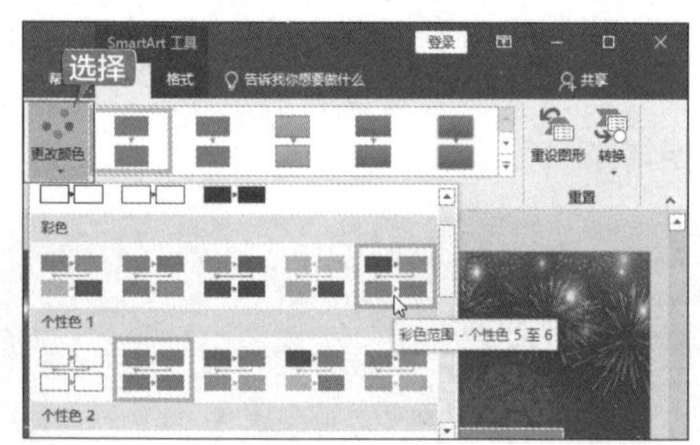

第 5 步 再次选中 SmartArt 图形，单击【SmartArt 样式】组的【其他】按钮，在弹出的下拉列表中选择一种样式，应用于重复蛇形流程图，如下图所示。

第 6 步 根据需要调整 SmartArt 图形的大小，并调整箭头的样式及粗细，效果如下图所示。

第 7 步 插入“仅标题”幻灯片，输入标题为“晚宴安排”，如下图所示。

第 8 步 绘制图形，打开“素材 \ch14\ 晚宴安排 .txt”文档，根据其内容在图形中输入文本，效果如下图所示。

14.1.6 制作其他幻灯片

制作其他幻灯片的具体操作步骤如下。

第 1 步 插入“仅标题”幻灯片，输入标题为“年会准备”，打开“素材 \ch14\ 年会准备 .txt”文档，将其内容复制到“年会准备”幻灯片页面，并根据需要设置字体样式，效果如下图所示。

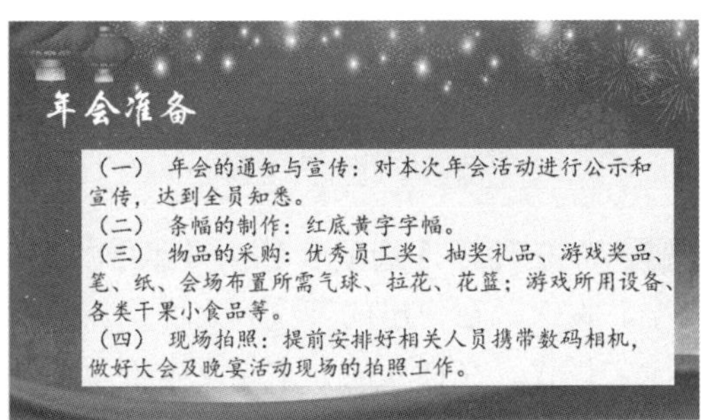

第 2 步 插入“仅标题”幻灯片，输入标题为“年会分工”，如下图所示。

第 3 步 单击【插入】选项卡下【表格】组中的【表格】按钮，在弹出的下拉列表中选择【插入表格】选项，如下图所示。

第 4 步 弹出【插入表格】对话框，在其中设置【列数】为“2”、【行数】为“8”，单击【确定】按钮，如下图所示。

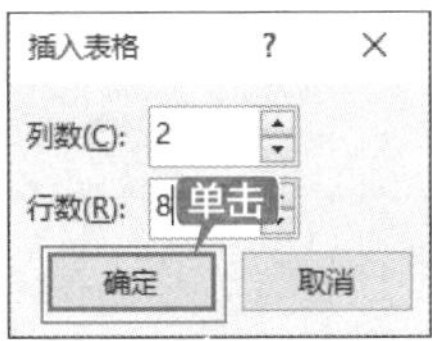

第 5 步 即可插入一个 8 行 2 列的表格，输入相关内容，如下图所示。

第 6 步 根据需要调整表格的行高，设置表格中文本的大小，并将表格内容设置为【垂直居中】对齐，效果如下图所示。

第 7 步 插入“仅标题”幻灯片，输入标题为“应急预案”，打开 “素材\ch14\应急预案.txt”文档，将其内容复制到“应急预案”幻灯片页面，并根据需要设置字体样式，效果如下图所示。

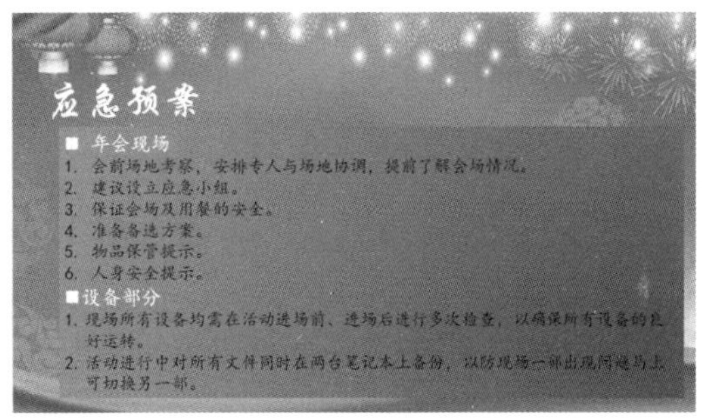

14.1.7 制作结束页幻灯片

制作结束幻灯片页面具体操作步骤如下。

第1步 单击【开始】选项卡【幻灯片】组中的【新建幻灯片】按钮，在弹出的下拉列表中选择【空白】选项，新建“空白”幻灯片页面，如下图所示。

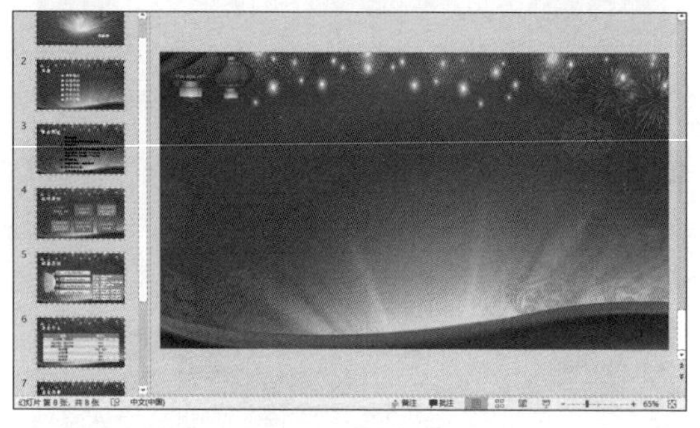

第2步 单击【插入】选项卡【文本】组中的【艺术字】按钮，在弹出的下拉列表中选择一种艺术字样式。在插入的艺术字文本框中输入“谢谢大家！”，并设置【字号】为“96”、【字体】为“楷体”，效果如下图所示。

14.1.8 添加动画和切换效果

为幻灯片添加动画和切换效果的具体操作步骤如下。

第1步 选择第1张幻灯片，单击【切换】选项卡下【切换到此幻灯片】组中的【其他】按钮，在弹出的下拉列表中选择一种切换样式，如选择【细微】→【覆盖】选项，如下图所示。

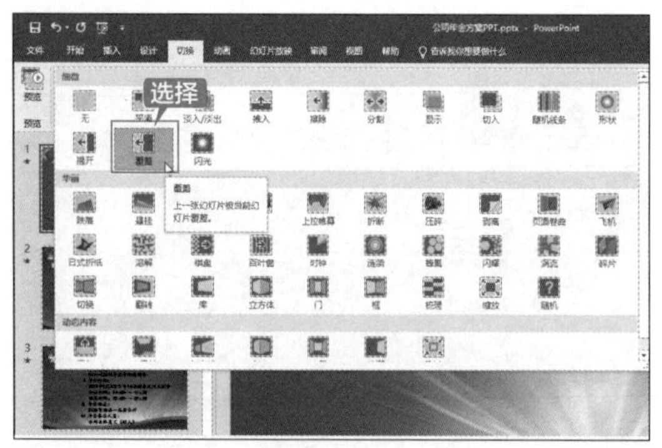

第2步 单击【转换】选项卡【切换到此幻灯片】组中的【效果选项】按钮，在弹出的下拉列表中选择【自底部】选项，即可设置幻灯片的切换效果，如下图所示。

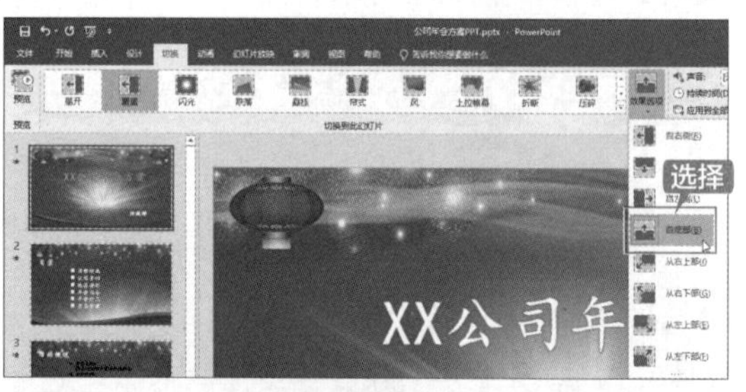

第3步 在【计时】组中设置【持续时间】为“02.50”，单击【应用到全部】按钮，将设置的切换效果应用至所有幻灯片页面，如下图所示。

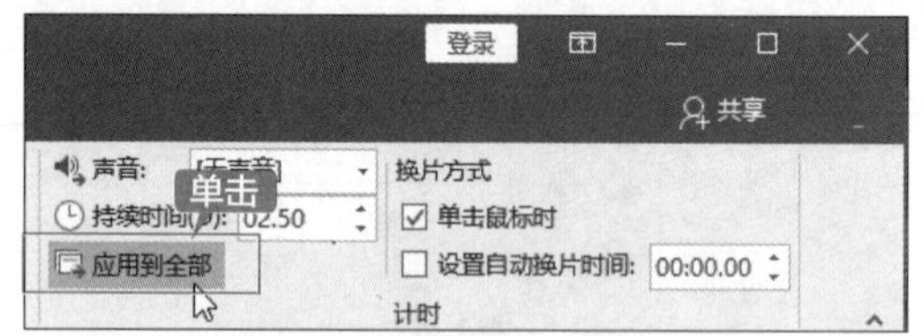

第4步 选择第1张幻灯片中的标题文本，单击【动画】选项卡下【动画】组中的【其他】按钮，在弹出的下拉列表中选择一种动画样

式，如选择【进入】→【飞入】选项，如下图所示。

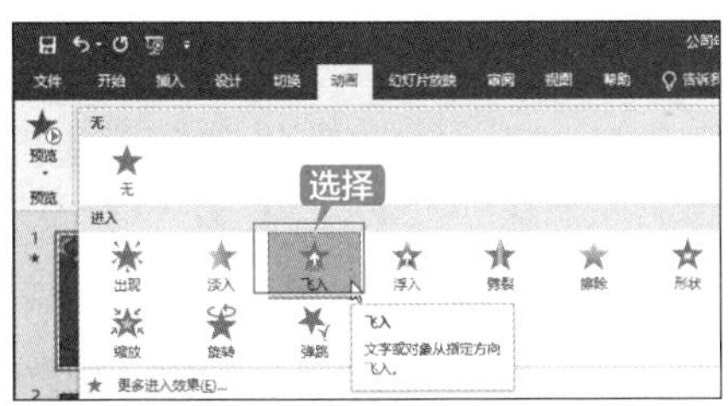

第 5 步 单击【动画】选项卡下【动画】组中的【效果选项】按钮，在弹出的下拉列表中选择【自顶部】选项，即可设置动画转换的效果，如下图所示。

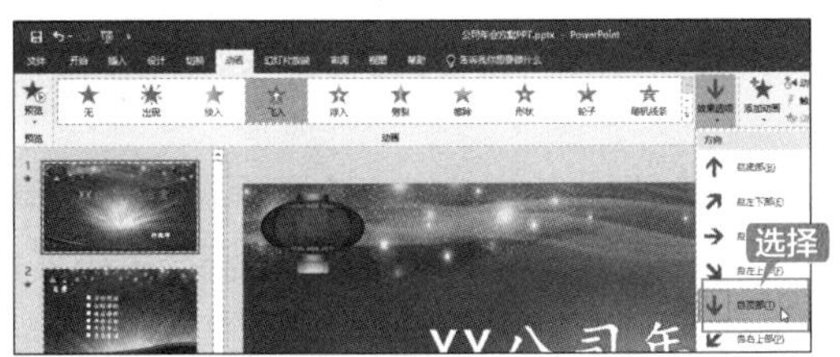

第 6 步 在【计时】组中设置【开始】为【上一动画之后】、【持续时间】为“01.50”、【延迟】为“00.50”，如下图所示。

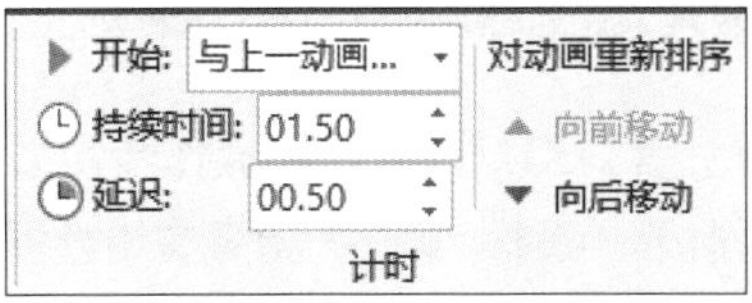

第 7 步 即可为所选内容添加动画效果，在其前方将显示动画序号。使用同样的方法为其他文本内容、SmartArt 图形、自选图形、表格等添加动画效果，最终效果如下图所示。

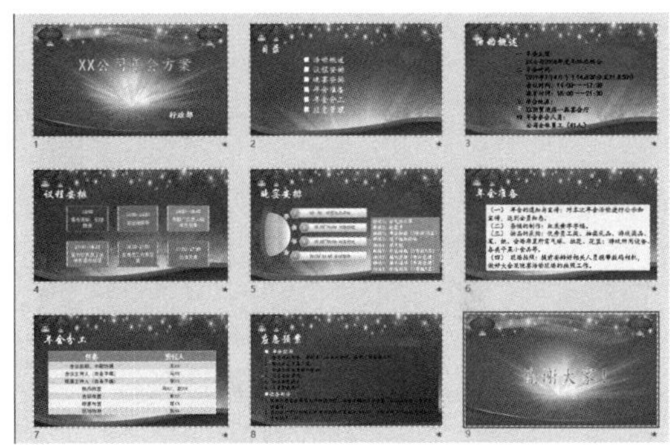

至此，公司年会方案 PPT 的制作设计完成。

14.2 财务支出分析 PPT

财务分析 PPT 可以让企业领导看到企业近期的财务支出情况，能够促进公司制度的改革，制作出合理的财务管理制度。在制作财务分析 PPT 时，还需要对各部门的财务情况进行简单的分析，不仅要使各部门能够清楚地了解自己的财务情况，还要了解其他部门的财务情况。

财务支出分析 PPT 最终效果如下图所示。

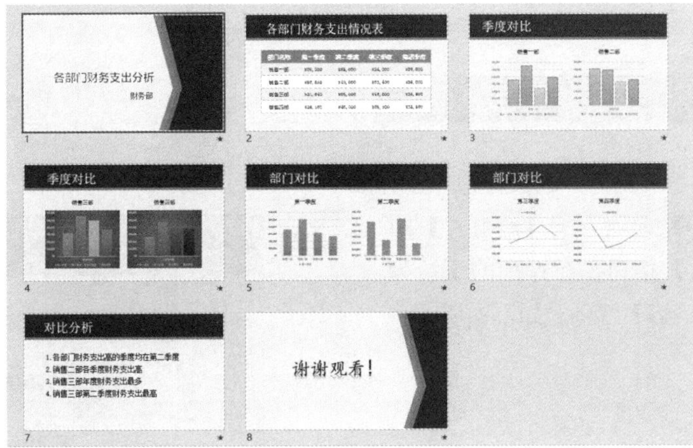

14.2.1 设计首页幻灯片

设计首页幻灯片的具体操作步骤如下。

第 1 步 打开“素材 \ch14\ 财务支出分析 PPT.pptx”文件，在“单击此处添加标题”文本框中单击，如下图所示。

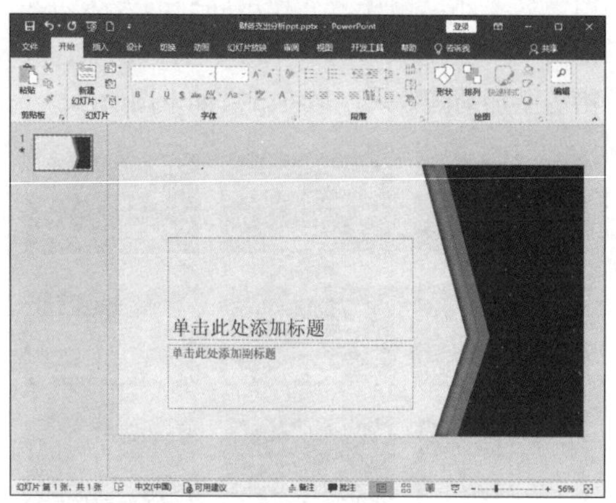

第 2 步 在文本框中输入“各部门财务支出分析”，并选择输入的文本，单击【绘图工具－格式】→【艺术字样式】组中的【其他】按钮，在弹出的艺术字列表中选择所需的艺术字样式，如下图所示。

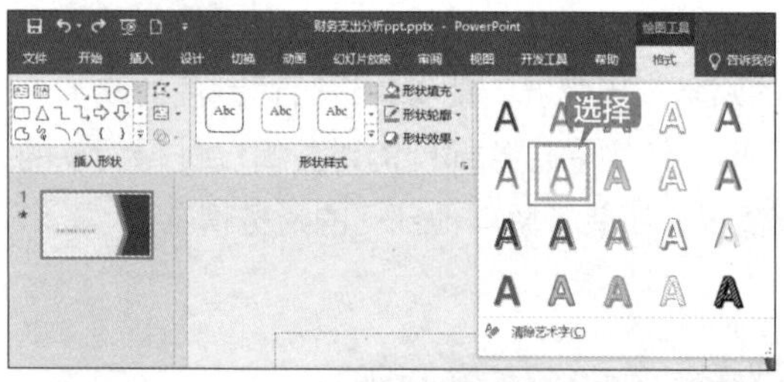

第 3 步 应用艺术字样式后，设置【字体】为“方正兰亭特黑简体”、【字号】为“54”、【字体颜色】为“黑色”，效果如下图所示。

第 4 步 使用同样的方法，输入副标题“财务部”，设置字体样式，并将其调整到合适位置，效果如下图所示。

14.2.2 设计财务支出情况幻灯片

设计财务支出情况幻灯片的具体操作步骤如下。

第 1 步 单击【开始】选项卡下【幻灯片】组中的【新建幻灯片】按钮，在弹出的下拉列表中选择【标题和内容】选项，如下图所示。

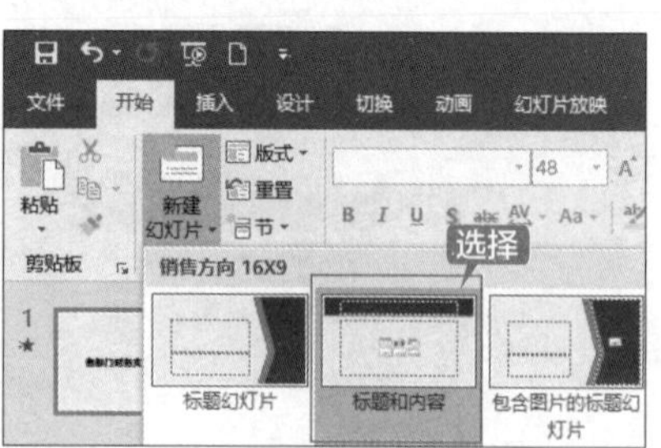

第 2 步 新建“标题和内容”幻灯片。在标题文本框中输入“各部门财务支出情况表”，并设置其【字号】为“48”，效果如下图所示。

第 3 步 单击文本占位符中的【插入表格】按钮，弹出【插入表格】对话框，设置【列数】为“5”、【行数】为“5”，单击【确定】按钮，如下图所示。

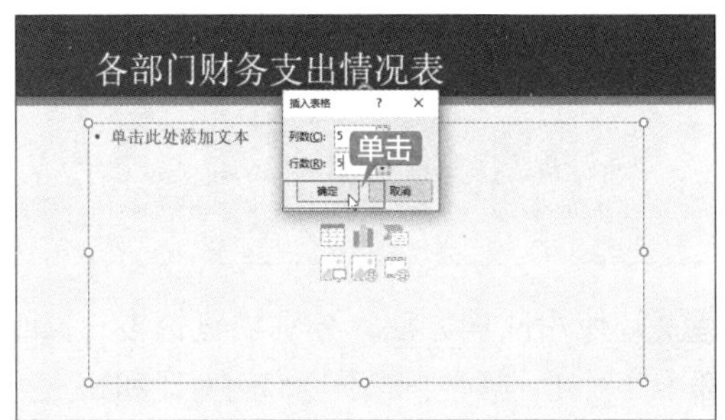

第 4 步 即可完成表格的插入，输入相关内容（可以打开“素材 \ch14\ 部门财务支出表 .xlsx”文件，按照表格内容输入），如下图所示。

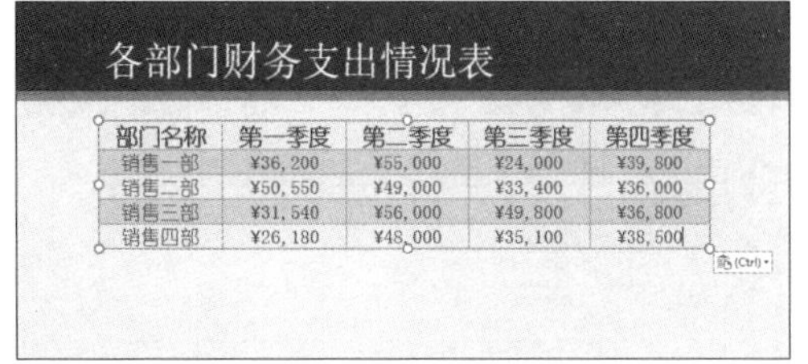

部门名称	第一季度	第二季度	第三季度	第四季度
销售一部	¥36,200	¥55,000	¥24,000	¥39,800
销售二部	¥50,550	¥49,000	¥33,400	¥36,000
销售三部	¥31,540	¥56,000	¥49,800	¥36,800
销售四部	¥26,180	¥48,000	¥35,100	¥38,500

第 5 步 选择绘制的表格，单击【设计】选项卡下【表格样式】组中的【其他】按钮，在弹出的下拉列表中选择所需的样式，如下图所示，即可更改表格的样式，并适当地调整表格中字体的大小。

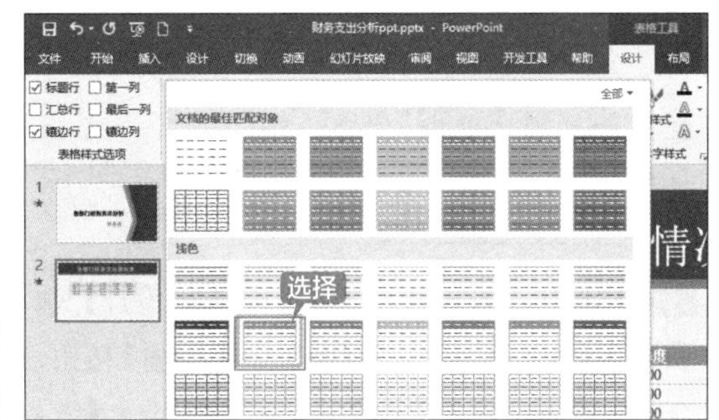

14.2.3 设置季度对比幻灯片

设置季度对比幻灯片的具体操作步骤如下。

第 1 步 新建“比较”幻灯片，在标题占位符中输入“季度对比”，在下方的文本框中分别输入“销售一部”和“销售二部”，并分别设置字体样式，如下图所示。

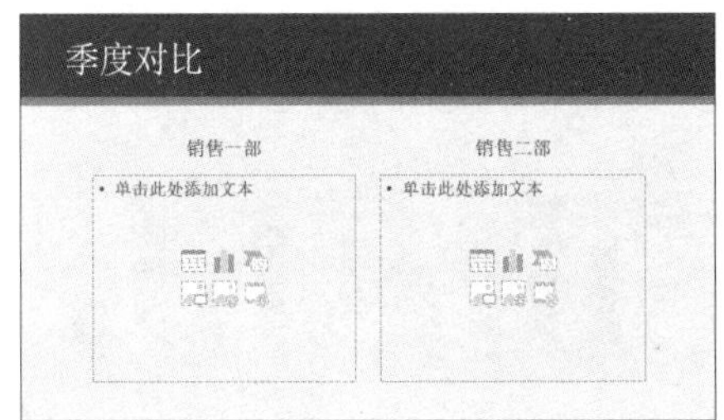

第 2 步 单击下方左侧文本占位符中的【插入图表】按钮，弹出【插入图表】对话框，选择要插入的图表类型，单击【确定】按钮，如下图所示。

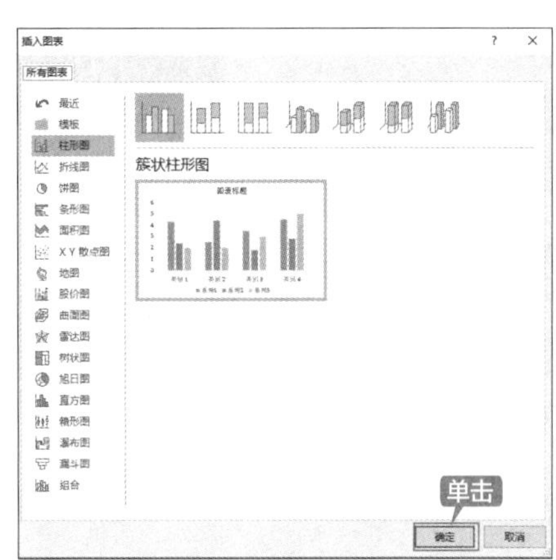

第 3 步 弹出【Microsoft PowerPoint 中的图表】工作表，在其中根据第 2 张幻灯片中的内容输入相关数据，如下图所示。

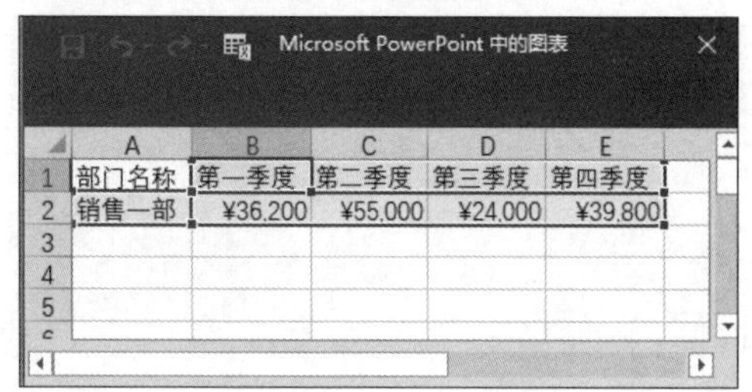

	A	B	C	D	E
1	部门名称	第一季度	第二季度	第三季度	第四季度
2	销售一部	¥36,200	¥55,000	¥24,000	¥39,800

第 4 步 关闭工作表，即可看到插入图表后的效果，如下图所示。

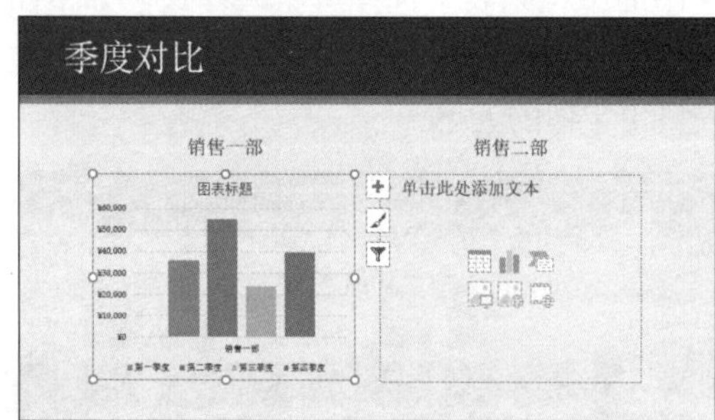

第 5 步 选择图表，单击【图表工具 - 设计】选项卡下【图表布局】组中【添加图表元素】按钮，在弹出的下拉列表中选择【图表标题】→【无】选项，如下图所示。

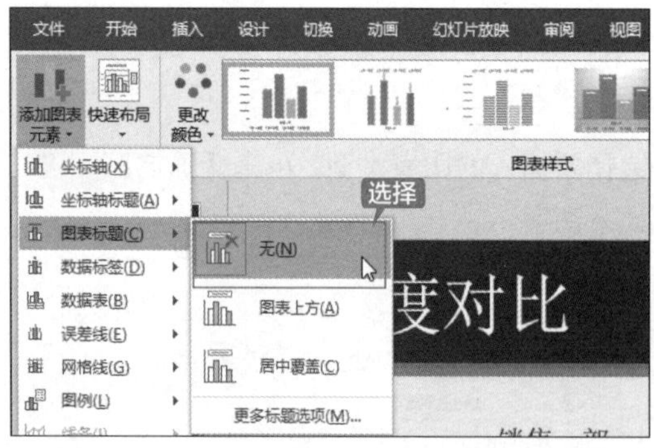

第 6 步 单击【图表工具 - 设计】选项卡下【图表样式】组中的【其他】按钮，在弹出的图表样式中选择要应用的图表样式，如下图所示。

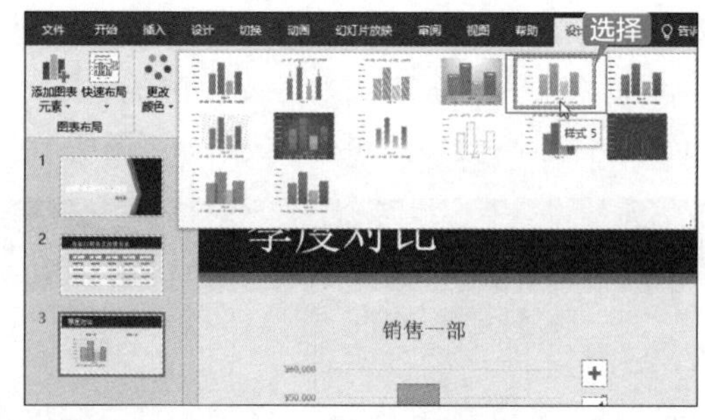

第 7 步 即可应用图表样式，使用同样的方法创建销售二部图表，并设置图表样式，效果如下图所示。

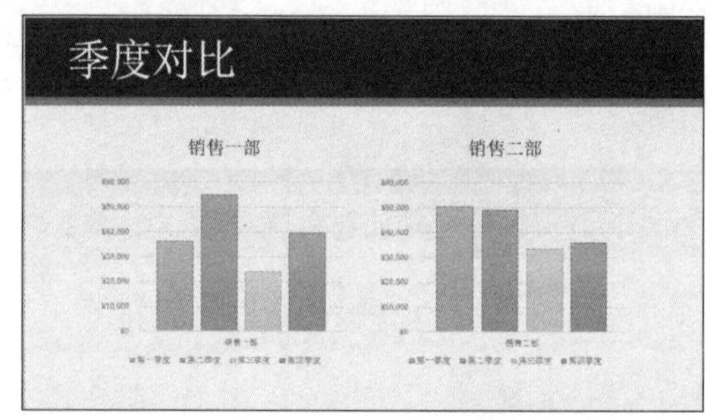

第 8 步 使用同样方法，分别创建销售三、四部季度对比，第一、二季度部门对比和第三、四季度部门对比图表，并根据需要设置图表样式，如下图所示。

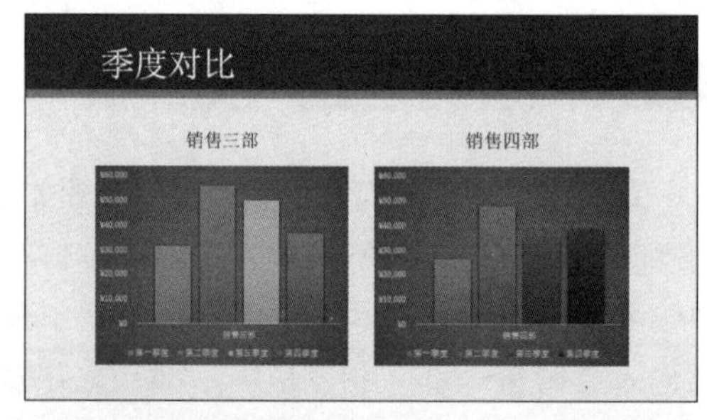

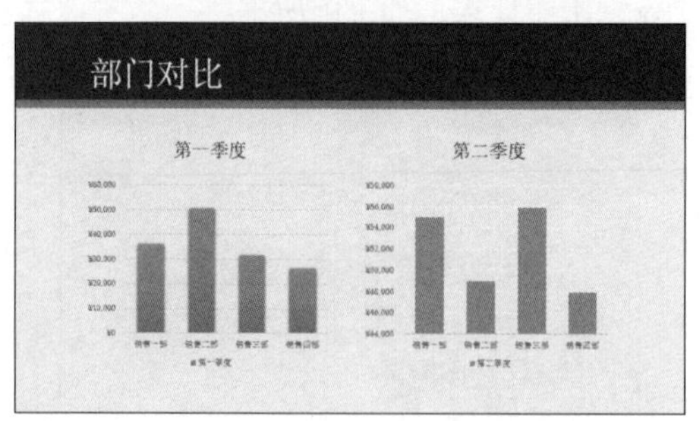

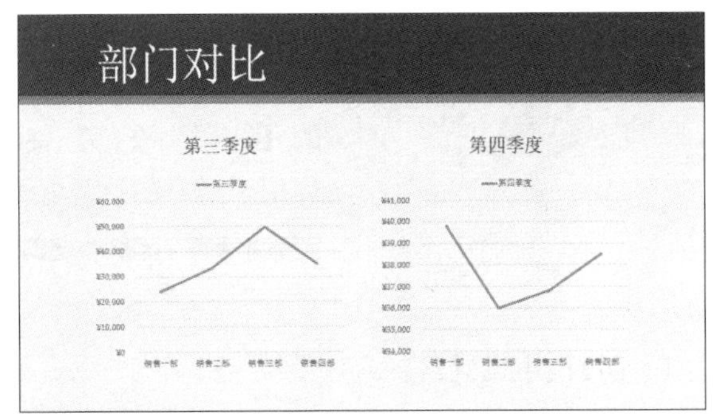

14.2.4 设置其他幻灯片

设置其他幻灯片的具体操作步骤如下。

第 1 步 新建“标题和内容”幻灯片，输入标题“对比分析”，并设置字体样式，效果如下图所示。

第 2 步 在内容文本框中输入对比结果，如下图所示。

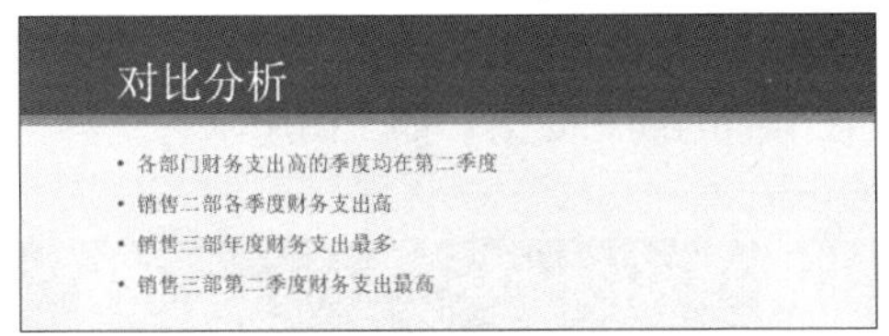

第 3 步 单击【开始】选项卡下【段落】组中的【编号】下拉按钮，在下拉列表中选择要输入的编号，并根据需要设置字体样式，效果如下图所示。

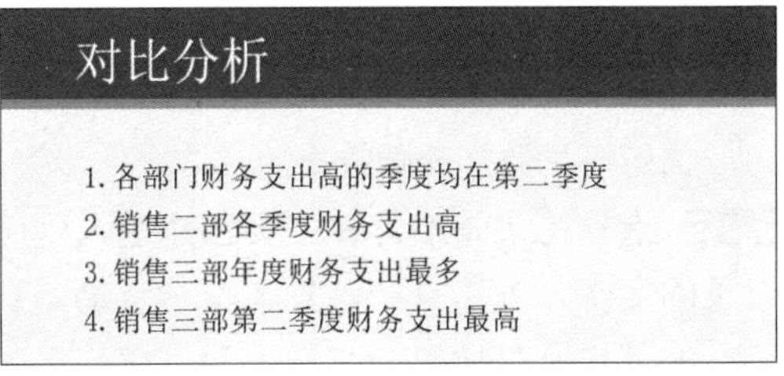

第 4 步 新建“空白”幻灯片，插入艺术字文本框，输入“谢谢观看！”，并根据需要设置字体样式，如下图所示。至此完成结束幻灯片的制作。

14.2.5 添加切换效果

为幻灯片添加切换效果的具体操作步骤如下。

第 1 步 选择要设置切换效果的幻灯片，这里选择第 1 张幻灯片。单击【切换】选项卡下【切换到此幻灯片】组中的【其他】按钮，在弹出的下拉列表中选择【淡入 / 淡出】切换效果，即可自动预览该效果，如下图所示。

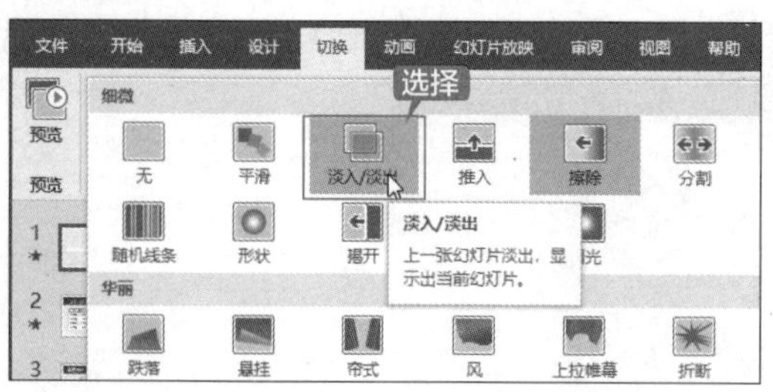

第 2 步　在【切换】选项卡下【计时】组中设置【持续时间】为“01.50”，如下图所示。

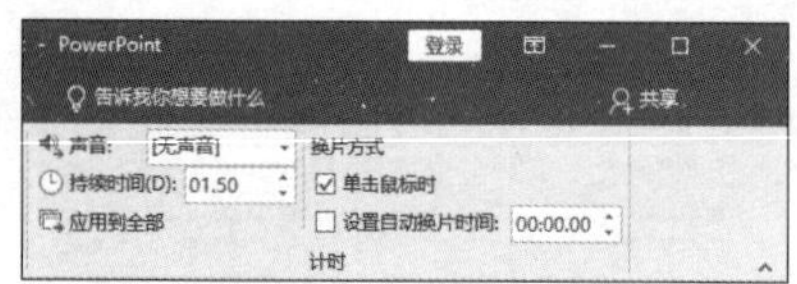

第 3 步　使用同样的方法，为其他幻灯片设置不同的切换效果，也可以单击【计时】组中的【应用到全部】按钮，将设置的切换效果应用至所有幻灯片，如下图所示。

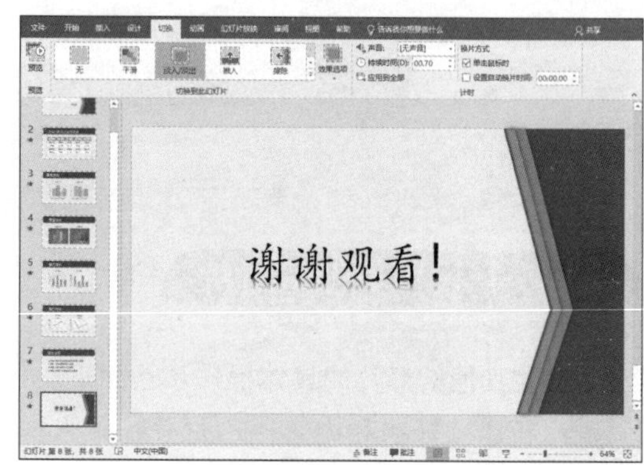

14.2.6 添加动画效果

为幻灯片添加动画效果的具体操作步骤如下。

第 1 步　选择第 1 张幻灯片中要创建进入动画效果的文字。单击【动画】选项卡【动画】组中的【其他】按钮，在弹出的下拉列表中选择【进入】→【飞入】选项，创建“进入”动画效果，如下图所示。

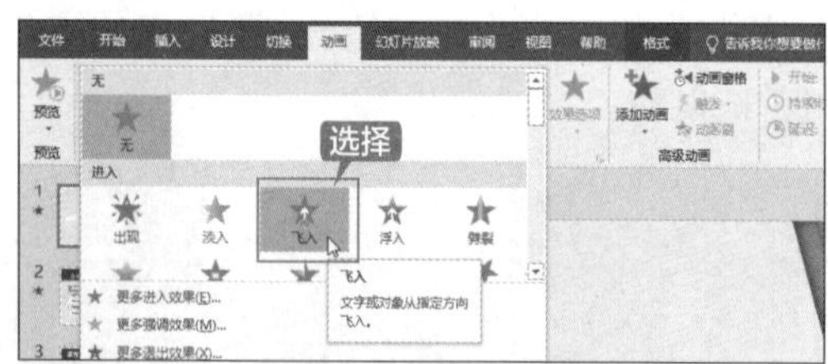

第 2 步　添加动画效果后，单击【动画】组中的【效果选项】按钮，在弹出的下拉列表中选择【自顶部】选项，如下图所示。

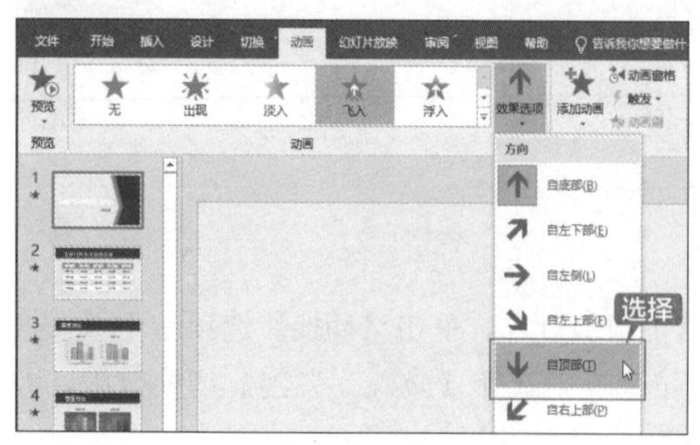

第 3 步　在【动画】选项卡的【计时】组中设置【开始】为“单击时”、【持续时间】为“02.00”，如下图所示。

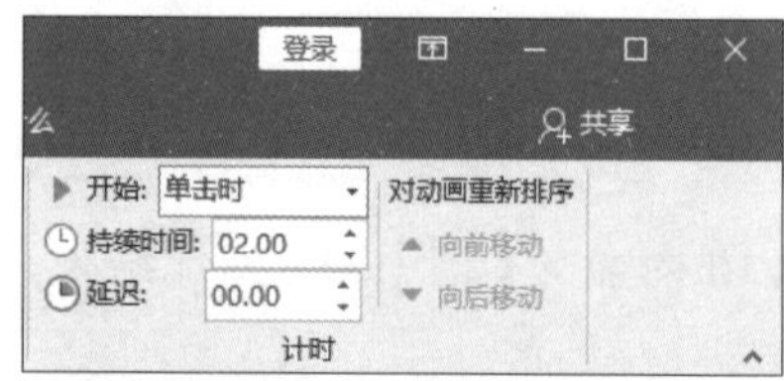

第 4 步　参照第 1 ~ 5 步其他幻灯片中的内容设置不同的动画效果，如下图所示。

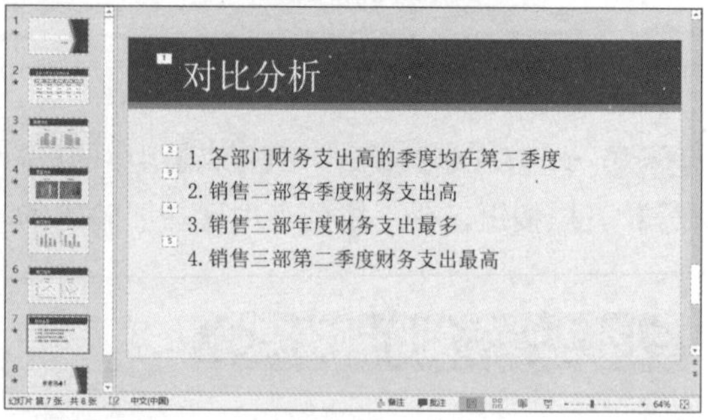

第 5 步　完成幻灯片制作之后，按【F5】键即可开始放映幻灯片，如下图所示。

第 6 步 放映结束后可根据预览效果对制作的幻灯片进行调整，最终效果如下图所示。

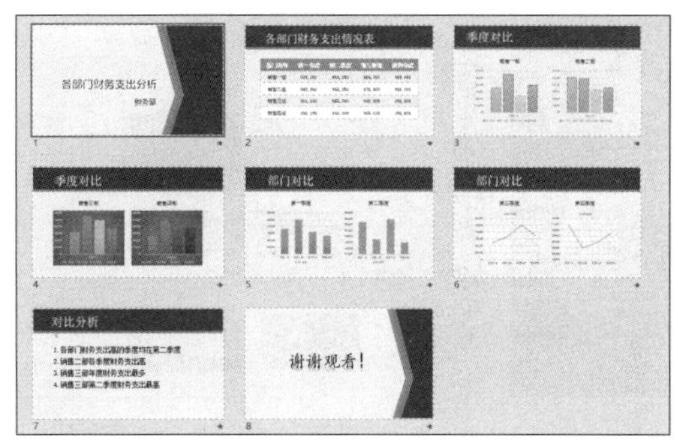

至此，财务支出分析PPT的制作已经完成。

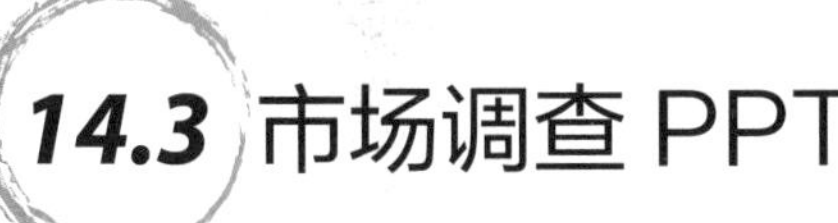

14.3 市场调查 PPT

制作市场调查 PPT 能给企业的市场经营活动提供有效的导向作用，这种 PPT 是市场营销部门经常制作的 PPT 类型，其最终效果如下图所示。

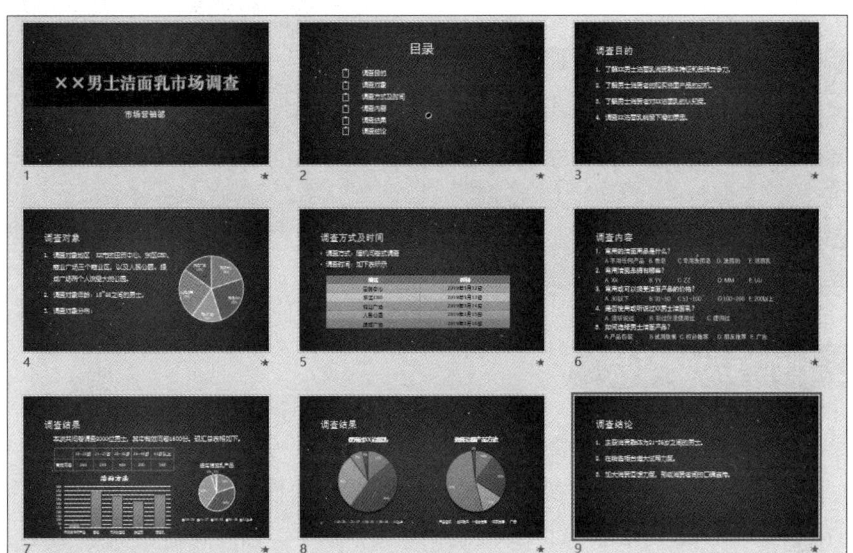

14.3.1 设置幻灯片主题

本案例中使用 PowerPoint 2019 的内置幻灯片母版和主题来设置，具体操作步骤如下。

第 1 步 启动 PowerPoint 2019，进入新建界面，在模板和主题列表中选择要应用的模板和主题，这里选择【红色射线演示文稿（宽屏）】选项，如下图所示。

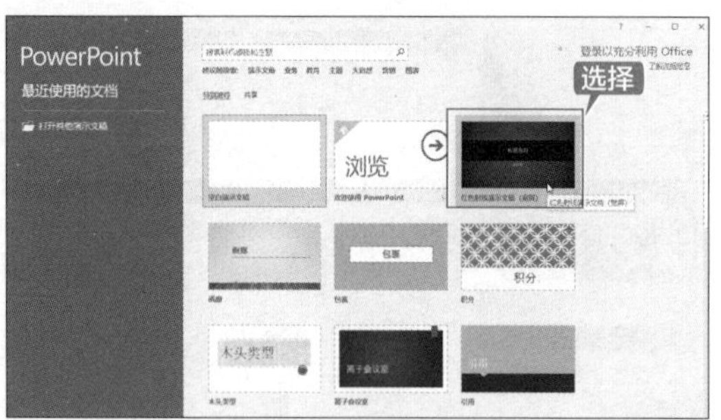

提示

如果使用的计算机中无该模板，则可在搜索文本框中输入“红色射线”搜索该模板。

第 2 步 即可创建相应的演示文稿，如下图所示。

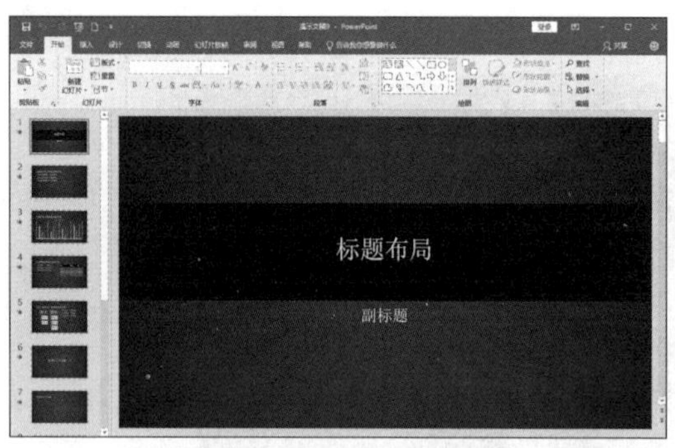

第 3 步 单击【设计】选项卡下【变体】组中的【其他】按钮，在弹出的下拉列表中选择【颜色】→【蓝色Ⅱ】主题色，如下图所示。

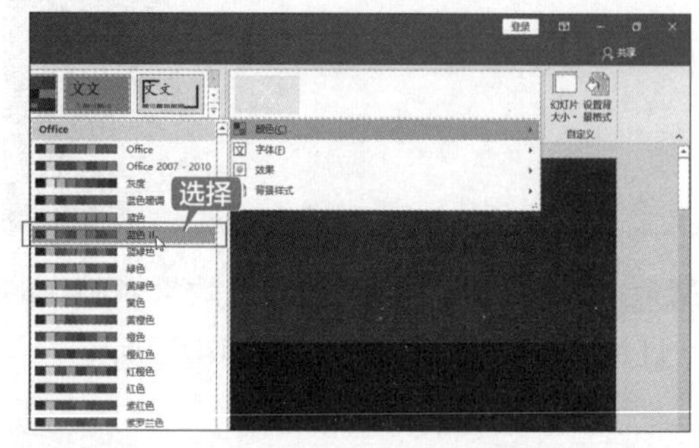

第 4 步 即可改变幻灯片的主题颜色，效果如下图所示。

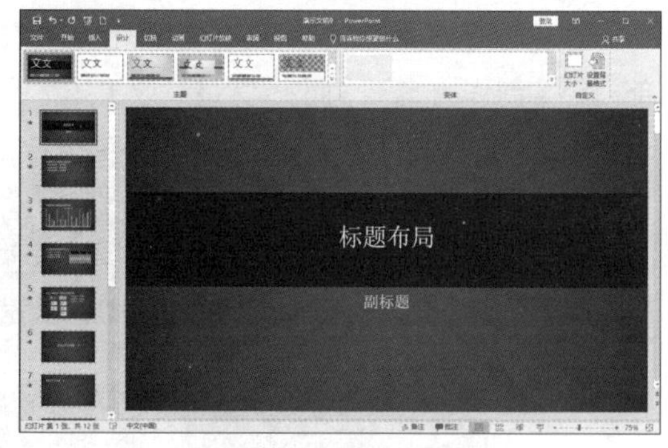

14.3.2 制作首页幻灯片

制作首页幻灯片的具体操作步骤如下。

第 1 步 在左侧缩览图列表中，选择第 2 ~ 12 张幻灯片，按【Delete】键将所选幻灯片删除，如下图所示。

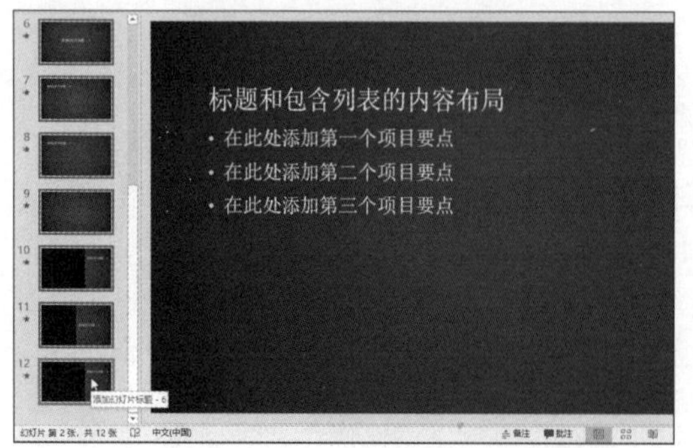

第 2 步 选择第 1 张幻灯片，在【标题布局】文本框中，输入标题“××男士洁面乳市场调查”，如下图所示。

第 3 步 选择输入的标题，单击【绘图工具－

格式】选项卡下【艺术字样式】组中的【其他】按钮▾，在弹出的下拉列表中选择一种艺术字样式，如下图所示。

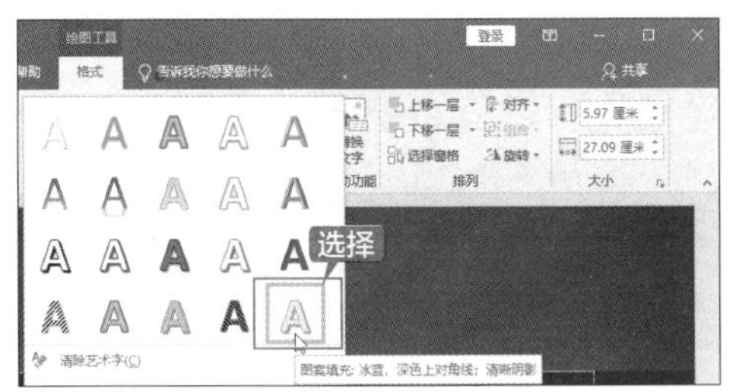

第 4 步 即可为文字应用艺术字样式，并设置【字体】为“汉仪中宋简”、【字号】为“66”，效果如下图所示。

第 5 步 在【副标题】文本框中输入“市场营销部”，并根据需要设置文字的样式，同时调整文本框的位置，效果如下图所示。

14.3.3 制作目录幻灯片

制作目录幻灯片的具体操作步骤如下。

第 1 步 单击【开始】选项卡下【幻灯片】组中的【新建幻灯片】按钮，在弹出的下拉列表中选择【仅标题】选项，如下图所示。

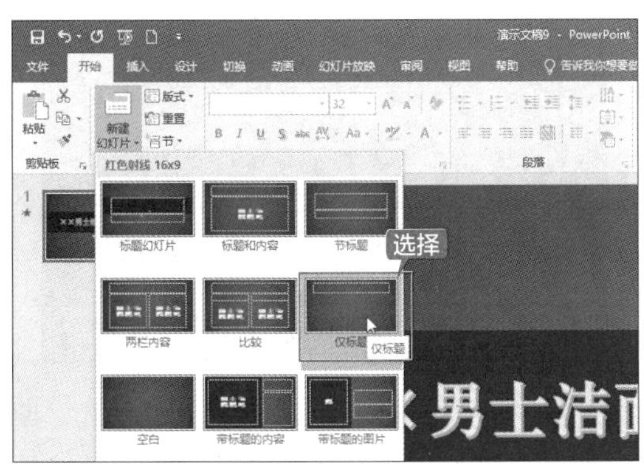

第 2 步 新建“仅标题”幻灯片，在标题文本框中输入“目录”、设置【字体】为“微软雅黑”、【字号】为“48”，将对齐方式设置为“居中”对齐，并根据需要调整标题文本框的位置，效果如下图所示。

第 3 步 绘制横排文本框，并输入目录内容，可以打开“素材\ch14\市场调查.txt”文档，将“目录”下的内容复制到目录幻灯片中，如下图所示。

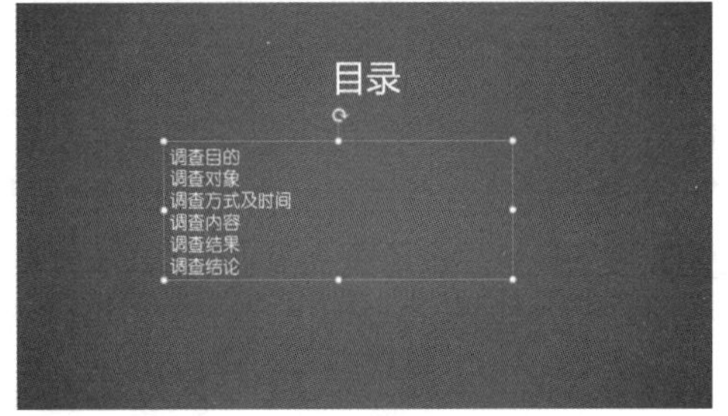

第 4 步 设置目录【字体】为“幼圆”、【字号】为“24”、【行距】为“1.5 倍行距”，如下图所示。

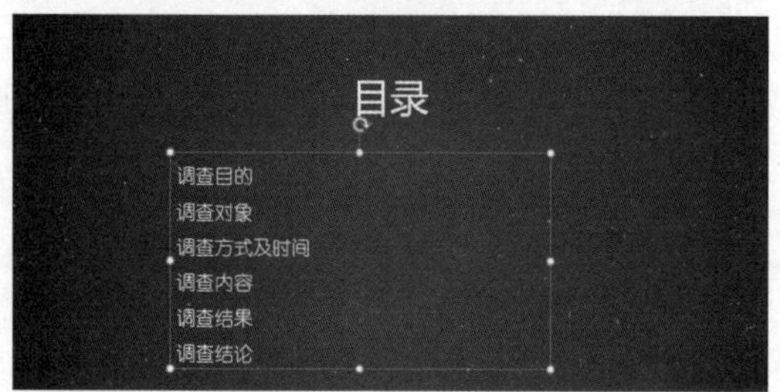

第 5 步 单击【插入】→【插图】→【图标】按钮，在弹出的【插入图标】对话框中，选择要插入的图标，如在【商业】类别中选择一种图标，并单击【插入】按钮，如下图所示。

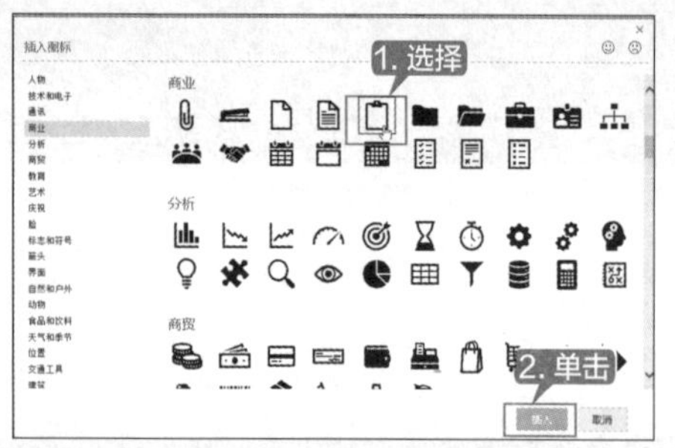

第 6 步 插入幻灯片后，设置图标的大小和填充颜色，效果如下图所示。

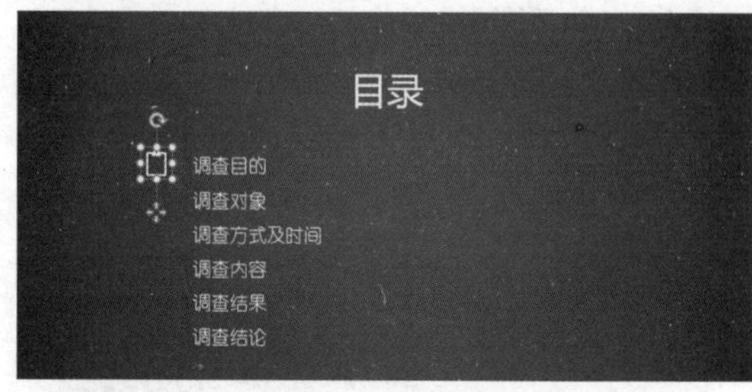

第 7 步 使用同样的方法在其他内容前添加图标，并调整位置，效果如下图所示。

14.3.4 制作调查目的和调查对象幻灯片

制作调查目的和调查对象幻灯片的具体步骤如下。

第 1 步 新建“标题和内容”幻灯片，输入“调查目的”标题，如下图所示。

第 2 步 在打开的“市场调查 .txt”文档中将“调查目的”下的内容复制到幻灯片中，并设置其【字体】为“幼圆”、【字号】为“24”、【行距】为“1.5 倍行距”，同时根据需要调整文本框的位置，效果如下图所示。

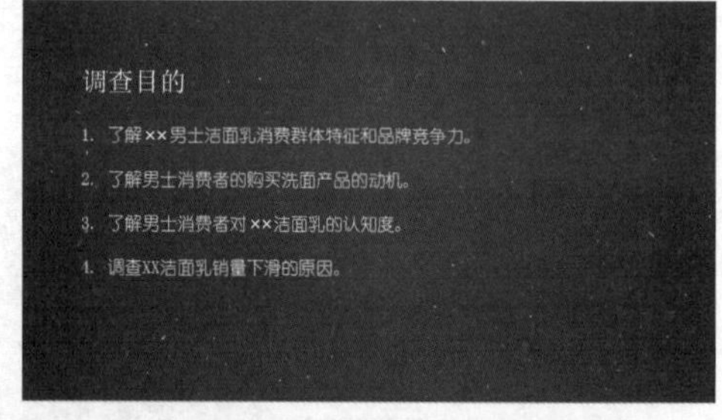

第 3 步 新建“标题和内容”幻灯片，输入“调查对象”标题。根据需要设置标题样式，然后输入“市场调查 .txt”文档中的相关内容，如下图所示。

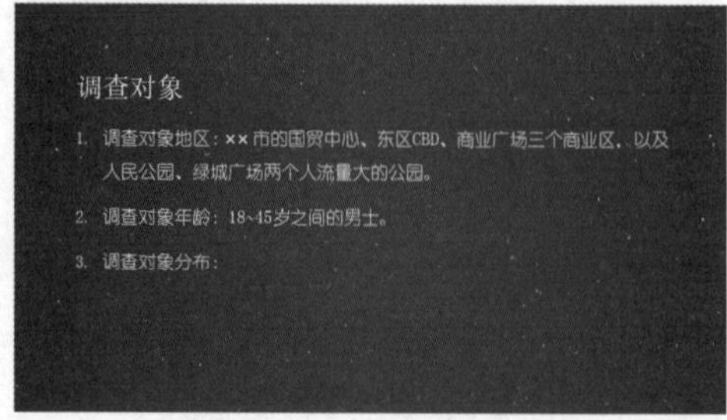

第 4 步 单击【插入】选项卡下【插图】组中的【图表】按钮，如下图所示。

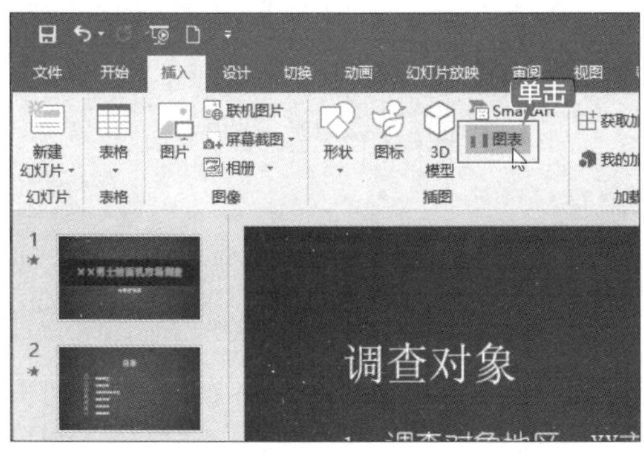

第 5 步 弹出【插入图表】对话框，在左侧列表中选择【饼图】选项，在右侧选择一种饼图样式，单击【确定】按钮，如下图所示。

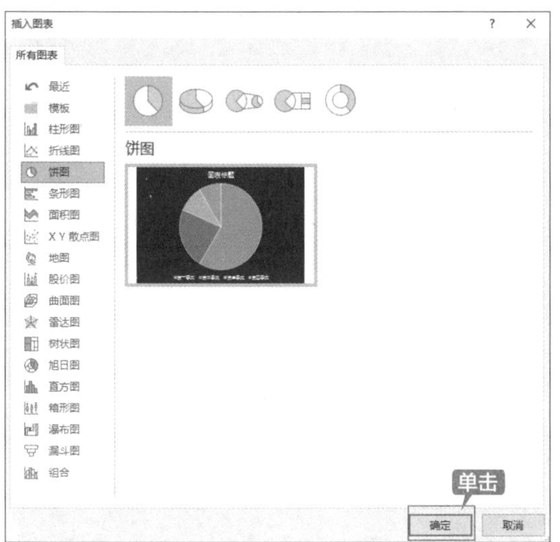

第 6 步 即可在“调查对象”幻灯片中插入饼图图表，并打开【Microsoft PowerPoint 中的图表】工作表，在其中输入下图所示的内容，然后单击【关闭】按钮将其关闭。

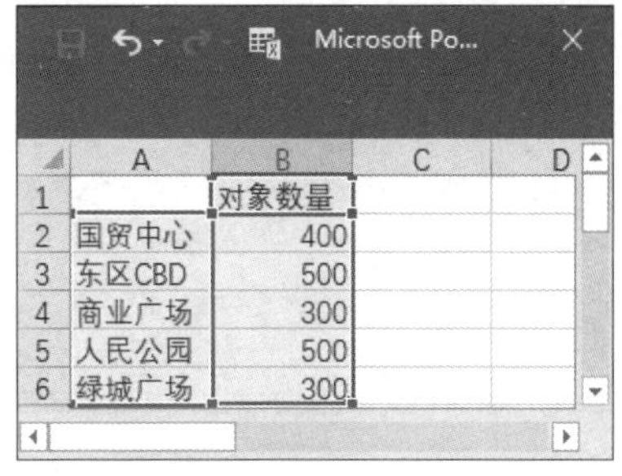

	A	B	C	D
1		对象数量		
2	国贸中心	400		
3	东区CBD	500		
4	商业广场	300		
5	人民公园	500		
6	绿城广场	300		

第 7 步 即可完成饼图的插入，单击【设计】选项卡下【图表布局】组中的【快速布局】下拉按钮，在弹出的下拉列表中选择【布局 1】样式，如下图所示。

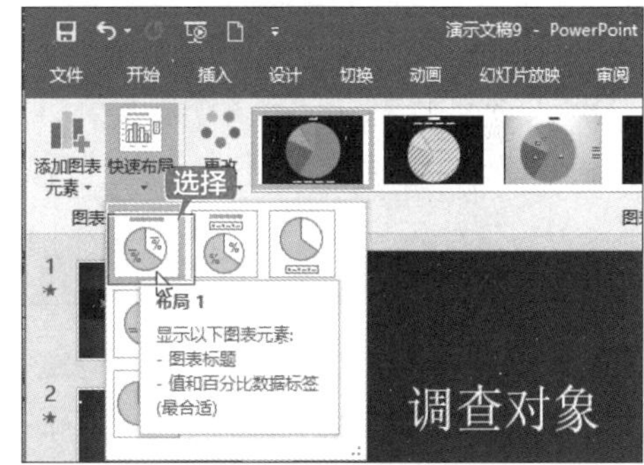

第 8 步 删除图表标题，并调整文本框和图表的位置，效果如下图所示。

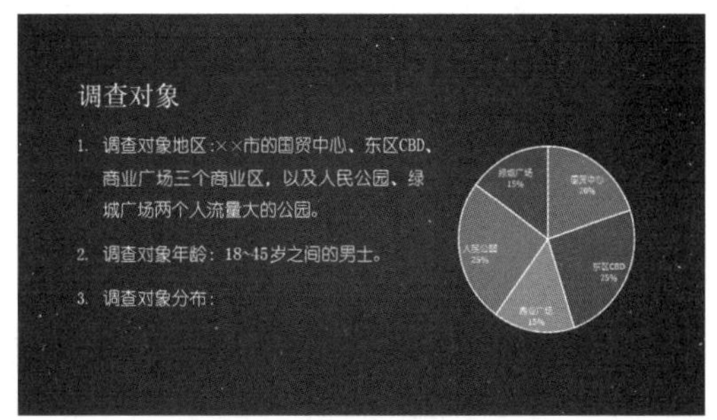

14.3.5 制作调查方式及时间幻灯片

制作调查方式及时间幻灯片的具体操作步骤如下。

第 1 步 新建“标题和内容”幻灯片页面，输入“调查方式及时间”标题。根据需要设置标题样式，然后输入“市场调查 .txt”文档中“调查方式及时间”的相关内容，如下图所示。

第 2 步 插入一个 2×6 的表格，输入相关内容，并适当地调整表格内容的位置，效果如下图所示。

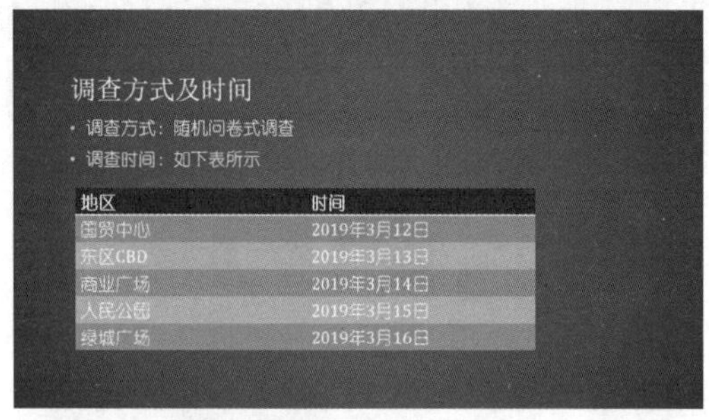

第 3 步 选择表格内容，分别对表头和表格内容设置字体和字号，然后调整表格的行高和列宽，效果如下图所示。

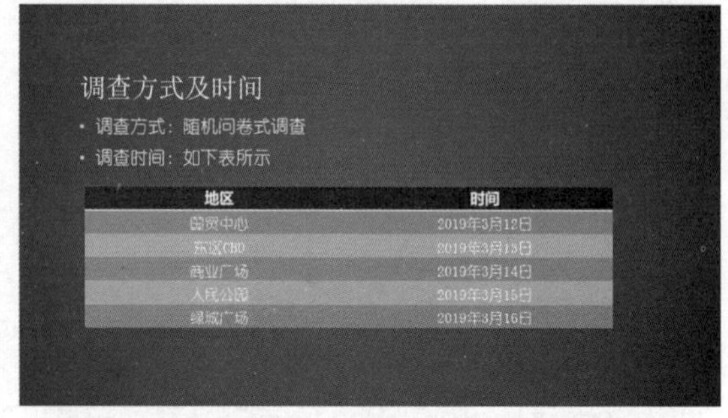

第 4 步 选择插入的表格，在【设计】选项卡下【表格样式】组中更改表格的样式，并根据需要调整表格中文本的字号，效果如下图所示。

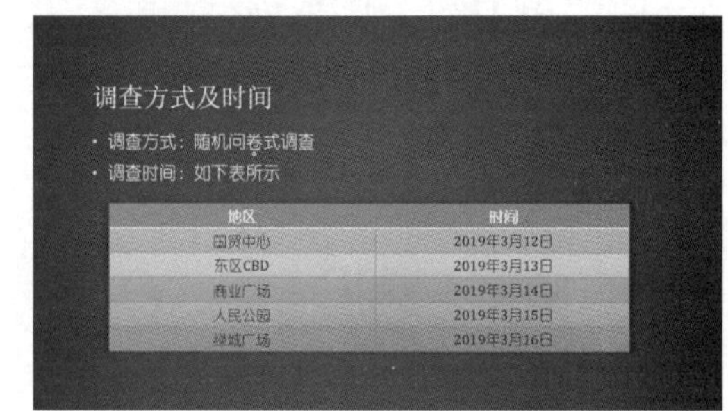

14.3.6 制作其他幻灯片

制作其他幻灯片的具体操作步骤如下。

第 1 步 新建“标题和内容”幻灯片，输入“调查内容”标题，并输入“市场调查 .txt”文档中的相关内容，根据需要设置字体样式，效果如下图所示。

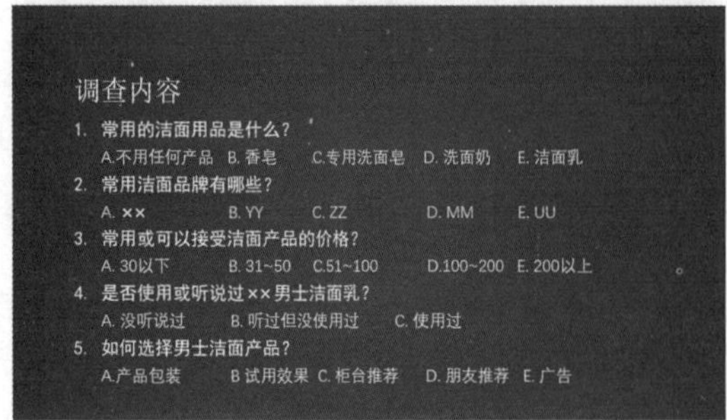

第 2 步 使用同样的方法制作“调查结果”幻灯片，效果如下图所示。

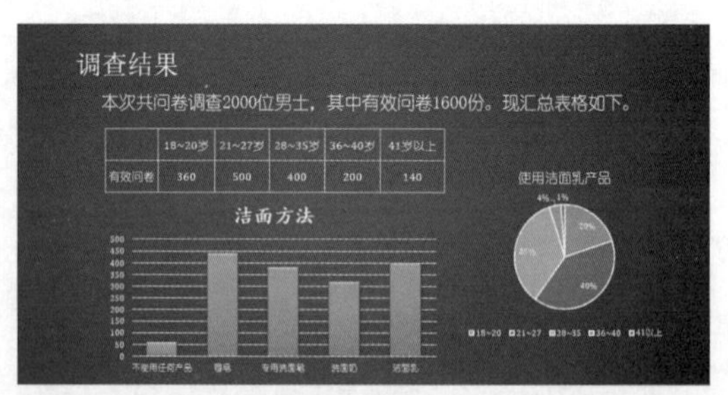

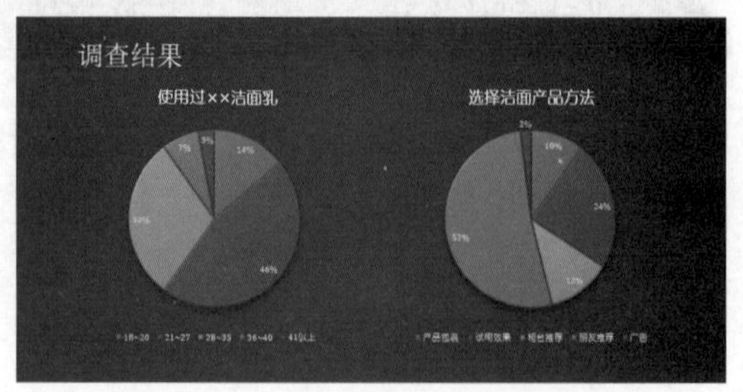

第 3 步 制作“调查结论”幻灯片，效果如下图所示。

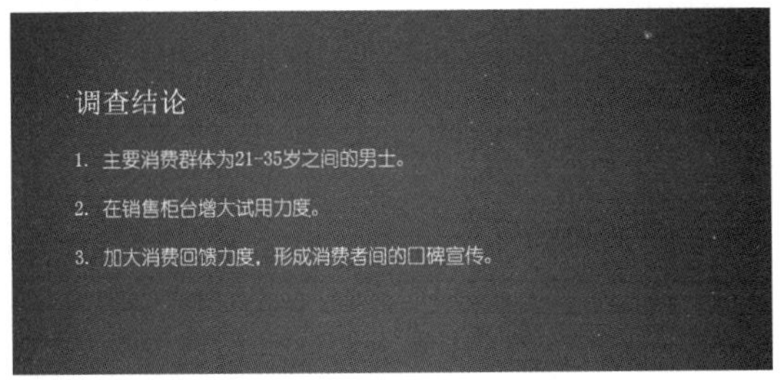

新建“标题幻灯片”幻灯片，输入艺术字“谢谢观赏！”，并根据需要调整字体、字号及字体样式等，效果如下图所示。

选择第
换到此幻灯片
弹出的下拉列表
选项，如下图所示

第 2 步 单击【切换】选项卡下【切换到此幻灯片】组中的【效果选项】按钮，在弹出的下拉列表中选择【水平】选项，如下图所示，设置“水平百叶窗”切换效果。

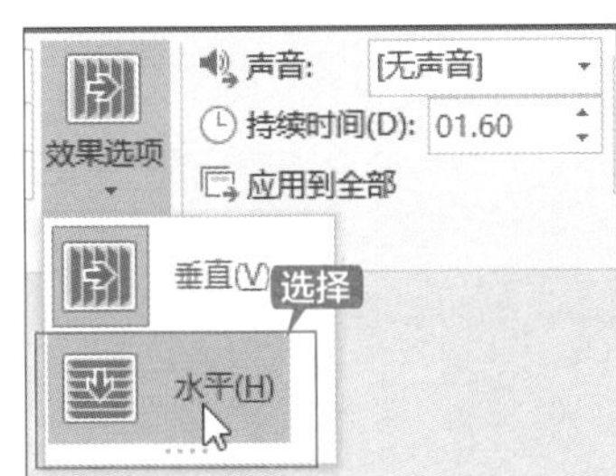

第 3 步 在【切换】选项卡下【计时】组中设置【持

第 4 步
动画
组中的【
中选择【进入】
入”动画效果，如下图

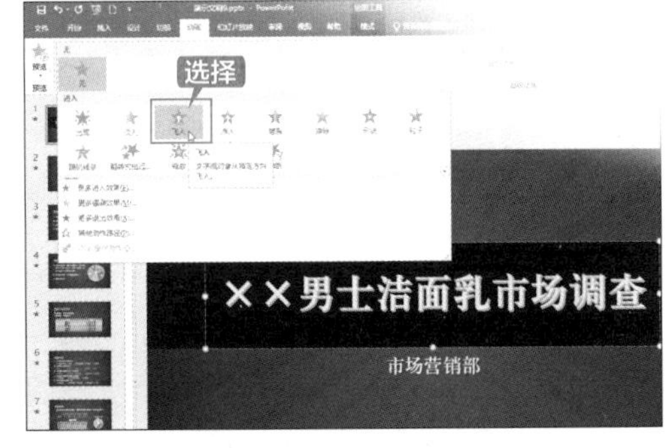

第 5 步 使用同样的方法为其他内容设置动画效果，如下图所示。

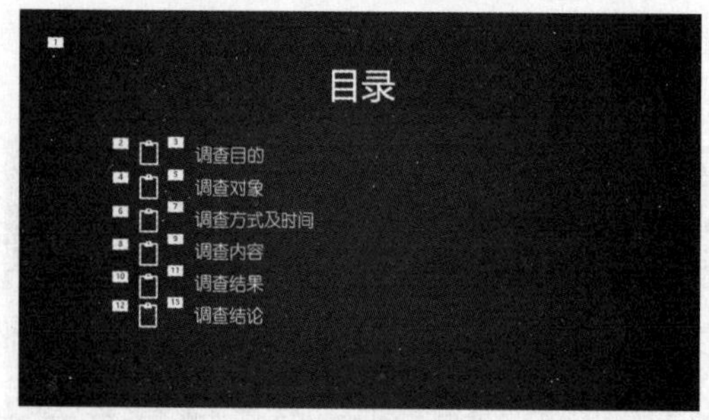

第 6 步 至此，市场调查 PPT 幻灯片制作完成，效果如下图所示，按【F12】键保存演示文稿即可。

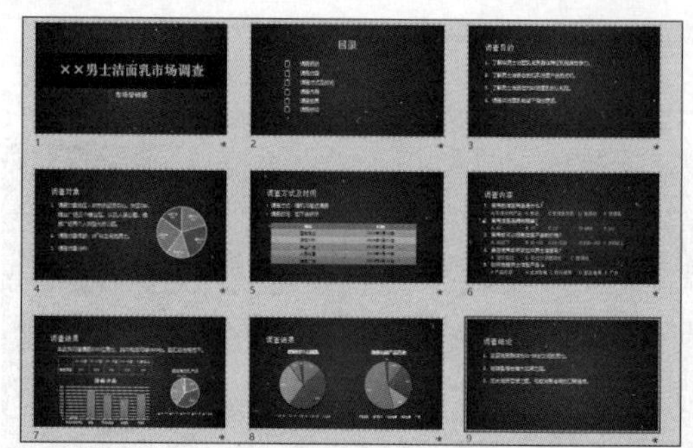

第 15 章
展示型 PPT 实战

本章导读

PPT 既是传达信息的载体，也是展示个性的平台。在 PPT 中，用户的创意可以通过内容或图示来展示，用户的心情可以通过配色来表达。尽情发挥出自己的创意，就可以制作出令人惊叹的绚丽 PPT。

思维导图

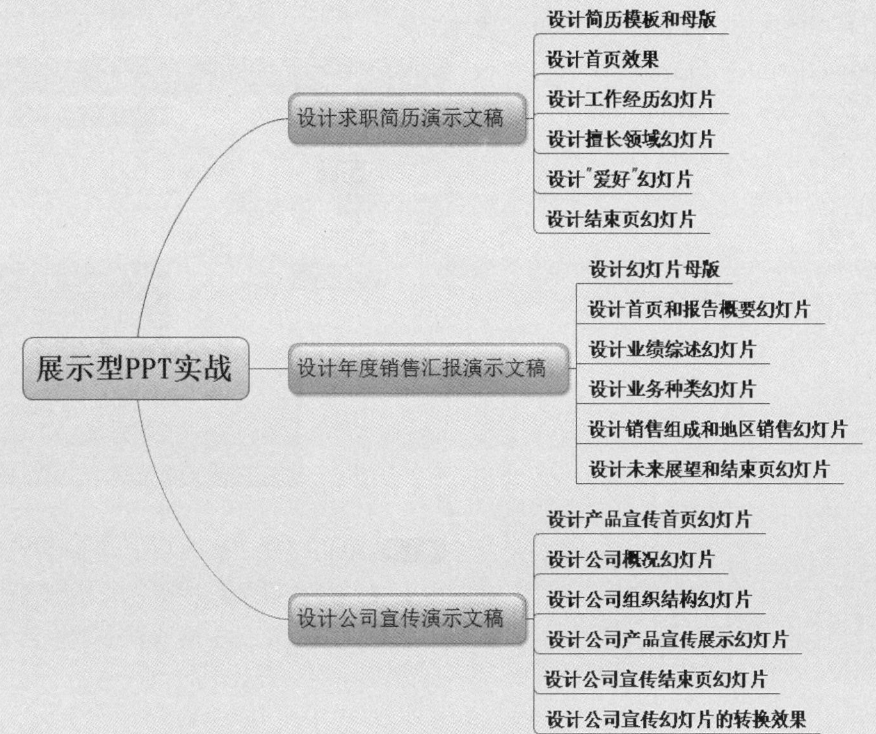

15.1 设计求职简历演示文稿

一份独特的个人简历能够快速吸引招聘人员的注意，使之加深对应聘者的好感和印象。本实例介绍如何制作一份独具创意的个人简历 PPT，最终效果如下图所示。

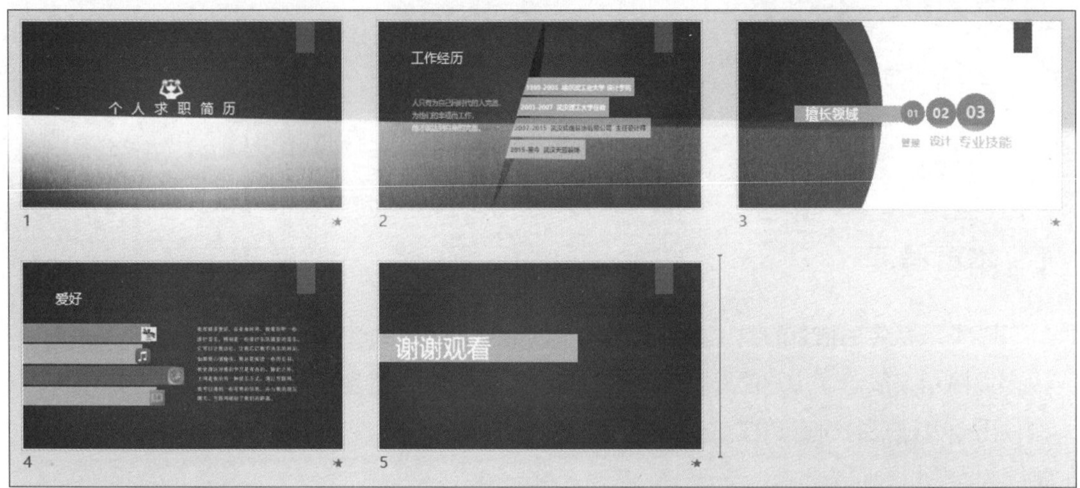

15.1.1 设计简历模板和母版

本 PPT 采用修改后的 PowerPoint 2019 内置主题，并使用黑色渐变色作为背景，以衬托和突出显示幻灯片中的内容。母版设计的具体步骤如下。

第1步 启动 PowerPoint 2019，新建一个空白的演示文稿，进入 PowerPoint 工作界面，如下图所示。

第2步 单击【设计】选项卡【主题】组中的【其他】按钮，在弹出的下拉列表中选择【Office】→【离子会议室】选项，如下图所示。

第3步 单击【视图】选项卡【母版视图】组中的【幻灯片母版】按钮，切换到【幻灯片母版】视图，并在左侧列表中单击第 1 张幻灯片，如下图所示。

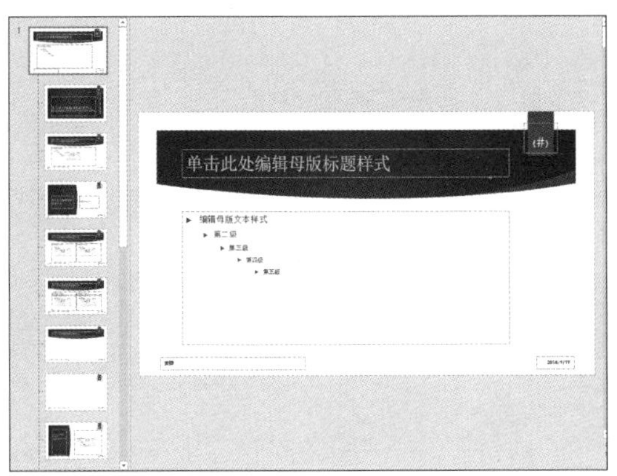

第 4 步 选中白色图形，按【Delete】键删除所选对象，母版视图中除第 2 张和第 4 张幻灯片外的幻灯片都自动进行了修改，如下图所示。

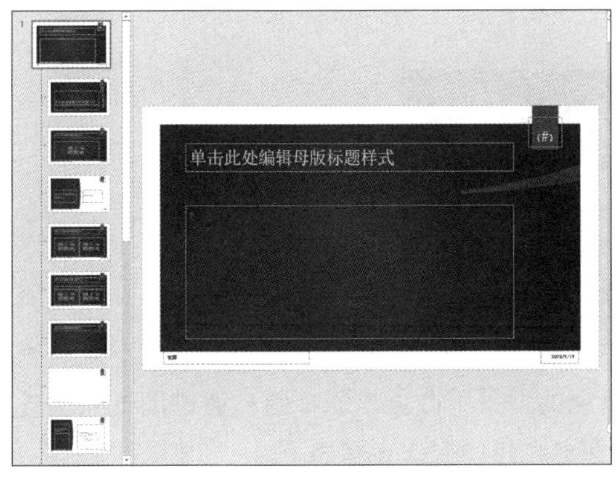

第 5 步 选择第 2 张幻灯片，将背景图形选中后取消组合，然后选择白色边框图形，按【Delete】键删除所选对象，如下图所示。

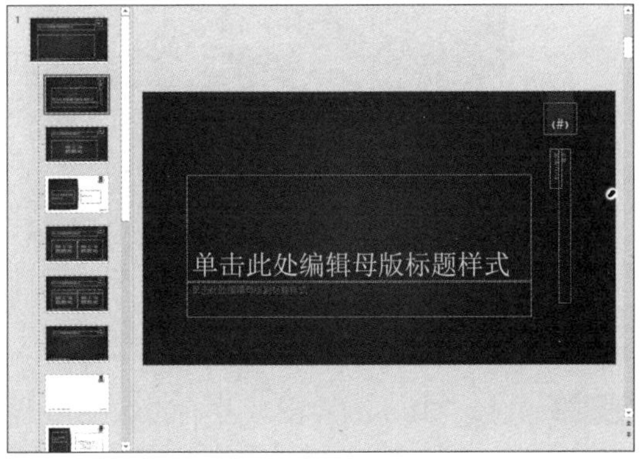

提示

母版视图中左侧列表的第 2 张幻灯片是“标题幻灯片”版式，通常作为演示文稿的首页。

第 6 步 选择第 4 张幻灯片，调整右侧的白色区域大小，效果如下图所示。

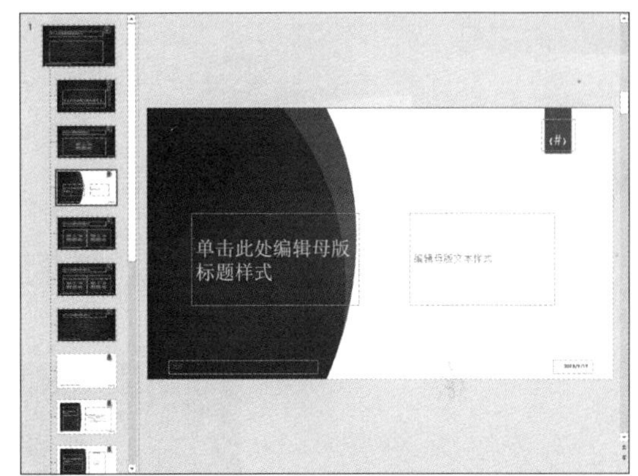

第 7 步 单击【幻灯片母版】选项卡【关闭】组中的【关闭母版视图】按钮，或者单击【视图】选项卡【演示文稿视图】组中的【普通视图】按钮，退出母版视图，并切换到普通视图，如下图所示。

第 8 步 单击快速工具栏中的【保存】按钮，在弹出的【另存为】对话框中选择要保存演示文稿的位置，并在【文件名】文本框中输入“求职简历”，单击【保存】按钮，如下图所示。

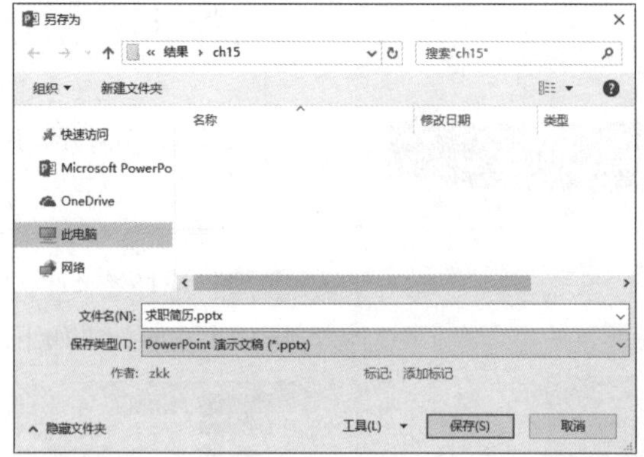

15.1.2 设计首页效果

将个人简历制作成 PPT 形式，目的就是不和其他简历雷同，所以首页更要体现出独特的创意和特色，其最终效果图如下图所示。

首页创意：使用白色的求职人物做衬托，在暗色的背景下凸显求职标题；通过动画的形式展示个人资料，使阅读简历的人对该资料的印象更深刻，具体操作步骤如下。

1. 添加图片和艺术字

第 1 步 接着 15.1.1 小节的实例操作。单击【插入】选项卡【插图】组中的【图片】按钮，在弹出的【插入图片】对话框中选择“素材\ch15\01.png”图片，然后单击【插入】按钮，如下图所示。

第 2 步 即可将图片插入幻灯片中，如下图所示。

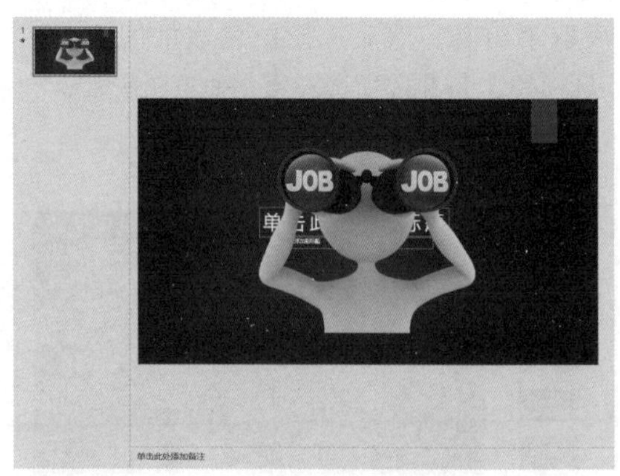

第 3 步 选择“01.png”图片并右击，在弹出的快捷菜单中选择【置于顶层】→【置于顶层】选项，将“01.png”图片移至最上层，如下图所示。

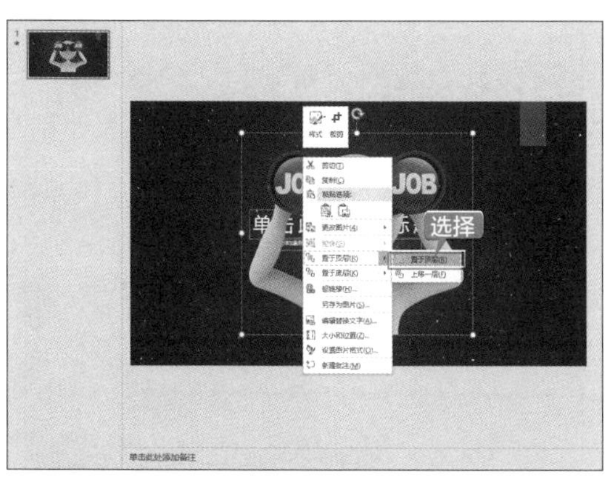

第 4 步 调整图片的大小和位置，如下图所示。

第 5 步 选择“01.png”图片，然后在【格式】选项卡的【调整】组中单击【校正】下拉按钮，在弹出的下拉列表中选择【亮度：+40% 对比度：+40%】选项，如下图所示。

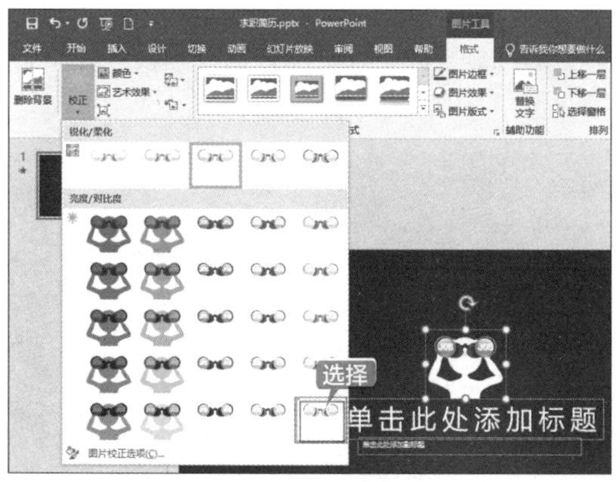

第 6 步 在“单击此处添加标题”文本框中输入“个人求职简历”，设置【字体】为“微软雅黑”、【字号】为“40”，并将段落的样式设置为【分散对齐】，如下图所示。

第 7 步 在下方的文本框中输入个人的资料及联系方式，并设置【字体】为“微软雅黑”、【字号】为“12”、【字体颜色】为“白色”，效果如下图所示。

2. 设置动画

第 1 步 设置“个人求职简历”弹出效果。选择“个人求职简历”文本框，单击【动画】选项卡【高级动画】组中的【添加动画】按钮，在弹出的下拉列表中选择【出现】选项，如下图所示。

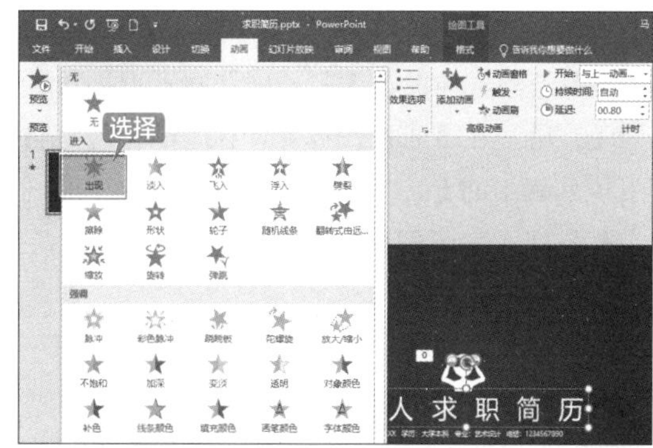

第 2 步 单击【格式】选项卡【计时】组中的【开始】下拉列表中选择【与上一动画同时】选项，设置【延迟】为“00.80”，如下图所示。

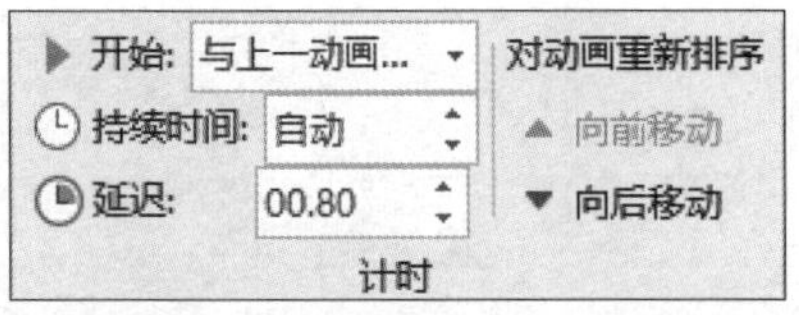

第 3 步 设置个人资料显现效果。选择个人资料中的所有文字，添加“出现”动画效果。打开【动画窗格】窗格，选择动画并右击，在弹出的快捷菜单中选择【效果选项】命令，如下图所示。

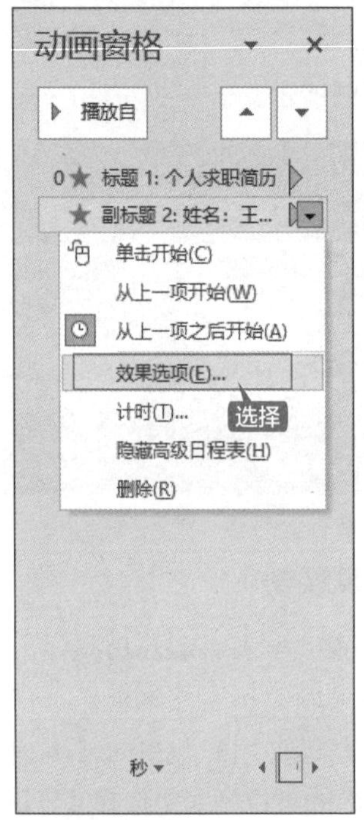

第 4 步 在【出现】对话框的【效果】选项卡中，选择【设置文本动画】下拉列表中的【按词顺序】选项，并设置【字 / 词之间延迟秒数】为【0.1】。在【计时】选项卡中，选择【开始】下拉列表中的【上一动画之后】选项，单击【确定】按钮，如下图所示。

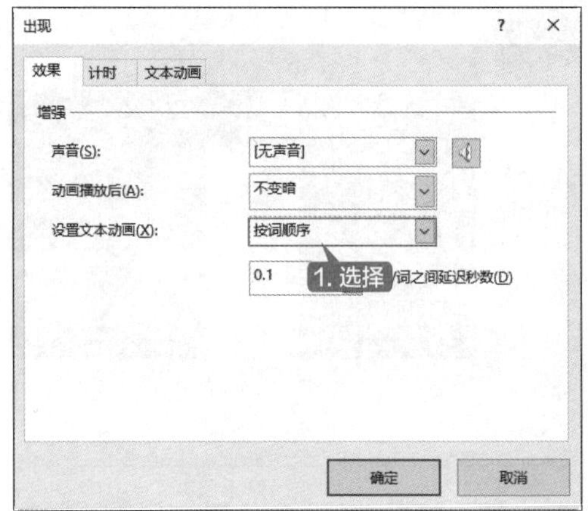

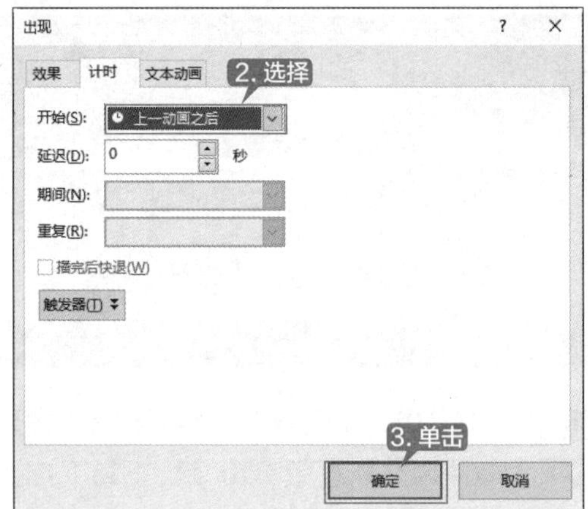

第 5 步 为图片也添加“出现”动画效果，并在【开始】下拉列表中选择【与上一动画同时】选项。至此，首页图片及动画设计完毕，效果如下图所示。

15.1.3 设计工作经历幻灯片

对工作经历可以使用流程图的形式直观展示出来，使观众一目了然，其最终效果如下图所示。

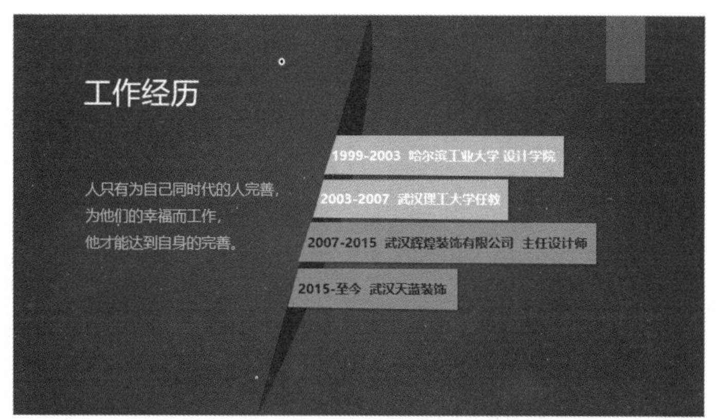

具体操作步骤如下。

第 1 步 单击【开始】选项卡【幻灯片】组中的【新建幻灯片】按钮，新建一张“仅标题”幻灯片，如下图所示。

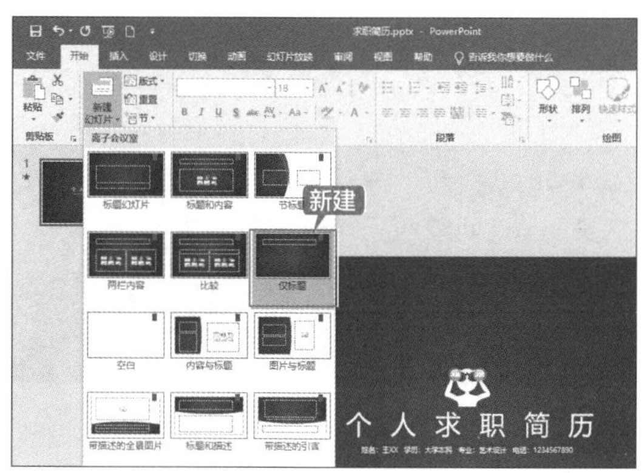

第 2 步 输入标题“工作经历”，设置【字体】为“微软雅黑”、【字体颜色】为“白色”，并删除下方的内容文本框，效果如下图所示。

第 3 步 使用形状工具绘制一个不规则形状，将其选中并右击，在弹出的快捷菜单中选择【编辑顶点】选项，按下图所示调整图形。

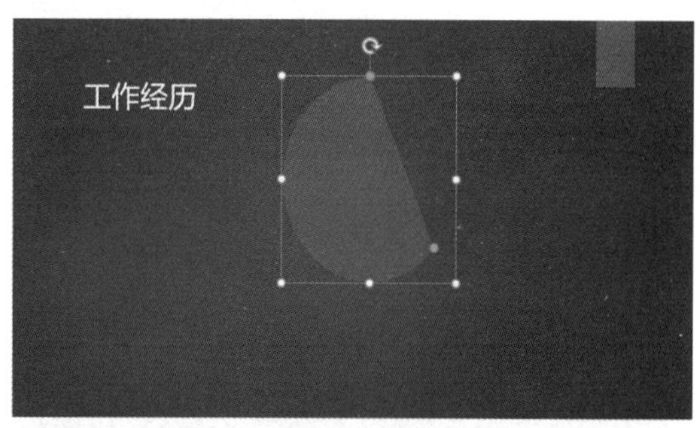

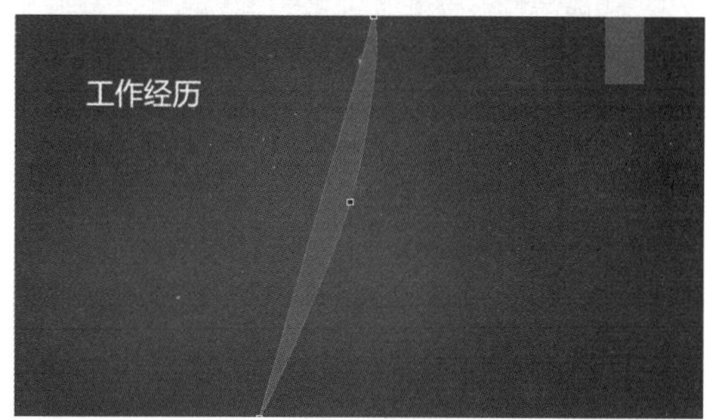

第 4 步 为该形状填充“黑色”，设置为“无轮廓”，效果如下图所示。

第 5 步 在形状的上方绘制一个矩形，将其选中并右击，在弹出的快捷菜单中选择【编辑

顶点】选项，调整后的矩形如下图所示。

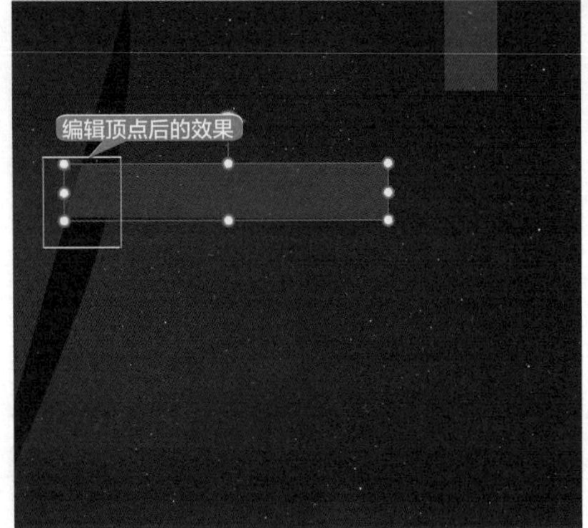

第 6 步 为调整后的矩形填充“浅橙色”，设置为“无轮廓”，效果如下图所示。

第 7 步 选择矩形并右击，在弹出的快捷菜单中选择【编辑文字】命令，在出现的文本框中输入工作经历的说明文字，设置【字体】为“微软雅黑”、【字号】为“18”、【字体颜色】为“白色”，如下图所示。

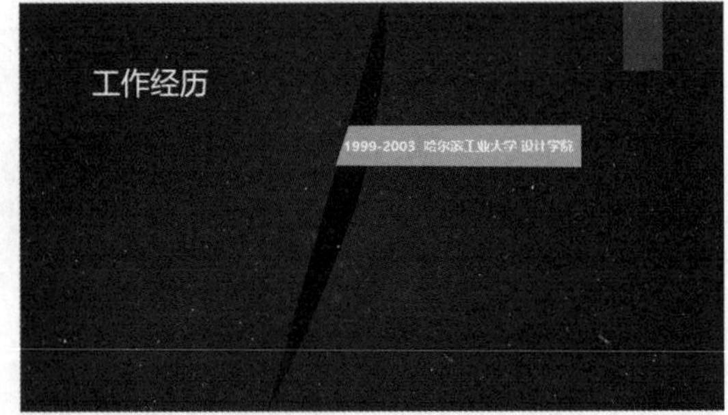

第 8 步 使用相同的方法输入其他工作经历文本，效果如下图所示。

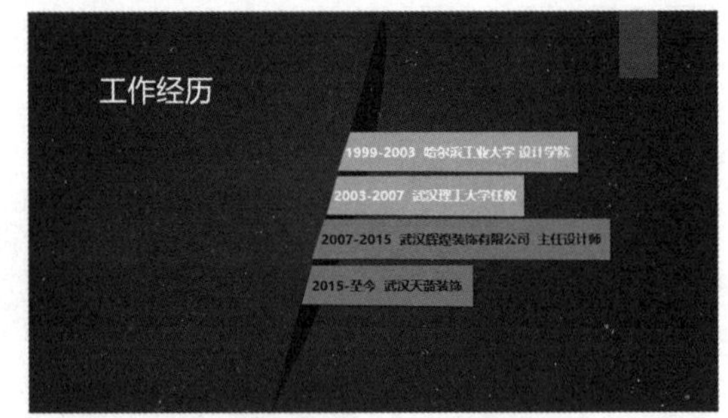

第 9 步 最后在左侧输入工作的座右铭，设置【字体】为“微软雅黑”、【字号】为“20”、【字体颜色】为“浅灰色”，效果如下图所示。

15.1.4 设计擅长领域幻灯片

本幻灯片通过图形突出显示所擅长的领域，最终效果如下图所示。

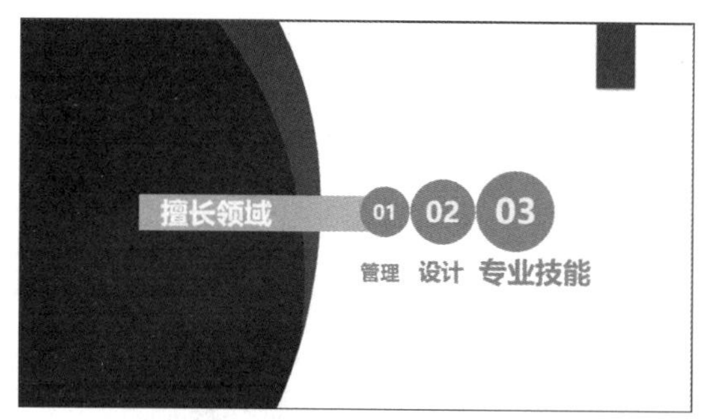

具体操作步骤如下。

第 1 步 新建一张“节标题”幻灯片，输入标题“擅长领域”，设置【字体】为“微软雅黑”、【字体颜色】为“白色”，删除下方的内容文本框，如下图所示。

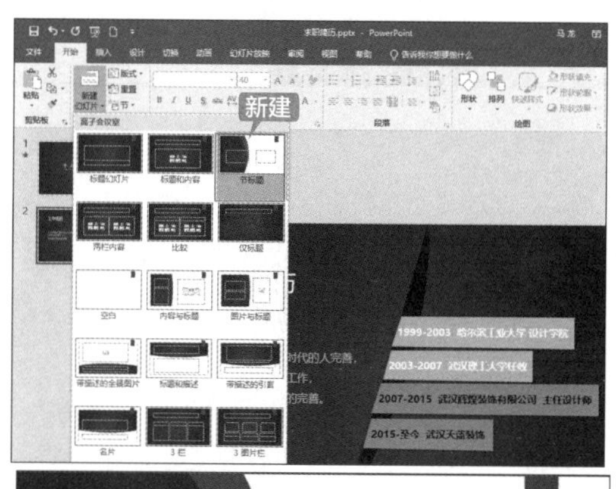

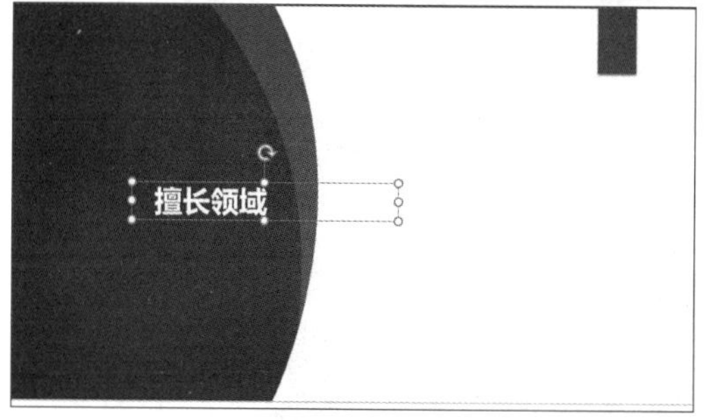

第 2 步 选择文本框，并设置【形状填充】为“浅橙色”，效果如下图所示。

第 3 步 绘制一个圆形，设置【形状轮廓】为“无轮廓”、【形状填充】为“蓝色”，效果如下图所示。

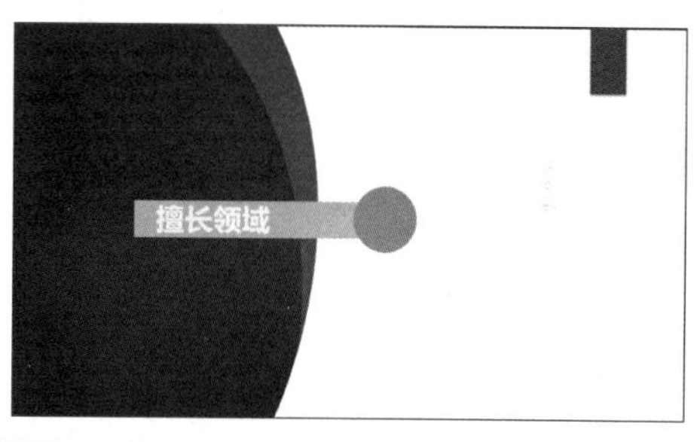

第 4 步 选择圆形并右击，在弹出的快捷菜单中选择【编辑文字】命令，输入文字“01”，设置【字体】为“微软雅黑”、【字号】为“40”、【字体颜色】为“浅灰色”，如下图所示。

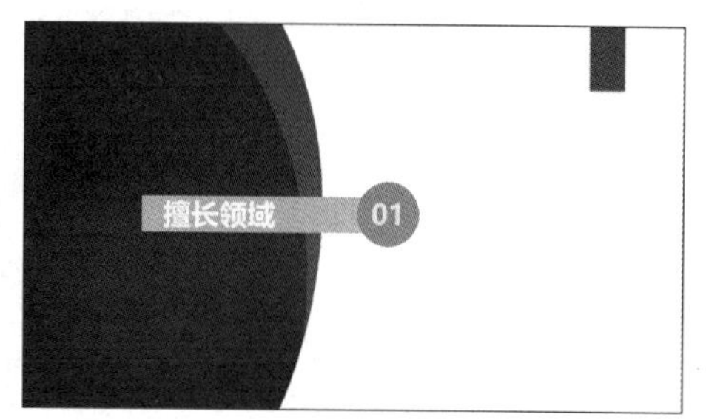

第 5 步 在圆形后面输入文本“管理”，设置【字体】为“微软雅黑”、【字号】为“32”、【字体颜色】为“蓝色”，如下图所示。

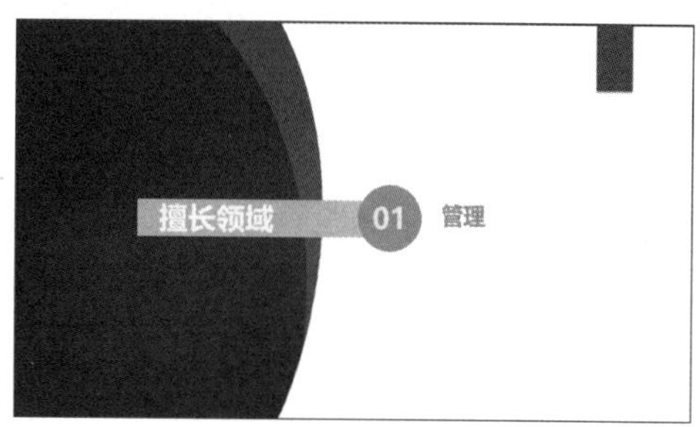

第 6 步　使用相同的方法创建另外两个圆形和文本，如下图所示。

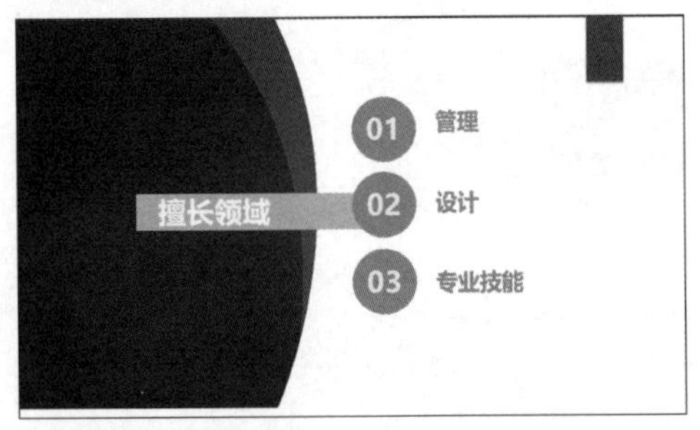

第 7 步　调整圆形和文本的大小和位置，效果如下图所示。

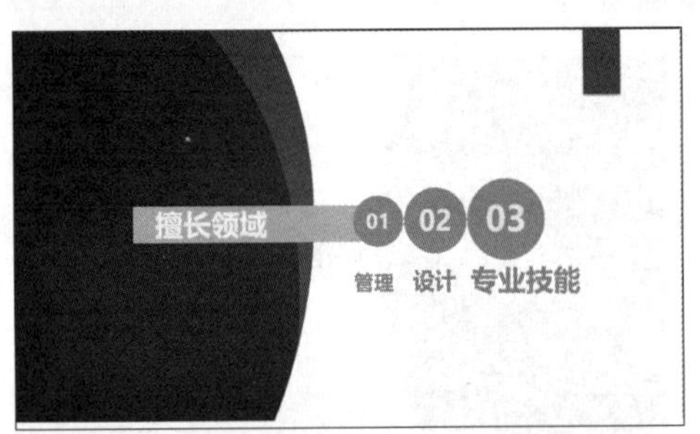

第 8 步　为矩形文本和圆形文本添加“飞入”动画效果，将【效果选项】设置为“自左侧”，最后为文本设置“飞入”动画效果，并设置【开始】为“上一动画之后”，最终效果如下图所示。

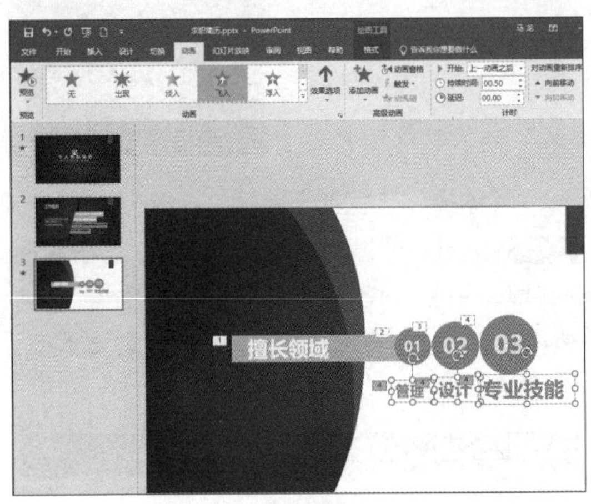

15.1.5 设计“爱好”幻灯片

“爱好”幻灯片可以通过不同颜色的形状及图片来展示，最终效果如下图所示。

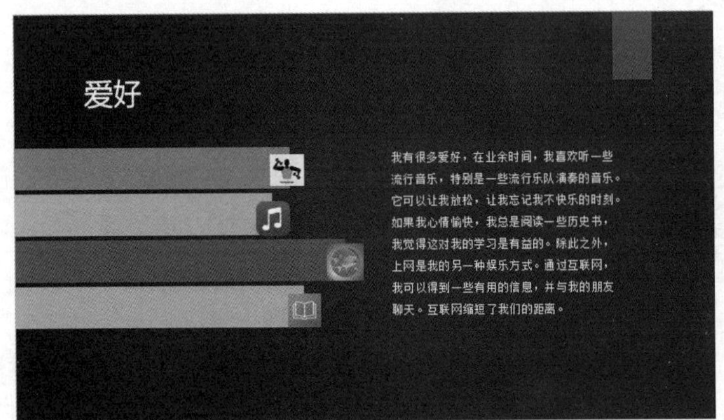

具体操作步骤如下。

1. 创建幻灯片效果

第 1 步　新建一张“仅标题”幻灯片，输入标题“爱好”，设置【字体】为“微软雅黑”、【字号】为“40”、【字体颜色】为“白色”，如下图所示。

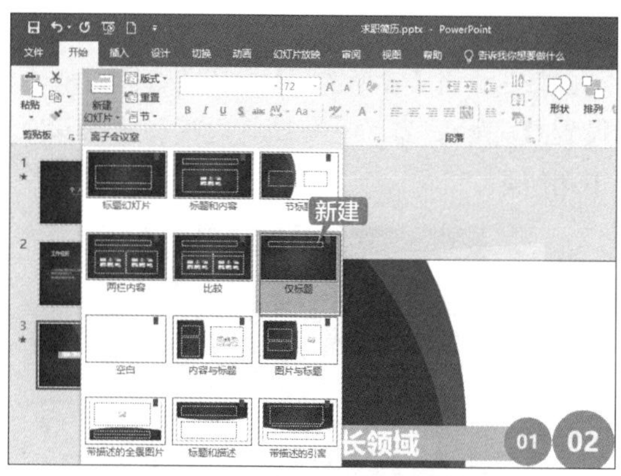

第 2 步 使用形状工具绘制一个矩形，并设置【形状填充】为“蓝色”、【形状轮廓】为“无轮廓”，如下图所示。

第 3 步 继续绘制 3 个矩形，将【形状填充】分别设置为“浅橙色”“深灰色”和“浅橙色”，如下图所示。

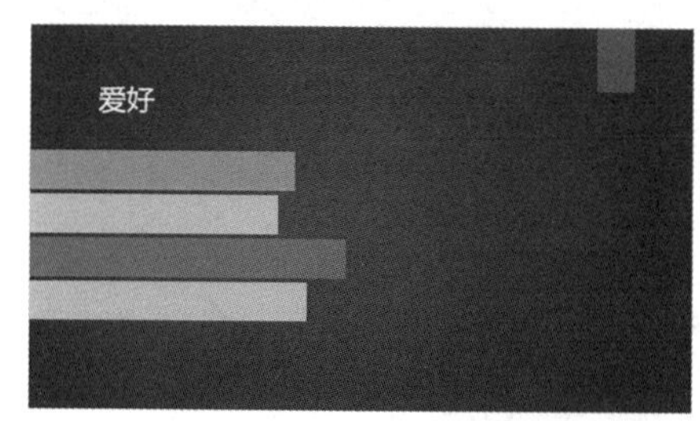

第 4 步 单击【插入】选项卡【图像】组中的【图片】按钮，在弹出的【插入图片】对话框中选择“素材 \ch15\”文件夹，选择“02.png”图片，然后单击【插入】按钮，如下图所示。

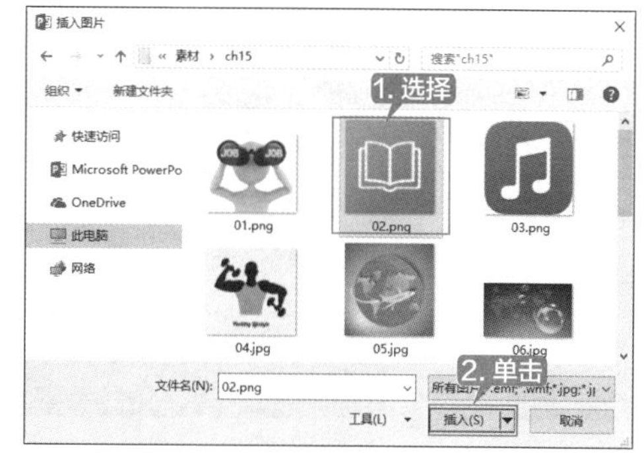

第 5 步 调整图片的位置和大小，效果如下图所示。

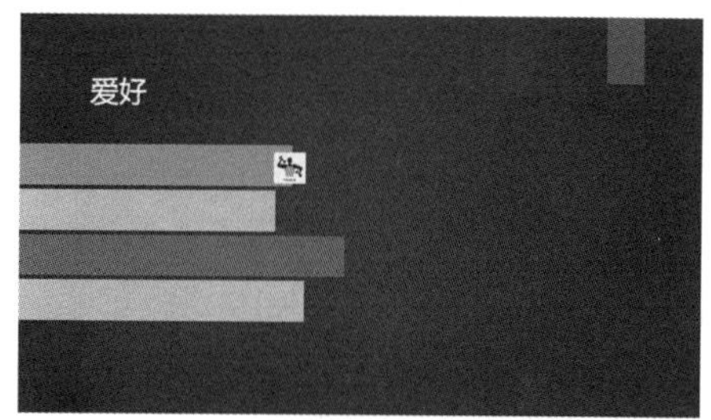

第 6 步 使用相同的方法插入另外 3 张图片，并调整图片的位置和大小，效果如下图所示。

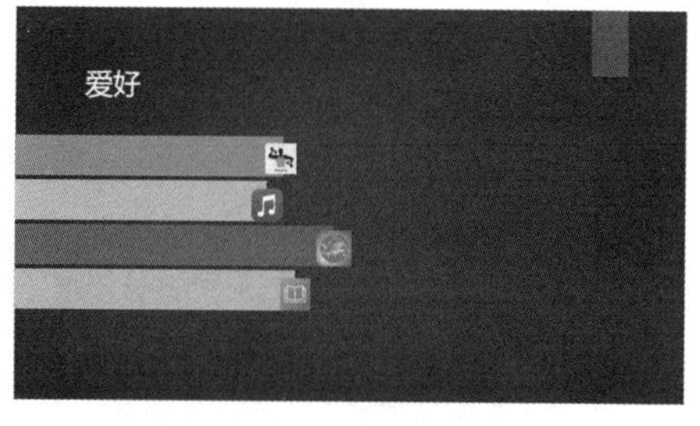

第 7 步 在右侧创建一个横排文本框，并输入一段爱好说明，设置【字体颜色】为“白色”、【字号】为“12”，如下图所示。

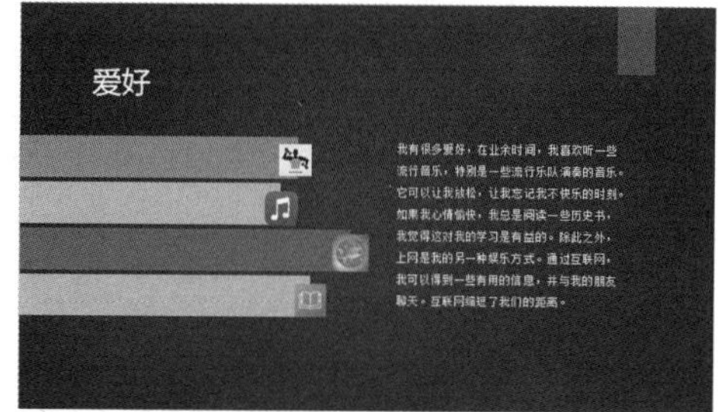

第 8 步 选择最上面的矩形和图片并右击，在弹出的快捷菜单中选择【组合】→【组合】选项，如下图所示。

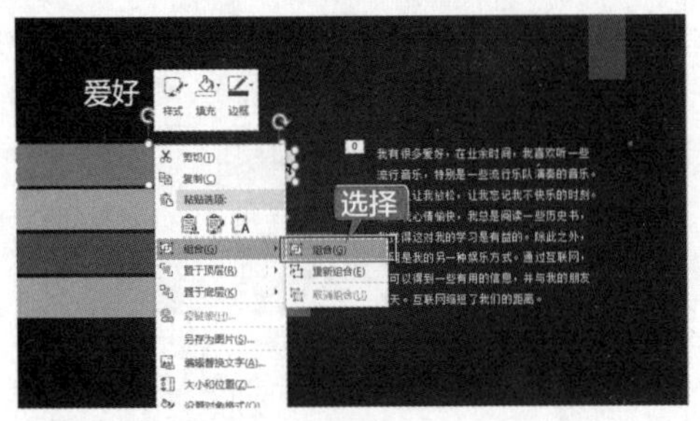

2. 设置动画效果

第 1 步 为组合后的矩形和图片添加“飞入”动画效果，将【效果选项】设置为【自左侧】，如下图所示。

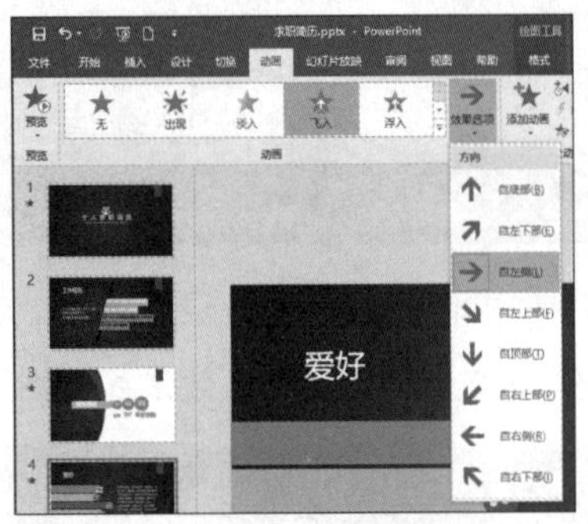

第 2 步 同理，为下面的 3 个图形设置“飞入”动画效果，将【效果选项】设置为“自左侧”，设置【开始】为“上一动画之后”，效果如下图所示。

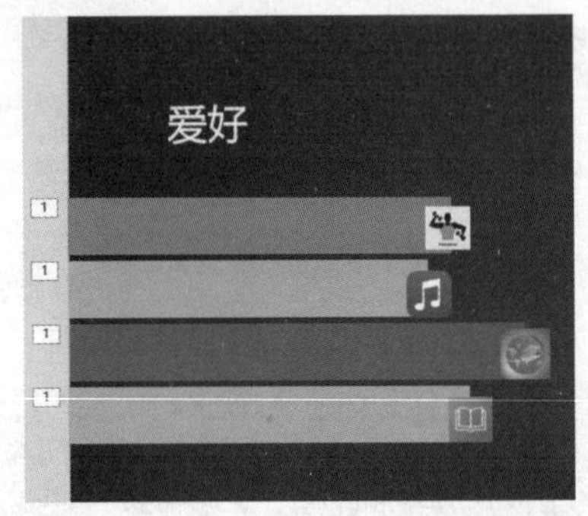

第 3 步 最后为中文文本添加“淡入”动画效果，设置【开始】为“上一动画之后”，如下图所示。

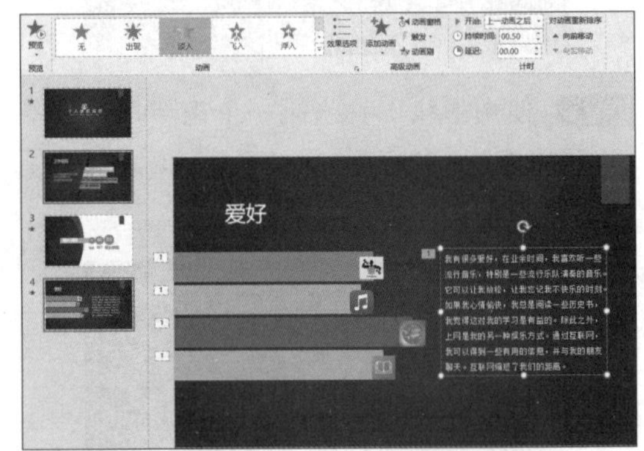

第 4 步 最后可以预览动画效果，如下图所示。

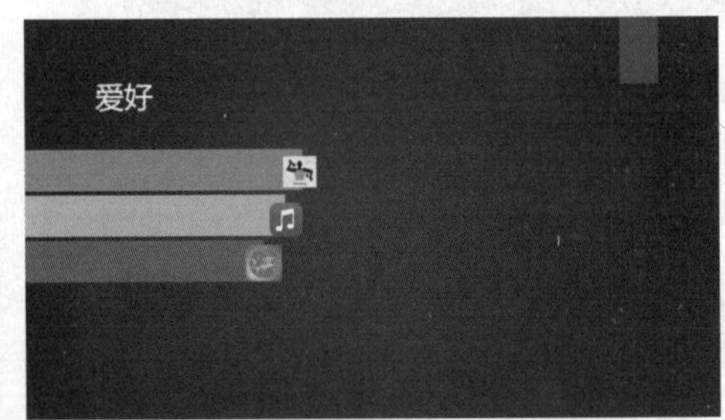

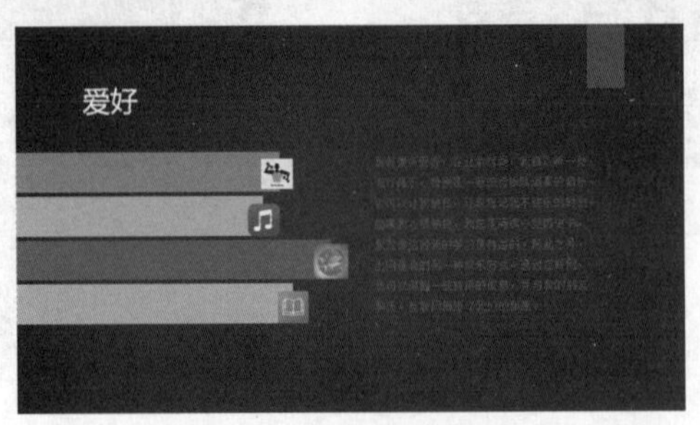

15.1.6 设计结束页幻灯片

人力资源管理者阅读完此简历后，需要表示感谢，最终效果如下图所示。

具体操作步骤如下。

第 1 步 新建一张“仅标题”幻灯片，如下图所示。

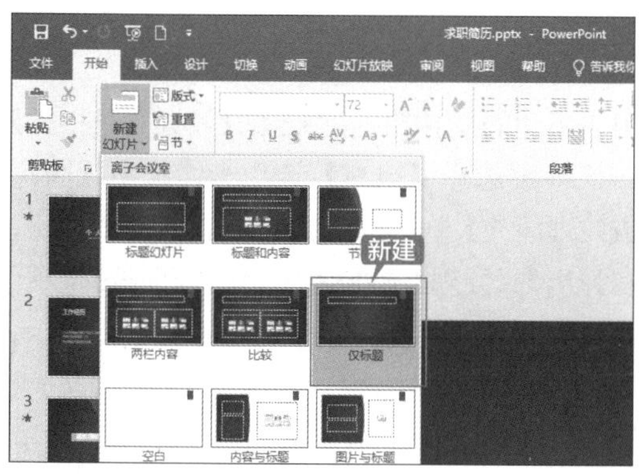

第 2 步 在标题文本框中输入“谢谢观看”，并设置【字体】为“微软雅黑”、【字号】为“72”、【字体颜色】为“白色”，效果如下图所示。

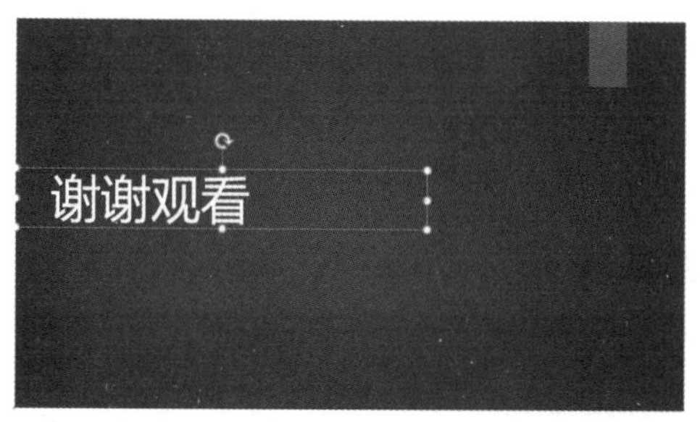

第 3 步 将文本框的颜色设置为“浅橙色”，如下图所示。

第 4 步 选择文本框，单击【动画】选项卡【高级动画】组中的【添加动画】按钮，在弹出的下拉列表中选择【淡入】选项，即可完成幻灯片动画的设置，如下图所示。

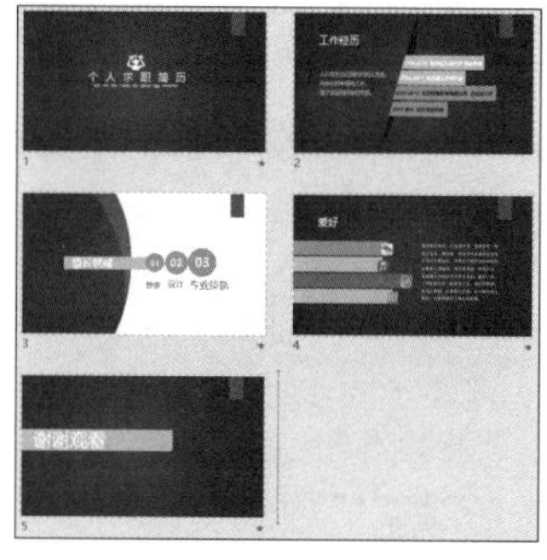

15.2 设计年度销售汇报演示文稿

销售汇报 PPT 就是要将数据以直观的图表形式展示出来，以便观众能够快速地了解数据信息，所以在此类 PPT 中，恰当应用图表十分关键。如果在图表中再配以动画形式，更能给人耳

目一新的感觉，年度销售汇报 PPT 最终效果如下图所示。

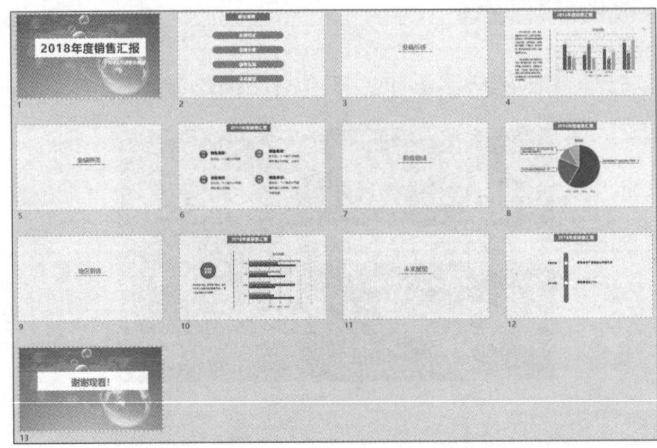

15.2.1 设计幻灯片母版

幻灯片母版设计的具体步骤如下。

第 1 步 启动 PowerPoint 2019，新建一个空白的演示文稿，进入 PowerPoint 工作界面，如下图所示。

第 2 步 单击【视图】选项卡【母版视图】组中的【幻灯片母版】按钮，切换到【幻灯片母版】视图，并在左侧列表中单击第 1 张幻灯片，如下图所示。

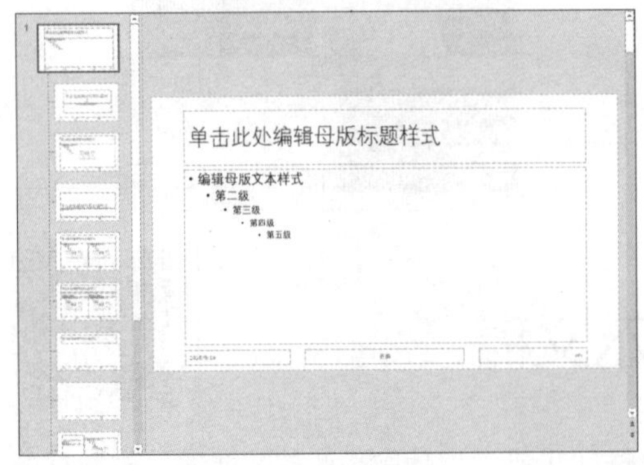

第 3 步 单击【幻灯片母版】选项卡【背景】组右下角的按钮，在弹出的【设置背景格式】对话框中选择【填充】选项卡，选中【图片或纹理填充】单选按钮，并单击【纹理】按钮，在弹出的【纹理】选择框中选择【新闻纸】选项，并设置其【透明度】为“50%”，如下图所示。

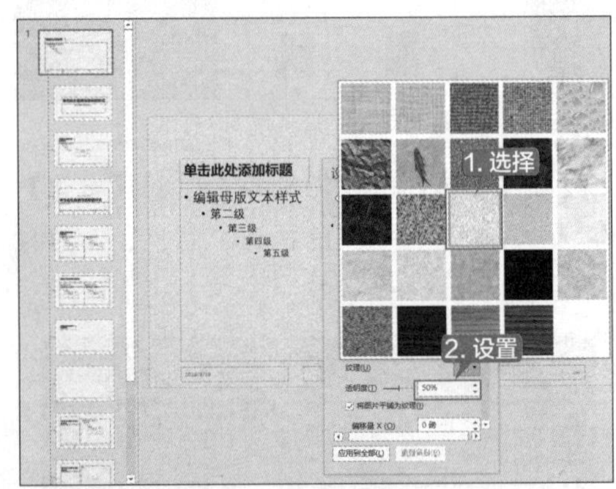

第 4 步 设置背景后的幻灯片母版如下图所示。

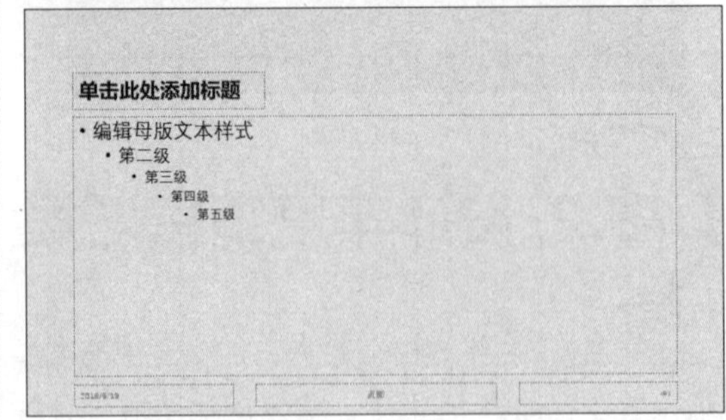

第 5 步 在幻灯片上绘制一个矩形框，并设置【形状填充】为“蓝色”、【形状轮廓】为“无轮廓”，如下图所示。

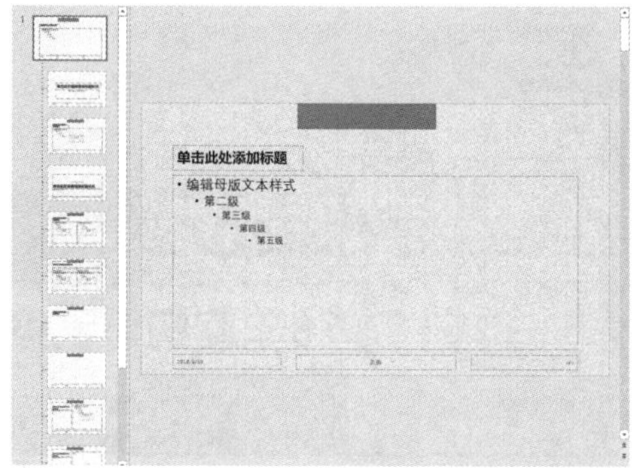

第 6 步 将标题框置于顶层，调整标题框的大小和位置，设置标题框中文本的【字体】为“微软雅黑”、【字号】为“28”，并输入文本，如下图所示。

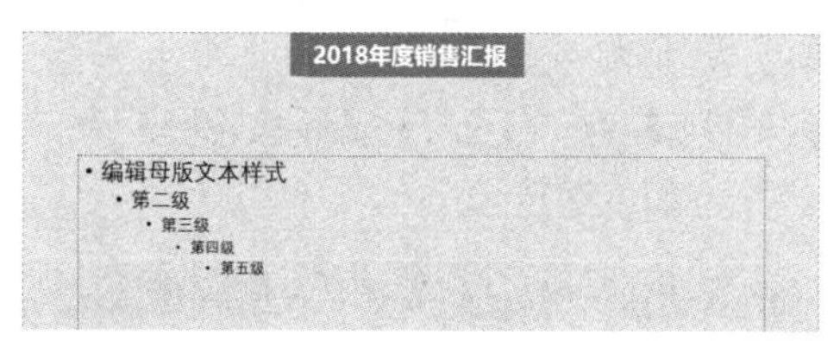

第 7 步 单击快速访问工具栏中的【保存】按钮，将演示文稿保存为“年度销售汇报 .pptx”，如下图所示。

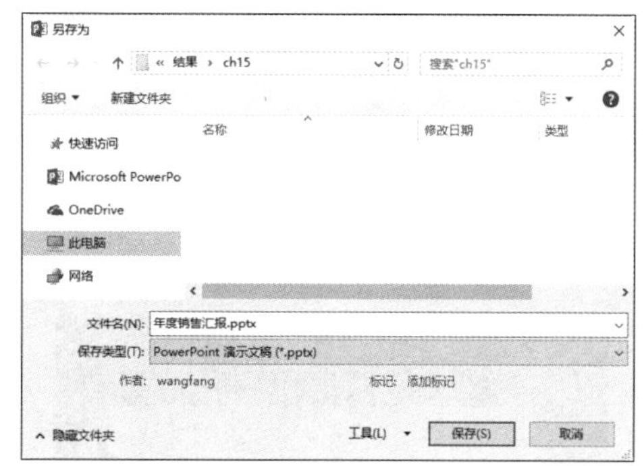

15.2.2 设计首页和报告概要幻灯片

设计首页和报告概要幻灯片的具体操作步骤如下。

第 1 步 在【幻灯片母版】视图中，选择左侧的第 2 张幻灯片，选中【背景】组中的【隐藏背景图形】复选框，如下图所示。

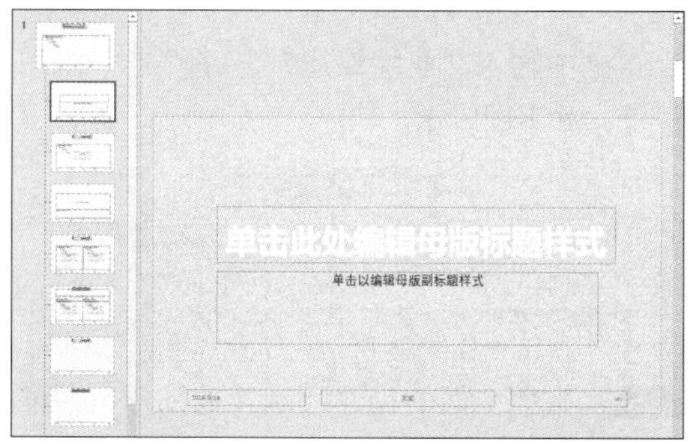

第 2 步 单击【幻灯片母版】选项卡【背景】组右下角的按钮，在弹出的【设置背景格式】窗格中选择【填充】选项卡，选中【图片或纹理填充】单选按钮，并单击【文件】按钮，在弹出的【插入图片】对话框中选择“06.jpg”图片，并单击【插入】按钮，如下图所示。

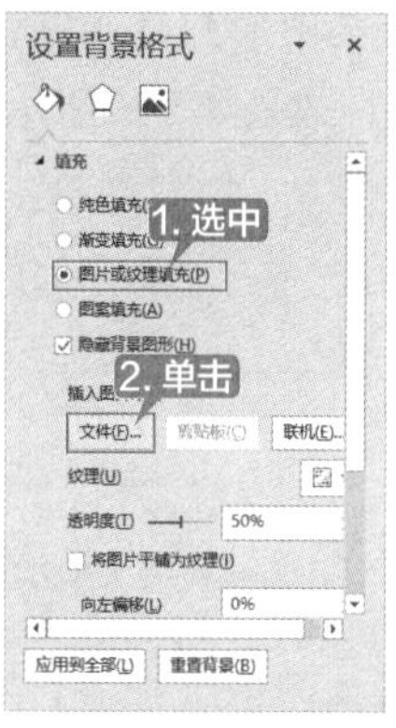

第 3 步 在幻灯片上绘制一个矩形框，并设置【形状填充】为“白色”、【形状轮廓】为“无轮廓”，如下图所示。

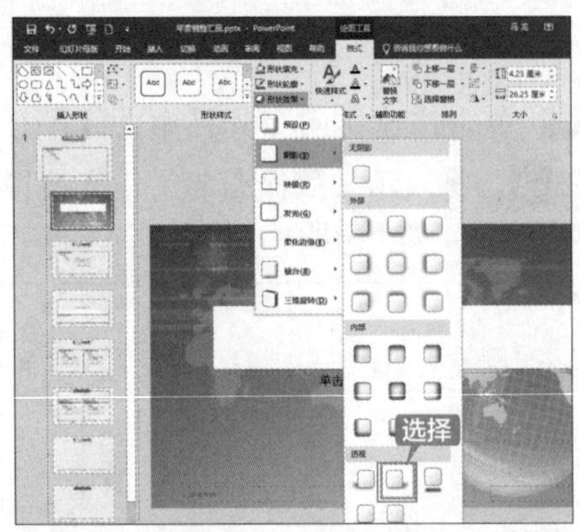

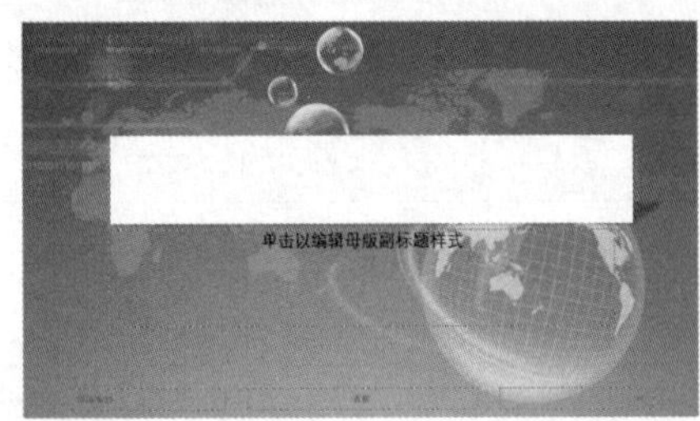

第 4 步 选择第 4 张幻灯片，选中【背景】组中的【隐藏背景图形】复选框，在中间绘制一个蓝色线条，效果如下图所示。

第 5 步 单击【关闭母版视图】按钮，切换到普通视图，并在首页添加标题和副标题，如下图所示。

第 6 步 新建“仅标题”幻灯片，在标题文本框中输入“报告概要”，如下图所示。

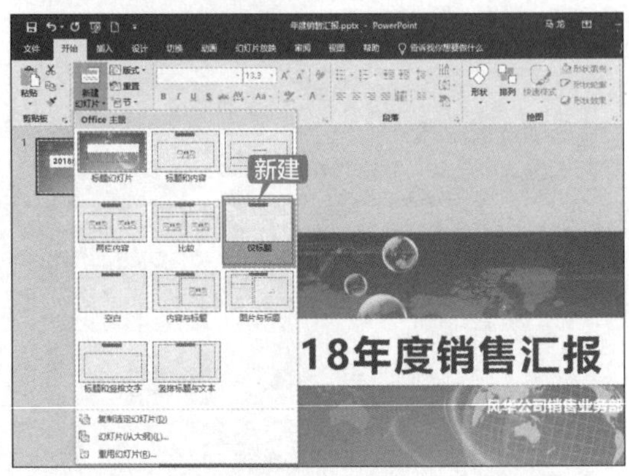

第 7 步 使用形状工具绘制一个圆角矩形，设置【形状填充】为“深灰色”、【形状轮廓】为“无轮廓”，效果如下图所示。

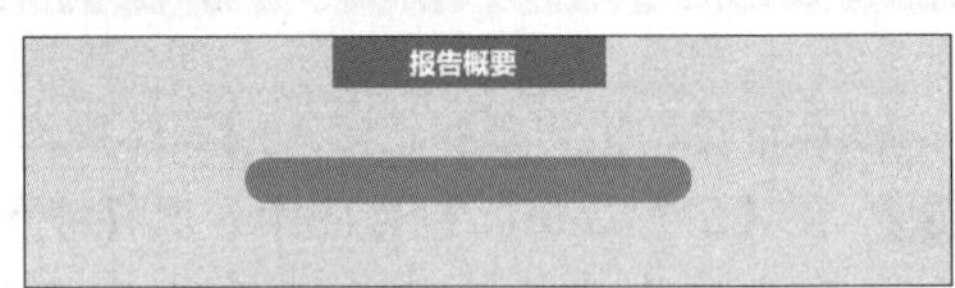

第 8 步 在灰色圆角矩形上右击，在弹出的快捷菜单中选择【编辑文字】命令，在出现的文本框中输入“业绩综述”，并设置字体和颜色，如下图所示。

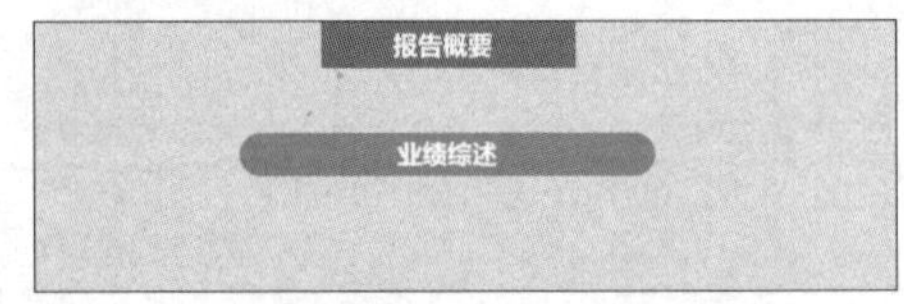

第 9 步 按照上面的操作绘制其他图形，并依次添加文本，最终效果如下图所示。

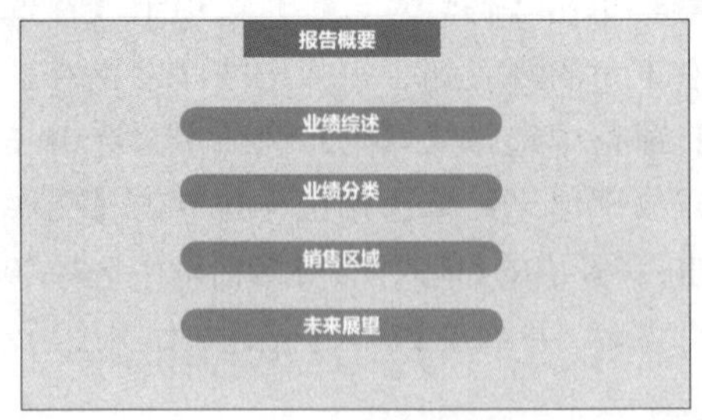

15.2.3 设计业绩综述幻灯片

设计业绩综述幻灯片的具体步骤如下。

第 1 步 新建一张“仅标题”幻灯片，并输入标题“业绩综述”，如下图所示。

第 2 步 新建一张“标题和内容”幻灯片，并输入标题“2018 年度销售汇报”，如下图所示。

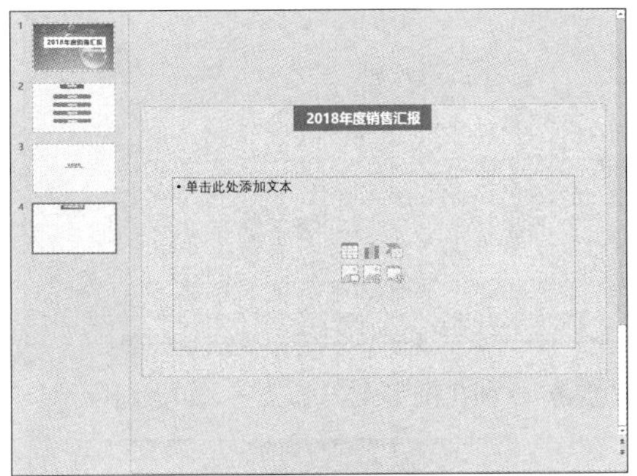

第 3 步 单击内容文本框中的【图表】按钮，在弹出的【插入图表】对话框中选择【簇状柱形图】选项，单击【确定】按钮，如下图所示。

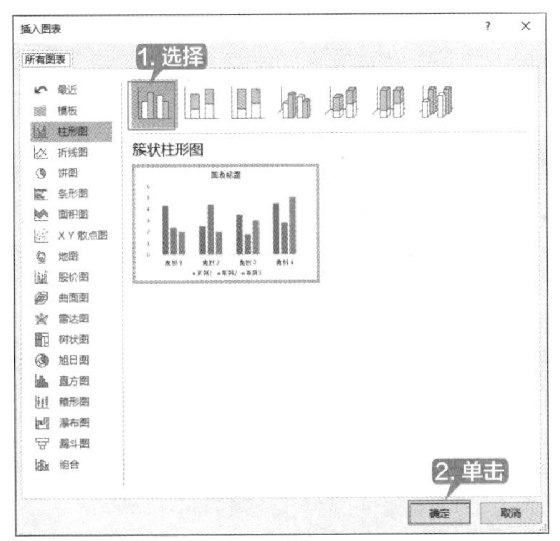

第 4 步 在打开的 Excel 工作簿中修改数据，如下图所示。

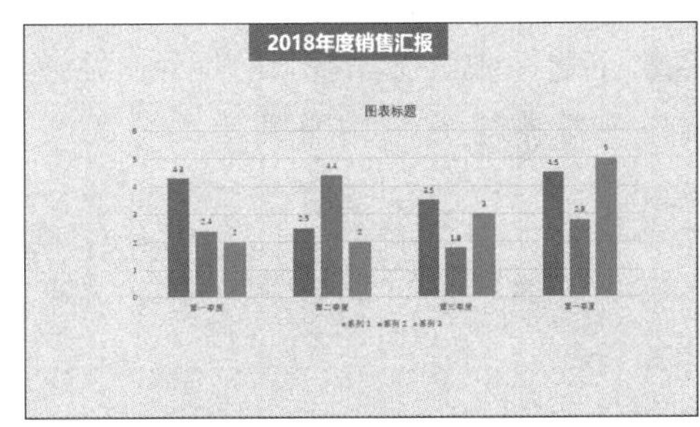
Microsoft PowerPoint 中的图表

	A	B	C	D
1		系列 1	系列 2	系列 3
2	第一季度	4.3	2.4	2
3	第二季度	2.5	4.4	2
4	第三季度	3.5	1.8	3
5	第四季度	4.5	2.8	5

第 5 步 关闭 Excel 工作簿，在幻灯片中即可插入相应的图表，如下图所示。

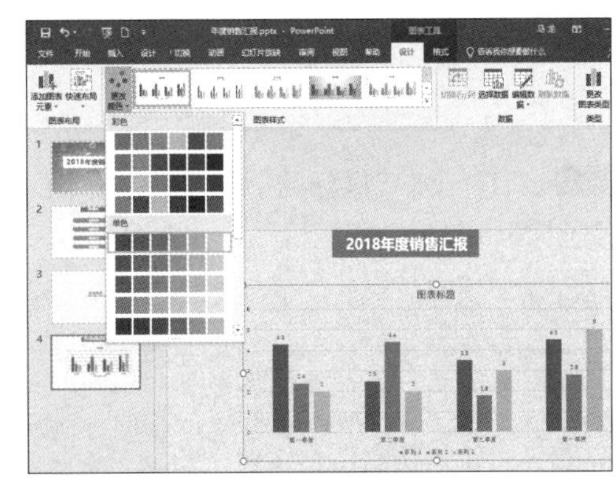

第 6 步 为图表应用一种颜色，然后调整图表的大小和位置，效果如下图所示。

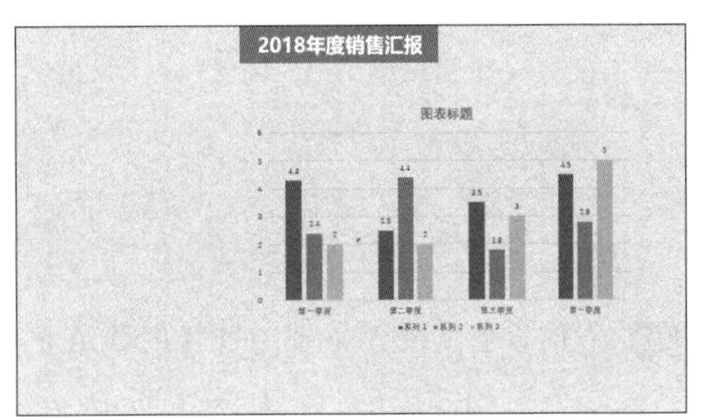

第 7 步 绘制一个深灰色线条，如下图所示。

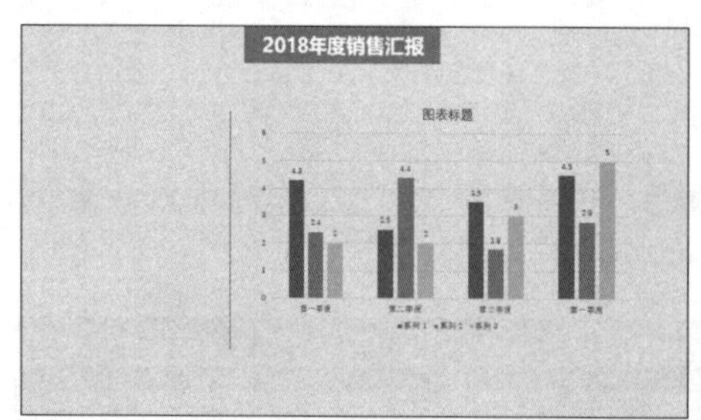

第 8 步 在左侧创建一个文本框，然后输入文本，如下图所示。

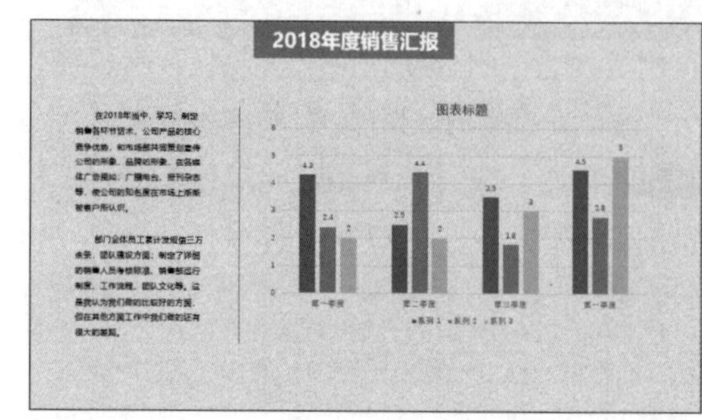

15.2.4 设计业务种类幻灯片

设计业务种类幻灯片的具体步骤如下。

第 1 步 新建一张“仅标题”幻灯片，并输入标题“业绩种类”，如下图所示。

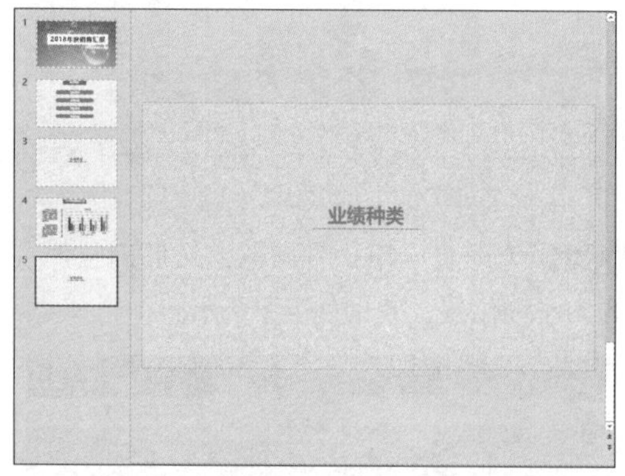

第 2 步 新建一张“仅标题”幻灯片，并输入标题“2018 年度销售汇报”，如下图所示。

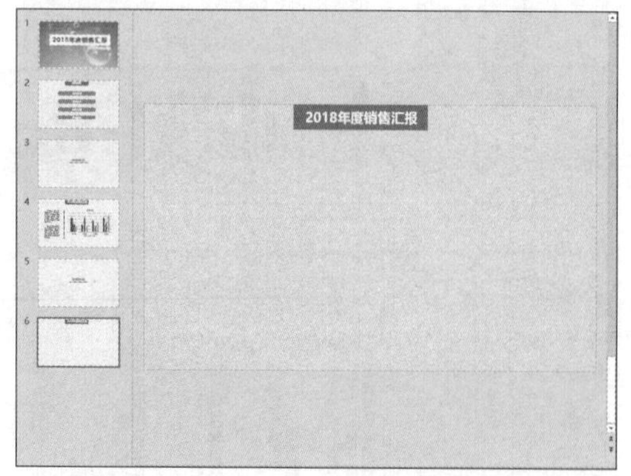

第 3 步 绘制 4 个圆形，分别设置【形状填充】为“深灰色”和“蓝色”，如下图所示。

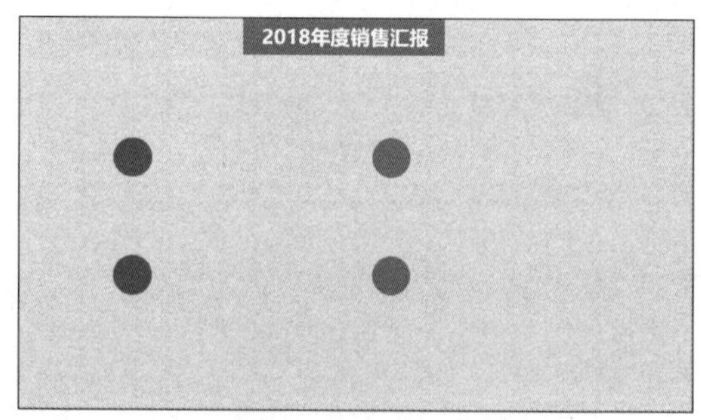

第 4 步 分别在圆形上添加文字，如下图所示。

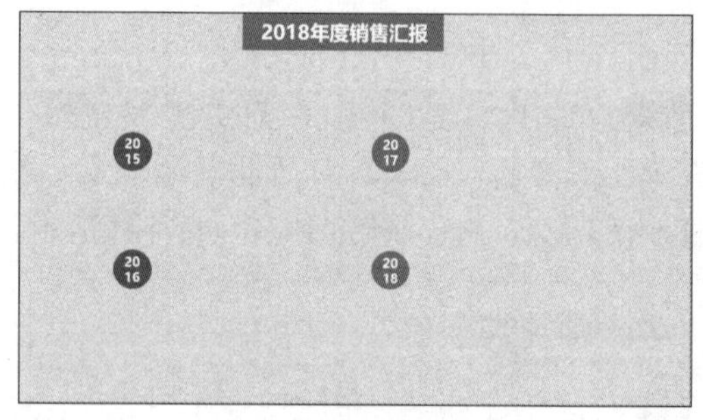

第 5 步 分别在圆形的右侧插入文本框，并输入说明文字，如下图所示。

15.2.5 设计销售组成和地区销售幻灯片

设计销售组成和地区销售幻灯片的具体步骤如下。

1. 设计销售组成幻灯片

第 1 步 新建一张“仅标题”幻灯片，并输入标题“销售组成”，如下图所示。

第 2 步 新建一张“标题和内容”幻灯片，并输入标题“2018 年度销售汇报”，如下图所示。

第 3 步 单击内容文本框中的【图表】按钮 ，在弹出的【插入图表】对话框中选择【饼图】选项，单击【确定】按钮，如下图所示。

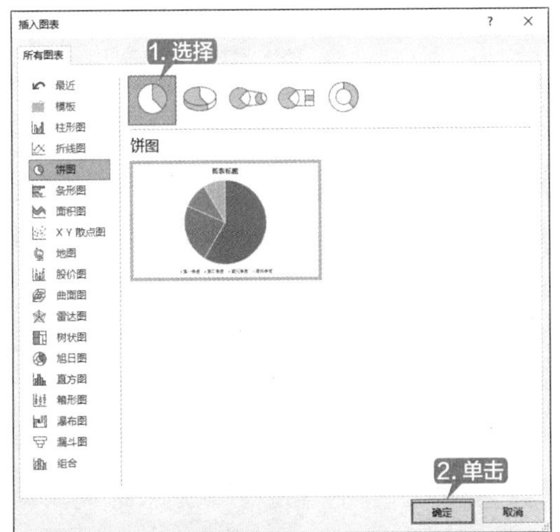

第 4 步 在打开的 Excel 工作簿中修改数据，如下图所示。

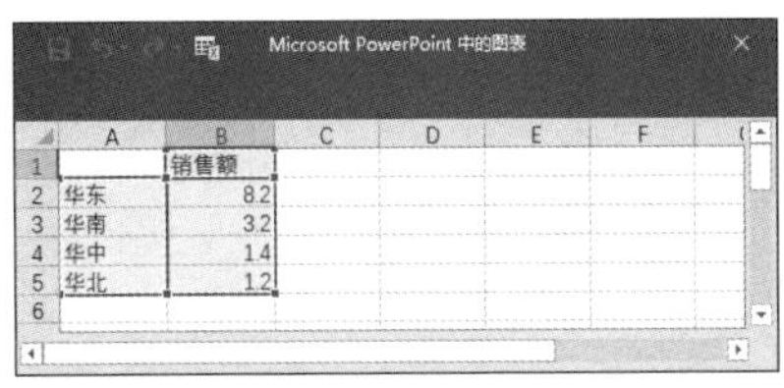

	A	B
1		销售额
2	华东	8.2
3	华南	3.2
4	华中	1.4
5	华北	1.2

第 5 步 关闭 Excel 工作簿，在幻灯片中即可插入相应的图表，如下图所示。

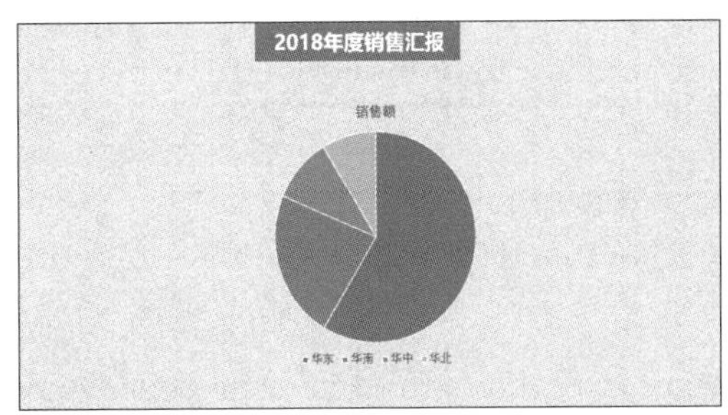

第 6 步 为图表应用一种颜色样式，如下图所示。

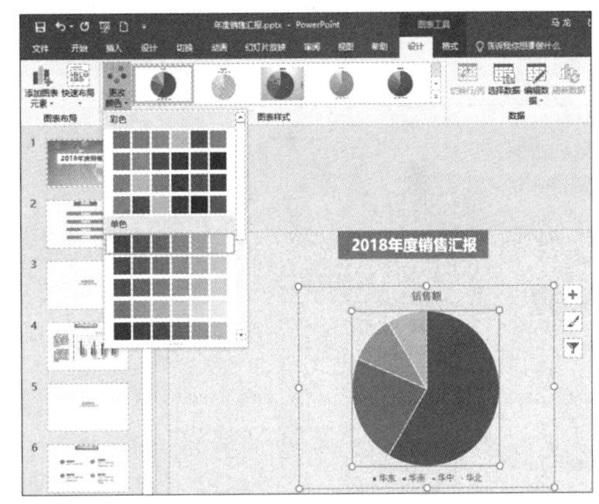

第 7 步 分别在图形的左右侧插入文本框，并输入说明文字，如下图所示。

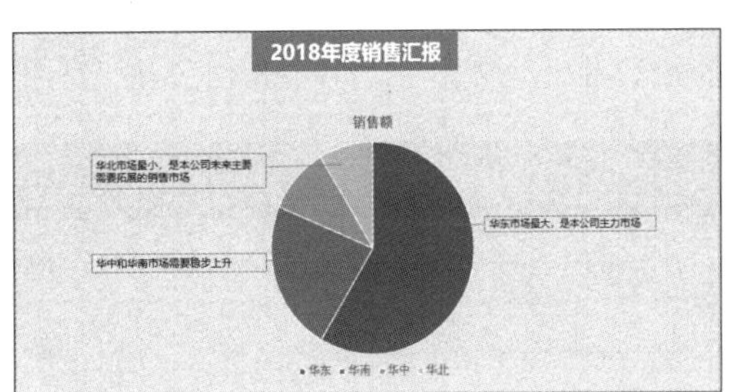

2. 设计地区销售幻灯片

第 1 步 新建一张“仅标题”幻灯片，输入标题“地区销售”，如下图所示。

第 2 步 新建一张“标题和内容”幻灯片，输入标题“2018 年度销售汇报”，如下图所示。

第 3 步 添加一个“簇状条形图”，单击【确定】按钮，在 Excel 工作簿中修改数据，如下图所示。

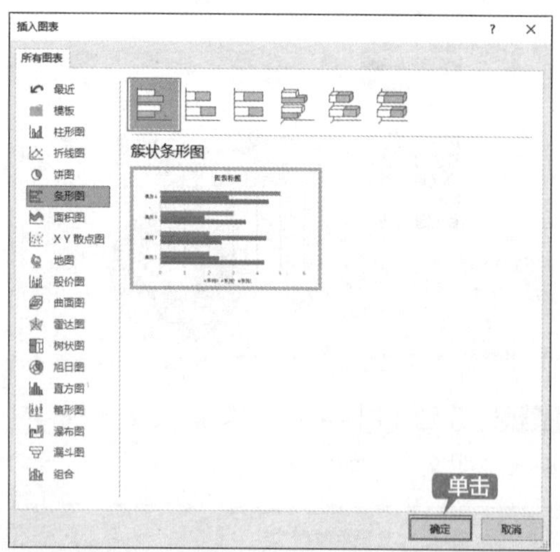

Microsoft PowerPoint 中的图表

	A	B	C	D
1		系列 1	系列 2	系列 3
2	华北	4.3	2.4	2
3	华南	2.5	4.4	2
4	华中	3.5	1.8	3
5	华东	4.5	2.8	5

第 4 步 关闭 Excel 工作簿，幻灯片中即可插入相应的图表，如下图所示。

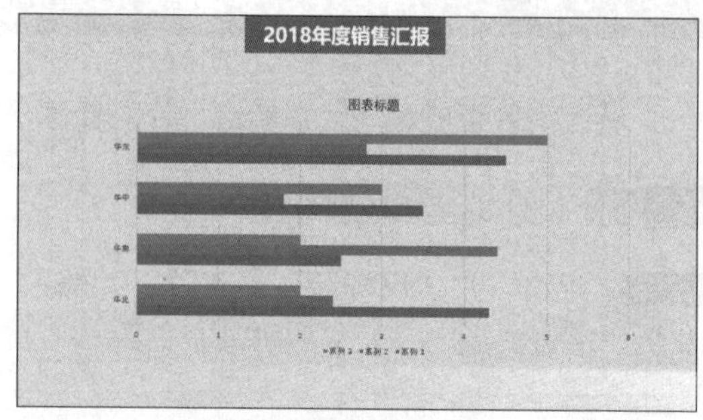

第 5 步 为图表应用一种颜色样式，效果如下图所示。

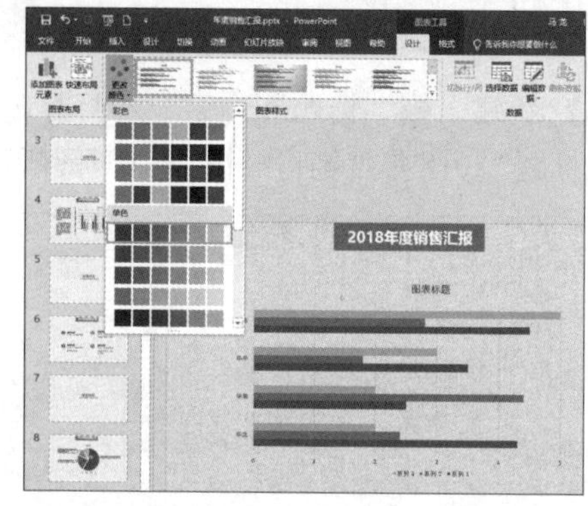

第 6 步 调整图表的大小，并绘制一个深灰色线条，如下图所示。

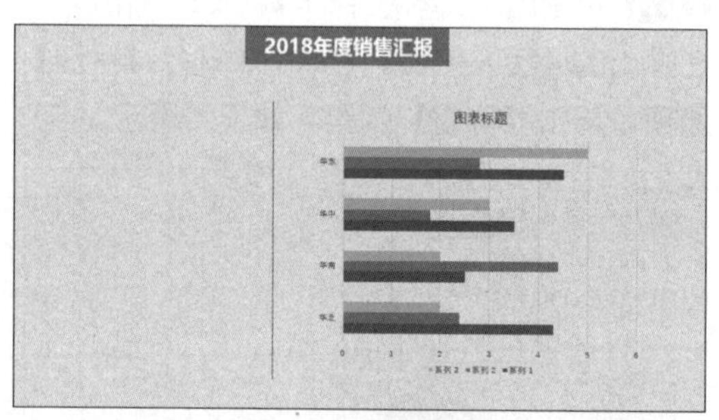

第 7 步 在左侧创建一个圆形和一个文本框并输入文本，如下图所示。

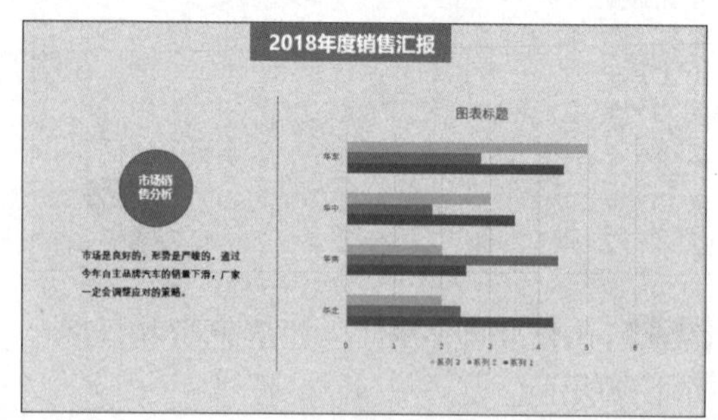

15.2.6 设计未来展望和结束页幻灯片

设计未来展望和结束页幻灯片的具体操作步骤如下。

第 1 步 新建一张“节标题”幻灯片，并输入标题“未来展望”，如下图所示。

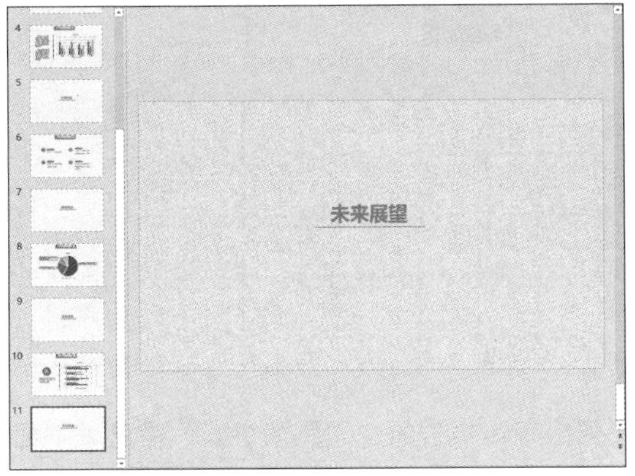

第 2 步 新建一张“仅标题”幻灯片，并输入标题“2018 年度销售汇报”，如下图所示。

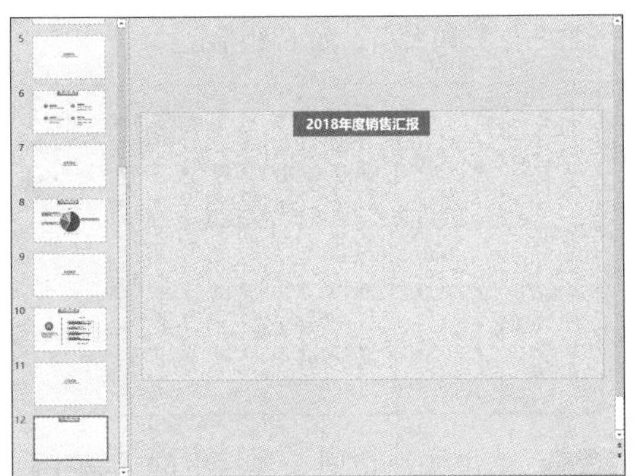

第 3 步 绘制两个圆形和一个圆角矩形框，设置圆角矩形的【形状填充】为“蓝色”、两个圆形的【形状填充】为“白色”，如下图所示。

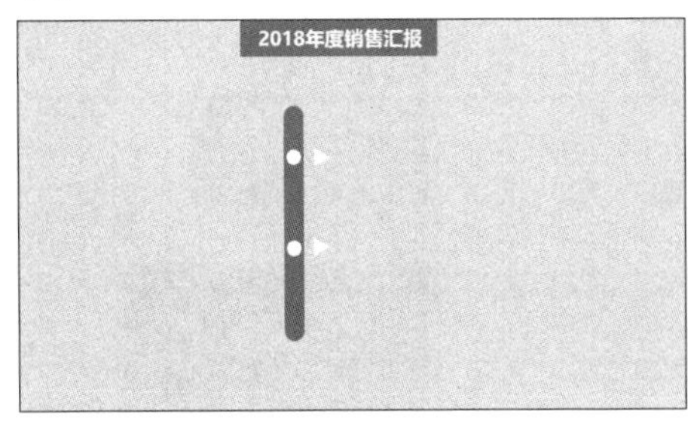

第 4 步 在图形中添加文本，如下图所示。

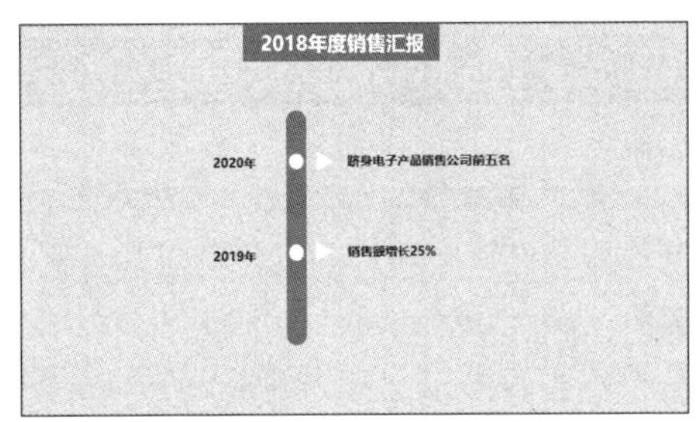

第 5 步 新建一张“仅标题”幻灯片，并输入“谢谢观看！”，设置【字体】为“微软黑体”、【字号】为“60”，效果如下图所示。

至此，年度销售报告 PPT 制作完成，还可以为幻灯片的切换应用合适的效果，此处不再赘述。

15.3 设计公司宣传演示文稿

在进行产品宣传时，只有口头的描述很难让人信服，如果拿着产品进行宣传，太大的产品携带不便，太小的物品宣传时又难以让人看清，此时幻灯片就会发挥很大作用，下图所示为制作产品宣传报告幻灯片的最终效果图。

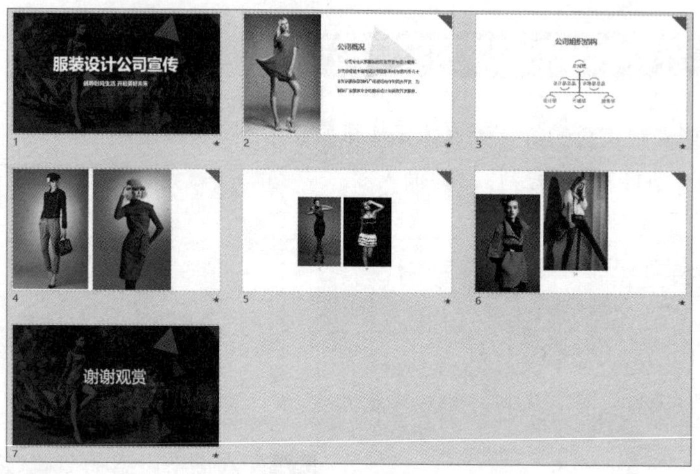

15.3.1 设计产品宣传首页幻灯片

创建产品宣传幻灯片应从片头入手，片头主要列出宣传报告的主题和演讲人等信息。下面以制作服装设计公司产品宣传幻灯片为例，首先讲述宣传首页幻灯片的制作步骤。

第 1 步 启动 PowerPoint 2019 应用软件，新建一个空白的演示文稿，并进入 PowerPoint 工作界面，如下图所示。

第 2 步 单击【视图】选项卡【母版视图】组中的【幻灯片母版】按钮，切换到【幻灯片母版】视图，并在左侧列表中单击第 1 张幻灯片，如下图所示。

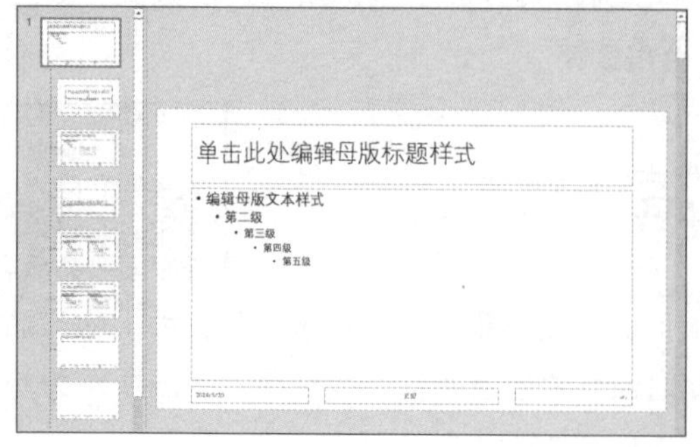

第 3 步 在幻灯片上绘制一个三角形，并填充颜色为“红色”，将其设置为无轮廓，然后调整其位置和大小，如下图所示。

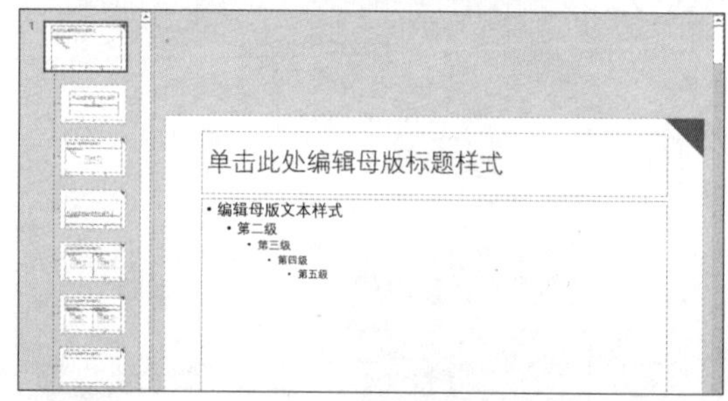

第 4 步 单击快速访问工具栏中的【保存】按钮，将演示文稿保存为“设计公司宣传 .pptx”，单击【保存】按钮，如下图所示。

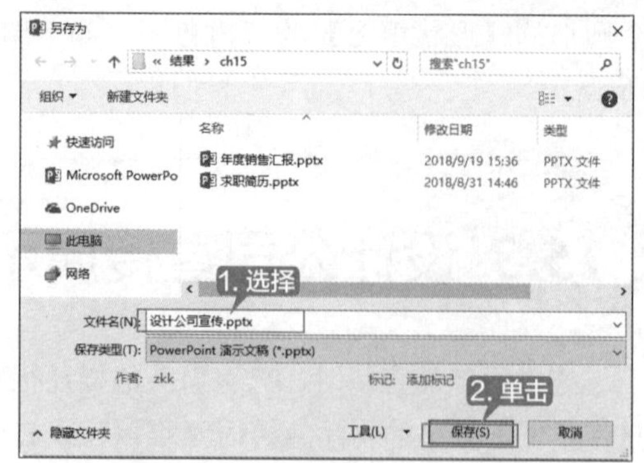

第 5 步 在【幻灯片母版】视图中，选择左侧的第 2 张幻灯片，选中【背景】组中的【隐藏背景图形】复选框，如下图所示。

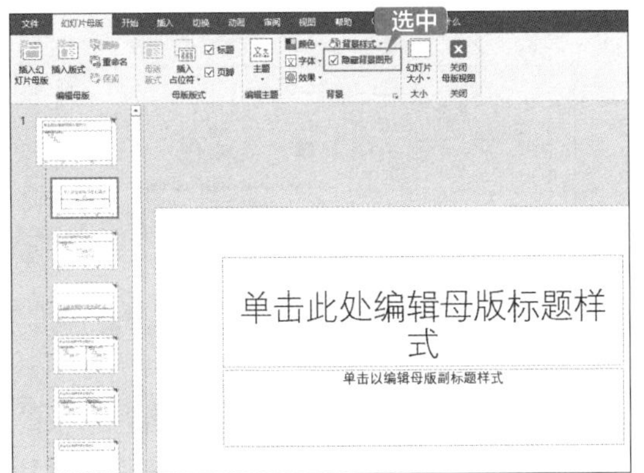

第 6 步 单击【幻灯片母版】选项卡【背景】组右下角的按钮，在弹出的【设置背景格式】窗格中选择【填充】选项，选中【图片或纹理填充】单选按钮，单击【文件】按钮，在弹出的【插入图片】对话框中选择“07.jpg”图片，并单击【插入】按钮，如下图所示。

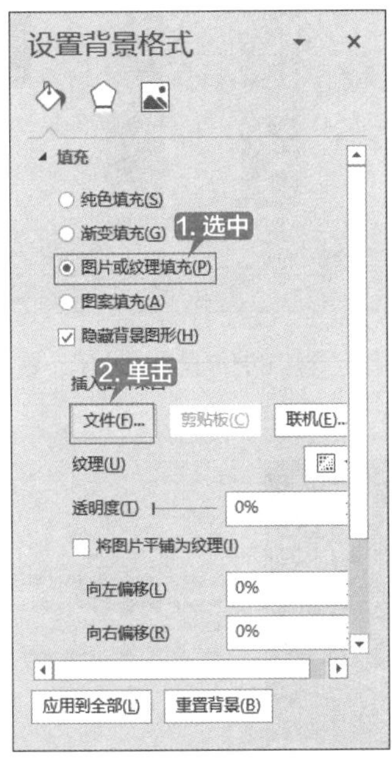

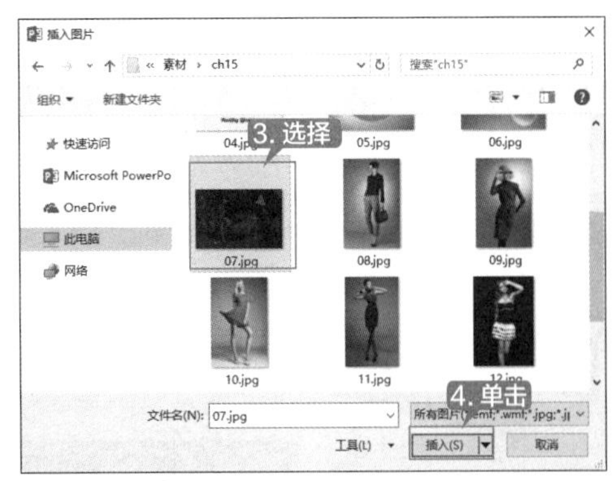

第 7 步 单击【关闭母版视图】按钮，切换到普通视图，单击【单击此处添加标题】文本框，并在该文本框中输入“服装设计公司宣传”文本，设置【字体】为“微软雅黑”、【字号】为“72”、【字体颜色】为“白色”，并拖曳文本框的宽度，使其适应字体的宽度，效果如下图所示。

第 8 步 单击【单击此处添加副标题】文本框，并在该文本框中输入“倡导时尚生活 开启美好未来”文本，设置【字体】为“微软雅黑”、【字号】为“24”、【字体颜色】为“白色”，并拖曳文本框至合适的位置，最终效果如下图所示。

15.3.2 设计公司概况幻灯片

制作好宣传首页幻灯片页面后，就需要对公司进行简单的概述，让客户在了解公司产品的同时也了解公司。

第 1 步 单击【开始】选项卡【幻灯片】组中的【新建幻灯片】按钮，在弹出的下拉列表中选择【标题和内容】选项，如下图所示。

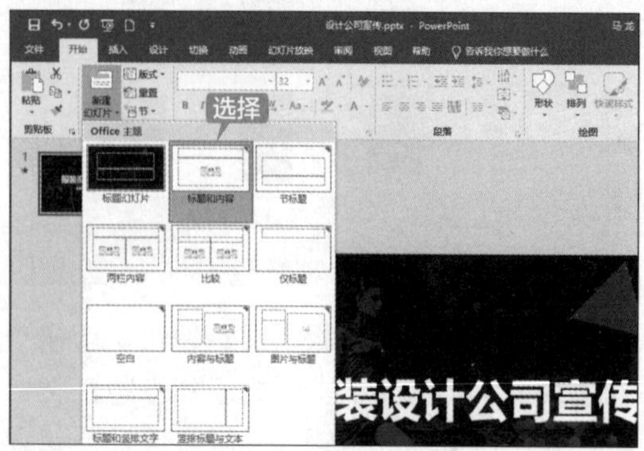

第 2 步 在新添加的幻灯片中单击【单击此处添加标题】文本框，并在该文本框中输入“公司概况”文本，设置【字体】为“微软雅黑”、【字号】为“32”、【字体颜色】为“红色”，效果如下图所示。

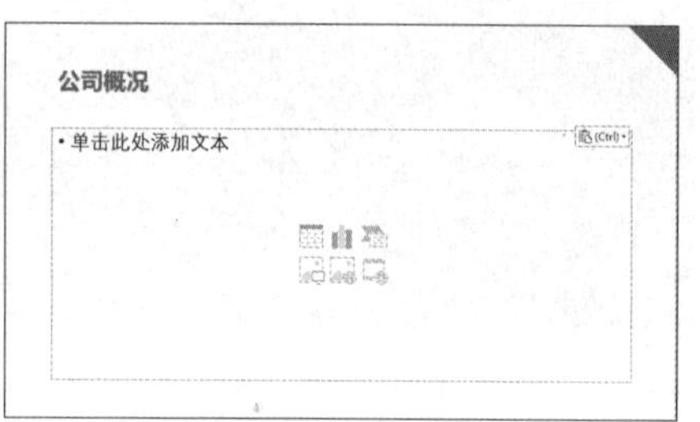

第 3 步 单击【单击此处添加文本】文本框，在该文本框中输入所需内容，并设置【字体】为“微软雅黑”、【字号】为“18”，然后对文本进行首行缩进两字符，拖曳文本框至合适的位置，效果如下图所示。

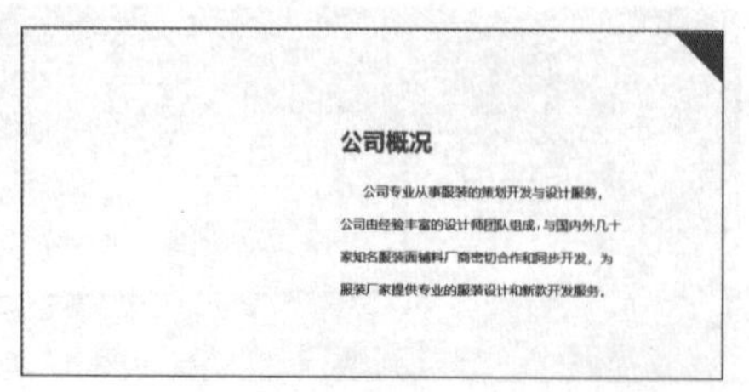

第 4 步 在幻灯片上绘制一个三角形，填充颜色为“浅灰色”，将其设置为无轮廓，并放置在底层，然后调整其位置和大小，效果如下图所示。

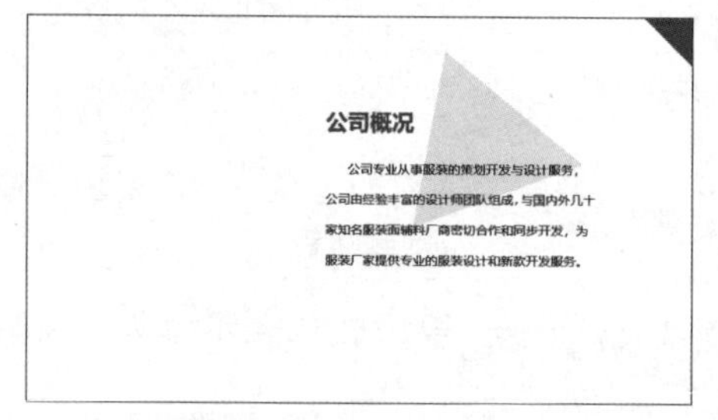

第 5 步 单击【插入】选项卡【图像】组中的【图片】按钮，在弹出的【插入图片】对话框中选择“素材 \ch15\”文件夹，选择“10.jpg”图片，然后单击【插入】按钮，如下图所示。

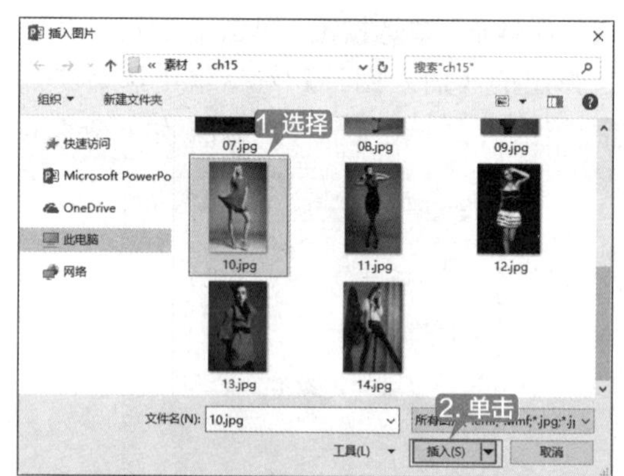

第 6 步 调整图片的位置和大小，效果如下图所示。

15.3.3 设计公司组织结构幻灯片

对公司状况有了初步了解后，可以对公司进行进一步说明，如介绍公司的内部组织结构等。

第 1 步 单击【开始】选项卡【幻灯片】组中的【新建幻灯片】按钮，在弹出的下拉列表中选择【标题和内容】选项，如下图所示。

第 2 步 在新添加的幻灯片中单击【单击此处添加标题】文本框，在该文本框中输入“公司组织结构”文本，设置【字体】为“微软雅黑”、【字号】为“32”、【字体颜色】为“红色”，效果如下图所示。

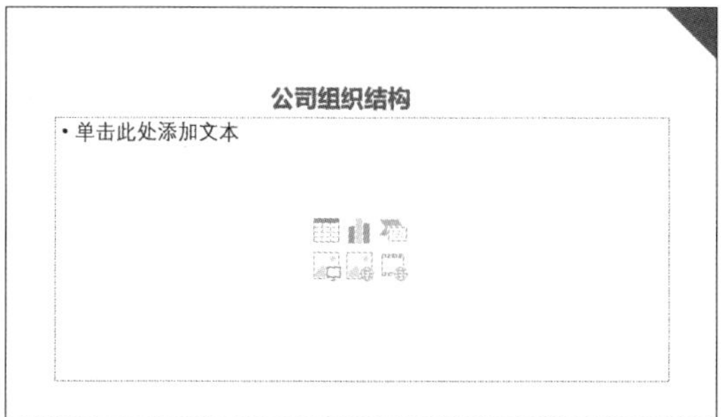

第 3 步 单击内容文本框中的【插入 SmartArt 图形】按钮，在弹出的【选择 SmartArt 图形】对话框中选择【层次结构】选项，如下图所示。

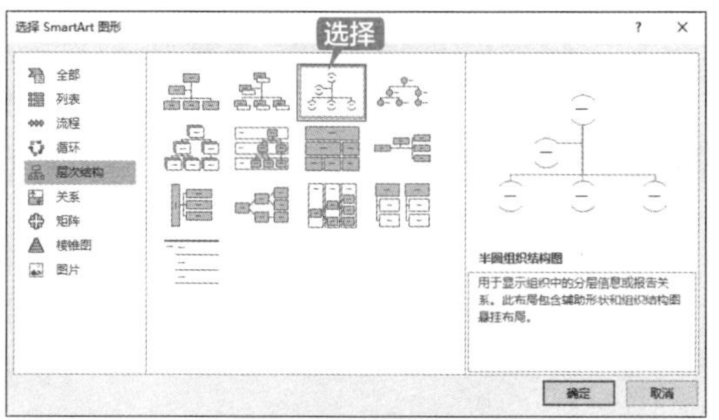

第 4 步 单击【确定】按钮，查看插入的层次结构图，如下图所示。

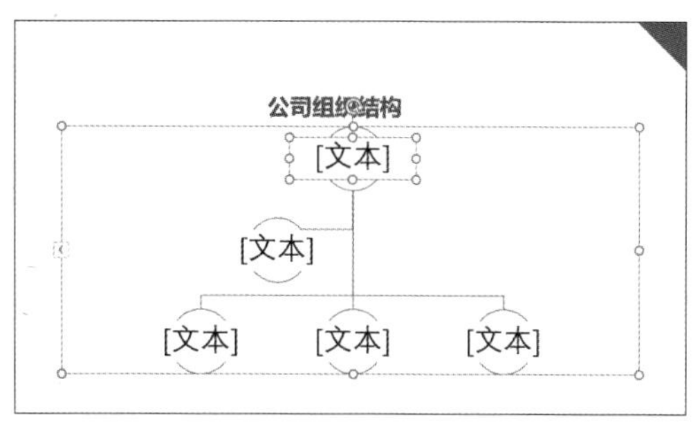

第 5 步 右击第 2 行第 2 个形状，在弹出的快捷菜单中选择【添加形状】→【在后面添加形状】选项，如下图所示。

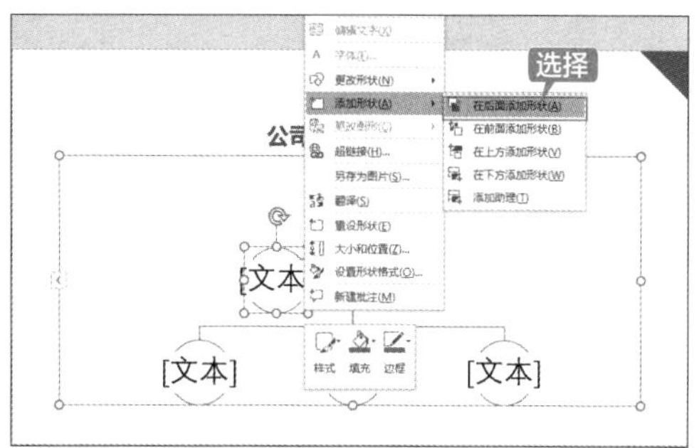

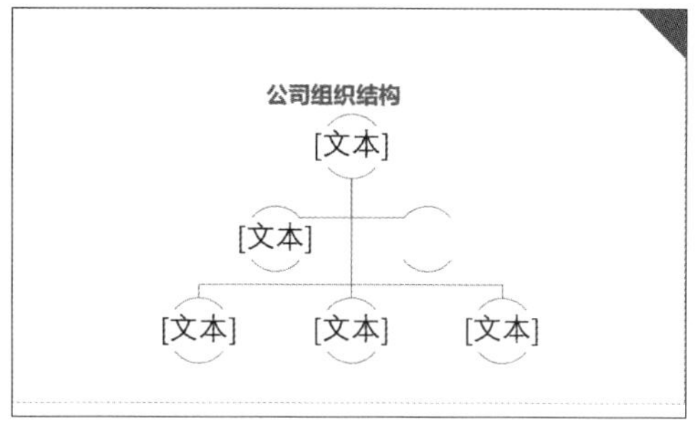

第 6 步 在层次结构图中输入相关的文本，最终效果如下图所示。

15.3.4 设计公司产品宣传展示幻灯片

对公司有了一定了解后，就要看公司的产品了，通过制作产品图册来展示公司的产品，不仅清晰而且美观。

第 1 步 单击【插入】选项卡【图像】组中的【相册】按钮，在弹出的下拉列表中选择【新建相册】选项，如下图所示。

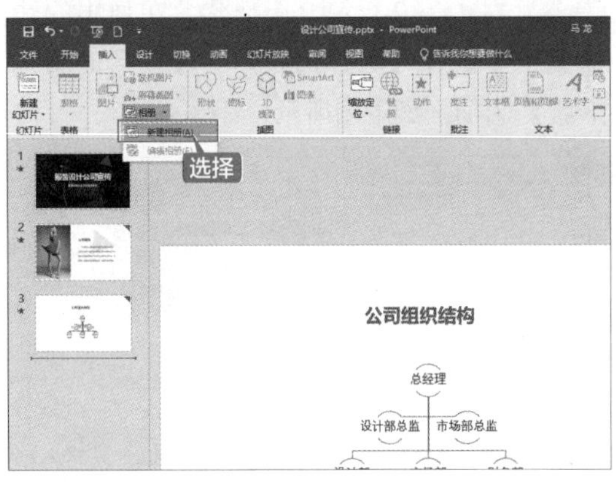

第 2 步 弹出【相册】对话框，单击【相册】对话框中的【文件 / 磁盘】按钮，如下图所示。

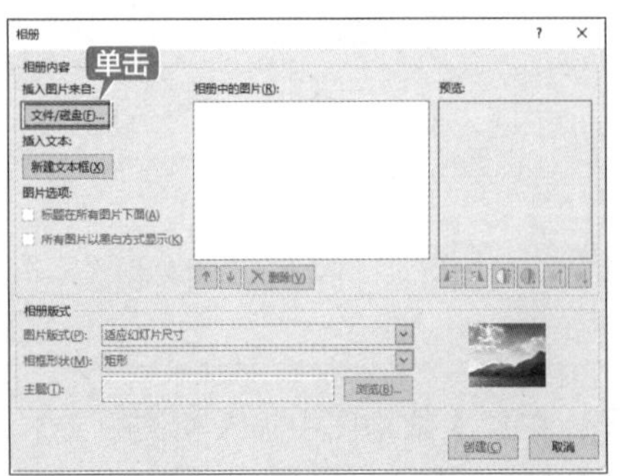

第 3 步 弹出【插入新图片】对话框，选择创建相册所需要的图片文件，如下图所示。

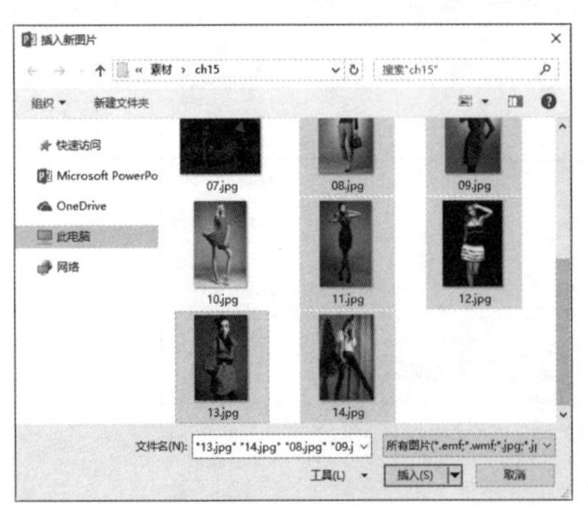

第 4 步 单击【插入】按钮，返回【相册】对话框，在【相册版式】选项区域下设置【图片版式】为【2 张图片】，再选中【标题在所有图片下面】复选框，单击【创建】按钮，如下图所示。

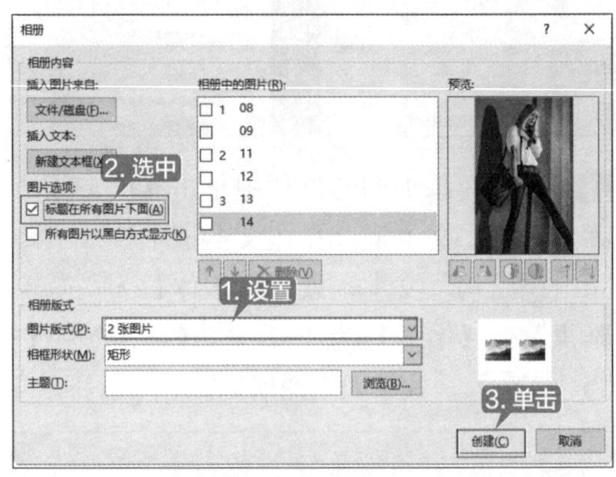

第 5 步 打开一个新的 PowerPoint 演示文稿，创建所需的相册，如下图所示。

第 6 步 将新创建相册演示文稿中的第 2 ~ 4 张幻灯片复制到公司产品宣传展示幻灯片页面中，如下图所示。

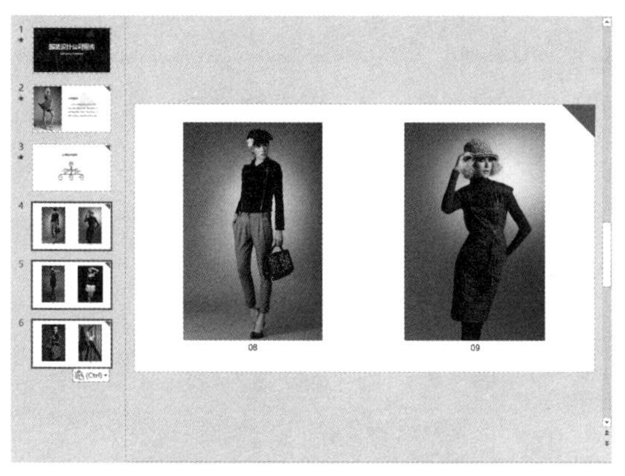

第 7 步　根据需要调整图片位置和大小，最终效果如下图所示。

15.3.5 设计公司宣传结束页幻灯片

最后进行结束幻灯片页面的制作，具体操作步骤如下。

第 1 步　选中第 6 张幻灯片，单击【开始】选项卡【幻灯片】组中的【新建幻灯片】按钮，在弹出的下拉列表中选择【标题幻灯片】选项，如下图所示。

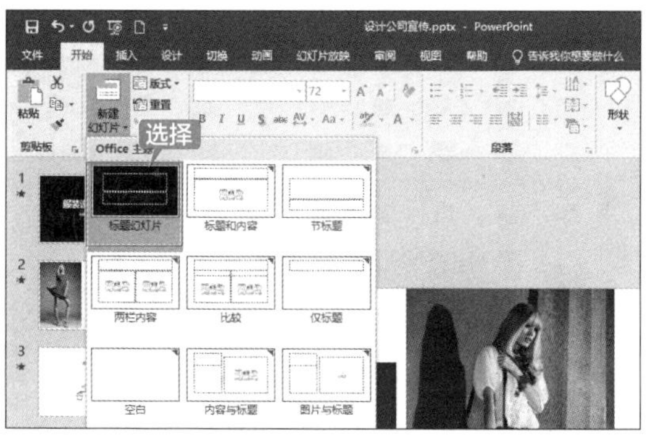

第 2 步　在插入的艺术字文本框中输入“谢谢观赏”文本，并设置【字号】为“72”、【字体】为“微软雅黑”，最终效果如下图所示。

15.3.6 设计公司宣传幻灯片的转换效果

本小节将对做好的幻灯片进行页面切换时的效果转换设置，具体操作步骤如下。

第 1 步　选中第 1 张幻灯片，单击【切换】选项卡【切换到此幻灯片】组中的【其他】按钮▾，在弹出的下拉列表中选择【闪光】选项，如下图所示。

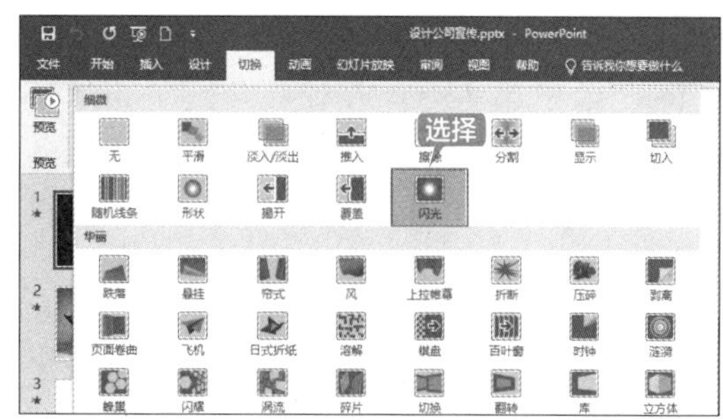

第 2 步 选中第 2 张幻灯片，单击【切换】选项卡【切换到此幻灯片】组中的【其他】按钮，在弹出的下拉列表中选择【淡入 / 淡出】选项，如下图所示。

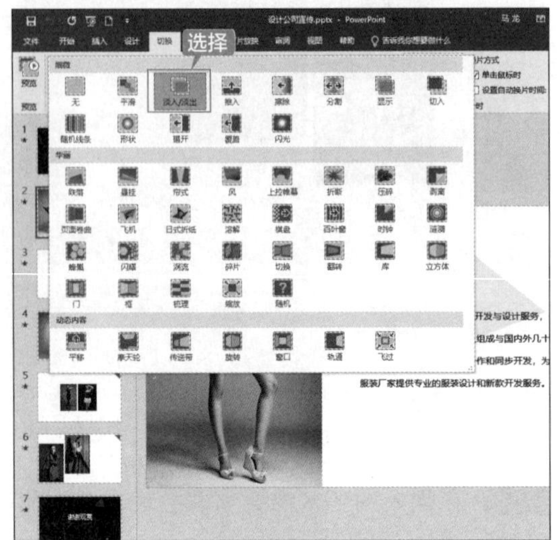

第 3 步 选中第 3 张幻灯片，单击【切换】选项卡【切换到此幻灯片】组中的【其他】按钮，在弹出的下拉列表中选择【涟漪】选项，如下图所示。

第 4 步 选中第 4 ~ 6 张幻灯片，单击【切换】选项卡【切换到此幻灯片】组中的【其他】按钮，在弹出的下拉列表中选择【随机线条】选项，如下图所示。

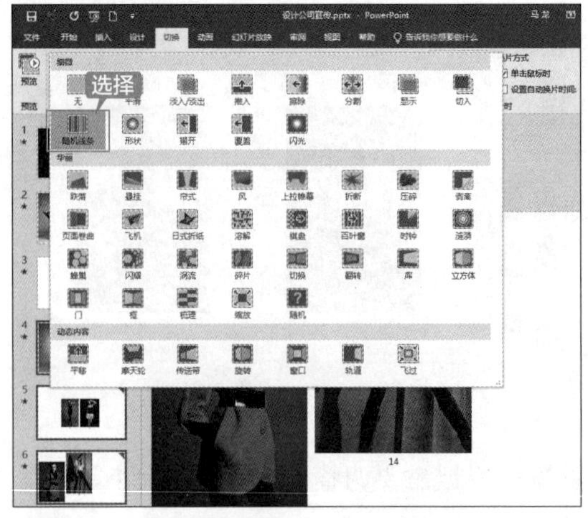

第 5 步 选中第 7 张幻灯片，单击【切换】选项卡【切换到此幻灯片】组中的【其他】按钮，在弹出的下拉列表中选择【擦除】选项，如下图所示。

第 6 步 将制作好的幻灯片保存为“设计公司宣传 .pptx”文件，最终效果如下图所示。

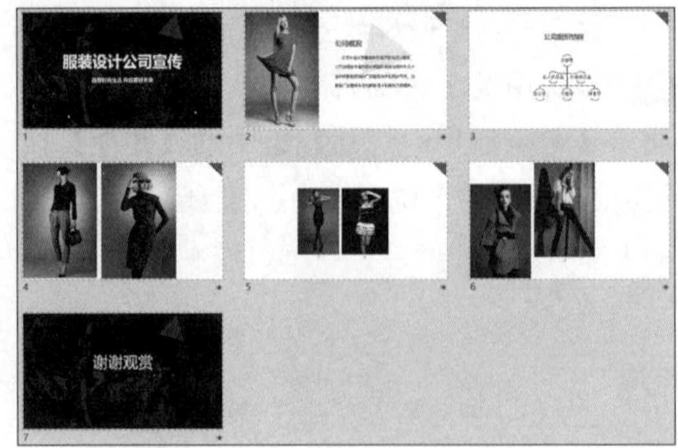

第6篇

高手秘籍篇

本篇主要介绍PowerPoint 2019的高手秘籍。通过本篇的学习，读者可以掌握快速设计PPT中元素的秘籍及移动办公等操作。

第 16 章 快速设计 PPT 中元素的秘籍

本章导读

PPT 中除了内容，给人最直观的印象就是模板，合适的模板可以更有效地烘托内容。模板由背景及其他一些元素组成，但设计模板不只是设计人员的事情，掌握了本章所讲述的这些工具，任何人都可以进行设计。

思维导图

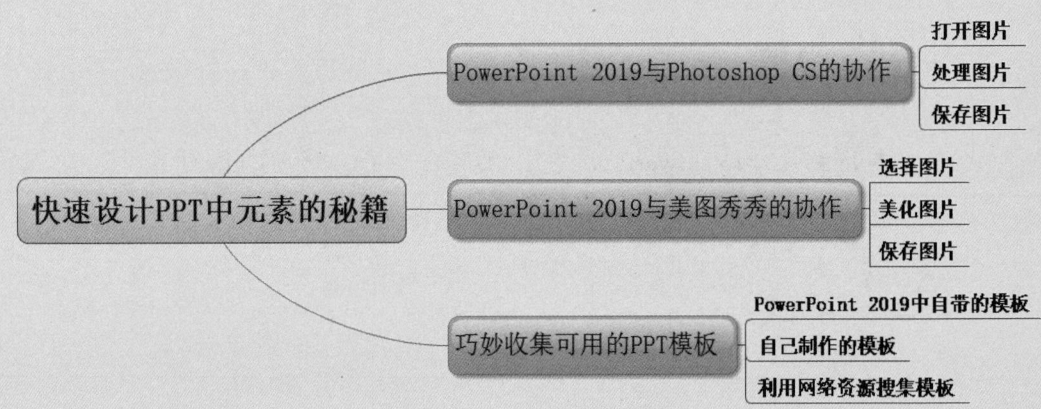

16.1 PowerPoint 2019 与 Photoshop CS 的协作

PowerPoint 2019 中提供了删除背景的功能，可以将比较单一的背景删除。但是对一些背景颜色比较多的图片，此功能就无能为力了，这就需要使用专业的图像处理软件 Photoshop。Photoshop CS5 中文版的界面如下图所示。

下图所示分别为“素材\ch16\01.jpg”文件在 Photoshop CS5 中文版中处理的前后对比图。

使用 Photoshop CS5 处理图片的具体操作步骤如下。

第 1 步 安装并启动 Photoshop CS5 中文版，选择【文件】→【打开】命令，打开“素材\ch16\01.jpg”图片，如下图所示。

第 2 步 选取要抠图的图像。单击工具箱中的【魔棒工具】，设置【容差值】为“12”，在图像的空白区域单击，即可选择白色部分图像，如下图所示。

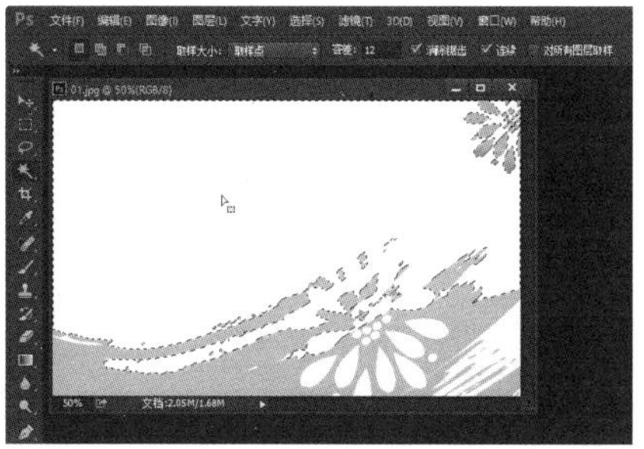

第 3 步 有些地方没有选中，可以按住【Shift】键进行加选，在图像的空白区域单击，即可继续选择白色部分图像，如下图所示。

第 4 步 双击背景图层，将【背景】图层转换成普通图层，如下图所示。

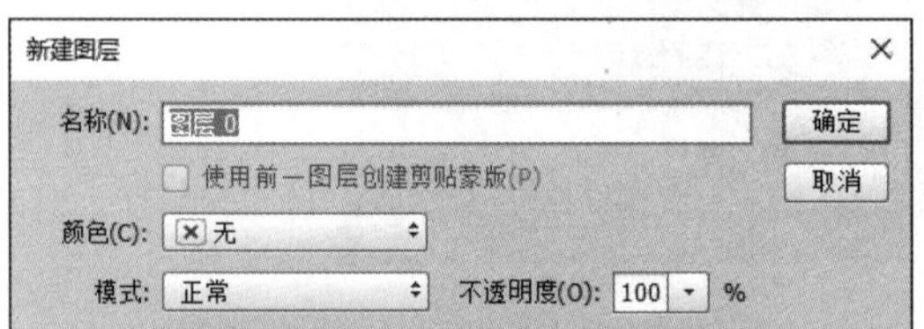

第 5 步 按【Delete】键将选取的图像删除，然后按【Ctrl+D】组合键取消选择，如下图所示。

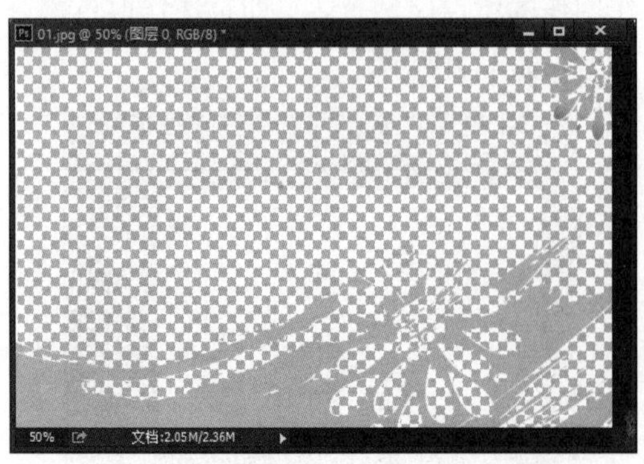

第 6 步 选择【文件】→【存储为】选项，在弹出对话框的【保存类型】下拉列表中选择【PNG】选项，选择文件保存位置，并输入文件名称，单击【保存】按钮，然后根据提示设置保存选项即可，如下图所示。

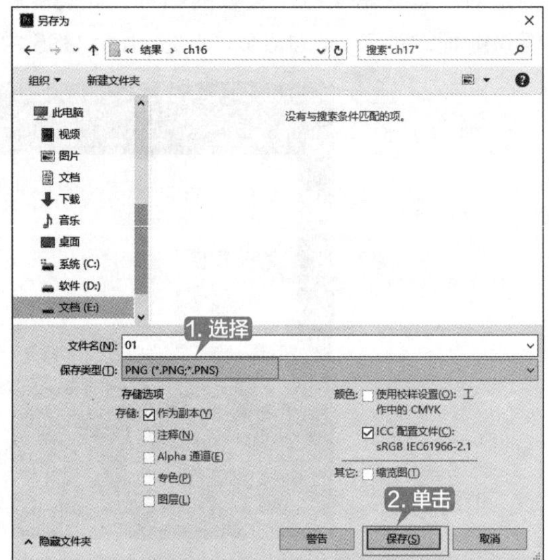

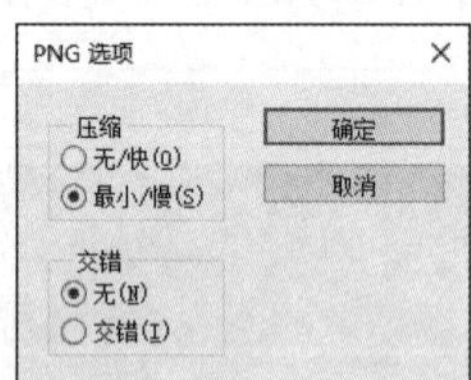

第 7 步 在幻灯片中插入抠图后的图片，效果如下图所示。

可以使用一些风景照片作为幻灯片的背景，如果由于拍照时的环境不好导致照片比较模糊，那么可以使用 Photoshop 将图片进行清晰化处理，使用到的命令有【自动色调】【自动对比度】和【锐化】等。图片处理前后的效果如下图所示。

使用 Photoshop CS5 处理图片的操作步骤如下。

第 1 步 启动 Photoshop CS5 中文版，选择【文件】→【打开】选项，打开“素材 \ch16\02.jpg”图片，如下图所示。

第 2 步 按【Shift+Ctrl+L】组合键执行【自动色调】命令，效果如下图所示。

第 3 步 按【Alt+Shift+Ctrl+L】组合键执行【自动对比度】命令，效果如下图所示。

第 4 步 选择【滤镜】→【锐化】→【USM 锐化】选项，弹出【USM 锐化】对话框，具体设置如下图所示，单击【确定】按钮。

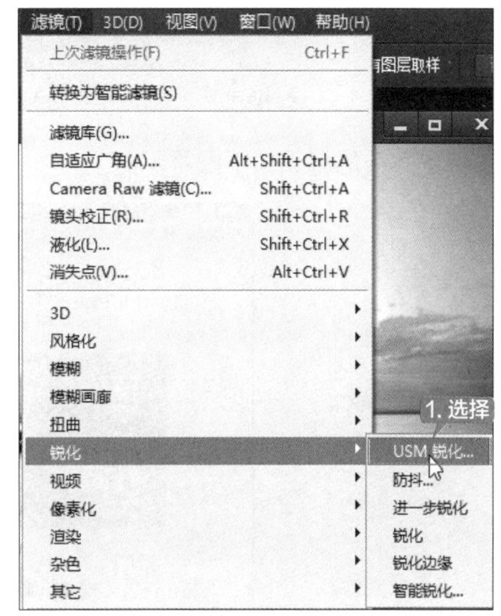

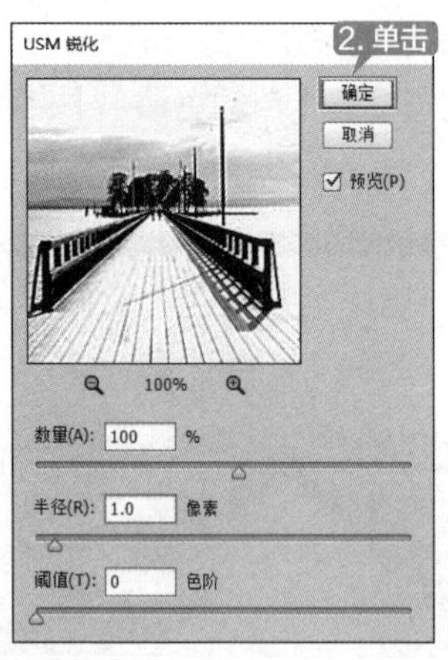

第 5 步 最终效果如下图所示。

16.2 PowerPoint 2019 与美图秀秀的协作

PowerPoint 2019 中如果需要一些人物照片，可以快速地使用美图秀秀来进行美化处理。

下图所示为“素材\ch16\03.jpg”人物图片在美图秀秀中处理前后的对比图。

美图秀秀的界面如下图所示。

使用美图秀秀处理图片的具体操作步骤如下。

第 1 步 安装并启动美图秀秀软件，选择【人像美容】选项，如下图所示。

第 2 步 单击【打开一张图片】按钮，如下图所示。

第 3 步 选择“素材 \ch16\03”人物图片，单击【打开】按钮，如下图所示。

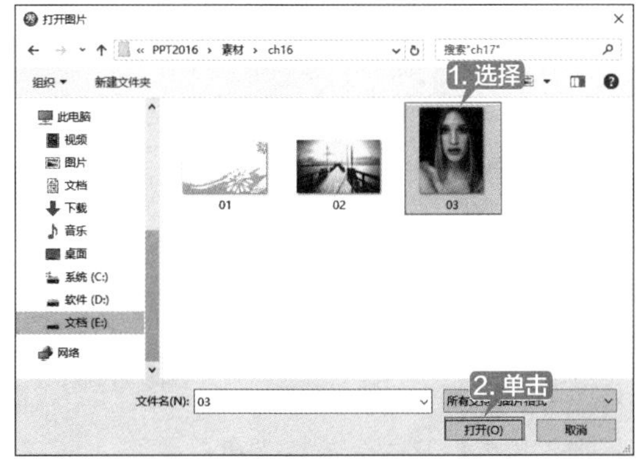

第 4 步 打开图片后的效果如下图所示，可以根据需要选择美化的内容，选择【皮肤美白】选项。

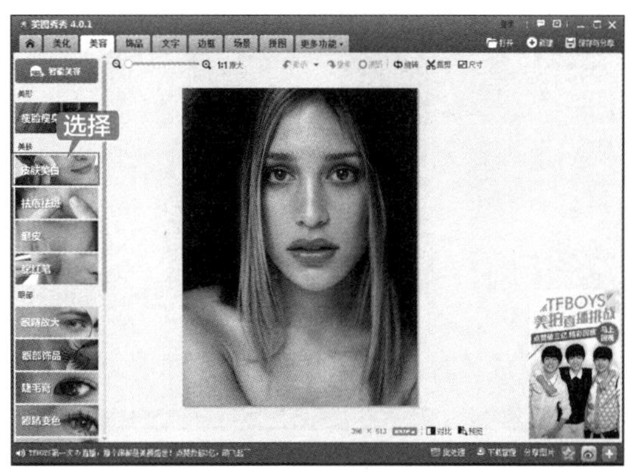

第 5 步 调节【美白力度】和【肤色】两个选项滑块达到需要的效果，然后单击【应用】按钮，如下图所示。

第 6 步 选择【磨皮】选项，根据提示设置磨皮效果，完成后单击【应用】按钮，如下图所示。

第 7 步 选择【唇彩】选项，根据提示设置唇彩效果，对嘴唇进行涂抹，完成后单击【应用】按钮，如下图所示。

第 8 步 选择【边框】选项卡，根据需要选择合适的边框，完成后单击【确定】按钮，如下图所示。

第 9 步 单击右上角的【保存与分享】按钮，对图像进行保存，完成后单击【保存】按钮，如下图所示。

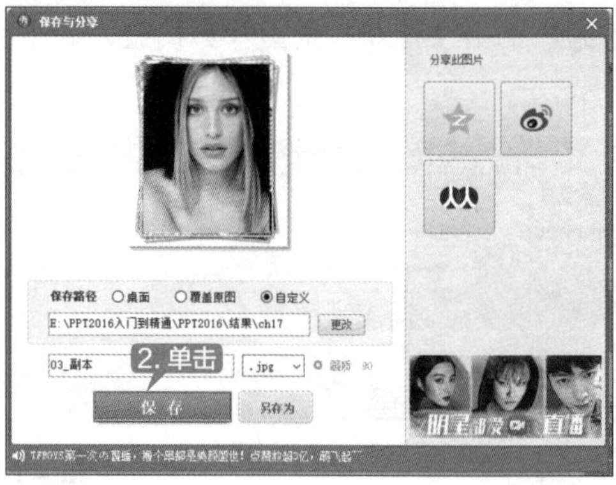

16.3 巧妙收集可用的 PPT 模板

收集 PPT 模板一般有 3 种方式：PowerPoint 2019 中自带的模板、自己制作的模板和利用网络资源收集的模板。

首先学习使用 PowerPoint 2019 中自带的模板。

第 1 步 启动 PowerPoint 2019 软件后，可以看到软件自带的各种模板，如下图所示。单击其中一个模板即可打开使用。

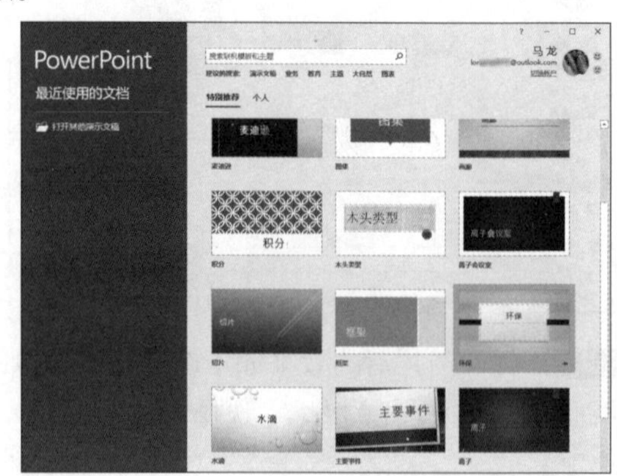

第 2 步 选择【环保】模板，然后单击【创建】按钮，如下图所示。

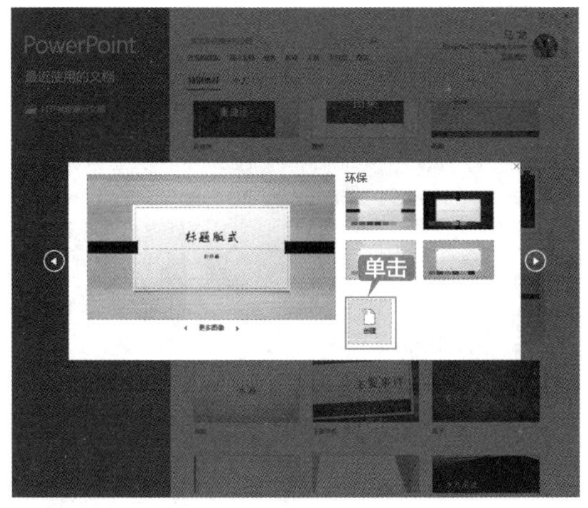

第 3 步 即可打开【环保】模板，效果如下图所示。

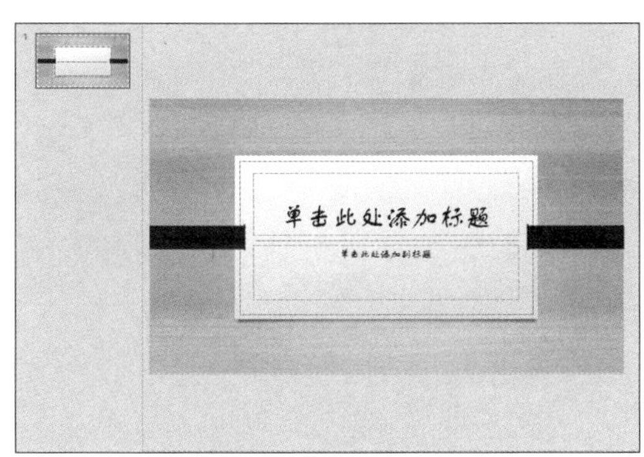

其次学习如何自制模板。

第 1 步 启动 PowerPoint 2019 软件后，打开自己制作的一个演示文稿，本例打开“素材\ch16\年度销售汇报 .pptx”，如下图所示。

第 2 步 选择【文件】选项卡，在打开的界面左侧选择【另存为】选项，右侧单击【浏览】按钮，如下图所示。

第 3 步 打开【另存为】对话框，在【保存类型】下拉列表中选择【PowerPoint 模板】选项，然后单击【保存】按钮，如下图所示。

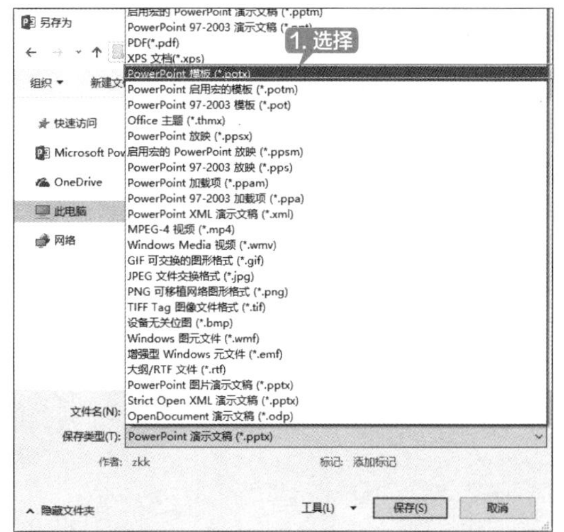

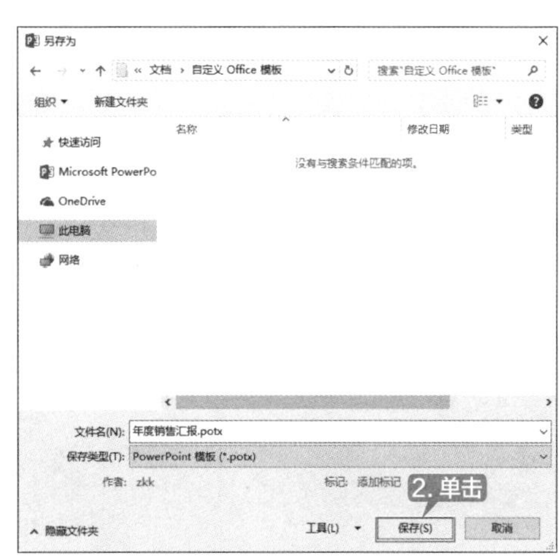

最后学习如何利用网络资源收集模板。

第 1 步 启动浏览器，打开百度搜索，在搜索框中输入“PPT 模板”，单击【百度一下】按钮，如下图所示。

第 2 步 选择一个网站，将其打开就可以看到很多 PPT 模板文件，如下图所示，其中有些模板是免费的，有些模板是收费的，可以根据需要自行选择。

第 17 章

Office 的跨平台应用——移动办公

本章导读

使用智能手机、平板电脑等移动设备，可以轻松跨越 Windows 操作系统平台，随时随地进行移动办公，不仅方便快捷，而且不受地域限制。本章介绍在手机中处理邮件、使用手机 QQ 协助办公及在手机中处理办公文档的操作。

思维导图

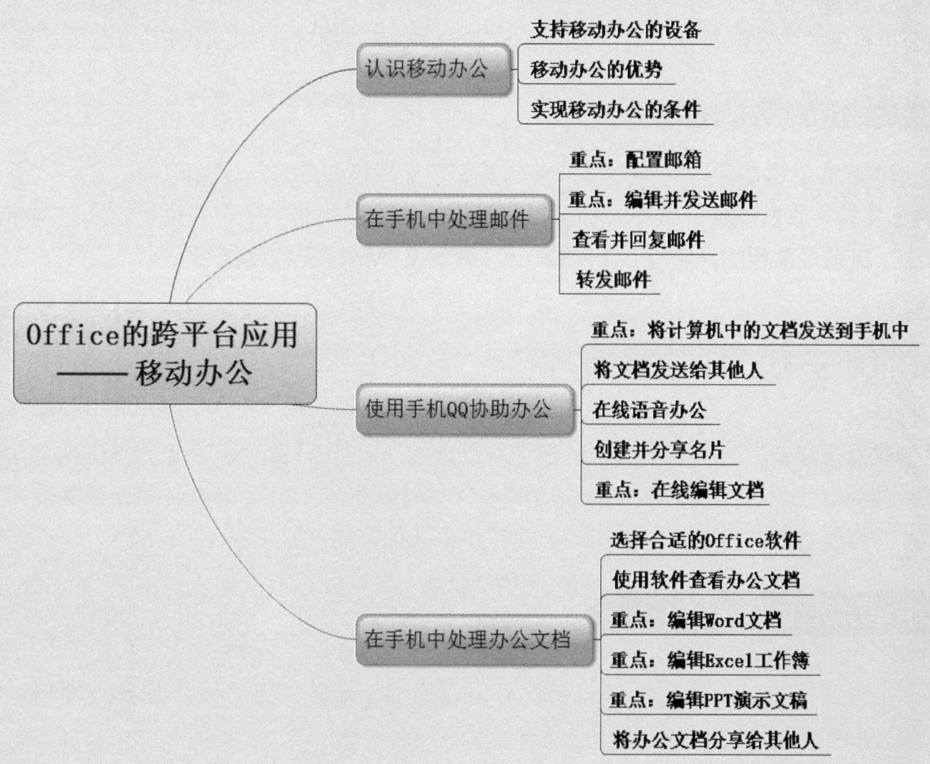

17.1 认识移动办公

移动办公也可称为“3A 办公”，即办公人员可在任何时间(Anytime)、任何地点(Anywhere) 处理与业务相关的任何事情 (Anything)。这种全新的办公模式，可以让办公人员摆脱时间和空间的约束，随时随地地进行公司的管理和沟通，有效地提高管理效率，推动企业效益的增长。

1. 支持移动办公的设备

① 手持设备。支持 Android、iOS、Windows Phone、Symbian 及 BlackBerry OS 等手机操作系统的智能手机、平板电脑等都可以实现移动办公，如 iPhone、iPad、三星智能手机、华为手机等。

② 超级本。集成了平板电脑和 PC 的优势，携带更轻便、操作更灵活、功能更强大。

2. 移动办公的优势

① 操作便利简单。移动办公只需一部智能手机或平板电脑，操作简单、便于携带，并且不受地域限制。

② 处理事务 高效快捷。使用移动办公，无论是出差在外，还是正在上、下班的路上，都可以及时处理办公事务，不仅能够有效地利用时间，还能提高工作效率。

③ 功能强大且灵活。信息产品的发展及移动通信网络的日益优化，使很多要在计算机上处理的工作都可以通过移动办公的手机终端来完成。同时，针对不同行业领域的业务需求，既可以对移动办公进行专业的定制开发，又可以灵活多变地根据自身需求自由设计移动办公的功能。

3. 实现移动办公的条件

① 便携的设备。要想实现移动办公，首先需要有支持移动办公的设备。

② 网络支持。收发邮件、共享文档等操作都需要在连接网络的情况下进行，所以网络的支持必不可少。目前最常用的网络有 3G 网络、4G 网络及 Wi-Fi 无线网络等。

17.2 在手机中处理邮件

邮件的收发是移动办公中使用频繁的通信手段之一，通过电子邮件不仅可以发送文字信件，还可以以附件的形式发送文档、图片、声音等多种类型的文件，也可以接收并查看其他用户发送的邮件。下面以 QQ 邮箱为例，介绍如何在手机中处理邮件。

17.2.1 重点：配置邮箱

QQ 邮箱全面支持邮件通用协议，不仅可以管理 QQ 邮箱，还可以添加其他邮箱。使用 QQ 邮箱管理邮件首先需要配置邮箱。

1. 添加邮箱账户

在 QQ 邮箱中添加多个邮箱账户的具体操作步骤如下。

第 1 步 下载、安装并打开 QQ 邮箱应用，进入【添加账户】界面，选择要添加的邮箱类型，这里选择【QQ 邮箱】选项，如下图所示。

第 2 步 进入【QQ 邮箱】界面，如果要使用手机中正在使用的 QQ 邮箱，可以直接点击【手机 QQ 授权登录】按钮，如下图所示。

提示

如果要使用其他 QQ 邮箱，需要点击【账号密码登录】按钮，然后在打开的界面中输入 QQ 邮箱的账号和密码，点击【登录】按钮即可，如下图所示。

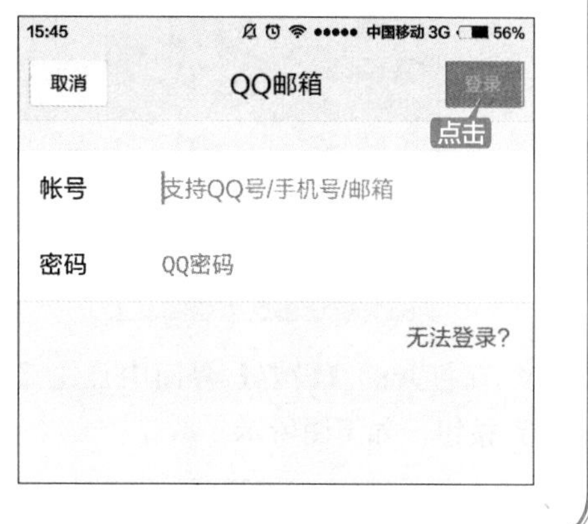

第 3 步 将会自动识别出手机中正在使用的 QQ 号码，点击【登录】按钮，然后在弹出的界面中点击【完成】按钮即可进入邮箱主界面，如下图所示。

第 4 步 如果要同时添加多个邮箱账户，在进入邮箱主界面后点击右上角的 按钮，在弹出的下拉列表中选择【设置】选项，如下图所示。

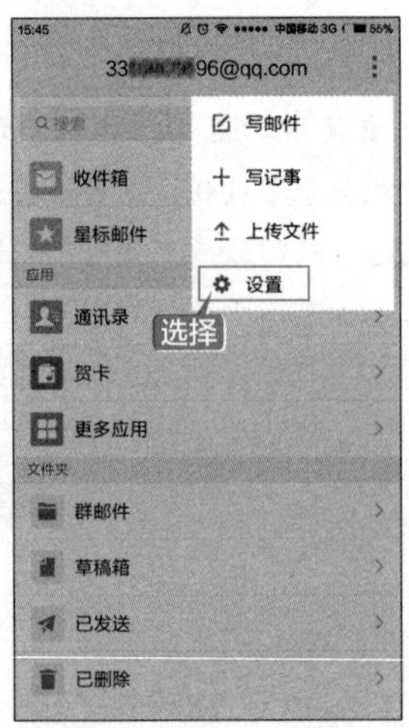

第 5 步 在打开的【设置】界面中点击【添加账户】按钮，如下图所示。

第 6 步 打开【添加账户】界面。再次根据需要选择要添加的账户类型，这里选择【163 邮箱】选项，如下图所示。

第 7 步 进入【163 邮箱】界面，输入 163 邮箱的账号和密码，点击【登录】按钮，如下图所示。

第 8 步 根据需要设置头像及发信昵称，点击【完成】按钮，如下图所示。

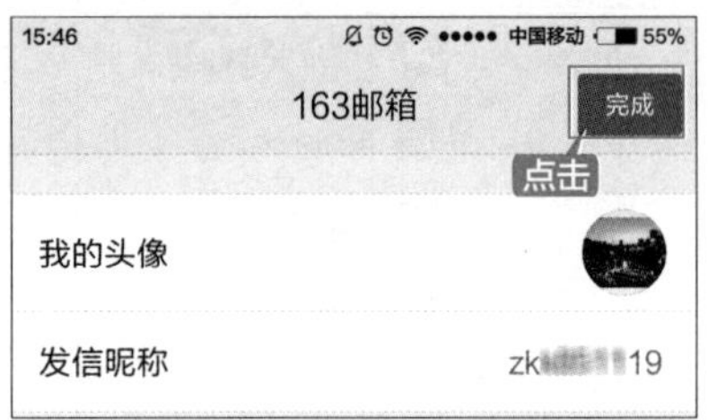

第 9 步 即可同时登录并在邮箱主界面中显示两个不同的邮箱账户，实现同时管理多个邮箱的操作，如下图所示。

2. 设置主账户邮箱

如果添加多个邮箱，默认情况下第一次添加的邮箱为主账户邮箱，用户也可以根据需要将其他邮箱设置为主账户邮箱。设置主账户邮箱后，在邮箱主界面中执行的多种操作（如写邮件等）都默认使用主账户邮箱，

可以将操作频繁的邮箱账户设置为主账户邮箱。设置主账户邮箱的具体操作步骤如下。

第 1 步 在邮箱主界面点击右上角的 按钮，在弹出的下拉列表中选择【设置】选项，打开【设置】界面，选择要设置为主账户的邮箱账户，如下图所示。

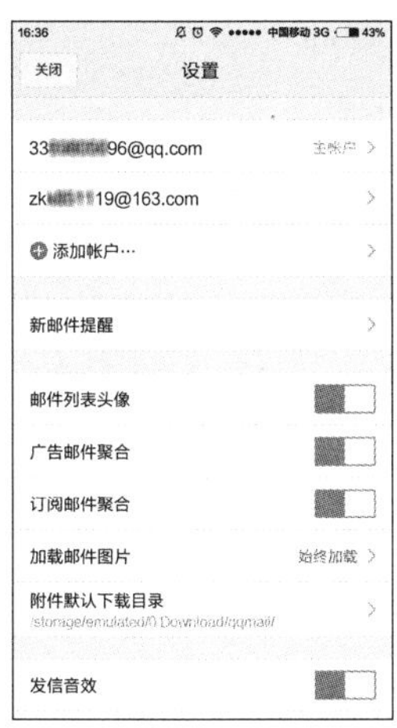

第 2 步 打开邮箱账户信息界面，点击【设为主账户】按钮，即可将选择的账户设置为主账户，如下图所示。

提示

这里将主账户再次设置为 QQ 邮箱账号，如果要删除邮箱账户，也可以在该界面中点击【删除账户】按钮，将不需要的账户删除。

17.2.2 重点：编辑并发送邮件

配置邮箱完成后，就可以编辑并发送邮件。下面以添加的 QQ 邮箱为例，介绍编辑并发送邮件的具体操作步骤。

第 1 步 进入 QQ 邮箱主界面，点击右上角的 按钮，在弹出的下拉列表中选择【写邮件】选项，如下图所示。

提示

也可以在主界面【账户】组中选择要发送邮件的账户，在打开的界面点击右上角的按钮，进入【写邮件】界面，如下图所示。非主账户邮箱也可以使用该方法发送邮件。

第 2 步 进入主账户邮箱的【写邮件】界面，输入收件人名称及邮件主题，并在下方输入邮件内容。如果要添加附件，可以点击界面右下角的【附件】按钮 ，如下图所示。

第 3 步 在手机中选择要发送的附件，点击【发送】按钮，如下图所示。

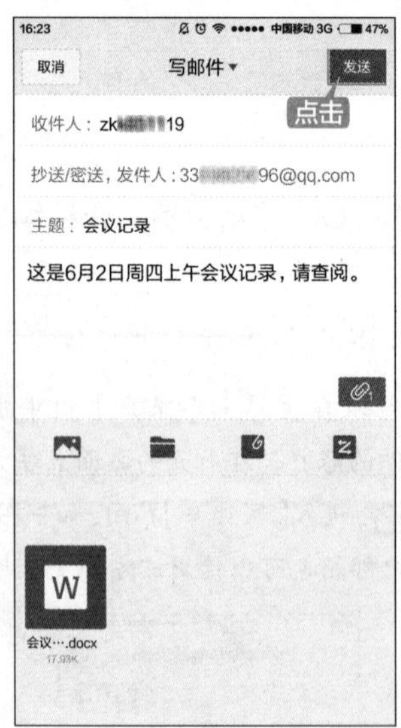

第 4 步 选择主界面中【账户】组中的 QQ 邮箱账户，进入该账户的详细信息界面，选择【已发送】选项，如下图所示。

第 5 步 在【已发送】界面中即可看到发送的邮件，如下图所示，至此就完成了编辑并发送邮件的操作。

17.2.3 查看并回复邮件

查看和回复邮件是邮件处理常用的功能，下面以 163 邮箱为例，介绍收到邮件后查看并回复邮件的具体操作步骤。

第 1 步 收到邮件后，在QQ邮箱主界面中的【收件箱】后将显示收到邮件的数量，选择【163的收件箱】选项，如下图所示。

第 2 步 进入【163 的收件箱（1）】界面，即可看到收到邮件的简略内容，点击收到的邮件，如下图所示。

第 3 步 在打开的界面中即可显示详细邮件信息。附件内容将会显示在最下方，如果要查看附件内容，可以点击附件后面的 ⋮ 按钮，如下图所示。

第 4 步 在弹出的选择框中选择【打开文件】选项，如下图所示，即可使用手机中安装的Office 应用打开并编辑文档内容。

第 5 步 如果要回复邮件，可以在邮件的详细内容页面点击底部的 按钮，在弹出的界面中点击【回复】按钮，如下图所示。

第 6 步 打开【回复邮件】界面，输入回复内容，点击【发送】按钮，即可完成回复邮件的操作，如下图所示。

17.2.4 转发邮件

收到邮件后，如果需要将邮件发送给其他人，可以使用转发邮件功能，具体操作步骤如下。

第 1 步 收到邮件后，进入查看邮件界面，点击底部的按钮，在弹出的界面中点击【转发】按钮，如下图所示。

第 2 步 打开【转发】界面，输入收件人的邮箱账号或名称，并新建内容，点击【发送】按钮，即可将收到的邮件快速转发给其他用户，如下图所示。

17.3 使用手机 QQ 协助办公

QQ 不仅具有实时交流功能，还可以方便地传输文件或者共享文档，是移动办公的好帮手，本节就来介绍使用手机 QQ 协助办公的常用操作。

17.3.1 重点：将计算机中的文档发送到手机中

现在，可以在 PC 端和手机端同时登录同一 QQ 账号，使用 QQ 软件即可实现将计算机中的文档在不使用数据线的情况下快速发送到手机中，大大提高了传输文档的速度，具体操作步骤如下。

第 1 步 在手机和计算机中同时登录同一 QQ 账号。在计算机中打开 QQ 主界面，单击【我的设备】下方识别的手机型号，这里单击【我的 Android 手机】图标，如下图所示。

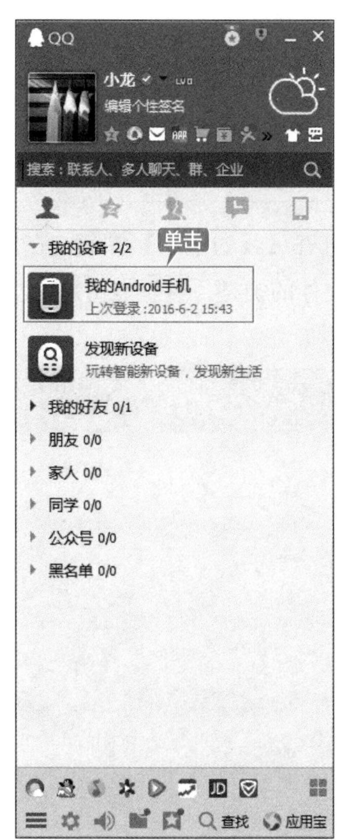

第 2 步 打开【小龙的 Android 手机】窗口，单击左下角的【选择文件发送】按钮，如下图所示。

第 3 步 打开【打开】对话框，选择要发送文件存放的位置并选择文档，单击【打开】按钮，如下图所示。

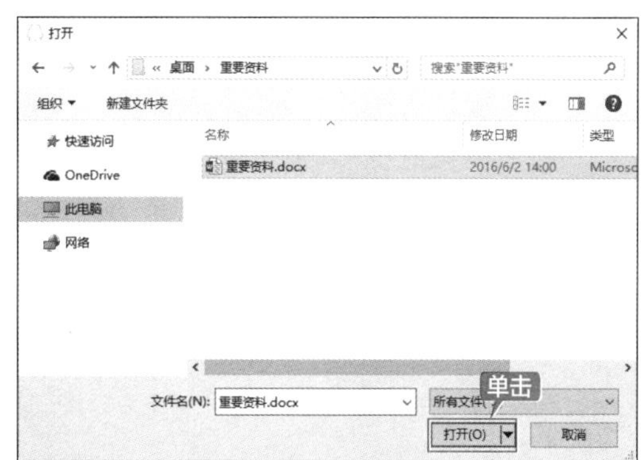

第 4 步 即可完成文档的发送，并显示文档的名称及大小，如下图所示。

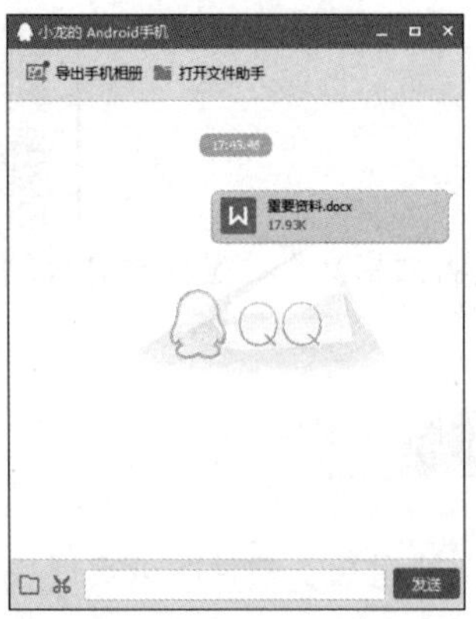

提示

直接选择要发送到手机中的文档，并将其拖曳至窗口中，然后释放鼠标左键，也可以完成文档的发送，如下图所示。

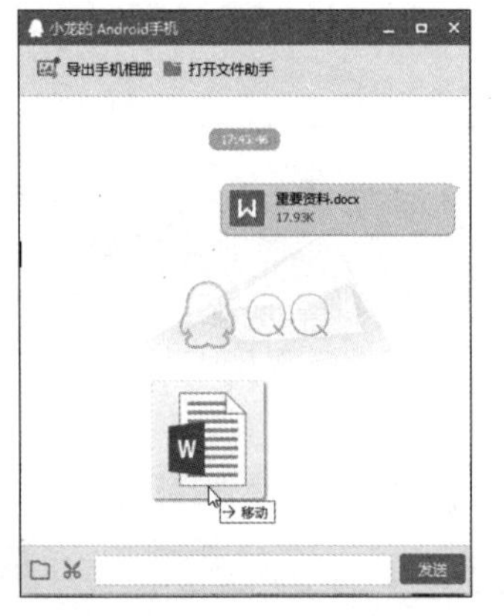

第 5 步 此时，手机 QQ 中将收到提示，并自动下载收到的文件，如下图所示。至此，就将计算机中的文档发送到手机中。

此外，如果在手机中编辑文档后，也可以将手机中的文档发送到计算机中，具体操作步骤如下。

第 1 步 在手机中打开手机 QQ，在【联系人】界面中选择【我的设备】→【我的电脑】选项，如下图所示。

第 2 步 打开【我的电脑】界面，在底部选择要发送文件的类型，这里点击 按钮，如下图所示。

第 3 步 选择文档存储的位置和要发送的文档，

点击【发送】按钮，如下图所示。

第 4 步 即可将手机中的文档发送到计算机中，如下图所示。

第 5 步 在计算机中的【小龙的 Android 手机】窗口即可看到收到的文档，在文档名称上右击，在弹出的快捷菜单中选择【打开文件夹】选项，即可打开存放文档的文件夹，如下图所示。

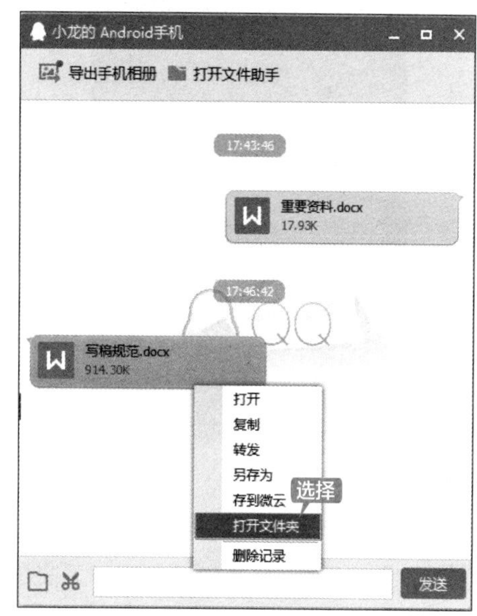

提示

还可以根据需要执行打开文档、复制文档、转发文档、另存为文档等操作。

17.3.2 将文档发送给其他人

使用手机 QQ 可以快速地将编辑后的文档发送给其他用户，具体操作步骤如下。

1. 使用发送功能

第 1 步 找到文档存放的位置，并长按文档名称，界面底部将会弹出菜单栏，点击【发送】按钮，如下图所示。

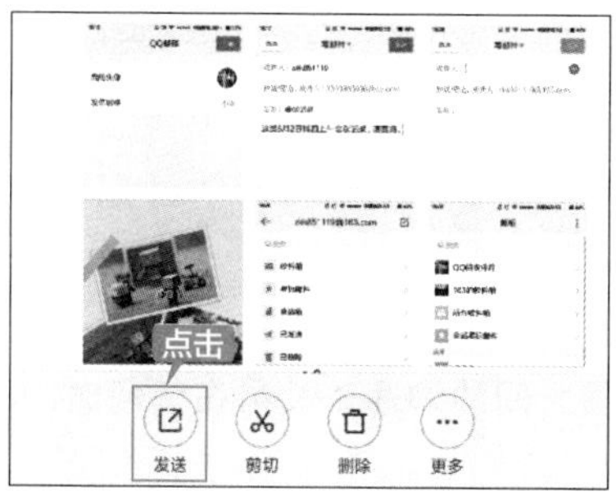

第 2 步 打开【发送】界面，点击【发送给好友】QQ 图标，如下图所示。

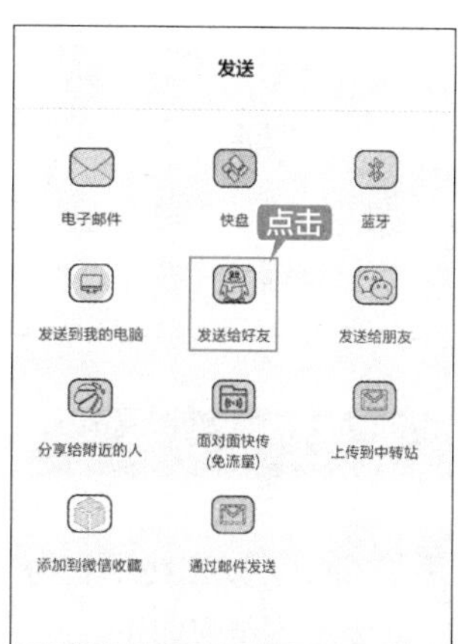

第 3 步 在打开的好友界面中选择要发送到的好友，弹出【发送到】窗口，点击【发送】按钮，即可将文档发送给他人，如下图所示。

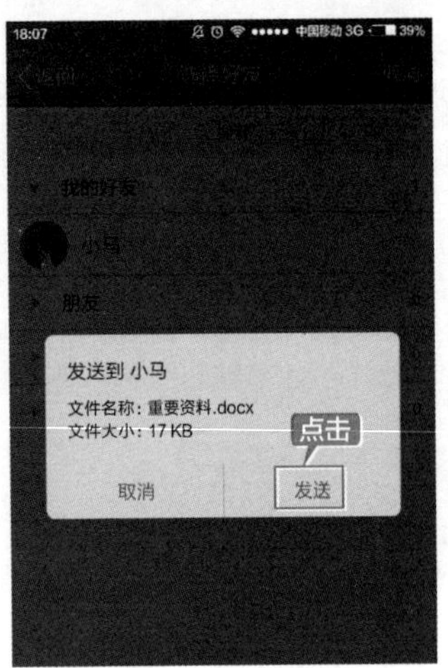

2. 使用窗口聊天

第 1 步 在手机 QQ 中打开与好友的聊天窗口，点击⊕按钮，然后点击【文件】按钮，如下图所示。

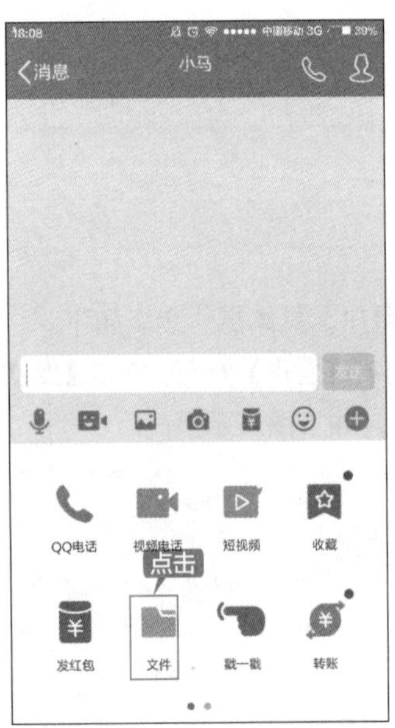

第 2 步 在打开的【全部】界面中选择文档存储的位置并选择要发送的文档，点击【发送】按钮，如下图所示。

第 3 步 即可将文档发送给其他人，如下图所示。

17.3.3 在线语音办公

使用手机 QQ 可以在线语音办公，既方便了公司成员之间的沟通，又可在任何时间、地点轻松办公，具体操作步骤如下。

第 1 步 在手机上登录 QQ 账号，进入手机 QQ 的主界面，如下图所示。

第 2 步 在界面下方的菜单栏中点击【联系人】按钮，选择需要进行语音办公的联系人，进入聊天界面，如下图所示。

第 3 步 点击界面右下角菜单栏中的【添加】按钮，即可弹出工具面板，如下图所示。

第 4 步 在弹出的工具面板中点击【QQ 电话】按钮，即可等待对方接听，如下图所示。

第 5 步 对方接听后，即可进行在线语音办公。办公结束后，点击聊天界面中的【挂断】按钮，即可结束语音办公，如下图所示。

17.3.4 创建并分享名片

用户可以在 QQ 上为自己创建一张名片，并分享给好友，让好友对自己有一个全面的认识。在手机 QQ 上创建并分享名片的具体操作步骤如下。

第 1 步 在手机上登录 QQ 账户，进入手机 QQ 的主界面，如下图所示。

第 2 步 点击左上角的头像，进入用户设置界面，在弹出的菜单栏中选择【我的名片夹】选项，如下图所示。

第 3 步 进入【我的名片夹】界面，如下图所示。

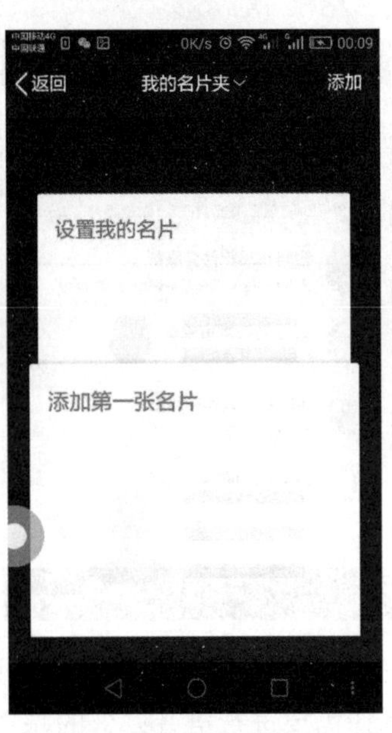

第 4 步 点击【设置我的名片】按钮，进入【我的名片】界面，填写用户的姓名、公司、手机、描述等信息，然后点击右上角的【完成】按钮，即可成功创建名片，让 QQ 好友看到自己设置的名片信息，如下图所示。

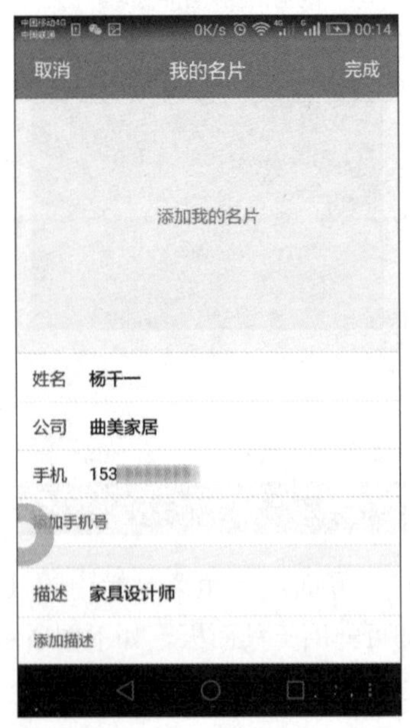

17.3.5 重点：在线编辑文档

用户可以在计算机和手机 QQ 中同时编辑一个文档，并同时修改，具体操作步骤如下。

1. PC 端的文档编辑

第 1 步 在浏览器中输入 https://docs.qq.com/index.html 网址，即可打开“腾讯文档”页面，单击【立即使用】按钮，如下图所示。

第 2 步 将会弹出手机登录二维码页面，如下图所示。

第 3 步 打开手机 QQ 页面的“扫一扫”功能，会提示“扫描成功，请在手机上确认是否授权登录”页面，同时会出现【扫描结果】页面，点击【允许登录腾讯业务】按钮即可，如下图所示。

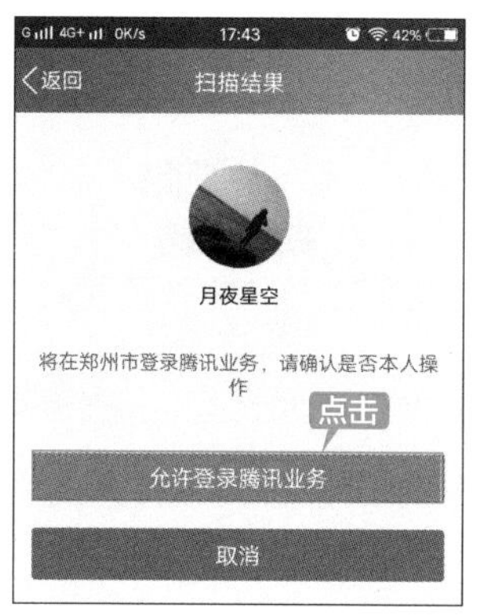

第 4 步 扫码登录成功后，电脑端就会自动弹出“腾讯文档”页面，单击【导入】按钮，如下图所示。

第 5 步 打开“素材 \ch17\ 公司年度报告 .docx”文档，单击【打开】按钮，如下图所示。

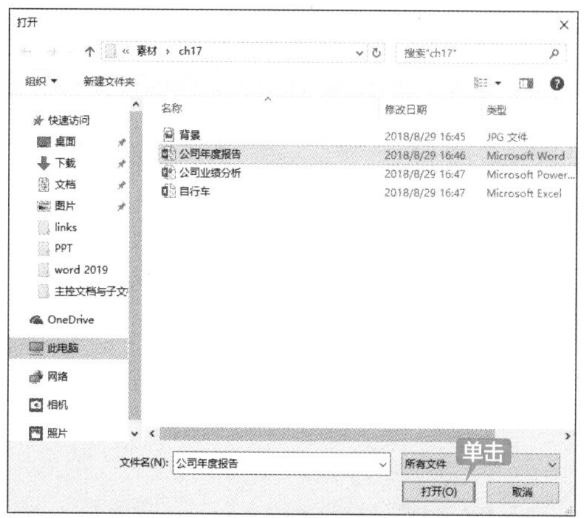

第 6 步 弹出【导入本地文档】页面，单击【立即打开】按钮，如下图所示。

第 7 步 即可弹出素材文档打开的页面，如下图所示。

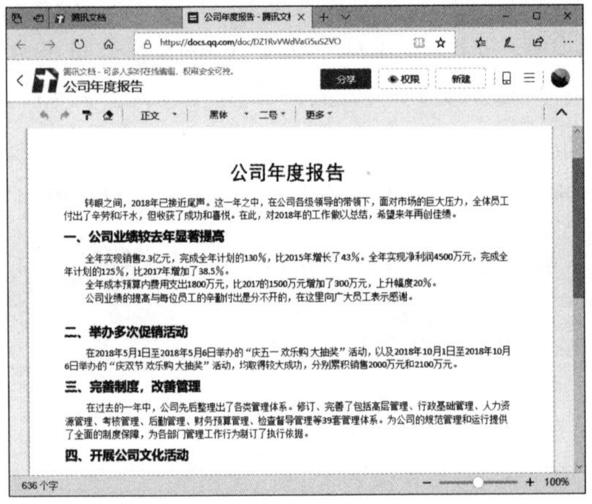

第 8 步 打开文档之后，即可对文档进行编辑，选中标题“公司年度报告”，单击【更多】按钮，在弹出的下拉列表中单击【加粗】和【斜体】按钮，效果如下图所示。

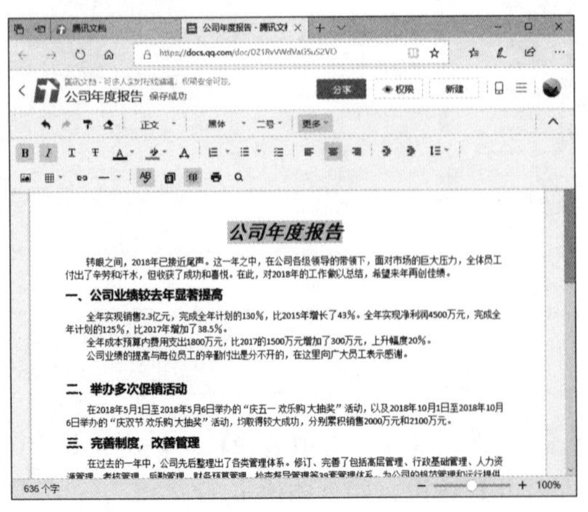

2. 手机端的文档编辑

第 1 步 在手机浏览器中输入“docs.qq.com”网址，进入腾讯文档页面，点击【立即使用】按钮，如下图所示。

第 2 步 弹出选择登录方式的界面，选择 QQ 登录，如下图所示。

第 3 步 登录成功后，即可在“腾讯文档”界面中显示“公司年度报告”文档，如下图所示。

提示

在打开外部应用的同时，会弹出打开方式，如下图所示。

第 4 步 选中第一段正文，点击 A≡ 按钮，对文档中的字体颜色进行设置，效果如下图所示。

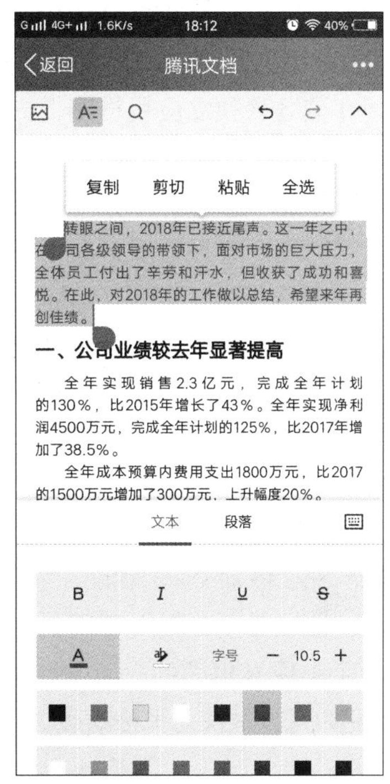

提示

打开素材文档，可以看到在 PC 端的编辑结果，同时在 PC 端也可以看到手机端的编辑结果。

17.4 在手机中处理办公文档

在手机中可以使用软件查看并编辑办公文档，并可以把编辑完成的文档分享给其他人，不仅可以节省办公时间，还可以实现随时随地办公。

17.4.1 选择合适的 Office 软件

随着移动办公的普遍，移动版 Office 办公软件也随之而生，并越来越多，最为常用的有微软 Office 365 移动版、金山 WPS Office 移动版及苹果 iWork 办公套件，下面分别进行介绍。

1. 微软 Office 365 移动版

Office 365 移动版是微软公司推出了一款移动办公软件，包含了 Word、Excel、PowerPoint 这 3 款独立应用程序，支持装有 Android、iOS 和 Windows 操作系统的智能手机和平板电脑。

使用 Office 365 移动版办公软件，用户可以免费查看、编辑、打印和共享 Word、Excel 和 PowerPoint 文档。但如果使用高级编辑功能就需要付费升级 Office 365，这样用户可以在任何设备上安装 Office 套件，包括计算机和 iMac，还可以获取 1TB 的 OneDrive 联机存储空间及软件的高级编辑功能。

Office 365 移动版与 Office 2019 办公套件相比，在界面上有很大不同，但其使用方法及功能实现是相同的，因此熟悉 PC 版 Office 的用户可以很快上手移动版。

2. 金山 WPS Office 移动版

WPS Office 是金山软件公司推出的一款办公软件，对个人用户永久免费，支持跨平台的应用。

WPS Office 移动版内置文字 Writer、演示 Presentation、表格 Spreadsheets 和 PDF 阅读器四大组件，支持本地和在线存储的查看和编辑。用户可以使用 QQ 账号、WPS 账号、小米账号或微博账号登录，开启云同步服务，对云存储上的文件进行快速查看及编辑、文档同步、保存及分享等。下图所示为 WPS Office 中的表格界面。

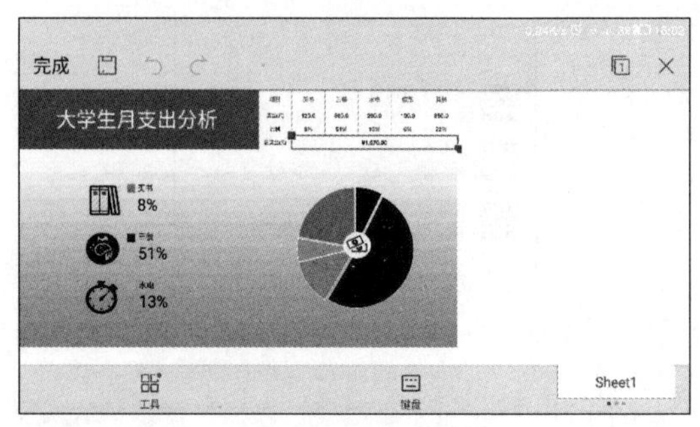

3. 苹果 iWork 办公套件

iWork 是苹果公司为 OS X 及 iOS 操作系统开发的办公软件，并免费提供给苹果设备的用户。

iWork 包含 Pages、Numbers 和 Keynote 这 3 个组件。其中，Pages 是文字处理工具，Numbers 是电子表格工具，Keynote 是演示文稿工具，分别兼容 Office 的三大组件。iWork 同样支持在线存储、共享等，方便用户移动办公。下图所示为 Numbers 界面。

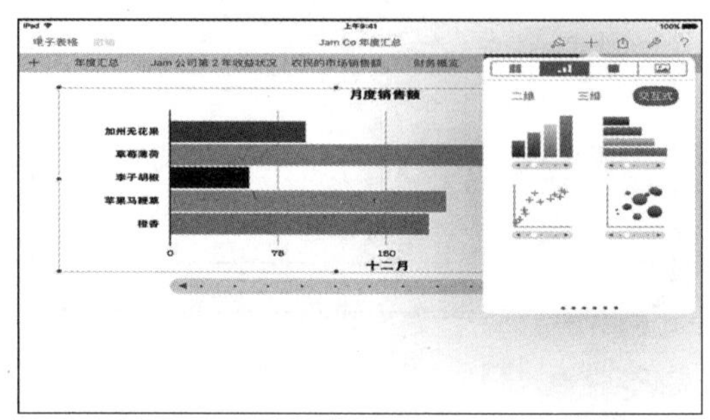

17.4.2 使用软件查看办公文档

使用手机软件可以在手机中随时随地查看办公文档，不仅节约了办公时间，又具有即时、即事的特点，具体操作步骤如下。

第 1 步 在 Excel 程序主界面中，选择【打开】→【此设备】选项，然后选择 Excel 文档所在的文件夹，如下图所示。

第 2 步 点击要打开的工作簿名称，即可打开该工作簿，如下图所示。

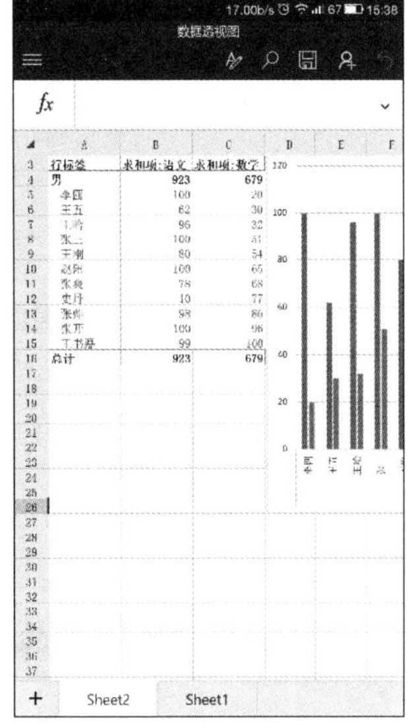

另外，在手机文件管理器中，找到存储的 Excel 工作簿，直接在其上单击也可以打开。

17.4.3 重点：编辑 Word 文档

随着移动信息产品的快速发展和移动通信网络的普及，只需一部智能手机或平板电脑就可以随时随地进行办公，使工作更简单、更方便。下面以支持 Android 手机的 Microsoft Word 为例，介绍如何在手机上编辑 Word 文档，具体操作步骤如下。

第 1 步 下载并安装 Microsoft Word 软件。将“素材 \ch17\ 公司年度报告 .docx”文档通过微信或 QQ 发送至手机中，在手机中接收该文档后，点击该文档并选择打开的方式，这里使用 Microsoft Word 打开该文档，如下图所示。

第 2 步 打开文档，点击界面上方的按钮，全屏显示文档。选中“公司年度报告”文本，点击【编辑】按钮，进入文档编辑状态。选择标题文本，点击弹出面板中的【倾斜】按钮 *I*，使标题以斜体显示，如下图所示。

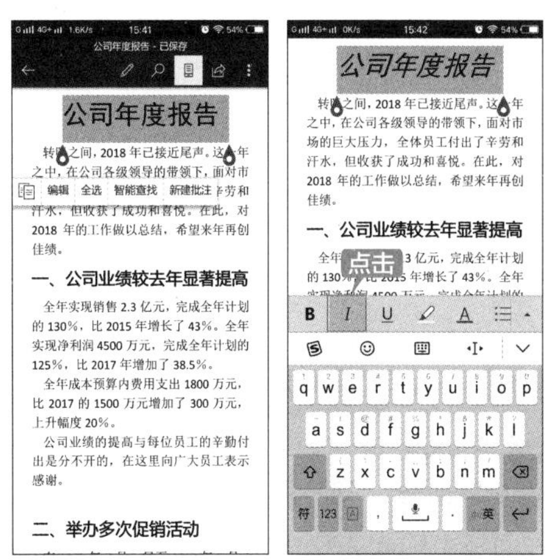

第 3 步 点击【突出显示】按钮，选择标题添加底纹的颜色，突出显示标题，如下图所示。

第 4 步 弹出【开始】面板，在打开的列表中选择【插入】选项，切换至【插入】面板，选择要插入表格的位置，选择【表格】选项，如下图所示。

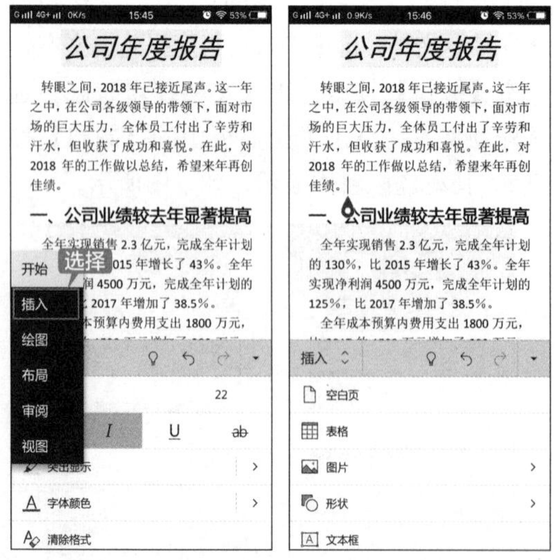

第 5 步 完成表格的插入后点击 按钮，隐藏【插入】面板，选择插入的表格，在弹出的输入面板中输入表格内容，如下图所示。

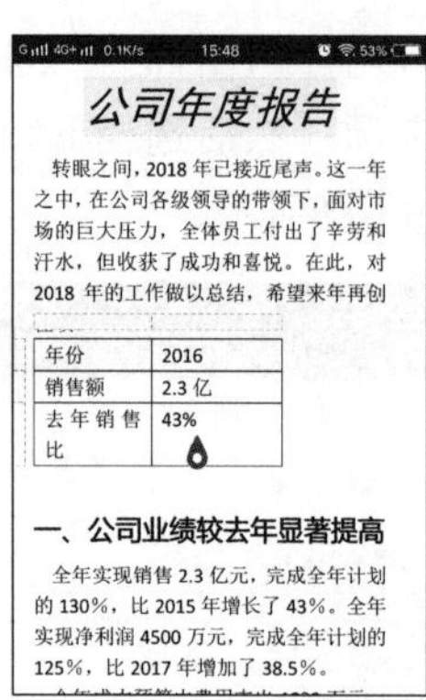

第 6 步 选中表格，打开【表格】面板，选择【表格样式】选项，在弹出的【表格样式】下拉列表中选择一种表格样式，如下图所示。

第 7 步 即可看到设置表格样式后的效果，编辑完成后点击【保存】按钮完成文档的修改，效果如下图所示。

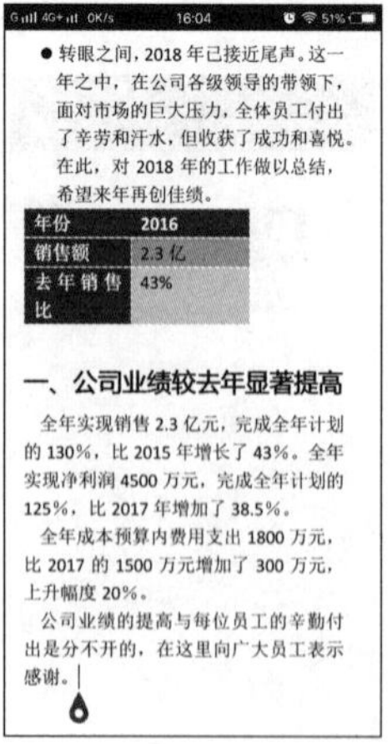

17.4.4 重点：编辑 Excel 工作簿

下面以支持 Android 手机的 Microsoft Excel 为例，介绍如何在手机上制作销售报表。

第 1 步 下载并安装 Microsoft Excel 软件，将“素材\ch17\自行车.xlsx”文档存入计算机的 OneDrive 文件夹中，同步完成后，在手机中使用同一账号登录并打开 OneDrive，点击“自行车.xlsx”文档，即可使用 Microsoft Excel 打开该工作簿，选择 D2 单元格，点击【插入函数】按钮 *fx*，输入“=”，然后将选择函数面板折叠，如下图所示。

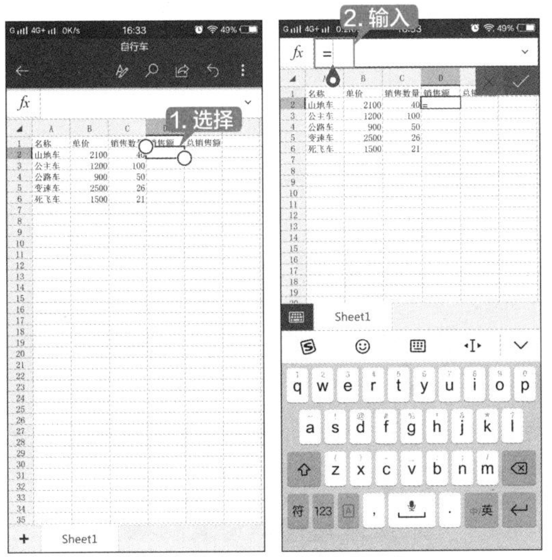

第 2 步 选择 C2 单元格，并输入“*”，然后再选择 B2 单元格，点击 按钮，即可得出计算结果。使用同样的方法计算其他单元格中的结果，如下图所示。

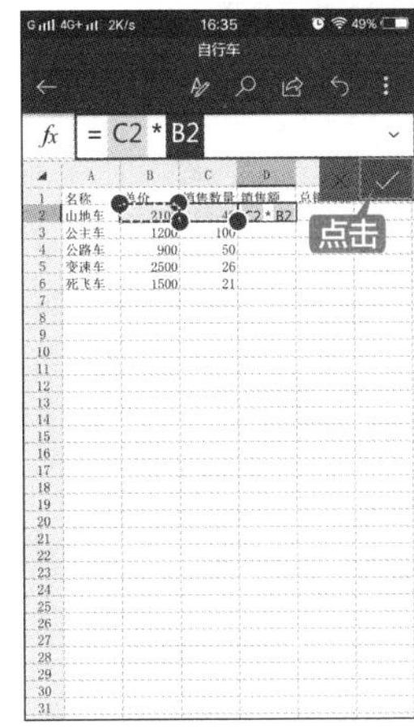

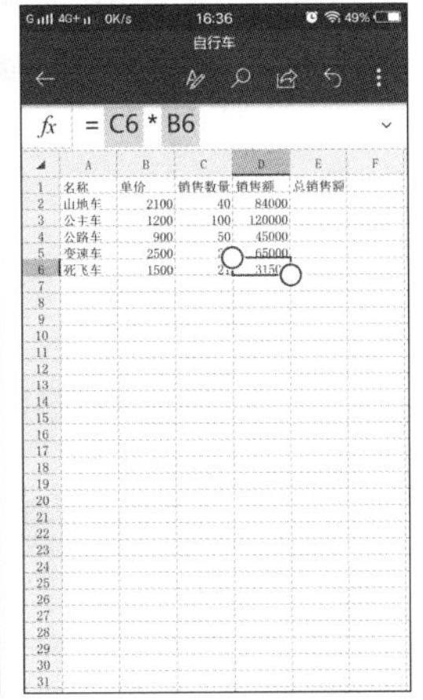

第 3 步 选中 E2 单元格，点击【编辑】按钮，在打开的面板中选择【公式】选项，选择【自动求和】公式，并选择要计算的单元格区域，点击 按钮，即可得出总销售额，如下图所示。

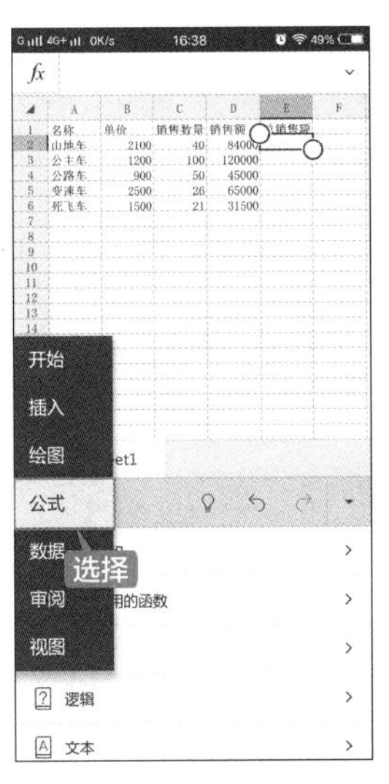

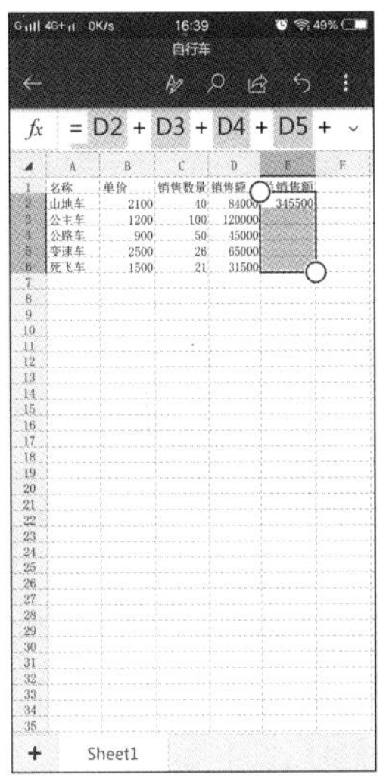

第 4 步 选择任意一个单元格，点击【编辑】按钮。在界面底部弹出的功能区中选择【插入】→【图表】→【柱形图】选项，选择插入的图表类型和样式，如下图所示。

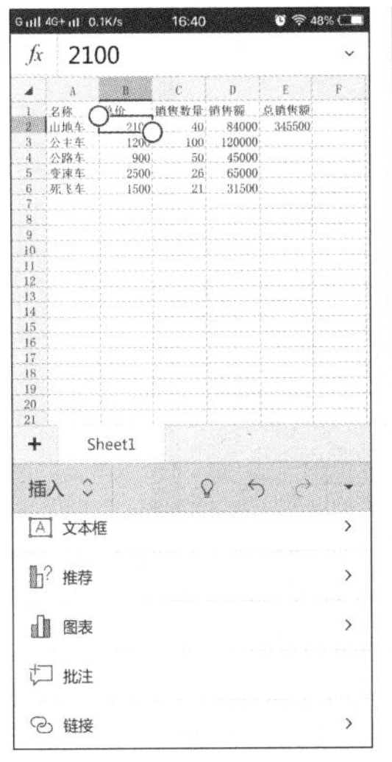

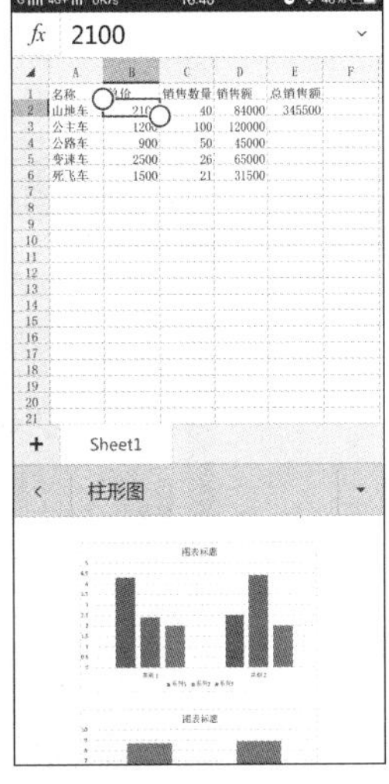

第 5 步 即可看到插入的图表，用户可以根据需求调整图表的位置和大小，如下图所示。

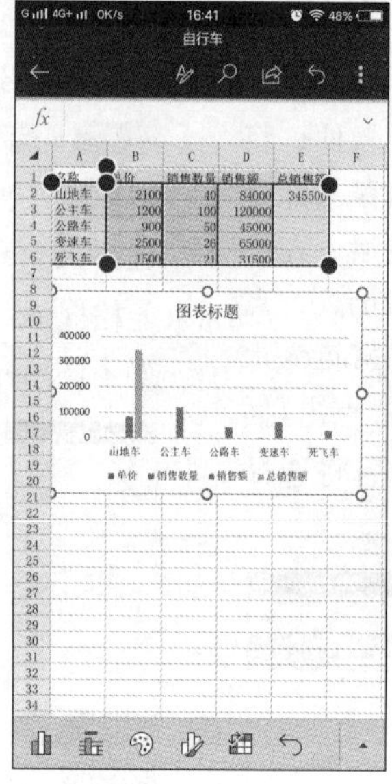

17.4.5 重点：编辑 PPT 演示文稿

下面以支持 Android 手机的 Microsoft PowerPoint 为例，介绍如何在手机上编辑 PPT。

第 1 步 将“素材 \ch17\ 公司业绩分析 .docx”文档通过微信或 QQ 发送至手机中，在手机中接收该文件后，点击该文件并选择打开方式，这里使用 Microsoft PowerPoint 软件打开该文档，如下图所示。

第 2 步 在打开的面板中选择【设计】面板，点击【主题】按钮，在弹出的下拉列表中选择【红利】选项，如下图所示。

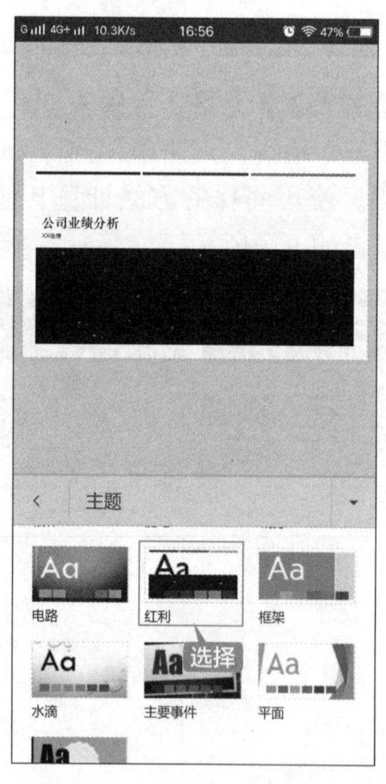

第 3 步 即可为演示文稿应用新主题的效果，

如下图所示。

第 4 步　点击屏幕上方的【新建】按钮，新建幻灯片页面，然后删除其中的文本占位符，如下图所示。

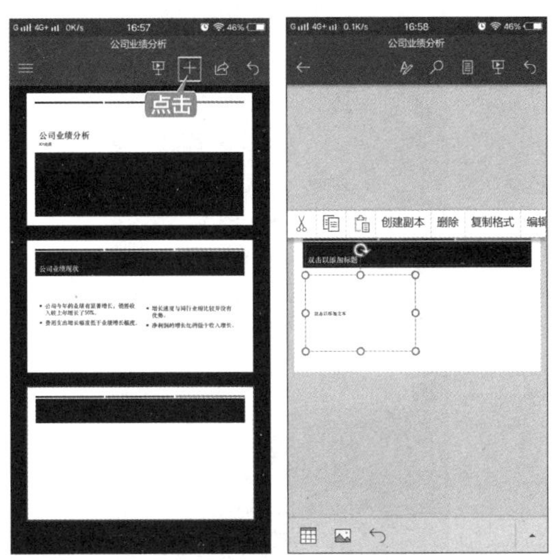

第 5 步　再次点击【编辑】按钮，进入文档编辑状态，选择【插入】选项，打开【插入】面板，选择【图片】选项，如下图所示。

第 6 步　在打开的【图片】面板中，选择【照片】选项，在弹出的面板中点击按钮，在打开的【打开文件】界面中选择【图片】选项，如下图所示。

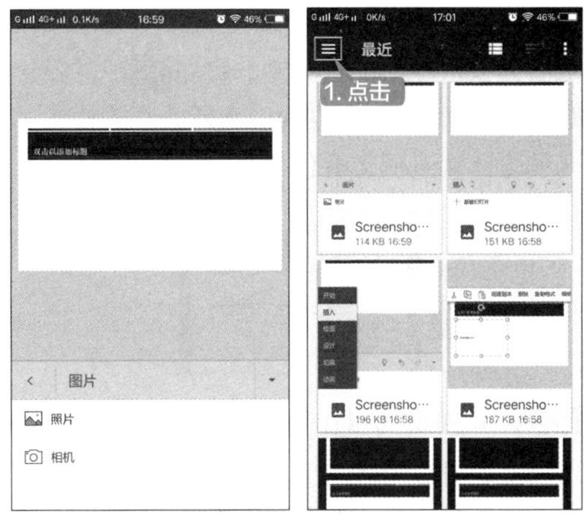

第 7 步　在打开的【图片】面板中，选择【QQ_Images】选项，选择需要插入的图片，点击按钮再对图片进行样式、裁剪、旋转及移动等编辑操作，编辑完成后即可看到下

图所示的效果。

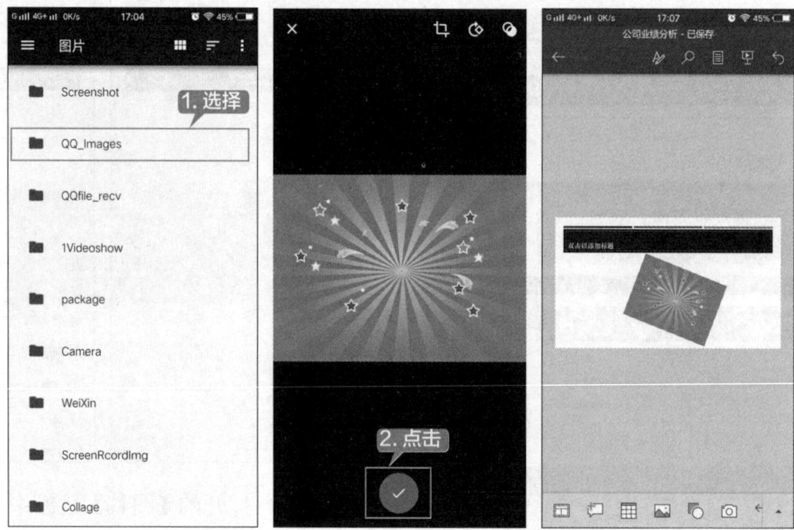

17.4.6 将办公文档分享给其他人

第 1 步 接前面的操作，在完成演示文稿的编辑后，点击顶部的【分享】按钮，在弹出的【作为附件分享】界面中选择共享的格式，这里选择【演示文稿】选项，如下图所示。

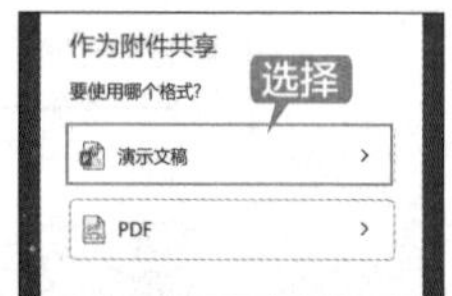

第 2 步 在弹出的【作为附件共享】面板中，可以看到许多共享方式，这里选择【添加到微信收藏】选项，如下图所示。

第 3 步 点击【发送给朋友】按钮，打开【选择】面板，在面板中选择要分享文档的好友，在打开的面板中点击【分享】按钮，即可把办公文档分享给选中的好友，如下图所示。

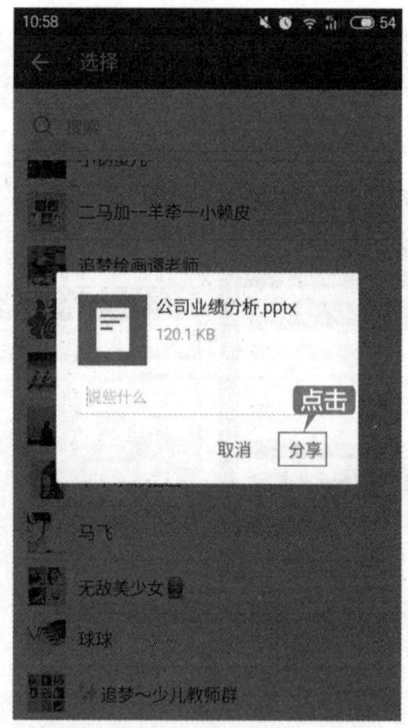

◇ 用手机 QQ 打印办公文档

如今手机办公越来越便利，随时随地都可以处理文档和图片等。在这种情况下，是否可以将编辑好的 Excel 文档，直接通过手机连接打印机进行打印呢?

一般较为常用的有两种方法：一种是手机和打印机同时连接同一个网络，在手机和 PC 端分别安装打印机共享软件，实现打印机的共享，如打印工场、打印助手等；另一种是通过账号进行打印，则不受局域网的限制，但是仍需要手机和计算机联网。安装软件通过账号访问 PC 端打印机进行打印，最为常用的就是 QQ。

本技巧则以 QQ 为例，前提是手机端和 PC 端同时登录 QQ，且 PC 端已正确安装打印机及驱动程序，具体操作步骤如下。

第 1 步 登录手机 QQ，进入【联系人】界面，选择【我的设备】→【我的打印机】选项，如左下图所示。

第 2 步 进入【我的打印机】界面，点击【打印文件】或【打印照片】按钮，即可添加打印的文件和照片，如右下图所示。

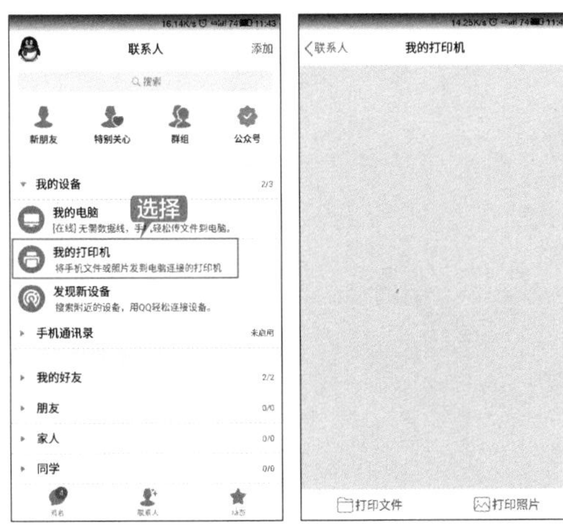

第 3 步 若点击【打印文件】按钮，则显示【最近文件】界面，如左下图所示，用户可选择最近手机访问的文件进行打印。

第 4 步 若最近文件列表中没有要打印的文件，则点击【全部文件】按钮，选择手机中要打印的文件，点击【确定】按钮，如右下图所示。

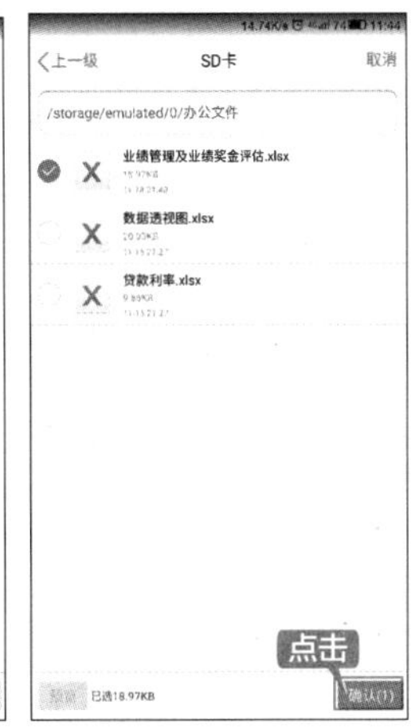

第 5 步 进入【打印选项】界面，可以选择要使用的打印机、打印的份数、是否双面等，然后点击【打印】按钮，如左下图所示。

第 6 步 返回【我的打印机】界面，即可将该文件发送到打印机进行打印输出，如右下图所示。

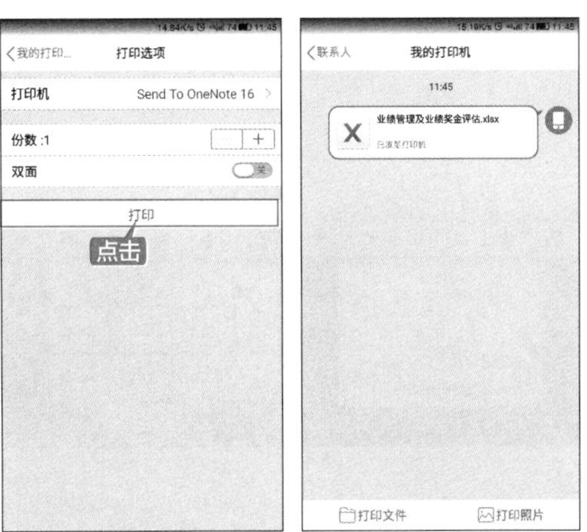

◇ 使用语音输入提高手机上的打字效率

在手机中输入文字既可以使用打字输入，

也可以手写输入，但通常打字较慢，使用语音输入可以提高在手机上的打字效率。下面以搜狗输入法为例，介绍如何进行语音输入。

第 1 步 在手机上打开【便签】界面，即可弹出搜狗输入法的输入面板，如下图所示。

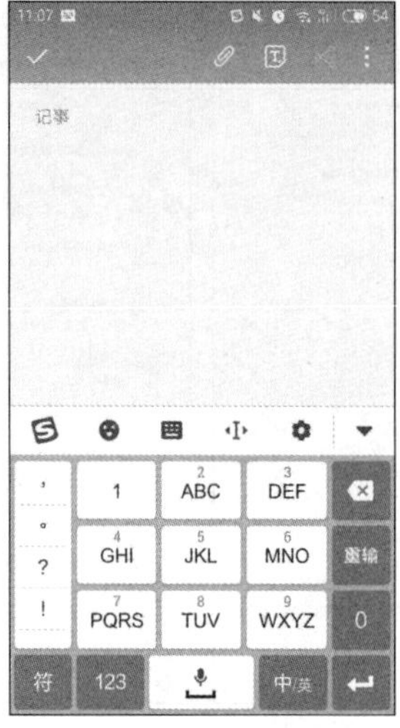

第 2 步 在输入法面板上长按【Space】键，出现【说话中】面板后即可进行语音输入。输入完成后，即可在面板中显示输入的文字，如下图所示。

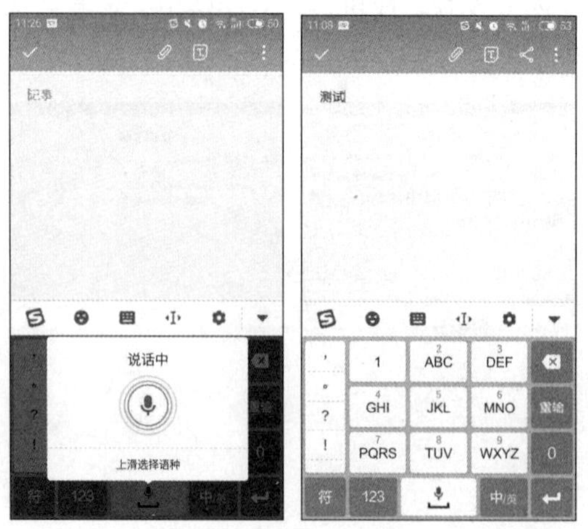

第 3 步 此外，搜狗语音输入法还可以选择语种，按住【Space】键，出现话筒后手指上滑，即可打开【语种】选择面板，这里有“普通话”“英语”“粤语”3 种，如下图所示，用户可以根据需要自主选择。

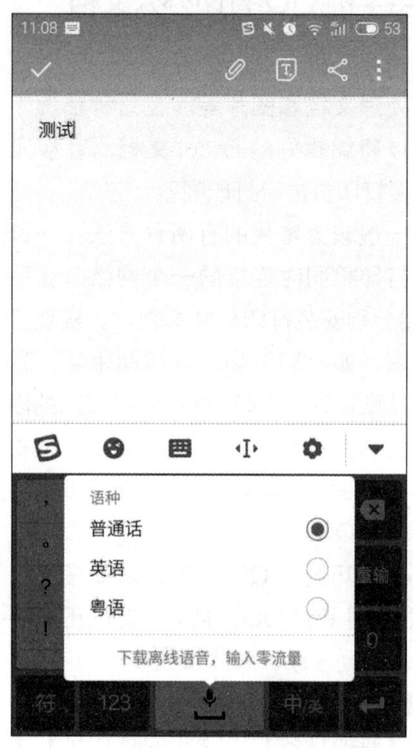